普通高等教育"十四五"规划教材

基础生物化学

第 3 版

吴　玮　韩海棠　主编

中国农业大学出版社
·北京·

内 容 简 介

本教材主要内容包括蛋白质化学、核酸化学、酶、维生素与辅酶、脂质和生物膜、生物氧化与氧化磷酸化、代谢概述、碳水化合物代谢、脂质代谢、氨基酸代谢、核苷酸代谢、DNA 的生物合成、RNA 的生物合成、蛋白质合成、重组 DNA 技术等。此外，还有几十个介绍生物化学研究历史、研究进展等拓展内容的"知识框"，以及多种题型的思考题及参考答案。

本书可供生物科学类相关专业的本科生作为教材使用，也可作为备考农学类研究生入学考试的参考书，也适于一般的生物科学工作者学习参考。

图书在版编目(CIP)数据

基础生物化学/吴玮，韩海棠主编. --3 版. --北京:中国农业大学出版社,2022.7(2023.5 重印)
ISBN 978-7-5655-2813-2

Ⅰ.①基… Ⅱ.①吴…②韩… Ⅲ.①生物化学－高等学校－教材 Ⅳ.①Q5

中国版本图书馆 CIP 数据核字(2022)第 108660 号

书　名	基础生物化学　第 3 版
作　者	吴　玮　韩海棠　主编

策划编辑	赵　艳　赵　中	责任编辑	赵　艳
封面设计	郑　川　李尘工作室		
出版发行	中国农业大学出版社		
社　址	北京市海淀区圆明园西路 2 号	邮政编码	100193
电　话	发行部 010-62733489,1190	读者服务部	010-62732336
	编辑部 010-62732617,2618	出　版　部	010-62733440
网　址	http://www.caupress.cn	E-mail	cbsszs@cau.edu.cn
经　销	新华书店		
印　刷	北京鑫丰华彩印有限公司		
版　次	2022 年 8 月第 3 版　2023 年 5 月第 2 次印刷		
规　格	210 mm×285 mm　16 开本　25 印张　760 千字		
定　价	68.00 元		

第 3 版编写人员

主　编　吴　玮（中国农业大学）
　　　　　韩海棠（中国农业大学）

副主编　赵武玲（中国农业大学）
　　　　　陈　惠（四川农业大学）

参　编　（按姓氏笔画排列）
　　　　　史金铭（东北林业大学）
　　　　　关国华（中国农业大学）
　　　　　杨海莲（中国农业大学）
　　　　　吴　琦（四川农业大学）
　　　　　曹勤红（中国农业大学）

第 2 版编写人员

主　编　赵武玲（中国农业大学）

副主编　陈　惠（四川农业大学）
　　　　高　玲（青岛农业大学）

参　编　（按姓氏笔画排列）
　　　　史金铭（东北林业大学）
　　　　刘春英（青岛农业大学）
　　　　孙　新（青岛农业大学）
　　　　孙晓红（青岛农业大学）
　　　　杨海莲（中国农业大学）
　　　　吴　玮（中国农业大学）
　　　　吴　琦（四川农业大学）
　　　　曹勤红（中国农业大学）
　　　　葛　蔚（青岛农业大学）
　　　　韩海棠（中国农业大学）

第1版编写人员

主　编　赵武玲(中国农业大学)

副主编　陈　惠(四川农业大学)
　　　　　高　玲(青岛农业大学)

参　编　(按姓氏笔画排列)
　　　　　刘春英(青岛农业大学)
　　　　　孙　新(青岛农业大学)
　　　　　孙晓红(青岛农业大学)
　　　　　李志刚(内蒙古民族大学)
　　　　　杨海莲(中国农业大学)
　　　　　吴　玮(中国农业大学)
　　　　　吴　琦(四川农业大学)
　　　　　张少斌(沈阳农业大学)
　　　　　葛　蔚(青岛农业大学)
　　　　　韩海棠(中国农业大学)

第3版前言

《基础生物化学》于2008年出版第1版,2013年出版第2版,多次重印。作为生物科学类专业本科生的重要的专业基础课教材,本教材已被多所院校采用,也被作为备考农学类研究生入学考试的生物化学参考书。

感谢本教材第1版、第2版的主编赵武玲副教授的信任,同意由我们来主持第3版的编写工作。在第2版教材中,赵武玲副教授亲自绘制了大量简洁、清晰的插图,使许多深奥的生化原理及过程得以直观展现。除更新及增添的图片外,我们在第3版中继续使用这些插图。在参与第1版、第2版教材的编写工作中,我们得到了赵武玲副教授的许多指导和帮助,这使我们如今能够顺利开展第3版的编写工作。

距本教材第2版出版已过去近十年,其间,生物化学领域发表的科学论文成千上万,新的研究进展突飞猛进。由于本书的核心内容是生物化学中的基本原理、基本概念,是相对研究得较为清楚的生物化学知识,所以,核心的、基本的内容变化不大,但仍需要根据新的研究进展进行全面的审核和修订,更新一些重要的、核心内容的新的定义或新的进展。例如,以前蛋白质结构层次中超二级结构的概念基本不使用了;酶的分类在之前的六大类基础上增加了第七大类——易位酶;冷冻电镜解析出体外组装染色体的30 nm纤维结构显示为双螺旋形,而非以前根据电镜结果推测的螺线管结构等,这些新的研究结果都将在第3版教材中得以呈现。

第3版教材保持了第2版的基本结构框架,主要进行了以下5个方面的修改与更新:①全面梳理并更新、更正所有章节内容;②每章增加了2~3个知识框(共31个),引入与教材核心内容紧密相关的研究历史和新的研究成果,便于读者了解学科发展的轨迹并关注学科前沿,拓宽视野;③更新及补充了习题及答案要点,每章均设置了3种题型:单选题、问答题和分析题,并且答案以数字资源形式呈现;④更新或增添了一些图片;⑤采用双色印刷,提升了教材出版质量和读者的阅读体验感。

参与第3版编写的教师均具备多年生物化学教学和研究的丰富经验。各章的编写作者如下:第一、二、三章,吴玮(中国农业大学);第四章,赵武玲(中国农业大学);第五章,吴琦(四川农业大学);第六、十章,关国华(中国农业大学);第七、十三、十四章,韩海棠(中国农业大学);第八章,陈惠(四川农业大学),赵武玲(中国农业大学);第九章,史金铭(东北林业大学);第十一、十二章,杨海莲(中国农业大学);第十五、十六章,曹勤红(中国农业大学)。

在此,感谢十几年来使用本书的同行教师、学生提出的宝贵意见和建议。限于作者水平,书中难免有错漏之处,欢迎广大读者指正。

本书所引用的图片均标注了出处,并列入参考文献中,如有疏漏请见谅并联系编者增补,在此向参考文献的作者们致敬!

本次重印,结合课程教学内容,在绪论以数字资源形式融入了坚持创新、科技强国等党的二十大精神相关内容,以便读者学习掌握。

吴　玮　韩海棠

2022年3月

第 2 版前言

本书自 2008 年出版以来,受到许多农业院校的关注,并作为重要的专业基础课教材为许多农业院校所采用,重印 6 次,印数超过 3 万册。

随着知识的更新,本书需要进一步修改。在多年的教学应用过程中,广大师生也给我们提出了不少宝贵的意见和建议。这次再版时,我们综合了各方面的真知灼见,更新了部分内容,订正了一些错漏,以便使本书能够更好地为教学服务。

生物化学是许多生命科学的基础,内容十分丰富,头绪也很多。特别是一些生物大分子的结构和一些生物化学反应过程的细节,更是学生们学习的难点。为了使师生们更清晰、更直观地了解这些复杂的结构和反应过程,本书的第 2 版将原书 300 多幅插图重新绘制,力求使插图清楚明白,更加有利于学习和理解。

限于编者水平,书中错漏之处恳请读者指正。

编者

2013 年 3 月

第1版前言

生物化学是从分子水平研究生命现象的科学。生物化学所取得的成就有力地推动了其他生物学科的研究，不同程度地促进了其他生物学科的进步。生物化学在各种领域都有广泛的应用，如医学、药物设计、营养学、农业、制造业、法医学甚至军事科学。目前，生物化学已经成为生物学领域的带头学科之一。

基础生物化学课程是高等农业院校重要的基础课程之一。扎实的生物化学基础对于学生在生物学领域的学习和研究具有十分重要的作用。

1985年，由我国著名的生物化学家阎隆飞院士主编的《基础生物化学》系统论述了生物化学的精华内容，系统严谨，材料丰富。该书曾在我国农业院校作为中心教材使用多年，在基础生物化学教学中起到了极其重要的作用。阎隆飞先生主编的《基础生物化学》也是我们今天这本教材的基础和起点。阎隆飞先生严谨的治学精神对我们的工作也是一种鞭策。

随着时间的推移和学科的发展，生物化学的很多内容需补充和修改。我们遵照全国高等农业院校农学类专业《基础生物化学教学大纲》，结合多年的教学经验和最新的研究成果，本着注重基础、着眼发展的精神，重新编写了《基础生物化学》。希望我们的工作能够为学生和教师提供一本较好的教科书，也希望我们的工作能够告慰阎隆飞先生，不负先生对我们的教诲。

本书虽然定名为《基础生物化学》，但"基础"并不是简单化，不能削弱核心内容和基本原理。相反，本书的核心内容应力求全面、系统并注意加入新的进展。基本概念和原理则力求精准、严谨，不可含糊。有些章节重新编排以适应相关领域的进展。例如把原来核酸合成的内容分成三章：DNA合成、RNA合成和重组DNA技术。在核酸化学中用基因组的内容取代概念不准确的核蛋白部分等。

为了使学生更好地理解生物大分子的结构，本书中还增加了立体图。

参加本教材编写的教师分别编写不同的章节：第一、四章、附录（赵武玲，中国农业大学）；第二、三章（吴玮，中国农业大学）；第十一、十二章（杨海莲，中国农业大学）；第十三、十四章（韩海棠，中国农业大学）；第八章（陈惠，四川农业大学；赵武玲，中国农业大学）；第五章（吴琦，四川农业大学）；第九章（李志刚，内蒙古民族大学）；第十五章（高玲、刘春英，青岛农业大学）；第六章（孙新，青岛农业大学）；第七章（葛蔚，青岛农业大学）；第十章（孙晓红，青岛农业大学）；第十六章（张少斌，沈阳农业大学）。

由于编者水平的限制，错误之处在所难免，敬请读者批评指正。

编者

2008年2月

目　　录

第一章

绪　论

一、生物化学是研究生命化学本质的科学

生物化学(biochemistry)是研究生物的化学组成和生命过程中化学变化的科学,是在原子、分子和细胞水平上解释生命现象和生物过程的科学。

目前,世界上至少有 1 千万到 1 亿种不同的生物,包括微生物、植物、动物。不同生物具有各种各样不同的形态,然而,从生物化学角度来看,所有生物都具有相似的基本化学组成,如都由蛋白质、核酸、多糖、脂类等生物大分子组成,而蛋白质都由氨基酸组成,核酸都由核苷酸组成。所有生物表现出显著的生物化学共性,如其生物大分子由相同种类的结构单元(如氨基酸、核苷酸)组成;利用相同或相似的代谢途径合成细胞成分;共享相同的遗传密码等,说明生物进化自共同的祖先。生物大分子在体内执行不同的功能,维持着生物的生长和繁衍。同时,所有生命过程都遵从化学或物理原理或定律,并受到严格的调控。生物化学主要利用化学的研究方法,来探索生命现象的化学本质。

生物化学是一门实验性很强的学科,其研究在很大程度上依赖于对实验数据的定性定量分析。生物化学是生命科学的核心学科之一,生命科学几乎所有领域的研究和发展都运用了生物化学的方法和技术。利用这些方法和技术,我们既可以在生物体内(in vivo)研究各种生命现象;也可以分离纯化某种或某些生物大分子,在体外(in vitro)进行相关研究,将复杂的生命现象分解,逐一研究分析,再最终整合。

基础生物化学强调生物化学中最重要和最基本的原理和概念,即适用于大多数物种的原理和概念。基础的含义不是内容的削弱或简化,基础是事物发展的根本和起点。通过研究不同物种共有的基本模式,有利于理解生物化学的基本原理,并在分子水平

上认识生命的本质。在本书的某些内容中,我们也会指出一些特定生物体的特性。

二、生物化学的研究内容

生物化学的研究内容可以概括为三个方面:生命的化学组成、新陈代谢和自我复制。

(一)生命的化学组成

已知有 25 种元素是生命所必需的,含量最丰富的是 C、O、H、N 四种元素,它们占人体元素总量的大约 96%,其中碳的含量超过细胞干重的 50%。这些生命元素组成了生物体中许多相对分子质量很大的含碳化合物,如蛋白质、核酸、多糖和脂质等,被称为生物大分子(biological macro-molecules)。蛋白质、核酸和多糖是由许多单体组成的大分子多聚体(polymer)。脂质不是大分子,但脂质可以组装成超分子结构的生物膜系统。生物化学的研究内容之一,就是研究这些生物大分子的结构、结构与功能的关系以及大分子之间的相互作用。

(二)生命的新陈代谢

生命的最显著特征之一是新陈代谢(metabolism)。新陈代谢或简称代谢是生物体中维持生命活动的全部化学变化的集合,或生物体内所有化学反应的总称。新陈代谢可分为合成代谢(anabolism)和分解代谢(catabolism)。由小分子前体合成细胞组分的需能代谢过程称为合成代谢,如葡萄糖、氨基酸、核苷酸、脂肪酸、多糖等的合成。将相对复杂的大分子物质降解为小分子前体或无机物的产能过程则称为分解代谢,如将葡萄糖、脂肪酸彻底氧化为二氧化碳和水,并释放能量供生命活动之需。在这些变化过程中,生物体内特殊的生物催化剂——酶

起着决定性的作用。通过新陈代谢,生物体不断地与外界进行物质和能量交换,不断地进行自我更新,维持生物体的生长、发育和繁殖,并对环境做出相应的反应,因此,代谢是一种高度协调的细胞活动。

(三)生命的自我复制

生物体能进行自我复制、繁殖下一代,使生物物种得以延续。生物化学研究内容中的信息代谢包含三个重要过程,即复制(DNA 或 RNA 的复制)、转录(DNA 转录为 RNA)和翻译(mRNA 指导的蛋白质合成)。DNA 是主要的遗传物质,通过精确地复制,使遗传信息在世代间传递,保证了物种的稳定性。DNA 的遗传信息可以表达为 RNA、蛋白质,参与生物体的各种生理功能。遗传信息的复制过程受到各种因素的影响,会产生一定的变异。通过自然选择,某些变异被保留下来,遗传给下一代,使生物体得以进化,能够更好地适应环境而生存。

三、生物化学的发展过程

按照生物化学最综合的定义,生物化学的历史可以追溯到古希腊时代。现代生物化学开始于 17—18 世纪。此时,科学家已经积累了许多有关物理学、化学、生物学的知识,如 John Mayow 在 1674 年发现动物体内的呼吸和有机物在空气中燃烧过程有相似之处,Joseph Priestley 在 1776 年发现了光合作用等,这些知识的积累为人们研究生物体内化学组成和化学过程奠定了基础。

生物化学作为一门独立的学科始于 19 世纪,至今仅不到 200 年的历史。1828 年,德国化学家 Friedrich Wöhler 通过加热无机化合物氰酸铵合成了有机化合物尿素,第一次证明了生命物质可以从无机物合成,从而推翻了当时流行的只有生物体才能合成生命分子的"活力论(Vitalism)",说明生物体内物质的转化过程同样符合非生物界的物理和化学规律。通常把 Friedrich Wöhler 的尿素合成实验认定为生物化学成为一门独立学科的标志,而"生物化学(biochemistry)"一词的出现则是在几十年之后,最早可以追溯到德国生理化学家 Felix Hoppe-Seyler 在 1877 年《生理化学杂志》前言中使用的德文词汇"biochemie",这里的"biochemie"是生理化学(physiological chemistry)的同义词。1903 年德国化学家 Carl Neuberg 首次使用了"bio-chemistry"一词。

在 19 世纪,物理学、化学、生物学方面的极大发展促进了生物化学的迅速发展。进入 20 世纪,尤其是 20 世纪 50 年代以后,由于实验技术的不断更新和新技术的出现,生物化学的研究从细胞、细胞器水平逐步深入到分子水平,使得许多生物分子结构被解析,许多细胞代谢途径被阐明,生物化学有了突飞猛进的发展,成为生命科学研究的中心和前沿领域。

纵观生物化学的发展历史,有两大重要的突破尤其引人注目,即酶作为生物催化剂作用的发现和核酸作为遗传信息载体的发现。

人们最早认识到存在生物催化的过程,源于 18 世纪晚期利用胃分泌物对肉类的消化研究。19 世纪 50 年代,Louis Pasteur 指出酵母使糖发酵成酒精是由"酵素(ferment)"催化的,但认为"酵素"只有在完整的活细胞才能完成这种复杂的生物反应。Louis Pasteur 的这个观点盛行了几十年,直到 1897 年,Eduard Buchner 证明了无细胞酵母提取物即可实现葡萄糖转换为乙醇和二氧化碳的乙醇发酵过程,证明"酵素"分子在细胞外仍然能发挥作用。这些"酵素"分子即 Wilhelm Kühne 于 1878 年命名的酶(enzyme)。Eduard Buchner 的里程碑式实验彻底终结了"活力论",为体外分析生化反应和过程打开了大门,体外实验也推动了医学的巨大发展。1926 年,James Sumner 分离并结晶了脲酶,成为早期酶学研究的一个突破。自 20 世纪后半叶以来,成千上万种酶被提纯,结构被阐明,作用机制被解释。科学家们发现几乎所有的生命反应都是在酶的催化下进行的。

生物化学史上的第二次重大突破是确定了 DNA 是遗传物质以及 DNA 结构的解析。1944 年,Oswald Avery、Colin MacLeod 和 Maclyn McCarty 通过肺炎链球菌转化实验提供了第一个确凿证据,证明 DNA 是遗传物质。1953 年是具有里程碑意义的一年,James Watson 和 Francis Crick 推导出了 DNA 的双螺旋结构,使人们第一次知道了基因的结构实质,Watson 和 Crick 也很快意识到遗传信息如何储存在这种 DNA 结构中并可以完整准确地传递给下一代。DNA 结构的阐明是 20 世纪最重要的科学进展之一,也成为分子生物学诞生的标志。

在生物化学的发展史上,中国的科学家也做出了不少重要的贡献。1931 年,吴宪教授课题组在

《中国生理学杂志》上提出了"变性说",认为蛋白质变性与其结构的变化相关。此外,吴宪教授在血液生化检测、膳食营养、免疫定量分析等研究方面也做出了重要贡献。1965年,中国科学院的科研人员在世界上首次人工合成了具有生物活性的牛胰岛素。随后,于1972年利用X-射线晶体衍射方法获得了1.8 Å高分辨率的猪胰岛素空间结构;于1982年在世界上首次人工合成了具有生物活性的酵母丙氨酸的转移核糖核酸(tRNA^{Ala})。同时,中国的科学家在酶的作用机理、植物细胞骨架、细胞膜结构与功能等方面都做出了具有国际水平的研究成果。1999年,中国加入了被称为生命科学中"登月计划"的人类基因组测序计划(Human Genome Project, HGP),承担了其中1%的测序任务,是参加这项研究计划的唯一的发展中国家。2017年11月27日,世界上首个体细胞克隆猴"中中"在中国诞生。2020年,面对国际关注的突发公共卫生事件——新冠肺炎疫情,中国的科学家快速解析了新型冠状病毒细胞表面受体ACE2全长蛋白的三维结构,以及新型冠状病毒表面S蛋白受体结合结构域(RBD)与ACE2全长蛋白复合物的三维结构,并第一时间将复合物的原子坐标向全世界公布,助力全世界科学家共同努力,早日确认病毒的传播机制、预测传播能力并最终找到遏制病毒传播的有效措施。当前,随着我国国力的增强,教育和科研水平的不断提高,我国生物化学科研者必将在未来的科学研究中取得更多突破性的研究成果,为国家、世界及人类的和平与发展做出更多的贡献。

四、生物化学是一门交叉学科

生物化学研究生命的化学本质,它既是生命科学的一个分支,也是化学的一个分支,它的诞生就是多学科发展交叉的产物,注定了生物化学具有跨学科的特性。

生物化学的主要概念和技术与许多学科是相同的。例如,有机化学中描述含碳化合物的性质和反应;物理化学中描述氧化还原反应的热力学、反应动力学、电学参数等;生物物理学中应用物理技术研究生物分子的结构。

生物化学与其他生命学科之间存在着绝对的相互依赖关系。例如,微生物学研究中单细胞生物和病毒非常适合用于阐明许多代谢途径和调节机制;生理学在组织和有机体水平研究生命过程;细胞生物学描述细胞内的代谢和细胞内物质分工;遗传学阐明赋予特定细胞或生物个体生化特性的机制。生物化学运用所有这些学科的技术、进展,将大量的知识整合起来,在分子水平阐明生命的本质。

作为生命科学的核心和基础学科,生物化学的发展又推动着相关学科的发展。例如,医学研究领域,越来越多地从分子水平来理解疾病状态,阐明发病机理;营养学从维持健康饮食需求来阐明新陈代谢;分子生物学的诞生与生物化学密切相关,两个学科的最终目标都是在分子水平阐明生命现象和过程,但分子生物学通常用于相对狭义的领域,侧重对核酸结构和功能以及生物化学的遗传方面的研究。

毫无疑问,生物化学是一门独立的学科。生物化学的特性在于它强调生物分子的结构和大分子之间特定的相互作用,特别是酶的结构及其生物催化作用,以及代谢途径及其调控机制。

显然,当今的生物化学科学家绝不能仅局限于对生物化学领域知识的掌握,而必须同时拥有几个相关科学领域的理论知识和实践经验,融合多学科的新发展、新技术,才能不断实现生物化学研究领域的新突破。

五、生物化学的学习方法

我们已经知道生物化学研究的是生命的化学本质,生物化学中物质、发生的变化或反应都使用化学的术语,或者说使用化学的"语言"来描述。因此,化学,特别是有机化学是学习生物化学的基础和前提。

在开始学习生物化学之前,我们提供如下几点建议,供学习时参考。

1. 掌握生物分子的结构

学习生物化学,首先要学习许多生物分子的化学名称及结构,如氨基酸、核苷酸、蛋白质、核酸等。生物分子的结构就是生物化学语言中的单词,是构成生命的化学基础。掌握了这些词汇,我们才能理解由这些词汇组装的大分子复合物,以及由这些大分子构成的生命系统。因此,理解并记忆这些生物分子的结构,是学习生物化学的第一步。

2. 掌握基本原理,理解结构与功能的关系

研究生物分子的结构是为了阐明其功能,结构与功能的关系是生物化学研究的核心内容之一,结构决定功能是一个基本原则。每一个生物大分子三维结构的解析,都使我们从分子水平甚至原子水平上理解了一个生命过程。同时,很多生命过程是通过大分子的构象改变而实现的,如大分子之间相互作用的发生、酶活性的调节等过程,都涉及大分子的构象改变。掌握这些基本原则,有助于我们理解千变万化的生命现象。

3. 掌握代谢途径的网络,理解代谢途径中的生物化学逻辑

代谢途径及调控是信息量极大的一部分内容,我们会遇到大量的中间代谢物的名称、酶的名称和众多的代谢反应。我们通过不同途径的学习,逐渐熟悉代谢物和酶的名称。但需要注意的是,细胞中各个代谢途径不是孤立的,而是相互关联、相互制约的,各途径通过关键的中间代谢物联系起来形成代谢网络。细胞中,根据体内代谢物的通量和能量水平通过各种机制调节着各代谢途径的方向,维持新陈代谢的动态平衡,这个基本原则贯穿在整个代谢途径之中。

4. 理论与实践相结合

生物化学是一门实验科学,有必要对阐明生化机理的实验有一定的了解,特别是一些经典实验。同时,在生物化学实验课或科研训练的实际操作过程中来深入理解生物化学原理也是十分重要的。

5. 整合知识,融会贯通

由于生物化学的跨学科特点,所以涉及范围广泛,内容繁多。在学习过程中,许多知识点内容需要反复思考才能真正理解,需要将先后学习的不同章节内容关联起来,通过自己的理解整合成系统的知识体系。

综上所述,生物化学是一门快速发展的学科,且发展速度越来越快。我们在学习生物化学的基础理论和基本原则的同时,还应当时时关注生物化学的新进展、新技术。作为生命科学的核心学科之一,生物化学的进展有力地推动了其他生命学科的进步,

同时也给医学、农业、营养、制药等应用学科的发展提供了理论依据,指明了发展方向。因此,对生物化学在生命化学本质中所起作用的深刻理解,也有利于其他生命学科的学习,对于从事其他应用生物学的研究或工作同样会显示出明显的优势。

让我们一起来学习生物化学,感受生物化学的内在魅力!

二维码 1-1　党的二十大精神:坚持创新,科技强国
——中国科学家突破灵长类动物克隆的世界难题

参考文献

[1] Moran A M,Horton H R,Scrimgeour G,et al. Principles of Biochemistry. 5th ed. Pearson Education International,2014.

[2] Nelson D L,Cox M M,Hoskins A A. Lehninger Principles of Biochemistry. 8th ed. W. H. Freeman and Company,2021.

[3] Appling D R,Anthony-Cahill S J,Mathews C K. Biochemistry/Concepts and Connections. 2nd ed. Pearson Education,Inc.,2019.

[4] Berg J M,Tymoczko J L,Gatto G J Jr.,et al. Biochemistry. 9th ed. W. H. Freeman and Company,2019.

[5] 沈黎明. 基础生物化学. 北京:中国林业出版社,1996.

[6] 朱圣庚,徐长法. 生物化学. 4 版. 北京:高等教育出版社,2016.

第二章

蛋白质化学

本章关键内容：学习生物体内氨基酸的结构及分类。重点掌握蛋白质结构的相关知识，包括结构层次的划分、各结构层次涵盖的内容以及维系各结构层次的作用力。在掌握蛋白质结构知识的基础上，理解蛋白质结构与功能的关系。

蛋白质在生物体的生命活动中起着极其重要的作用。已知的生命过程没有一个是离开蛋白质而实现的。蛋白质的种类繁多，并且表现出丰富的功能。生物个体间表现出的差异就是由于体内蛋白质的贡献。表 2-1 概括了蛋白质主要的生物功能。

表 2-1　蛋白质主要的生物功能

功能类型	蛋白质实例
催化功能——酶	胰蛋白酶、核酸酶、过氧化氢酶
调节功能（包括激素）	胰岛素、生长激素、*lac* 阻遏蛋白
运输功能	血红蛋白、血清白蛋白、葡萄糖转运体
储存功能	卵清蛋白、酪蛋白、铁蛋白
收缩及运动功能	肌动蛋白、肌球蛋白、微管蛋白
结构支撑功能	角蛋白、胶原蛋白、弹性蛋白
保护及防御功能	免疫球蛋白、纤维蛋白原、抗冻蛋白、毒素蛋白
其他（奇异蛋白）	应乐果甜蛋白、昆虫节肢弹性蛋白、贝类胶质蛋白

尽管蛋白质种类多、结构复杂，但无论是最古老的细菌还是最复杂形式的生命，生物体中所有的蛋白质都主要由相同的 20 种氨基酸组成。在蛋白质中，这 20 种氨基酸以共价键连接形成线性结构，称为多肽链，这些呈线性结构的多肽链通过空间的盘绕折叠，形成每个蛋白质特定的空间结构，成为蛋白质执行特有功能的结构基础。

1953 年，Frederick Sanger 完成了蛋白质激素——胰岛素的一级结构测定，这是人类第一次获得的蛋白质一级结构全序列数据。1959 年，John Kendrew 等阐明了第一个蛋白质——肌红蛋白的三维结构。如今，由于各种技术的突破，越来越多的

蛋白质结构得以阐明。至 2021 年 2 月，蛋白质数据库（Protein Data Bank，PDB）中来自不同物种的三维结构数据已达 152 731 个。高分辨率的蛋白质三维结构使我们从原子水平看到了蛋白质精确的立体图像，从而可以深入地探明蛋白质的功能，研究蛋白质与蛋白质、蛋白质与核酸等分子的相互作用，进而阐明相关的生命过程。

生命的结构和功能是相适应的、统一的，有什么样的结构就决定了生物分子有什么样的功能，因此通过学习蛋白质的结构，可以理解并认识蛋白质的功能。

第一节　蛋白质的元素组成

蛋白质的元素分析表明，组成蛋白质的主要元素有碳、氢、氧、氮、硫（表2-2）。有些还含有少量磷或金属元素，如铁、铜、锌、锰、钴、钼等。

蛋白质是生物体内含量最丰富的生物大分子，占细胞干重的50%以上。各种蛋白质中的含氮量很接近，平均为16%，这是蛋白质元素组成的一个特点。由于蛋白质是体内的主要含氮化合物，可以根据生物样品的含氮量计算其中蛋白质的大致含量，这也是凯氏（Kjeldahl）定氮法测定蛋白质含量的计算基础。只要测定出生物样品中氮的含量，通过下列算式可以计算出样品中蛋白质的含量。生物样品中除蛋白质外，还有其他含氮化合物存在，如核酸、生物碱等，因而由此得出的是蛋白质的大致含量。

蛋白质含量＝含氮量×100/16＝含氮量×6.25

表2-2　蛋白质的元素组成

元素	含量/%	元素	含量/%
碳	50～55	氮	约16
氢	6～7	硫	0～4
氧	19～24		

在学习蛋白质知识的时候，我们常常需要了解一个蛋白质的分子量。本书采用相对分子质量来表示生物大分子的分子量，即某物质的分子质量与^{12}C质量的1/12的比值。不同蛋白质的相对分子质量相差很多。有些蛋白质比较小，如胰岛素，相对分子质量只有5 700。有些蛋白质的相对分子质量很大，如免疫球蛋白G（IgG），相对分子质量为150 000。

第二节　蛋白质的基本组成单位——氨基酸

所有的蛋白质都是多聚体，是由氨基酸（amino acid）组成的不分支的长链生物大分子。无论蛋白质结构如何复杂，种类如何繁多，蛋白质都主要由20种氨基酸组成，称为蛋白质常见氨基酸（common amino acid 或 standard amino acid）。

一、蛋白质中的常见氨基酸

含有氨基和羧基的有机化合物称为氨基酸。氨基酸中C原子的编号有2种方式。按照国际理论和应用化学联合会（International Union of Pure and Applied Chemistry，IUPAC）的系统命名法编号，羧基中的C原子为C-1，侧链中的其他碳原子按照C-2、C-3……依次排列下去。

生物化学中习惯使用希腊字母编号，将与羧基相连的C原子表示为α-C，α-C就是C-2。侧链基团中的碳原子依次为β、γ、δ、ε等。蛋白质的20种常见氨基酸为L-型α-氨基酸，其氨基和羧基都结合在α-碳原子上。L-α-氨基酸的结构通式表示如下。

$$H_3\overset{+}{N}-\overset{\overset{\textstyle COO^-}{|}}{\underset{\underset{\textstyle R}{|}}{C}}-H$$

从上述蛋白质常见氨基酸的结构通式可见，连接在氨基酸的α-C上的有：一个氨基（—NH$_2$），一个羧基（—COOH），一个氢原子（—H）和一个侧链基团（side chain）或称R基团（R group）。常见氨基酸中，只有R基团是不同的，分子的其他部分是相同的。

为了书写方便，常使用缩写形式来表示氨基酸的名称。氨基酸的缩写形式有三字母和单字母两种，目前两种形式都很常见。由于氨基酸单字母缩写形式更便于计算机运用和处理数据，也有利于蛋白质数据库中的数据存储，单字母缩写形式的使用越来越普遍。

二、氨基酸的分类

对于常见氨基酸的分类方法有很多种。由于连接在每个氨基酸α-C上的4个取代基团中只是R基团不同，因此依据R基团的结构与性质可以对氨基酸进行分类，其中最常见的氨基酸分类方式是根据 R 基团的极性进行分类。

根据 R 基团的极性可以将 20 种常见氨基酸分为 3 类:①R 基团为非极性或疏水性的氨基酸;②R 基团为极性不带电荷的氨基酸;③R 基团为带电荷的氨基酸,包括带正电荷或负电荷的氨基酸。

(一)R 基团为非极性的氨基酸

这一类氨基酸共有 8 种(图 2-1),它们的侧链基团都是非极性或疏水性的,因此不容易溶于水。这类氨基酸中有 4 种是含脂肪族烃链(aliphatic hydrocarbon side chain)的氨基酸:丙氨酸、缬氨酸、亮氨酸、异亮氨酸。另外,甲硫氨酸是两个含硫氨基酸之一,含有硫醚(thiol ether)侧链。脯氨酸是 20 种常见氨基酸中唯一的亚氨基酸,其侧链环化形成吡咯环。苯丙氨酸和色氨酸是两个芳香族氨基酸,苯丙氨酸的侧链含有一个苯环,色氨酸的侧链含有一个吲哚环。

(二)R 基团为极性不带电荷的氨基酸

这类氨基酸有 7 种(图 2-2),它们的侧链带有极性基团,因此比疏水性氨基酸更容易溶于水。丝氨酸和苏氨酸侧链中的极性基团是羟基。酪氨酸侧链

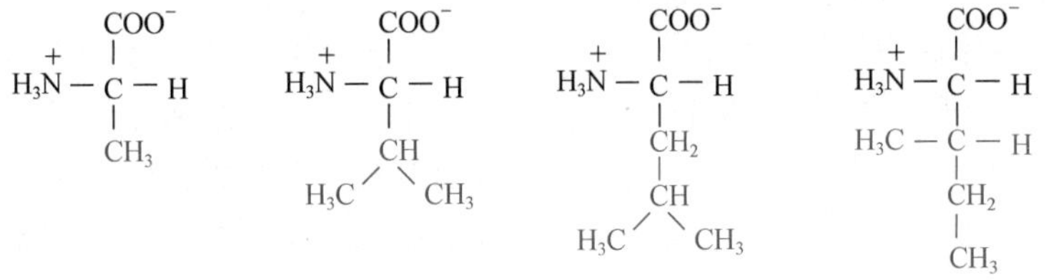

丙氨酸 (alanine, Ala, A)　缬氨酸 (valine, Val, V)　亮氨酸 (leucine, Leu, L)　异亮氨酸 (isoleucine, Ile, I)

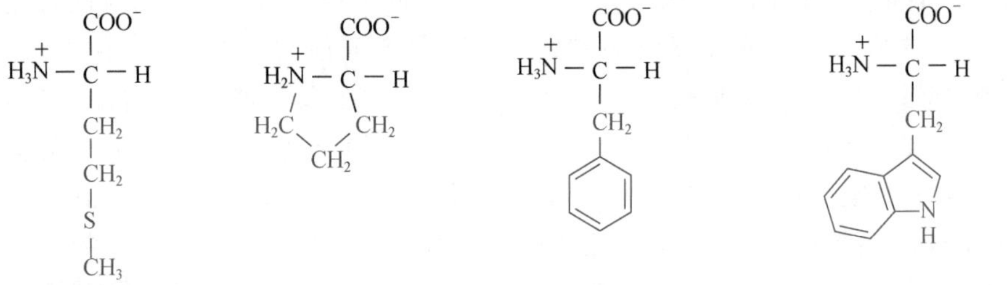

甲硫氨酸 (methionine, Met, M)　脯氨酸 (proline, Pro, P)　苯丙氨酸 (phenylalanine, Phe, F)　色氨酸 (tryptophan, Trp, W)

图 2-1　疏水性氨基酸

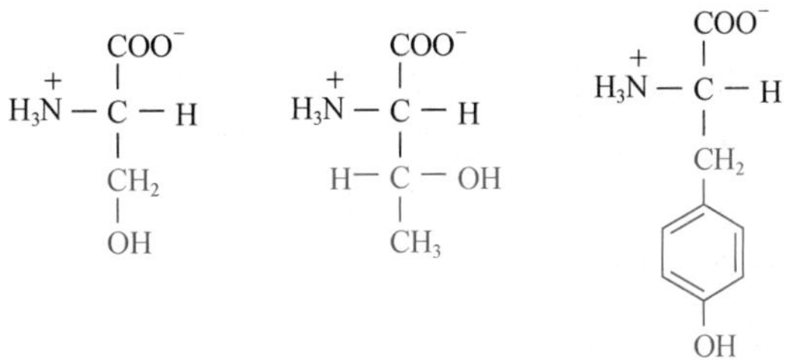

丝氨酸 (serine, Ser, S)　苏氨酸 (threonine, Thr, T)　酪氨酸 (tyrosine, Tyr, Y)

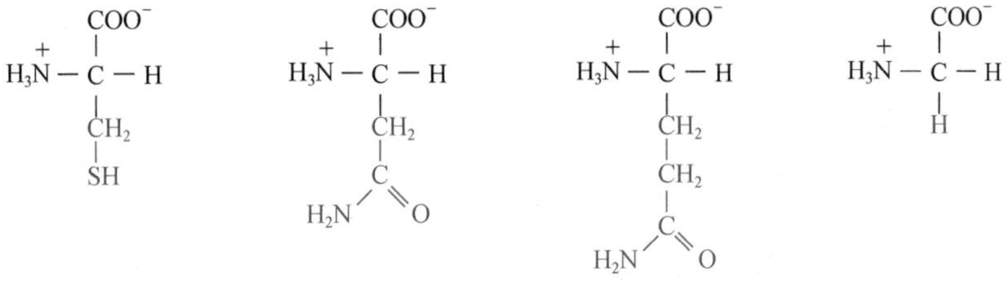

半胱氨酸 (cysteine, Cys, C)　天冬酰胺 (asparagine, Asn, N)　谷氨酰胺 (glutamine, Gln, Q)　甘氨酸 (glycine, Gly, G)

图 2-2　极性不带电荷氨基酸

是苯酚基团，也含有羟基。天冬酰胺和谷氨酰胺侧链含酰胺基团。半胱氨酸是2个含硫氨基酸中的另一个，侧链含有巯基。

甘氨酸是第一个被鉴定出的蛋白质氨基酸，也是结构最简单的氨基酸，侧链基团只是一个氢原子。氢原子虽然没有极性，但是 α-C 上的氨基和羧基组成了分子的大部分，因此分子具有明显的极性。所以把甘氨酸归入极性氨基酸。

在20种蛋白质常见氨基酸中，甘氨酸、脯氨酸和半胱氨酸是比较特殊的。甘氨酸不含手性碳原子，脯氨酸是亚氨基酸，两个半胱氨酸的巯基经氧化后可以形成二硫键，将两个半胱氨酸以共价键连接起来，形成的半胱氨酸二聚体称为胱氨酸(cystine)。二硫键的形成对蛋白质结构非常重要，二硫键可以将不同的肽链连接起来，也可以在同一条肽链中形成二硫键。

(三)R基团为带电荷的氨基酸

5种常见氨基酸具有带电荷的侧链基团。天冬氨酸和谷氨酸都含有2个羧基，除 α-羧基外，天冬氨酸另含有一个 β-羧基，谷氨酸另含有一个 γ-羧基。因此，天冬氨酸和谷氨酸是酸性氨基酸，当pH高于3时，天冬氨酸和谷氨酸分子所带的静电荷为负(图2-3)。

赖氨酸、精氨酸和组氨酸都是碱性氨基酸，这些氨基酸在生理pH条件下所带静电荷为正(图2-4)。赖氨酸含有一个丁铵(butylammonium)侧链，除 α-氨基外，侧链 ε-C 上还有一个氨基；精氨酸侧链带有胍基；而组氨酸侧链带有咪唑基。

在20种常见氨基酸中，只有组氨酸的侧链基团的解离常数($pK_R = 6.0$)接近生理pH。在pH 6.0时，组氨酸约有50%的咪唑基解离。在生理条件下，组氨酸的咪唑基既可以作为质子的供体也可以作为质子的受体，因而组氨酸常参与酶的催化过程。

1. R基团带负电荷的氨基酸

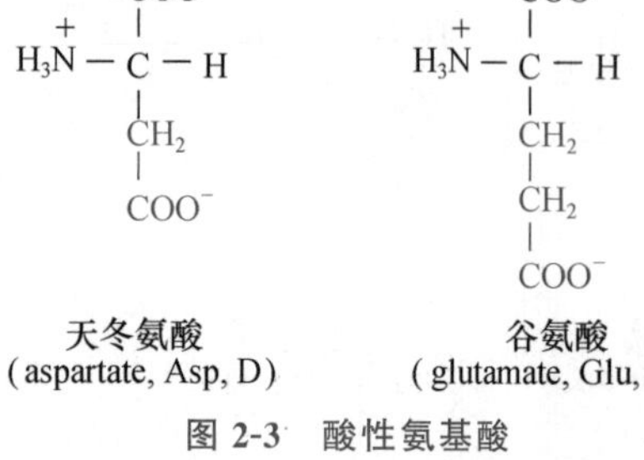

天冬氨酸 (aspartate, Asp, D)　　谷氨酸 (glutamate, Glu, E)

图2-3　酸性氨基酸

2. R基团带正电荷的氨基酸

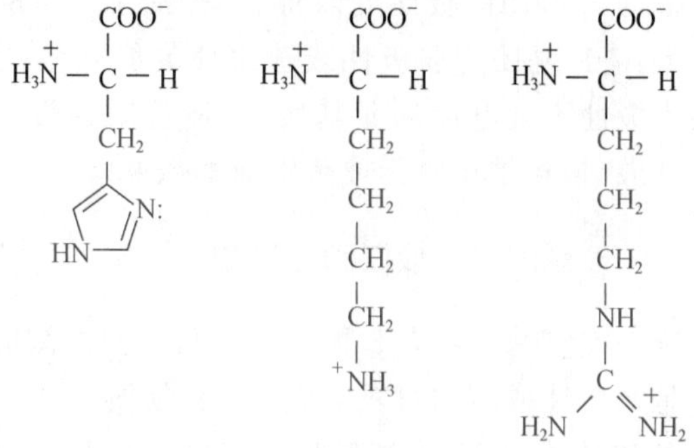

组氨酸 (histidine, His, H)　　赖氨酸 (lysine, Lys, K)　　精氨酸 (arginine, Arg, R)

图2-4　碱性氨基酸

虽然上述的分类方法得到广泛的使用，但是也存在不同意见。有些观点认为甘氨酸可以归入非极性氨基酸；丙氨酸和色氨酸可以划分到极性不带电荷的氨基酸类型中。这些氨基酸被称为边界氨基酸(borderline amino acid)。所以，将20种氨基酸按侧链基团的极性归入上述三种类型并不是绝对的。

除了根据侧链基团的极性对氨基酸进行分类之外，还有其他的分类方法。例如，根据侧链基团的化学结构可将氨基酸分为：脂肪族氨基酸(G，A，V，L，I，S，T，C，M，N，Q，D，E，K，R)、芳香族氨基酸(F，Y)、杂环氨基酸(W，H，P)。此外，根据人体自身是否能合成氨基酸，可以将20种氨基酸分为必需氨基酸与非必需氨基酸。根据氨基酸降解产物的去向还可以分为生糖氨基酸、生酮氨基酸及生糖兼生酮氨基酸。

在某些生物中，人们发现共有21种氨基酸用于蛋白质的合成。这第21种氨基酸为硒代半胱氨酸(selenocysteine，Sec，U)(图2-5)，其结构中以Se代替了半胱氨酸中的S。但实际上，硒代半胱氨酸是丝氨酸的衍生物。硒代半胱氨酸仅存在于少数几种

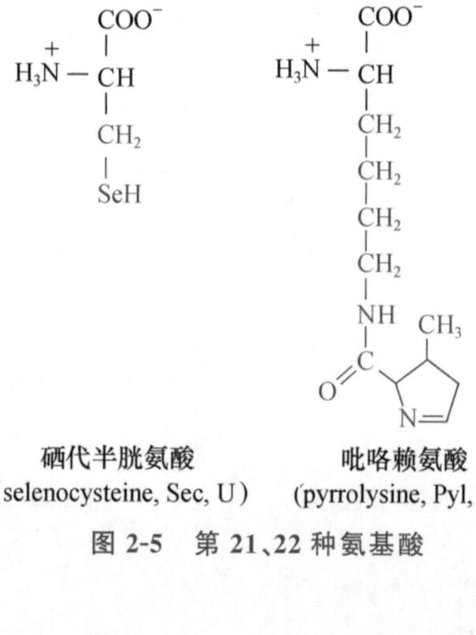

硒代半胱氨酸 (selenocysteine, Sec, U)　　吡咯赖氨酸 (pyrrolysine, Pyl, O)

图2-5　第21、22种氨基酸

蛋白质中,是在蛋白质合成时进入肽链的,而不是在蛋白质合成后经加工修饰形成的。硒代半胱氨酸有自己的密码子(UGA)和特定的 tRNA(tRNA^{Sec})。2002 年,在某些古菌(archae)中还发现了第 22 种氨基酸,为吡咯赖氨酸(pyrrolysine,Pyl,O)(图 2-5)。吡咯赖氨酸由赖氨酸修饰形成,也由 DNA 编码,对应的密码子是 UAG。

三、蛋白质中的稀有氨基酸

在蛋白质合成过程中,遗传密码只对应 20 种常见氨基酸,但在蛋白质中还有许多其他种类的氨基酸。这些氨基酸没有对应的遗传密码子,是经过翻译后加工修饰而来,称为蛋白质的稀有氨基酸(un-common amino acid 或 nonstandard amino acid)。

蛋白质的稀有氨基酸(图 2-6)中,4-羟基脯氨酸和 5-羟基赖氨酸是两个重要的氨基酸,它们是胶原蛋白的重要组成成分,而胶原蛋白是哺乳动物体内最丰富的蛋白质。此外,与核酸形成复合物的蛋白质中往往含有被修饰的氨基酸。例如:染色体上的组蛋白(histone)中含有被甲基化、乙酰化或磷酸化的氨基酸。N-甲酰甲硫氨酸(N-formylmethionine)是所有原核生物的蛋白质合成时 N 端的起始氨基酸。γ-羧基谷氨酸存在于几种与凝血过程有关的蛋白质中。6-N-甲基赖氨酸(6-N-methyllysine)存在于肌球蛋白中,肌球蛋白与肌肉收缩以及细胞内某些运动过程有关。蛋白质稀有氨基酸的

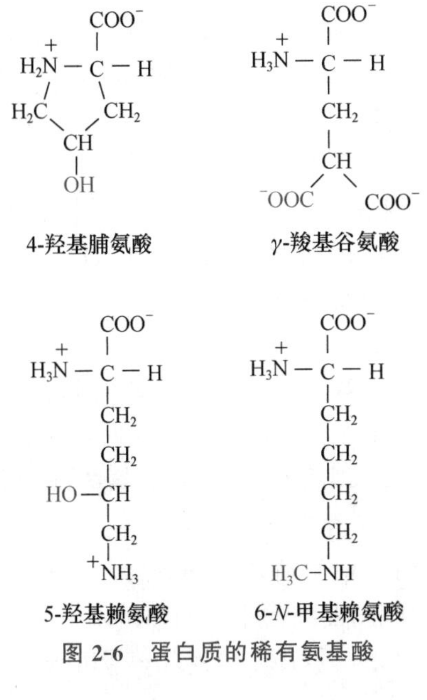

图 2-6　蛋白质的稀有氨基酸

存在,可以影响蛋白质的溶解性、稳定性以及与其他蛋白质的相互作用,从而赋予蛋白质更丰富的功能。

四、非蛋白质氨基酸

生物体内各种组织和细胞中还存在着许多其他的氨基酸,这些氨基酸不参与蛋白质的组成,被称为非蛋白质氨基酸(non-protein amino acid)(图 2-7),目前从各种植物、真菌和细菌中发现的非蛋白质氨基酸已超过 300 种。非蛋白质氨基酸大多是蛋白质中常见氨基酸的衍生物,所以也是 L-α-氨基酸。然而,有些非蛋白质氨基酸是 D 型氨基酸,还有些是 β-氨基酸、γ-氨基酸或 δ-氨基酸。

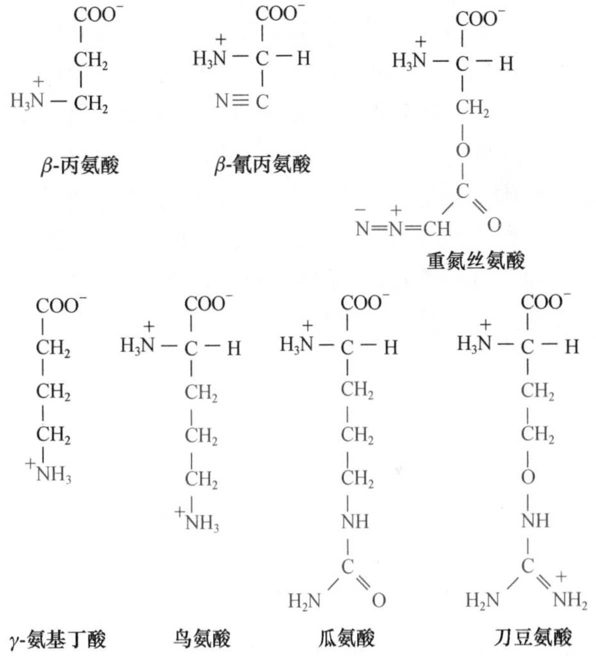

图 2-7　非蛋白质氨基酸

非蛋白质氨基酸及其衍生物具有广泛的生理功能。细菌细胞壁的肽聚糖中含有 D-丙氨酸和 D-谷氨酸。细菌产生的抗生素中也含有 D 型氨基酸,如短杆菌肽 S(gramicidin S)中含有 D-苯丙氨酸,放线菌素 D(actinomycin D)中含有 D-缬氨酸。

β-丙氨酸是维生素泛酸的组成部分。γ-氨基丁酸(γ-aminobutyric acid,GABA)是谷氨酸脱去羧基后的产物,它是传递神经冲动的化学介质,称为神经递质。还有的非蛋白质氨基酸是重要的代谢中间产物,如鸟氨酸(ornithine)和瓜氨酸(citrulline),它们是精氨酸合成和尿素循环中的重要中间代谢物。

但是,大多数非蛋白质氨基酸的生物学功能并

不清楚,已经知道许多非蛋白质氨基酸都具有毒性,如植物中的刀豆氨酸(canavanine)、β-氰丙氨酸(β-cyanoalanine)、重氮丝氨酸(azaserine)等对其他生物是有毒的。所以,这类氨基酸对植物自身来说应该具有保护功能。

五、氨基酸的酸碱性质

在溶液中,氨基酸的氨基和羧基都可以解离,使氨基酸表现出酸碱特性。氨基酸的酸碱性质非常重要,它可以作为分离鉴定氨基酸一种依据,同时氨基酸的酸碱性也影响着由其组成的蛋白质的结构及性质。

(一)氨基酸的偶极离子形式

许多实验证明,氨基酸在晶体和水溶液中主要以偶极离子(dipolar ion)或称兼性离子(zwitterion)形式存在。即氨基酸在晶体和水溶液中主要以解离的形式存在,分子中的羧基解离带上一个负电荷,而氨基质子化带上一个正电荷,因此氨基酸分子中既带正电荷又带有负电荷。当氨基酸分子所带的正电荷和负电荷等量时,使整个分子呈现电中性状态,这种形式称为偶极离子形式。

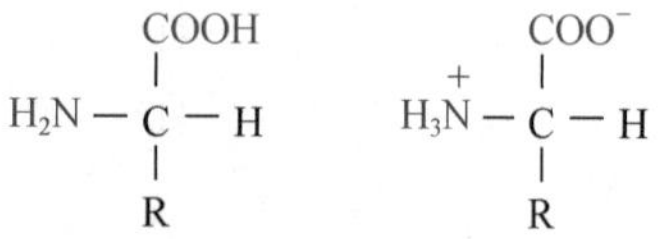

非解离形式   偶极离子形式

(二)氨基酸的两性解离

按照 Brönstged 的酸碱理论,酸是质子的供体,碱是质子的受体。在溶液中氨基酸以偶极离子形式存在,既可以作为质子供体也可以作为质子受体而发挥作用,氨基酸既是酸也是碱,因而是两性电解质(ampholyte)。

偶极离子可以作为质子供体,起酸的作用:

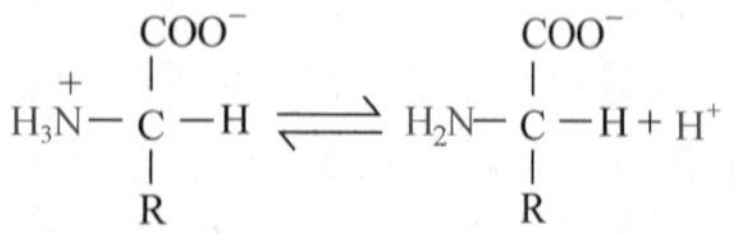

偶极离子也可以作为质子受体,起碱的作用:

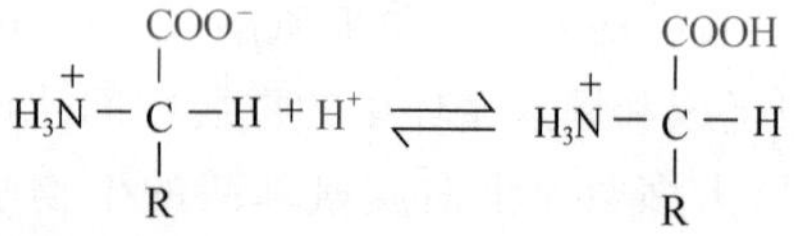

只含有一个氨基和一个羧基的氨基酸,如甘氨酸,完全质子化时可以看作是二元酸(diprotic acid),含有两个可供出质子的基团:α-COOH 和 α-NH$_3^+$。侧链基团也能解离的氨基酸完全质子化时则可看作是三元酸,如碱性氨基酸和酸性氨基酸。

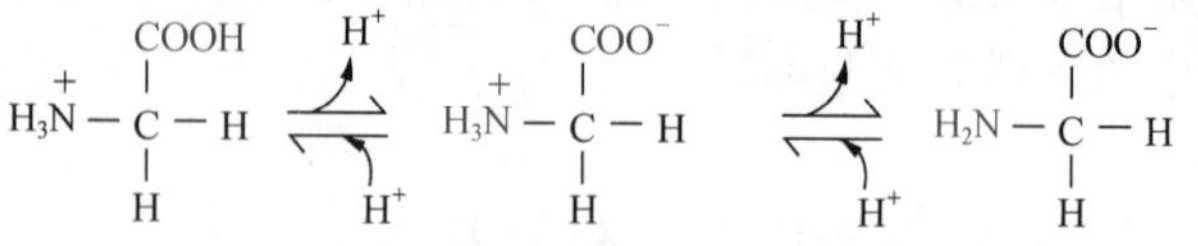

Gly$^+$ Gly$^\pm$ Gly$^-$
净电荷:+1   净电荷:0   净电荷:-1

以 K_1 表示 α-羧基的解离常数,K_2 表示 α-氨基的解离常数,则:

$$K_1 = \frac{[Gly^\pm][H^+]}{[Gly^+]} \quad (2-1)$$

$$K_2 = \frac{[Gly^-][H^+]}{[Gly^\pm]} \quad (2-2)$$

氨基酸的解离状态与 pH 有关,用酸碱滴定曲线可以说明二者之间的关系。每个氨基酸具有不同的结构,因而具有各自特征的酸碱滴定曲线。

氨基酸的解离常数可以通过测定滴定曲线的实验方法求得。

图 2-8 是甘氨酸的酸碱滴定曲线图,横坐标为加入碱的量,纵坐标为溶液的 pH。图中的曲线可分为明显的两段:阶段 I 和阶段 II,分别代表了甘氨酸上 α-COOH 和 α-NH$_3^+$ 的去质子化过程。

阶段 I 显示了 α-COOH 的解离过程。在 pH 很低的酸性溶液中,甘氨酸完全质子化,主要以 Gly$^+$ 形式存在。随着碱的加入,溶液 pH 升高,α-COOH 逐步释放出质子。当达到阶段 I 中曲线的中点时出现一个转折,此时溶液 pH=2.34,甘氨酸中有一半的 α-COOH 解离。因此 [Gly$^+$] 与 [Gly$^\pm$] 相等,由公式(2-1)可得 K_1=[H$^+$],则 pK_1=pH。因此,α-羧基的解离常数 pK_1 就等于此时溶液的 pH,即 pK_1=2.34。

继续加入碱,溶液 pH 进一步升高,滴定曲线在 pH=5.97 出现一个转折点。此时,α-COOH 解离完全而 α-NH$_3^+$ 即将开始解离,甘氨酸则主要以偶极离子形式 Gly$^\pm$ 存在。

滴定曲线中的阶段 II 显示了 α-NH$_3^+$ 的解离过程。在阶段 II,曲线的中点同样出现一个转折,此时溶液 pH=9.60,[Gly$^\pm$] 与 [Gly$^-$] 相等,由式(2-2)

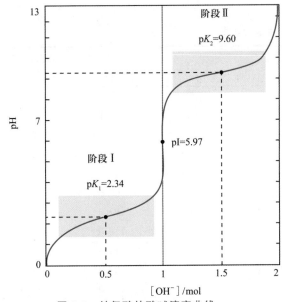

图 2-8 甘氨酸的酸碱滴定曲线

（阴影区以 pK_1 和 pK_2 为中心表示出甘氨酸具有缓冲能力的 pH 范围。当 pH 等于 pK_1 和 pK_2 时，甘氨酸具有最大的缓冲能力）

可得 $K_2 = [H^+]$。因此 α-NH_3^+ 的解离常数 pK_2 就等于此时溶液的 pH，即 $pK_2 = 9.60$。

对于共轭酸 HA，

$$HA \rightleftharpoons H^+ + A^-$$

则：$\dfrac{[H^+][A^-]}{[HA]} = K_a$

根据 Henderson-Hasselbalch 公式：

$$pH = pK_a + \log \frac{[\text{质子受体}]}{[\text{质子供体}]}$$

$$pH = pK_a + \log \frac{[A^-]}{[HA]}$$

当 $[A^-] = [HA]$ 时

则：$pH = pK_a$

因此，某个可解离基团的解离常数 pK 就等于该解离基团解离一半时溶液的 pH。pK 的大小可表示某解离基团酸碱性的强弱，pK 小，则酸性强。利用 Henderson-Hasselbalch 公式，若已知 pK，可以计算出在任一 pH 时溶液中氨基酸的各种离子类型的浓度比例。反之，若已知氨基酸的各种离子类型的浓度比例，也可以计算出此时氨基酸溶液的 pH。

对于只有 α-COOH 和 α-NH_3^+ 解离的氨基酸，其酸碱滴定曲线与甘氨酸相似。对于侧链基团可解离的氨基酸，除了具有 pK_1 和 pK_2 外，还有侧链基团的解离常数 pK_R。例如组氨酸具有 3 个可解离基团（图 2-9），完全质子化时，组氨酸可视为三元酸。随着溶液 pH 的升高，组氨酸上的 α-COOH 首先解离，$pK_1 = 1.80$。随后是侧链基团咪唑基解离，$pK_R = 6.04$。α-NH_3^+ 最后解离，$pK_2 = 9.33$。

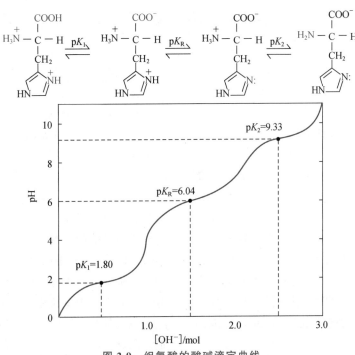

图 2-9 组氨酸的酸碱滴定曲线

表 2-3 列出了 20 种蛋白质常见氨基酸的解离常数、等电点、氨基酸残基质量和在蛋白质中出现的频率。20 种氨基酸中，α-羧基的解离常数 pK_1 在 1.8～2.4，α-氨基的解离常数 pK_2 在 8.8～11。20 种常见氨基酸中只有组氨酸上咪唑基的 pK_R 为 6.0，接近生理 pH（6.8～7.4）。因此，在生理 pH 环境下只有组氨酸具有明显的缓冲作用。

表 2-3　氨基酸的解离常数和等电点

氨基酸	pK_1(α-羧基)	pK_2(α-氨基)	pK_R(R-基)	pI	氨基酸残基质量*	蛋白质中平均出现频率
甘氨酸	2.34	9.60		5.97	57.0	6.8
丙氨酸	2.35	9.87		6.11	71.1	7.6
缬氨酸	2.29	9.74		6.02	99.1	6.6
亮氨酸	2.33	9.74		6.04	113.2	9.5
异亮氨酸	2.32	9.76		6.04	113.2	5.8
丝氨酸	2.19	9.21		5.70	87.1	7.1
苏氨酸	2.09	9.10		5.60	101.1	5.6
天冬氨酸	1.99	9.90	3.90（β-羧基）	2.94	115.1	5.2
天冬酰胺	2.14	8.72		5.43	114.1	4.3
谷氨酸	2.10	9.47	4.07（γ-羧基）	3.08	129.1	6.5
谷氨酰胺	2.17	9.13		5.65	128.1	3.9
精氨酸	1.82	8.99	12.48（胍基）	10.74	156.2	5.2
赖氨酸	2.16	9.06	10.54（ε-氨基）	9.80	128.2	6.0
组氨酸	1.80	9.33	6.04（咪唑基）	7.68	137.1	2.2
半胱氨酸	1.92	10.70	8.37（巯基）	5.14	103.1	1.6
甲硫氨酸	2.13	9.28		5.70	131.2	2.4
苯丙氨酸	2.20	9.31		5.76	147.2	4.1
酪氨酸	2.20	9.21	10.46（酚基）	5.70	163.2	3.2
色氨酸	2.46	9.41		5.94	186.2	1.2
脯氨酸	1.95	10.64		6.30	97.1	5.0

注：* 为肽链中氨基酸残基相对分子质量。如果加上 H_2O 的相对分子质量 18，即为氨基酸相对分子质量。

（三）氨基酸的等电点

1. 等电点的概念

从氨基酸的解离曲线可以得到这样一个重要的信息，即氨基酸在溶液中所带净电荷与溶液的 pH 相关。随着溶液 pH 的改变，氨基酸分子可以带上正电荷或负电荷，也可以处于净电荷为零的偶极离子状态。当溶液处于某一特定的 pH 时，氨基酸主要以偶极离子形式存在，分子所带的净电荷为零，我们将此时溶液的 pH 称为该氨基酸的等电点（isoelectric point，pI）。从甘氨酸的解离曲线中可以看到，解离曲线在 pH＝5.97 出现一个转折点，此时 α-羧基解离完全、质子化的 α-氨基刚开始解离，甘氨酸主要以偶极离子形式存在，分子所带净电荷为零，因此甘氨酸的等电点 pI＝5.97。

如果溶液中只有一种氨基酸，①当溶液 pH 高于氨基酸的等电点时（pH＞pI），氨基酸带负电荷，在电场中向正极移动；②当溶液 pH 低于氨基酸的等电点时（pH＜pI），氨基酸带正电荷，在电场中向负极移动；③当溶液 pH 等于氨基酸的等电点时（pH＝pI），氨基酸所带净电荷为 0，在电场中既不向正极也不向负极移动。

在高于或低于氨基酸等电点的 pH 环境中，氨基酸带有负电荷或正电荷，由于同种电荷的排斥作用，有利于氨基酸的溶解。当氨基酸处于其等电点的 pH 溶液中时，分子所带的净电荷为零，分子间的排斥作用大大降低。由于分子中同时带有正电荷和负电荷，分子之间会产生电荷相互作用而靠近，加上分子间产生的范德华相互作用等，氨基酸分子很容易聚集而沉淀。因此，当处于等电点时，氨基酸的溶解度最小。

2. 等电点的计算

每种氨基酸都有特定的等电点。对于侧链基团不解离的氨基酸来说，其等电点等于 pK_1 和 pK_2 的算数平均值，即

$$pI = \frac{1}{2}(pK_1 + pK_2)$$

以甘氨酸为例，其等电点为：

$$pI = \frac{1}{2}(pK_1 + pK_2) = \frac{1}{2}(2.34 + 9.60) = 5.97$$

对于侧链基团可解离的氨基酸，如酸性和碱性氨基酸，在计算其等电点时，首先写出氨基酸的解离过程和各解离步骤的 pK，然后确定哪一步解离形成了偶极离子，该氨基酸的等电点就等于偶极离子两侧 pK 的算术平均值。

酸性氨基酸等电点的计算以谷氨酸为例。谷氨酸的 3 个可解离基团的 pK 分别是 $pK_1 = 2.10$、$pK_2 = 9.47$、$pK_R = 4.07$，其解离过程如下：

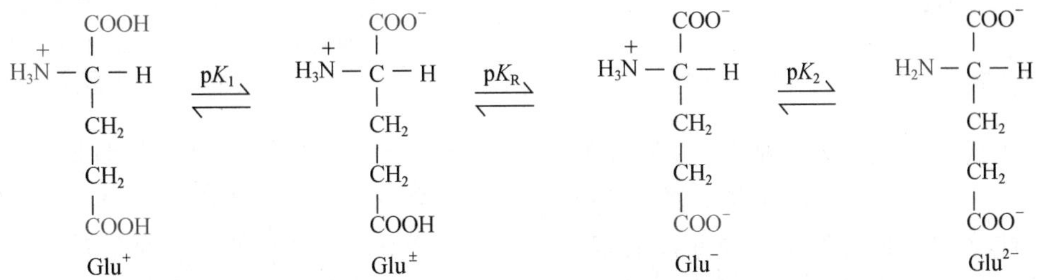

在等电点时，谷氨酸主要以偶极离子 Glu$^\pm$ 存在，[Glu^{2-}] 的量可以忽略不计，[Glu$^+$] 和 [Glu$^-$] 等量存在但量很少，因此谷氨酸等电点的计算如下：

$$pI = \frac{1}{2}(pK_1 + pK_R) = \frac{1}{2}(2.10 + 4.07) = 3.08$$

碱性氨基酸以组氨酸为例。组氨酸的 3 个可解离基团的 pK 分别是 $pK_1 = 1.80$、$pK_2 = 9.33$、$pK_R = 6.04$，其解离过程如下：

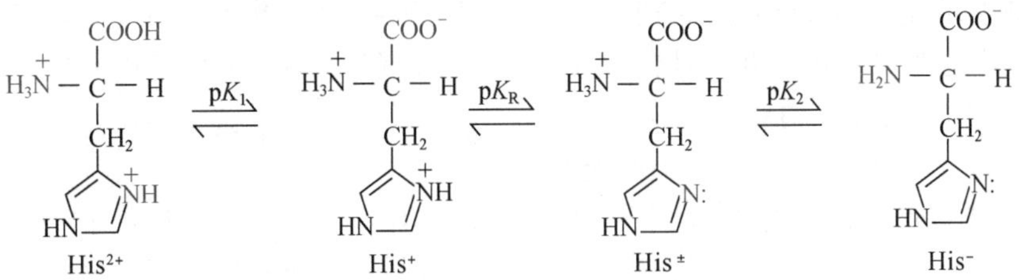

在等电点时，组氨酸主要以偶极离子 His$^\pm$ 存在，[His^{2+}] 的量可以忽略不计，[His$^+$] 和 [His$^-$] 的量相等且非常少，因此组氨酸等电点计算如下：

$$pI = \frac{1}{2}(pK_2 + pK_R) = \frac{1}{2}(9.33 + 6.04) = 7.68$$

在对氨基酸混合物进行分离时，常常利用到氨基酸的两性解离和等电点的性质。例如，等电点时氨基酸溶解度最低，可以更容易更有效地沉淀氨基酸。根据不同的氨基酸在一定 pH 下所带的电荷不同，可以采用离子交换树脂将不同氨基酸的混合物加以分离。

六、氨基酸的立体化学

连接了四个不同原子或基团的碳原子称为不对称碳原子（asymmetric carbon）。不对称 C 原子都具有旋光性，它能够使平面偏振光发生偏转。这一特性又称为手性（chirality），因此不对称碳原子又称为手性碳原子（chiral carbon）。20 种氨基酸中，除甘氨酸外的其他 19 种氨基酸的 α-碳原子都是手性碳原子。

具有一个手性碳原子的化合物，存在一对互为镜像对称的立体异构体，称为"对映体"（enantiomer），一对对映体具有相同的分子式但构型不同。氨基酸的立体构型以甘油醛作为参照物，对应于 D 型和 L 型的甘油醛来确定氨基酸的 D 型和 L 型（图 2-10）。这种表示方式中，氨基酸的—COOH 与甘油醛的—CHO 处于相同的取代位置，位于 α-C 的上方。氨基酸中 R 基与甘油醛的—CH$_2$OH 处于相同的取代位置，位于 α-C 的下方。L 型氨基酸的 α-

NH_3^+ 处于 α-C 的左侧，与甘油醛中的—OH 取代位置相同。

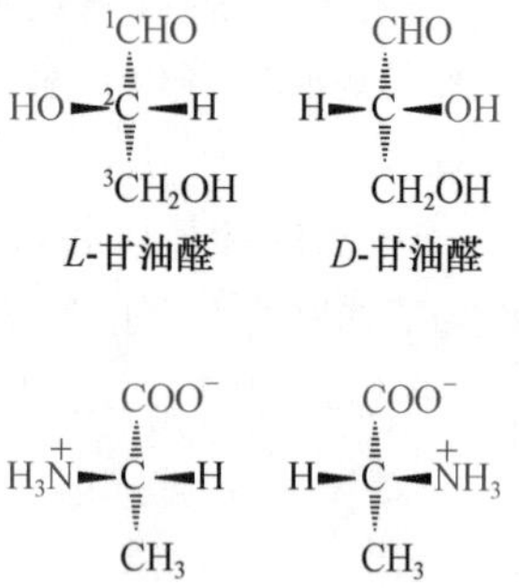

$$L\text{-甘油醛} \qquad D\text{-甘油醛}$$

$$L\text{-丙氨酸} \qquad D\text{-丙氨酸}$$

图 2-10　甘油醛与丙氨酸的 D、L 构型

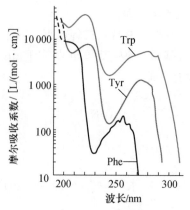

图 2-11　芳香族氨基酸的紫外吸收光谱
（色氨酸的紫外吸收最强，其吸收值大约是
酪氨酸的 4 倍，是苯丙氨酸的几十倍）

自然界中，组成蛋白质的氨基酸（除甘氨酸外）都是 L-型。至今人们对于生命体为什么选择 L-型而非 D-型氨基酸来构筑自身的蛋白质并没有很好的解释，但通常认为地球上的生命在进化初始可能是随机地选择了 L-型氨基酸，选择之后便不再改变。自然界中也存在着 D-型氨基酸，但仅存在于少数几种小肽中，如细菌细胞壁中的一些小肽以及肽类抗生素。

关于氨基酸的旋光性，一直以来，沿用小写英文字母"l"和"d"分别表示左旋（levorotatory）和右旋（dextrorotatory）。左旋即偏振光发生逆时针偏转，以"—"号表示；右旋则为顺时针偏转，以"＋"号表示。需要注意的是，D、L 构型是指手性分子的相对构型，表示了碳原子周围四个取代基团的相互位置，与旋光值的正负没有对应关系。因此，尽管组成蛋白质的氨基酸都是 L-氨基酸，但有的 L-氨基酸是左旋的，有的 L-氨基酸则是右旋的。

七、氨基酸的吸收光谱

现代生物化学中广泛地应用分光光度法（spectrophotometry）测定分子和原子对不同频率能量的吸收和发射。氨基酸许多结构细节和化学性质都是通过分光光度法阐明或确认的。

组成蛋白质的 20 种常见氨基酸在可见光区没有吸收，在红外区和远紫外区（$\lambda < 200$ nm）都有光吸收。在近紫外区（$200 \sim 400$ nm），主要有三个芳香族氨基酸：色氨酸、酪氨酸和苯丙氨酸有吸收（图 2-11）。苯丙氨酸的最大吸收波长（λ_{max}）是 257 nm，

酪氨酸的是 275 nm，色氨酸的是 280 nm。两个半胱氨酸形成的二硫键在 240 nm 有弱的吸收。蛋白质因含有这些氨基酸也在紫外波段有吸收，最大吸收波长一般在 280 nm。

八、氨基酸的化学反应

氨基酸的化学反应主要由其相关的功能基团参与，包括 α-氨基、α-羧基及一些侧链基团，如巯基、羟基、酚基、胍基和咪唑基等。这里主要介绍氨基酸的 α-氨基参与的三个重要化学反应。

（一）茚三酮反应

茚三酮反应（ninhydrin reaction）中，氨基酸的 α-氨基和 α-羧基都参与了反应（图 2-12）。反应第一步是氨基酸与一分子茚三酮在弱酸性溶液中共热，氨基酸氧化脱氨、脱羧生成 RCHO、CO_2 和 NH_3。反应产生的还原型茚三酮（hydrindantin）、NH_3 再与一分子茚三酮反应生成 Ruhemann 氏紫（Ruhemann's purple）。该产物为蓝紫色复合物，最大吸收峰在 570 nm。这个反应中，一分子氨基酸与两分子茚三酮发生反应。

由于 RCHO、CO_2 和 NH_3 由氨基酸定量转变而来，茚三酮反应可以用于对氨基酸进行定性检测或定量测定，所以被广泛应用。通过测定 570 nm 的光吸收值，可以对氨基酸进行定量测定。

天冬氨酸与茚三酮反应释放两分子的 CO_2。脯氨酸、羟脯氨酸与茚三酮反应不释放 NH_3，生成的产物呈黄色，最大吸收波长在 440 nm。

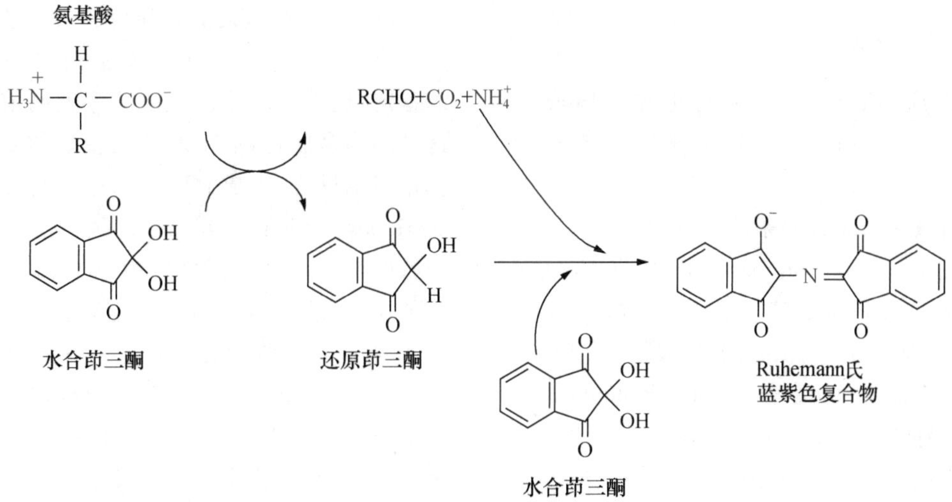

图 2-12　茚三酮反应

(二)Sanger 反应

Sanger 反应(Sanger reaction)最早由英国科学家 Frederick Sanger 用于多肽和蛋白质的 N-末端氨基酸的测定。当年 Sanger 将该反应用于测定胰岛素中两条多肽链的 N-末端,并最终测定了胰岛素的一级结构,这是人类历史上测定的第一个蛋白质氨基酸序列,是生物化学领域划时代的成果之一。至今该方法依然是一种测定多肽及蛋白质 N-末端氨基酸的有效方法。

在弱碱性条件下(图 2-13A),氨基酸的 α-氨基与 2,4-二硝基氟苯(dinitrofluorobenzene,DNFB 或 fluoro-dinitrobenzene,FDNB)发生反应,生成稳定的黄色物质 2,4-二硝基苯基氨基酸(dinitrophenyl amino acid),即 DNP-氨基酸。

在多肽或蛋白质氨基酸序列的测定中,DNFB 与肽链 N-末端反应生成 DNP-肽(图 2-13B)。用酸水解 DNP-肽,产生游离的氨基酸。N-末端氨基酸生成黄色的 DNP-氨基酸,其他氨基酸均为无色的游离氨基酸。黄色的 DNP-氨基酸可用乙酸乙酯或乙醚抽提到有机相中,其他氨基酸保留在水相。利用纸层析、聚酰胺薄层层析或 HPLC 等色谱方法对 DNP-氨基酸进行分离鉴定和定量测定,对照 DNP-氨基酸标准品便可鉴定出氨基酸的种类。

DNFB 也被称为 Sanger 试剂,它不仅与氨基酸的 α-氨基发生反应,还能与侧链基团中的氨基、巯基、酚基等反应,但其水解产物不能被乙醚等抽提,而与其他游离氨基酸一起留在水相,因此不会干扰肽链 N-末端氨基酸的鉴定。

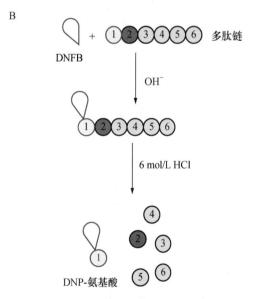

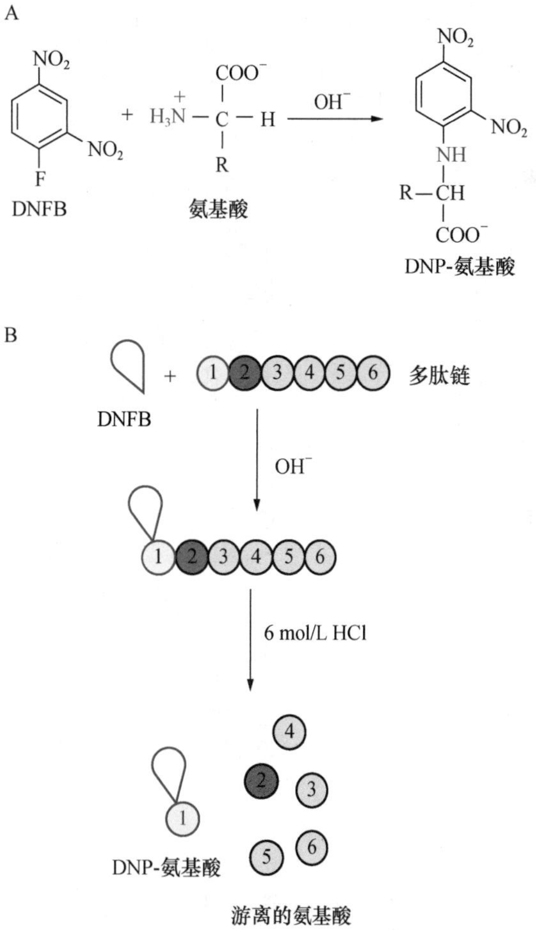

A. 2,4-二硝基氟苯(DNFB)与氨基酸的 α-氨基反应,生成 DNP-氨基酸　B. DNFB 与肽链 N-末端的氨基反应生成 DNP-肽,酸水解后产生 DNP-氨基酸和游离的其他氨基酸

图 2-13　Sanger 反应

(三)Edman 反应

Edman 反应(Edman reaction)也称 Edman 降解法(Edman degradation),是 Pehr Edman 在 1950 年建立的。

反应在弱碱性(pH 9.0)条件下进行(图 2-14A),由苯异硫氰酸酯(phenylisothiocyanate,PITC)与氨基酸的 α-氨基反应,生成苯氨基硫甲酰衍生物(PTC-氨基酸)。PTC-氨基酸在硝基甲烷中与酸作用,迅速环化生成相应苯乙内酰硫脲(phenylthiohydantoin,PTH)衍生物,即 PTH-氨基酸。PTH-氨基酸为无色产物,有较强的紫外吸收,最大吸收峰在 268 nm。在酸性条件下 PTH-氨基酸非常稳定,溶于乙酸乙酯,可通过层析法分离之后经显色加以鉴定。

该方法可以用于多肽及蛋白质 N-末端氨基酸的鉴定,还可以用于多肽链的序列测定(图 2-14B)。这是因为多肽链的 N-末端氨基酸的 α-氨基与苯异硫氰酸酯反应,生成 PTC-肽,经三氟乙酸(trifluoroacetic acid,TFA)处理,PTC-肽中仅 N-末端的第一个肽键断裂,释放出 PTH-氨基酸,肽链中的其他肽键不发生断裂。N-末端的肽键断裂后,暴露出一个新的 N-末端氨基酸。通过重复上述循环式化学反应,则可以从 N-末端开始,依次释放出 PTH-氨基酸。PTH-氨基酸可以用有机试剂抽提,经过高效液相色谱或质谱分析,鉴定出每个 PTH-氨基酸,这样就可以从 N 端开始确定一个多肽链的氨基酸顺序。

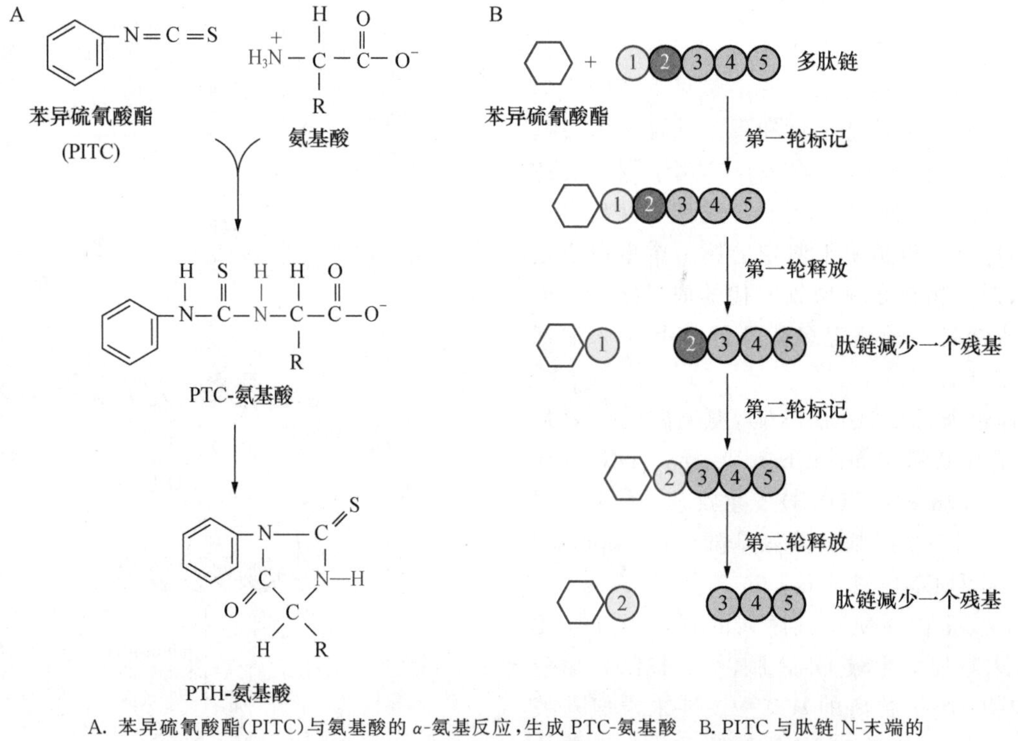

A. 苯异硫氰酸酯(PITC)与氨基酸的 α-氨基反应,生成 PTC-氨基酸　B. PITC 与肽链 N-末端的 α-氨基反应,生成 PTC-肽,水解后释放出 PTH-氨基酸和少一个氨基酸残基的肽链

图 2-14　Edman 反应

第三节　肽

一、肽键

一个氨基酸分子的 α-羧基与另一个氨基酸分子的 α-氨基发生酰化反应,脱去一分子水形成的酰胺键称为肽键(peptide bond)。肽(peptide)就是氨基酸通过肽键连接起来的线性聚合物。肽键是蛋白质分子中氨基酸与氨基酸之间连接的基本方式。

由两个氨基酸分子形成的肽称为二肽,通常由少于 10 个氨基酸分子形成的肽称为寡肽(oligopeptide)。多于 10 个氨基酸分子形成的肽,则称多肽(polypeptide)或多肽链(polypeptide chain),但寡肽与多肽并无严格区分。两个氨基酸分子形成肽键时,会失去一分子水,多肽链中的氨基酸已不是完整的氨基酸分子,因此称为氨基酸残基(amino acid residue)。

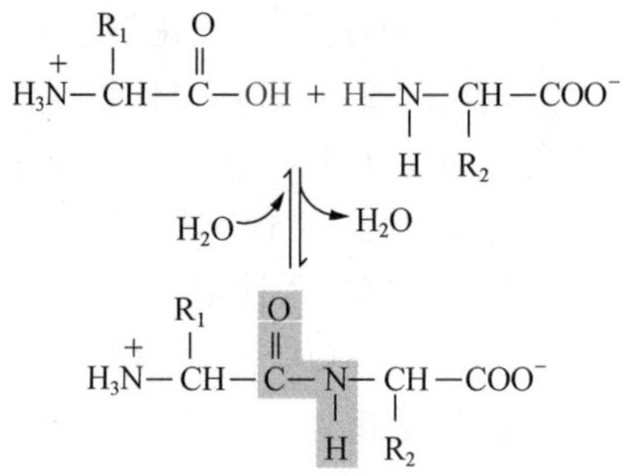

一条肽链有两个不同的末端,一端为游离的 $\alpha\text{-}NH_3^+$,称为氨基端或 N-端(amino-terminus 或 N-terminus);另一端为游离的 $\alpha\text{-}COO^-$,称为羧基端或 C-端(carboxyl-terminus 或 C-terminus)。因此,多肽链的结构具有方向性,多肽链的方向是从 N-端到 C-端。

在书写时,习惯上按从左至右的方向表示多肽链中的氨基酸残基的排列顺序,从 N-端写至 C-端,这也是多肽链合成的方向,氨基酸残基以三字母缩写或单字母符号表示。在蛋白质数据库中的氨基酸序列均以单字母符号表示。一个六肽的氨基酸顺序表示如下:

Glu-Ala-Lys-Gly-Tyr-Ala(或:EAKGYA)

二、肽的命名

肽的命名按照由 N-端至 C-端方向的氨基酸残基排列顺序进行命名。C-末端的氨基酸残基仍称氨基酸,其余氨基酸残基命名为酰胺。下图是一个五肽的命名。

可以看出,这种命名方式虽然准确,但很烦琐,而且必须已知多肽链中氨基酸残基的排列顺序才可以命名。因此,通常是根据肽的生物功能或来源来对肽进行命名的。

三、天然活性肽

天然存在的多肽链可以由两个到几千个氨基酸残基组成,除了组成蛋白质的多肽链外,自然界中还存在着大量的肽类,具有各种特殊的生理活性,统称为天然活性肽(active peptide)。最小的活性肽为二肽,大的活性肽通常含 30~40 个氨基酸残基。许多活性肽仅由蛋白质常见氨基酸组成,有的活性肽含有被修饰的氨基酸残基,还有些活性肽中存在非蛋白质氨基酸,如 D-型氨基酸、β-氨基酸等(图 2-15)。

活性肽的功能非常广泛,也有的活性肽的功能尚不清楚。脊椎动物的许多激素就属于这类小肽,如催产素(oxytocin)、升压素(vasopressin)等。催产素是一个九肽,由垂体后叶分泌,作用于子宫平滑肌及乳腺,在分娩时促进子宫收缩,在哺乳期促进乳汁分泌。升压素又称抗利尿激素(antidiuretic hormone),也是一个九肽,与催产素仅有两个氨基酸残基的差别,却有着完全不同的功能。升压素在肾脏促进对水的重新吸收,它还可以促进血管收缩增加血压。

有些活性肽属于抗生素(antibiotic)类。缬氨霉素(valinomycin)是一个环肽,作为 K^+ 的载体,可以破坏膜两侧形成的离子浓度梯度和电位梯度,从而干扰次级主动运输并抑制氧化磷酸化过程,影响细菌生长并达到杀菌目的。短杆菌肽 S(gramicidin S)也是一种环状肽类抗生素,由一些微生物或植物产生,对许多种类的微生物具有毒性。短杆菌肽 S 具有独特的结构,不仅含有鸟氨酸这种非蛋白质氨基酸,还含有 D-型氨基酸。

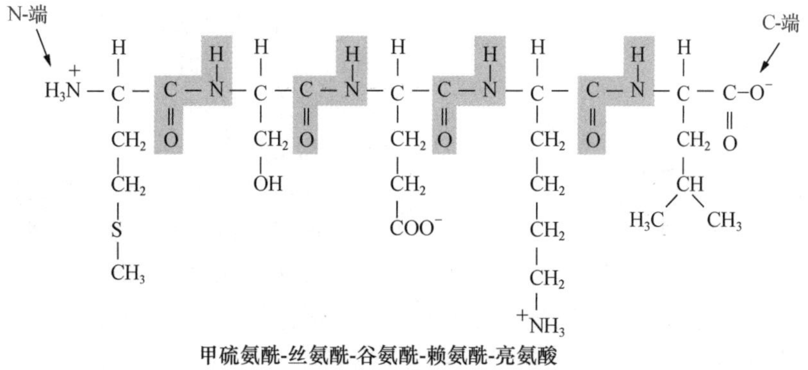

甲硫氨酰-丝氨酰-谷氨酰-赖氨酰-亮氨酸

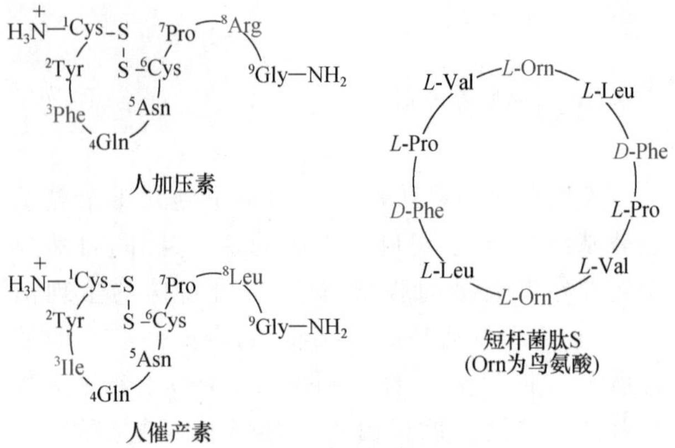

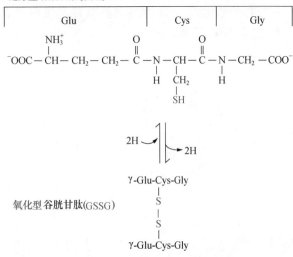

图 2-15　几种活性肽的结构

活性肽中有一类内源性的类吗啡肽,是含有几个氨基酸残基的小肽,如 Met-脑啡肽的序列是 Tyr-Gly-Gly-Phe-Met,Leu-脑啡肽的序列是 Tyr-Gly-Gly-Phe-Leu。这些肽类除具有镇痛功能外,还具有许多其他生理功能,如调节体温、调节心血管功能、调节呼吸功能等。这些肽类有类似吗啡或鸦片的作用,但与吗啡、鸦片不同的是,类吗啡肽在体内释放后会被迅速降解,不会在体内积累造成成瘾性。因此,人们希望通过对这类肽的研究,找到解除毒品成瘾性的新方法。

谷胱甘肽(glutathione)是体内一种具有重要生理功能的小肽,大量存在于植物、动物及某些微生物中,在体内起着氧化还原缓冲剂的作用。谷胱甘肽是一个三肽,即 γ-谷氨酰半胱氨酰甘氨酸。谷胱甘肽的结构(图 2-16)具有特殊性:首先,其中的谷氨酸以 γ-羧基而与半胱氨酸的 α-氨基形成异肽键。其次,半胱氨酸中的巯基很容易被氧化,使两个谷胱

图 2-16　还原型和氧化型的谷胱甘肽

甘肽分子间形成二硫键而相连起来,成为氧化型的六肽。谷胱甘肽发生的还原型氧化型之间转变的反应,使其在生物体系中起着重要的保护功能。

谷胱甘肽作为还原剂可以起到抗氧化、抗自由基的作用,它能够清除正常有氧代谢和生长中产生的对机体有毒性的氧化性物质,如过氧化氢(H_2O_2)、羟基自由基($\cdot OH$)及过氧化阴离子自由基($\cdot O_2^-$)等。这些氧化性物质会严重地干扰体内蛋白质、核酸和脂质的功能。谷胱甘肽还能维持蛋白质中巯基的还原态,以及维持血红素中铁的亚铁状态。

一种称为天冬氨酰苯丙氨酸甲酯的二肽,即阿斯巴甜(aspartame),是人工合成的甜味剂,其甜度是蔗糖的 200 倍,可以用作糖的替代品。有趣的是,如果将此二肽中的氨基酸由 L-型改成 D-型,合成出来的二肽就不再是甜的,而变成苦味的了。

第四节　蛋白质的分子结构

蛋白质是由氨基酸残基以肽键相连形成的多肽链组成的生物大分子,在体内承担着多种多样的功能,研究蛋白质的结构能够深入地了解蛋白质的功能。

一、蛋白质的结构层次

对于蛋白质的结构研究很早就开始了,很多研究者进行了大量的工作。1952 年丹麦生物化学家 Linderström-Lang 第一次提出蛋白质的结构有不同的层次,可以划分为一级结构、二级结构和三级结构。他的观点使蛋白质结构的研究走上了正确的道路。随后蛋白质结构的研究有了快速的发展:1958 年,英国晶体学家 John Bernal 认为许多蛋白质还具有四级结构。1970 年 Gerald Edelman 提出了结构域的概念。1973 年 Michael Rossmann 又提出超二级结构的概念。

现在,蛋白质一级、二级、三级、四级结构的概念已被国际生物化学与分子生物学联盟(International Union of Biochemistry and Molecular Biology, IUBMB)的生物化学命名委员会采纳并做出正式定义。

蛋白质的一级结构(primary structure)指组成

蛋白质的多肽链中氨基酸残基的排列顺序,不涉及肽链的空间排列。二级结构(secondary structure)是多肽链主链的局部空间结构,不考虑侧链的构象。三级结构(tertiary structure)指整个多肽链的空间结构,包括侧链在内的所有原子的空间排布,即蛋白质的三维结构。有些蛋白质具有更复杂的结构,这些蛋白质中由相同或不同的亚基以非共价键结合在一起,这种亚基间的组合方式称为四级结构(quaternary structure)。四级结构被看作是一级、二级、三级结构的延伸。

通常球状蛋白质都包含有一级、二级、三级结构,功能更复杂的蛋白质具有四级结构。蛋白质三级结构可以由几个离散的独立结构域组成,结构域(domain)是指球状蛋白质分子中那些明显分开的紧密球状区域,而结构域又可以由几个可辨认(recognizable)的蛋白质模体(motif)组成。模体是指多肽链中相邻的两个或两个以上的二级结构元件(element)形成有规律的组合体。结构域和模体这两个术语侧重描述多肽链的折叠模式。模体,也称为折叠(fold)或者超二级结构(supersecondary structure),然而超二级结构的概念容易让人们误认为是一个结构层次,因此使用得越来越少了。

二、蛋白质的一级结构

(一)蛋白质一级结构的概念

蛋白质的一级结构是指肽链中氨基酸残基的排列顺序。蛋白质的一级结构是蛋白质分子结构的基础,包含了蛋白质全部的结构信息。组成不同蛋白质一级结构的氨基酸残基在种类、数量和排列顺序上各不相同,形成种类多样的蛋白质,成为蛋白质承担丰富生物功能的结构基础。

蛋白质的一级结构和共价结构的概念不同。蛋白质的共价结构(或化学结构)除包含氨基酸残基的排列顺序外,还包括肽链的数目、末端氨基酸残基组成及二硫键位置等内容。1969年,国际理论和应用化学协会(UPAC)已经对蛋白质一级结构做出规定,以此与蛋白质共价结构相区别。

(二)蛋白质一级结构的测定

第一个被阐明一级结构的蛋白质是胰岛素(insulin),这项工作是由英国生物化学家 Frederick Sanger 等于 1953 年完成的,整个测序工作历时 10 年。Sanger 等采用氨基酸末端分析技术、纸电泳、纸层析等方法,揭示出胰岛素是一个由两条肽链、51 个氨基酸残基组成的蛋白质。这项实验结果第一次向人们表明了蛋白质具有其特定的、精确的氨基酸残基排列顺序,开创了蛋白质一级结构研究的新纪元,Sanger 也因此获得 1958 年的诺贝尔化学奖。

迄今蛋白质一级结构的数据仍是获取蛋白质空间结构的前提,人们已获得了成千上万的不同种类蛋白质的一级结构序列,蛋白质数据库中的蛋白质序列已超过 19 000 万条(2021 年 1 月 NCBI 数据),对于其中一些序列对应的蛋白质,我们已经知道了它们的三维结构、作用方式、在细胞中所处的位置等信息。而其余的大多数序列,只是从 DNA 序列推断而来。科学家可以利用这些已知的一级结构序列,鉴定出不同的蛋白质家族(family)或超家族(superfamily),预测蛋白质的三维结构,甚至可以对某些新发现的蛋白质进行功能预测。

蛋白质序列测定的快速进展,归功于自动测序仪的研制成功。蛋白质自动测序仪测序过程的基本原理依据 Edman 降解反应,逐个降解 N-端残基来确定肽链的序列。1980 年开始使用的自动测序仪免除了手工测序的烦琐,并实现了微量序列分析,同时灵敏度也提高了近 1 万倍。质谱技术的发展为蛋白质序列测定开辟了新的途径,1997 年第一次采用质谱技术的方法测定了完整的蛋白质分子序列。

蛋白质序列测定是一项非常复杂,且工作量很大的工作,这里仅做简要介绍。

1. 蛋白质序列测定的一般步骤

测定蛋白质一级结构,通常可以分为如下三大部分。

(1)测序前的准备工作(getting ready)

①纯化蛋白质:蛋白质的纯度直接影响序列测定的准确性,待测蛋白质样品的纯度通常应达到 97% 以上。

②确定其中的肽链数目或亚基数目:通过蛋白质末端氨基酸残基测定、分子量测定,确定蛋白质的肽链数目和组成。

③断裂肽链中的二硫键:肽链拆分前需要断裂蛋白质结构中的二硫键。

④分离纯化不同的肽链或亚基:蛋白质序列分析时,必须是针对单类型的多肽链。由多条不同肽链或不同亚基组成的蛋白质,在测序前必须对肽链

进行拆分,将不同的肽链分离开。

⑤水解肽链以测定其氨基酸组成:氨基酸组成是指每摩尔蛋白质中所含某种氨基酸残基的摩尔数。根据分子量和氨基酸组成的测定可确定蛋白质多肽链中各种残基数目,以便确定选用适合的方法断裂肽链。

(2)序列测定(sequencing)

①用至少两种不同的方法,将长的肽链断裂成一定长度的小肽段并分离。

选择至少两种对肽链有不同切点的蛋白酶或化学试剂降解多肽链,得到至少两套小肽段,将各个小肽段分离。

用胰蛋白酶水解:

Gly-Arg↓Ala-Ser-Phe-Gly-Asn-Lys↓Trp-Glu-Val

用胰凝乳蛋白酶水解:

Gly-Arg-Ala-Ser-Phe↓Gly-Asn-Lys-Trp↓Glu-Val

②测定每个小肽段的序列:利用蛋白质序列自动分析仪或质谱仪,测定出每个小肽段中氨基酸残基的顺序。

(3)多肽链的结构重建(reconstruction)

①确定完整多肽链的序列:利用两套肽段的重叠部分,确定各个小肽段在整个多肽链中的排列顺序,从而拼接出完整肽链的序列。

②确定出二硫键的位置、酰胺的位置。

2. 蛋白质序列测定中的一些具体方法

(1)末端氨基酸残基测定 末端氨基酸残基的测定不仅可以确定蛋白质的末端氨基酸残基的种类,还能了解组成蛋白质的肽链数目。

①N-末端氨基酸残基测定:测定肽链N-末端的最常用方法是 Edman 降解法或 Sanger 法,这两种方法已经在氨基酸的化学反应中介绍过。这里再介绍其他两种常用的方法。

丹磺酰氯(dansyl chloride)法:丹磺酰氯与氨基的反应与 Sanger 法类似,但丹磺酰氯是一种荧光试剂,其专一地与 N-端的 α-氨基反应生成氨磺酰衍生物(即 DNS-肽),经盐酸水解得 DNS-氨基酸和其他游离氨基酸。DNS-氨基酸在紫外线下有强烈荧光,且水解物不需要提取,可直接用电泳或纸层析法鉴定。该法灵敏度高,可达 $10^{-10} \sim 10^{-9}$ mol,比 Sanger 法灵敏度高 100 倍,且操作简便,广泛应用于蛋白质和肽的 N-末端测定。

氨肽酶(aminopeptidase)法:氨肽酶是一类肽链外切酶(exopeptidase),简称外肽酶,可以从肽链 N-末端开始逐个水解出氨基酸残基,这样可以根据酶水解作用不同的时间所释放的氨基酸种类和数量确定 N-末端氨基酸。如果氨肽酶以相同的速度逐个水解出氨基酸,则不难确定 N-末端氨基酸,甚至可以测定出肽链 N-端的序列。但是由于酶对各种肽键敏感性不同,水解速度变化很大,实际上常常难以确定哪个氨基酸是先释放出来的,哪个氨基酸是后释放出来的。因此,这种方法在实际应用中局限性较大。

蛋白质或多肽的氨基酸序列测定时,经常会碰到 N-端氨基酸残基被封闭的情况,即 N-末端氨基酸残基的氨基被其他基团所修饰,如甲酰化、乙酰化的 N-末端,这些被封闭的 N-末端与 Edman 试剂完全不发生反应。因此,必须事先确定是否存在末端封闭。

②C-末端氨基酸残基测定:C-末端残基的测定相对 N-末端较为困难,可供选择的方法较少。化学法中有肼解法、还原法等,酶法中有羧肽酶法。

肼解法(hydrazinolysis):是化学法中测定 C-末端的最有效方法。通过肽链与无水肼(hydrazine,NH_2-NH_2)90 ℃共热发生肼解反应,肽链中所有肽键被打断。除 C-末端氨基酸以游离氨基酸形式存在外,其余氨基酸均生成氨酰肼(aminoacyl hydrazide)。采用层析方法可迅速鉴定 C-末端氨基酸。然而,由于肼解过程中存在大量的副反应,极大地限制了肼解法在 C-末端测定中的应用。

还原法:用硼氢化锂将 C-末端氨基酸还原成相应 α-氨基醇,然后将肽链完全水解,用色谱法鉴定出其中的 α-氨基醇分子以确定 C-末端残基。Sanger 早年用此法鉴定了胰岛素中两条肽链的 C-末端残基。

羧肽酶(carboxypeptidase)法:C-末端测定方法中,羧肽酶法是最常用的。羧肽酶和氨肽酶一样属于外肽酶,但它从 C-末端逐个断裂肽键,释放出游离氨基酸。由于酶对各种肽键敏感性也各不相同,对末端氨基酸的确定也需要谨慎判断。例如,如果 C-端第二个氨基酸残基释放的速度快于第一个氨基酸残基,则可能同时释放出两个游离的氨基酸,导致无法确定 C-末端的氨基酸残基。

(2)断裂二硫键的方法 断裂二硫键的方法有很多,主要采用的有两种:过甲酸氧化法和巯基试剂还原法。

过甲酸氧化(图 2-17A)使二硫键断裂后,形成磺基丙氨酸衍生物,不能再重新形成二硫键,有利于肽链的分离,但其中的 Trp 被破坏,Met 氧化为亚砜。

一些巯基类试剂可以使二硫键还原形成巯基。常用的还原剂有巯基乙醇、巯基乙酸、二硫苏糖醇(DTT)、连四硫酸钠等。为使反应完全,还原剂需过量,同时反应体系中加入变性剂(SDS、脲、胍等)。二硫键还原后形成的两个巯基很容易再次被氧化,重新形成二硫键,不利于肽链的分离,因此常用碘乙酸等试剂使其烷基化而封闭巯基(图 2-17B)。

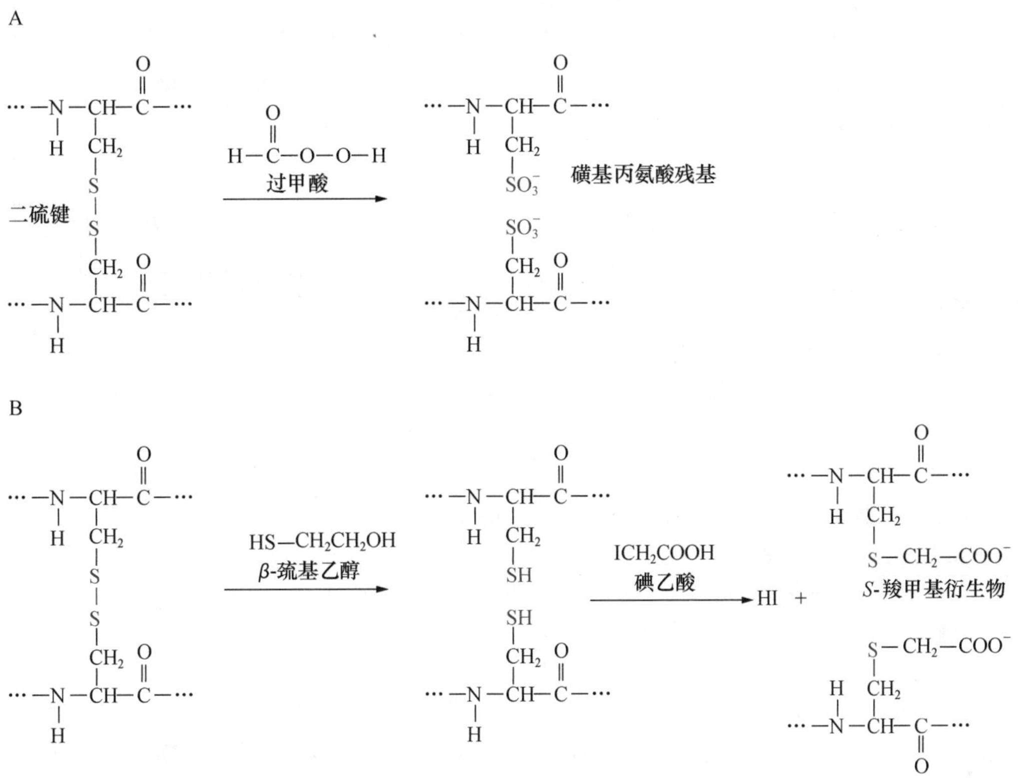

A

二硫键

H—C—O—O—H
过甲酸

磺基丙氨酸残基

B

HS—CH$_2$CH$_2$OH
β-巯基乙醇

ICH$_2$COOH
碘乙酸

HI +

S-羧甲基衍生物

A. 过甲酸氧化二硫键产生磺基丙氨酸衍生物 B. 巯基乙醇还原后,用碘乙酸封闭产生的巯基生成

S-羧甲基衍生物(S-carboxymethyl derivative)

图 2-17　二硫键的断裂方式

(3)二硫键位置的确定　在进行蛋白质的氨基酸序列测定时,所有的二硫键都被打开,完成序列测定后需要对二硫键的位置加以确定。通常采用胃蛋白酶水解结合对角线电泳(diagonal electrophoresis)的方法来定位二硫键。

首先,用胃蛋白酶水解原有的含二硫键的蛋白质。由于胃蛋白酶水解肽键的专一性较低,产生的切点多,水解后得到的包含有二硫键的肽段比较小,有利于后续的分离和鉴定步骤。随后,采用对角线电泳分离由胃蛋白酶降解所得到的肽段混合物。

对角线电泳(图 2-18)采用的是纸电泳,分离肽段混合物的步骤如下:①把水解后的肽段混合物样品点在滤纸上,进行第一向电泳。由于不同肽段的片段大小和电荷的不同,在电泳过程中被分离开来。②第一向电泳结束后,将滤纸悬挂于过甲酸蒸气中,使肽段中的二硫键断裂。因此,每个含二硫键的肽段被氧化成两个含磺基丙氨酸的肽段。③将滤纸旋转 90°后,在与第一向电泳完全相同的条件下进行第二向电泳。

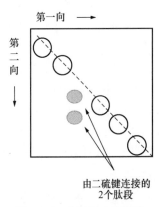

由二硫键连接的
2个肽段

图 2-18　对角线电泳图谱

不含二硫键的肽段大小没有发生变化,在电场中迁移的速度也没有变化。电泳结束时,这类小肽段将位于滤纸的一条对角线上。含有二硫键的肽段,在第二向电泳中变成了两个含磺基丙氨酸的肽段,两个肽段都比原来的肽段小,在最后的电泳图谱中将位于偏离对角线的位置,这样很容易确定出含有二硫键的肽段。将这两个肽段分离出来,分别测序,再与多肽链的氨基酸序列比较,就可以推断出二硫键的位置。

(4)多肽链的断裂方式　用 Edman 降解法一次能连续测出大约 50 个残基的蛋白质序列。蛋白质中的肽链通常较长,大都含有几百个氨基酸残基,目前的测序方法无法一次测定出全长的序列,因此测序前需要将肽链降解成较小的片段,将这些小片段分离后进行测序。同样,若利用质谱技术进行测序时,对于较长的多肽链,也需要先将肽链断裂成小肽段。

肽链断裂的方法有很多种,包括蛋白酶断裂法和化学断裂法(表 2-4)。通常选择专一性较强的断裂方式,这样反应效率高,断裂点少,断裂后片段的分离相对容易。

表 2-4　常用的多肽链专一性断裂方法

断裂方法		断裂点	作用于断裂点残基的羧基侧(C)或氨基侧(N)
蛋白水解酶	胰蛋白酶(trypsin)	Arg 或 Lys	C
	胰凝乳蛋白酶(chymotrypsin)	Phe、Trp 或 Tyr	C
	嗜热菌蛋白酶(thermolysin)	Leu、Ile、Phe、Trp、Val、Tyr 或 Met	N
	胃蛋白酶(pepsin)	Phe、Trp 或 Tyr	N
	梭菌蛋白酶(clostripain)	Arg	C
	金黄色葡萄球菌 V8 蛋白酶(Staphylococcus aureus V8 protease)	Glu 或 Asp	C
化学方法	溴化氰(cyanogen bromide)	Met	C
	羟胺(NH₂OH)	Asn-Gly 之间	
	pH 2.5,40 ℃	Asp-Pro 之间	

①蛋白酶断裂法:用于肽链断裂的蛋白酶(proteinase)有很多。常用的蛋白水解酶类有胰蛋白酶、胰凝乳蛋白酶、嗜热菌蛋白酶、胃蛋白酶、金黄色葡萄球菌 V8 蛋白酶等,这些酶可以断裂肽链内部的肽键,称为肽链内切酶或内肽酶(endopeptidase)。胰蛋白酶是最常用的蛋白水解酶,该酶专一性强,专一断裂 Arg 或 Lys 的羧基形成的肽键,通常可以得到大小适合的片段,可以直接用于序列分析。必要时,也可以通过对氨基酸残基的修饰,增加或减少胰蛋白酶作用的位点。胰凝乳蛋白酶优先作用于 Phe、Trp 或 Tyr 等芳香族或具有大的疏水侧链基团的氨基酸羧基参与形成的肽键,其专一性不如胰蛋白酶强。

②化学断裂法:化学断裂法最常用的试剂是溴化氰。溴化氰能专一断裂 Met 羧基参与形成的肽键,通常获得的肽段比较大,对于分子量大的蛋白质测序很重要,因其不会造成过多的断裂点,有利于随后肽段混合物的分离。

要获取蛋白质的一级结构信息,除了直接对蛋白质进行序列测定之外,还可以从编码蛋白质的基因着手,由 cDNA 序列推定出相应蛋白质的氨基酸序列。目前 DNA 测序的技术飞速发展,DNA 序列的测定比氨基酸序列分析更加简便快速,尤其对于那些用传统的蛋白质化学方法难以测定的蛋白质,如相对分子质量大的(>100 000)或生物体内含量很低的蛋白质,利用 DNA 测序方法就十分必要。

对应的氨基酸序列——→Gln-Tyr-Pro-Thr-Ile-Trp

基因中的核苷酸序列——→CAGTATCCTACGATTTGG

但是仅由 DNA 序列还不能完全推定出氨基酸残基排列顺序,尤其对真核生物而言,仍然需要配合氨基酸序列分析的相关信息。例如,必须知道蛋白质的 N-末端和 C-末端的残基,或者某些必要部分的氨基酸序列,以便在 DNA 序列中准确地找到与蛋白质对应的序列。此外,在转录、翻译过程中的加工修饰信息,也不能从 DNA 序列中获得。因此,必须将 DNA 序列测定和部分的氨基酸序列分析有机地结合起来,才能得到蛋白质一级结构的完整资料。

3. 蛋白质一级结构举例

(1)胰岛素　胰岛素是动物胰脏中胰岛细胞分泌的一种蛋白质类激素,属于降糖激素。血糖浓度的升高可以触发胰岛素的分泌,胰岛素可以促进血糖进入细胞中,从而降低血糖浓度。在肝脏和肌肉细胞中,胰岛素可以促进葡萄糖转变成糖原,可以加速细胞中葡萄糖的氧化分解,用于提供细胞所需的能量。胰岛素分泌不足时,肝脏中的糖原分解加速,

血糖浓度升高。如果血糖浓度超过肾糖阈,尿中将出现糖,引起糖尿病。胰岛素也参与脂代谢、蛋白质代谢的调节。

胰岛素由 51 个氨基酸残基组成,相对分子质量为 5 700。胰岛素分子由 A、B 两条肽链组成(图 2-19),其中 A 链含 21 个残基,B 链含 30 个残基。A 链与 B 链之间由两个二硫键连接起来,A 链中还形成一个链内二硫键。

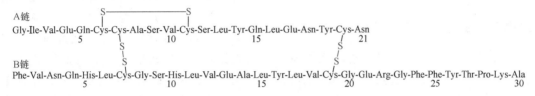

图 2-19　胰岛素的一级结构

1965 年 9 月,我国科学家在世界上首次完成了牛胰岛素的人工合成,这是第一个全合成的、有生物活性的蛋白质。牛胰岛素的成功合成,对我国在蛋白质和有机合成方面的研究起到了积极的推动作用,同时也标志着人类在探索生命奥秘的征途中向前迈出了重要的一步。

(2)牛胰核糖核酸酶 A　在 Sanger 完成胰岛素一级结构测定数年后,美国科学家 Stanford Moore 和 William Stein 改进了 Sanger 的方法,完成了第一个酶蛋白——牛胰核糖核酸酶 A(ribonuclease A,RNase A)的全序列测定(图 2-20)。牛胰 RNase A 由一条多肽链组成,含 124 个氨基酸残基,相对分

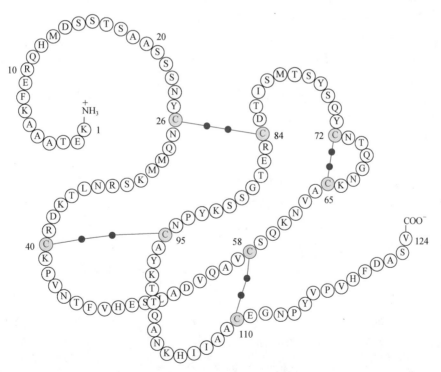

图 2-20　RNase A 的一级结构

(图中显示出酶分子中的 4 个二硫键)

子质量为 12 600,分子内形成 4 个二硫键。

三、蛋白质的二级结构

蛋白质的二级结构指肽链主链(main chain)或

主链骨架

$$H_3\overset{+}{N}—C_\alpha—C—N—C_\alpha—C—N—C_\alpha—C—N—C_\alpha—C—N—COO^-$$

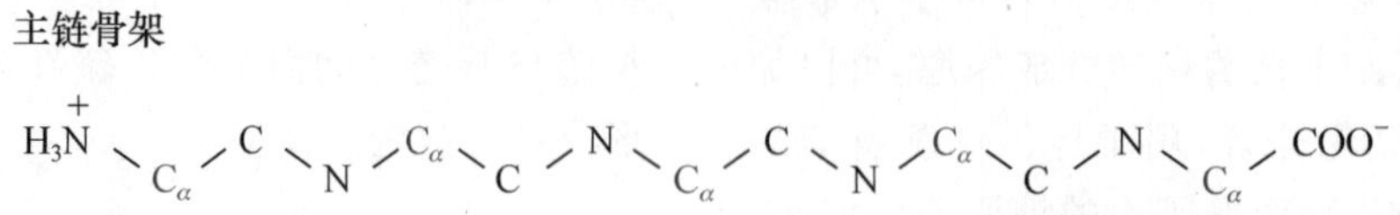

(一)多肽链主链构象的空间限制

蛋白质二级结构关注的是主链的折叠和盘绕。多肽链主链上存在着三种单键:C_α—C、C—N 和 N—C_α,主链结构就是这三种单键的重复排列。

蛋白质是生物大分子,多肽链主链上含有众多的单键,这些单键的旋转能够使多肽链产生丰富的构象。然而,蛋白质多肽链中能够实际存在的构象却要少得多,因此多肽链的空间构象是受限的,这种限制主要来自以下两方面。

1. 肽平面是刚性平面

讨论蛋白质的折叠和结构都是从肽键开始的,因为肽键是所有蛋白质中的基本结构。通过对小肽晶体的 X 射线分析表明,肽键中的 C—N 的键长为 0.133 nm,比 C—N 单键(0.147 nm)短,而比 C =N 双键(0.128 nm)长。因此,肽键中 C—N 键具有部分双键的性质,而与肽键相连的 C =O 却具有部分单键的性质。肽键实际上形成了一个共振杂化体(图 2-21),其中—NH 上的 N 带有部分正电荷,而 C =O 中的 O 带有部分负电荷。

由于肽键的部分双键性质,所以肽键不能自由转动。这就使得参与肽键形成的四个原子及相邻的两个 α-C 处于一个平面上,称为肽平面(peptide plane)或酰胺平面(图 2-21),有时也称为肽单位。肽键可以有两种构型:顺式和反式。肽键两端的两

称肽链骨架(backbone)有规律的折叠和盘绕,是肽链主链局部的空间排列,不涉及侧链(side chain)的构象(conformation)和整个肽链空间排列。维系二级结构的主要作用力是氨基酸残基非侧链基团之间形成的氢键。

个 α-C 处于同侧的是顺式构型,分别处于两侧的是反式构型。在顺式构型中,α-C 上连接的 R 基团相互靠近,不利于结构的稳定。在蛋白质合成时形成的肽键均为反式构型,通过翻译后加工,某些肽键转变为顺式构型。因此,蛋白质多肽链中肽键以反式构型为主。在考察多肽链化学组成时,通常是以氨基酸残基为其基本结构单位,但为了了解肽链的构象信息,则通常以肽平面或肽单位作为肽链的结构单元,因此多肽链主链可以看作是肽平面的重复(图 2-22)。

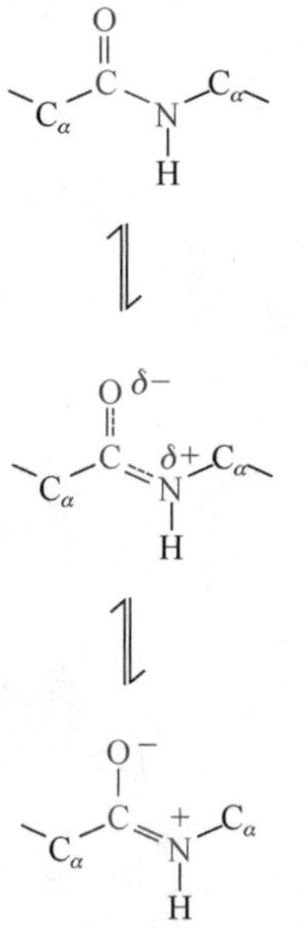

图 2-21 肽键因共振而具有部分双键性质

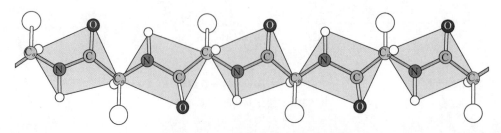

图 2-22 肽平面是多肽链上的重复单位

多肽链主链可看作是三种单键的重复：N—C_α—C—N，由于肽键具有部分双键性质，其中的 C—N 键不能自由旋转，所以大大限制了多肽链可能的空间构象。

2. 二面角 ϕ、ψ 对主链构象的限制

如果 A、B、C、D 四个原子由三个单键连接就可以形成一个二面角（图 2-23），该二面角由 B—C 单键旋转而形成不同角度。沿中心键由 B 向 C 看（由 C 向 B 看结果相同），将 B 与 C 两个原子重叠看成一点，A—B 键与 C—D 键之间的夹角 α 就是该二面角的数值。习惯上将二面角的取值定义在 $+180° \sim -180°$ 之间，顺时针方向旋转为"+"，逆时针方向旋转为"-"。

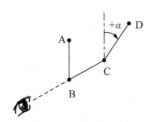

图 2-23　二面角示意图

对应于主链上三种重复单键 N—C_α—C—N 存在三种二面角，分别定义为 ϕ、ψ、ω（图 2-24）。其中 ϕ 角和 ψ 角对应于与 α-C 相连的两个单键 N—C_α 和 C_α—C，ω 则与肽键 C—N 对应。α-C 位于二个相邻肽平面的交点上，与 α-C 相连的两个单键 N—C_α 和 C_α—C 对应的 ϕ 角和 ψ 角被称为一对 α-C 二面角。在研究 α-C 二面角时，习惯上的观察方向都是从 α-C 出发看向另一个原子 N 或 C。

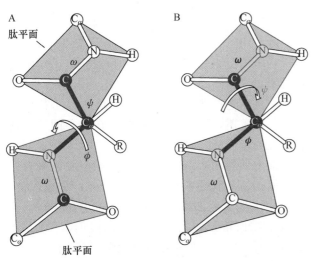

A. N—C_α 转动产生的角度为 ϕ 角　B. C_α—C 转动产生的角度为 ψ 角（图中 $\phi=180°$，$\psi=180°$）

图 2-24　ϕ 角和 ψ 角是一对 α-C 二面角

首先来看由 N—C_α 单键旋转产生的二面角——ϕ 角。在图 2-24A 中有上、下两个肽平面。N—C_α 单键位于图 2-24A 中下方的肽平面中。沿 N—C_α 键由 C_α 向 N 看，将 C_α 和 N 两原子重叠看成一点，C—N 键与 C_α—C 键之间的夹角就定义为由 N—C_α 单键转动产生的 ϕ 角。当 C—N 键与 C_α—C 键处于 N—C_α 键的同侧（图 2-25），即二者处于顺式排列位置时，C—N 键中的 C 可以将 C_α—C 键中的 C 完全遮蔽，此时，$\phi=0°$（图 2-25）。

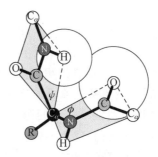

图 2-25　特殊的二面角
（$\phi=0°$，$\psi=0°$ 的构象在天然蛋白质中不存在）

用类似的方法可以确定由 C_α—C 单键旋转产生的二面角——ψ 角。在图 2-24B 中，C_α—C 单键位于上方肽平面中。C_α—C 单键旋转时，沿 C_α—C 键由 C_α 向 C 看，将 C_α 和 C 两原子重叠看成一点，N—C_α 键与 C—N 键之间的夹角定义为 ψ 角。同样，当 N—C_α 键与 C—N 键处于顺式位置时，N—C_α 键中的 N 可以将 C—N 键中的 N 完全遮蔽。此时，$\psi=0°$（图 2-25）。

最后我们来观察 ω 角。ω 角代表的由 C—N 键旋转产生的二面角，在图 2-24 的上下两个肽平面中各有一个 ω 角。沿 C—N 键由 C 向 N 看，C_α—C 键与 N—C_α 键之间的夹角即为 ω 角。C—N 键就是肽键，由于肽键具有部分双键性质，不能随意转动，仅存在顺式和反式排布，因此，ω 角一般只能为 $0°$（顺式排布）或 $180°$（反式排布）。蛋白质多肽链中的肽键通常呈反式排布，即 $\omega=180°$。多肽链中所有肽平面基本上都具有相同的结构。

成对 α-C 二面角（ϕ 和 ψ）决定了相邻两个肽平面在空间上的相对位置，多肽链主链骨架的构象是由一系列的 α-C 二面角所决定的，任何 α-C 二面角发生变化，则多肽链的主链构象必然发生相应的变化。然而，虽然 C_α—N（ϕ）和 C_α—C（ψ）两个单键能够旋转，但在肽链中不是任意 ϕ 角和 ψ 角所决定的构象都是立体化学所允许的。即某些 ϕ 角和 ψ 角决定的构象是立体化学所不允许的,在天然蛋白质分子中不存在。例如:天然蛋白质中的二面角不可能具有 $\phi=0°,\psi=0°$ 的构象(图2-25)。

3. 拉氏构象图

1963年,印度科学家 Ramachandran 等研究了多肽链的立体化学,提出非键合原子之间的接触距离如果有空间阻碍,则此构象不稳定,相应的二面角是蛋白质构象所不允许的。若没有空间阻碍,即能量达到最低,则构象稳定,相应二面角是空间允许的。

多肽链中沿 C_α—N 和 C_α—C 单键旋转时会产生不同的空间阻碍。例如:α-C 上 R 基团处于一定位置时就可能产生空间阻碍;相邻肽平面的两个羰基氧原子,或两个亚氨基氢原子,或羰基氧原子与亚氨基氢原子之间也可能产生空间阻碍。因此,由于肽链中非键合原子之间产生的各种空间阻碍,使得多肽链中真正能够存在的构象的数量大大减少。

Ramachandran 等针对构象中所产生的空间阻碍进行了近似处理。首先,他们将原子看成是简单的硬球,根据范德华半径计算出非键合原子间的最小空间允许接触距离。然后,根据此最小空间允许距离确定哪些成对 α-C 二面角所决定的相邻二肽单位的构象是立体化学允许的,哪些是不允许的。最后,以 ϕ 为横坐标,ψ 为纵坐标作图,得到 ϕ、ψ 构象图(图2-26),称为拉氏构象图(Ramachandran plot)。

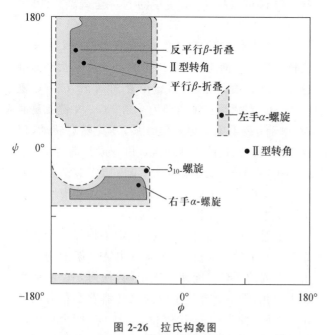

图 2-26 拉氏构象图

(图中实线封闭区域为允许区,实线之外与虚线之内的封闭区域为部分允许区,其他区域为不允许区)

从拉氏构象图中看出非键合原子之间的空间阻碍对多肽链构象的限制。

在图2-26所示的拉氏构象图中,实线封闭的区域是允许区。在此区域内,成对的 α-C 二面角所决定的主链构象是空间允许的。在这些构象中,非键合原子之间的距离≥最小空间接触距离,非键合原子之间不产生斥力,所形成的构象能量最低、最稳定。右手 α-螺旋、平行 β-折叠、反平行 β-折叠以及胶原三股螺旋均位于允许区内。

拉氏构象图中虚线以外的广大区域是完全不允许区。这个区域内,成对 α-C 二面角所决定的主链骨架构象中,非键合原子间的距离小于极限值(极限值比最小空间接触距离小 0.01~0.02 nm),二面角之间的原子产生很大的斥力,构象的能量很高。因此,这些构象不稳定,不能存在于多肽链中。例如,当 $\phi=180°$、$\psi=0°$ 时,二个亚氨基氢原子的接触距离最小,斥力最大。而当 $\phi=0°$、$\psi=180°$ 时,两个羰基氧原子的接触距离最小,斥力最大。因此这些构象都是不稳定的,是完全不允许的。

实线之外与虚线之内的区域是部分允许区。此区域内,蛋白质构象中非键合原子间的距离小于最小空间接触距离,但大于极限值,因此这些构象可以存在,但不够稳定。例如:3_{10}-螺旋、π-螺旋及左手 α-螺旋就位于这些临界限制区。

从拉氏构象图可以看到,理论上由 α-C 二面角 ϕ、ψ 决定的构象的数量可以很多,即拉氏构象图中所有面积部分,但是能够存在于多肽链中的却相当有限,仅存在于拉氏构象图的允许区和部分允许区中,大约是整个面积的 1/4,即实际存在于多肽链中的构象数量极大减小。此外,拉氏构象图还有其他的实际应用意义。当已知主链二面角数据时,通过拉氏构象图可以知道主链属于何种构象。另外,在进行蛋白质空间结构预测或完成空间结构解析时,利用软件将这些蛋白质结构的 ϕ 角和 ψ 角数据作出拉氏构象图,可以对所获得的蛋白质空间结构的合理性加以验证。

综上所述,多肽链主链构象的空间限制来自两个方面:其一,肽键不能自由旋转带来的构象限制。肽链中主要为反式肽键,即 ω 角固定在 180°。其二,α-C 二面角 ϕ、ψ 虽然可以旋转,但不是任意 α-C 二面角所决定的构象都是立体化学所允许的。

(二)二级结构类型

蛋白质的主链经过盘绕折叠可以形成各种二级

结构类型。蛋白质二级结构包括了 α-螺旋（α-he-lix）、β-折叠（β-pleated sheet）、转角（turn）及无规卷曲（random coil）等类型。这些二级结构类型是肽链中局部肽段的主链构象。作为完整肽链构象的结构单元（building block），不同的二级结构是形成蛋白质复杂空间构象的基础，因此被称为构象元件。

1. α-螺旋

1951 年 Linus Pauling 和 Robert Corey 利用角蛋白的 X 射线衍射图谱首次预测了 α-螺旋结构。7 年之后，英国剑桥大学的生化学家 John Kendrew 解析了鲸鱼肌红蛋白的三维结构，其中含有 8 段 α-螺旋，使 α-螺旋模型得到了验证，证明这种结构存在于复杂的球状蛋白质中。α-螺旋结构是蛋白质中最常见、含量最丰富的二级结构，该结构的阐明促进了我们对蛋白质复杂结构的认识。

α-螺旋（图 2-27A）的基本结构特征是：①多肽链主链绕中心轴形成右手螺旋，螺旋每圈为 3.6 个氨基酸残基。②每圈螺旋沿中心轴上升 0.54 nm，每个氨基酸残基上升 0.15 nm，螺旋半径为 0.23 nm。③α-C 原子相邻的两个二面角 ϕ 和 ψ 均为恒定值，$\phi=-57°$，$\psi=-47°$。④所有肽键都呈反式，即 $\omega=180°$。

α-螺旋结构的稳定性主要由肽链内形成的氢键维持，称为链内（intrachain）氢键。氢键由多肽链中第 n 个氨基酸残基的 C=O 中的 O 与 $n+4$ 个氨基酸残基的—NH 中的 H 形成，氢键的方向几乎与螺旋轴平行。α-螺旋又称 3.6_{13}-螺旋，3.6 为每圈螺旋所含的氨基酸残基数，13 表示氢键形成的封闭环中的原子数。

在 α-螺旋结构中，侧链基团呈辐射状分布在螺旋外侧（图 2-27B）。侧链基团的形状、大小、电荷会对 α-螺旋结构的稳定性产生影响。有些氨基酸侧链基团是带电荷的，如碱性氨基酸和酸性氨基酸。如果带相同电荷基团的氨基酸残基在多肽链上连续存在，则难以形成稳定的螺旋构象。同样，如果多肽链上连续出现带有大的侧链基团的氨基酸残基，尤其是 β-碳原子上具有分支侧链基团的氨基酸残基时，如 Ile、Val、Thr，也不利于螺旋的稳定。脯氨酸是亚氨基酸，亚氨基的 N 位于刚性吡咯环上，C_α—N 单键不能旋转，难以形成 α-螺旋所需的固定 ϕ 角。同时脯氨酸在形成肽键后，其氨基上没有游离的氢原子，不能形成维系 α-螺旋的氢键。因此，脯氨酸残基是 α-螺旋的最大破坏者，多肽链上只要出现脯

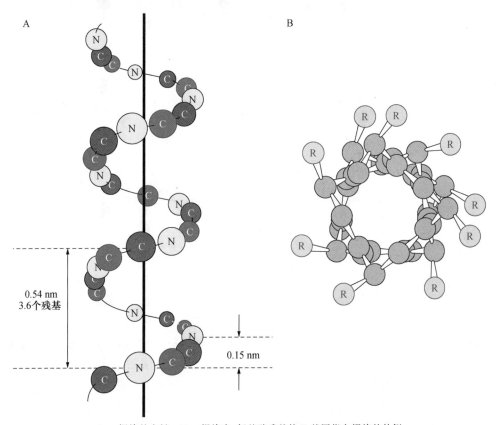

A.α-螺旋的主链　B.α-螺旋中，氨基酸残基的 R 基团指向螺旋的外侧

图 2-27　α-螺旋结构

氨酸残基,α-螺旋即被终止。另外甘氨酸残基的侧链基团很小,仅为一个氢原子。由于没有侧链的约束,甘氨酸α-C两侧的 ϕ 和 ψ 可以任意取值,使能够满足形成α-螺旋所需要的二面角的概率非常小。因此当甘氨酸连续存在时,也不能形成稳定的α-螺旋。

α-螺旋是蛋白质中最主要的螺旋结构,蛋白质中还存在其他形式的螺旋结构,如 3_{10}-螺旋、π-螺旋及左手α-螺旋等。

2. β-折叠

Pauling 和 Corey 在提出了α-螺旋结构的同年又提出了β-折叠结构或β-结构(β-structure),这是蛋白质中第二种普遍存在的二级结构类型。β-结构大量存在于丝心蛋白和β-角蛋白中。

β-结构是一种比较伸展的构象。在β-结构中,

单条β-折叠链称为 β-股(β-strand),其主链伸展成锯齿状。不同β-股之间可以侧向并行排列,以氢键相连形成稳定的片层结构即 β-折叠片(β-pleated sheet)。在球状蛋白质中,组成β-折叠片的肽段可以有 2～22 股,平均约为 6 股。

如果所有β-股的 N-端位于折叠片的同一侧,肽段都具有相同的 N-端到 C-端的走向,形成的折叠片就是平行的 β-折叠片(parallel β-sheet)(图 2-28A)。在这种构象中,两个氨基酸残基间的轴心距离为 0.325 nm。如果β-股的 N-端和 C-端交错位于折叠片的两侧,肽段从 N-端到 C-端的走向相反,形成的折叠片就是反平行的 β-折叠片(antiparallel β-sheet)(图 2-28B)。在这种构象中,两个氨基酸残基间的轴心距离为 0.35 nm。

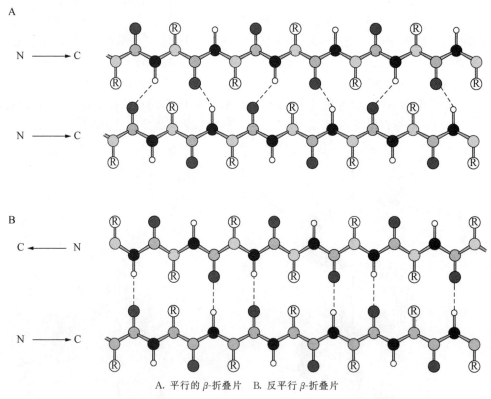

A. 平行的 β-折叠片　B. 反平行 β-折叠片

图 2-28　β-折叠片

β-折叠片中,相邻肽段主链上的 C=O 与 N—H 形成有规则的氢键,维持着结构的稳定性。氢键在不同的β-股之间形成,称为链间(interchain)氢键。反平行的β-折叠构象中,每个氨基酸残基的 N—H 和 C=O 都与相邻肽段上的 C=O 和 N—H 形成氢键。形成氢键的三个原子位于一条直线上,氢键较强,形成的氢键接近平行。平行的β-折叠片中,形成氢键的三个原子不在一条直线上。因此,反平行β-折叠片结

构比平行β-折叠片更稳定,这就是为什么反平行β-折叠片在蛋白质中更常见。

从图 2-29 中可以看到,肽链中氨基酸残基的 R 基团分布于片层的上下。同一β-股中的 R 基团上下交替地分布于折叠片两侧。脯氨酸因为不能参与氢键的形成,因此同样不利于β-折叠的形成。

3. β-转角

大多数蛋白质都是球状蛋白质,因此多肽链必

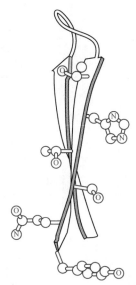

图 2-29　β-折叠片中的 R 基团分布于折叠片的两侧

（引自 Moran et al. ,2014）

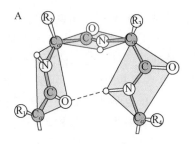

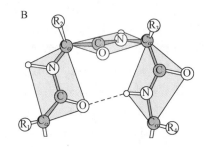

A. Ⅰ型 β-转角　B. Ⅱ型 β-转角

图 2-30　β-转角

须能够弯曲、回折，以改变肽链走向才能形成紧密的球形结构。规则的二级结构 α-螺旋、β-折叠不能使肽链的走向改变。肽链是通过形成突环（loop）或回折（turn）的方式，连接这些规则的二级结构，实现肽链走向的改变，从而使肽链能够紧密折叠形成更高层次的结构。

由少数几个氨基酸残基形成的突环结构称为转角，最常见的转角是 β-转角。β-转角由四个连续的氨基酸残基组成，能够使肽链走向出现 180°转弯。β-转角中，第一个氨基酸残基的羧基与下游第四个残基的氨基形成氢键，使 β-转角形成相对稳定的结构。

β-转角主要有两种形式，即Ⅰ型和Ⅱ型（图 2-30），二者的主要区别在于中间的肽平面转动 180°。在Ⅰ型 β-转角中，中间肽平面的羧基与相邻的两个 R 基团呈反方向排布。而在Ⅱ型 β-转角中，中间肽平面的羧基与相邻的两个 R 基团分布在同侧，造成了较大的空间障碍。因此，在Ⅱ型 β-转角的四个连续的氨基酸残基中，第三个氨基酸残基通常是甘氨酸，只有这样才能形成稳定的Ⅱ型 β-转角。

脯氨酸常出现在 β-转角中，一般出现在第二个残基的位置，脯氨酸的环化侧链和固定的 ϕ 角可以推动 β-转角的形成，促进多肽链的转向。多肽链中绝大部分肽键（99.95%）均呈反式结构，而脯氨酸参与形成的肽键中有 6% 为顺式结构，这些顺式结构多数存在于 β-转角中。球状蛋白质中的 β-转角非常多，可以占到总残基数的 1/4，甚至 1/3，β-转角中

含有相当比例的极性残基，大多数存在于蛋白质分子表面。此外，蛋白质中还有其他形式的转角结构，如 γ-转角、π-转角，但并不常见。

4. 无规卷曲

无规卷曲（random coil）指没有规律性的主链骨架构象。相对于规则的二级结构（如 α-螺旋、β-折叠片）及部分规则二级结构（如 β-转角），无规卷曲具有更大的任意性。但是，无规卷曲仍具有特定的构象，这些肽段的构象不是完全任意的，每一种蛋白质肽链中的无规卷曲的空间构象几乎是特定的。因此蛋白质肽链中出现的无规卷曲和合成高分子长链形成的无规卷曲有着本质的不同。

由上可知，各种二级结构类型是蛋白质更高层次结构的构象元件。规则二级结构中有较多的氢键，成为相对刚性的结构。转角为部分规则的二级结构，有一定的柔性。而无规卷曲结构的任意性大，具有更大的柔性。因此，蛋白质立体结构中，由转角和卷曲连接了不同的 α-螺旋和 β-折叠片股，形成蛋白质丰富的空间构象。

四、蛋白质的三级结构

蛋白质三级结构指多肽链在二级结构基础上通过盘绕折叠，借助各种非共价键和二硫键形成的特定三维构象（three-dimensional conformation），包括蛋白质分子或亚基内所有原子的空间排布信息，

但是不包括亚基间或不同分子间的空间排列关系。在三级结构形成的过程中,某些在一级结构上相距很远的氨基酸残基可以通过肽链的折叠而在空间上相互靠近,使这些氨基酸残基间可以产生相互作用。蛋白质的三维构象也称为蛋白质的天然构象,是具有功能的完全折叠的蛋白质结构,这种天然构象是动态的,在生理条件下,通常是一种或几种构象占主导地位。而在给定条件下存在的则是热力学上最稳定的构象,即 Gibbs 自由能最低的构象。

蛋白质折叠时,通常是带有疏水性侧链的氨基酸残基折叠在分子的内部,形成一个疏水核;而带有极性侧链的氨基酸残基则往往分布于分子的表面。有些带电的氨基酸侧链间可以形成离子键,使侧链基团极性减弱,因而这些氨基酸残基也可以稳定地存在于蛋白质的内部。因此,从蛋白质的表面到内部,极性氨基酸出现的概率由高到低,非极性氨基酸残基出现的概率则由低至高。

对蛋白质各种复杂的层次结构的研究表明,某些折叠模式在各种各样的蛋白质中都重复出现,表明蛋白质实现其天然功能的方式有普遍规律。因此,理解一个蛋白质完整的三维结构,就需要分析它的折叠模式。对 PDB 中的数千种蛋白质结构的分析表明,大多数三级结构由可辨认的蛋白质折叠模式组成。在人类基因组编码的 20 000 多个蛋白质中,大约有 1 000 个可辨认的蛋白质折叠模式。通过蛋白质折叠模式的集合来定义蛋白质三级结构,有利于我们认识进化过程中的蛋白质结构与功能,即鉴定具有相似折叠模式的蛋白质之间潜在的功能和进化关系。目前,主要采用模体和结构域这两个术语来描述蛋白质的折叠模式。

(一)模体

模体(motif)是指相邻的两个或两个以上二级结构元件由连接多肽(如转角或卷曲)连接起来,相互靠近组合成有特殊几何排列的局部空间结构,也就是可辨认的折叠模式,涉及两个或两个以上二级结构元件以及它们之间的联系。

在已确定的上千种模体类型中,基本上都是由转角、突环或卷曲以不同的组合方式将不同数量的 α-螺旋和 β-股连接而成,最常见的有 $\alpha\alpha$、$\beta\beta$、$\beta\alpha\beta$ 三种基本组合形式(图 2-31),每种基本组合方式还有细分的类型。

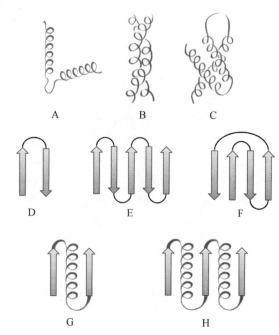

A. 螺旋-环-螺旋　B. 卷曲螺旋　C. 螺旋束　D. β-发夹
E. β-迂回　F. 希腊钥匙模体　G. $\beta\alpha\beta$ 模体　H. Rossmann 折叠

图 2-31　模体的基本类型
(引自 Moran et al.,2014)

(1)$\alpha\alpha$ 组合　这种组合的基本形式是两个 α-螺旋以不同的方式组合在一起,如螺旋-转角-螺旋(helix-turn-helix)、螺旋-环-螺旋(helix-loop-helix)。还有的是两个 α-螺旋相互缠绕形成的卷曲螺旋(coiled coil),这种结构存在于许多蛋白质中,如毛发、羽毛、爪、角等的角蛋白(α-keratin)中,以及 DNA 结合蛋白中的亮氨酸拉链模体(leucine zipper motif)。有的螺旋-转角-螺旋可以进一步形成多股 α-螺旋的螺旋束(helix bundle),最常见的是四螺旋束。

(2)$\beta\beta$ 组合　基本形式为 β-发夹(β-hairpin),由两个反平行 β-股经转角相连。多个发夹结构可以组成 β-迂回(β-meander),或者形成希腊钥匙模体(Greek key motif)。金黄色葡萄球菌核酸酶中就有这种结构。

(3)$\beta\alpha\beta$ 组合　由两个平行的 β-股通过两个小肽段连接在一个 α-螺旋上,形成 β-股-α-螺旋-β-股的组合,几乎每个有平行的 β-折叠片的蛋白质都有这样的结构。两个 $\beta\alpha\beta$ 组合成的 $\beta\alpha\beta\alpha\beta$ 结构称为 Rossmann 折叠(Rossmann fold),是蛋白质中常见的结构,如磷酸丙糖异构酶(triosephosphate isomerase,TIM 或 TPI)、丙酮酸激酶(pyruvate kinase)结构域 I 都含有重复的 Rossmann 折叠。

需要注意的是,在结构生物学和生物信息学中,模体(motif)这个术语有两种不同的含义。一种含义是上文所表述的少数相邻二级结构元件的组合形式,定义为结构模体(structural motif),有功能的结构模体又被称为功能模体(functional motif);另一种含义是指具有特定生化功能的一段特定氨基酸序列,定义为序列模体(sequence motif)。

(二)结构域

许多较大的球状蛋白质分子中,多肽链往往形成几个紧密的球状构象(图 2-32),这些球状构象即为结构域(structural domain 或 domain),结构域之间以松散的肽链相连。例如,免疫球蛋白 IgG 有 12 个结构域(图 2-32B)。一些较小的蛋白质分子仅由单结构域(single domain)组成,如核糖核酸酶、肌红蛋白、泛素等,这个单结构域就是整个蛋白的结构。

结构域是多肽链上可以独立稳定折叠的区域。球状蛋白质的多肽链折叠时,每个结构域是独立地、分别地进行折叠,形成不同的结构域,然后再彼此靠近形成球状蛋白质分子。最常见的结构域是由序列上连续的 100~200 个氨基酸残基组成。

蛋白质中每个结构域形成紧密的球形结构,之间以松散肽链相连,这种装配方式使结构域之间可以做较大幅度的相对运动,有利于蛋白质功能的实现。许多实验结果表明,结构域间的连接肽段中,某些肽键很容易被蛋白水解酶作用而断裂,使结构域彼此分开成为独立的实体,因此结构域是相对稳定的结构。

结构域含有特定的模体,有些含有重复的模体。根据组成结构域的模体类型(主要以 α-螺旋和 β-折叠片股的组合形式),可将结构域分为以下常见的 4 种类型(图 2-33)。

(1)α 结构域　绝大多数由 α-螺旋形成。

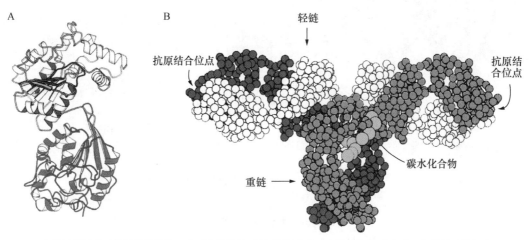

A. 大肠杆菌的磷酸果糖激酶结构。有两个结构域,每个结构域是一个紧密实体,由各种二级结构元件组成

B. IgG 由 2 条轻链和 2 条重链组成,含有 12 个结构域(着色区域为一条重链的 4 个结构域)

图 2-32　蛋白质的结构域

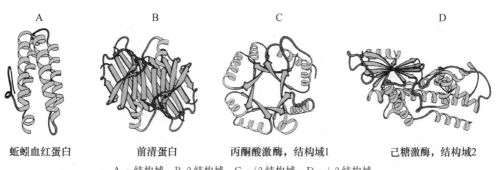

蚯蚓血红蛋白　　前清蛋白　　丙酮酸激酶,结构域1　　己糖激酶,结构域2

A. α 结构域　B. β 结构域　C. α/β 结构域　D. α+β 结构域

图 2-33　结构域类型

(引自 Mathews et al.,2013)

(2)β结构域 绝大多数由β-股形成。

(3)α/β结构域 由α-螺旋和β-股相间排列而成。

(4)α+β结构域 由α-螺旋和β-股混合排列组成。

有些蛋白质不同的结构域具有相对独立的功能,有些蛋白质的功能部位则由多个结构域形成,这些功能部位往往位于多个结构域的间隙中,如一些酶的活性中心就位于结构域的缝隙中。

结构域的概念侧重描述多肽链主链的折叠模式,蛋白质的三级结构或三维构象则包含多肽链中所有原子排布的空间信息。

(三)三级结构举例

肌红蛋白(myoglobin)是第一个被阐明的蛋白质三级结构,这项工作是由英国生物化学家 John Kendrew 等于 1959 年完成。

肌红蛋白是一条含 153 个氨基酸残基的多肽链折叠成的紧密球形结构(图 2-34),分子量为 17 800。肌红蛋白的结构中,α-螺旋结构占主链构象的 80%,整个分子有 8 段 α-螺旋。分子内部结合一个血红素(heme),血红素分子中央结合有 Fe 原子,Fe 原子有 6 个配位键,其中 4 个配位键与血红素原卟啉环中心的 4 个 N 原子连接,第 5 个配位键与珠蛋白 F 螺旋中的 His 残基连接,第 6 个配位键则与 O_2 结合。这种八螺旋折叠模式存在于所有珠蛋白中,称为珠蛋白折叠(globin fold)。珠蛋白是一种含血红素的、能与氧结合的球蛋白家族。

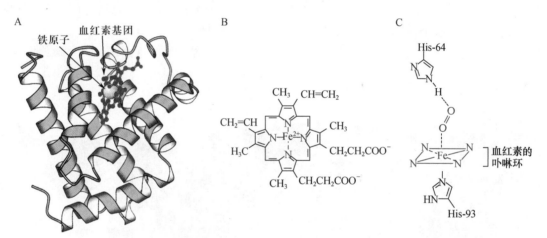

A. 肌红蛋白三维结构中的主链走向(引自 Berg et al. ,2019) B. 血红素的结构以及 Fe^{2+} 与血红素的 N 原子形成的配位键 C. Fe^{2+} 与 His 和 O_2 的之间形成的配位键

图 2-34 肌红蛋白三维结构

解析蛋白质三维结构的主要方法有 X 射线晶体衍射技术、核磁共振(NMR)技术以及冷冻电镜技术。目前,最主要的方法还是依靠 X 射线晶体衍射技术,但是蛋白质晶体的培养一直是 X 射线晶体衍射技术解析蛋白质结构的瓶颈。核磁共振技术可以测定溶液中蛋白质的构象,可以研究蛋白质之间的相互作用,但该方法不能测定分子量较大的蛋白质,所测定的蛋白质相对分子质量通常小于 30 000。近年来,随着分辨率的不断提高,同时所解析蛋白质分子量下限的不断突破,由冷冻电镜技术解析的蛋白质三维结构越来越多。采用冷冻电镜技术,无须制备蛋白质晶体,蛋白质样品用量极少,可迅速解析大型蛋白质复合体及膜蛋白的原子分辨率三维结构。冷冻电镜技术已广泛应用于整个结构生物学领域,成为解析蛋白质及蛋白质复合物结构的最通用技术

之一。2017 年的诺贝尔化学奖颁给了 Jacques Dubochet,Joachim Frank 和 Richard Henderson 三位科学家,感谢他们发展了冷冻电子显微镜技术,从而实现了在溶液中测定生物分子的高分辨率结构。截至 2021 年 1 月,PDB 的数据显示,已释放原子坐标的蛋白质结构共 152 467 套,其中以 X 射线晶体衍射技术解析的蛋白质结构为 136 267 套,约占 89%,以 NMR 解析的蛋白质结构为 11 587 套,以电镜解析的蛋白质结构为 4 613 套,与 2019 年相比,2020 年来自电镜的结构数据增加近 1 000 条。

(四)维持三级结构的作用力

蛋白质三级结构主要由非共价键或次级键来维持结构的稳定,这些非共价键包括疏水相互作用、离子键、氢键、范德华相互作用等(图 2-35)。此外,二

硫键也参与稳定三级结构。

1. 疏水作用

疏水作用（hydrophobic interaction）在维持蛋白质三级结构中具有突出的贡献。水分子之间能相互形成氢键。如果一种分子能够形成氢键，当它进入水中时，会破坏水中原有的氢键，但可以与水形成新的氢键，我们就说，这种分子能够溶于水。疏水的有机分子插入水中后，破坏了水分子原有的氢键，又不能形成新的氢键。于是，迫使水分子在疏水分子周围形成以氢键相连的有序水分子层。这一层有序

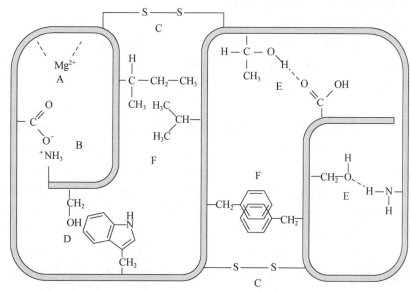

A. 与金属离子形成配位键　B. 离子键　C. 二硫键　D. 范德华相互作用　E. 氢键　F. 疏水相互作用

图 2-35　稳定蛋白质三级结构的作用力

的水分子甚至比水原有的结构更有序，由此引起熵值的减少，这在热力学上是不利的。水使疏水分子相互靠拢，将疏水分子的表面积降低，也就减少了有序的水分子层，使溶液中的熵值增加。这种现象也被表述为：水有排斥疏水分子的强烈倾向。

在亲水的环境中，蛋白质中的非极性残基侧链由于疏水作用彼此附着，相互靠近，折叠在分子内部，使蛋白质具有更稳定的结构，球状蛋白质分子内部都会形成一个疏水核心（hydrophobic core）。

2. 离子键

在生理 pH 条件下，蛋白质的氨基酸残基具有可解离侧链基团，有的带正电荷，有的带负电荷，这些解离后的侧链基团相互间可产生静电相互作用，形成离子键（electrovalent bond）。

3. 氢键

多数蛋白质在折叠时使肽链骨架尽可能多地形成分子内氢键（hydrogen bond）。氢键维系着肽链的主链，以形成螺旋、折叠、转角等各种二级结构元件。在三级结构形成过程中，也有许多氢键形成，如主链与极性侧链之间、极性侧链之间都会形成氢键。

此外，很多蛋白质分子内部还存在着数量不同的水分子，这些水分子也可以和极性侧链基团之间形成氢键。蛋白质中最多的氢键类型是"N—H…O"。氢键虽是弱键，但是作为生物大分子，蛋白质中存在着大量的氢键，因而氢键对稳定蛋白质构象也起着重要作用。

4. 范德华相互作用

范德华相互作用（van der Waals interaction）的实质是一种静电相互作用，包括吸引力和排斥力两种相互作用。当两个非键合原子相互靠近，达到一定距离时，吸引力和排斥力两种相互作用处于平衡状态，此时范德华相互作用的吸引力达到最大。尽管范德华吸引力是一种弱的相互作用，但蛋白质中产生的范德华相互作用数量大，同时范德华吸引力具有累积效应（cumulative effect），使范德华相互作用成为蛋白质构象稳定因素中不可忽视的作用。

除了上述非共价键外，一些蛋白质中形成的二硫键使蛋白质结构更加牢固紧密，起着进一步稳定蛋白质构象的作用。另外，一些金属离子也对三级结构的稳定发挥作用。

五、蛋白质的四级结构

具有特定三级结构的肽链形成的大分子组合体系称为蛋白质的四级结构,四级结构中那些具有特定三级结构的肽链被定义为亚基(subunit)。四级结构的稳定主要通过亚基间相互作用的界面形成的各种非共价键来维系。蛋白质的四级结构包括亚基的种类、数目、空间排布及亚基间的相互作用。

亚基通常由一条多肽链组成,有的亚基也含有两条或两条以上的多肽链。亚基可以是相同的,也可以是不同的。仅含有一个亚基的蛋白质称为单体(monomer)蛋白质。由少数几个亚基组成的蛋白质为寡聚蛋白(oligomeric protein)或称寡聚体(oligomer)。由较多亚基聚合成的蛋白质称为多聚蛋白(multimeric protein)或称多聚体(polymer)。最简单的四级结构类型就是由两个相同亚基组成的同二聚体(homodimer)。

四级结构研究得最早最深入的蛋白质是血红蛋白。英国生物化学家 Max Perutz 历时 23 年,完成了对血红蛋白的晶体结构解析,他与 John Kendrew 分享了 1962 年的诺贝尔化学奖。

血红蛋白存在于红细胞中,除运输氧外,还可结合 CO_2 和 H^+。人类在不同的发育时期,体内血红蛋白的亚基组成不同。成人的血红蛋白是由两个 α 亚基和两个 β 亚基组成的四聚体($\alpha_2\beta_2$)(图 2-36),每个亚基结合一分子血红素。α 亚基含 141 个氨基酸残基,β 亚基含 146 个氨基酸残基。α 亚基与 β 亚基之间,不仅在氨基酸残基排列顺序上,而且在空间构象上都非常相似。

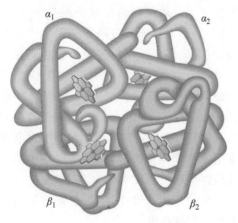

图 2-36　血红蛋白的四级结构

具有四级结构的蛋白质,结构更加复杂,在生物体内不仅可以执行更复杂的功能,还有利于生物体实现复杂的代谢调控。

六、纤维状蛋白质的结构

依据蛋白质的形状和溶解性可以将蛋白质分为三大类:纤维状蛋白质(fibrous protein)、球状蛋白质(globular protein)以及膜蛋白(membrane protein)。

纤维状蛋白质和球状蛋白质在结构和功能上都有明显的区别。球状蛋白质通过折叠形成紧密的三维结构,通常含有几种二级结构元件。在生物体内,球状蛋白质具有广泛的生物功能。例如,绝大多数的酶、调节蛋白质等都是球状蛋白质。纤维状蛋白质通常由单一类型的二级结构元件形成有规则的线性结构。在生物体内,纤维状蛋白质通常作为结构性组分,起着支撑、连接及保护等作用。

典型的纤维状蛋白质有胶原蛋白、弹性蛋白、角蛋白和丝心蛋白等,这些蛋白质不溶于水和稀盐溶液。还有一类呈纤维状的蛋白质,如肌球蛋白(myosin)和血纤蛋白原(fibrinogen)等,属于可溶的纤维蛋白质,在体内具有特定的生物功能,一般不划入纤维状蛋白质范畴。下面将对不溶性纤维状蛋白质的结构特性进行简要介绍。

(一)角蛋白

角蛋白(keratin)存在于所有高等脊椎动物中,存在于皮肤以及皮肤的附属物中,如发、毛、鳞、羽、蹄、角、爪等。角蛋白可分为 α-角蛋白和 β-角蛋白两类,α-角蛋白存在于哺乳动物中,β-角蛋白存在于鸟类及爬虫类中。

α-角蛋白是组成毛发的主要蛋白质。首先,两条 α-角蛋白的多肽链以相同的走向形成二聚体(图 2-37),二聚体的中央区段为棒状结构,是由两个右手角蛋白螺旋(keratin helix)复绕成的左手超螺旋;二聚体两端的 N-端、C-端各形成两个柔性的球形区域。然后,不同二聚体的两端柔性区可相互作用,进一步形成原纤维(protofilament)结构,由两股原纤维形成一股原纤丝(protofibril),四股原纤丝形成一个微纤维(microfibril)(图 2-37 中未显示)。这种多股螺旋结构像多股绳子缠绕在一起,极大地提高了 α-角蛋白的强度。

α-角蛋白富含 Cys,在形成原纤丝时,两股原纤

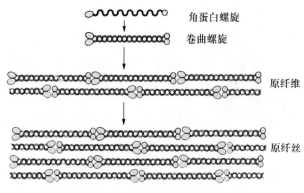

图 2-37 α-角蛋白结构示意

维之间形成大量二硫键,使 α-角蛋白具有不溶于水和抗拉伸的特性。不溶性使 α-角蛋白免受大多数动物的消化降解。然而衣蛾(clothes moth)幼虫的消化道内含有高浓度的硫醇(mercaptan),可以还原二硫键而破坏 α-角蛋白的结构,使其容易被蛋白质消化酶类降解,这就是人们的羊毛衫遭虫蛀的原因。利用巯基乙酸铵等还原剂破坏头发中 α-角蛋白的二硫键,再用美发专用氧化剂重新形成二硫键,就可以完成烫发过程。

(二)丝心蛋白及 β-角蛋白

丝心蛋白(fibroin)属于 β-角蛋白,是蚕丝及蜘蛛丝中的主要成分。丝心蛋白的结构主要由 β-折叠片按层排列组成。

丝心蛋白中每个单股的 β-股中富含甘氨酸、丙氨酸和丝氨酸这类侧链基团较小的氨基酸残基。在 β-股中,每隔一个残基就是甘氨酸。当 β-折叠片按层垛叠形成 β-角蛋白时,甘氨酸的侧链基团分布在 β-折叠片的一侧,丙氨酸/丝氨酸的侧链基团分布在折叠片的另一侧。在不同 β-折叠片之间,甘氨酸一侧与甘氨酸一侧相对,丙氨酸/丝氨酸一侧与丙氨酸/丝氨酸一侧相对(图 2-38),不同层

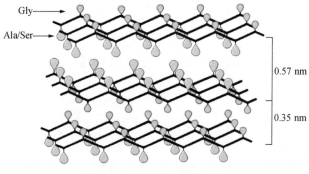

图 2-38 丝心蛋白结构示意

的侧链基团在层与层之间形成彼此交错咬合的排列形式。在这样的结构中,同一折叠片层的 β-股之间形成广泛的氢键,层与层之间形成最优的范德华相互作用,从而稳定着整个结构。β-角蛋白中,由于肽链充分伸展,所以丝心蛋白不具备良好的弹性,而按层排列的结构却赋予丝心蛋白柔软的韧性和高度的抗张能力。

α-角蛋白充分伸展后能够可逆地转变为 β-角蛋白。除丝心蛋白外,大多数鸟类和爬行动物的羽毛、皮肤、爪等中也存在 β-角蛋白。

(三)胶原蛋白

胶原蛋白(collagen)是许多动物体内含量最丰富的蛋白质。在哺乳动物中胶原蛋白占总蛋白量的 $25\%\sim35\%$,是动物结缔组织,如腱、软骨、骨、牙、皮肤、血管等的主要组分。胶原蛋白具有高度的抗张能力,对骨骼和关节起到很好的保护作用。

胶原蛋白中的基本结构单位是原胶原分子(protocollagen 或 tropocollagen),是一种由链间氢键稳定的三股螺旋结构(图 2-39)。三股螺旋中的每条单链称为 α-链,约含 1 000 个氨基酸残基,呈左手螺旋结构。每圈螺旋含 3 个氨基酸残基,因此这种左手螺旋结构比 α-螺旋结构更加伸展。三股左手螺旋再平行排列,拧成右手超螺旋。

在 α-链氨基酸序列中,96% 为—Gly—X—Y—的重复序列。其中 X 通常是脯氨酸,Y 通常是4-羟脯氨酸(4Hyp),其他的羟化氨基酸还有 5-羟赖氨酸(5Hly)、3-羟脯氨酸(3Hyp)。脯氨酸羟化酶(prolyl hydroxylase)催化 Pro 生成 Hyp,反应需要 O_2、α-酮戊二酸和维生素 C,若缺乏维生素 C,则不能形成稳定的胶原纤维,将导致维生素 C 缺乏病(又称坏血病)(参见第五章)。Pro 和 4Hyp 的环化侧链有利于肽链的扭曲,促进左手螺旋的形成。α-链中每间隔两个残基即为 Gly,Gly 沿三股螺旋的中心轴堆积,是唯一能适合此位置的氨基酸残基。链间氢键和疏水作用稳定了胶原蛋白的结构。每个 Gly 的 N—H 可以与相邻链的 X 残基的 C═O 形成氢键,Hyp 的羟基也参与链间氢键的形成。此外,Pro 和 Hyp 之间产生的疏水作用使三股螺旋得到进一步稳定。胶原蛋白是一种糖蛋白,羟赖氨酸通常是糖基化的位置。

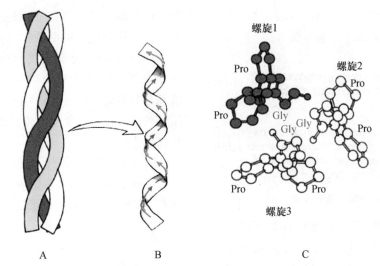

A. 三股多聚←Gly-Pro-Pro→形成类似胶原蛋白的三螺旋（由三股左手螺旋形成的右手超螺旋）

B. 单股左手螺旋　C. 多聚←Gly-Pro-Pro→形成的三螺旋俯视图

图 2-39　胶原蛋白结构示意

知识框 2-1　蛋白质数据库简介

对于从事生物化学等相关学科研究的科学家们来说，最重要的资源之一是蛋白质数据库（Protein Data Bank，PDB），也称为蛋白质结构数据库，以区别于其他序列数据库等。PDB 建立于 1971 年，是一个存储蛋白质、核酸、多糖、病毒等生物大分子三维结构的数据库。这些数据主要是通过 X 射线晶体学、核磁共振波谱学，以及越来越多地通过冷冻电镜（cryoEM）技术获得的，由世界各地的生物学家和生物化学家提交，可以通过其成员组织（PDBe、PDBj、RCSB 和 BMRB）的网站在互联网上免费访问。PDB 由美国结构生物信息学联合研究所（Research Collaboratory for Structural Bioinformatics，RCSB）负责管理和注释，受全球蛋白质数据库组织（Worldwide PDB，wwPDB）的监管，确保 PDB 是对全球社区开放的免费资源。

目前 PDB 中的蛋白质三维结构数据已超过 1 亿条，并且每隔几年就会翻一番。每条 PDB 数据有唯一的蛋白库编号（Protein Data Bank identification，PDB-ID），PDB-ID 包括 4 个字符串，由大写字母 A～Z 和数字 0～9 组合而成，如 1QM1，2RNM。在 RCSB PDB（https://www.rcsb.org）搜索栏输入蛋白质名称、基因名称或 PDB-ID 即可获得相应蛋白的 PDB 数据库文件，将数据下载到本地，利用一些结构可视化软件（如 PyMol，RasMol，Chimer 等）将原子坐标转换就可生成蛋白质的三维结构图像，还可进行进一步编辑及分析应用。如果输入两个 PDB-ID 可以对两个蛋白质进行三维结构的比对。此外，通过蛋白质数据库中的信息筛选和排序，可以显现蛋白质家族的相似性。PDB 数据信息中还包括了对大分子详细的注释，包括模体、结构域、转录后修饰位点以及与其他分子相互作用位点等丰富的相关信息。总之，该数据库中海量的信息不断地加深着我们对蛋白质结构、结构与功能的关系以及蛋白质进化路径的理解。

Uniprot（http://www.uniprot.org，The Universal Protein Resource）是另一个蛋白质常用数据库，主要存储蛋白序列和注释相应的功能。

参考文献

[1] https://www.rcsb.org

[2] https://www.wwpdb.org

[3] Nelson D L，Cox M M，Hoskins A A. Lehninger Principles of Biochemistry. 8th ed.　W. H. Freeman and Company，2021.

第五节 蛋白质结构与功能的关系

蛋白质是生物体中最重要的活性分子,不同的蛋白质具有不同的功能。蛋白质结构的多样性是蛋白质实现其功能多样性的基础,不同的蛋白质都具有与功能相适应的结构,从前文中的纤维状蛋白质结构的学习过程中,我们已经能够了解到蛋白质结构与功能的适应性。蛋白质的结构与功能的关系一直是蛋白质研究中的核心领域,通过研究蛋白质的结构,才能深入了解蛋白质的功能,真正地从分子水平,甚至原子水平上探明生命的过程。

一、蛋白质一级结构与功能的关系

蛋白质一级结构序列中包含了有关蛋白质结构和功能的丰富信息,以及地球上生命进化的信息。

(一)一级结构的变异与分子病

蛋白质一级结构是空间结构的基础,与蛋白质的功能密切相关,一级结构的改变,往往引起蛋白质功能的改变。镰状细胞贫血病(sickle-cell anemia)的发生过程,向人们清楚地展现了蛋白质一级结构的改变如何影响了蛋白质的空间结构,进而由结构的变化带来蛋白质功能的改变。

正常的红细胞为双凹扁平圆盘的形状,每个红细胞中含有大量的血红蛋白。在人体血液中,血红蛋白每天要将 600 L 氧从肺部运输到各种组织中。镰状细胞贫血病患者血液中的红细胞发生病变,在缺氧条件下,红细胞变成镰刀形状,严重时能够阻塞毛细血管,引起剧烈疼痛。

研究发现镰状细胞贫血病是一种遗传的慢性溶血性疾病,是由红细胞中的血红蛋白分子发生缺陷引起的,因而将其称为分子病(molecular disease)。

血红蛋白分子含有 4 个亚基($\alpha_2\beta_2$),共 574 个氨基酸残基。1956 年,Vernon Ingram 等对人的正常血红蛋白(Hb A)与镰状细胞贫血病人的血红蛋白(Hb S)进行了分析。研究者首先用胰蛋白酶将 Hb A 和 Hb S 水解成小肽段,然后采用纸电泳和纸层析的方法分离所有肽段,获得两种蛋白质的肽谱(peptide map)。肽谱分析发现:分离出的 20 多个肽段中,只有一个肽段的位置发生了显著的变化(图

2-40)。研究者将位置发生变化的肽段分离出来进行序列比较,发现这个差异肽段是位于 β 链 N-端的一个八肽。在这个八肽中,β 链 N-端第 6 位氨基酸残基发生了置换,Hb A 中的带电荷的谷氨酸残基在 Hb S 中被置换成了疏水性的缬氨酸残基,即蛋白质的一级结构发生了变化。

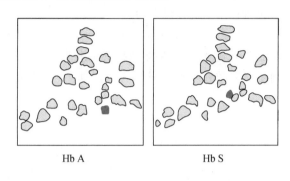

Hb A   Hb S

1　2　3　4　5　6　7　8
Hb A的β链:Val-His-Leu-Thr-Pro-Glu-Glu-Lys
Hb S的β链:Val-His-Leu-Thr-Pro-Val-Glu-Lys

图 2-40　Hb A 与 Hb S 经胰蛋白酶水解后
分离得到的肽谱

仅仅因为 Hb S 分子中两条 β 链上各有一个氨基酸残基的改变,即整个分子的 574 个氨基酸残基中仅有 2 个氨基酸残基发生了替换,就使得具有正常功能的 Hb A 变成异常病变的 Hb S。由此可见蛋白质一级结构的改变对蛋白质功能产生的巨大影响。一级结构的改变,使 Hb S 在缺氧条件下,很容易聚合成纤维丝状结构,多条纤维丝结合在一起进一步形成刚性的纤维束,刚性纤维束的存在迫使细胞的形状改变,形成镰刀形,镰状细胞容易形成血栓阻塞血管。同时,随着刚性纤维束的不断聚集和延长,最终导致红细胞破裂造成溶血。

(二)一级结构的序列比较

不同生物中有一些蛋白质具有共同的祖先,具有相似氨基酸序列,执行相似的功能,这些蛋白质组成了一个蛋白质家族(protein family),家族中的各个成员叫作同源蛋白质(homologous protein)。同源蛋白质一级结构的相似性称为序列的同源性(sequence homology)。

通过对蛋白质的同源比较,发现亲缘关系越近的物种,其同源蛋白质的氨基酸序列具有更高的同源性(homology)。比较同源蛋白质的序列不仅可以对蛋白质进行分类,也是研究生物进化的有效方法。细胞色素 c(cytochrome c,Cyt c)是关于同源性

研究的一个典型的例子。

Cyt c 是线粒体电子传递链中的组成成分,存在于从细菌到人的所有需氧生物中。Cyt c 由一条多肽链组成,相对分子质量约 12 500。不同物种中,Cyt c 的氨基酸残基数目为 103～112。Cyt c 是一个古老的蛋白质,出现在 15 亿～20 亿年前,Cyt c 在进化过程中是高度保守的。

亲缘关系越近的物种,其 Cyt c 序列中氨基酸残基的差异越小。亲缘关系越远的物种,其 Cyt c 序列中氨基酸残基的差异越大。例如:人与黑猩猩的 Cyt c 序列完全一致,人与绵羊的 Cyt c 有 10 个氨基酸残基不同,与植物之间的相差就更大。

将不同种属 Cyt c 的氨基酸残基的差别用系统进化树(phylogenetic tree)来描述,可以借此来阐明不同物种的亲缘关系(图 2-41)。每一个树枝的长度与不同生物 Cyt c 氨基酸残基的差别数成比例,亲缘关系相近的物种分布在同一分枝上。由 Cyt c 序列的比对绘制出的系统进化树反映了不同生物物种的进化路径。

通过对不同种属 Cyt c 的序列比对,发现其中有

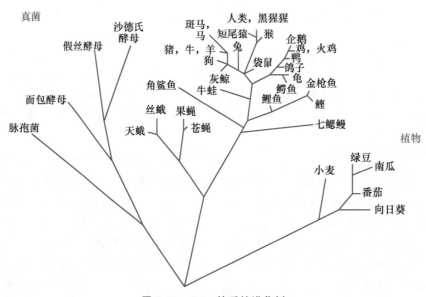

图 2-41　Cyt c 的系统进化树

(图中显示出 Cyt c 在真核生物中清楚地分为三界:动物界、植物界和真菌界。图中未显示原生生物序列)

些氨基酸残基发生了变化,称为可变残基(variant residue);而有些残基则不变,称为保守残基(conserved residue)。对 40 多个不同种属 Cyt c 的序列比对发现:有 28 个位置上的氨基酸残基没有发生变化,这些保守残基多分布在 Cyt c 血红素辅基周围,对 Cyt c 三维结构的维系和功能行使是至关重要的。其他位置的氨基酸残基发生了变化,这些可变残基在物种进化过程中发生了替换(substitution),这些替换大多数属于保守替换,即替换的氨基酸残基之间具有相似的性质,如 Asp 被 Glu 所替换。

这种以特定蛋白质的氨基酸序列为唯一依据作出的进化树,与依据经典形态分类学方法及化石证据而作出的进化树表现出明显的一致性,说明蛋白质和生物物种有一致进化的过程,蛋白质的进化可以反映生物物种的进化,并由此产生了分子进化

(molecular evolution)的研究领域。

二、蛋白质空间结构与功能的关系

天然状态下,蛋白质的多肽链紧密折叠形成蛋白质特定的空间结构,称为蛋白质的天然构象或三维构象。这个空间结构与蛋白质的功能密切相关。

(一)牛胰核糖核酸酶 A 的折叠与去折叠

20 世纪 60 年代,Christian Anfinsen 对于牛胰核糖核酸酶 A(RNase A)的研究成为研究蛋白质折叠(folding)与去折叠(unfolding)的一个经典实验,这个实验充分地揭示了蛋白质的空间结构与功能的关系,同时也说明了蛋白质一级结构决定其空间结构。

牛胰 RNase A 是一种 RNA 水解酶,是由 124 个氨基酸残基组成的单肽链蛋白质,其中含有 4 个链内二硫键,整个分子折叠成球形的天然构象。由于高浓度尿素会破坏肽链中的非共价键,巯基乙醇可以还原二硫键。因此,当用尿素和巯基乙醇处理 RNase A 时,蛋白质空间结构被破坏,肽链去折叠化变成松散肽链,RNase A 的水解酶活性丧失。此时,RNase A 的肽链去折叠化,只发生了空间结构的改变,但一级结构并没有发生变化。当除去尿素和巯基乙醇,并经过氧化重新形成二硫键后,有些去折叠的 RNase A 的肽链能够重新折叠(refolding)成原有的天然构象,酶活性逐渐恢复(图 2-42)。不过,有些去折叠的肽链无法重新折叠成原有的天然构象,而是形成了错误折叠,这些错误折叠的 RNase A 则不能恢复酶活性。

图 2-42　RNase A 肽链的去折叠和重新折叠过程的示意图

(改自 Appling et al.,2019)

这个实验清楚地表明蛋白质的特定构象与其功能的直接关系。即当特定构象存在时,蛋白质表现出生物功能;尽管一级结构没有发生改变,但蛋白质特定空间结构被破坏时,蛋白质的生物学活性丧失。

从这个实验中还可以看到,蛋白质特定的空间结构取决于蛋白质的一级结构,即取决于氨基酸序列。在完整一级结构存在的条件下,没有其他任何物质的帮助,去折叠化的 RNase A 多肽链能够重新折叠成天然构象,并在折叠过程中准确匹配,形成天然构象中的 4 个二硫键。在 RNase A 中有 8 个 Cys 侧链巯基,这 8 个巯基配对形成 4 对二硫键的方式有 105 种。然而在肽链重新折叠的过程中,蛋白质能够使 8 个巯基只选择了 105 种配对方式中的一种正确的配对方式而形成 4 个二硫键。由此,Anfinsen 得出了他的著名论断:"多肽链折叠成天然构象的全部信息都包含在其氨基酸排列顺序中。"也就是说蛋白质的一级结构决定空间结构,这个事实成为从蛋白质一级结构预测空间结构的理论基础。

一些分子量小的蛋白质能够在体外完成折叠与去折叠过程的可逆转变,但是并非所有的蛋白质在去折叠后都能重新折叠形成天然的空间构象。此外,研究表明体内蛋白质的折叠与体外的折叠过程有明显的差异。这种差异主要体现在两个方面:第一,蛋白质在体外折叠效率很低,通常都要经历几分钟到几十分钟的过程。而在体内,蛋白质的合成一般在 1~2 min 内完成,分子的折叠极为迅速。第二,在体内,大多数蛋白质的折叠过程都有分子伴侣和酶的参与。

分子伴侣(molecular chaperone)是从功能上定义的一个蛋白质家族,从细菌至人类都有分子伴侣的存在。在蛋白质合成过程中,分子伴侣结合到尚未完全合成的新生肽链(nascent peptide)的特定位置,以防止在肽链合成完成之前新生肽链可能形成的不正确折叠。分子伴侣通过与新生肽链某些部位选择性地结合-释放及再结合-再释放,促进新生肽链的正确折叠等过程。这种分子伴侣参与新生肽链的折叠方式,可能是体内蛋白质折叠的一种普遍机制。在细菌中,大约有 85% 的蛋白质需要有分子伴侣参与,才能完成肽链的正确折叠。真核生物中,需要分子伴侣参与折叠的蛋白质的比例更高。近年来,对于分子伴侣蛋白的功能有了更广泛的认识,其不仅控制蛋白质在细胞中的折叠过程,还参与蛋白质的组装与去组装、激活与失活、易位、去折叠、解聚和降解等过程(Finka et al.,2016),有科学家认为将分子伴侣更名为"去折叠酶"(unfoldase)更为准确。

此外,体内新生肽链的折叠还有特定的酶的参与。参与新生肽链折叠的主要有两个酶:蛋白质二硫键异构酶(protein disulfide isomerase,PDI)和肽基脯氨酰异构酶(peptidyl prolyl isomerase,PPI)。PDI能够促进新生肽链形成正确配对的二硫键,它可以加速折叠中间体中二硫键的改组,使蛋白质很快找到热力学上最稳定的配对方式,从而加速含二硫键蛋白质的折叠过程。例如,PDI使牛胰蛋白酶抑制剂中间体二硫键改组的速率提高6 000倍。PPI催化X-Pro肽键形成顺式构型。蛋白质多肽链中,大约6%的Pro参与形成的肽键X-Pro为顺式构型,体外实验发现脯氨酰的异构化是许多蛋白质折叠过程中的限速步骤。

(二)肌红蛋白、血红蛋白与氧的结合

肌红蛋白和血红蛋白是最早被阐明了三维结构的蛋白质,也是功能研究得最为深入的两个蛋白质。通过研究肌红蛋白和血红蛋白与氧结合的过程,我们来理解具有不同层次空间结构的蛋白质在功能上的差别。

从结构上看,肌红蛋白和血红蛋白有很多相似之处。肌红蛋白与血红蛋白的 α 亚基、β 亚基三者之间不仅在一级结构有较高的同源性,肽链折叠后的三维结构也非常相似,都属于珠蛋白折叠模式,肌红蛋白甚至与 β 亚基几乎有相同的三维结构。结构上的相似性,表现出相似的功能。这两种蛋白质都通过其含有的血红素辅基与氧进行可逆结合,都存在着氧合与脱氧两种构象。

用氧饱和度(Y)对氧分压(p_{O_2})作图,可以得到肌红蛋白或血红蛋白的氧合曲线(图2-43),氧合曲线表示出肌红蛋白和血红蛋白与氧定量结合的关系。尽管肌红蛋白和血红蛋白都能与氧结合,但二者的氧合曲线却表现出明显的不同(图2-43)。肌红蛋白的氧合曲线为一条双曲线,$p_{50}=2.8$ torr(1 torr=1 mmHg),血红蛋白的氧合曲线为S形,$p_{50}=26$ torr。p_{50} 表示蛋白质分子的氧饱和度达到一半时的氧分压值。

氧合曲线说明肌红蛋白即使在氧分压极低的条件下,仍然保持对氧分子的高亲和性。肌红蛋白通常位于组织中,接受血红蛋白释放出的氧,起到储存氧的作用。当组织细胞大量需氧时,肌红蛋白可以释放储存的氧分子。血红蛋白则不同,在氧分压较高的肺部,血红蛋白几乎完全被氧饱和;而在氧分压较低的组织中,血红蛋白与氧的亲和力降低,释放出携带的氧,在肌肉组织中释放出的氧转移给肌红蛋白储存。血红蛋白与氧结合的这种特性,是由于血红蛋白与氧

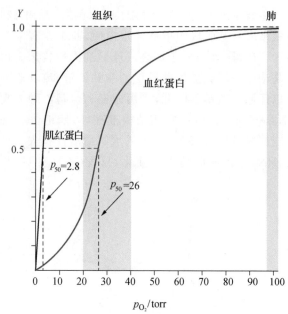

图2-43 肌红蛋白、血红蛋白的氧饱和度(Y)与氧分压(p_{O_2})之间的关系

的结合存在别构效应(allosteric effect)。

别构效应是寡聚蛋白质分子中亚基之间通过构象改变而实现的一种相互作用,这种相互作用表现为当分子中某一亚基结合效应物后,发生的构象改变并引起其余亚基和整个分子构象的改变,从而带来寡聚蛋白质性质和功能的改变。

血红蛋白分子含有4个亚基,每个亚基都能与氧分子结合。在肺部高氧分压环境中,血红蛋白的一个亚基与氧分子结合后产生构象改变。这种构象改变通过亚基间的相互作用,引起其他亚基也发生构象变化,使其他亚基转变为有利于与氧分子结合的构象,即对氧亲和的构象,加速了其他亚基与氧分子的结合。因此,在肺部高氧分压条件下,血红蛋白对氧的饱和度达到最高。通过血液循环,当血红蛋白到达氧分压较低的各器官组织时,血红蛋白能够脱去其结合的氧分子。而当分子中的一个亚基脱去氧分子后也发生构象改变,并通过亚基间相互作用,促使其他亚基改变为不利于结合氧分子的构象,从而更迅速地脱去氧。因此,在低氧分压时,血红蛋白能够尽可能地卸载携带的氧分子,以满足器官组织对氧的需求。这就是血红蛋白与氧分子结合具有的别构效应。这种效应,使血红蛋白在肺中尽可能结合更多的氧分子,通过血液循环输送到各需要的器官组织中,在器官组织中又尽可能卸载氧分子,因此,别构效应使血红蛋白完美地执行着氧分子载体的功能。

由此可见,四级结构的血红蛋白所具有的别构

效应是只有三级结构的肌红蛋白所不具备的,蛋白质的结构是与其功能相适应的,结构复杂的蛋白质,具有相对复杂的功能。

(三)朊病毒与构象病

1982年,Stanley Prusiner等在感染羊瘙痒病(scrapie)的仓鼠脑组织中提取到一种蛋白质,并且在此蛋白质提取物中没有检测到核酸。为了确保这种蛋白质中不含有核酸,研究者对这种蛋白质进行紫外线灭活DNA、RNA,并用酶处理DNA、RNA之后,发现该蛋白质仍具有侵染性。但是,如果对其用蛋白酶或蛋白质变性剂处理,则失去侵染性。据此,Prusiner等突破经典病毒学理论而提出朊病毒(prion)的概念,认为羊瘙痒病的病原体是一种不含核酸成分的蛋白质颗粒,并将其称为朊病毒蛋白(prion protein,PrP)。由于发现了一种全新的生物侵染机制,Prusiner获得了1997年诺贝尔生理学或医学奖。如今经过多年的大量研究表明,朊蛋白是一组至今不能查到含有任何核酸的侵染性极强蛋白质颗粒,其对各种理化作用具有很强抵抗力的,是在人和动物中引起传染性海绵状脑病(transmissible spongiform encephalopathy,TSE)的一个特殊的病因。

细胞中正常的PrP是一个糖蛋白,相对分子质量为27 000~30 000,通常通过与磷脂分子的共价结合附着于神经细胞表面,PrP在细胞中的正常功能尚存在争议,可能对神经保护、干细胞更新和记忆机制等产生影响。PrP具有两种构象:一种是正常的细胞型PrP^C,是包括人在内的所有动物中都具有的正常朊蛋白。另一种是致病搔痒型PrP^{Sc}。两种构象的蛋白质一级结构上是相同的,二者的区别在于空间构象上的差异。PrP^{C}的结构中存在大量的α-螺旋,约含有42%的α-螺旋和3%的β-折叠。而PrP^{Sc}中却含有30%的α-螺旋和43%的β-折叠(图2-44),即在PrP^{C}中N端的一部分α-螺旋结构在PrP^{Sc}中却形成了β-折叠,即发生了肽链的错误折叠。目前的研究证明PrP^{C}向PrP^{Sc}的转变与此空间构象的变化相关。研究认为PrP^{Sc}中的β-折叠发生垛叠形成β-螺旋域,通过β-螺旋域聚集形成三聚体,三聚体再不断重叠延伸形成淀粉样纤维结构。

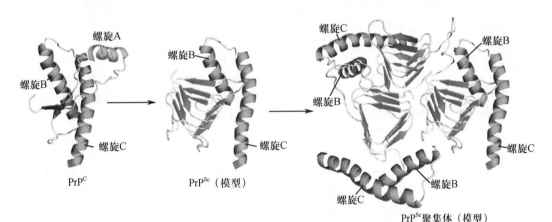

图2-44　人的PrP^{C}球形结构域结构、PrP^{Sc}的结构模型以及PrP^{Sc}形成三聚体的模型

[图中显示了朊蛋白(PrP^C)转变成朊病毒(PrP^{Sc})后,α-螺旋转变为β-折叠。此结构是经过NMR、质谱和圆二色光谱的研究综合推导出的。改自Nelson et al.,2021]

PrP^{Sc}溶解度低,形成的淀粉样纤维结构能抵抗蛋白酶的降解而不能被及时清除,因此在细胞中大量聚积形成沉淀,最终导致细胞的死亡。PrP^{Sc}与PrP^{C}相互作用导致PrP^{C}向PrP^{Sc}转变,从而实现PrP^{Sc}的"自我复制",并产生病理效应。目前对于PrP^{Sc}的侵染机制仍不清楚,推测是通过PrP^{Sc}和PrP^{C}之间发生的物理相互作用实现转变。

像PrP这类由于蛋白质构象异常而产生的疾病称为构象病,构象病是由肽链的错误折叠而引起的。发生在动物及人类身上与PrP相关的疾病有很多种,如发生在动物中的羊瘙痒病、疯牛病等,发生在人类中的库鲁病、克-雅病等。对PrP^{Sc}致病与传播机制的研究将促进人们对与PrP相关的传染性海绵状脑病的防治。

知识框 2-2　固有无结构蛋白质

一直以来的研究表明蛋白质特定的功能依赖于蛋白质特有的、明确的三维结构，结构决定功能。然而，通过对真核生物基因组中基因编码的蛋白质的研究以及许多蛋白质数据的重新评估发现，一些完整的蛋白质或者蛋白质肽链中很长的一个区域表现为完全无序的状态，缺乏稳定的三维结构，但这些无序的蛋白质却具有功能，或无序区对于蛋白质的功能至关重要。这些蛋白质被统称为固有无结构蛋白质（intrinsically unstructured protein，IUP），或固有无序化蛋白质（intrinsically disordered protein，IDP），或天然无折叠蛋白质（natively unfolded protein，NUP）以及天然无折叠结构域（natively unfolded domain，NUD）。IUP 的发现似乎打破了几十年来人们对蛋白质结构与功能关系的传统认识，对结构决定功能的法则提出了挑战。

目前 IUP 包含两类：一类是整个蛋白质为完全无序，即 NUP；另一类是蛋白质结构中含有无序区或部分无序，即含有 NUD。NUP 和 NUD 中的肽链以伸展的无折叠状态存在，其氨基酸序列在不同物种间具有高度的保守性，在氨基酸组成上含有较高比例的带电荷和亲水氨基酸残基，疏水氨基酸残基比例较低，不能或很难形成稳定的疏水核心，因此 IUP 中的无序结构实际上是多种动态互变构象的集合（图 1）。

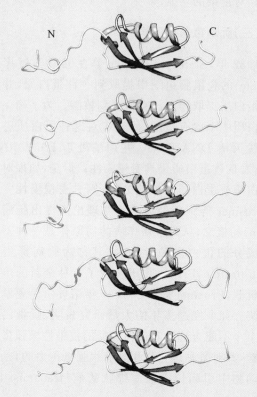

图 1　从 10 个 NMR 模型获得的 SUMO-1 蛋白的部分动态构象（Lukasz Kozlowski 作图）。（动态构象中，中心部分具有相对稳定的三维结构，N 端和 C 端区域为无序结构，N 端可观察到瞬时螺旋构象。NMR:核磁共振；SUMO:类泛素蛋白修饰分子）

IUP 的无序性和高电荷密度的柔性肽链之间可以相互聚集形成密集网状结构，如在核孔上作为扩散的屏障（图 2），还可以在溶液中结合各种离子和小分子，充当储物库或垃圾场。然而，更多的 IUP 则处于重要的蛋白质相互作用网络的核心，由于具有灵活的无序结构带来功能的多样性，使一个蛋白质可与几个甚至几十个靶标蛋白相互作用。在与靶标蛋白的相互作用时，IUP 通常可以形成有序的三维结构（图 3），如形成 α-螺旋或 β-折叠结构，这些有序三维结构因发生相互作用的靶标蛋白的不同而不同。IUP 以这种以"一"对"多"的相互作用方式参与到多条信号通路中。

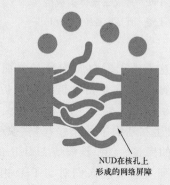

NUD在核孔上形成的网络屏障

图 2　多个 IUP 的无序区相互交织在核孔上形成网络屏障

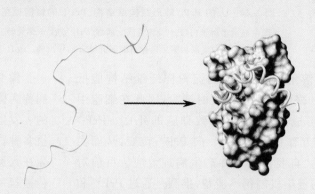

图 3　NUP 或 NUD 与靶标蛋白结合的同时折叠成有序的螺旋结构

PDB的数据显示，完全不具有NUD的蛋白质只有32%，而真核生物中的比例则更高，说明生物越复杂，在生物进化过程中对细胞信号传导和调控的需求就更高。目前IUP的功能可归属于28个方面，但是IUP不能行使酶等具有相对刚性结构蛋白质的功能。IUP的研究同样说明蛋白质的功能依赖于蛋白质的结构，但蛋白质的结构不是僵化的静态结构，而是灵活的动态结构，在同一能量水平上，蛋白质存在着不止一种构象，在与配体结合时则选择一种构象。

参考文献

[1] Alberts B，Johnson A，Lewis J，et al. Molecular Biology of the Cell. 6th ed. Garland Science，Taylor & Francis Group，2015.

[2] Dyson H J，Wright P E. Intrinsically unstructured proteins and their functions. Nat. Rev. Mol. Cell Biol，2005，6：197-208.

[3] Nelson D L，Cox M M，Hoskins A A. Lehninger Principles of Biochemistry. 8th ed. W. H. Freeman and Company，2021.

三、蛋白质三维结构预测

多肽链折叠的全部信息都包含在其氨基酸序列中，即蛋白质的一级结构决定其三维结构（3D结构），而蛋白质的三维结构与其功能直接相关，因此，获得蛋白质空三维结构的信息对于揭示其生物功能十分重要。

基因测序技术的发展，使基因序列数据猛增，由基因序列推出的蛋白质序列的数据也呈指数级增长，因此，蛋白质一级结构的数据非常丰富。然而，从现有的蛋白质构象研究技术，即X射线晶体衍射、NMR及冷冻电子显微镜（cryoEM），获得蛋白质的三维结构信息都需要相对长的时间，使得三维结构测定的速度远远滞后。因此，利用计算生物学的方法对蛋白质结构进行预测是缓解这一数据量差异的有效方法。

蛋白质三维结构的预测方法有同源模建法（homology modeling）、折叠识别法（fold recognition）和从头预测法（ab initio prediction）三种。对于一个未知结构的蛋白质，如果能够在PDB等蛋白质结构数据库中找到一个已知结构的同源蛋白质，就可以此同源蛋白质的结构作为模板来预测未知结构蛋白质的三维模型。这种同源模建法是结构预测中最简单且成熟的方法，得到的结构准确性也是相对最高的。如果未知结构蛋白质与已知结构蛋白质之间没有很高的序列相似性但具有相似的折叠（fold）模式，则可以采取序列结构比对的方法，找出最有可能的未知序列折叠模式。这种折叠识别方法可以弥补

同源模建法只能依赖序列相似性寻找结构模板的不足。从头预测法是三种方法中最难、准确性相对最低的方法。它不需要已知结构的信息，主要基于两个假设进行预测：①蛋白质结构的所有信息都包含在它的氨基酸序列中；②球状蛋白质折叠成具有最低自由能的构象。要找到这样的结构则需要相对应的得分函数及搜索策略。虽然从头预测法的分辨率一般较低，但仍然可以提供有用的结构模型。

多年来蛋白质3D结构的预测一直是计算生物学领域中极具挑战性的一个研究方向。为了客观且有效地评估蛋白质结构预测技术的发展水平，自1994年起，每两年在全球范围内举办一次蛋白结构预测比赛（Critical Assessment of Techniques for Protein Structure Prediction，CASP），很多新的预测方法和模型都在CASP中诞生。2020年底，在开发的人工智能AlphaGo"横扫"顶尖人类围棋职业选手以后，DeepMind公司新一代的AlphaFold人工智能系统，利用深度学习与传统算法的结合，能够基于氨基酸序列精确地预测蛋白质的三维结构，其准确性可以与使用X射线晶体衍射、NMR及cryoEM等实验技术解析的三维结构相媲美。这一突破被称为"变革生物科学和生物医学"的突破。

蛋白质二级结构是联系一级结构与三维空间结构的桥梁和纽带，所以对蛋白质二级结构的预测通常被认为是蛋白质结构预测的第一步。二级结构的预测通常也称为三态预测，即序列中的每一个氨基酸残基都可以归结为螺旋（helix，H）、延伸的折叠（extended β-strand，E）或卷曲（coil，C）三态中的一种。蛋白质二级结构的预测研究工作到目前已经开

展了超过 65 年,开发了几十种预测方法。这些方法大致上可分为三大类,即统计学方法、基于立体化学原则的物理化学方法和神经网络域人工智能方法。随着序列信息和结构信息的不断增长,通过统计得到的蛋白质序列与二级结构关系及规律更加全面。同时也由于预测方法的不断改进,使得蛋白质二级结构预测的准确率不断地提高,目前二级结构预测的准确率已经可以达到 80% 以上。一般认为,如果有足够高的蛋白质二级结构预测准确率,就可以为蛋白质分子的三维结构预测提供一个好的初始点。尽管不能完全展示蛋白质的结构模型,但二级结构预测结果仍能提供许多有用的空间结构信息。

随着人工智能深度学习的加入,蛋白质结构预测的准确性已取得很大进步。蛋白质结构预测的应用将会进一步拓宽,将从过去对单个蛋白的结构预测,应用到整个基因组蛋白的结构预测,应用到蛋白质-蛋白质相互作用的预测,以及蛋白质结构与功能关系的研究中。

四、蛋白质组与蛋白质组学

人类基因组序列草图的完成,宣告了后基因组时代的到来,生命科学的研究由结构基因组学进入了功能基因组学的领域,蛋白质组学的研究不仅是生命科学研究进入后基因组时代的里程碑,也是后基因组时代生命科学研究的核心内容之一。

蛋白质组(proteome)的概念最早由澳大利亚学者 Marc Wilkins 和 Keith Williams 等于 1994 年提出,是指"一个基因组所能表达的全套蛋白质"。然而,生命是动态的,蛋白质的合成会随着环境的改变、发育时期等而发生变化,同时基因表达存在组织器官的特异性,因而蛋白质组有三种不同层次的含义:一个细胞、一种组织、一种生物所表达的全套蛋白质,故蛋白质组更为准确的概念表述为:细胞或组织或生物体在特定时间和空间上表达的全套蛋白质。

蛋白质组学(proteomics)就是以细胞内全部蛋白质的存在及其活动方式为研究对象,对不同时间和空间上发挥功能的特定的蛋白质组群进行研究。在生物体中,往往不是通过某一个蛋白质完成一个生理功能,而是通过蛋白质与蛋白质形成的复合物,或者组成一个信号通路,才能实现其生物学功能。因此,单个蛋白的研究会相对片面和盲目。蛋白质组学的意义在于它不是按照传统的方式,孤立地研究某种蛋白质分子的功能,而是列出全部蛋白质的细目,弄清每一个蛋白质的结构和功能、蛋白质表达的整体变化及整个蛋白质群体内的相互作用。

蛋白质组学研究的手段包括高通量二维双向电泳进行蛋白质分离,质谱技术、蛋白质信息处理技术以及专业计算机软件对蛋白质定性及定量分析与鉴定。目前由于质谱技术的发展,基于质谱的蛋白质组学研究已非常普及,将蛋白质样品进行特异性酶切,通过高效液相色谱法(HPLC)分离或直接进行质谱分离,获得质谱谱图,经数据库检索软件进行自动化分析即可完成。

第六节　蛋白质的重要性质

蛋白质是由氨基酸组成的高分子有机化合物,具有某些与氨基酸相似的化学性质。但是蛋白质又是与氨基酸不同的生物大分子,具有自身特殊的性质。

一、蛋白质的胶体性质

将一种或几种物质分散在另一种物质中就构成了分散体系(disperse system),被分散的物质称为分散相,另一种物质称为分散介质。按分散相粒子大小分为 3 类分散系统:分散相质点小于 1 nm 时为分子分散系统,即真溶液;分散相质点介于 1～100 nm 时为胶体分散系统,即胶体溶液;分散相质点大于 100 nm 时为粗分散系统,即悬浊液。要形成稳定的胶体分散系统,需要满足 3 个条件:①分散相质点大小介于 1～100 nm;②分散相质点带有同种电荷,同种电荷相互排斥,使得质点不易沉淀下来;③溶剂在分散相质点表面形成溶剂化层,使分散质点间不易靠拢聚集成较大的颗粒而发生沉淀。

在蛋白质溶液中,蛋白质分子为分散相。蛋白质分子直径一般为 2～20 nm,因此蛋白质溶液是胶体溶液。与一般胶体溶液一样,蛋白质溶液也具有丁达尔效应、布朗运动以及不能透过半透膜等性质。蛋白质折叠时,具亲水侧链的氨基酸残基通常分布在表面,因此蛋白质分子表面分布着许多亲水基团,如—NH$_2$、—COOH、—OH 等。这些基团容易与水分子作用,形成水化层,成为蛋白质分子相互接近时的障碍。另外，处于一定 pH 环境下的蛋白质，其分子表面的极性基团解离，使蛋白质分子带有同种净电荷而相互排斥。同时蛋白质分子表面所带电荷可以吸附溶液中的反电荷离子（counterion），形成稳定的双电层（图 2-45）。因此，如果没有外界因素影响，蛋白质水溶液表现为稳定的胶体系统。

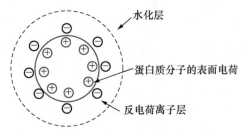

图 2-45 蛋白质形成的双电层及水膜示意

二、蛋白质的两性解离和等电点

与氨基酸一样，蛋白质也是两性电解质，在溶液中既可以与酸发生作用，也可以与碱发生作用。蛋白质分子中可解离的基团包括肽链 N-端和 C-端游离的 α-氨基和 α-羧基，但是每条肽链只有一个游离的 α-氨基和 α-羧基，对蛋白质的解离影响很小。主要影响蛋白质解离状态的是肽链中各氨基酸残基的侧链基团，如 ε-氨基、β-羧基、γ-羧基、咪唑基、胍基、巯基等。在一定的 pH 条件下，蛋白质中这些可解离基团的种类和数目决定了该蛋白质分子所带的电荷性质和数量。在某一特定 pH 时，某一种蛋白质分子表面所带的正、负电荷数相等，即分子表面所带净电荷为零，分子表面表现出电中性，此特定 pH 即是该蛋白质的等电点。每种蛋白质都有各自特定的等电点，如肌红蛋白的等电点 pI＝7.0，Cyt c 的等电点 pI＝9.7。当溶液 pH 高于蛋白质的等电点时，蛋白质表面所带净电荷为负，在电场中会向正极移动；当溶液 pH 低于蛋白质等电点时，蛋白质表面所带净电荷为正，在电场中向负极移动；当溶液 pH 等于蛋白质的等电点时，蛋白质所带净电荷为零，在电场中不发生定向移动。

处于等电点的蛋白质分子表面所带的净电荷为零，蛋白质形成稳定胶体溶液的条件被破坏，容易出现沉淀，因此等电点时蛋白质的溶解度最低，同时黏度、渗透压、导电性等也处于最小值。

三、蛋白质的沉淀

任何破坏溶液中蛋白质分子形成的水化层、双电层的因素，均会影响蛋白质胶体溶液的稳定性，使蛋白质从溶液中沉淀出来。高浓度中性盐、醇、酸、重金属盐和生物碱试剂等，在一定条件下均能沉淀蛋白质。它们或者是削弱了蛋白质与水之间的亲和力，或者改变了蛋白质所带的电荷特性。

（一）高浓度中性盐沉淀蛋白质

高浓度的中性盐，如硫酸铵、氯化钠等，溶于蛋白质溶液时，大量盐离子"夺取"蛋白质分子表面的水分子，破坏了蛋白质表面的水化层，使蛋白质溶解性降低而沉淀的现象称为"盐析"（salting out）。在低浓度时，中性盐使蛋白质分子可以吸附少量相反电荷的盐离子，起到稳定双电层的作用，因此可以增加蛋白质溶解性，这种现象称为"盐溶"（salting in）。盐析沉淀一般不引起蛋白质的变性，通过适当方法除去盐之后，蛋白质可以重新溶解。不同的蛋白质盐析沉淀的条件各不相同，因此利用不同盐浓度对蛋白质进行盐析沉淀，可以对蛋白质进行分离纯化，这种方法称为分级分离法或分级沉淀法。

（二）有机溶剂沉淀蛋白质

当甲醇、乙醇、丙酮等能与水互溶的有机溶剂加入蛋白质溶液中时，会破坏蛋白质分子的水化层，使蛋白质脱水而造成蛋白质沉淀。不仅如此，这些有机溶剂还会降低蛋白质分子的介电常数，削弱蛋白质分子之间的斥力，从而降低蛋白质溶解度，使蛋白质形成沉淀。利用蛋白质在一定浓度的有机溶剂中的溶解度差异进行分离的方法，叫作"有机溶剂分级沉淀法"。该法常用于蛋白质或酶的提纯，操作时通常将溶液 pH 控制在蛋白质的等电点附近。有机溶剂沉淀蛋白质容易引起蛋白质的变性，因此一般在低温下进行操作，如可将有机溶剂提前置于−20 ℃预冷。

（三）重金属离子沉淀蛋白质

当蛋白质分子带负电荷时，能够与 Cu^{2+}、Hg^{2+}、Pb^{2+}、Cd^{2+}、Ag^+、Zn^{2+} 等重金属离子结合形成不溶性重金属蛋白质盐沉淀。重金属盐类，如醋酸铅、氯化汞、硫酸铜、硝酸银等都是蛋白质的沉淀剂，通常会引起体内蛋白质的变性而造成中毒。若发生重金属中毒，可及时服用蛋清、牛奶、豆浆等高蛋白质含量物质，利用这些蛋白质结合进入体内的重金属盐,从而可以减少这些重金属盐对人体自身蛋白质的破坏作用。但是,若发生金属中毒情况,必须尽快就医治疗。

(四)生物碱试剂沉淀蛋白质

生物碱试剂指能引起生物碱沉淀的一类试剂,如单宁酸或称鞣酸、苦味酸、钼酸、钨酸、磷钨酸、磷钼酸和三氯乙酸等,这些试剂都是带负电荷的酸性物质。当蛋白质处在低于其等电点的 pH 环境下,蛋白质带正电荷,此时带负电荷的生物碱试剂能够与蛋白质的正电荷发生作用形成不溶性盐,从而使蛋白质沉淀。

四、蛋白质的变性与复性

Anfinsen 对于牛胰核糖核酸酶 A 的折叠与去折叠的研究也是研究蛋白质变性与复性的一个经典实验。

(一)蛋白质的变性

蛋白质结构与功能的关系表明,蛋白质特定的空间结构是蛋白质执行功能所必需的结构基础,这个空间结构即蛋白质的天然构象。当受到某些因素影响时,维系天然构象的非共价键被破坏,蛋白质去折叠化失去天然构象,导致生物活性丧失及相关物理、化学性质的改变,这个过程称为蛋白质变性(denaturation)(图 2-42)。蛋白质变性不涉及肽键的断裂,即蛋白质的一级结构保持完整。

引起蛋白质变性有物理的和化学的因素。物理因素有加热、紫外线及 X 射线照射、高压以及表面张力的拉伸等。化学因素有机溶剂、脲、胍以及酸碱等。引起变性的化学因素称为变性剂。

蛋白质变性主要表现在生物活性的丧失。蛋白质的生物活性是指蛋白质所执行的生物功能,如酶的催化作用、激素的调节作用、血红蛋白作为氧载体的载氧能力等。

蛋白质变性时某些物理化学性质也发生改变。变性蛋白质分子结构的松散伸展,使溶液的黏度增加、扩散系数降低,同时旋光性及紫外吸收光谱也发生变化。变性蛋白质肽链去折叠化,使某些原来折叠在分子内部的侧链基团暴露,能够与一些化学试剂发生反应。此外,原来折叠于内部的疏水基团也会暴露出来,使蛋白质溶解度降低,在一定条件下形成沉淀。

1931 年,我国生物化学家吴宪先生最早提出蛋白质变性学说。他认为:天然蛋白质分子的规则性紧密结构是由分子内的非共价键维持的,因此这个结构很容易被物理和化学因素破坏。变性作用是天然蛋白质分子由有规则而紧密的结构变为开链的无规则、松散结构的过程。该变性学说对蛋白质大分子空间结构的研究具有重要价值。

人们的生活中有许多利用蛋白质变性的例子。加热煮熟的食物有利于消化利用的是加热变性蛋白质的方法。由于蛋白质变性后分子结构变得伸展松散,比天然蛋白质更容易被蛋白酶作用而降解,所以熟食更容易被消化。制作豆腐的基本原理也是让大豆蛋白质变性凝固。75%的酒精消毒就是使细菌蛋白质脱水变性而到达杀菌的目的。然而,在医药中以及实验室中使用的一些蛋白质制剂、酶制剂等,会因为其中蛋白质发生变性而失去相应的效应,因此在运输储存过程中,需要保持低温条件,避免蛋白质的变性。

蛋白质变性与蛋白质沉淀不同。蛋白质变性后可能发生沉淀,也可能保持溶解状态。沉淀蛋白质时,有些会引起蛋白质的变性,如重金属盐类引起的沉淀。有些沉淀作用中蛋白质仍然保持活性,如硫酸铵引起的沉淀。

(二)蛋白质的复性

变性后的蛋白质在除去变性因素后,重新折叠成天然构象并恢复生物活性的过程称为蛋白质的复性(renaturation)。能够复性的变性过程称为可逆变性,这种变性条件相对缓和,没有对蛋白质的三维结构造成严重破坏,可能还存在局部的折叠结构。有些变性条件对蛋白质三维结构深度破坏,即使去除变性因素,蛋白质也不能复性,此为不可逆变性,如蛋清的加热凝固就是不可逆变性。

五、蛋白质的颜色反应

蛋白质分子中的肽键,以及某些侧链基团能够与一些化学试剂发生颜色反应,这些反应可以用于蛋白质的定性和定量分析。这些颜色反应归纳于表 2-5。

表 2-5　蛋白质的颜色反应

反应名称	试剂	呈现颜色	参与反应基团	用途
双缩脲反应	氢氧化钠、硫酸铜	紫红色	两个以上相邻肽键	蛋白质含量测定
米伦（Millon）反应	硝酸汞、亚硝酸汞、硝酸、亚硝酸混合物	红色	酚基	鉴定含 Tyr 残基的蛋白质
黄色反应	浓硝酸、氨	黄色至橘黄色	苯基	鉴定含 Phe、Tyr 残基的蛋白质
乙醛酸反应	乙醛酸试剂及浓硫酸	紫色	吲哚基	鉴定含 Trp 残基的蛋白质
茚三酮反应	茚三酮	蓝紫色*	α-氨基与α-羧基	鉴定游离氨基酸及蛋白质
福林（Folin）反应	磷钼酸、磷钨酸	蓝色	酚基	鉴定含 Tyr 残基的蛋白质，蛋白质含量测定
坂口反应	次氯酸钠、α-萘酚	红色	胍基	鉴定含有 Arg 残基的蛋白质
考马斯亮蓝结合反应	考马斯亮蓝 G-250	蓝色	带正电荷的蛋白质	蛋白质含量测定

注：* 脯氨酸和羟脯氨酸与茚三酮反应显黄色。

六、蛋白质的紫外吸收光谱

蛋白质中含有 Trp、Tyr 和 Phe 残基，使蛋白质在近紫外区 280 nm 有最大特征吸收峰。蛋白质的紫外吸收特性不仅可以用于蛋白质含量的测定，还可用于蛋白质的构象研究。核酸分子也具有紫外吸收特性，其最大吸收波长为 260 nm。因此，当用紫外吸收法测定蛋白质含量时，必须对核酸的干扰进行修正。可采用下列公式计算蛋白质的含量：

蛋白质浓度（mg/mL）＝$1.45A_{280}-0.74A_{260}$

利用蛋白质的紫外吸收测定溶液中蛋白质的含量，是一种简便快速的蛋白质浓度测定方法，但由于各种蛋白质中芳香族氨基酸含量不同，该方法测得的数据存在一定的误差。

第七节　蛋白质的分离纯化技术

为了研究蛋白质的功能，通常将目的蛋白质从生物体或细胞中分离（separation）纯化（purifica-tion）出来，在相对单纯的环境中确定蛋白质的功能。典型的细胞中含有数千种蛋白质，每种蛋白质的含量、性质各不相同。蛋白质分离纯化旨在从复杂的细胞混合物中分离出一种单一的蛋白质而进行研究，这是研究蛋白质结构与功能必不可少的关键步骤。

蛋白质分离纯化的总原则是：保证蛋白质的生物活性；达到研究所需的纯度；获得最高的产量。整个操作过程中通常需要保持低温，以减少蛋白质的变性。

分离纯化的一般程序可分为：前处理、粗分级和细分级分离 3 个步骤。①前处理：将欲分离纯化的目的蛋白质从细胞中溶解出来。胞外蛋白质可以直接用适宜的缓冲液提取，胞内蛋白质的提取涉及破碎细胞等步骤，再通过离心除去大的细胞碎片等。②粗分级：这个阶段主要是除去大量的杂质和杂蛋白质。一般采用的方法有中性盐或有机溶剂的分级沉淀的方法，以及超过滤等浓缩的方法。③细分级：对目的蛋白质进一步的提纯。通常采用各种柱层析的方法，如离子交换层析、凝胶过滤层析、亲和层析、疏水相互作用层析、反相层析等，还可以采用制备性电泳的方法。这一阶段常常同时进行生物活性的检测和纯度的鉴定。

分离纯化蛋白质的依据是蛋白质与杂质之间的生物学和物理化学性质上的差异,如溶解度、分子大小、带电状态以及特异结合某些生物分子等特点。以下对蛋白质常用的一些分离纯化技术进行简要介绍。

一、透析与超过滤

(一)透析

在蛋白质纯化中,透析(dialysis)是一种极为常用的方法。透析法利用的是小分子物质能够透过半透膜,而蛋白质分子不能透过半透膜的特点,使蛋白质与小分子物质分离。透析可除去蛋白质溶液中的盐类、有机溶剂、低分子量的抑制剂等。通常是将半透膜制成袋状的透析袋,将装有蛋白质样品溶液的透析袋两端用专用夹子夹紧,然后放入大量缓冲液中。大分子量的蛋白质被截留在透析袋中,而盐和小分子物质不断扩散到透析袋外,直到袋内外的浓度达到平衡,更换几次缓冲液,即可除去小分子物质。透析一般在低温下进行,使用磁力搅拌器搅拌溶液可以缩短透析所需的时间。

(二)超过滤

超过滤(ultrafiltration)依据的是透析的原理,是一个以压力差为推动力,促使蛋白质溶液通过具有特定孔径大小的膜来进行分离的过程。由于超滤膜筛孔致密,需要加压或离心的方式,迫使溶剂和小分子物质穿过膜,进入膜的另一侧,蛋白质被膜截留,从而达到分离与浓缩的目的。操作时通过选择不同孔径的超滤膜,可以截留不同分子量的蛋白质。

二、电泳技术

带电粒子在电场中向着与其自身所带电荷相反的电极移动的现象称为电泳。蛋白质等大分子具有两性解离性质,在溶液中会带上不同的电荷,置于电场中也会发生电泳现象,因此可以通过电泳对蛋白质进行分离。

(一)聚丙烯酰胺凝胶电泳

聚丙烯酰胺凝胶电泳(polyacrylamide gel elec-trophoresis,PAGE)是以聚丙烯酰胺凝胶作为载体的一种区带电泳。这种凝胶是以丙烯酰胺单体(acrylamide)和交联剂 N,N'-甲叉双丙烯酰胺(N,N'-methylene bisacrylamide)在催化剂的作用下聚合而成的,形成三维网状结构,使凝胶具有分子筛性质。带电荷的蛋白质在具有网状结构的聚丙烯酰胺凝胶介质中电泳时,迁移率取决于其所带静电荷、分子大小及形状。

(二)SDS-聚丙烯酰胺凝胶电泳

十二烷基硫酸钠(sodium dodecyl sulfate,SDS)是一种阴离子去污剂,能够使蛋白质变性。SDS-聚丙烯酰胺凝胶电泳(SDS-PAGE)是在PAGE系统中引入SDS的一种变性电泳方法。

当向蛋白质溶液中加入足够量SDS时,蛋白质与SDS分子按比例结合。由于十二烷基硫酸根带负电,使各种蛋白质-SDS复合物都带上相同密度的负电荷,具相同的荷质比。蛋白质-SDS复合物所带的电荷量大大超过了蛋白质分子原有的电荷量,因而掩盖了不同种蛋白质间原有的电荷差别。此外,SDS与蛋白质结合后,还引起蛋白质的构象改变,蛋白质-SDS复合物形成近似"雪茄烟"形的长椭圆棒。不同蛋白质-SDS复合物的短轴相同,长轴长度的变化与蛋白质的分子量成正比。因此SDS和蛋白质的结合所形成的SDS-蛋白质复合物消除了由于天然蛋白质的电荷不同、形状不同而对电泳迁移率的影响,复合物在凝胶中的迁移率只取决于分子量的大小,所以SDS-PAGE可以用于测定蛋白质的分子量。

当蛋白质的分子量为11 700~165 000时,蛋白质电泳迁移率与分子量的对数呈直线关系。将已知分子量的蛋白质作为标准,用标准蛋白质分子量的对数对蛋白质的电泳迁移率作图,可得一条标准曲线。只要测得未知分子量的蛋白质在相同条件下的电泳迁移率,就能根据标准曲线求得其分子量。必须注意的是,SDS-PAGE是一种变性电泳,如果用于多亚基蛋白质分子量测定时,所测出的分子量是亚基的分子量。

(三)等电聚焦电泳

等电聚焦(isoelectric focusing,IEF)技术是一种根据样品的等电点不同而使它们在 pH 梯度中相互分离的一种电泳技术。等电聚焦电泳一般以聚丙烯酰胺凝胶为电泳支持物,并在其中加入载体两性电解质(carrier ampholyte,CA)。载体两性电解质在电场作用下,按各自等电点形成从阳极到阴极逐渐增加的平滑而连续的 pH 梯度。在电场作用下,蛋白质在凝胶中发生迁移,当迁移至凝胶中 pH 梯度值等于其等电点的位置时,蛋白质就不再泳动,并逐步被压缩成狭窄的区带。

(四)蛋白质双向电泳

将 SDS-PAGE 和 IEF 结合起来就产生了双向电泳(2-dimensional electrophoresis,2-DE)。双向电泳的第一向是进行等电聚焦电泳,将蛋白质按等电点进行分离。第二向电泳是将在凝胶条中经过第一向分离的蛋白质转移到 SDS-聚丙烯酰胺凝胶上,再在与第一向垂直的方向按照分子量的大小对蛋白质进行分离。蛋白质样品经过两次电泳得到最大程度的分离(图 2-46)。双向电泳是一项基

A

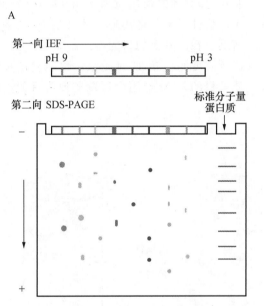

B

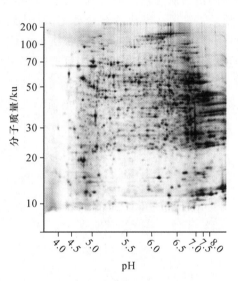

A. 双向电泳示意图　B. 经双向电泳分离的小鼠肝脏蛋白(引自瑞士生物信息学研究所数据库)

图 2-46　蛋白质双向电泳

于蛋白等电点和分子量两种不同特性来分离蛋白质的技术,具有极高的分辨率,是目前唯一一种能将数千种、甚至一万种蛋白质同时分离与展示的分离技术。

三、层析技术

(一)凝胶过滤层析

凝胶过滤层析(gel filtration chromatography)是利用具有网状结构的凝胶颗粒作为分子筛,根据被分离物质的分子大小不同来进行分离的方法。

层析柱中的填料是某些惰性的多孔网状结构物质,多是交联的聚糖类物质,如葡聚糖或琼脂糖。含有蛋白质混合物的溶液通过层析柱时,小分子物质能进入凝胶颗粒微孔内部(图 2-47A),用洗脱缓冲液洗脱时流出的速度慢;大分子物质却被排除在凝胶颗粒外部,进入凝胶颗粒间的缝隙,洗脱时流出的速度较快。当蛋白质混合溶液通过一定长度的凝胶过滤层析柱时,在洗脱过程中就会按分子量的不同而分离开。因此,凝胶过滤层析也称分子筛(molecular sieve)层析。凝胶过滤层析也是测定蛋白质分子量的方法之一。将几种已知的不同分子量的蛋白质混合液经凝胶过滤层析分离,其洗脱体积与蛋白质分子量的对数成反比。以蛋白质分子量的对数作为横坐标,对应的洗脱体积作为纵坐标,得到标准曲线,根据目的蛋白质的洗脱体积,便可从标准曲线中得出蛋白质的分子量。

(二)离子交换层析

离子交换层析(ion exchange chromatography)

是利用离子交换剂上的可交换离子与周围介质中被分离的各种离子间的亲和力不同，经过交换平衡达到分离目的的一种柱层析法（图 2-47B）。离子交换剂为人工合成的多聚体，如离子交换树脂或离子交换纤维素。离子交换剂上带有许多可电离基团，可以与不同的离子结合。改变洗脱的条件，如改变 pH、离子强度等，可以把结合的离子洗脱下来。

带有正电荷的交换剂可以结合带有负电荷的蛋白质。在某一 pH 条件下，带负电荷的蛋白质被保留在层析柱上。采用改变洗脱液中的盐浓度或 pH 等方法，将吸附在柱子上的蛋白质洗脱下来。与基质结合较弱的蛋白质先被洗脱下来，与基质结合较强的蛋白质后被洗脱。当盐离子浓度或 pH 达到一定强度时，所有与基质结合的蛋白质都将被洗脱出来。各种蛋白质其带电状况不同，便可通过离子交换层析进行分离。带有正电荷的交换剂可结合阴离子物质，称为阴离子交换剂，而带有负电荷的交换剂

可结合阳离子物质，称为阳离子交换剂。

（三）亲和层析

亲和层析（affinity chromatography）是最具专一性的一种柱层析，它是依据生物大分子与配体可逆的专一性结合的原理，将配体共价结合于基质上，从而专一地分离能特异结合的生物大分子的层析系统（图 2-47C）。这种专一性的可逆结合可以发生在酶与底物、受体与配体、抗体与抗原等之间。当蛋白质混合物通过连接有配体的亲和层析基质时，只有能与配体专一结合的目的蛋白质可以特异地结合在基质上，其他的蛋白质因不能与配体结合而直接流出层析柱。随后选用适当的洗脱液，改变结合条件将结合在配基上的目的蛋白质洗脱下来。亲和层析因其高度的特异性，理论上可以达到一步纯化蛋白质的目的，实际应用中可以实现对目的蛋白质的高度富集。

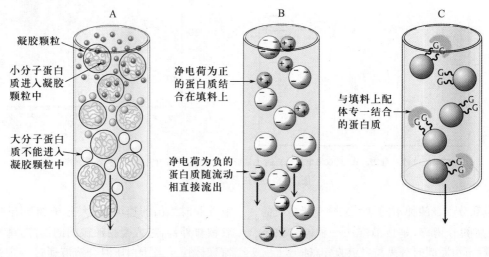

凝胶颗粒
小分子蛋白质进入凝胶颗粒中
大分子蛋白质不能进入凝胶颗粒中

净电荷为正的蛋白质结合在填料上
净电荷为负的蛋白质随流动相直接流出

与填料上配体专一结合的蛋白质

A. 凝胶过滤层析　B. 离子交换层析　C. 亲和层析

图 2-47　层析原理示意
（改自 Berg et al. , 2019）

四、超速离心

离心法分离蛋白质等大分子是基于它们的密度差异。当颗粒的密度大于溶液密度时，颗粒就会在溶液中下沉。通常离心转速达到或超过 30 000 r/min 时为超速离心（ultracentrifugation），超速离心法又称为沉降法。

当蛋白质分子在溶液中受到强大离心力作用

时，其密度大于溶液密度而沉降。同种蛋白质，其颗粒大小、形状相同，则以相同速度沉降，在溶液中逐渐形成清晰的界面，不同类型的蛋白质则会在离心过程中形成数个不同的界面。分析型超速离心机附设的光学系统，可以扫描记录不同蛋白质界面的沉降行为，进而获得蛋白质的沉降速度。颗粒在单位离心力场中的沉降速度用沉降系数 S（sedimentation coefficient）表示，一个 S 单位（Svedberg unit）为 1×10^{-13} S。通过测定沉降系数，则可从 Svedberg 方程式来确定蛋白质的相对分子质量：

$$M = \frac{RTS}{D(1-V\rho)}$$

上述公式中的 M 为分子的相对分子质量，R 为气体常数，T 为绝对温度，S 为分子的沉降系数，D 为扩散系数，V 为分子的偏微比容，ρ 为溶剂的密度。偏微比容的定义是：当加入 1 g 干物质于无限大体积的溶剂中时溶液体积的增量。

生物化学中，常常直接用沉降系数 S 来描述某些生物大分子或亚细胞器大小，如蛋白质的大小为 1～200S；真核生物核糖体大小为 80S。沉降系数 S 不仅与沉降粒子的质量相关，还与粒子的形状、密度及溶剂的密度相关。

蛋白质的分离纯化工作一直是生物化学研究中一项艰巨的工作。细胞中的蛋白质种类成千上万，但没有一套标准的方法可以应用于所有不同蛋白质的分离纯化过程。在具体实验中需要根据各种蛋白质的性质，运用不同蛋白质分离纯化技术的组合，才可能最终获得高纯度的蛋白质。

五、生物质谱技术

质谱（mass spectroscopy，MS）分析法是通过对被测样品离子的质荷比（m/z）的测定来进行结构和成分的分析。

被分析的样品首先需转化为气相离子（gasphase ion），不同离子在电场或磁场的运动行为不同，利用质谱分析仪的电场、磁场将具有特定质荷比的蛋白质离子分离开来，用检测器测定这些被分离的物质在磁场中发生的偏转或测定飞行时间而得到相应的质谱，通过样品的质谱和相关信息，可以得到样品的定性和定量结果，确定离子的 m/z 值，分析鉴定未知蛋白质。

过去质谱仅用于小分子挥发物质的分析，由于技术的发展与完善，质谱技术被广泛应用于蛋白质、核酸等生物大分子的研究。

质谱用于分析生物活性分子的研究，具有高灵敏度、高质量的检测范围。灵敏度可以在 10^{-15} mol/L 甚至 10^{-18} mol/L 水平，检测的生物大分子的相对分子质量可以高达 10^6。质谱能最有效地与高效液相色谱（HPLC）联用，可以鉴定复杂体系中痕量物质或进行结构测定。质谱用于蛋白质分子量的测定时，误差甚至可以小到 0.005%。前文中介绍的常用于测定蛋白质分子量的方法，如凝胶电泳或超速离心法，误差约为 5%。质谱还大量用于肽和蛋白质序列测定，较 Edman 降解法更省时更精确。

总之，生物质谱目前已成为有机质谱中最活跃、最富生命力的前沿研究领域之一，其发展强有力地推动了功能基因组的研究进程，已成为研究生物大分子特别是蛋白质组学的主要支撑技术之一，在对蛋白质结构分析的研究中占据了重要地位。

第八节　蛋白质的分类

蛋白质的种类繁多，结构复杂，为了研究的方便，先后出现了多种对蛋白质进行分类的方法，但迄今并没有一种理想、系统的蛋白质分类方法。蛋白质的分类主要依据蛋白质分子的某一特征而进行。根据蛋白质形状，可分为球状蛋白质、纤维状蛋白质及膜蛋白质；根据蛋白质的功能将其分为活性蛋白质（如酶、激素蛋白质、运输和储存蛋白质、运动蛋白质、受体蛋白质、膜蛋白质等）和非活性蛋白质（如胶原、角蛋白等）两大类。

此外，可以根据蛋白质的结构分为六大类：① α 域型蛋白质（α domains），蛋白质由成束的 α-螺旋组成；② β 域型蛋白质（β domains），主要由反平行的 β-折叠组成；③ α、β 域相间型蛋白质（α/β domains），由平行的 β-折叠和 α-螺旋交替排列的组成；④ α、β 分离型蛋白质（$\alpha+\beta$ domains），α-螺旋和 β-折叠分别聚集和分布在不同的区域；⑤ 多结构域型蛋白质（multidomain），含多种结构域类型；⑥ 膜及细胞表面蛋白质。

目前，最基本的蛋白质分类方法是按照蛋白质的化学组成和溶解性质来进行分类。按照蛋白质的化学组成，可将蛋白质分为简单蛋白质（simple protein）与结合蛋白质（conjugated protein）两大类。

一、简单蛋白质

简单蛋白质仅由氨基酸组成，不含其他化学成分。根据溶解性的不同，简单蛋白质又可以分为以下 6 种类型。

1. 清蛋白（albumin）

也称白蛋白，易溶于水及稀盐、稀酸、稀碱溶液。50%硫酸铵饱和度以上开始析出，广泛分布于生物体系中，如血液、淋巴、肌肉、蛋清、乳类及植物种子中都存在大量的清蛋白。

2. 球蛋白（globulin）

一般在等电点时不溶于水，但加少量盐、酸或碱后可以溶解，普遍存在于生物体中，如肌动蛋白、溶菌酶、大豆球蛋白等。

3. 谷蛋白（glutelin）

等电点时不溶于水和稀盐溶液，但易溶于稀酸和稀碱溶液。这类蛋白质存在于禾本科植物的种子中，如麦谷蛋白（glutenin）、米谷蛋白（oryzenin）等。

4. 醇溶（谷）蛋白（prolamine）

溶于70%～80%乙醇，不溶于水和无水乙醇。在化学组成上含较多脯氨酸和酰胺，非极性侧链较极性侧链多。这类蛋白质在禾本科植物种子中较多，典型的如玉米醇溶蛋白（zein）、麦醇溶蛋白（gliadin）、大麦醇溶蛋白（hordein）等。

5. 精蛋白（protamine）

溶于水和稀酸，在稀氨水中沉淀。分子中碱性氨基酸很多，呈强碱性。相对分子质量很小（小于5 000），没有特定的空间结构，有的将其归于多肽。存在于精子中，一般多自鱼精中抽提，如鱼精蛋白。

6. 硬蛋白（scleroprotein）

动物体中作为结缔组织及保护功能的蛋白质，不溶于水、盐溶液、稀碱和稀酸溶液，如角蛋白（keratin）。

二、结合蛋白质

结合蛋白质的分子中除氨基酸组分之外，还含有非氨基酸物质，后者称为辅因子，二者以共价或非共价形式结合，往往作为一个整体从生物材料中被分离出来。根据辅因子的不同，结合蛋白质又分为下列8种类型。

1. 糖蛋白类（glycoprotein）

与糖类共价结合的蛋白质，含糖量低于4%。糖基有二糖、低聚糖和多糖。糖蛋白是非常复杂的一类蛋白质，种类繁多，如血型糖蛋白、激素糖蛋白、细胞膜糖蛋白、卵白蛋白以及外源凝集素等。

2. 黏蛋白类（mucoprotein）

与氨基多糖结合的蛋白质，含糖量高于4%。一般多含有α-氨基葡萄糖，结合于下列一种或多种糖上，如半乳糖、甘露糖、鼠李糖、葡糖醛酸等。黏蛋白几乎遍布人体全身，包括胃肠道、生殖器官、呼吸道和膝盖的滑膜液。

3. 核蛋白类（nucleoprotein）

与核酸结合的蛋白质，有脱氧核糖核蛋白（deoxyribonucleoprotein，DNP）和核糖核蛋白（ribonucleoprotein，RNP），如端粒酶、核糖体、简单的植物病毒等。核蛋白存在于一切生物体内，细胞质、细胞核都含有核蛋白。

4. 脂蛋白类（lipoprotein）

与脂类以非共价键结合的蛋白质，脂类成分有磷脂、固醇、中性脂等。如卵黄球蛋白（lipovitellin），凝血致活酶（thromboplastin），血清中的α-脂蛋白和β-脂蛋白。

5. 磷蛋白类（phosphprotein）

与磷酸共价结合的蛋白质。磷酸与蛋白质的丝氨酸或苏氨酸的侧链羟基结合，并具有可解离的酸性基团，主要存在于蛋黄和乳中。如酪蛋白（casein）、胃蛋白酶（pepsin）。

6. 金属蛋白类（metalloprotein）

与金属离子直接结合的蛋白质。如铁蛋白（ferritin）含Fe^{2+}，固氮酶含Mo^{2+}和Fe^{2+}，羧肽酶含Zn^{2+}，超氧化物歧化酶含Cu^{2+}和Zn^{2+}等，许多蛋白质都含有少量的金属。

7. 血红素蛋白类（hemoprotein）

与辅基血红素结合的蛋白质，主要功能为参与呼吸或氧运输。如高等动物的血红蛋白，低等动物的血蓝蛋白，此外还有如叶绿蛋白、过氧化氢酶、肌红蛋白等。

8. 黄素蛋白类（flavoprotein）

与黄素核苷酸FAD或FMN结合的蛋白质。如黄素氧还蛋白、D-氨基酸氧化酶等。

小结

（1）蛋白质的基本构件是氨基酸。组成蛋白质分子的元素主要有C、H、O、N和少量S等，其平均含N量为16%。蛋白质是由20种常见氨基酸组成的生物大分子，依据氨基酸侧链R基团的极性，将20种氨基酸分为非极性氨基酸、极性不带电荷氨基酸、带电荷的氨基酸（酸性及碱性氨基酸）。蛋白质中还存在有一些稀有氨基酸，它们都是通过翻译后加工修饰而来。组成蛋白质的氨基酸都是 L-α-氨基酸(Gly 除外)。此外,生物体内还存在有非蛋白质氨基酸,这些氨基酸不存在于蛋白质中,大部分为 L-α-氨基酸,也有 D 型氨基酸,以及 β-氨基酸、γ-氨基酸或 δ-氨基酸。

(2)肽键与肽。肽键是多肽链中氨基酸之间的基本连接。由一个氨基酸的 α-羧基与另一个氨基酸的 α-氨基缩合形成的酰胺键称为肽键。多个氨基酸以肽键相连则形成多肽,多肽链的方向是从 N-端到 C-端。

(3)多肽链折叠的空间限制。蛋白质中的氨基酸残基之间以肽键相连,肽键具有部分双键性质,使得参与肽键形成的 4 个原子和相邻的两个 α-C 原子形成一个刚性的肽平面。多肽链主链的空间限制因素之一就是肽键的部分双键性质使肽键不能自由转动;另一个限制因素则来自 α-C 二面角 ϕ(N—C$_a$)和 ψ(C$_a$—C)不可以任意取值。

(4)蛋白质的结构可以划分为四个层次。一级结构为多肽链中氨基酸残基的排列顺序,氨基酸残基间以肽键相连;二级结构为多肽链主链的局部空间结构,主要由氢键维系,包括 α-螺旋、β-折叠、β-转角以及无规卷曲四种基本类型,是形成三级结构的构象元件;三级结构是紧密折叠的完整多肽链(包括主链及侧链)中所有原子的空间排布,通过肽链折叠形成三级结构可以使在一级结构中相距较远的氨基酸残基相互靠近而产生相互作用,各种非共价键及二硫键维持了蛋白质三级结构的稳定性;四级结构是两个或两个以上亚基组成的聚合体,通过亚基之间的非共价键维持四级结构的稳定。并非所有蛋白质都具有四个结构层次,通常球状蛋白质都具有一级、二级、三级结构。

(5)模体和结构域用于描述蛋白质中的折叠模式。许多不同的蛋白质三级结构中存在各种保守的折叠模式。模体是指多肽链中,相邻的两个及两个以上的二级结构元件相互接近形成的有规律的二级结构聚集体。多个模体可形成一个结构域。结构域指较大的球状蛋白质分子形成几个空间上可以辨认的紧密球状构象,结构域之间以松散肽链连接。

(6)纤维状蛋白质。与球状蛋白质相比,纤维蛋白质的结构相对简单。这类蛋白质主要包括了角蛋白、丝心蛋白和胶原蛋白等,其结构中主要由单一的规则二级结构元件组成,很少有转角、卷曲等结构,一级结构中常出现一些相似的重复序列。纤维状结构与这些蛋白质在生物体内起保护和支持的功能相适应,属于生物体的结构蛋白质,纤维状结构也使这类蛋白质具有水溶性差的特征。可溶性的纤维状蛋白质主要指肌球蛋白、血纤蛋白原等在体内具有特定的生物功能的蛋白质。

(7)蛋白质的结构与其功能的关系。蛋白质结构是功能的分子基础,每一种蛋白质都有其独特的结构,适应于其特殊的生物学功能。分子病的研究有力地说明了蛋白质的一级结构与功能的关系,同时从同源蛋白质的序列比较也发现,在进化过程中,与蛋白质功能相关的氨基酸残基通常都是保守的。蛋白质的一级结构是其空间结构的基础,蛋白质特定的三维结构与其功能直接相关。牛胰核糖核酸酶 A 的变性复性实验不仅说明蛋白质的一级结构决定其空间结构,同时也说明蛋白质必须由一级结构折叠形成特定的三维结构或天然构象,才能具备相应的生物学功能。尽管生物体内,绝大多数蛋白质的正确折叠还需要其他分子(分子伴侣、酶等)的协助,但是蛋白质的空间结构仍然是由其一级结构所决定的。

(8)蛋白质的性质及蛋白质变性与复性。由氨基酸组成的蛋白质具有与氨基酸相同的一些性质,如两性解离、紫外吸收等,蛋白质也具有一些自己特定的性质。蛋白质具有胶体性质,在溶液中形成水化膜和双电层使蛋白质溶液成为稳定的胶体溶液,任何破坏其水化膜和双电层的因素都会影响胶体溶液的稳定性,使蛋白质在溶液中发生沉淀。某些物理或化学因素,会破坏蛋白质结构中的非共价键,使蛋白质失去特定的空间构象,引起蛋白质功能的丧失和某些物理化学性质的改变,这个过程称为蛋白质的变性;当去除变性因素,蛋白质重新折叠成天然构象,恢复其生物学功能的过程为蛋白质的复性。通过蛋白质的可逆变性可以研究蛋白质的折叠过程。

(9)蛋白质分离纯化方法。根据蛋白质的性质,建立了各种蛋白质的分离纯化技术。从细胞中成千上万的蛋白质种类中分离某种蛋白质通常都不是一项容易的工作,同时也没有一套标准的实验步骤可以适用于不同蛋白质的分离,但是依据已有的分离纯化经验,采用不同实验方法的组合,最终总能获得具有相当纯度的目的蛋白质。

(10)最基本的蛋白质分类方法是依据蛋白质的化学组成将蛋白质分为简单蛋白质和结合蛋白质两

大类。简单蛋白质仅由氨基酸组成;结合蛋白质除含有氨基酸之外,还含有其他非氨基酸组分。

思考题

一、单选题

1. 在生理条件下,下列 _____ 既可作为质子的受体,又可以作为质子的供体。

    A. Pro 的吡咯环   B. Lys 的ε-氨基

    C. His 的咪唑基   D. Trp 的吲哚基

2. 维持蛋白质二级结构的主要作用力是 _____ 。

    A. 范德华相互作用   B. 氢键

    C. 离子键   D. 疏水作用

3. 下列氨基酸中最可能处于蛋白质分子内部的是 _____ 。

    A. Asn   B. Leu

    C. Lys   D. Arg

4. 下列对肌红蛋白的叙述中, _____ 是不正确的。

    A. 整个分子由 8 段 α-螺旋组成

    B. 分子中不含 β-折叠

    C. 每个分子含有一个血红素

    D. 氧分子结合在血红素上的 Fe^{3+} 上

5. 下列有关蛋白质 α-螺旋结构的叙述中, _____ 是错误的。

    A. α-螺旋为右手螺旋,是蛋白质结构中常见的二级结构元件

    B. α-螺旋结构中每圈有 3.6 个氨基酸残基,相邻氨基酸残基间的轴心距离为 0.54 nm

    C. α-螺旋中肽键都呈反式

    D. Pro、Gly 都不利于 α-螺旋的形成

二、问答题

1. 腺苷酸激酶(adenylate kinase)的 C 末端区域有一段 α-螺旋结构,其氨基酸序列如下:

Val-Asp-Asp-**Val**-**Phe**-Ser-Gln-**Val**-Cys-Thr-His-**Leu**-Asp-Thr-**Leu**-Lys-

氨基酸序列中的疏水残基以黑体表示。疏水残基这种周期性出现会使形成的 α-螺旋结构具有什么样的特点? 为什么?

2. 蛋白质多肽链主链的空间限制主要有哪些?

3. 以牛胰核糖核酸酶 A(RNase A)为例说明蛋白质空间结构与功能的关系。

三、分析题

实验中分离出一个具有抗癌活性的 10 肽 FP。根据下列信息确定该 10 肽 FP 的序列并说明判断依据(注:以“,”隔开的氨基酸表示未知其排列顺序)。

(1)完整的 FP 经一轮 Edman 降解后,每摩尔 FP 得到 2 mol/L PTH-Asp。

(2)用 β-巯基乙醇处理 FP 后再加入胰蛋白酶作用,得到三个肽段,其氨基酸组成分别为:(Ala,Cys,Phe)、(Arg,Asp)和(Asp,Cys,Gly,Met,Phe)。其中完整三肽(Ala,Cys,Phe)经一轮 Edman 反应后产生 PTH-Cys。

(3)用羧肽酶处理 1 mol/L FP 生成 2 mol/L Phe。

(4)步骤(2)中获得的五肽(Asp,Cys,Gly,Met,Phe)经 BrCN 水解得到两个肽段,氨基酸组成分别为(高丝氨酸内酯,Asp)和(Cys,Gly,Phe),后者(即三肽 Cys,Gly,Phe)与 Sanger 试剂 DNFB 反应后产生 DNP-Gly。

参考文献

[1] Garrett R H,Grisham C M. Biochemistry. 6th ed. Cengage Learning,2017.

[2] Moran L A,Horton H R,Scrimgeour K G,et al. Principles of Biochemistry. 5th ed. Pearson Education Limited,2014.

[3] Nelson D L,Cox M M,Hoskins A A. Lehninger Principles of Biochemistry. 8th ed. W. H. Freeman and Company,2021.

[4] Brändén C,Tooze J. Introduction to Protein Structure. 2nd ed. Garland Publishing,Inc. ,1999.

[5] Berg J M,Tymoczko J L,Gatto G J Jr. ,et al. Biochemistry. 9th ed. W. H. Freeman and Company,2019.

[6] Appling D R,Anthony-Cahill S J,Mathew C K. Biochemistry-Concepts and Connections. 2nd ed. Pearson Education,Inc. ,2019.

[7] Finka A,Mattoo R U H,Goloubinoff P. Experimental milestones in the discovery of molecular chaperones as polypeptide unfolding enzymes. Annu. Rev. Biochem. ,2016,85:715-742.

［8］Mathews C K，Van Holde K E，Appling D R，et al. Biochemistry. 4th ed. Pearson Canada Inc. ，2013.

［9］陶慰孙，李惟，姜涌明 . 蛋白质分子基础 . 2 版 . 北京：高等教育出版社，1995.

［10］鲁子贤 . 蛋白质化学 . 北京：科学出版社，1984.

［11］王克夷 . 蛋白质导论 . 北京：科学出版社，2007.

［12］朱圣庚，徐长法 . 生物化学 . 4 版 . 北京：高等教育出版社，2016.

第三章

核酸化学

> **本章关键内容：**生物体中存在的核酸有 DNA 和 RNA 两大类，组成核酸的基本结构单位是核苷酸。核苷酸由磷酸、戊糖和含氮碱基以等摩尔比例组成。核酸就是由核苷酸以 $3'$, $5'$-磷酸二酯键连接而成的长链不分支的线性或环状分子。DNA 通常为反向互补双链，形成双螺旋结构，RNA 通常以单链形式存在。

核酸(nucleic acid)是活细胞中最基本的成分，占细胞干重的 5%～15%。核酸的分子非常大，大肠杆菌的基因组含 $4.6×10^6$ 个碱基对；人类基因组含 $3.3×10^9$ 个碱基对，约含有 2.05 万个编码蛋白质的基因。在所有的生物中，DNA 是最普遍的遗传物质，只有某些病毒以 RNA 携带遗传信息。生物体的全部生理发育过程都被"编程"在这些巨大的分子中。

1944 年，Oswaid Avery 等进行的肺炎球菌转化作用实验证明 DNA 是遗传物质。1952 年，Alfred Hershey 等利用放射性同位素^{35}S 和^{32}P 分别标记噬菌体 T_2 的外壳蛋白质和 DNA，发现噬菌体侵染细菌的过程中，仅有噬菌体 DNA 进入细菌细胞中就完成了噬菌体的繁殖。实验结果有力地证明了生命的遗传物质是核酸，而非蛋白质。

1953 年，James Watson 和 Francis Crick 阐明了 DNA 的双螺旋结构，成为科学史上最重大的发现之一，也是生物学发展中的一个转折点，它开辟了人们认识生命的一个新途径，也成为分子生物学诞生的最显著标志。

在这一章中我们从结构开始来认识核酸。

第一节　核酸的化学组成

一、核酸种类与分布

核酸有两种类型：核糖核酸(ribonucleic acid, RNA) 和脱氧核糖核酸(deoxyribonucleic acid, DNA)。几乎所有生物细胞都含有 DNA 和 RNA 两类核酸，而病毒中的核酸只有一种类型，要么只含 DNA，要么只含 RNA。

对于简单的生命种类，如病毒、细菌等，通常仅有一个 DNA 分子，也可以把它称为一个"染色体"(chromosome)。原核生物没有细胞核，其细胞中 DNA 分子集中存在的区域称为核区或类核(nucleoid)。存在于真核细胞核中的 DNA 占细胞 DNA 总量的 98% 以上，细胞核中的 DNA 和多种蛋白质(组蛋白)结合形成染色体的形式存在。真核生物的线粒体和叶绿体中也存在 DNA，用于编码这些细胞器所特有的蛋白质和 RNA 分子。

真核生物的染色体 DNA 为线性双链 DNA (linear double-stranded DNA)，而原核生物染色体 DNA、质粒 DNA、真核生物细胞器 DNA 分子都为环状双链 DNA(circular double-stranded DNA)。质粒(plasmid)是染色体外能自主复制的遗传单位。动物病毒的染色体 DNA 可以是环状双链和线性双链的，植物病毒基因组大多为 RNA。

RNA 主要存在于细胞质中，约占细胞总 RNA 的 90%，其余的 RNA 存在于线粒体、叶绿体以及细胞核中。细胞中 RNA 的含量最高可以达到 DNA 的 8 倍。与 DNA 不同，细胞中的 RNA 有较多的拷贝数，有不同的种类。

DNA 分子主要生物功能就是储存遗传信息，而这一功能对生物体来说极其重要。与 DNA 相对功能单一不同，RNA 分子则显得"多才多艺"。除参与蛋白质合成的信使 RNA（messenger RNA，mRNA）、核糖体 RNA（ribosomal RNA，rRNA）和转运 RNA（transfer RNA，tRNA）外，还存在其他大量的非编码 RNA（non-coding RNA，ncRNA），各种 ncRNA 在 RNA 水平上行使各自不同的生物学功能，如小核 RNA（small nuclear RNA，snRNA）参与 mRNA 的剪接，小核仁 RNA（small nucleolar RNA，snoRNA）参与 rRNA 的加工，微小 RNA（micro RNA，miRNA）和短干扰 RNA（short interfering RNA，siRNA）可以介导基因沉默（参见知识框 3-1）。

与翻译相关的 RNA 中，mRNA 载有来自 DNA 的遗传信息，作为模板指导蛋白质的合成。mRNA 占细胞总 RNA 的 3％～5％，是细胞内最不稳定的一类 RNA，代谢非常快。与 mRNA 相比，rRNA 和 tRNA 要稳定得多。rRNA 是核糖体的主要组成成分，是细胞内最丰富的一类 RNA，大约占细胞总 RNA 量的 80％。tRNA 的主要功能是在蛋白质生物合成的过程中转运氨基酸，约占细胞总 RNA 量的 15％。

知识框 3-1 非编码 RNA

在所有生物体中，除了存在 tRNA、rRNA 和 mRNA 这三种参与蛋白质合成的 RNA 外，越来越多的非编码 RNA（non-coding RNA，ncRNA）分子被发现。曾经认为 ncRNA 是转录过程中产生的"垃圾 RNA"（junk RNA）或转录噪声（transcriptional noise），在转录后会很快被降解。20 世纪 90 年代，小的调控 ncRNA 的发现彻底改变了人们对 ncRNA 的认识，ncRNA 在细胞调控过程中的重要作用正在不断地被揭示出来。目前，ncRNA 定义为：任何不被翻译成蛋白质的 RNA 分子。

广义的 ncRNA 包括 tRNA、rRNA 以及 mRNA 前体中不被翻译的序列，即与翻译过程直接相关的 ncRNA（translation related ncRNA），除此之外的其他 RNA 则归入狭义 ncRNA，这些 ncRNA 在基因表达的各个水平上起着调节作用，如影响染色体结构，调节 RNA 的加工修饰及稳定性，调节转录和翻译过程，甚至影响到蛋白质的稳定性和转运。目前，通常提及的 ncRNA 都是指狭义 ncRNA，对这些 ncRNA 有不同的分类方式，按其长度可分为三类：短 ncRNA（如 miRNA，siRNA，piRNA），小 ncRNA（如 snRNA，snoRNA）和大 ncRNA（如 RNase P，TERC，lncRNA）。

下面以 microRNA（miRNA）和长链非编码 RNA（long non-coding RNA，lncRNA）为例对 ncRNA 的功能进行简要介绍。miRNA 是一类长度为 21～23 nt 的非编码单链小 RNA 分子，存在于动物、植物及一些病毒中。在真核生物中参与转录后的基因表达调控。miRNA 通过与 mRNA 的互补，使 mRNA 沉默或降解，从而实现对翻译的抑制作用。lncRNA 指长度大于 200 nt 的非编码 RNA，通常长度为 200～1 000 nt。lncRNA 是随着采用 RNA-seq 方法对 RNA 转录本进行高通量的测序而被发现的，并发现 lncRNA 在 ncRNA 中占有很高比例。lncRNA 主要通过与 miRNA 或与蛋白质结合的相互作用来介导大型支架复合物（large scaffolding complex）的组装和序列特异性基因调控而参与到广泛的细胞过程中，如染色质重塑、提供蛋白质互作的支架、激活或抑制转录以及对翻译的抑制作用。

目前对于 ncRNA 的研究主要集中在两个方面：一方面是大规模鉴定出未知的 ncRNA；另一方面是利用各种研究技术分析已鉴定出的 ncRNA 的功能。现在发现复杂的多细胞生物中，基因组序列转录成 ncRNA 的程度比例远高于大肠杆菌等细菌，它也与基因组中含有蛋白质编码基因的部分成反比。例如，90％的大肠杆菌基因组序列为蛋白质编码基因，只有很少比例转录为 ncRNA。相比之下，人类基因组包含蛋白质编码基因只有 2％，近 40％的基因组序列被转录成 ncRNA，同时根据生物信息学分析，预计还有 15％将被转录成 ncRNA（图 1）。这一发现意味着，生物的复杂性可能不是由编码蛋白质基因的数量决定，而是与基因组中非编码序列的相对数量存在明显的相关性。

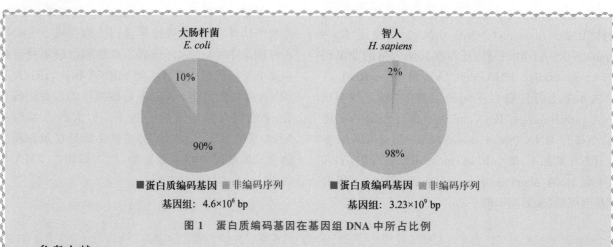

图 1　蛋白质编码基因在基因组 DNA 中所占比例

参考文献

[1] Slaby O, Calin G A. Non-coding RNAs in Colorectal Cancer. Advances in Experimental Medicine and Biology. Volume 937. Springer Cham, 2016.

[2] Nelson D L, Cox M M, Hoskins A A. Lehninger Principles of Biochemistry. 8th ed. W. H. Freeman and Company, 2021.

[3] Miesfeld R L, McEvoy M M. Biochemistry. W. W. Norton & Company, Inc., 2017.

二、核苷酸是核酸的结构单元

组成核酸的基本元素有碳、氢、氧、氮、磷，其中氮的含量为 15%～16%，磷的含量为 9%～10%。由于核酸分子中的磷含量比较恒定，所以，通过测定核酸中磷的含量可以推算出核酸的含量。

核酸是由核苷酸（nucleotide, nt）组成的多核苷酸（polynucleotides）长链分子。组成 RNA 的核苷酸为核糖核苷酸，组成 DNA 的核苷酸为脱氧核糖核苷酸。两种核苷酸都由等摩尔的含氮碱基、戊糖和磷酸组成。核苷酸中的戊糖是核糖（ribose），碱基和核糖缩合形成核苷，核苷中的核糖羟基被磷酸酯化形成核苷酸。

（一）核糖

DNA 中的核糖为 *D*-2-脱氧核糖，RNA 中的为 *D*-核糖。由于核糖是以环化的呋喃型结构存在，糖环中 C-1 成为不对称碳原子，有 *α*-和 *β*-两种构型，核酸分子中的核糖均为 *β*-型核糖。因此，组成核酸的核糖为 *β-D*-核糖，其结构见图 3-1。

（二）碱基

核酸中的含氮碱基是含氮的杂环分子。核酸中的嘧啶和嘌呤分别是母体化合物嘧啶和嘌呤的衍生物（图 3-2）。

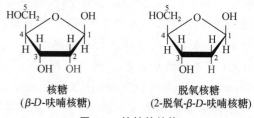

核糖　　　　　脱氧核糖
（*β-D*-呋喃核糖）　（2-脱氧-*β-D*-呋喃核糖）

图 3-1　核糖的结构

1. 嘧啶碱

核酸中的嘧啶碱（pyrimidine）主要有 3 种：胞嘧啶（cytosine, C）、尿嘧啶（uracil, U）和胸腺嘧啶（thymine, T）。DNA 和 RNA 都含有胞嘧啶，尿嘧啶主要存在于 RNA 中，胸腺嘧啶主要存在于 DNA 中，tRNA 中含有少量胸腺嘧啶。

2. 嘌呤碱

DNA 和 RNA 中含有 2 种类型的嘌呤碱（purine）：腺嘌呤（adenine）和鸟嘌呤（guanine）。

嘧啶碱和嘌呤碱存在着互变异构体（tautomer）。含有氨基取代基的嘧啶碱（胞嘧啶）和嘌呤碱（腺嘌呤）存在着氨基（amino）和亚氨基（imino）形式的互变异构体；含有氧取代基的嘧啶碱（尿嘧啶，胸腺嘧啶）和嘌呤碱（鸟嘌呤）存在着酮式（keto）和烯醇式（enol）的互变异构体。氨基和酮式形式的结构更加稳定，因此在生理条件下，碱基主要以酮式结构和氨基形式结构存在（图 3-3）。

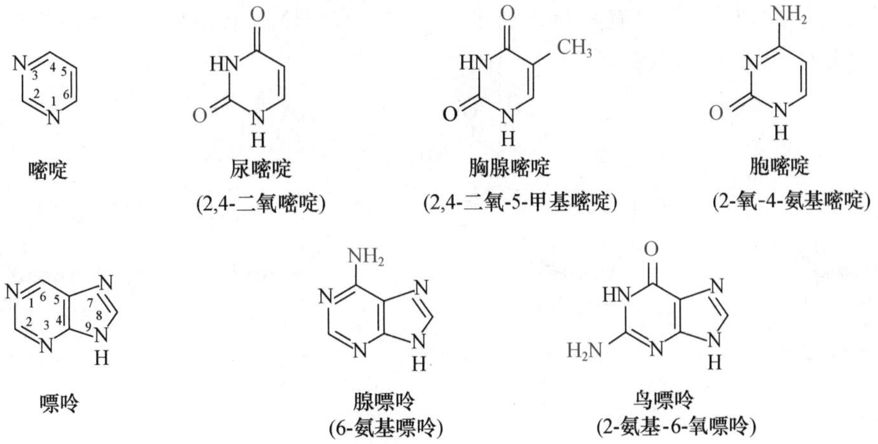

图 3-2 碱基的结构

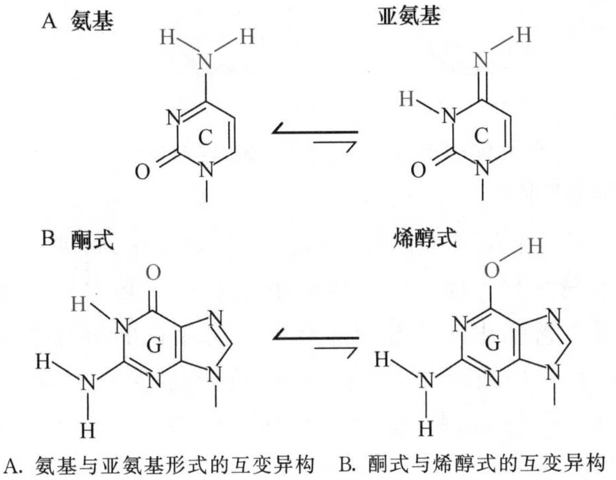

A. 氨基与亚氨基形式的互变异构 B. 酮式与烯醇式的互变异构

图 3-3 碱基的互变异构

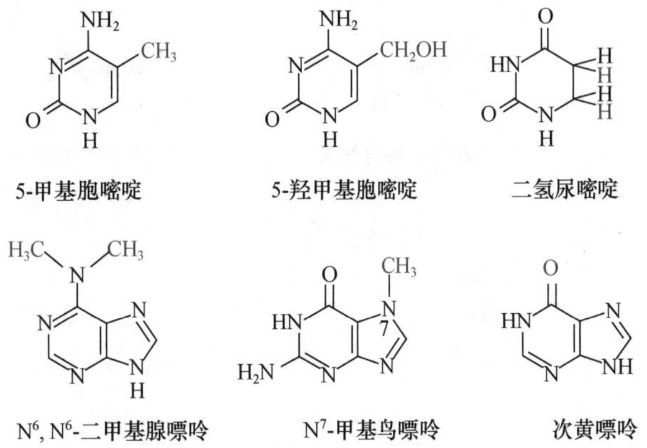

图 3-4 部分稀有碱基的结构

3. 稀有碱基

核酸中除了以上 5 种主要的碱基类型外,还存在一些含量较少的碱基,称为稀有碱基(uncommon base)。稀有碱基的种类很多,大多数是在嘌呤或嘧啶的不同部位被甲基化修饰而形成的衍生物。人和细菌 DNA 中含有 5-甲基胞嘧啶(5-methylcytosine,m^{5}C),细菌和病毒核酸中含有 5-羟甲基胞嘧啶(5-hydroxymethylcytosine,hm^{5}C)。RNA 中的稀有碱基包括 5,6-二氢尿嘧啶(dihydrouracil,DHU)、N^6,N^6-二甲基腺嘌呤(N^6,N^6-dimethyadenine,m$_2^6$A)、N^7-甲基鸟嘌呤(N^7-methylguanine,m^{7}G)、次黄嘌呤(hypoxanthine,I)等(图 3-4)。tRNA 中含有较多的稀有碱基。

(三)核苷

戊糖和碱基缩合形成核苷。在核苷中形成的糖苷键为 β-D-N-糖苷键,由嘧啶中的 N-1 或嘌呤中的 N-9 与戊糖的 C-1 相连而成。按照惯例,碱基中的原子编号以"1,2,3…"表示,而糖环中的原子编号在数字后面加"′"与碱基中的编号相区别,如 C-1′。

碱基与核糖形成核糖核苷(ribonucleoside),碱基与脱氧核糖形成脱氧核糖核苷(deoxyribonucleoside)。核苷的名称与核苷中的碱基相对应,如腺嘌呤核苷,简称腺苷。核糖核苷的缩写与碱基相同,如 A 表示腺嘌呤和腺苷。脱氧核糖核苷的缩写则以 dA、dG、dC 和 dT 表示,缩写中用"d"表示脱氧(deoxy-)。胸腺嘧啶主要与脱氧核糖形成 dT 存在于 DNA 中。核苷和脱氧核苷的结构如图 3-5 所示。

核苷中的糖苷键可以旋转,因此具有顺式(syn)和反式(anti)两种构象。核酸中嘧啶核苷基本上以反式构象存在,嘌呤核苷可以有顺式和反式两种构象(图 3-6)。核酸中的核苷基本上呈反式构象,个别片段上有顺式构象存在。

稀有碱基可以与核糖形成稀有核苷,某些稀有核苷则是通过重排而来,如假尿苷(pseudouridine,ψ)是由尿苷重排形成的。重排过程中,连接尿嘧啶 N-1 与核糖 C-1′的糖苷键首先断裂,然后尿嘧啶旋转,接着尿嘧啶环中的 C-5 重新结合到核糖中 C-1′位置上形成假尿苷。因此,假尿苷中碱基与核糖之间形成的是 C—C 键而不是 N—C 键(图 3-7)。tR-

NA 中含有的假尿苷酸由尿苷酸重排而形成,重排发生在 tRNA 转录后的加工过程中。

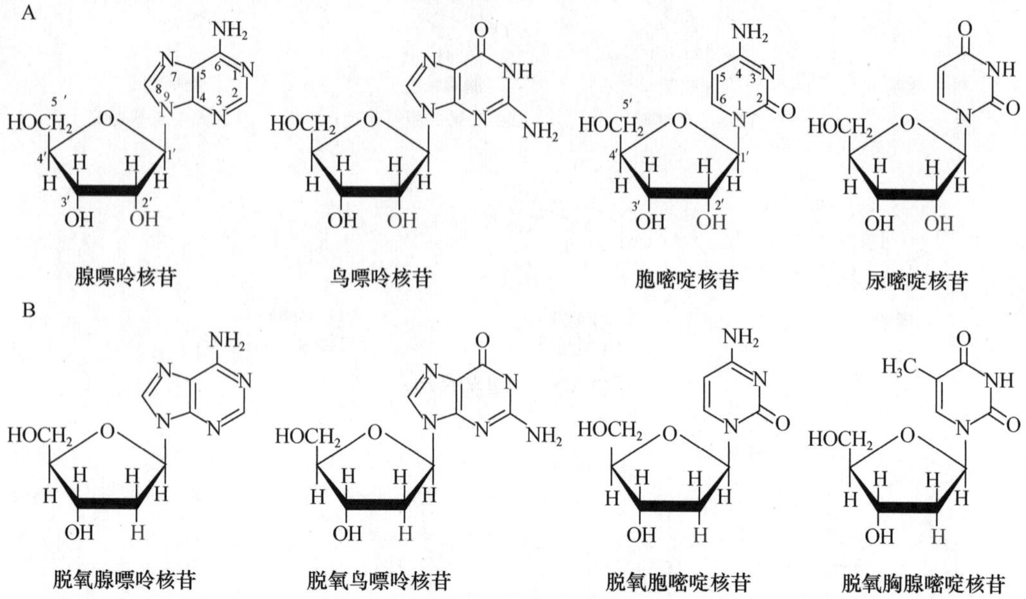

A

腺嘌呤核苷   鸟嘌呤核苷   胞嘧啶核苷   尿嘧啶核苷

B

脱氧腺嘌呤核苷   脱氧鸟嘌呤核苷   脱氧胞嘧啶核苷   脱氧胸腺嘧啶核苷

图 3-5　核苷(A)和脱氧核苷(B)

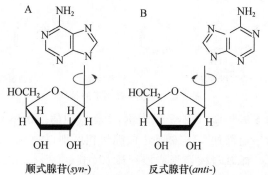

顺式腺苷(syn-)　　反式腺苷(anti-)

A. 顺式构象　B. 反式构象

图 3-6　嘌呤核苷的构象

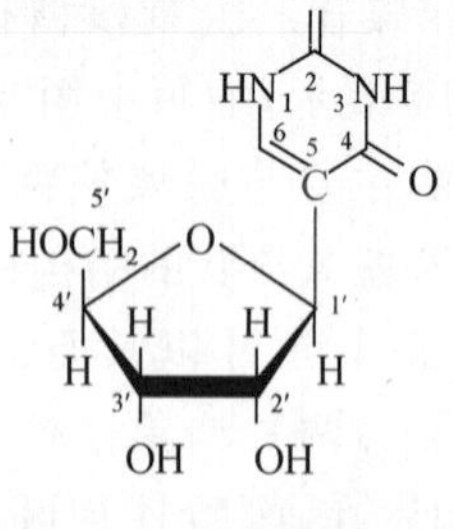

图 3-7　假尿嘧啶核苷

(四)核苷酸

1. 常见核苷酸

核苷中戊糖的羟基被磷酸酯化形成核苷酸,核苷酸就是核苷的磷酸酯。核糖中的 C-2′、C-3′和

C-5′三个位置上的羟基可以分别被酯化,形成三种不同的核苷酸。脱氧核糖中仅有 C-3′和 C-5′两个可以被酯化的羟基。细胞中广泛存在的核苷酸是 C-5′-OH 被酯化的 5′-单磷酸核苷,也被称为 5′-核苷一磷酸,简称为 5′-核苷酸。例如:5′-腺苷一磷酸(adenosine 5′-monophosphate),简称 5′-腺苷酸(adenylic acid),缩写为 5′-AMP。脱氧核苷与磷酸形成相应的脱氧核苷酸,如脱氧腺苷酸,缩写为 dAMP。核酸中一些核苷酸的结构如图 3-8 所示。

细胞中除存在 5′-核苷酸(5′-NMP)之外,还存在有 2′-核苷酸(2′-NMP)和 3′-核苷酸(3′-NMP)(图 3-9)。2′-NMP 和 3′-NMP 是体内 RNA 的水解产物,N 代表各种核苷酸(nucleotide)。

核酸中常见的各种碱基、核苷和核苷酸的缩写列于表 3-1 中。

核苷酸中磷酸的第一个质子解离的平衡常数 pK_a 约等于 1.0,因此核苷酸具有酸性。磷酸的第二个质子的解离常数 pK_2 约等于 6.0,接近中性。生理条件下,核苷酸所带净电荷为 -2。

稀有碱基可以形成稀有核苷,并进一步形成稀有核苷酸。此外,许多稀有核苷酸通过核苷酸的修饰或重排形成。前文提到的假尿苷酸由尿苷酸重排而来。通过修饰形成的稀有核苷酸以甲基化修饰为多,其他还有脱氨基化、还原等方式。

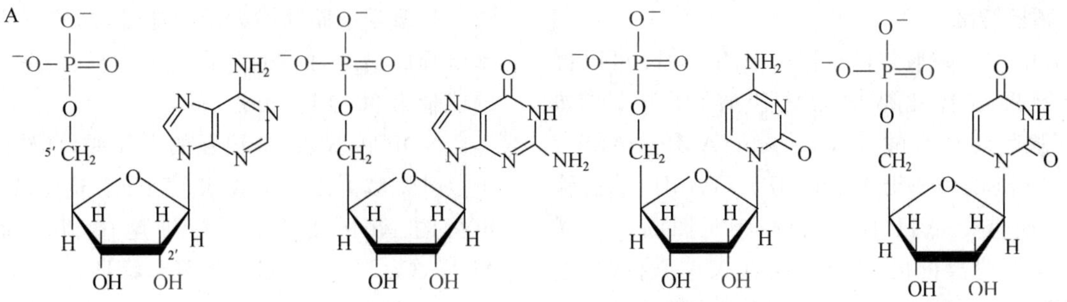

腺嘌呤核苷5′-一磷酸 (AMP)　　鸟嘌呤核苷5′-一磷酸 (GMP)　　胞嘧啶核苷5′-一磷酸 (CMP)　　尿嘧啶核苷5′-一磷酸 (UMP)

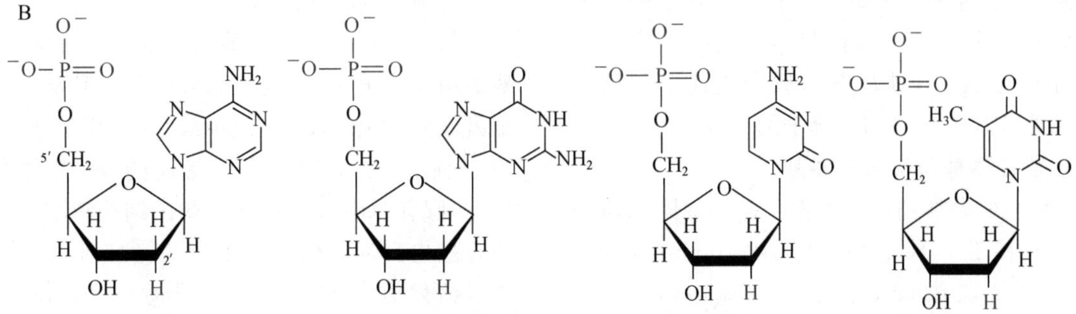

2′-脱氧腺嘌呤核苷5′-一磷酸(dAMP)　　2′-脱氧鸟嘌呤核苷5′-一磷酸(dGMP)　　2′-脱氧胞嘧啶核苷5′-一磷酸(dCMP)　　2′-脱氧胸腺嘧啶核苷5′-一磷酸(dTMP)

图 3-8　核苷酸(A)和脱氧核苷酸(B)

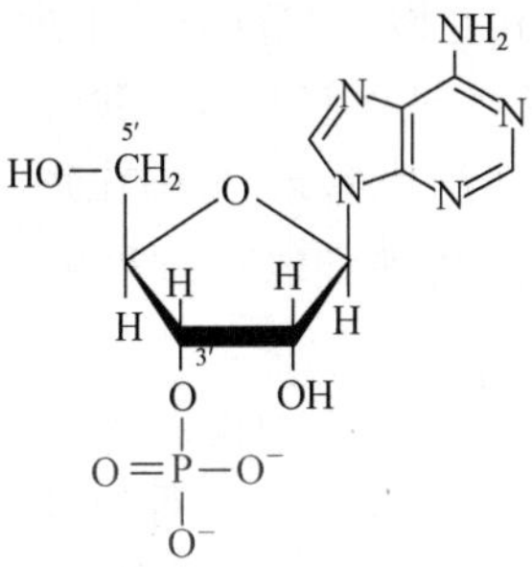

腺嘌呤核苷3′-一磷酸 (3′-AMP)

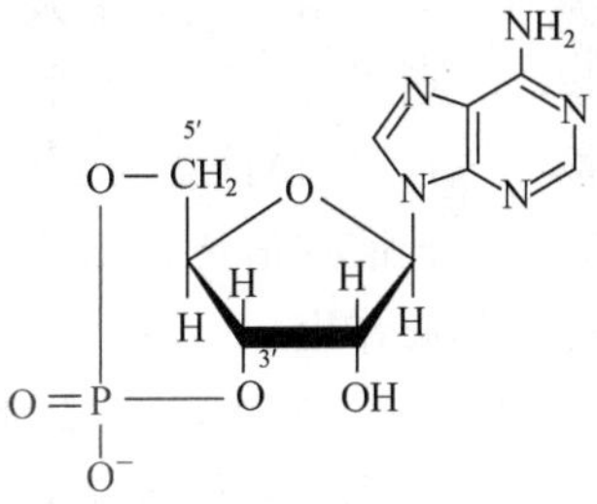

3′,5′-环腺苷酸 (3′,5′-cAMP)

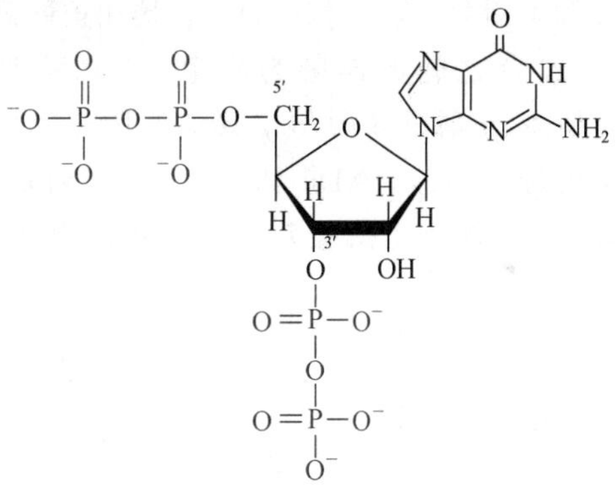

5′-二磷酸鸟嘌呤核苷3′-二磷酸 (ppGpp)

图 3-9　其他的核苷酸

表 3-1　核酸中常见的各种核苷酸、核苷和碱基的缩写

RNA					DNA				
碱基	核苷	核苷酸			碱基	脱氧核苷	脱氧核苷酸		
A	A	AMP	ADP	ATP	A	dA	dAMP	dADP	dATP
G	G	GMP	GDP	GTP	G	dG	dGMP	dGDP	dGTP
C	C	CMP	CDP	CTP	C	dC	dCMP	dCDP	dCTP
U	U	UMP	UDP	UTP	T	dT	dTMP	dTDP	dTTP

2. 环核苷酸

核苷酸中的磷酸与自身核糖中的—OH 可以再生成酯键形成环化结构的核苷酸（图 3-5），如 3′,5′-环腺嘌呤核苷酸（3′,5′-cyclic AMP，cAMP）和 3′,5′-环鸟嘌呤核苷酸（cGMP）。cAMP 是由腺苷酸环化酶催化 ATP 而生成的（参见图 6-22），同样，鸟苷酸环化酶催化 GTP 生成 cGMP。这些环核苷酸游离存在于所有细胞中，在细胞代谢过程中起调节作用。

细菌中能产生另一种起调节作用的核苷酸——四磷酸鸟嘌呤核苷（5′-二磷酸鸟嘌呤核苷-3′-二磷酸，ppGpp），ppGpp 能响应蛋白质合成速度降低的信号而抑制 rRNA 和 tRNA 分子的合成。

3. 核苷二磷酸与核苷三磷酸

核苷酸中的磷酸还可以再次与磷酸基团以酸酐键连接形成核苷二磷酸（nucleoside diphosphate，NDP）或核苷三磷酸（nucleoside triphosphate，NTP），如腺苷二磷酸（ADP）、腺苷三磷酸（ATP）以及脱氧腺苷二磷酸（dADP）、脱氧腺苷三磷酸（dATP）。这些核苷酸中的磷酸基团分别用希腊字母 α、β 和 γ 编号。与戊糖—OH 直接相连的磷酸为 α-磷酸，二者之间的连接为酯键。α-磷酸基团与 β-磷酸基团、β-磷酸基团与 γ-磷酸基团之间的连接为酸酐键（图 3-10）。NDP 和 NTP 中的酸酐键很容易被酸水解，释放出磷酸基团（P_i）和相应的 NMP 或 NDP。

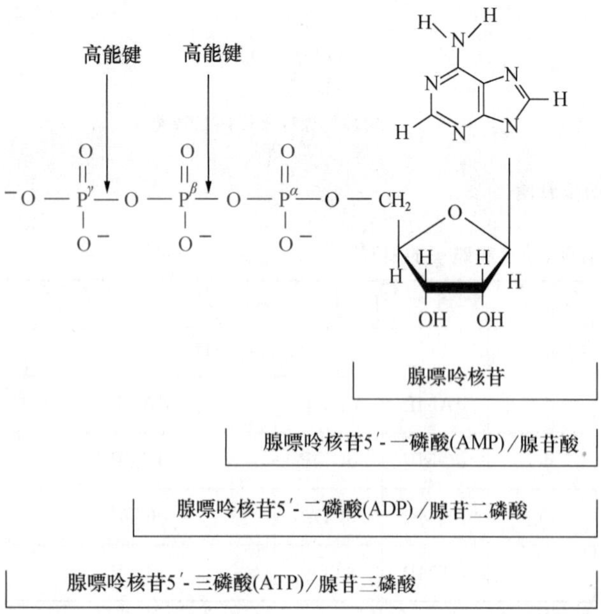

图 3-10　ATP 的结构

酸酐键中储存了大量的能量，标准条件下，酯键水解释放出 14 kJ/mol 的能量，而酸酐键水解释放的能量为 30.5 kJ/mol。

NDP 和 NTP 是较强的多元酸，其磷酸基团上可以分别解离出三个或四个质子。这些解离后带负电荷的 NDP 或 NTP，在细胞中与二价阳离子 Mg^{2+}、Ca^{2+} 等形成稳定的复合物形式。由于细胞中 Mg^{2+} 浓度较高（5～10 mmol/L），因此细胞中解离的 NDP 和 NTP 主要是与 Mg^{2+} 形成复合物。

4. 核苷酸的衍生物

核苷酸可以参与辅酶的形成。腺苷酸是多种辅酶的组成成分，如烟酰胺腺嘌呤二核苷酸（NAD^+）、烟酰胺腺嘌呤二核苷酸磷酸（$NADP^+$）、黄素腺嘌呤二核苷酸（FAD）等。在辅酶 A 中含有 3′-磷酸-5′-腺苷二磷酸。这些辅酶的结构请参见第五章。核苷酸也出现在糖的活化形式糖核苷酸中，如尿苷二磷酸葡萄糖（UDPG）。核苷酸还可以作为磷脂合成中醇基的载体，如 CDP-胆碱。这些核苷酸的衍生物，在生物体中具有特殊的功能，我们会在后面的章节中学习到这些内容。

由于核苷酸及其衍生物具有重要的生理功能，所以几乎所有的生物化学过程都有核苷酸的参与：

（1）核苷酸是核酸的结构单元，由核苷酸形成的核酸在遗传信息的储存、传递和表达过程中起着核心作用。

（2）ATP 是细胞内主要的自由能载体。生物将分解营养物质或是吸收太阳辐射所获得的自由能转化为 ATP 中的化学能；而在各种需能的生理过程中，如运动、主动运输、生物合成等，则主要由 ATP 直接供能。

（3）大多数代谢途径都受到核苷酸水平的调节。如 ATP、ADP 参与了糖代谢、脂代谢等途径的调控。某些核苷酸，如 cAMP，能够起到信号传递的作用，调节着许多代谢途径的活性。

（4）某些核苷酸的衍生物作为辅酶参与了酶的催化过程，如辅酶 A。另一些核苷酸可以作为活性物质的载体，如 UDPG。

第二节　DNA 的结构

DNA 在生物遗传信息储存、传递、表达中起着核心作用,认识 DNA 的结构使我们可以探知生命本质中最基本的过程。

一、DNA 分子具有特定的碱基组成

组成 DNA 的碱基有 4 种:腺嘌呤 A、鸟嘌呤 G、胞嘧啶 C 和胸腺嘧啶 T。20 世纪 40 年代,Erwin Chargaff 等研究了大量不同种属生物中 DNA 的碱基组成,发现生物体中双链 DNA 碱基组成的一些定量关系,被称为夏格夫规则(Chargaff's rules)。规则要点如下:

(1)所有生物细胞的 DNA 中,腺嘌呤与胸腺嘧啶的数量相等;鸟嘌呤与胞嘧啶的数量相等。即 A=T,G=C。由这个数量关系可知 DNA 中的嘌呤碱的数量与嘧啶碱的数量相等,即 A+G=T+C,被称为"碱基当量定律"。碱基当量定律暗示了 A 与 T、G 与 C 之间互补的可能性。

(2)DNA 的碱基组成具有物种的特异性,即不同种生物中的 DNA 的碱基组成不同。DNA 的碱基组成可以用"不对称比率"(dissymmetry ratio)表示:不对称比率=(A+T)/(G+C)。亲缘关系越相近的生物物种,DNA 的碱基组成越相似,因而不对称比率也越接近。

(3)同种生物不同组织的 DNA 碱基组成相同。一种生物 DNA 碱基组成不随生物体的年龄、营养状态以及环境的变化而改变。

Chargaff 规则的内容成为解开 DNA 双螺旋结构的关键信息之一。某些病毒中 DNA 以单链存在,单链 DNA 的碱基组成不符合 Chargaff 规则,即单链 DNA 中 A≠T,G≠C。

二、DNA 分子的一级结构

已知 DNA 由 4 种脱氧核苷酸组成。一个核苷酸 3'-羟基与另一个核苷酸 5'-羟基上的磷酸基团形成 3',5'-磷酸二酯键,也就是一个磷原子的两侧各有一个酯键。核苷酸以这种磷酸二酯键连接形成了不分支的多聚核苷酸的线性或环状的 DNA 分子,某些 DNA 分子中可以含有几十亿个核苷酸残基。

(一)DNA 的一级结构

DNA 的一级结构是指 DNA 分子中由 3',5'-磷酸二酯键连接起来的脱氧核苷酸残基的排列顺序,

或者是 DNA 分子中碱基的排列顺序,遗传信息就储存在这个碱基的排列顺序中。由此形成的多核苷酸链具有两个重要的特征:

(1)多核苷酸链具有方向性。由 3',5'-磷酸二酯键连接形成的线性多聚核苷酸链的两端是不同的,一端带有游离的 5'-磷酸基团,另一端带有游离的 3'-羟基。

(2)每条多核苷酸链都是独一无二的。这是由组成多核苷酸链的核苷酸排列顺序或者碱基排列顺序决定的,也称为 DNA 序列(sequence)。

(二)DNA 一级结构的表示方法

图 3-11A 中表示出了寡聚核苷酸链(oligonucleotide chain)的结构。但 DNA 是生物大分子,很难也没有必要表示出整个分子的结构,表示 DNA 的一级结构只需表示出 DNA 链中碱基的排列顺序即可。习惯上用一些简洁的方式来表示 DNA 的一级结构。

1. 线条式表示法

以竖线表示脱氧核糖,字母代表碱基,Ⓟ代表磷酸基团,如图 3-11B 所示。从线条式表示法很容易看出碱基的排列顺序和 3',5'-磷酸二酯键的连接方式,还能辨认出这可能是 DNA 序列,因其中有碱基 T 而非 U。

2. 字母式表示法

即用单字母表示脱氧核苷,"p"表示磷酸基团。虽然脱氧核苷缩写为 dA、dT……,但通常可以省去"d"。一般可在 5'端标出"p"表示 5'-磷酸基团,3'端标出"—OH"表示 3'-OH。习惯上按 DNA 的合成方向将 5'端写在左边,3'端写在右边,按照此惯例,DNA 序列可以进一步简化为仅由单字母组成的碱基序列来表示(图 3-11C)。

三、DNA 分子的双螺旋结构

早在 20 世纪 50 年代初,Rosalind Franklin 和 Maurice Wilkins 得到了 DNA 纤维的 X 射线衍射图片(图 3-12),推测出 DNA 分子为双螺旋结构。根据衍射理论,衍射图中央的交叉形图案表示是螺旋结构,衍射斑点间的距离显示出两种周期性的反射:一个重复相距是 0.34 nm,另一个重复相距是 3.4 nm。各衍射层次间的距离是从中心点到两侧距离的 1/10,说明每个螺旋有 10 个碱基。

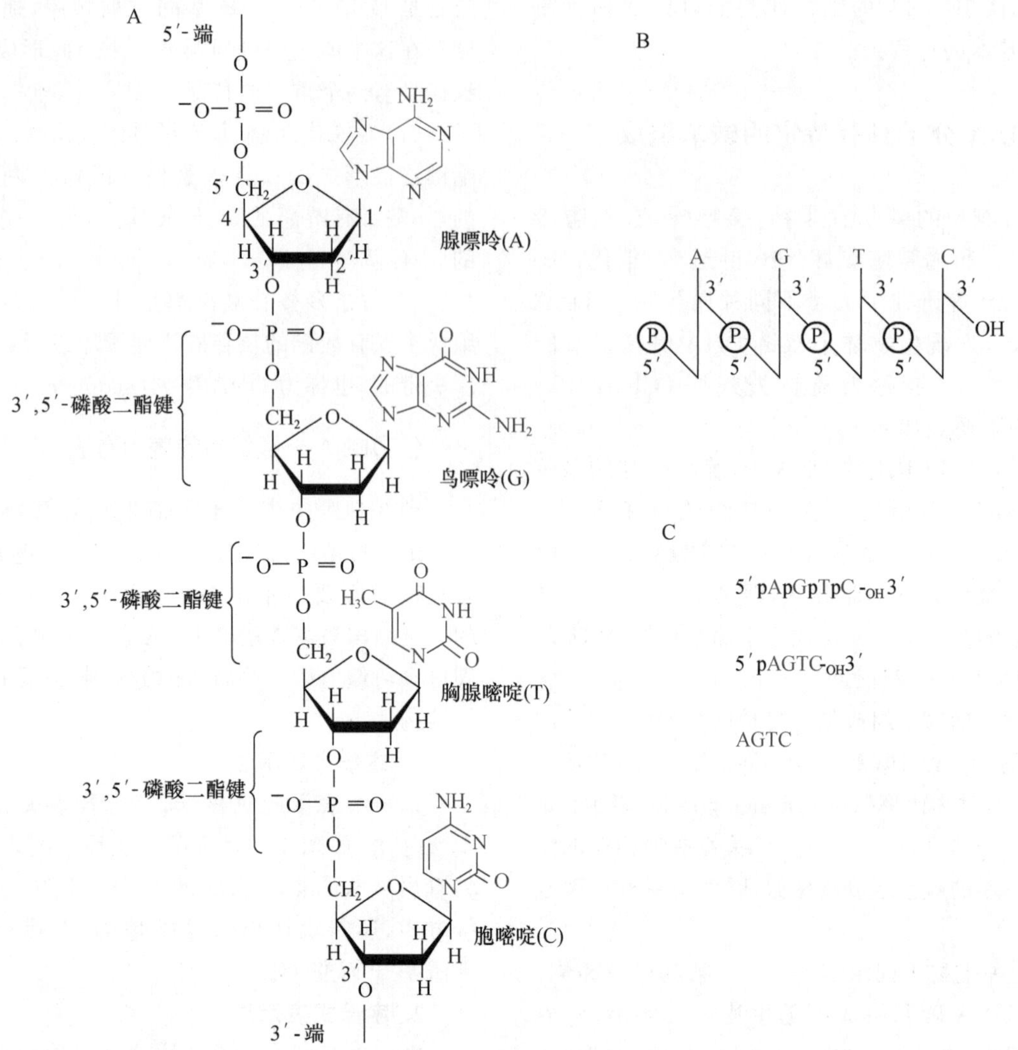

A

5′-端

腺嘌呤(A)

3′,5′-磷酸二酯键

鸟嘌呤(G)

3′,5′-磷酸二酯键

胸腺嘧啶(T)

3′,5′-磷酸二酯键

胞嘧啶(C)

3′-端

B

A   G   T   C

C

5′ pApGpTpC -OH 3′

5′ pAGTC-OH 3′

AGTC

A. DNA 的结构   B. 线条式表示法   C. 字母式表示法

图 3-11　DNA 的一级结构

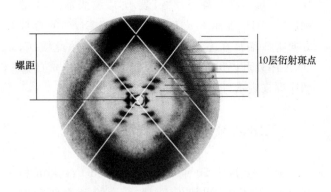

螺距

10层衍射斑点

图 3-12　DNA 纤维的 X 射线衍射图

(一)DNA 的双螺旋结构

1953 年 Watson 和 Crick 推导出了 DNA 的双螺旋结构模型(图 3-13)。模型的提出主要有三方面依据:①核苷酸的化学结构;②DNA 纤维的 X 射线衍射分析;③有关 DNA 碱基组成的 Chargaff 规则。

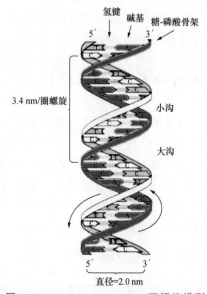

氢键　碱基　糖-磷酸骨架

5′   3′

3.4 nm/圈螺旋

小沟

大沟

5′   3′

直径=2.0 nm

图 3-13　Watson-Crick DNA 双螺旋模型

Watson 和 Crick 提出的 DNA 双螺旋结构模型主要特点如下：

（1）DNA 是由两条反向平行的双链构成的右手螺旋结构。反向平行是指两条多核苷酸链的走向相反：一条链的走向为 $5'\to3'$ 方向，另一条链的走向为 $3'\to5'$ 方向。反向平行的双链具有同一中心轴。

（2）两条由磷酸和脱氧核糖交替排列形成的主链骨架（backbone）处于双螺旋的外侧，碱基位于双螺旋内侧（图 3-14）。

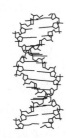

图 3-14　DNA 双螺旋结构的立体图（需戴立体眼镜观看）
（图中可以看到碱基对之间的氢键位于分子的内部，带电荷的糖-磷酸骨架则处于分子的外表面）

（3）两条链的碱基之间可以形成氢键，通常总是 A 与 T 之间形成 2 个氢键；G 与 C 之间形成 3 个氢键（图 3-15）。

形成了氢键的两个碱基称为碱基对（base-pair，bp），碱基之间的这种特异的配对关系称为碱基互补（base complementary）或碱基配对原则（base-pairing rule）。这种碱基配对方式称为 Watson-Crick 碱基配对，也称为经典的碱基配对（canonical base pairing）。配对的碱基中总是一个嘌呤碱与一个嘧啶碱配对，由此形成的碱基对具有相似的形状和大小。通过碱基配对使两条多核苷酸链连在一起。配对的碱基处于同一平面。

（4）双螺旋平均直径为 2 nm，螺距为 3.4 nm。相邻两个碱基对之间的垂直距离为 0.34 nm，相邻核苷酸间的夹角为 36°。每圈螺旋包含 10 bp。

（5）碱基平面与螺旋纵轴接近垂直，糖环平面与纵轴接近平行。

（6）螺旋结构中，围绕中心轴形成两个螺旋形的

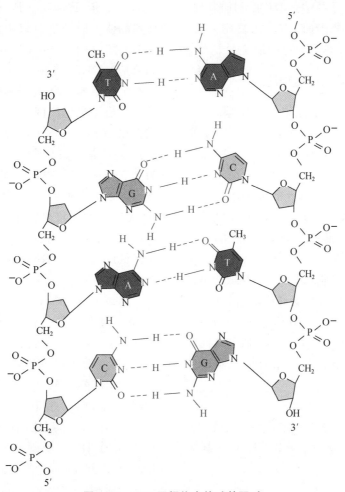

图 3-15　DNA 双螺旋中的碱基配对
（A-T 对形成 2 个氢键，G-C 对形成 3 个氢键）

凹槽(图 3-16)。一条凹槽较宽而深,称为大沟(major groove),宽 1.2 nm,深 0.85 nm。另一条凹槽较窄而浅,称为小沟(minor groove),宽 0.6 nm,深 0.75 nm。碱基侧面的功能基团暴露在大沟中。DNA 结合蛋白往往结合在大沟中,在 DNA 与蛋白质相互作用时,蛋白质可以准确地识别其中的碱基序列。

双螺旋模型不仅解析了 DNA 的结构,也解释了 Chargaff 规则,同时也预示着遗传信息储存和传递的规则。由于 DNA 两条中的碱基是互补的,所以只要知道 DNA 双链中一条链的碱基序列,就可以根据碱基互补的关系推出互补链中的碱基序列。例如:DNA 双链中若一条链上是 A,则互补链相应位置上一定是 T。

DNA 双螺旋结构的理论促进了近代核酸结构功能的研究和发展,是生命科学发展史上的杰出贡献,被认为是现代分子生物学诞生的标志。其深刻意义在于:①确立了核酸作为遗传信息分子的结构基础,提出了碱基配对是核酸复制、遗传信息传递的基本方式,从而最终确定了核酸是遗传的物质基础;②提出了作为遗传功能分子的 DNA 的复制方式,半保留复制是生物体遗传信息传递的最基本方式。

(二)稳定 DNA 双螺旋结构的因素

DNA 的双螺旋结构是十分稳定的构象,这对于 DNA 作为遗传物质是非常重要的。稳定双螺旋结构的因素主要有 3 种:碱基堆积力、氢键和离子键。

1. 碱基堆积力(base-stacking interaction)

碱基堆积力是 DNA 双螺旋结构中相邻碱基之间的非特异性相互作用,是稳定 DNA 双螺旋结构的最主要因素。碱基是疏水的,水使各个碱基分子相互靠拢,将碱基的表面积降低,并处于双螺旋结构的内部。扁平的碱基沿垂直方向堆积垛叠,垛叠碱基之间的 π 电子云相互重叠,形成范德华相互作用,这种范德华相互作用具有加和性。相邻碱基之间的疏水作用以及范德华相互作用的结合构成碱基堆积力。

2. 氢键

双螺旋链的碱基之间特异的配对形成氢键。氢键将两条链联系起来,并稳定着 DNA 的双螺旋结构。

3. 离子键

除了上述两种因素外,由于双螺旋主链上的磷酸基团在生理条件下带有负电荷,在分子内会产生排斥力,降低分子的稳定性。DNA 分子通过与环境中的带正电荷的物质形成离子键,以消除双螺旋主链上所带负电荷而产生的排斥力,有助于双螺旋结构的进一步稳定。

在生物体内,DNA 分子通常是与带正电荷的碱性蛋白质结合在一起,从而降低 DNA 分子内部产生的静电排斥力。在真核生物中与 DNA 结合的碱性蛋白质是组蛋白,组蛋白因富含 Lys 和 Arg 而带正电荷。在体外提取 DNA 时,需要在缓冲溶液中加入某些带正电荷的金属离子,如 Na^+、Mg^{2+},从而增加 DNA 分子的稳定性。

(三)DNA 双螺旋结构的多态性

弱键维系了双螺旋 DNA 结构的稳定,同时也赋予 DNA 分子以柔性。实际上双螺旋 DNA 在不同条件下以多种构象存在,称为 DNA 结构的多态性。

1952 年,Rosalind Franklin 等对 DNA 进行 X 射线晶体衍射分析时就提出了两种构象:A-DNA 和 B-DNA(图 3-16)。Watson-Crick 描述的 DNA 构象是 B-DNA,是在 92% 的湿度下观察到 DNA 钠盐纤维的晶体结构,也是最接近生理条件下的 DNA 构象。当相对湿度降低到 75%,DNA 构象发生可逆变化,形成 A-DNA 结构。A-DNA 也呈右手双螺旋结构,每圈螺旋包含 11 bp,螺距为 2.53 nm,直径为 2.55 nm。与 B-DNA 相比,A-DNA 分子外形更宽扁,大沟窄而深,小沟宽而浅。细胞中绝大部分 DNA 以 B 型构象存在,但在某些 DNA-蛋白质复合体中的 DNA 也存在 A 型构象。RNA 分子的双螺旋区域以及 DNA-RNA 杂交分子的双螺旋结构与 A-DNA 结构相似。

应该说,B-DNA 只是一种理想结构,每圈螺旋 10 bp 的重复仅限于晶体状态,与细胞中溶液状态下的 DNA 构象不完全相同。这是因为:第一,溶液中的 DNA 分子比 B-DNA 分子更松弛,平均每圈螺旋有 10.4 bp。第二,B 型构象是均一结构,而实际细胞中的 DNA 并非如此均匀。从精细结构看,DNA 的各个碱基对之间的距离都有所不同。另外,对于长链 DNA 双螺旋中的螺距可以在 2.8～4.2 nm 之间变化,这些变化可能受特定区域的碱基组成的影响,这种碱基组成反映出序列特异性,便于 DNA 结合蛋白对特异序列的识别。因此,DNA 分子永远不会是完全规则的双螺旋,但细胞中基因组DNA 的结构仍然是与 B-DNA 最为相似。

DNA 有时可以形成左手双螺旋。1978 年,Andrew Wang 和 Alexander Rich 等在研究人工合成的六聚 d(CGCGCG)单晶的 X 射线衍射图谱时,发现它是左手双螺旋,其主链的走向呈锯齿状(zig-zag),因而称为 Z-DNA(图 3-16)。

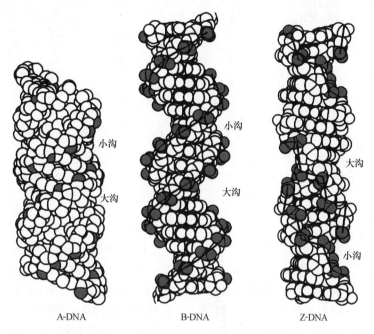

图 3-16　A-DNA、B-DNA、Z-DNA 的结构比较

(着色区为磷酸基团的位置)

右手螺旋中 DNA 的糖苷键只以反式构象存在。Z-DNA 构象中的重复单位是嘌呤-嘧啶交替排列的二核苷酸。其中嘌呤的糖苷键为顺式构象,嘧啶的糖苷键为反式构象。嘌呤与嘧啶的交替排列使得糖苷键也是顺式与反式交替排列,从而使 Z-DNA 主链呈现 Z 字形走向,因此嘌呤核苷的顺式构象造成了左手螺旋。Z-DNA 中的大沟几乎平坦,非常不明显,而小沟却窄而深。有证据显示,在细菌及真核生物中有较少的 Z-DNA 短片段存在,其生理意义尚不是很清楚,可能与基因的表达调控或遗传重组相关,如一个负责 mRNA 编辑的蛋白质在与基因上游的 Z-DNA 结合时被激活,Z-DNA 还被认为在转录增强子中发挥作用。

环境条件的改变,如湿度、阳离子种类和浓度等,都可能影响 DNA 的构象。双螺旋 DNA 构象的多态性使人们认识到,即使作为生物体中最为稳定的遗传物质,也可以采用多种的结构形态,A-DNA、B-DNA 和 Z-DNA 并不是完全不相关的结构,大量的基因组 DNA 也并不具有完全规则或相同的结构。基因组 DNA 内的一些区域可能形成更类似A-DNA 或 Z-DNA 的结构,这取决于 DNA 的特殊序列以及存在的蛋白质因子。在非常温和的条件下,已鉴定出 B-DNA 和 A-DNA 两种结构形式之间转变的中间物,这表明 DNA 从一种形式到另一种形式的转变可能就是基因组天然结构变化的一种方式。

四、DNA 分子的超螺旋结构

(一)超螺旋结构

早期的研究中认为所有 DNA 分子都是线性的,每个 DNA 分子具有两个开放的末端。确实,真核细胞的每条染色体都是一个极长的线性 DNA分子。然而,现在已经知道还有一些 DNA 的两条主链共价连接成闭合的环状结构,称为共价闭环DNA(covalently closed circular DNA,cccDNA)。双链环状 DNA 在自然界中广泛存在,大多数细菌染色体 DNA、细菌质粒、某些病毒 DNA 以及细胞器叶绿体和线粒体中的 DNA 都为共价闭环 DNA。这些环状双链 DNA 在体内以超螺旋(supercoiling)的结构形式存在(图 3-17),即双螺旋 DNA 通过自身轴的多次转动扭曲形成螺旋的螺旋(the coiling of a coil)结构。如果线性双螺旋 DNA 的两个末端不能自由旋转,分子也可以形成超螺旋结构(图 3-17C)。

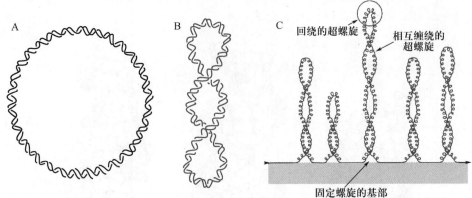

A. 松弛状的闭环结构　B. 环状 DNA 形成的超螺旋结构　C. 线性双螺旋 DNA 形成的超螺旋结构

图 3-17　DNA 超螺旋结构

(二)正超螺旋与负超螺旋

如果双链 DNA 没有形成超螺旋,就被称为松弛状态(relaxed state)。当双链环状的超螺旋 DNA 分子中的一条链断裂,分子仍然保持环状结构,但分子中扭曲的张力得到部分释放,形成松弛的环状 DNA(relaxed circular DNA,rcDNA)。

然而,如果将双螺旋 DNA 分子额外增加几个螺旋圈数使分子进一步拧紧,或者减少几个螺旋圈数使分子拧松,就会使双螺旋结构产生张力。如果双螺旋 DNA 链的两端是开放的,则可通过链的旋转将这种张力释放而恢复到正常稳定的双螺旋结构。但是,如果 DNA 链的两端是固定的,或者是环状结构,这种张力就将促使 DNA 分子本身发生扭曲,通过形成超螺旋来释放张力回到稳定构象(图 3-17)。

DNA 双螺旋圈数减少,双螺旋 DNA 处于拧松状态时形成负超螺旋,负超螺旋 DNA 为右手超螺旋。双螺旋圈数增加,双螺旋 DNA 处于拧紧状态时形成正超螺旋,正超螺旋 DNA 为左手超螺旋。绝大多数天然存在的 DNA 形成的是负超螺旋。

(三)超螺旋结构的拓扑学特性

DNA 在细胞中是以超螺旋形式紧密组装的。许多环状 DNA 即使被分离纯化之后仍保持着高度超螺旋的状态,说明超螺旋结构是细胞内 DNA 的一种固有结构。要认识 DNA 超螺旋结构就必须了解它的拓扑学(topology)特性。DNA 的拓扑学通常会涉及以下 3 个参数。

1. 连接数(linking number,Lk)

连接数代表双链 DNA 的拓扑学特性。要使 DNA 两条链完全分开,一条链必须穿过另一条链的次数称为连接数,连接数必须是一个整数。

习惯上,若 DNA 两条链以右手螺旋方式缠绕,则 Lk 为正值;缠绕为左手螺旋时,Lk 为负值。当双螺旋 DNA 分子处于松弛状态时,Lk 值就等于 DNA 链中碱基对数目除以每个螺旋包含的碱基对数目。例如:一条 DNA 链含有 200 个碱基对,B-DNA 每圈螺旋碱基对数按 10 bp 计算,则 $Lk=200/10=20$。

对于 cccDNA 来说,只要共价键不发生断裂,无论 DNA 分子发生何种变形或扭曲都不会改变 Lk 值。如果 DNA 分子的共价键发生断裂后再重新连接,虽然保持碱基对数目不变,但是 DNA 分子的拓扑学性质就可能发生改变,也就是 Lk 值发生变化。改变了拓扑学性质的 DNA 具有不同的 Lk 值,但是分子的其他性质没有改变,这样的 DNA 互为拓扑异构体(topoisomer)。图 3-18 中的环状松弛态 DNA、负超螺旋 DNA 和正超螺旋 DNA 互为拓扑异构体。拓扑异构体之间的转变由拓扑异构酶催化完成。

2. 扭转数(twisting number,Tw)

扭转数指 DNA 双链中的一条链绕双螺旋中心轴的旋转次数。如图 3-18 所示,松弛态 cccDNA 的 $Tw=Lk=20$。

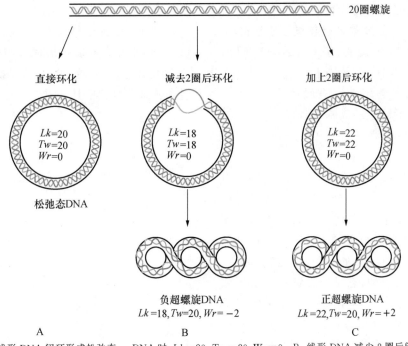

A. 线形 DNA 闭环形成松弛态 cccDNA 时，$Lk=20$，$Tw=20$，$Wr=0$　B. 线形 DNA 减少 2 圈后闭环，如果没有形成超螺旋，则 $Lk=18$，$Tw=18$，$Wr=0$，若形成负超螺旋 DNA，则 $Lk=18$，$Tw=20$，$Wr=-2$　C. 线形 DNA 增加 2 圈后闭环，如果没有形成超螺旋，则 $Lk=22$，$Tw=22$，$Wr=0$，若形成正超螺旋 DNA，则 $Lk=22$，$Tw=20$，$Wr=+2$

图 3-18　DNA 正负超螺旋的形成

3. 缠绕数（writhing number，Wr）

缠绕数即超螺旋数（number of turns of superhelix），是指 DNA 双螺旋轴的旋转次数。图 3-14B 的负超螺旋 DNA 中形成两个右手超螺旋，则 $Wr=-2$。

Lk 代表了双链 DNA 的拓扑学特性，Tw 和 Wr 代表了 DNA 双螺旋结构的几何学特性而非拓扑特性。在 DNA 结构发生变形扭曲时，Tw 和 Wr 的数值会发生变化。双链 DNA 超螺旋的研究得出 Lk、Tw 和 Wr 三者存在如下关系：

$$Lk=Tw+Wr$$

其中 Lk 为整数，Tw、Wr 可以是非整数。公式中三个参数的关系意味着对于一个给定的 cccDNA，由于 Lk 是不变的，DNA 的任何扭转数的变化必定伴随着相同但相反的缠绕数的变化，反之亦然。负超螺旋表明环状 DNA 分子的连接数 Lk 小于扭转数 Tw。

通过 DNA 双螺旋轴的缠绕（writhe）形成的超螺旋有两种方式：一种是螺旋轴的自身缠绕如图 3-18B 和 C 中形成的超螺旋；另一种是螺旋轴围绕一个圆柱体进行以螺旋管方式缠绕，如在真核细胞核小体中（见本章第五节），DNA 双螺旋围绕蛋白质核心以左手螺旋方式盘绕，这种左手螺旋盘绕方式相当于在 DNA 包装成核小体时向分子中引入了负超螺旋。体内 DNA 分子主要以负超螺旋结构存在，负超螺旋 DNA 有利于 DNA 在复制、重组和转录等过程中的解链。此外，形成 DNA 超螺旋的另一个重要意义就是使 DNA 具有更紧密的结构形式，有利于其在体内的包装。

五、三链 DNA 和四链 DNA

在细胞中，DNA 的结构形态最主要的是右手双螺旋及右手双螺旋基础上的超螺旋，除此之外，还存在着一些不常见的结构形态，如形成三条链或四条链的 DNA 结构，这些结构的形成依赖于特殊的 DNA 序列，在 DNA 中仅占很小的比例。

（一）三链 DNA 的结构

双螺旋 DNA 中的碱基进行 Watson-Crick 配对后，位于双螺旋大沟中的碱基上的一些原子还可以形成额外的氢键，与另外的碱基进行配对，从而形成三股螺旋（triplex）的三链 DNA 结构。

1963 年 Karst Hoogsteen 最早认识到碱基之间

存在着一些不常见配对的可能性,如嘌呤环上 N-7 以及 C-6 上连接的 O 或 N 都可以参与氢键形成,由此形成的碱基配对方式称为 Hoogsteen 配对(Hoogsteen pairing),Hoogsteen 配对方式的存在使 DNA 可以形成三链结构。一般认为,在三链 DNA 结构中,第三股链上的碱基或者以 A 或 T 与 A-T 对中的 A 配对;或者以 G 或 C 与 G-C 对中的 G 配对。

三链 DNA 中的第三条链可以来自分子间,也可以来自分子内。如果 DNA 分子中的一条链上存在较长的只含嘌呤核苷酸或只含嘧啶核苷酸的序列,这种区段比较容易形成三链 DNA。铰链 DNA(hinged-DNA)是三链 DNA 的一种,也是碱基配对方式了解得最清楚的一种,它是通过链的回折形成三链 DNA 结构,称为 H-DNA。H-DNA 中的三链呈现一种镜像重复结构(图 3-19),当 DNA 一条链上存在的多聚嘧啶核苷酸通过链的回折与原有双链中的多聚嘌呤核苷酸配对就形成了三链的 H-DNA。三链 DNA 与一些真核生物基因的调控有关。

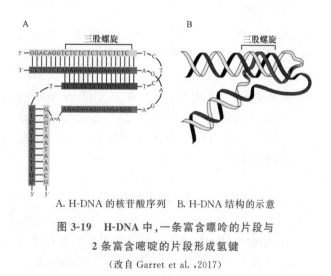

A. H-DNA 的核苷酸序列　B. H-DNA 结构的示意

图 3-19　H-DNA 中,一条富含嘌呤的片段与 2 条富含嘧啶的片段形成氢键

(改自 Garret et al. ,2017)

(二)四链 DNA 的结构

四条 DNA 链也可以通过碱基配对形成四链 DNA(tetraplex)结构,但是这种结构仅出现在富含鸟嘌呤的特殊的 DNA 序列区域。四个鸟嘌呤碱基配对(图 3-20)形成一个平面,称为鸟嘌呤四分体(guanine tetrad),多个鸟嘌呤四分体重叠起来形成 G-四链结构(G-quadraplex)或 G4 结构(G4 structure),这种结构最初在研究端粒时被发现。端粒(见第十三章)是真核细胞染色体末端的特殊结构,

研究表明各种端粒 DNA 都具有富含鸟嘌呤的简单重复序列。G-四链结构有多种形式,可以由一条链形成,也可以由多条链形成,G-四链结构具有重要的生物功能,在端粒 DNA 的保护和延长、复制、重组和转录等过程中具有重要作用。

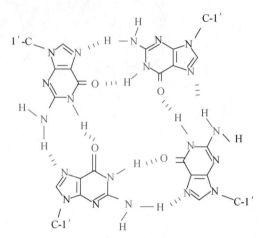

图 3-20　四链 DNA 的结构(四个碱基分别代表四条链)

六、DNA 序列分析

DNA 是遗传物质,DNA 分子中的核苷酸或碱基的排列顺序就是其所携带的遗传信息,但是在 20 世纪 70 年代以前,核酸的序列测定是既费时又困难的工作。直到 1977 年,分别由 Walter Gilbert 建立的化学法测序和 Frederick Sanger 建立的酶法测序带来核酸测序技术突破性的发展,使 DNA 分子的序列测定变得简单容易。由于对核酸测序技术的贡献,Gilbert 和 Sanger 于 1980 年获得了诺贝尔化学奖。

1975 年 Sanger 就曾设计出了一种 DNA 快速测序方法——加减法。到了 1977 年,Sanger 对该技术进行了重要改进,建立了核酸测序的链终止法(chain termination)或称双脱氧法(dideoxy method),该测序法得到了广泛的应用。Sanger 的测序法中采用了 DNA 聚合酶来完成测序过程,故又称酶法测序。

如果要测定一个 DNA 片段的序列,就以待测 DNA 片段的一条链为模板,合成与它互补的 DNA 单链。反应时(图 3-21),需要在四个试管中都加入相同的组分:DNA 模板、DNA 聚合酶、四种 dNTPs、放射性同位素或者荧光标记的引物以及必要的离子及缓冲体系。另外,每个试管中还需分别

加入一种 ddNTP,ddNTP 的浓度需低于 dNTP 的。

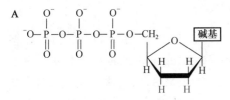

A

2′,3′-双脱氧核糖核苷三磷酸
(ddNTP)

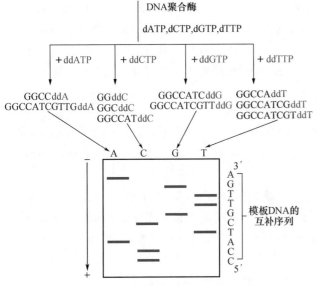

B 　模板DNA 3′-CCGGTAGCAACT-5′
　　引物DNA 5′-GG-3′

DNA聚合酶

dATP,dCTP,dGTP,dTTP

+ddATP	+ddCTP	+ddGTP	+ddTTP
GGCCddA	GGddC	GGCCATCddG	GGCCAddT
GGCCATCGTTGddA	GGCddC	GGCCATCGTTddG	GGCCATCGddT
	GGCCATddC		GGCCATCGTddT

A.2′,3′-双脱氧核苷三磷酸结构式
B.Sanger 双脱氧法 DNA 序列分析示意图

图 3-21　DNA 序列分析
(—→＋表示电泳时,片段迁移的方向)

在 DNA 测序反应体系中,DNA 聚合酶按照模板链中的核苷酸顺序,向引物 3′末端的 3′-OH 添加特定的 dNTP。反应形成了磷酸二酯键,使 DNA 链延长。Sanger 向反应体系中引入了 2′,3′-双脱氧核苷三磷酸（dideoxynucleotide,ddNTP）。由于 ddNTP 中没有 3′-OH,因此当 ddNTP 掺入到正在合成的 DNA 链中时,链的延伸即被终止(图 3-21)。例如:在加入 ddATP 的试管中,dATP 和 ddATP

都可以随机掺入合成 A 的位置。因为 dATP 是 DNA 合成的正常底物,如果 dATP 掺入,则合成反应继续,互补链得以延伸。如果 ddATP 掺入,互补链即在此位置终止合成,互补链的 3′末端为 A。同样,在加入 ddCTP 的试管中,DNA 的合成终止在 C 的位置。

将获得的 DNA 片段通过电泳进行分离,然后将电泳胶置于 X 光片上进行放射自显影曝光,经显影定影步骤在 X 光片上显示出电泳胶中分离的 DNA 条带。从图 3-17 中可以看到,在加入 ddATP 的试管中反应得到了大小不同的两种片段。ddATP 先掺入的片段合成终止就早,产生的是小片段。ddATP 后掺入的片段合成终止就晚,产生的是大片段。虽然在同一试管中,合成反应都在 A 处终止,但合成产生的 DNA 片段长度却不同。其他各管中的也得到终止在不同碱基位置的、长度不同的互补链片段。

小片段在电泳胶中迁移速度快,迁移距离远。因此从图 3-21 所示的 X 光片中,按从下至上读出的序列就是沿 5′→3′合成的与待测序列互补的序列:CCATCGTTGA(5′→3′),按照碱基互补原则很容易推导出待测序列:GGTAGCAACT(3′→5′),按照核酸序列 5′→3′的书写惯例,待测序列为:TCAAC-GATGG(5′→3′)。

现在 DNA 自动测序仪可以进一步简化操作步骤。将四种 ddNTP 用不同颜色的荧光物质标记上,这样上述四个试管中进行的合成反应就可以在一个试管中进行。反应结束后,用一个毛细管电泳胶可以将不同的 DNA 片段迅速分离。电泳胶经过激光检测装置扫描,检测仪通过辨认不同的荧光颜色从而确定碱基种类,因此可以迅速地读出碱基序列,并将序列数据直接存储于计算机中。Sanger 法 DNA 测序技术被称为第一代测序技术,现在已经发展出高通量的第二代(知识框 3-2)和第三代核酸测序技术。

71

知识框 3-2　高通量测序技术

我们学习过的 Sanger 法 DNA 测序技术被称为第一代测序技术,是通过引入 ddNTP 实现 DNA 合成终止的测序法,2000 年完成的首个人类基因组草图就是以改进了的 Sanger 法为其测序基础。由于 DNA 序列信息对生物学、医学和个人健康等基本问题具有巨大的意义,更快速、更高效的第二代测序技术(next-generation sequencing,NGS)应运而生。第二代测序技术又称为高通量测序技术(high-throughput sequencing,HTS)。

NGS 是基于 PCR 和基因芯片发展而来的 DNA 测序技术,与第一代测序发不同,NGS 开创性地引入了可逆终止末端,从而实现边合成边测序(sequencing by synthesis,SBS),即通过捕获新添加的末端核苷酸所携带的特殊标记(通常为荧光分子标记)来确定 DNA 的序列,能一次并行几十万到几十亿条 DNA 分子的序列测定,从而实现大规模的平行测序,具有低成本、高通量的优势。NGS 中读长(read)的概念是指测序仪单次测序所得到的碱基序列,是高通量测序仪产生的测序数据,若对整个基因组进行测序,可能会产生上千万个读长。因此,NGS 是对传统 Sanger 测序的革命性变革,其解决了第一代测序技术一次只能测定一条序列的限制。

2005 年,454 Life Sciences 公司(现被 Roche 公司收购)首先推出了基于焦磷酸测序法的超高通量基因组测序系统,开创了第二代测序技术的先河。现有的技术平台主要有 Roche 454 FLX,Illumina Miseq/Hiseq(2006 年建立)、Applied Biosystems-SOliD(2008 年建立)等,其中 Illumina 平台贡献的测序数据在整个测序市场中占有较大份额。

不同测序平台采用的具体的技术路线有所不同,总体来说,在 NGS 中,单个 DNA 分子必须扩增成由相同 DNA 组成的基因簇,然后进行同步复制,来增强荧光信号强度从而读出 DNA 序列。但随着读长增长,基因簇复制的协同性降低,导致碱基测序质量下降,限制了二代测序的读长,一般为 300 bp,不超过 500 bp,而第一代测序技术读长可以达到 1 kb。对于基因组测序需要使用鸟枪法(shotgun method)断裂成小片段 DNA 进行测序,测序完毕后再使用生物信息学方法进行拼接。

目前,利用 NGS 技术只需要 2～3 d,花费大约 5 000 元人民币就可完成人的基因组测序。而人类基因组计划的完成历时 13 年(1999—2003 年),总花费 27 亿美元。由此可见技术的巨大进步。

虽然 NGS 的通量极大增加,但读长也大大降低,因而又发展出第三代测序技术,也称为单分子实时测序技术(single-molecule real-time sequencing,SMRT 测序)或从头测序技术,该技术在保证测序通量的基础上,对单条长序列进行从头测序,读长大约在几十甚至 100 kb,但是单读长的错误率偏高,需重复测序以纠错而提升了成本。

如今基因测序技术逐渐成为临床分子诊断中重要技术手段,尤其对于癌细胞 DNA 深度测序的数据分析,确定突变位点,是实现精准医学靶向治疗的基础。

参考文献

[1] Garrett R H,Grisham C G. Biochemistry. 6th ed. Cengage Learning, 2017.

[2]Nelson D L,Cox M M,Hoskins A A. Lehninger Principles of Biochemistry. 8th ed. W. H. Freeman and Company,2021.

[3] Shendure J, Ji H. Next-generation DNA sequencing. Nature biotechnology, 2008, 26 (10): 1135-1145.

[4] https://www.genome.gov/

第三节　RNA 的结构

RNA 分子的基本组成单位是四种核糖核苷酸以及少量的稀有核苷酸。与 DNA 相同的是,RNA 分子中核苷酸之间也以 3′,5′-磷酸二酯键相连。与 DNA 不同的是,RNA 中的戊糖为核糖而非脱氧核糖,其碱基组成主要是 A、G、C 和 U 四种。尽管 RNA 的核苷酸中存在着 2′-OH,但核苷酸之间不形成 2′,5′-磷酸二酯键。

RNA 的一级结构(图 3-22)就是组成 RNA 的多聚核苷酸链中核苷酸或碱基的排列顺序。多核苷酸链两端同样存在游离的 3′-OH 和 5′-磷酸基团,书写方向也是 5′→3′。

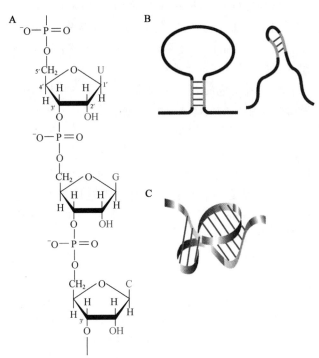

A. 一级结构　B. 二级结构:茎环结构和发夹结构　C. 三级结构

图 3-22　RNA 的结构

大多数天然 RNA 为单链线性分子。少数病毒 RNA,如水稻矮缩病毒、呼肠孤病毒等的 RNA 是双链螺旋结构。实际上单链线性 RNA 分子结构中也富含局部双螺旋结构。单链 RNA 上某些区段具有碱基互补的序列,通过单链回折可以形成局部双螺旋区域。RNA 中的双螺旋区通常称为茎区(stem),中间不形成碱基配对的单链区形成突环(loop),这种茎环结构(stem-loop structure)或称发夹(hairpin)结构就

是 RNA 的二级结构。RNA 形成的双螺旋结构类似于 A 型 DNA 的结构。

稳定 RNA 双螺旋区域的最主要因素仍然是碱基堆积力,其次是氢键。RNA 的单链结构和因单链回折而形成的茎环结构是 RNA 的重要结构特征,对于 RNA 执行的多种生物学功能是至关重要的。在形成茎环或发夹结构的基础上,RNA 分子进一步地扭曲折叠,通过非碱基配对区域之间的非常规碱基配对形成丰富的三级结构。大分子的 RNA 在形成三级结构时,需要蛋白质的帮助,以便屏蔽 RNA 骨架上磷酸基团的负电荷,如 rRNA 和蛋白质形成的核糖体。

在细胞中直接参与蛋白质合成的 RNA 主要有 tRNA、mRNA 和 rRNA 三类。除 tRNA 外,细胞中的 mRNA 及 rRNA 几乎都以与蛋白质结合的方式存在,与蛋白质形成核蛋白复合物。这三类 RNA 在结构上也具有各自不同的结构特征。

一、tRNA 的结构

经过 7 年的努力,Robert Holley 于 1965 年完成了首个具有生物学意义的核酸序列测定,即酵母的丙氨酸 tRNA(tRNA^Ala)序列,它由 76 个核苷酸残基组成,其中含有 10 个被修饰的核苷酸残基。目前,已经确定了来自 800 多种不同生物或细胞器中的数千个 tRNA 的碱基序列。虽然仅获得了少数几个单独的 tRNA 晶体结构,因为 tRNA 很难结晶,但人们却获得了大量 tRNA 与氨酰-tRNA 合成酶以及相应氨基酸结合形成的复合物的晶体,由此得到了许多其他 tRNA 的空间结构。

(一)tRNA 的一级结构

tRNA 是分子量相对较小的 RNA,细菌和真核生物细胞质中的 tRNA 残基数为 73～93 个,相对分子质量约为 25 000,沉降系数约为 4S。大多数 tRNA 中的核苷酸残基数为 76 左右。线粒体及叶绿体中的 tRNA 分子量较小。

比较不同生物中的 tRNA,发现 tRNA 具有许多共同的结构特点。tRNA 的一级结构中含有较多的稀有核苷酸残基,一般含有 8 个以上被修饰的残基,最高可达 25%。许多稀有碱基都是常见碱基的甲基化衍生物,tRNA 中有些戊糖也被修饰。这些稀有碱基有利于 tRNA 与对应氨基酸的结合,并加

强在蛋白质合成过程中与 mRNA 上密码子的相互作用。大多数 tRNA 的 5′末端为 pG，而所有 tRNA 的 3′末端都为 CCA_{OH}-3′，这是 tRNA 携带氨基酸的位置。

在 RNA 中形成的双链区常常可以见到一些非 Watson-Crick 碱基配对的方式。在 tRNA^{Ala} 的氨基酸臂和 D 臂中，各存在一个 G-U 对，二者间形成两个氢键。近年来，在 RNA 中还发现有其他形式的碱基配对存在，如 A-G 对、A-U 对和 U-C 对，这些碱基配对方式在 RNA 折叠成的三级结构中也比较常见。

(二)tRNA 的二级结构

从细菌到真核生物，几乎所有已知的 tRNA 都具有相似的二级结构。这是因为 tRNA 的二级结构中含有较多的发夹结构，形成四个双链的臂(arm)和四个单链的环(loop)，使 tRNA 具有相同的三叶草形结构(cloverleaf structure)。分析 tRNA 的二级结构可以从 5′端开始(图 3-23)。

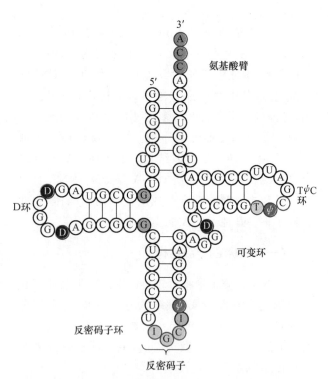

图 3-23　酵母 tRNA^{Ala} 的全序列及三叶草形二级结构
(深色区表示出稀有核苷的位置。D 臂中的 G 为甲基化的鸟苷。在氨基酸臂和 D 臂中各形成一个 G≡U 碱基对。反密码环中的 IGC 为反密码子，它可以识别 mRNA 上 Ala 的密码子 GCC)

1. 氨基酸臂

氨基酸臂(amino acid arm)由 tRNA 的 5′末端

区和 3′末端区组成，含有 7 个碱基对，富含碱基 G。tRNA 执行功能时，所携带的氨基酸就被共价连接在氨基酸臂的 3′末端—OH 上，因此氨基酸臂也称为接受臂(acceptor arm)。

2. 二氢尿嘧啶臂和二氢尿嘧啶环

这部分结构因含有两个或三个二氢尿嘧啶而得名，简称 DHU 环(dihydrouridine loop)或 D 环。二氢尿嘧啶臂(D arm)中形成 3～4 个碱基对。

3. 反密码臂和反密码环

在反密码臂(anticodon arm)中有 5 个碱基对。反密码环(anticodon loop)通常含 5～7 核苷酸残基，其中包含由三个碱基组成的反密码子，可识别 mRNA 的密码子。次黄嘌呤(I)常出现在反密码子中，次黄嘌呤核苷酸几乎只出现在 tRNA 中。

4. 可变环

可变环(variable loop)也称额外环(extra loop)是不同 tRNA 分子之间差异最大的部分，可作为 tRNA 分类的指标。这部分由 3～21 个核苷酸残基组成，最多时可形成 7 个碱基对。可变环由 3～5 个核苷酸残基组成的 tRNA 为第一类，由 13～21 个核苷酸残基组成的 tRNA 为第二类。

5. TψC 臂和 TψC 环

TψC 臂(TψC arm)中形成 5 个碱基对。几乎所有 tRNA 在此环中都含有不变的 TψC 序列，其中 T 和 ψ 都是稀有核苷。T 为胸腺嘧啶核糖核苷(ribothymidine)，是 tRNA 合成后，由尿嘧啶核苷经过甲基化修饰而来的。ψ 为假尿嘧啶核糖核苷(pseudouridine)。TψC 臂连接的单链环称为 TψC 环(TψC loop)。

然而，也有少数 tRNA 的二级结构不是三叶草形。1980 年发现的牛心线粒体 tRNA^{Ser} 有 63 个核苷酸，沉降常数为 3S，缺少 D 环和 D 臂，呈二叶草形。近年来，发现 2 种线虫线粒体 tRNA 也不是标准的三叶草结构。

(三)tRNA 的三级结构

tRNA 的三叶草二级结构通过折叠形成 L 形三级结构(图 3-24)。在三级结构中，D 臂和 TψC 环相互作用折叠在一起形成 L 形中的拐角。L 形的两个臂中，一端为氨基酸臂，用以携带活化的氨基酸，另一端为反密码环，其上的反密码子用以识别 mRNA 上的密码子。因此，L 形的三级结构使 tRNA 成为一个接头(adapter)分子，有利于实现蛋白质合成中由核苷酸序列翻译为氨基酸序列的功能。1974 年获得了第一个 tRNA——酵母 tRNA^{Phe} 的三级结构,该三级结构中,L 形两个臂几乎等长。

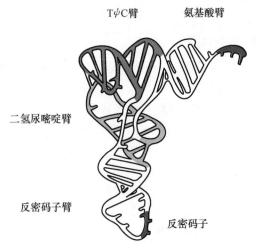

图 3-24 tRNA 的 L 形三级结构

目前已知的不同 tRNA 都具有稳定紧密的 L 形三级结构,这些 tRNA 仅在柔性区域表现出一些差异,如反密码环区以及 CCA 末端区域等。相似的三级结构,使不同的 tRNA 都能结合到核糖体的相同部位。

二、mRNA 的结构

mRNA 携带着来自 DNA 中的遗传信息,并将这些信息用于指导蛋白质的合成。所以说:mRNA 是蛋白质合成的模板。

所有的 mRNA 都具有两种序列:一种是用于指导合成蛋白质的序列,与蛋白质的氨基酸序列对应,称为编码区或翻译区(coding region or translated region)。另一种是编码区两侧的非翻译区(untranslated region,UTR)。在编码区 5′端的称为 5′UTR,在编码区 3′端的称为 3′UTR。所以,一个 mRNA 分子比合成蛋白质所需的编码区要长一些。

所有细胞中的 mRNA 的功能都是相同的,但是真核生物和原核生物 mRNA 在结构以及蛋白质合成时的细节方面具有很大的差别。

(一)原核生物的 mRNA

原核生物的 mRNA 与相应的 DNA 序列是相同的。编码区由一系列密码子组成,从蛋白质合成的起始密码子开始,直到终止密码子结束。所有的密码子都是连续地排列,其中没有间隔或额外的插入片段。UTR 虽然不编码任何氨基酸,但是携带着调节蛋白质合成的信息。一个编码区加上合成蛋白质所需的调节序列,就是一个顺反子(cistron),有时也被称为基因。

细菌中,mRNA 编码的蛋白质数目变化很大。一个 mRNA 分子可以编码一条多肽链,这种 mRNA 分子被称为单顺反子(monocistron)。绝大多数的细菌 mRNA 分子可以编码两条或多条不同的多肽链,这种 mRNA 分子称为多顺反子(polycistron)(图 3-25)。每个顺反子之间有一些间隔,称为顺反子间区(intercistronic region),长度从 1～40 bp 不等。

原核生物没有细胞核,mRNA 的合成和蛋白质的

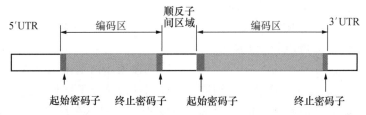

图 3-25 原核生物的多顺反子 mRNA

合成都发生在一个区域。往往 mRNA 的合成尚未结束,蛋白质的合成就开始了。最后一轮蛋白质的合成还在进行中,mRNA 就开始降解了。所以,原核生物 mRNA 的半寿期很短,平均只有 2 min。

(二)真核生物的 mRNA

真核生物 mRNA 的初始转录产物与 DNA 的序列相同,但是需要经过一系列的转录后加工过程才能成为有功能的成熟 mRNA。

真核生物 mRNA 的编码区也是从起始密码子开始,至终止密码子结束。但是在真核生物 mRNA 初始转录产物的编码区中有一些插入序列。这些插入序列不编码蛋白质,在 RNA 成熟过程中被删除,称为内含子(intron)。另一些编码蛋白质的序列在成熟的过程中拼接起来,称为外显子(exon)。真核生物中成熟的 mRNA 为单顺反子(图 3-26),只编码一条多肽链。

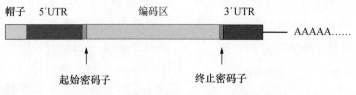

图 3-26　成熟的真核生物 mRNA 结构示意

除了将内含子剪掉,外显子拼接起来,真核生物 mRNA 还要在 5′端和 3′端进行修饰。在 5′端形成帽子结构(cap),在 3′端形成多聚腺苷酸尾(poly A tail)结构。

真核生物 mRNA 的 5′-帽子结构由 7-甲基鸟苷酸(m^7G)经焦磷酸与 mRNA 5′端核苷酸相连,形成 5′,5′-三磷酸连接(图 3-27)。帽子结构的形成发生在 mRNA 合成过程中,由多步酶催化的反应完成。缩写为 $m^7G^{5'}$-ppp$^{5'}$-Np,或者 mG-ppp-N。其中"m"代表甲基化,"N"代表任意一种核苷。

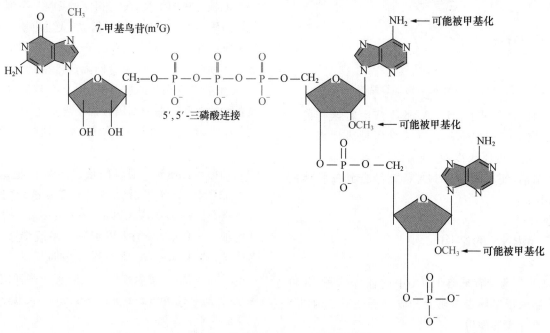

图 3-27　真核生物 mRNA 的帽子结构

几乎所有的真核生物 mRNA 的 3′端都具有 poly(A)尾。poly(A)的形成是在 RNA 合成后,由 poly(A)聚合酶以 ATP 为底物,逐个添加在 3′端的。

真核细胞中,RNA 的合成与加工都发生在细胞核中,成熟的 mRNA 需要运至细胞质才能进行翻译。所以,真核生物 mRNA 的半寿期比较长,为 20 min 到几个小时,甚至更长。真核生物 mRNA 的 5′-帽子和 3′-poly(A)尾结构都具有保护 mRNA 免受外切核酸酶降解的作用,增加了 mRNA 的稳定性。

原核生物 mRNA 中不具有帽子和 poly(A)尾结构。某些动物或植物病毒 RNA 具有 5′-帽子和 3′-poly(A)结构,或者只具有其中之一。

三、rRNA 的结构

核糖体则是由 rRNA 与许多蛋白质结合在一起形成的超分子结构,是蛋白质合成的场所。细菌核糖体中,rRNA 约占 65%,蛋白质约占 35%。

由于 rRNA 分子量较大,通常以沉降系数来描述 rRNA 的大小。原核生物中有三种 rRNA:23S、16S、5S;真核生物的 rRNA 有四种 28S、18S、5.8S、5S。

原核生物和真核生物的核糖体都由大、小两个亚基组成。原核生物中,由 50S 大亚基和 30S 小亚基组成 70S 的核糖体。真核生物的核糖体为 80S,大亚基为 60S,小亚基为 40S。原核生物和真核生物核　　　糖体的组成见表 3-2。

表 3-2　核糖体的组成

	亚基		rRNA 种类	蛋白质种类	核糖体
原核生物	大亚基	50S	23S	34 种	70S
			5S		
	小亚基	30S	16S	21 种	
真核生物	大亚基	60S	28S	49 种	80S
			5.8S		
			5S		
	小亚基	40S	18S	33 种	

rRNA 中存在着许多修饰核苷,如假尿苷、胸腺嘧啶核苷以及许多含甲基化修饰碱基的核苷。rRNA 分子内存在大量碱基配对的双螺旋区段,形成复杂的二级结构(图 3-28)。与 tRNA 相似,rRNA 分子会进一步折叠,形成特定的三维结构。

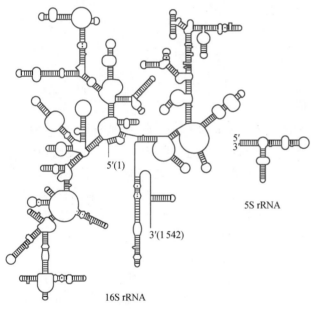

图 3-28　rRNA 的二级结构

我们知道除了以上三种 RNA 外,还有很多其他的 ncRNA。有的具有调节作用,如前面提到过的小核 RNA(snRNA);有的具有催化功能,如核酶(见第四章);还有的是上述三种类型 RNA 的前体。

第四节　核酸的理化性质及分离提取

核酸带有酸性的磷酸基团和碱性的氨基,因而具有两性性质。磷酸的强酸性使核酸通常表现为酸。DNA 等电点为 4.0～4.5,RNA 等电点为 2～2.5。在生理 pH 条件下,DNA 和 RNA 分子中每个核苷酸残基都带负电荷。

一、核酸的理化性质

(一)溶解性

DNA 和 RNA 含有极性基团,均微溶于水,它们的钠盐在水中溶解度较大。核酸不溶于乙醇、乙醚等有机溶剂,因此在分离提取核酸时,常用有机溶剂沉淀核酸,使其与溶液中其他组分分离。有机溶剂沉淀也是浓缩核酸最常用的方法。沉淀后的核酸干燥后,重新溶于缓冲液中,控制加入的缓冲液的体积,可以调整核酸溶液的浓度。常用于核酸提取及纯化的有机溶剂有:乙醇、异丙醇、苯酚、氯仿、聚乙二醇等。

(二)核酸的水解

1. 核酸的酸水解和碱水解

(1)糖苷键的稳定性　与糖苷一样,核酸中的糖苷键在温和碱性条件下是稳定的。在稀酸溶液中,RNA 的糖苷键是稳定的,DNA 中的糖苷键则表现不同。在 1 mmol/L 的 HCl 中,DNA 中嘌呤形成的糖苷键很容易被酸水解,使 DNA 脱去嘌呤碱基。而嘧啶形成的糖苷键不被酸水解。

(2)磷酸二酯键的稳定性　DNA 中的磷酸二酯键对碱不敏感,而 RNA 正好相反,很容易被 NaOH 稀溶液随机水解。这是由于 RNA 在核糖的 2' 位置上具有—OH。RNA 核糖中的 2'-OH 既可以参与氢键的形成,也能参与某些化学反应以及酶的催化反应。

稀碱溶液中的 OH^- 可以吸引核糖 $2'$-OH 上的 H,使 $2'$-OH 上的 O 成为亲核试剂,攻击 $3',5'$-磷酸二酯键中磷酸基团的 P,导致键的断裂。反应产生了一个具有环状磷酸二酯键的中间产物 $2',3'$-环核苷酸($2',3'$-cyclic nucleoside monophosphate,$2',3'$-cNMP),$2',3'$-cNMP 并不稳定,在碱的促进下迅速水解形成 $2'$-核苷酸和 $3'$-核苷酸(图 3-29)。在室温下,用 0.1 mol/L NaOH 处理 RNA 数小时后,可以得到 $2'$-核苷酸和 $3'$-核苷单磷酸的混合物。由于 DNA 的脱氧核糖上不具有 $2'$-OH,所以就能够在同样条件下保持稳定。这也是 DNA 成为最普遍遗传物质的有利因素之一。

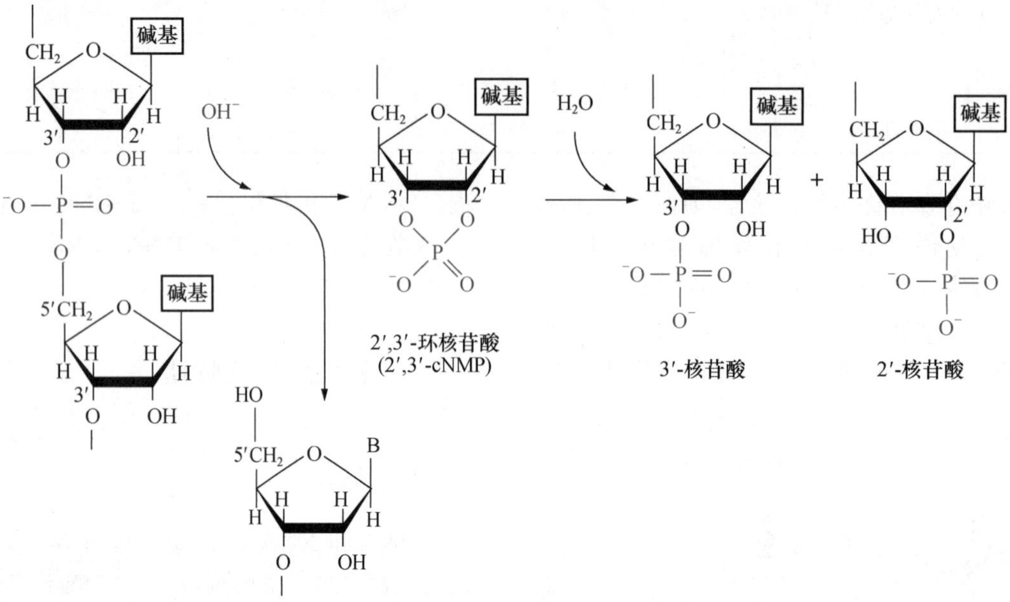

图 3-29　RNA 的碱水解

用温和的稀酸或稀碱短时间处理,通常不会引起核酸分解。但用稀酸长时间处理,或者提高温度或者提高酸的强度,则会对核酸中的糖苷键和磷酸二酯键产生影响。在强酸和高温作用下,核酸完全水解为碱基、核糖或脱氧核糖及磷酸。

2. 核酸酶水解

催化水解核酸中磷酸二酯键断裂的酶统称为核酸酶(nuclease)(详见第十二章)。细胞中存在着许多不同的核酸酶,有些核酸酶在 DNA 合成和修复时发挥作用,有些参与 RNA 的降解。

(三)沉降特性

许多生物大分子在普通的离心力场和一般的介质中不易沉降,必须在超速旋转的离心力场中才能沉降。一般说来,离心转速大于 30 000 r/min(revolutions per minute)时,称为超速离心。超速离心技术已成为大量制备、纯化核酸的重要手段。

蔗糖密度梯度超速离心是制备 RNA 的常用方法之一,利用物质在不同梯度溶液中的沉降速度差别进行分离,属于区带超速离心法(zonal ultracentrifugation)。蔗糖密度梯度的形成是先将一定体积的高浓度蔗糖溶液(如 40% 蔗糖)加入离心管中,然后在上面小心铺上相同体积的低浓度蔗糖溶液(如 10% 蔗糖)。室温放置一段时间,使不同浓度的蔗糖溶液自然形成密度梯度。然后再将待分离的物质小心铺在溶液上层。经过一定时间的超速离心,被分离物质因沉降系数不同在沉降过程中形成不同的区带,从而分离开来。

分离 DNA 需要使用比蔗糖密度更大的介质。重金属盐氯化铯(CsCl)是目前使用得最好的离心介质,它在离心场中可自行调节形成浓度梯度,并能保持稳定。在采用 CsCl 密度梯度离心时,被分离样品可与梯度介质混合在一起,或铺在密度梯度液上面,在离心过程中介质在离心管中重新分布形成密度梯度。被分离物质沉降或上浮到与其密度相等的介质区域中形成区带,并不再移动。此法称为密度梯度离心法(density gradient ultracentrifugation),它是根据被分离物质的浮力密度差别来进行分离。

核酸的浮力密度与其碱基组成、空间构象等相关,通过 CsCl 密度梯度离心可以使不同构象的 DNA 得以分离。被分离物质间的密度差异大于 1% 就可用此法分离。密度梯度离心可以很好地将蛋白质、DNA 和 RNA 分开。蛋白质浮在上层液面,DNA 分子在离心管中部形成区带,RNA 沉于离心管底部。

(四)黏度

DNA 是线性分子,分子细长而不对称,具有高轴比性质。例如:大肠杆菌染色体 DNA 长度超过 1.3×10^6 nm,而双螺旋直径为 2 nm,分子直径与其长度之比约 $1 : 10^7$,因此 DNA 溶液黏度(viscosity)非常高。

通常纤维状线性分子溶液的黏度大于球形分子溶液的黏度。当 DNA 溶液受热或受到其他因素影响时,DNA 双螺旋结构被破坏,变成单链的无规则线团,则 DNA 溶液的黏度降低,因此,黏度可以作为 DNA 变性的指标。此外,由于 DNA 分子很长,容易被机械力或超声波损伤断裂成小片段,或者被核酸酶水解成小片段,这个过程称为 DNA 的降解。DNA 分子被降解后,其溶液黏度也降低。RNA 分子通常为单链,分子量比 DNA 小,因此 RNA 溶液的黏度要比 DNA 溶液的小得多。

(五)紫外吸收

由于组成核酸的嘌呤碱和嘧啶碱含有共轭双键,从而使核酸在紫外区具有强烈的吸收。核酸溶液在 260 nm 波长附近有一个最大吸收峰,在 230 nm 波长有一个低谷,RNA 的紫外吸收光谱与 DNA 无显著差别。DNA 双螺旋结构中,碱基处于螺旋内部,因此在含量相同时,单链 DNA 或 RNA 的紫外吸收高于双链 DNA 的紫外吸收(图 3-30),而寡聚核苷酸的紫外吸收会更高。

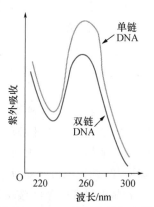

图 3-30 DNA 的紫外吸收光谱

紫外吸收法可以确定核酸的纯度和含量。当双链 DNA 样品的 OD_{260}/OD_{280} 值为 1.8 时,说明样品

纯度很高。如果比值小于 1.8,说明 DNA 样品中混有蛋白质或酚类。如果比值大于 1.8 时,说明 DNA 样品中的 RNA 没有除尽。对于提纯的 RNA 样品,其 OD_{260}/OD_{280} 值应该为 2.0。有时,还需要结合核酸的电泳结果来进一步确定纯度。

用紫外吸收法对核酸进行定量测定时,必须保证是纯样品,否则不能准确定量。在 260 nm 波长下,当光吸收值 OD_{260} 等于 1 时,相当于:①浓度为 50 $\mu g/mL$ 的双链 DNA 溶液;②浓度为 33 $\mu g/mL$ 的单链 DNA;③浓度为 40 $\mu g/mL$ 的单链 RNA 溶液;④浓度为 20 $\mu g/mL$ 的单链寡聚核苷酸溶液。紫外吸收法只用于测定浓度大于 0.25 $\mu g/mL$ 的核酸溶液。

二、核酸的变性与复性

(一)核酸的变性

1. 变性

生理条件下 DNA 双螺旋结构是稳定的,在某些生理生化过程中,如复制、转录等过程中,DNA 局部会解链成单链状态。

在一定条件下,受到某些物理和化学因素的作用,DNA 的双螺旋结构破坏,氢键断裂,碱基有规律的堆积被破坏,双螺旋松散,双链分离成两条缠绕的无定形的多核苷酸单链的过程称为变性(denaturation)。DNA 的变性(图 3-31)是由双螺旋结构的

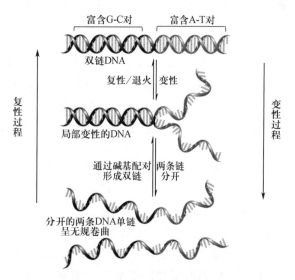

图 3-31 DNA 的变性与复性过程

(DNA 分子中氢键断裂最先发生在富含 A-T 对的区域,产生的单链区逐渐扩大,最终导致 DNA 的 2 条链完全分离。

改自 Nelson et al.,2021)

解链造成的,变性不涉及磷酸二酯键的断裂,即DNA 的一级结构(碱基顺序)保持不变。虽然 RNA主要是单链,但其结构中具有大量的双螺旋区,因此也有变性现象。

伴随着变性过程,DNA 的一些物理和化学性质发生变化。如紫外吸收值增加、黏度下降、沉降系数和浮力密度增大、比旋光值降低等,这些现象的变化可以作为测定核酸变性的指标。

引起核酸变性的因素很多,如温度、pH 以及离子强度的改变都有可能引起核酸的变性。由温度升高引起的变性为热变性,由酸碱度改变引起的变性为酸碱变性,还有一些化学试剂也可以引起核酸的变性,如尿素、甲酰胺等。

2. 增色效应与减色效应

天然 DNA 双螺旋结构中,碱基紧密堆叠,其 π电子云之间相互作用减弱了对紫外光的吸收。DNA 变性时,双链解开变成单链,碱基充分暴露,使其紫外吸收明显增加,约增加 40%,这种现象称为增色效应(hyperchromic effect)。当变性 DNA 单链重新形成双螺旋结构时,碱基又处于双螺旋结构内部,此时 DNA 溶液的紫外吸收降低的现象称为减色效应(hypochromic effect)。

3. 熔解温度

DNA 的加热变性称为熔解(melt)。DNA 变性过程伴随着增色效应,在缓慢加热的变性过程中,测定 OD_{260} 可以得到一条曲线(图 3-32),称为熔解曲线(melting curve),通过熔解曲线可以了解变性过程。"S"形的熔解曲线说明 DNA 的变性过程具有协同效应。从熔解曲线可以看出,DNA 的变性是爆发式的,即变性发生在一个较窄的温度范围内。通常将增色效应达到一半时的温度或 DNA 分子有 1/2 发生变性时的温度称为该 DNA 的熔解温度(melting temperature, T_m)或熔点(melting point)。DNA 的 T_m 值一般为 70~85 ℃。

不同来源的 DNA 的 T_m 值是不同的,DNA 分子的 T_m 与多种因素有关。影响 T_m 值的因素之一是 DNA 的(G+C)含量。(G+C)的含量越高的DNA,则 T_m 值越大。在一定条件下,DNA 的 T_m 值与(G+C)含量之间成正比关系。这是因为在 DNA分子中,G≡C 碱基对之间形成三个氢键比 A=T间形成的两个氢键更加稳定。

T_m 值还与 DNA 所处的介质有关。介质包括溶剂性质、溶液中离子成分及离子强度、溶液的 pH

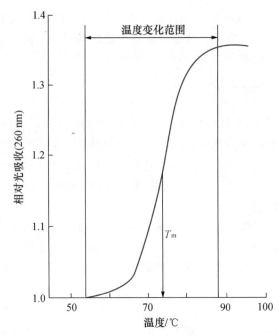

图 3-32　DNA 的熔解曲线
(测定波长为 260 nm。相对吸收值:指定
温度下的吸收值与 25 ℃时吸收值之比)

等。一般在离子强度较低的介质中,DNA 的 T_m 较低,变性温度也较宽;而介质离子强度较高时,T_m值较高。因此,DNA 样品通常保存在浓度较高的盐溶液中,如 1 mol/L NaCl 溶液中。

DNA 分子的均一性(homogeneity)会影响变性的温度范围。均一性是指 G≡C 对和 A=T 对在DNA 分子中均匀分布的程度。DNA 分子的均一性越高,则发生变性过程的温度范围就越窄。

RNA 只存在局部双链结构,因而 T_m 值较低,变性时紫外吸收的变化也没有 DNA 那么显著。双链 RNA 的变性过程与 DNA 相似,但是,RNA 双链比 DNA 双链更加稳定。在中性 pH 条件下,序列相似的 RNA 双链的变性温度比 DNA 双链高 20 ℃以上。

(二)核酸的复性

变性 DNA 在适当条件下,两条分开的互补单链重新形成双螺旋结构的过程称为复性(renaturation)。当 DNA 经加热变性后,两条链分开。若将DNA 溶液迅速冷却,则两条互补链就保持在单链状态,不能复性。若将变性 DNA 溶液缓慢冷却,则两条分开的单链可以发生互补序列的重新配对,复原成天然状态的 DNA,这种缓慢冷却的过程称为退火(annealing)处理,故复性有时也称退火。DNA 复性后,许多理化性质得以恢复。

(三)核酸的分子杂交

具有碱基互补序列的不同来源的单链核酸分子,通过退火复性,碱基互补区段按照碱基配对原则结合在一起形成双链的过程称为核酸的分子杂交(hybridization)。核酸的分子杂交利用了核酸变性复性的原理,杂交过程具有高灵敏度和高度特异性,杂交过程可发生在 DNA 与 DNA、RNA 与 RNA 以及 DNA 与 RNA 之间。

常用的核酸分子杂交方法有 Southern 印迹法(Southern blotting),Northern 印迹法(Northern blotting)和原位杂交(in situ hybridization)等。杂交过程中使用已知的寡核苷酸序列为探针对靶序列进行检测。所使用的探针经过标记,以便示踪和检测。最初普遍使用的探针标记物是同位素,近年来发展了许多非同位素标记探针的方法,如荧光标记探针、酶标探针等。

Southern 杂交中,被检对象为 DNA,探针为 DNA 或 RNA。Northern 杂交中被检对象为 RNA,探针为 DNA 或 RNA。Southern 杂交可用来检测经限制性内切核酸酶作用后的 DNA 片段中是否存在与探针同源的序列,图 3-33 为 Southern 杂交过程。

核酸的分子杂交已成为分子生物学研究中常用

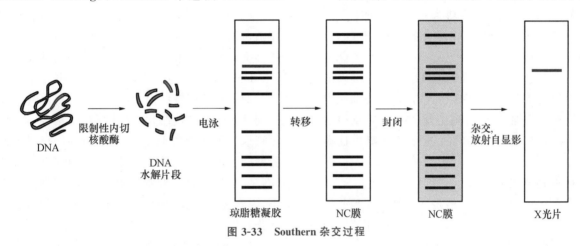

图 3-33　Southern 杂交过程

的技术之一,广泛用于克隆基因的筛选、酶切图谱的制作、基因组中特定基因序列的定性、定量检测等方面。核酸的分子杂交在临床诊断上的应用也日趋增多,甚至可以在发病前对某些疾病提前做出诊断。此外,还应用于法医学的鉴定工作。利用 Southern 印迹法可进行克隆基因的酶切、图谱分析、基因组中某一基因的定性及定量分析、基因突变分析及限制性片段长度多态性(restriction fragment length polymorphism,RFLP)分析等。在遗传病诊断、DNA 图谱分析及 PCR 产物分析等方面有重要价值。

三、核酸的分离提取

核酸的分离提取方法依据核酸的性质而进行,如溶解特性、碱基组成以及分子大小等。从细胞中提取的核酸,仍混杂着蛋白质、多糖和各种分子大小不同的核酸同类物。根据不同的实验要求,采用不同的方法可以对核酸进行进一步的分离纯化,如采用超速离心、层析法、吸附法、免疫沉淀、有机试剂抽提等方法。为防止核酸大分子的变性或降解,在核酸的分离纯化时,实验操作通常在低温(0~4 ℃)条件下进行。

(一)核酸的提取

核酸在细胞内主要以与蛋白质结合的核蛋白形式存在,DNA 与蛋白质结合形成的核蛋白为脱氧核糖核蛋白(deoxyribonucleoprotein,DNP),RNA 与蛋白质结合形成的核蛋白为核糖核蛋白(ribonucleoprotein,RNP)。不论采用哪种方法提取核酸,蛋白质都不同程度地存在于体系中。因此,除去蛋白质是核酸分离纯化中的重要步骤。常用方法有:①加入去污剂。如十二烷基硫酸钠(SDS)可以使蛋白质变性,变性蛋白质可经离心除去,DNA 样品留在上清液中。②交替使用苯酚和氯仿两种不同的蛋白质变性剂。通过苯酚、氯仿处理后再离心,蛋白质会沉淀于有机相和水相之间的界面,核酸则进入水相。由此可以将核酸与蛋白质分离。

制备具有活性的核酸大分子时,必须注意避免核酸酶的水解作用。提取核酸时,通常加入去污剂使核酸酶变性,或加入 EDTA 等除去核酸酶的辅助因子 Mg^{2+},从而抑制核酸酶的活性。此外,提取过程还应避免机械损伤对核酸的降解,保证核酸大分子的完整性。

1. DNA 的提取

提取 DNA 的方法有多种。通常,DNP 溶于高盐溶液,但不溶于低盐溶液,如在 0.14 mol/L 的氯化钠溶液中的溶解度最低,而 RNP 的溶解度受盐浓度的影响较小。利用这个溶解性差异,用高盐溶液从细胞破碎液中提取出 DNP,然后将溶液稀释,使 DNP 沉淀,RNP 则保持溶解状态,因此除去了 RNA。通过反复的溶解和沉淀能够得到纯化的 DNP。所得 DNP 经多次苯酚-氯仿抽提除去蛋白质,使 DNA 得以纯化。

去除 DNA 中的蛋白质还可以在快速破碎细胞后使用蛋白质变性剂 SDS 和蛋白酶 K,使细胞中的蛋白质充分变性、降解。离心除去蛋白质及细胞碎片等,得到的 DNA 初提液再进行苯酚-氯仿抽提纯化 DNA。

2. RNA 的提取

提取 RNA 的关键因素是尽量减少 RNA 酶的污染。RNA 分子不如 DNA 分子稳定,而且 RNA 酶无处不在,因此 RNA 的分离提取比 DNA 更加困难。

实验过程中通常采用多种方法来破坏或抑制 RNA 酶的活性。在破碎细胞时,加入强变性剂(如异硫氰酸胍等)促使 RNA 酶变性失活。实验中的器皿和试剂也必须进行相应的处理。金属物品采用高温焙烤,玻璃或塑料器皿可用含焦炭酸二乙酯(diethyl pyrocarbonate,DEPC)的水浸泡,DEPC 可以使蛋白质乙基化,将 RNase 变性。所用试剂需高压灭菌,或用 DEPC 处理过的水配制。操作时,实验者必须戴手套。所得 RNA 制品中往往含有多种RNA,可采用柱层析、梯度离心及逆流分溶等方法进一步分离纯化。

(二)核酸的凝胶电泳

核酸具有两性解离性质,在 pH 高于其等电点 pI 的溶液中核酸带负电荷,在电场中向正极泳动。凝胶电泳是核酸分离、鉴定、检测及纯化的重要方法,其操作简单、灵敏、快速。用于核酸的凝胶电泳主要采用两种凝胶介质:琼脂糖(agarose)凝胶和聚丙烯酰胺凝胶。凝胶具有分子筛效应,调节凝胶的浓度可以控制凝胶形成的分子筛的孔径大小,用于分离不同分子量大小的核酸。

1. 凝胶电泳

(1)琼脂糖凝胶电泳　琼脂糖主要是从海洋植物琼脂中分离出一种中性糖。琼脂糖形成的凝胶孔径较大,适用于分离长度为 0.1~50 kb 范围内的 DNA 分子。在某一特定的凝胶浓度下,琼脂糖凝胶电泳所区分的 DNA 大小范围较宽,但分辨率不如聚丙烯酰胺凝胶电泳。

线性双链 DNA 在凝胶电泳中的迁移率与分子量对数成反比,用已知分子量的标准 DNA 作为参照,以 DNA 分子长度(bp)的负对数与对应迁移率作图,得到标准曲线,测定线性的目的 DNA 片段的迁移率即可从标准曲线中查出对应的分子量。

DNA 的结构也会影响其在凝胶电泳中的迁移率。如具有超螺旋结构的质粒 DNA 可以存在三种不同状态:超螺旋结构、松弛环状结构、线性结构。尽管这三种结构的 DNA 具有相同的分子量,经琼脂糖凝胶电泳仍会被分离成三条电泳条带。超螺旋 DNA 的结构致密,有效体积小,电泳中受到的阻力小,因此迁移速度最快。通常松弛环状结构的 DNA 迁移速度最慢,线性结构 DNA 迁移速度居中。

(2)聚丙烯酰胺凝胶电泳　聚丙烯酰胺凝胶孔径较小,可分离长度为 5~1 000 bp 的 DNA 或 RNA。聚丙烯酰胺凝胶相比琼脂糖凝胶有许多优点:透明度好,紫外吸收低,机械强度高,韧性好,电泳时的载样量大,分辨率高等。聚丙烯酰胺凝胶电泳的高分辨率可以用于 DNA 的序列分析,因为即使两个 DNA 片段相差 1 bp 也能被分离开。但聚丙烯酰胺凝胶的灌制比琼脂糖凝胶烦琐,而且所分离 DNA 分子的大小范围较窄,适用于 DNA 小片段。这种方法对于 5~500 bp 大小的 DNA 片段的分离效果较好。

2. 核酸凝胶电泳的指示剂与染色剂

(1)指示剂　电泳过程中常使用一种有色化合物指示样品的电泳过程。无论蛋白质电泳还是核酸电泳,溴酚蓝(bromophenol blue)都是一种常用的电泳指示剂。溴酚蓝的相对分子质量为 670,在电泳时,它的分子筛效应小,近似于自由电泳,因而被普遍用作前沿指示剂。

(2)染色剂　电泳后,凝胶中的核酸需经过染色才能显示出条带,过去最常使用的核酸染色试剂是溴化乙锭（ethidium bromide，EB）。溴化乙锭是一种扁平的芳香环化合物，能够嵌入双链 DNA 的碱基对之间。EB 在紫外光激发下发出红色荧光，从而使 DNA 显色。RNA 中也具有双链区，因此也能被溴化乙锭染色。

溴化乙锭能嵌入 DNA 双链中，使 DNA 容易发生突变，因此溴化乙锭是强诱变剂，具有中度毒性。在实验室中操作使用溴化乙锭时，必须戴手套。通常实验室都会划出相应的 EB 专用区，使用后的 EB 试剂和 EB 污染物必须经过专门处理，以减少对环境的危害。

由于 EB 对人和环境的潜在危害，近年来许多生物试剂公司开发了多种更加安全的核酸染色剂，既增加了安全性，又提高了灵敏度。因此，在实验室使用了多年的 EB 正在逐渐被许多新的更安全的 DNA 荧光染色剂所替代。

第五节　基 因 组

基因（gene）一词已使用了 100 多年，其概念和含义在不断地发生着变化。有人曾经把顺反子和基因相互通用，但实际上，二者有所不同。一个顺反子可能编码一个多肽链，也可能编码几个多肽链。但是，基因的定义要严格得多。基因是生命系统中最基本的遗传信息单位，是指 DNA（有时是 RNA）中编码一条有功能的多肽链或 RNA 所需的全部核苷酸序列。一个基因包括编码区；编码区上游和下游的侧翼序列或顺式调控元件；真核生物的基因中包括外显子和内含子。基因与基因之间由基因间隔 DNA（intergenic DNA）隔开。

按照功能可以把基因分为结构基因（structural gene）和调节基因（regulator gene 或 regulatory gene）。结构基因转录出的 mRNA 可以翻译出结构蛋白质、酶或激素。调节基因的产物可以是调节蛋白质或者是 RNA，这些产物参与调控一个或多个其他基因的表达。如阻遏蛋白（repressor）就是一种调节基因的产物，阻遏蛋白能与操纵基因（operator）结合，通过抑制其他结构基因的转录来调控基因表达。

基因组（genome）是细胞或生物体的全部遗传物质。原核生物和病毒的基因组是单个染色体上所含的全部基因以及基因间的间隔。真核生物基因组是单倍体细胞中维持正常功能的最基本的一套染色体，包括全部的基因以及非编码的序列。

各种生物基因组的大小很不相同，如：单倍体人类基因组含 3.3×10^9 bp，含有约 2.05 万个基因；支原体基因组仅含 0.6×10^6 bp，含有 470 个基因。表 3-3 所列为已被全部测序的一些生物的基因组大小和基因组中的基因数目。

表 3-3　几种生物基因组大小和其中的基因数目

生物种类	基因组大小/10^6 bp	基因数目
支原体 Mycoplasma genitalium	0.58	470
普氏立克次氏体 Rickettsia prowazekii	1.11	834
流感嗜血杆菌 Haemophilus influenzae	1.83	1 743
产甲烷古菌 Methanococcus jannaschi	1.66	1 738
枯草杆菌 B. subtilis	4.2	4 100
大肠杆菌 E. coli	4.6	4 288
啤酒酵母 S. cerevisiae	13.5	6 034
裂殖酵母 S. pombe	12.5	4 929
拟南芥 A. thaliana	119	25 498
水稻 O. sativa	466	约 30 000
果蝇 D. melanogaster	165	13 601
线虫 C. elegans	97	18 424
智人 H. sapiens	3 300	约 20 500

一、病毒基因组

完整的病毒颗粒(virion)包括蛋白质衣壳(cap-sid)和内部的核酸(图 3-34),合称核衣壳(nucleo-capsid)。有些较复杂的病毒的核衣壳外还有一层来自宿主细胞的脂双层被膜(envelope)。病毒的核酸即病毒的基因组,位于病毒颗粒的中心。

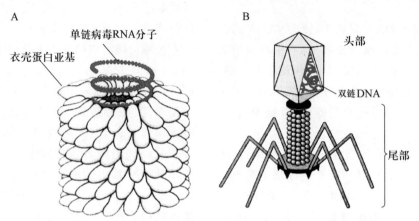

A. 烟草花叶病毒(TMV)是单链 RNA 病毒。基因组 RNA 含 6 395 个核苷酸,蛋白质衣壳
由 2 130 个亚基组成,排列成左手螺旋,共 130 圈 B. λ 噬菌体的基因组是双链 DNA。
染色体 DNA 含 5×10⁴ bp,DNA 包裹在蛋白质头部中

图 3-34 病毒的结构

迄今所发现的各种病毒均只含有一种核酸,或为 DNA 或为 RNA,两者一般不会共存于同一病毒颗粒中。只含 DNA 的为 DNA 病毒,只含 RNA 的为 RNA 病毒。DNA 病毒多为双链,RNA 病毒多为单链。

某些 RNA 病毒的基因组由数个不同的 RNA 分子组成,只有在基因组的所有片段同时存在时,病毒才能有感染性。如流感病毒的基因组就是由八条 RNA 分子构成的。目前,还没有发现由多个的 DNA 片段构成的病毒基因组。

病毒基因组结构的特点之一是具有基因重叠的现象。即同一段 DNA 片段能够编码两种或两种以上的蛋白质分子,这种现象在其他的生物细胞中仅见于线粒体和质粒 DNA 中。重叠基因增加了病毒基因组遗传信息的容量,使病毒能够利用有限的基因序列编码更多的蛋白质,满足病毒生长繁殖的需要。

二、原核生物基因组

原核生物的细胞没有细胞核,遗传物质存在于细胞内相对集中的区域,形成一个类核(nucleoid)的结构,占据细胞内很大一部分空间,其 DNA 可能通过一个或多个位点附着在质膜的内表面。习惯上仍将原核生物的遗传物质称为染色体。大多数原核生物仅有单一的染色体拷贝,只含一个环状双链 DNA。现在已发现不少原核生物含多条染色体,还有的原核生物含线性 DNA。

(一)大肠杆菌的基因组

大肠杆菌(Escherichia coli,E.coli)的类核也称细菌染色体,染色体基因组为环状双链 DNA 分子,基因组的大小约为 4.6×10⁶ bp,含有 4 000 多个基因。

大肠杆菌基因组中绝大多数 DNA 都编码蛋白质或 RNA,非编码区中大部分都参与基因表达的调控。大肠杆菌基因组 DNA 与 DNA 结合蛋白、RNA 构成一个致密的类核区域,其中 DNA 占80%。类核中的蛋白质有稳定类核的作用。

大肠杆菌的 DNA 分子长度是其菌体长度的1 000 倍,所以 DNA 必须以一种高度压缩包装的方式存在于细胞质中。目前对类核结构的了解还非常有限,研究结果逐渐揭示出类核具有复杂的组织结构。在大肠杆菌类核中,一种支架结构(scaffold like structure)将环状染色体 DNA 组织成一系列辐射状的突环区域(looped domain),每个大肠杆菌基因组约含有 500 个突环区域,每个突环区域平均包含10 000 bp,都形成负超螺旋。突环区域 DNA 两端

结合有组分未知的边界复合物（boundary complex），但突环区域的端点并不固定，这些边界很可能沿着 DNA 不断运动，与 DNA 复制相协调（图 3-35）。类核中含有大量的类组蛋白（histone-like protein），了解得较多的类组蛋白是二聚体的 HU 蛋白，HU 蛋白被认为起着类似真核生物中组蛋白的作用。类组蛋白并不与染色体 DNA 形成有规则的、稳定的结构，这些蛋白可以在几分钟内发生与 DNA 的结合和解离，反映出细菌染色体结构的高度动态变化，这可能与细菌细胞周期较短及代谢非常活跃相关。

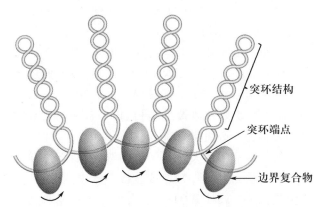

图 3-35　大肠杆菌染色体突环结构
（边界复合物下方箭头表示 DNA 端点沿边界复合物的运动。
引自 Nelson et al.，2021）

大肠杆菌基因组中，基因的序列是连续的，没有内含子。功能相关的几个结构基因常串联在一起，与调节序列组成操纵子（operon）结构（见第十四章）。转录时，功能相关的几个结构基因转录在同一个 mRNA 分子中，形成多顺反子 mRNA。

（二）质粒

质粒（plasmid）是独立于染色体外能够进行自主复制的遗传单位。大约 50% 的细菌中都含有一个或多个质粒。酵母、真菌等真核生物中也存在有质粒。质粒通常为环状双链 DNA 分子，RNA 质粒非常少见。

尽管质粒存在于细胞中，也携带有遗传信息，但质粒不属于细胞基因组的一部分。某一种质粒可以存在于不同种类的生物细胞中，质粒可以从一种生物细胞中转移到另一种生物细胞中。在某一特定宿主细胞中，质粒既可以存在也可以消失。因此，质粒尽管携带着遗传信息，可能编码细胞结合（cell mating）或抗生素抗性的基因，但并不作为细胞固有的

遗传物质，同时在正常条件下，细胞的生长发育也与质粒无关。

在基因工程中，质粒常被用作外源基因的载体（见第十六章），可以携带外源基因进入细胞中。将细胞培养后就可以得到大量的外源 DNA 和 DNA 的产物。目前基因克隆的实验操作过程中使用的质粒都是人工改造过的。如含多种限制性内切核酸酶的单一酶切位点，具有抗生素抗性等，质粒的抗生素抗性常作为重组质粒的筛选标记。

pBR322 就是一种常用的质粒，每个细胞含有 20～30 个拷贝。pBR322 含有四环素抗性基因和氨苄青霉素抗性基因，并含有 24 种常用限制性内切核酸酶的单一酶切位点。

三、真核生物基因组

真核生物基因组是单倍体细胞中维持正常功能的最基本的一套染色体，包括全部的基因以及非编码的序列。染色体是基因的载体。每条中期染色体都由两条染色单体组成，每条染色单体含有一个 DNA 双螺旋分子。真核生物的染色质由 DNA、组蛋白和非组蛋白组成。DNA 约占染色质分子质量的一半，余下的一半为蛋白质。这些与 DNA 结合的蛋白质中大约 90% 是小的碱性蛋白质，称为组蛋白（histone）。非组蛋白（non-histone）与 DNA 高层次包装、染色质分离以及特定基因的表达调控有关。

真核生物基因组包括了核基因组和细胞器基因组。

（一）真核生物染色体的包装

真核细胞 DNA 分子十分巨大，人类最小的染色体 DNA 约含 4.6×10^7 bp，伸展状态的 DNA 长度相当于 14 000 μm。然而，真核细胞的细胞核直径通常为 5～10 μm。因此，DNA 是与蛋白质结合以高度的折叠压缩形成的染色质存在于细胞核内。染色质中蛋白质的功能之一就是压缩 DNA。另外，蛋白质与 DNA 结合可以使 DNA 结构更加稳定，可以保护 DNA 免受损伤。

真核生物染色质 DNA 的压缩包装在 DNA 的复制、转录和修复等相关生物过程中起着重要的作用，因此，染色质的包装是当代生命科学重要的前沿性研究课题之一。真核染色质压缩包装（图 3-36）的第一层级（order）结构是 DNA 与组蛋白结合形成的核小

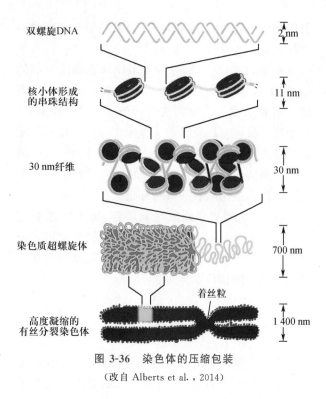

双螺旋DNA

2 nm

核小体形成的串珠结构

11 nm

30 nm纤维

30 nm

染色质超螺旋体

700 nm

高度凝缩的有丝分裂染色体

着丝粒

1 400 nm

图 3-36　染色体的压缩包装

（改自 Alberts et al. , 2014）

镜技术解析了染色质的 30 nm 纤维结构,但其在体内的真实形态还存在争议,染色质更高层阶的折叠结构尚未被完全了解。

1. 核小体的结构

真核生物中,DNA 与组蛋白结合形成的核小体是所有染色质中的重复结构单位。1974 年,科学家在电镜下第一次观察到了核小体颗粒。构成核小体的组蛋白在进化上非常保守,不同种生物中组蛋白的氨基酸组成十分相似,高度的保守性说明组蛋白在不同生物的染色体中具有相似的功能。组蛋白是分子量较小的碱性蛋白质,一般相对分子质量为 11 000～21 000,含有约 25% 的碱性氨基酸 Lys、Arg,等电点一般在 pH 10.0 以上,在生理条件下,带正电荷。染色体中带正电荷的组蛋白与带负电荷的 DNA 结合,有利于 DNA 的稳定。已发现的组蛋白分为 5 个家族:H1/H5、H2A、H2B、H3 和 H4,其中 H1/H5 被称为连接组蛋白(linker histone),其余的被称为核心组蛋白(core histone)。

每个核小体由大约 200 bp 的双螺旋 DNA 和上述 5 种组蛋白(图 3-37)组成。核小体中,由 4 种核心组蛋白 H2A、H2B、H3、H4 各两分子构成八聚体的致密内部核心(interior core),DNA 链按左手螺旋方式在组蛋白八聚体核心外部盘绕 1.67 圈,形成螺旋管式负超螺旋。这段与组蛋白八聚体紧密结合的 DNA 长约 147 bp,被称为核心 DNA(core DNA),核心 DNA 和组蛋白八聚体组成核小体核心颗粒(nucleosome core particle,NCP)。在不同生物核小体中,核小体核心颗粒的结构完全相同,都呈扁圆柱体形状,大小约为 11 nm×10 nm×5.5 nm。

体(nucleosome)结构,由许多核小体形成的 11 nm 串珠结构(beads-on-a-string form)进一步折叠压缩形成染色体的高阶结构(higher-order structure),其中电镜下观察到的 30 nm 纤维(30 nm fiber)为潜在的染色体第二层级结构,被认为是由许多核小体缠绕形成的。由 30 nm 纤维折叠成辐射环并进一步螺旋化形成的超螺旋体是染色体的最终层级结构,也就是在光学显微镜下可看到的染色体。当形成有丝分裂染色体时,每个 DNA 分子被压缩 10 000 倍以上。

目前,通过 X 射线晶体衍射技术及一系列生化实验已阐明核小体的结构,利用体外组装和冷冻电

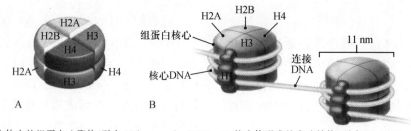

A. 核小体中的组蛋白八聚体(引自 Nelson et al. ,2021)　B. 核小体形成的串珠结构(引自 Miesfeld et al. ,2017)

图 3-37　核小体的结构

核心颗粒之间由连接 DNA(linker DNA)连接起来,形成了串珠状结构。连接 DNA 的长度在不同物种或组织中的差异较大,其长度范围为 10～114 bp,通常长度为 20～60 bp。由于连接 DNA 的长度不同,一个核小体中包含的 DNA 链长一般在

150～250 bp 变化,如人类的核小体 DNA 链长为 185～200 bp,平均连接 DNA 链长为 38～53 bp。平均连接 DNA 的长度差异可能反映了不同生物体中由核小体形成更高价结构时的差异。

组蛋白 H1,即连接组蛋白,结合在核心颗粒外

侧 DNA 双链的进出口端,犹如一个搭扣将绕在八聚体外的 DNA 链固定,形成了完整的核小体结构。H1 在压缩染色质纤维和调节其他蛋白质进入 DNA 中发挥作用,缺失 H1 的染色质中,核小体更加分散。H5 是一种 H1 的异型体(isoform),于 20 世纪 60 年代被发现,在鸟类、爬虫类、两栖类和鱼类等的成熟红细胞中 H5 可取代 H1 的功能。

经过核小体的组装,染色质 DNA 被压缩了 7 倍。

2. 染色质 30 nm 纤维结构

从间期的细胞核中直接分离出来的染色质在电子显微镜下显示为直径约 30 nm 的纤维。科学家们对染色质 30 nm 纤维结构进行了广泛研究,作为第二层级染色质包装结构,使 DNA 压缩大约 100 倍。

关于 30 nm 纤维的结构提出过多种模型。利用电子显微镜观察体外重构的染色质纤维结构,科学家们提出了两种结构模型来描述 30 nm 染色质

纤维的结构(图 3-38):螺线管模型(solenoid model)和锯齿模型(zigzag model)。在螺线管模型(图 3-38A)中,核小体依次相邻,螺旋排列形成类似螺线管的结构,螺旋每圈大约包含 6 个核小体。在锯齿模型(图 3-38B)中,核小体间隔相邻,交错排列,形成 Z 字走向的螺旋结构。2014 年,中国科学院生物物理所李国红和朱平的研究小组在 *Science* 上发表文章,报道了他们利用体外染色质重构技术结合冷冻电子显微镜技术,成功解析了分辨率为 11 Å 的 30 nm 染色质纤维的冷冻电镜三维结构。该结构显示 30 nm 染色质纤维是一个以四聚核小体为结构单元的左手双螺旋结构(图 3-38C),并且存在于 30 nm 染色质纤维结构中的四聚核小体结构单元与已解析的四聚核小体 X 射线晶体结构高度相似,此外,基于其他的一些研究方法(如 RICC 测序、Micro-C 法)也报道了类似结构,因此,目前新出版的许多生物化学教材都已采用此核小体形成的左手双螺旋结构(图 3-38D)作为染色质 30 nm 纤维的结构模型。

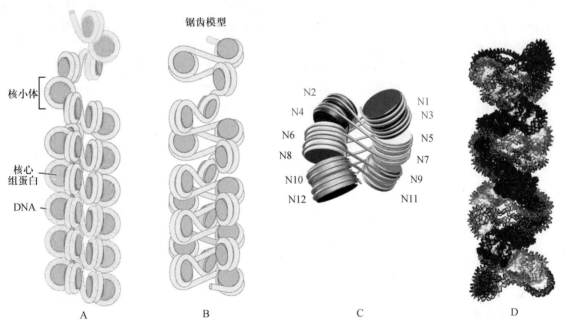

A. 螺线管模型　B. 锯齿模型　C. 12 个核小体(N1～N12)形成 30 nm 纤维的冷冻电镜结构模型,
N1～N4 为一个四聚核小体单元　D. 由图 C 模型重构的 30 nm 染色质左手双螺旋模型

图 3-38　染色质 30 nm 纤维结构

(A 和 B 引自 Watson et al., 2014;C 和 D 引自 Song et al., 2014)

虽然在体外已经对高度浓缩、规则的染色质纤维进行了重组、折叠和表征,然而,真核细胞核的高分辨率成像和超分辨率光学显微镜却表明核小体在天然染色质纤维中的无序堆积。目前的观点认为,

由于细胞核内复杂的调控环境(如组蛋白变体、组蛋白化学修饰、染色质重塑因子、连接 DNA 序列和长度等),染色质纤维的结构一直处于高度动态变化的状态,以应对不同的功能需求。因此,在细胞中,染

色质的高阶结构(30 nm 以上的纤维)是动态的,而不是一直采取一种均一的、有层次的折叠结构,染色质 30 nm 纤维也可能采用核小体堆叠的不同模式,如形成 30 nm 纤维的双螺旋结构,或者由连续的核小体组成的无规堆叠网络。总之,要捕获细胞内染色质的高价动态精细结构还有赖于新的技术突破。

(二)核基因组的结构特征

真核生物的基因和基因组的结构(图 3-39)比原核生物复杂得多。人类的结构基因一般由如下3 个区域组成。

(1)编码区　包括外显子和内含子。

(2)非编码区　包括 5′UTR 和 3′UTR。

(3)调节区　包括调节基因转录的一些序列,如启动子、增强子等。这些序列通常位于编码区的两侧,所以也被称为侧翼序列(flanking sequence)。

真核生物的核基因组具有一些显著的特征:现在已知绝大多数真核生物的基因都是不连续的,其中外显子与内含子交替排列,称为割裂基因(split gene)或不连续基因(discontinuous gene)。

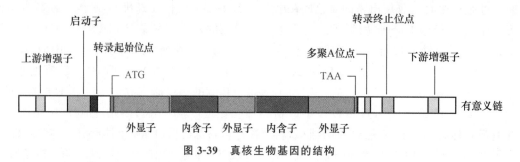

图 3-39　真核生物基因的结构

人类基因组研究结果表明:核基因组中编码蛋白质的序列约只占整个基因组的 2%,大量的基因组 DNA 被转录为 ncRNA,ncRNA 广泛参与了包括基因表达调控在内的重要的细胞过程。

多细胞的真核生物各组织、器官有明显的分化。尽管每个细胞都有相同的一套基因组,分化不同的细胞中表达的基因并不相同,每个细胞只表达整个基因组的一部分基因。其中,人脑细胞表达基因的比例最高,大约占全部基因的 22%。

原核生物的复制、转录和翻译在同一个细胞内区域中进行。真核生物基因表达在时间和空间上是分开的,复制和转录发生在细胞核中,翻译却在细胞质中进行。

(三)细胞器基因组

动物细胞中有线粒体,植物细胞中既有线粒体,又有叶绿体。这两类细胞器都与生物的能量代谢有关。线粒体和叶绿体也有自己的基因组。线粒体中的 DNA 称为 mtDNA(mitochondrial DNA),叶绿体中的 DNA 称为 ctDNA(chloroplast DNA)。细胞器基因组大多数为环状双链 DNA 分子。

每个细胞中含有许多细胞器,在一个细胞器中,通常都有几个拷贝的基因组。因此每个细胞中所含有的细胞器基因组拷贝数是很多的。细胞器基因组编码自身所需的部分蛋白质以及 tRNA、rRNA。细胞器具有自己的核糖体,可以合成自身所需的部分蛋白质,其余的蛋白质则由核基因组编码,在细胞质中合成,然后转运到线粒体和叶绿体中。

1. 线粒体基因组

不同生物的线粒体基因组的大小变化很大。动物细胞的线粒体基因组通常较小。哺乳动物中,mtDNA 约为 16.5 kb。每个细胞中有几百个线粒体,每个线粒体中含多个 mtDNA,但 mtDNA 的总量很少,不到核 DNA 的 1%。酵母线粒体基因组则要大得多。在啤酒酵母中,不同菌株间线粒体基因组大小都在 80 kb 左右。每个细胞中有 22 个线粒体,每个线粒体中有 4 个拷贝的基因组。在迅速生长的啤酒酵母细胞中,线粒体 DNA 所占比率可达 18%。植物 mtDNA 大小变化较大。

线粒体基因组只编码较少的蛋白质,但是编码蛋白质的数目与基因组大小无关。例如:哺乳动物线粒体基因组约 16.5 kb,编码 13 种蛋白质。酵母线粒体基因组为 60～80 kb,只编码 8 种蛋白质。线粒体基因组编码的蛋白质主要是电子传递链中蛋白质复合物Ⅰ～Ⅳ的各亚基组分。动物和真菌线粒体的核糖体蛋白质几乎都不是由线粒体基因组编码,而酵母线粒体的核糖体蛋白质则都由线粒体基因组编码,植物及原生生物的线粒体基因组编码其大部分的核糖体蛋白质。

线粒体中两类主要的 rRNA 通常都由线粒体

基因组编码,而线粒体基因组编码 tRNA 的能力相差很大。某些生物线粒体中的 tRNA 完全由线粒体基因组编码,而有些生物线粒体中的 tRNA 则完全由核基因编码。

2. 叶绿体基因组

高等植物的每个细胞中存在许多个叶绿体,通常有 20~40 个,每个叶绿体一般含有 20~40 个拷贝的基因组。叶绿体基因组比线粒体基因组大,长度为 120~190 kb。高等植物叶绿体基因组约为 140 kb,含有 87~183 个基因,足以编码 50~100 个蛋白质以及 rRNA 和 tRNA。

除了能编码更多的基因之外,叶绿体基因组通常与线粒体基因组相似,细胞器中的基因由细胞器内相应装置完成转录和翻译。叶绿体基因组编码所有用于蛋白质合成的 rRNA 和 tRNA,编码的蛋白质约 50 种,包括 RNA 聚合酶、核糖体蛋白质,以及类囊体膜上的蛋白质复合物中的组分。

如今,对基因的研究早已发展到基因组学(genomics)。基因组学是对相关物种全部基因组结构组成及功能性质的研究。基因组学应用生物信息学、遗传分析、基因表达测量和基因功能鉴定等方法,研究生物基因组的组成、组内各基因的精确结构、相互关系及表达调控等。

基因组学使人们开始从基因组的整体水平,规模化地去解码生命、了解生命的起源、了解生物体生长发育的规律。人类基因组 30 亿个碱基对序列的阐明,第一次在分子层面上为人类打开了一张生命之图,不仅奠定了人类认识自我的基石,也推动了生命科学与医学的革命性进展。

小结

(1)核酸的种类。所有生物细胞中都含有两种类型的核酸 DNA 和 RNA,但病毒例外。病毒中只含有 DNA,或者只含有 RNA。

(2)DNA 是主要的遗传物质。原核生物没有细胞核,其细胞中 DNA 分子集中存在的区域称为类核。真核生物的 DNA 主要存在于细胞核中,细胞器中含有少量的 DNA。DNA 分子主要以双链结构存在。真核生物的染色体 DNA、某些病毒 DNA 为线性双链分子。原核生物染色体 DNA、质粒 DNA、真核生物细胞器 DNA 以及某些病毒 DNA 为环状

双链结构。病毒中还存在着环状单链和线性单链的 DNA 分子。

(3)少数病毒以 RNA 作为遗传物质。RNA 主要分布于细胞质中,真核生物细胞器及细胞核中也有少量 RNA 存在。RNA 通常都是线性单链分子,然而病毒中的 RNA 分子有多种结构形式:双链、单链、环状、线性。

(4)核酸的基本结构单位是核苷酸。组成 DNA 的是四种脱氧核糖核苷酸,组成 RNA 是四种核糖核苷酸。核苷酸由含氮碱基、戊糖和磷酸组成。RNA 中的戊糖为核糖,四种碱基为:A、G、U、C。DNA 中的戊糖为 2-脱氧核糖,四种碱基为:A、G、T、C。此外,核酸中还含有稀有碱基和稀有核苷。

(5)DNA 的一级结构。多核苷酸链中脱氧核苷酸残基或碱基的排列顺序即为 DNA 的一级结构。对于每个核酸分子来说,碱基的排列顺序是特定的,核酸所携带的遗传信息就储存在这个特定的碱基序列中。核苷酸残基之间的连接为 $3',5'$-磷酸二酯键。多核苷酸链具有方向性,方向是 $5'\rightarrow3'$。

(6)DNA 的双螺旋结构。Watson-Crick 提出的 DNA 双螺旋结构模型是由两条反平行的多核苷酸链围绕同一中心轴形成的右手双螺旋,磷酸和戊糖交替排列位于双螺旋结构外侧,形成双螺旋分子的骨架。两条多核苷酸链上的碱基按 A 配 T、G 配 C 的碱基互补原则彼此以氢键相连,位于双螺旋结构的内部。碱基平面与螺旋轴接近垂直,糖环平面与螺旋轴接近平行。双螺旋每圈由 10 bp 组成,螺旋直径为 2 nm,螺距为 3.4 nm,两个相邻核苷酸之间的夹角为 36°。双螺旋结构表面形成两个螺旋形的凹槽,称为大沟和小沟,是许多 DNA 结合蛋白的作用位点。稳定 DNA 双螺旋的主要因素是碱基堆积力,其次还有氢键和离子键。双螺旋 DNA 在不同条件下可以有不同的构象存在。Watson-Crick 提出 DNA 双螺旋模型为 B-DNA,是生理条件下双螺旋 DNA 的主要存在形式。此外,还存在 A-DNA 和 Z-DNA 结构类型。Z-DNA 为左手螺旋结构。除了双螺旋 DNA 外,在某些情况下 DNA 还可以形成三股螺旋及四链 DNA。

(7)DNA 的超螺旋结构。双螺旋 DNA 通过自身轴的多次转动扭曲可以形成超螺旋结构。DNA 双螺旋圈数减少,双螺旋 DNA 处于拧松状态时形成负超螺旋,负超螺旋 DNA 为右手超螺旋。双螺旋圈数增加,双螺旋 DNA 处于拧紧状态时形成正

超螺旋,正超螺旋 DNA 为左手超螺旋。绝大多数天然存在的 DNA 形成的是负超螺旋。

(8)RNA 的结构。大多数天然 RNA 为单链线性分子。单链 RNA 分子存在反向互补序列时,可以通过自身链的回折形成含有局部双螺旋的发夹结构或茎环结构,称为 RNA 的二级结构。在发夹结构或茎环结构的基础上进一步扭曲折叠形成 RNA 的三级结构。体内 mRNA 种类很多,原核生物和真核生物的 mRNA 具有不同的结构特征。tRNA 的二级结构呈三叶草形,三级结构为 L 形。rRNA 分子内存在大量碱基配对的双螺旋区段,形成复杂的二级和三级结构。

(9)核酸的性质。核酸微溶于水,不溶于乙醇等有机溶剂。在弱碱性环境中,DNA 比 RNA 更稳定。核酸在紫外区 260 nm 处有最大吸收峰,利用核酸的紫外吸收性质可以对核酸进行定量或纯度鉴定。核酸分子可以发生可逆变性,核酸在变性与复性过程中表现出增色和减色效应。利用核酸的变性复性特性,具有互补序列的不同来源的核酸分子间可以进行分子杂交。依据核酸的不同性质可以采用不同的方法对核酸进行分离提取。

(10)基因组和基因组学。基因是生命系统中最基本的信息单位,是一段 DNA(有时是 RNA),携带着合成活性产物的信息。基因组则是细胞或生物体的全部遗传物质。基因组学是对相关物种全部基因组结构组成及功能性质的研究。

(11)真核生物染色体的包装。核小体是真核生物染色质中的重复结构单位,是染色质包装的第一层级结构,由 DNA 和 5 种组蛋白组成。30 nm 染色质纤维是第二层级结构,体外重构的 30 nm 纤维呈现由核小体锯齿形堆积的左手双螺旋结构,染色质更高价的结构层级尚待阐明。

思考题

一、单选题

1. 腺苷酸环化酶催化 _____ 生成 cAMP。

    A. AMP   B. ADP

    C. ATP   D. AMP、ADP 和 ATP

2. 下列 RNA 中,稀有核苷酸含量最高的是 _____ 。

    A. tRNA   B. rRNA

    C. mRNA   D. tRNA 和 rRNA 的前体

3. 下列关于 DNA 构象的叙述不正确的是 _____ 。

    A. Z-DNA 是左手螺旋结构

    B. A-DNA 和 B-DNA 都是右手螺旋结构

    C. A-DNA 和 Z-DNA 仅存在于 DNA 分子中的一小段的区域内

    D. A-DNA 和 B-DNA 结构都是处于脱水状态

4. RNA 在稀碱溶液中的水解产物是 _____ 。

    A. $2'$-核苷酸   B. $3'$-核苷酸

    C. $5'$-核苷酸   D. $2'$-核苷酸和 $3'$-核苷酸

5. 下列关于核小体描述正确的是 _____ 。

    A. 核小体是原核及真核生物染色质的重复结构单位

    B. 核小体的核心颗粒内包含 5 种组蛋白

    C. 核小体的核心颗粒间由 RNA 连接成串珠结构

    D. 核小体由核心颗粒和相邻的一段连接 DNA 组成

二、问答题

1. 对某种病毒的 DNA 进行分析,发现其 DNA 的碱基组成的摩尔百分数如下:A＝32,G＝16,T＝40,C＝12。请问:

(1)关于该 DNA 分子,你可以得出何种结论?结论依据是什么?

(2)你认为该 DNA 分子会可能形成什么样的二级结构?

2. 一段 DNA 双螺旋含有 1 000 bp,其碱基组成中(G＋C)为 58%,这段 DNA 中的胸腺嘧啶核苷酸残基有多少个?

3. 简述 Watson-Crick 的 DNA 双螺旋结构模型及其生物学意义。

4. 胞质多角体病毒(cytoplasmic polyhedrosis)含有最大的双链 RNA 分子,有 5 150 bp。如果是伸展状态,该双链 RNA 分子长度是多少?为什么?

5. 比较原核生物与真核生物 mRNA 结构的不同之处。

6. 用 Sanger 法测定一段 DNA 片段的序列,测定结果如下图所示。请写出被测的 DNA 序列,写出判断依据。

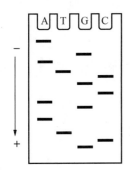

三、分析题

生活在 20~45 ℃ 的生物称为嗜温性生物(mesophile),生活在 45~70 ℃ 或者更高温度中的生物称为嗜热性生物(thermophile)。你认为这两类生物在 DNA 的平均碱基组成上有什么不同?为什么?

参考文献

[1] Watson J D, Gann A, Baker T A, et al. Molecular Biology of the Gene. Pearson Education, Inc. ,2014.

[2] Clark D. Molecular Biology. Elsevier Academic Press,2005.

[3] Lewin B. Genes Ⅷ. Prentice Hall,2004.

[4] Garrett R H, Grisham C M, Biochemistry. 6th ed. Cengage Learning,2017.

[5] Moran L A, Horton H R, Scrimgeour K G, et al. Principles of Biochemistry. 5th ed. Pearson Education Limited,2014.

[6] Nelson D L, Cox M M, Hoskins A A. Lehninger Principles of Biochemistry. 8th ed. W. H. Freeman and Company,2021.

[7] Appling D R, Anthony-Cahill S J, Mathews C K. Biochemistry-Concepts and Connections. 2nd ed. Pearson Education, Inc. ,2019.

[8] Voet D, Voet J G, Pratt C W. Fundamentals of Biochemistry. 5th ed. John Wiley and Sons, Inc. ,2016.

[9] Miesfeld R L, McEvoy M M. Biochemistry. W. W. Norton & Company, Inc. ,2017.

[10] Alberts B, Bray D, Hopkin K, et al. Essential Cell Biology. 4th ed. Garland Science, Taylor & Francis Group,2014.

[11] Brouwer T, Chi Pham C, Kaczmarczyk A, et al. A critical role for linker DNA in higherorder folding of chromatin fibers. Nucleic Acids Research,2021,49(5):2537-2551.

[12] Song F, Chen P, Sun D P, et al. Cryo-EM study of the chromatin fiber reveals a double helix twisted by tetranucleosomal units. Science. 2014,344:376-380.

[13] Aviles F J, Chapman G E, Kneale G G, et al. The conformation of histone H5. European Journal of Biochemistry. 1978,88:363-371.

[14] 梁丹,陈萍,李国红. 30 nm 染色质纤维的结构及调控. 生物化学与生物物理进展.2015,42(11):1009-1014.

[15] 贺林. 解码生命——人类基因组计划和后基因组计划. 北京:科学出版社,2000.

[16] 梁毅. 结构生物学. 北京:科学出版社,2005.

[17] 朱圣庚,徐长法. 生物化学. 4 版. 北京:高等教育出版社,2016.

第四章

酶

本章关键内容:酶作为生物催化剂的特点。酶的结构和组成包括酶蛋白的结构、活性中心的结构和辅助因子。酶作用的专一性和解释专一性的学说。酶催化作用的机制,包括酶可以降低反应的活化能以及酶降低反应活化能的原因。酶促反应动力学包括底物浓度对反应速度的影响和米氏方程,抑制剂、pH、温度对反应速度的影响。别构酶的作用机理。

生物体中,各种化学反应组成了非常复杂的网络系统,几乎每一个反应都需要特定的酶催化。任何对酶的修饰以及对酶作用方式的影响都会对生物体产生深刻的效应。所以,酶学在生物学研究中是一个非常重要的领域。许多生物领域的学科都与酶学有紧密的联系,如生物化学、分子生物学、农学、医学、制药和工业发酵等。

虽然人们很早就知道并掌握了发酵和消化的过程,可以酿酒做醋,可以制作面包和奶酪,但是当时的人们并不能了解酶在这些过程中的基本原理。酶学作为一个学科真正发展起来是在 19 世纪初期。Anselme Payen 和 Jean-Franois Persoz 在 1833 年用酒精沉淀麦芽提取物,他们发现沉淀中有些物质可以使淀粉转化成糖。这个物质就是我们现在说的淀粉酶。他们的发现标志着酶学的开始,也促使当时很多研究者寻找新的有催化活性的物质。随着研究的展开,研究者不仅仅在酵母中,也在其他活细胞中找到了有催化作用的物质。Wilhelm Kühne 在 1878 年把这种具有催化活性的物质定名为酶(enzyme)。到了 20 世纪初,已经纯化出很多种酶,并得到了脲酶的晶体。从那时起,人们认识到酶的本质其实就是蛋白质,是特殊的具有催化活性的蛋白质。于是对酶的结构和性质、催化机理、酶的特异性和酶促反应动力学展开了广泛深入的研究。

对酶分子结构的研究包括:酶蛋白的氨基酸顺序,肽链的数目,三级或四级结构,是否与辅助因子结合,分子量等。这部分内容我们在蛋白质一章中已经讨论过。

对酶性质的研究包括:酶催化的反应;酶的活性是否需要辅助因子;酶的专一性,包括对可逆反应的专一性。

酶催化的反应发生在酶的活性中心。因此,酶的活性中心贯穿本章始终。有关酶活性中心的内容包括:活性中心的化学结构;活性中心与底物的结合;催化反应的机制;如果一个酶含有辅助因子,辅助因子如何参与活性中心的组成和催化过程。

有关酶促反应的热力学的内容包括:酶与底物结合的自由能变化;酶-底物复合物如何活化并转变成酶-产物复合物。

酶促反应的动力学研究的是:酶促反应的速度常数;酶与底物形成复合物的速度常数;产物从复合物上解离的速度常数;抑制剂、pH 和温度等各种因素对酶促反应速度的影响。

酶的生物学特性是指各种酶在代谢途径中的意义;如何与其他反应中的酶偶联;在不同组织与物种中的分布;在细胞中的定位;如何从酶的前体加工形成成熟的酶。

生物体内,酶催化的各种反应有条不紊地进行。对酶的研究有助于我们了解生物体中各种代谢途径的机理。另外,在药物设计和工业发酵等领域中,酶的研究也起着重要的作用。因此,酶学在基础理论研究和实际应用方面都具有重要的意义。

第一节　酶催化作用的特点与酶的结构

酶是活细胞合成的生物催化剂（catalyst），酶作用的物质称为酶的底物（substrate），反应后产生的物质称为产物（product）。我们已经知道胰蛋白酶可以催化蛋白质和多肽链中的肽键水解，产生小的肽段。蛋白质或多肽链就是胰蛋白酶的底物，产生的小肽段就是酶的产物。

一、酶催化作用的特点

酶与非酶催化剂相比有很多相似之处：在催化的反应中，两类催化剂的用量都很少，反应前后催化剂本身不变化；两类催化剂都可以降低反应的活化能，只需较少的能量就可以使较多的分子活化，从而提高反应速度；酶与其他的催化剂一样，只加快化学反应的速度，不改变化学反应的平衡点，酶对正、逆两个方向的反应都有相同的作用。

但是酶本身也有许多非常重要的性质，酶作为生物催化剂的特殊性质有以下几点。

（1）酶的催化效率非常高　酶促反应的速度比不经催化的反应速度高 $10^6 \sim 10^{12}$ 倍，比非酶催化剂催化的反应速度也会高几个数量级。让我们看看过氧化氢分解成水和氧的反应：

$$2H_2O_2 \longrightarrow 2H_2O + O_2$$

尽管这个反应在热力学上是有利的，但反应进行得很慢。一瓶过氧化氢溶液放在柜子中要好几个月才能分解完。如果在溶液中加入铁离子，如 $FeCl_3$，反应就会加快 1 000 倍，血红蛋白可以使这个反应加快 10^6 倍，过氧化氢酶可以使反应速度提高 10^9 倍。

（2）酶的作用条件温和　酶促反应一般都是在生理条件下进行的：常温、常压和接近中性的 pH。据估计，所有固氮菌中的固氮酶在 27 ℃和中性 pH 的条件下，每年可以从空气中固定 1×10^8 t 左右的氮，由氮气形成氨。而在工业中，合成氨需要在 500 ℃的高温和几百个大气压的条件下才能将氮气还原为氨。

（3）酶促反应具有很高的专一性　酶的专一性（specificity）指一种酶只催化某一种或某一类特定的底物发生特定的反应，只能产生某一种特定的产物。例如氢离子可以催化糖苷键、肽键和酯键的水解。但是如果这些反应是用酶催化，糖苷酶只能水解糖苷键，蛋白酶只能水解肽键，而酯键只能由脂酶水解。各种酶都有自己特定的底物。

（4）酶的活性在细胞内受到严格的调节　活细胞中各种状况总是变化的，细胞必须对酶的催化活性进行调节以使酶对细胞内各种变化做出反应。调节可以通过底物和产物的浓度变化进行，也可以通过别构调节、共价修饰，以及调节酶合成和降解的总量等方式进行。

二、酶的结构和组成

从化学本质上说，酶是具有催化活性的蛋白质和少数的 RNA。具有催化活性的 RNA 称为核酶（ribozyme），核酶催化反应的种类有限，催化的效率也远不如蛋白质酶。在本章中，我们重点讨论以蛋白质为本质的酶，上述提及的内容也是以蛋白质为本质的酶的性质。

（一）酶蛋白的结构和组成

酶的主要成分是蛋白质，具有蛋白质所有的一级、二级、三级结构或四级结构，也具有蛋白质所有的性质。任何可能使蛋白质变性的条件也可以使酶变性，所以酶促反应一般都是在常温、常压和接近中性的 pH 生理条件下进行的。大多数酶的相对分子质量在 1 000～200 000 的范围，有些酶的相对分子质量可能高达 1 000 000。

酶分子可能含有一条多肽链，也可能含有不止一条多肽链。通常含有一条多肽链的酶称为单体酶（monomeric enzyme）。但是也有例外，胰凝乳蛋白酶虽然属于单体酶，但分子含有三条多肽链，链间以二硫键相连接。大多数单体酶的相对分子质量为 12 000～35 000。单体酶的种类比较少，多数是催化水解反应的酶，如胰蛋白酶和溶菌酶。

寡聚酶（oligomeric enzyme）的相对分子质量一般超过 35 000。寡聚酶含有两个或两个以上的亚基。这些亚基可能相同，也可能不同。例如：丙酮酸激酶是由四个相同亚基组成的四聚体；RNA 聚合酶的亚基组成是 $\alpha_2\beta\beta'\omega\sigma$，包括了五种共六个亚基（详见第十四章）。

一个代谢途径中往往含有许多步反应，用于催化一系列反应连续进行的几种酶彼此嵌合形成的复合物称为多酶复合体(multienzyme complex),如脂肪酸合酶复合体(详见第十章)。

(二)有些酶含有辅助因子

有些酶分子中只含有由氨基酸组成的多肽链,这类酶属于单成分酶。在它们进行的催化作用中,参加反应的只有酶和底物。蛋白酶、脂酶、淀粉酶等就属于这一类。

在有些酶促反应中,参加反应的除了酶和底物以外,还需要另外的成分参与,这些成分称为辅助因子(cofactor)。含辅助因子的酶称为双成分酶。酶蛋白和辅助因子结合后形成的复合物称为全酶(holoenzyme)。多数辅助因子是一些有机化合物,也包括一些无机金属离子。很多水溶性维生素就是辅助因子的前体。例如醇脱氢酶含有 NAD^+,转氨酶中含有磷酸吡哆醛(pyridoxal phosphate,PLP)。全酶中,酶蛋白和辅助因子的作用不同:酶蛋白选择底物,决定反应的专一性;辅助因子决定反应的性质,它们负责传递电子、原子和某些化学基团。辅助因子是催化机制的一部分,在反应前后本身不发生变化。如果把酶分子中的辅助因子除去,酶就失去活性,此时的酶蛋白称为脱辅基酶(apoenzyme)。只有全酶才有催化活性。

根据辅助因子与酶蛋白的结合程度,可以大致把它们分为两类:一类辅助因子与酶蛋白结合比较松弛,很容易通过透析等物理方法除去,被称为辅酶(coenzyme)。另一类辅助因子通过共价键与酶蛋白紧密结合,不容易用透析的方法除去,被称为辅基(prosthetic group)。不过二者的区分并没有严格的界限。

三、酶的活性中心及特点

细胞内进行着许多复杂的反应。为了保证所催化的反应能够顺利高速进行,酶为反应提供了一个特殊的场所,称为酶的活性中心或活性部位(active site)。酶的活性中心是酶直接与底物结合并进行催化反应的部位,包括两个功能位点:一个是结合位点(binding site),另一个是催化位点(catalytic site)。结合位点保证底物正确结合在酶的催化位点附近,决定了酶的专一性。催化位点负责底物键的断裂或形成,决定了酶的催化能力。在含有辅助因子的酶中,辅助因子或辅助因子上的某些基团也参与酶活性中心的组成。

虽然各种酶的结构不同,活性中心的结构也不相同,但是对酶分子的晶体结构分析表明酶的活性中心具有一些共同的特征。

(1)酶活性中心只占酶分子中很小的一部分。酶分子中只有少数关键的氨基酸残基作为酸性、碱性或亲核试剂构成活性中心直接参与催化反应。活性中心外大多数氨基酸残基的作用是维持酶蛋白的三维结构,间接地维护并增强关键氨基酸残基的功能,或者参与酶的调控。酶通常具有 2~6 个关键的催化残基,其中 His、Asp、Arg、Glu 和 Lys 大约占到催化残基的 2/3。排在第一位的是 His,它在催化残基中所占的比例是其在蛋白质中所占比例的 6 倍,推测 His 是作为催化残基进化的。

(2)酶的活性中心是一个三维实体。组成活性中心的氨基酸残基在一级结构上可能相距甚远,甚至不在一条多肽链上。多肽链的盘绕折叠,使得这些氨基酸残基得以在空间上接近,并形成适当的三维结构。

在酵母和其他微生物中,葡萄糖代谢产生的丙酮酸经过 2 步反应产生乙醇。

$$丙酮酸 \longrightarrow 乙醛 \longrightarrow 乙醇$$

上述反应步骤中,首先是丙酮酸氧化脱羧产生乙醛和 CO_2,反应由丙酮酸脱羧酶催化。然后乙醛还原为乙醇,反应由乙醇脱氢酶催化。乙醇脱氢酶除了酶蛋白以外,还含有辅酶分子 NADH(见第五章维生素 PP 和图 5-6)。在乙醇脱氢酶的活性中心(图 4-1),一个锌原子与 2 个半胱氨酸残基的硫和组氨酸的氮协同结合,同时还与乙醛醛基上的氧结合。锌原子与乙醛的结合使得醛基上的氧极化,极化的氧更容易接受从 NADH 上传递来的氢负离子。

(3)活性中心由疏水的氨基酸残基形成口袋(pocket)或裂缝(cleft),位于酶分子的表面或接近表面的部分,以便于底物分子接近。非极性的反应口袋有利于酶对底物的结合和催化。极性的或离子化的氨基酸残基侧链在疏水口袋中进行催化反应。蛋白质中,His 侧链的 pK 为 6~7,可以作为质子的供体和受体,也可以作为亲核基团参加反应;Asp、Glu 和 Lys 可以进行质子转移反应;Ser 和 Cys 可进行基团转移反应。

(4)酶的活性中心并非刚性,而是具有一定的柔

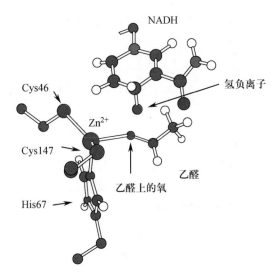

NADH

氢负离子

Cys46

Zn^{2+}

Cys147

乙醛

乙醛上的氧

His67

图 4-1　乙醇脱氢酶的活性中心

(2 个 Cys 侧链,1 个 His 侧链,一个 Zn^{2+} 协同结合在酶的活性中心。Zn^{2+} 通过氧与乙醛结合并将氧极化,使氧更容易接受 NADH 上的氢负离子。图中的 NADH 分子只显示了烟酰胺环。引自 Berg et al. ,2019)

性。酶的活性中心与底物结合时,二者的构象都会发生一定的变化,使酶的活性中心与底物的形状互补,有利于反应的进行。

(5)酶与底物的结合是弱键。这些弱键包括氢键、离子键、范德华作用和疏水相互作用。

第二节　酶的命名与分类

一、习惯命名法

在酶学研究的初期,大多数酶是根据催化的底物或催化的反应命名的。有些酶根据催化底物命名,如淀粉酶、蛋白酶,表明这些酶催化的底物是淀粉或蛋白质。有些酶根据其催化的底物和反应命名,如乳酸脱氢酶,表明这个酶可以从乳酸的分子上脱去氢。有些新发现的酶是根据它们的基因或其他特点命名的,如 RecA 得名于它的基因 recA;Hsp70 是热激蛋白(heat shock protein),但是两种蛋白质都可以水解 ATP。

以上提及的是习惯名称(common name)。这种名称简单,便于应用,使用的历史也比较长。但是因为这种方法缺乏系统性,容易造成混乱。不过由于它简单明了,本书中还是采用习惯名称。

二、系统命名法

1961 年,国际酶学委员会(Enzyme Commission)推荐了一个酶的系统命名方法,被国际生物化学和分子生物学联盟(International Union of Biochemistry and Molecular Biology,IUBMB)接受并广泛使用。

这个命名法以酶催化的反应为基础,因为酶催化的反应才是一个酶与另一个酶有所区别的特殊性质。这个方案规定应该明确标明酶的底物和实际催化反应。但是有时某些底物的名称太长,不便于实际应用。方案提出:除了系统名称(systematic name)外,还应加上通用的习惯名称。例如:

酶催化的反应为:丙氨酸＋α-酮戊二酸——→谷氨酸＋丙酮酸

酶的系统名称为:丙氨酸:2-氧戊二酸氨基转移酶

酶的习惯名称为:谷丙转氨酶

三、分类编号方案

国际酶学委员会同时还推荐了一套分类编号方案(scheme of classification and numbering of enzyme),也被广泛采用。这个方案在为每个酶做出编号的同时也对它们进行分类。每个酶的分类编号由 4 个数字组成,数字间用"."分开。前面冠以 EC,这是国际酶学委员会的缩写。数字按照如下原则安排。

第一个数字表明一个酶应该属于催化七大类反应中的哪一类。

第一大类:氧化还原酶类(oxidoreductase)

第二大类:转移酶类(transferase)

第三大类:水解酶类(hydrolase)

第四大类:裂合酶类(lyase)

第五大类:异构酶类(isomerase)

第六大类:连接酶类(ligase)

第七大类:易位酶类(translocase)

第二个数字是该酶的亚类,指明底物中被作用的基团或键。第三个数字是该酶的亚-亚类。第四个数字是该酶在亚-亚类中的排序。七大酶类举例如下。

(1)氧化还原酶类催化氧化还原反应。这类酶中的大多数被称为脱氢酶,还有一些酶被称为氧化酶、过氧化酶或还原酶等。现在生物化学界越来越倾向使用比较正式的名称:氧化还原酶,而不是原来的习惯名称。例如,乳酸脱氢酶(EC 1.1.1.27)催化乳酸与丙酮酸之间的可逆反应。由于乳酸的氧化与辅酶 NAD^+ 的还原偶联,所以它的系统名称也称为乳酸:NAD^+ 氧化还原酶。

$$
\underset{L\text{-乳酸}}{HO-\underset{\underset{CH_3}{|}}{\overset{\overset{COO^-}{|}}{C}}-H} + NAD^+ \underset{\text{乳酸脱氢酶}}{\rightleftharpoons} \underset{\text{丙酮酸}}{\underset{\underset{CH_3}{|}}{\overset{\overset{COO^-}{|}}{C}}=O} + NADH + H^+
$$

(2)转移酶类催化基团转移反应,其中很多酶都需要辅助因子。在基团转移反应中,底物分子的一部分与酶或辅助因子共价连接。如谷丙转氨酶(EC 2.6.1.2)是这一类酶中的典型,它的系统名称为 L-丙氨酸:2-氧戊二酸氨基转移酶(2-氧戊二酸习惯上被称作α-酮戊二酸)。

$$
\underset{L\text{-丙氨酸}}{H_3\overset{+}{N}-\overset{\overset{COO^-}{|}}{\underset{\underset{CH_3}{|}}{C}}-H} + \underset{\alpha\text{-酮戊二酸}}{\overset{\overset{COO^-}{|}}{\underset{\underset{\underset{COO^-}{|}}{\underset{CH_2}{|}}}{C}}=O} \underset{\text{谷丙转氨酶}}{\rightleftharpoons} \underset{\text{丙酮酸}}{\overset{\overset{COO^-}{|}}{\underset{\underset{CH_3}{|}}{C}}=O} + \underset{L\text{-谷氨酸}}{H_3\overset{+}{N}-\overset{\overset{COO^-}{|}}{\underset{\underset{\underset{COO^-}{|}}{\underset{CH_2}{|}}}{C}}-H}
$$

(3)水解酶类催化水解反应。可以把这一类酶看作是特殊的转移酶,它们用水作为被转移基团的受体。焦磷酸酶(EC 3.6.1.1)催化无机焦磷酸水解形成2分子无机磷酸,它的系统名称为无机二磷酸酶(inorganic diphosphatase)。

$$
\underset{\text{焦磷酸}}{^-O-\overset{\overset{O}{\|}}{\underset{\underset{O^-}{|}}{P}}-O-\overset{\overset{O}{\|}}{\underset{\underset{O^-}{|}}{P}}-O^-} + H_2O \xrightarrow{\text{焦磷酸酶}} 2\ \underset{\text{磷酸}}{HO-\overset{\overset{O}{\|}}{\underset{\underset{O^-}{|}}{P}}-O^-}
$$

(4)裂合酶类从底物上移去一个基团从而产生双键或成环,移去基团的反应不包括水解反应、氧化反应和消去反应。在逆反应中,裂合酶把一个底物加到第二个底物的双键上。丙酮酸脱羧酶(EC 4.1.1.1)也称2-氧丙酸羧基裂合酶,催化丙酮酸分解成乙醛和 CO_2。

$$
\underset{\text{丙酮酸}}{\overset{\overset{\overset{O}{\diagdown}\overset{O^-}{\diagup}}{C}}{\underset{\underset{CH_3}{|}}{C}}=O} + H^+ \xrightarrow{\text{丙酮酸脱羧酶}} \underset{\text{乙醛}}{\overset{\overset{H\diagdown\ \diagup O}{C}}{\underset{CH_3}{|}}} + \underset{\text{二氧化碳}}{O=C=O}
$$

(5)异构酶类催化一个分子上结构的改变,即异构化作用。反应只有一个底物和一个产物。6-磷酸葡萄糖异构酶(EC 5.3.1.9)的系统名称是 6-磷酸葡萄糖醛酮糖异构酶,催化 6-磷酸葡萄糖和 6-磷酸果糖间的可逆反应。

$$
\text{6-磷酸葡萄糖} \underset{\text{异构酶}}{\overset{\text{6-磷酸葡萄糖}}{\rightleftharpoons}} \text{6-磷酸果糖}
$$

（6）连接酶类催化 2 个底物间的连接,反应需要核苷三磷酸(如 ATP)水解提供能量。经常所说的合成酶(synthetase)就属于连接酶类。谷氨酰胺合成酶(EC 6.3.1.2)利用 ATP 水解产生的能量把谷氨酸和氨基连接起来产生谷氨酰胺,它的系统名称是 L-谷氨酸：氨基连接酶。

$$H_3\overset{+}{N}-\underset{(CH_2)_2}{\overset{|}{\underset{|}{\underset{C}{C}}}}\overset{COO^-}{\overset{|}{\underset{|}{C}}}H + ATP + NH_4^+ \xrightarrow{谷氨酰胺\\合成酶} H_3\overset{+}{N}-\underset{(CH_2)_2}{\overset{|}{\underset{|}{C}}}\overset{COO^-}{\overset{|}{C}}H + ADP + P_i$$

L-谷氨酸　　　　　　　　　　　　　　　　L-谷氨酰胺

从上面的例子可以看到多数酶都不止一个底物,尽管有时第二个底物只是一个水分子。有些酶可以催化正、反两个方向的反应。达到平衡时,酶以同样的速度催化两个方向的反应。上述例子中的单箭头表示反应极大地倾向于产物。

（7）第七大类酶——易位酶

2018 年 8 月,国际生物化学与分子生物学联盟(IUBMB)的命名委员会(Nomenclature Committee,原为 Enzyme Commission)发布消息,在原来六大类酶的基础上再增加易位酶为第七大类酶。

有些涉及 ATP 水解反应的酶原来被归为水解酶类。但是,这些酶的主要功能是催化离子或分子跨膜转运或在膜内移动,ATP 水解不是它的主要功能。因此,命名委员会将这类酶划分为第七大类酶——易位酶(translocase)。

易位酶的定义为:催化离子或分子跨膜转运或在细胞膜内易位反应的酶。这里将易位定义为催化细胞膜内的离子或分子从"面 1"到"面 2"(side 1 to side 2)的反应,以区别于之前所使用的意思,并非明确的"入和出"(in and out),或"顺式和反式"(cis and trans)的说法。

例如,泛醇氧化酶（ubiquinol oxidase）EC 7.1.1.3,催化 H^+ 转运。催化的反应为:

$$2\text{泛醇}+O_2+nH^+_{[面1]} \longrightarrow 2\text{泛醌}+2H_2O+nH^+_{[面2]}$$

又如,抗坏血酸铁还原酶(ascorbate ferrireductase)EC 7.2.1.3,催化跨单层膜的电子转运。催化的反应为:

$$\text{抗坏血酸}_{[面1]}+Fe^{3+}_{[面2]} \longrightarrow \text{单脱氢抗坏血酸}_{[面1]}+Fe^{2+}_{[面2]}$$

第三节　酶的纯化与酶活力测定

利用酶的催化特性、动力学和热力学性质可以帮助人们了解许多代谢过程的机理。很多酶成为医学中的诊断试剂、治疗药物或药物的靶点,很多酶在发酵工业中有广泛的应用。由于酶在各种生命活动中的重要性,研究酶的结构、性质成为许多研究领域的基础工作。

所有酶的研究工作都需要进行酶的分离纯化,并测定出酶的活性。

一、酶的分离纯化

酶的分离纯化有两个目的,一是基础研究,二是实际应用。根据不同的目的,纯化的要求也不同。要进行酶的晶体学研究、动力学研究必须先得到高度纯化的酶。作为药物的酶也要求比较高的纯度。

因为酶的主要成分是蛋白质,所以,酶分离纯化的基本原理和方法与蛋白质分离纯化相同,本章不再重复讨论(见第二章中蛋白质的分离纯化)。

酶是具有催化活性的蛋白质,任何使蛋白质变性的因素都可能使酶变性。使酶蛋白变性从而引起酶催化能力丧失的作用称为失活作用(inactivation)。有时,条件稍有变化,即使在酶蛋白没有发生较大构象变化时,酶就可能已经失去催化功能。例如温度高于 40 ℃、pH 低于 5 或高于 9、剧烈的搅拌、反复的冻融等都可能使酶变性。因此,纯化酶的各个步骤以及酶的保存都要非常小心,避免酶失活。

酶的纯化过程中,所有的操作都应在 0～4 ℃进行,并随时监控酶活性的变化。在纯化含有辅助因子的酶时,还要考虑辅助因子的稳定性。例如:NADH在酸性条件下不稳定,NAD^+在碱性条件下不稳定。在设计纯化条件时应综合考虑这些因素。

酶的纯度可以用很多方法测定,这些方法各有优缺点,任何一种方法都不能代替其他的方法。常用的方法包括电泳、凝胶过滤和超速离心。通常,纯化的酶在电泳中表现为一条带,在凝胶过滤中为一个峰,在超速离心中为一个峰。

纯化后的酶可以浓缩或制成冻干粉,保存温度一般在-20 ℃以下。在保存的过程中,酶还会逐步变性、降解。因此制备好的酶应该尽快进行后续的研究。

二、酶活力的测定

要了解某个样品中酶的特性,最方便的方法就是测定酶的催化活力(catalytic activity),酶活力就是酶催化一定化学反应的能力。

(一)酶促反应速度

酶活力可以用酶催化反应的速度表示。酶促反应速度就是在特定条件下,单位时间和单位体积内,底物的消耗量或产物的生成量。酶促反应速度的单位是:浓度变化量/时间。测定酶活力时,实验设定的底物浓度往往是过量的。尽管底物的消耗量和产物的生成量相同,但过量的底物只有少量降低时,准确测定很困难。但产物生成却是从无到有,只要方法灵敏就比较容易得到准确数值,因此多数酶活力的测定采用产物生成的方法测定反应速度。

大多数酶促反应的速度会随着反应时间的延长而下降。造成反应速度下降的原因很多。例如:底物的消耗会造成酶的饱和程度降低;产物的增加促进了逆反应的进行;产物的生成可能对酶的活性造成抑制;部分酶在一定的温度和pH条件下随着时间延长而失活;各种原因可能同时发生作用。所以,在酶学研究中不能简单地套用同类化学反应的公式,通常是测量酶促反应的初速度(initial velocity)。初速度以v_0表示。

在反应的初始阶段,唯一变化的因素是时间,其他各种条件都是精确的。上述的各种情况还没有来得及发生。作图时,只需从原点画出反应曲线的切线,就可以得到初速度(图4-2)。反应曲线的直线

部分通常不会超过总反应量的20%(以产物浓度对时间作图,反应达到平衡时为100%)。

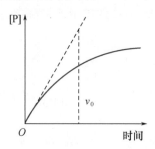

图 4-2 简单化学反应的速度
(在不同底物浓度下,以产物的量对反应时间作图。从原点画出反应曲线的切线,切线的斜率即是反应的初速度)

在底物过量的情况下,酶促反应速度随着酶量的增加而增加,二者呈直线关系。

(二)酶的活力单位

酶的活力除了可以用反应速度表示,还可以用测定时使用的酶量表示。1961年,国际生物化学协会(International Union of Biochemistry,IUB)规定了酶的单位(enzyme unit,U),后来也被称为国际单位(international unit,IU)。1个酶活力单位是指在特定条件下,1 min内转化1 μmol底物所需的酶量。特定条件规定为25 ℃,最适pH,底物采用饱和浓度。

$$1 \text{ IU} = 1 \text{ } \mu mol/min$$

“活力单位”的引入使酶促反应速度的表示更加标准,更便于各个实验数据的相互比较。

1973年,IUB又提出新的国际单位,即Katal单位(Kat)。规定1 Kat单位是在特定条件下,每秒催化1 mol底物所需的酶量。

$$1 \text{ Kat} = 1 \text{ mol/s}$$

不过有些酶的测定仍然沿用习惯的单位。有时也用每克酶制剂或每毫升酶制剂含有的酶活力单位数表示。

(三)酶的比活力

在分离纯化一种酶及测定酶活力时,样品中除了酶蛋白以外,还可能含有其他的蛋白质。由此引出了酶的比活力(specific activity)的概念,用以表示酶的纯度。比活力是酶学研究和生产应用中经常使用的数据。国际酶学委员会规定:比活力用每毫克蛋白质所含的酶活力单位数表示(U/mg)。

对于同一种酶来说，比活力越大，酶的纯度越高。但是尽管酶的纯度很高，比活力也不会无限增高。对于某一个酶，比活力接近于一个特定的值。

第四节　酶的专一性及专一性假说

专一性（specificity）是酶区分底物分子与一些与底物结构类似的分子的能力。专一性是酶的显著特征。不同的酶专一性程度不同：有些酶只能作用于一种底物，有些酶可以作用于少数几种类似的底物。酶的专一性保证了生物体内各种反应有序地进行。

一、酶的专一性

酶的专一性可以分为两类：结构专一性（structural specificity）和立体异构专一性（stereospecificity）。每种专一性还可以细分。

（一）结构专一性

如果一个底物的结构为 A-B，"-"代表化学键，A、B 是键两端的基团。根据酶对这三部分的选择，可以判断结构专一性的程度。

（1）如果一个酶只对作用的化学键有要求，对键两端的 A、B 基团没有严格的要求，这种专一性称为键专一性（bond specificity）。例如羧肽酶和氨肽酶，只要求底物具有肽键，对肽键两端的残基没有特殊的要求。

（2）如果一个酶除了要求一定的化学键，还要求化学键的一端必须是某个基团，对化学键另一端的基团要求不严，这种专一性称为基团专一性（group specificity）。例如 α-D-葡萄糖苷酶要求底物具有 α-糖苷键，同时要求键的一端必须是葡萄糖，对键另一端的基团没有严格的要求。

以上两种专一性同属于相对专一性（relative specificity）。

（3）有一些酶对化学键和键两端的基团都有严格的要求，称为绝对专一性（absolute specificity）。例如葡萄糖激酶只能催化 ATP 上的磷酸基团转移到葡萄糖上，对其他的糖不起作用。

（二）立体异构专一性

当底物具有立体异构体时，酶只能作用于其中

一种异构体。这种现象在酶促反应中相当普遍。

1. 旋光异构专一性

如果底物具有旋光异构体，酶只能作用于其中之一，称为旋光异构专一性（optical specificity）。例如：L-氨基酸氧化酶可以催化 L-氨基酸氧化，但不能催化 D-氨基酸氧化。

有些底物分子不具有手性，一个碳原子上有 2 个相同的基团。但是酶能够把 2 个相同的基团区分开。原因是酶分子表面具有不对称性，而底物分子至少要以三个位点与酶结合，如此，底物分子上的 2 个相同的基团就不再对等了（图 4-3）。以这种方式，酶可以区别底物上 2 个相同的基团。酶这种特殊的立体异构专一性称为前手性（prochirality）。

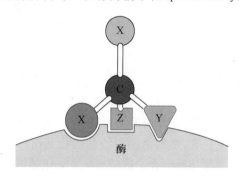

图 4-3　酶的立体异构专一性
（图中酶的不对称表面可以区分底物中的对称基团。如果一个底物分子 X_2YZ 必须以三个位点与酶的互补基团结合，它的 2 个 X 基团就不再对等，只有一个 X 可以与酶结合）

2. 几何异构专一性

如果底物含有双键，酶只在底物的顺、反两种异构体中选择一种，称为几何异构专一性（geometric specificity）。例如：延胡索酸酶可以催化延胡索酸（反-丁烯二酸）加水生成 L-苹果酸及逆反应，但不能催化马来酸（顺-丁烯二酸）进行同样的反应。

二、酶作用专一性的假说

酶为什么有这么高的专一性呢？1894 年 Emil Fisher 提出了"锁钥模型"（lock-and-key model）。他认为酶的专一性表明酶的结构与底物的结构之间存在互补关系。底物恰好与酶的活性中心契合，就像是锁与钥匙的关系（图 4-4）。按照锁钥模型，在酶与底物的结合过程中，所有的结构都是固定的。锁钥模型可以解释酶的专一性，但是不能解释酶蛋白的柔性、酶如何可以被调节等问题。

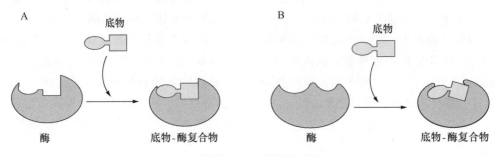

A. 锁钥模型　B. 诱导契合模型

图 4-4　酶与底物相互反应的 2 种模型

1958 年，Daniel Koshland 提出诱导契合模型（induced-fit model）。诱导契合模型认为酶的活性中心是柔性的，在与酶的结合过程中，底物诱导酶的构象发生变化，使酶活性中心的催化基团与底物上的反应基团互补契合。这就意味着真正能够与底物互补的是酶-底物复合物中的活性中心，不是游离酶的活性中心。很多研究都观察到游离的酶与结合了底物的酶有不同的构象。这是因为底物反应基团与酶的活性位点形成了新的连键，取代了活性位点中某些残基与相邻基团原来的连键。同时，底物进入活性中心可以把原来结合的水分子排出，增加了反应口袋的疏水性，也使酶的三级结构发生变化。因此，人们普遍认为诱导契合模型比较满意地解释了酶的专一性。

Koshland 提出诱导契合模型是基于对己糖激酶的研究。己糖激酶有 2 个结构域，活性中心位于 2 个结构域的夹缝中。当葡萄糖不存在时，酶呈开放式构象。结合了葡萄糖后，2 个结构域相互运动 12°，将夹缝关闭，形成闭合式构象（图4-5）。

己糖激酶催化葡萄糖的磷酸化作用，把 ATP 上的一个磷酸基团转移给葡萄糖，形成 6-磷酸葡萄糖。

催化的反应：葡萄糖＋ATP ——→6-磷酸葡萄糖 ＋ADP

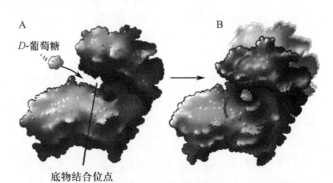

A. 未结合底物的己糖激酶　B. 结合底物的己糖激酶

图 4-5　己糖激酶与底物结合前后发生构象变化

第五节　酶催化的机制

在前面的内容里我们已经介绍了酶的一般性质，在这一节中，我们将在分子水平讨论酶促反应的机制。

目前我们对每一种酶的反应机制的详细了解都是来自对蛋白质结构、动力学和催化机制等大量研究的综合。这些研究表明酶的超级催化能力其实来自简单的物理、化学原则，特别是底物上的反应基团与酶活性中心的结合起了很大的作用。通过对很多酶的反应机制的深入研究，揭示了酶促反应的普遍机理。现在，物理、化学、生物化学以及重组 DNA 技术可以验证半个世纪前提出的理论，也使酶学研究有了进一步的发展。

一、过渡态稳定作用

Fisher 的锁钥学说和 Koshland 的诱导契合学说虽然解释了酶与底物结合的专一性,但是两种学说都不能直接说明酶催化作用的机制。早期的动力学研究表明酶与底物结合形成复合物(enzyme-substrate complex,ES),然后 ES 复合物分解为产物和原来的酶。于是有人提出:底物与酶结合前会发生轻微变形以适应酶的活性中心。这种变形可能导致底物上的某个键伸长、减弱,更容易断裂,有利于反应的进行。不过,目前还没有什么明确的证据表明底物是变形以后才与酶结合的。事实上更可能的是,驱动反应前行的机制是通过过渡态进行的。Henry Eyring 在 1930 年提出过渡态理论(transition-state theory),描述了在每一个化学反应中,都要经过一个不稳定的反应物-产物的中间状态,即过渡态。

一个简单的酶促反应可以写作:

$$E+S \rightleftharpoons ES \rightleftharpoons EP \rightleftharpoons E+P$$

这里 E、S、P 分别代表酶、底物和产物,ES 和 EP 分别代表酶与底物和产物形成的暂时的复合物。上述的反应可以用能量图(energy diagram)描述(图 4-6)。图中的纵坐标是反应的自由能,横坐标是反应进程。应该说明的是:反应进程不是时间,是化学键断裂或形成的过程。如果反应是在生物化学标准条件下进行(298 K,1 个大气压,反应物的浓度为 1 mol/L,pH 为 7.0),反应的标准自由能变化是 $\Delta G^{0'}$。

正、逆方向反应的起始点都称为基态(ground state)。图中产物基态的自由能低于底物基态的自由能,反应的 $\Delta G^{0'}$ 是负值,平衡倾向于产物。酶并没有影响平衡的位置与方向,没有改变反应的 $\Delta G^{0'}$。

有利的平衡并不能提供反应速度的任何信息。决定反应速度的因素是底物与产物之间的能障(energy barrier)。这些能量用于排列反应物的有关基团,形成暂时的不稳定的电荷分布,还可以重排化学键以及其他用于正、逆反应的各种转化过程。这个能障就是图中的"小山",小山的顶峰就是底物的过渡态,用"‡"表示。在过渡态中,化学键并不稳定,处于即将生成或断裂的过程中。过渡态的寿命非常短,只有 $10^{-14} \sim 10^{-13}$ s。

反应物从基态达到过渡态所需的能量称为反应的活化能(active energy),也就是能障。活化能是反应分子必须具有的最小能量,反应体系中只有部分分子可以活化。

化学反应的平衡和速度有明确的热力学定义。反应的平衡与反应体系的标准自由能变化($\Delta G^{0'}$)有关,反应的速度与活化能($\Delta G^{\ddagger}$)有关。简单地说,活化能高,反应速度就低。要进行反应,分子就必须获得较高的能量以克服能障。提高温度,可以增加活化的分子数,从而提高反应速度。另外,催化剂和酶可以降低反应的活化能,从而提高反应速度。

有些多步骤的反应采用能量较低的中间产物(intermediate)降低活化能(图 4-7)。与过渡态不同,中间产物足够稳定,甚至可以分离出来。当反应中出现中间产物时,图中的曲线就出现一个凹槽,表明了中间产物的自由能变化。图中描述的反应有两个过渡态:一个形成中间产物,另一个转换成产物。活化能最高的过渡态就是整个反应最慢的步骤,称为限速步骤(rate-determining step)。在这个图中,限速步骤是形成中间产物的步骤。

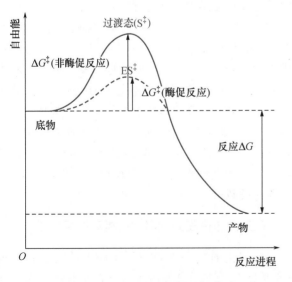

图 4-6　酶降低了反应的活化能 $\Delta G^{\ddagger}$

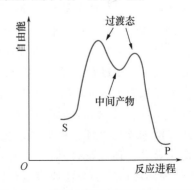

图 4-7　一些多步骤的反应产生中间产物

如果活化能增加,一个分子进行反应的速度就会降低。活化能是化学反应的能障,这种能障对于生命体非常重要。如果没有这种能障,复杂的生物大分子就可能自动转变成简单的小分子,细胞高度有序的结构和各种代谢过程将不复存在。在进化过程中,酶发展出选择性地降低特异反应的活化能的能力,这对细胞的存活至关重要。

为了解释酶能够降低反应的活化能的现象,Linus Pauling 在 1948 年提出了过渡态稳定作用理论(transition-state stabilization)进一步解释了酶促反应的机制。他指出:酶的活性中心在与底物结合的过程中,酶的构象会发生变化,导致底物分子中产生了某种程度的张力。这种张力促使底物变形,形成过渡态 $ES^{\ddagger}$。

一个酶必须在形状和化学性质上与底物的过渡态互补。酶与底物之间的最多、最强的反应只能发生在 $ES^{\ddagger}$ 中,正是因为这种紧密的结合降低了活化能。从图 4-6 中可以看到 $E+S$ 和 $ES^{\ddagger}$ 之间的能量差小于 S 和 $S^{\ddagger}$ 之间的能量差。$ES^{\ddagger}$ 的绝对能量比 $S^{\ddagger}$ 的低,也就更稳定。酶促反应中,活化能的山峰比较小,所以反应速度快。

过渡态稳定作用理论的重要性在于它将反应速度与自由能变化联系起来。酶学家认为过渡态稳定作用是酶能够大幅度提高反应速度的主要原因,这个理论几乎解释了所有酶提高反应速度的现象。

二、酶促反应降低活化能的原因

酶是超级催化剂,可以把反应速度提高 10^{12} 倍。酶的专一性极高,可以把底物与具有相似结构的化合物区别开。酶的这种有选择地极大增加反应速度的能力该如何解释?酶降低反应活化能的原因是什么?

酶能够降低反应活化能的第一个原因是酶与底物的结合:底物与酶的活性中心邻近并在活性中心正确定向。底物依靠非共价相互作用与酶结合。这种弱的相互作用只能在过渡态完成。降低活化能所需的大部分能量来源于这种弱的相互作用。第二个原因是酶的化学催化机制:酶能够对底物上的共价键进行重排。酶的催化机理包括酸碱催化、共价催化和金属离子催化。还有,酶的活性中心是个疏水口袋,非极性的环境保证了极性或带电荷的催化残基与底物的反应。

(一)邻近效应与定向效应

化学反应的速度依赖于反应分子的碰撞。要想形成产物,碰撞的底物分子必须正确定向并具有足够的能量形成接近产物分子中的原子和键的构型,从而形成过渡态。邻近效应是指酶与底物结合过程中,底物的反应基团与酶的催化基团结合,从分子间的反应转变为分子内的反应,使有效浓度提高,反应速度大幅度提升的效应。定向效应是底物的反应基团与酶的催化基团正确取位产生的效应。

下面的实验比较了非酶催化的双分子反应和类似的单分子反应(图 4-8)。双分子反应是溴代苯乙酸酯(第一个化合物)的两步水解。首先由乙酸催化溴代苯乙酸酯形成乙酸酐和溴代苯酚。第二步反应是乙酸酐的水解(图中没有显示)。

上述的反应可以用合成的单分子模拟。实验中使用了合成的单分子模拟上述反应。合成的单分子中,催化基团与底物共价连接,共价连接的"桥"限制了底物分子中的自由旋转。随着限制的增加,相对反应速度显著增加。戊二酸酯(第二个化合物)有 2 个可旋转的自由度。琥珀酸酯(第三个化合物)只有 1 个。一个刚性的环使得第四个化合物没有可旋转的自由度,限制最大。第四个化合物的羧基与酯键接近,反应基团取位得当。从反应速度计算出羧基的有效摩尔浓度达到 5×10^7 mol/L。第四个化合物具有最高的反应性,因为达到过渡态几乎不用减少什么熵。

酶催化作用中,最重要的因素是熵。非酶催化的反应比较慢是因为要把溶液中的 2 个分子带到一起,需要花费大量的能量克服反应分子之间的自由度。酶促反应发生在 ES 中,酶的催化基团与底物成为一个分子,不必花费很多能量减少扩散熵和平移熵。这种现象还可以表达为:与溶液中的双分子反应相比,ES 中反应基团的有效浓度非常高。

Mike Page 和 Bill Jencks 认为邻近效应和定向效应在双分子反应中所起的促进作用分别可以达到 10^4 倍,二者共同作用可以使反应速度提高 10^8 倍,二者在提高反应速度中起主要的作用。

(二)酶与底物间的非共价相互作用

酶催化的一个重要特性是酶能够与底物形成 ES 复合物,反应在 ES 中进行。在复合物中酶与底物之间是非共价的弱相互作用,包括氢键、离子键、

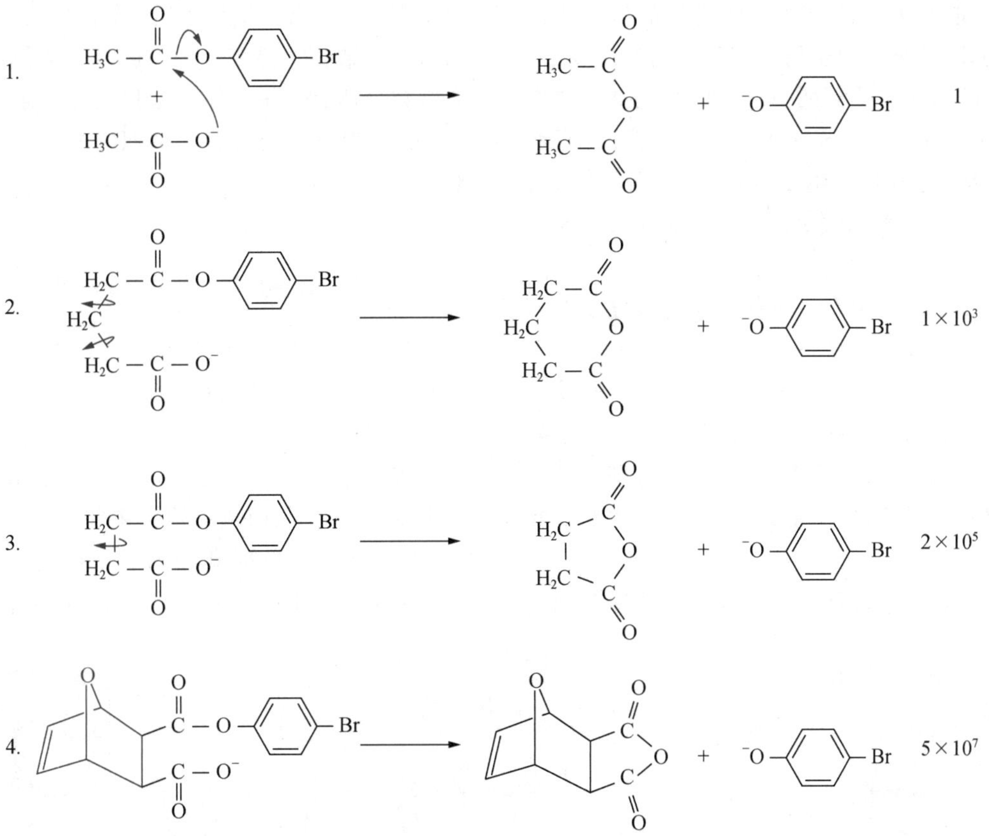

反应　　　　　　　　　　　　　　　　　　　　　　　速度常数

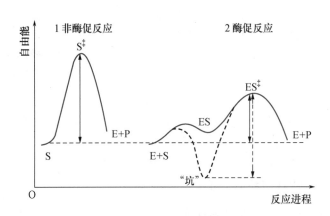

图 4-8　系列羧酸单苯酯的反应
（反应物在邻近的位置上增加的刚性也增加了反应速度）

范德华作用和疏水相互作用。每个弱键的形成都会释放一些能量，为 ES 提供某种程度的稳定。

　　酶的活性中心并非与底物互补，而是与底物的过渡态互补。例如：酶的某个位点只能与过渡态上的部分电荷结合。另外，结合了底物以后，在关闭状态的酶活性中心中，过渡态上的电荷重排可能使一些键强化，如有些氢键可能从低能量的状态转变成高能量的状态，使过渡态更加稳定。最多、最强的非共价的弱相互作用只在过渡态形成。

　　酶与底物结合后，应该促使 S 转化为 S‡，并不是紧紧抓住 S 形成过于稳定的 ES。太高的 ES 稳定性在热力学上形成坑（pit），如图 4-9 中虚线表示的谷底。反应的过程先落在热力学的坑中，再攀上顶峰（图 4-9）。这种情况对反应不利。因此，底物与酶的结合相当弱。还有些酶通过形成一系列能量较低的中间产物完成反应。

　　弱相互作用也使一个酶具有高度的专一性。如果一个酶的活性中心上的功能基团可以和底物的过渡态形成弱相互反应，酶就不可能以同样的程度与

图 4-9　酶由于降低活化能而加速了反应
〔如果酶与底物结合过紧（虚线），就会形成能量的谷底"坑"，酶促反应活化能（2）就可能与非酶促反应的活化能（1）相同〕

任何其他分子形成同样的反应。另外，对于一个分子具有的功能基团，酶却没有相应的位点，这个分子就可能从酶中排出。也就是说，酶的专一性是由酶与专一的底物间弱相互反应形成的。

　　当底物与酶结合时，底物可以诱导酶的构象变

化,这是因为底物的反应基团与酶的活性位点形成了新的连键,取代了活性位点中某些残基与相邻基团原来的连键。同样,酶也可以促使底物发生变形。底物分子中的敏感键受到酶分子上的某些基团的作用,敏感键某一端上的电子云密度可能增高或降低,造成底物变形,也就是产生了"电子张力"。变形的底物更接近于过渡态,更容易反应,从而降低了反应的活化能。

底物在整个反应中有三种状态:底物、过渡态和产物。酶只与过渡态结合最紧密。当底物上的每个反应基团都能与酶的结合位点结合时(底物形成了过渡态),酶与底物的弱相互作用最强。如果一个底物不能变形,不能形成过渡态,这个底物与酶的结合过程中,弱相互作用可以降低,但反应的活化能却要增高。

过渡态类似物是具有类似于过渡态结构的化合物。对很多酶促反应机制的认识来自对这些类似物的使用。过渡态类似物与相关的酶结合非常紧,比底物与酶的结合紧得多。有些过渡态类似物与酶的解离常数可达 10^{-13} mol/L。因此,过渡态类似物可以作为酶的抑制剂。对过渡态类似物的研究不但有利于对酶催化机制的了解,还可以设计合成具有高效力的特异药物。

(三)酶的活性中心提供了疏水环境

酶的活性中心由疏水的氨基酸残基形成口袋(图 4-10)。非极性的反应口袋有利于酶对底物的结合和催化。静电相互作用在有机溶液中比在水中强得多,使用有机溶剂是化学合成中常用的方法。对酶来说也是如此:由疏水的氨基酸残基形成的反应口袋提供了非极性的环境,使极性的或离子化的氨基酸残基侧链在疏水口袋中进行更有效的催化反应。

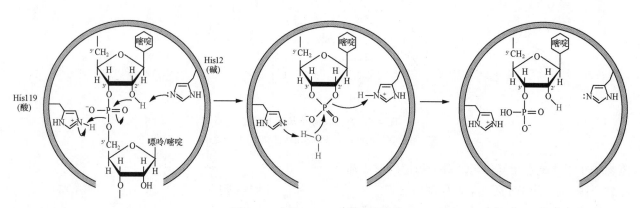

图 4-10 牛胰 RNase A 的活性中心
(外围曲线表示酶中疏水的反应口袋)

在酶促反应中,底物从水相转移到酶的活性中心,并把活性中心里原来的水分子排出。例如:胰凝乳蛋白酶的活性中心结合了 16 个水分子。底物与活性中心结合后,把水分子排到水相中,然后反应在非极性的环境中进行。

(四)广义酸碱催化

酸碱催化是有机化学中很普通的催化方式,由 H^+ 和 OH^- 作为催化剂。这种催化方式是狭义酸碱催化(specific acid-base catalysis)。酶促反应也使用酸碱催化的机制,但是由于细胞的环境接近中性,酶只能用氨基酸残基的侧链作为质子的供体或受体进行酸碱催化。这种与质子转移有关的催化反应称为广义酸碱催化(general acid-base catalysis)。在反应过程中,产生的过渡态上具有不稳定的电荷

分布,被转移的质子稳定了过渡态,降低了过渡态的能量,从而使反应加速。

例如:酮-烯醇式间的互变异构产生了类似于碳负离子的过渡态(图 4-11)。在没有催化剂存在下,活化能很高,反应速度慢。在广义酸催化过程中,当一个质子转移给氧原子后,降低了过渡态的碳负离子特征,降低了过渡态的活化能而使反应加速。广义碱催化则是由一个碱吸引质子。

酸碱催化的反应速度与 2 个因素有关,一个是酸或碱的强度(pK 值),一个是质子转移的速度。组氨酸的咪唑基在各种蛋白质中的 pK 值都在 6～7,在细胞的中性 pH 条件下,既能作为质子的供体又能作为质子的受体。咪唑基转移质子的速度很快,半寿期小于 10^{-10} s。所以在很多蛋白质中,组氨酸含量虽少,作用却非常重要。

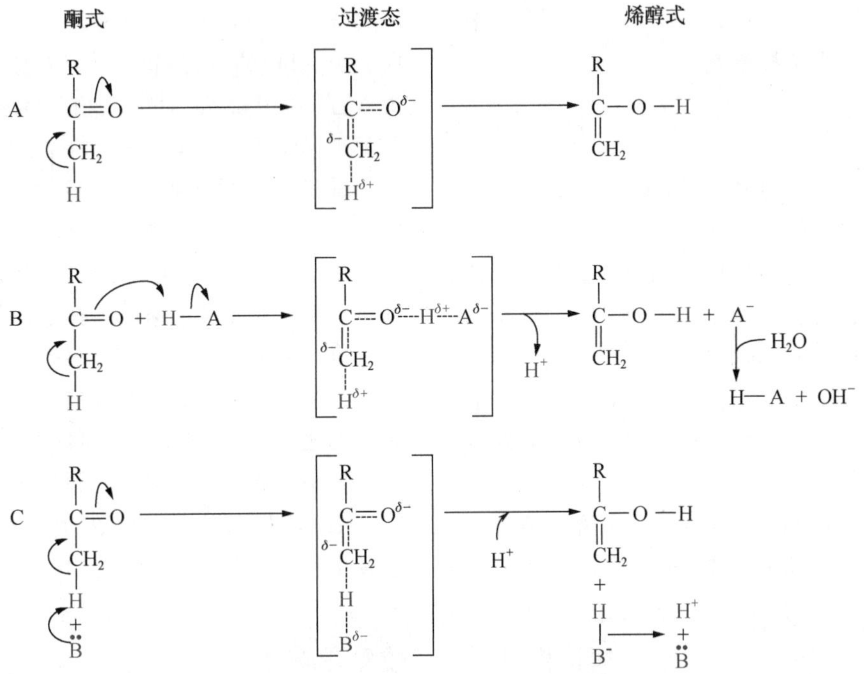

A. 无催化剂存在　　B. 广义酸催化　　C. 广义碱催化

图 4-11　酮-烯醇式的互变异构

(五)共价催化

共价催化(covalent catalysis)中,酶与底物形成暂时的共价键,这个共价中间产物稳定了过渡态,从而降低了反应的活化能,使反应加速。

共价催化的反应可以分为两个阶段:首先是底物与酶经过亲核反应以暂时的共价键连接,形成过渡态。接着,底物分子的一部分从过渡态上转移到第二个底物分子上。如果第一个底物 A-X 中的 X 基团要转移到第二个底物 B 上,首先要形成 X-E 复合物。

$$A\text{-}X + E \Longrightarrow X\text{-}E + A$$
$$X\text{-}E + B \Longrightarrow B\text{-}X + E$$

胰凝乳蛋白酶催化肽链水解就是共价催化的例子。催化反应的第一个阶段形成了共价连接的酰基-酶中间产物和产物胺。在第二个阶段里,中间产物再把酰基交给水分子,形成产物酸,并释放出酶(详见本章酶催化作用的例子)。

共价催化包括亲核催化(nucleophilic catalysis)和亲电催化(electrophilic catalysis)。具有非共用电子对的基团或原子攻击缺少电子的原子(具有部分正电荷),以非共用电子对形成暂时的共价键,这种机制是亲核催化。亲核催化的机制与广义碱催化很相似,不同之处只在于用亲核攻击形成共价键代替了吸引质子。酶分子中可作为亲核基团的有组氨酸的咪唑基,半胱氨酸的巯基和丝氨酸的羟基。组氨酸的咪唑基既可作为酸碱催化基团又可作为亲核催化基团,推测组氨酸是作为催化的氨基酸残基进化的。

亲电催化是亲电基团从底物中吸取一个电子对形成暂时的共价键。例如:一级胺与羰基形成席夫(Schiff)碱,稳定了过渡态(详见第十一章)。典型的亲电基团有 H^+、Mg^{2+}、Mn^{2+} 和 Fe^{3+} 等。转氨酶的辅基磷酸吡哆醛就是亲电基团。

(六)金属离子催化

已经发现大约 1/3 的酶含有金属离子。其中一类称为金属酶(metalloenzyme)。这些酶中的金属离子与酶蛋白结合紧密,或与氨基酸的侧链共价结合,或与辅基共价结合,如血红素中的铁离子。这类金属离子作为酶的辅酶,与酶的催化活性直接相关,如果缺少了金属离子,酶也就失去活性。

金属离子可以维持酶分子的活性中心的结构以及活性中心与底物或产物形成的复合物的正确结构。还可以通过水的离子化来促进亲核反应。金属离子的正电荷可以像质子一样中和负电荷。不过,金属离子的作用比质子更强,在中性 pH 条件下也可以保持较高的浓度,而且不止正一价。在中性

pH 时,与金属离子结合的水分子就成为 OH^- 的来源。例如,在 $(NH_3)_5Co^{3+}(H_2O)$ 中,水分子离子化,产生的 OH^- 成为亲核试剂:

$$(NH_3)_5Co^{3+}(H_2O)\Longleftrightarrow(NH_3)_5Co^{3+}(OH^-)+H^+$$

在羧肽酶 A 的活性中心结合了一个 Zn^{2+},Zn^{2+} 使结合的水分子离子化,产生的 OH^- 作为亲核试剂,参与催化反应。这种反应机制与胰凝乳蛋白活性中心的 Ser195 的作用很相似。在另一些反应中,金属离子作为氧化还原试剂,参与氧化还原反应。例如:过氧化氢酶含有血红素,通过血红素中铁离子的可逆变价($Fe^{2+}\Longleftrightarrow Fe^{3+}$)交换电子,使 H_2O_2 分解成 H_2O 和 O_2。

还有一些酶中含有的金属离子与酶蛋白结合并不紧密,也不直接参与催化反应,但是金属离子的存在与否与酶的催化效率有关。这一类酶称为金属激活酶(metal-activated enzyme)。例如,有些酶催化的反应与 ATP 的水解偶联,反应需要 Mg^{2+} 的存在。因为 Mg^{2+} 可以屏蔽 ATP 上相邻的负电荷,所以比起 ATP 本身,Mg^{2+}-ATP 复合物才是酶更好的底物。

促进酶促反应速度的机制很多,一种酶在催化反应时可能采用几种机制,受几种因素的共同影响。

不过,酶促反应速度是有上限的。这个限制就是酶与底物相互碰撞的速度。在生理条件下,反应物的扩散速度大约为 $10^8\sim10^9$ mol/(L·s)。如果一个反应的各个步骤都很简单而且很快,底物与酶的结合又非常迅速,这个酶促反应才能达到理论上的上限。只有少数酶能够接近上限值。例如:磷酸丙糖异构酶的 k_{cat}/K_m(表观二级速度常数)是 4×10^8 mol/(L·s),过氧化氢酶的 k_{cat}/K_m 是 2×10^9 mol/(L·s)。

知识框 4-1　有效摩尔浓度

单位时间内,底物或产物浓度的变化就是反应速度 v。反应的速度取决于反应物的浓度和速度常数 k。

如果只有一种反应物 S 转化为产物 P(单分子反应),这样的反应是一级反应:

$$v=k[S]$$

一级反应速度常数 k 的单位是 s^{-1}。如果一级反应的速度常数是 $0.03\ s^{-1}$,就意味着 1 s 内,有 3% 的底物转变成产物。如果反应的速度常数为 $2\ 000\ s^{-1}$,就表明不到 1 s 反应就可以结束。

如果一个反应在 2 个不同或 2 个相同的分子中发生(双分子反应),就是二级反应。k 是二级反应速度常数,单位是 mol/(L·s)。速度方程是:

$$v=k[S_1][S_2]$$

两个反应物,即两个底物,在溶液中发生的酶促反应是分子间的反应(二级反应)。一旦底物与酶分子碰撞并结合,邻近效应和定向效应就发挥了重要作用,使得两个反应物形成了一个分子,反应也从分子间反应转变为分子内的反应(一级反应)。与分子间反应相比,分子内反应的优越之处在于减少了熵。熵最通俗的表达方式是混乱度,一个系统中,原子和分子在空间的自由度越高,混乱度越高,熵就越高。2 个底物分子结合形成了一个分子,限制了单独分子的相对运动,减少了约一半的扩散熵和平移熵,从而也就降低了克服混乱度所需的活化能,使底物更容易形成过渡态。

提高的反应速度还可以用提高相对浓度的形式表达,即单分子反应中反应基团的有效摩尔浓度。

$$有效摩尔浓度=\frac{k_1(s^{-1})}{k_2(mol/L)^{-1}\cdot(s^{-1})}$$

式中,k_1 是 2 个分子形成单分子后的反应速度常数,k_2 是相应的双分子反应速度常数。等式中除了 mol/L,所有的单位都可以消除。所以有效摩尔浓度可以用 mol/L 单位表示。有效摩尔浓度效应并不是真实的浓度,但是它表明由于反应基团正确排列降低了熵,也就降低了克服这些熵所需要的活化能。

邻近效应和定向效应在提高反应速度中起主要的作用。

三、酶催化作用的例子

我们已经了解了酶作用的基本原理,现在通过两个具体的例子来深入认识酶的催化机制,包括胰凝乳蛋白酶和溶菌酶。我们之所以选择这两个酶主要是因为它们的催化机理研究得较为透彻。

(一)胰凝乳蛋白酶

胰凝乳蛋白酶(chymotrypsin)在胰腺中以无活性的前体形式合成并储藏。当从胰腺分泌到小肠时,无活性的酶原被激活后,酶便在小肠中催化蛋白质的水解(详见本章酶原激活)。胰凝乳蛋白酶水解蛋白质芳香族氨基酸(Trp、Tyr、Phe)的 C-端参与形成的肽键。Asp102、His57 和 Ser195 是胰凝乳蛋白酶的催化基团(图 4-12)。由于活性中心含有参与催化的 Ser,胰凝乳蛋白酶被归于丝氨酸蛋白酶家族。

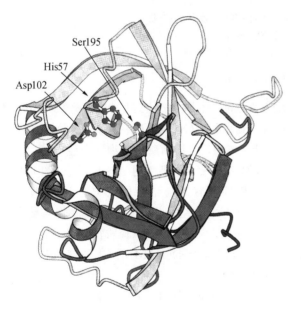

图 4-12 胰凝乳蛋白酶的三维结构
(图中颜色的深浅表示胰凝乳蛋白酶的三个肽段。
引自 Berg et al.,2019)

通常的情况下,Ser 侧链的酸性不强,不足以使—OH 脱去质子形成强的亲核试剂。一旦底物蛋白与酶结合后,诱导胰凝乳蛋白酶的构象发生轻微的变化。Asp102 和 His57 受到挤压,在两个氨基酸残基之间形成很强的氢键(图 4-13)。强的氢键把电子推向咪唑基上的第二个 N 原子(N1),增强了咪

唑基的碱性,使 His57 的 pK_a 从 7 升到 12。增加的碱性使咪唑基可以作为一个广义的碱吸引 Ser195 上—OH 的质子,使 Ser195 上的—OH 成为有效的亲核基团。Asp102、His57 和 Ser195 形成的氢键网络称为催化三联体(catalytic triad),也称为电荷接力网(charge relay network)。

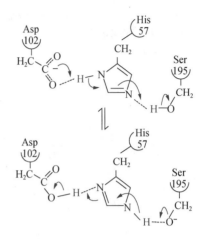

图 4-13 胰凝乳蛋白酶活性中心的电荷接力网

胰凝乳蛋白酶的催化机制如下(图 4-14):

(1)胰凝乳蛋白酶与底物蛋白结合形成 ES 复合物。His57 的咪唑环从 Ser195 的—OH 吸引质子形成咪唑离子(广义碱催化)。在反应的限速步骤中,Ser195 作为亲核试剂攻击肽键上的羰基,形成四联体中间产物(共价催化)。X 射线晶体衍射研究指出 Ser195 处在适当的位置进行亲核攻击(邻近效应与定向效应)。Asp102 的羧基离子与 His57 形成氢键,有助于整个过程的进行。研究表明:Asp102 一直保持在离子的状态,并没有从 His 夺取质子形成羧酸。胰凝乳蛋白酶大部分的催化能力来自与过渡态结合,与过渡态的结合使四联体中间产物能够形成。

(2)His57 的 N3 提供质子驱动四联体中间产物产生酰基-酶中间产物(广义酸催化)。产物胺(具有新 N-端的断裂肽链)从酶中释放,水分子取代产物胺与咪唑基形成氢键。

(3)和(4)酰基-酶中间产物迅速脱去酰基生成产物酸(具有新羧基的断裂肽链),酶得以恢复原来的状态。在最后的反应中,水是攻击的亲核基团,Ser195 是离去基团。

(二)溶菌酶

溶菌酶(lysozyme)可以催化细菌细胞壁多糖的水解,从而溶解这些细菌。脊椎动物的眼泪、唾液、

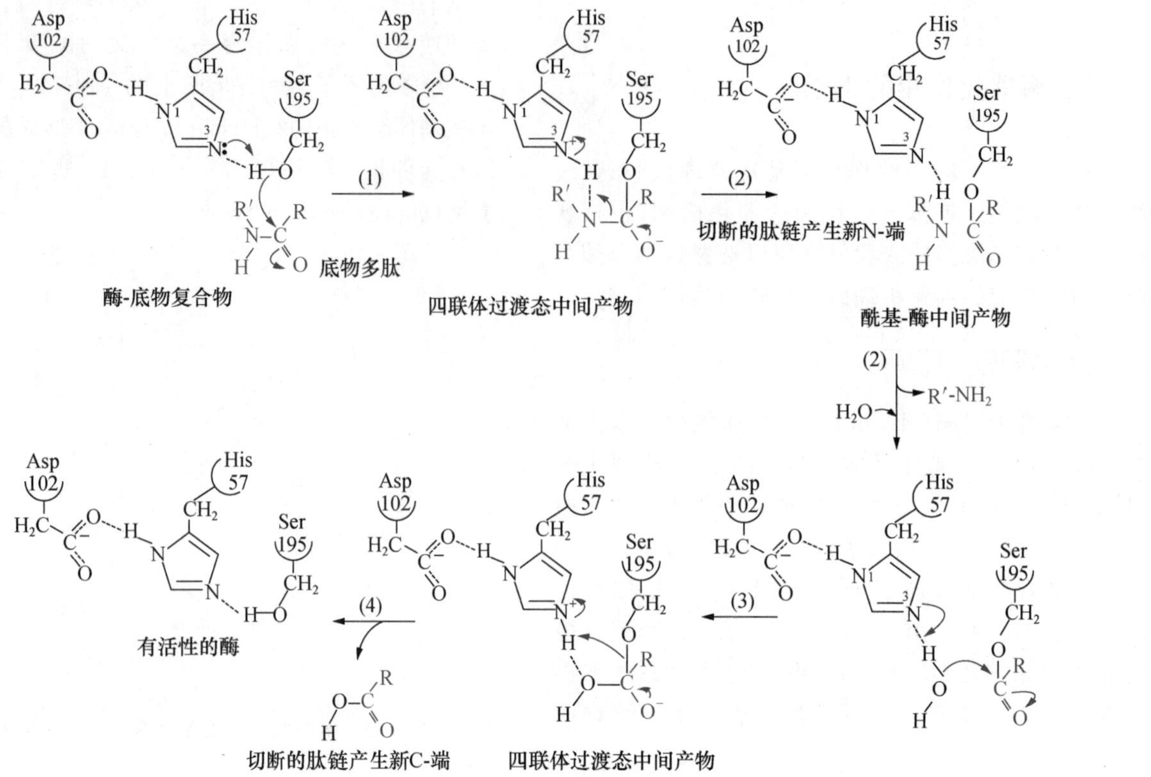

图 4-14 中的反应式

(1)活性中心的 Ser 对肽键的羰基进行亲核攻击,形成四联体过渡态中间产物
(2)四联体过渡态分解产生酰基-酶中间产物,释放产物胺,水分子与咪唑基形成氢键
(3)形成第二个四联体过渡态中间产物　(4)酶释放产物酸

图 4-14　胰凝乳蛋白酶的催化机制

鼻涕等很多分泌物中都含有溶菌酶以对抗细菌的感染。其中研究得最多的是卵清溶菌酶。卵清溶菌酶是由 129 个氨基酸残基组成的单链多肽,1965 年 David Phillips 及其同事解析了溶菌酶的三维结构,第一次获得了酶的三维结构。X 射线晶体衍射研究发现,酶分子最显著的特征是一个横跨分子表面的裂缝,这是底物结合位点(图 4-15)。

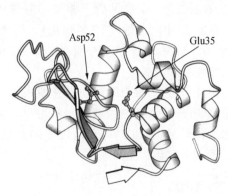

图 4-15　溶菌酶的结构

(改自 Berg et al. ,2019)

溶菌酶的底物是由 N-乙酰氨基葡萄糖(NAG)和 N-乙酰葡萄糖乳酸(NAM)交替排列的多糖,彼此以 β(1→4)糖苷键相连。溶菌酶的底物结合位点可以容纳含有 6 个残基的糖链,糖环用 A～F 标志(图 4-16)。其中 5 个糖环很容易与结合位点契合,但是糖环 D(NAM)不能与它的结合位点互补。在底物与酶的结合过程中,糖环 D 扭曲变形,从椅式转变成半椅式。溶菌酶专一地断裂糖环 D(NAM)的 C1 与糖环 E(NAG)的 C4 形成的糖苷键。

活性中心的催化基团是 Glu35 和 Asp52。这 2 个氨基酸残基的侧链配置在即将断裂的糖苷键的两侧,分别处在不同的环境中。Asp52 由几个保守的极性残基围绕,相互形成复杂的氢键网络。因此,Asp52 总是解离的,在 pH 3～8 的范围内都带有负电荷。与此相反,Glu35 的羧基处于非极性环境里,总是不解离的。Philips 基于结构信息及与各种人工底物的结合实验提出了如下的卵清溶菌酶的催化机制(图 4-17)。

(1)溶菌酶与细菌细胞壁的六糖单位结合。在结合的过程中,糖环 D 扭曲形成半椅式构象。

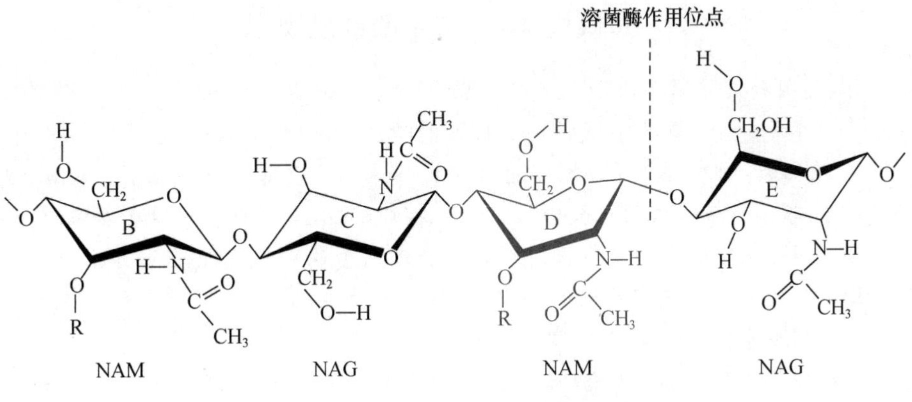

D-环是半椅式构象

图 4-16　溶菌酶的底物作用位点

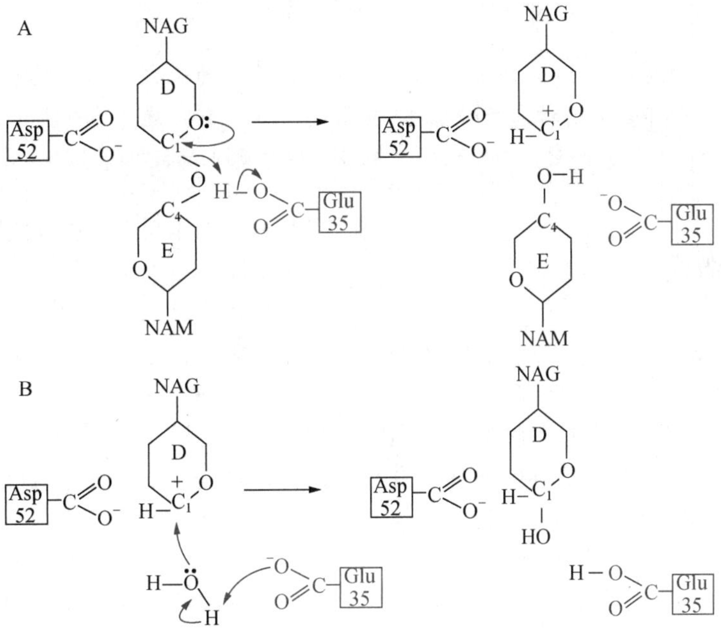

A. Glu35 把 H$^+$ 转移给糖苷键上的 O，糖苷键断裂产生碳正离子。Asp52 的负电荷稳定了碳正离子

B. 水加入反应，水的 OH$^-$ 交给碳正离子，H$^+$ 交给 Glu35

图 4-17　卵清溶菌酶的催化机制

（2）Glu35 把羧基上的质子转移给糖环 D 上的 O1（广义酸催化）。使 C1—O1 键断裂，在糖环 D 的 C1 上产生碳正离子。糖环 D 扭曲形成半椅式构象，所产生的张力有助于键的断裂。

（3）Asp52 羧基提供的负电荷与碳正离子相互作用（过渡态稳定作用）。稳定能量达到 37.6 kJ/mol，相当于提高速度 4×10^6 倍，但是不会形成共价键。因为 Asp52 羧基上的 O 与糖环 D 上的 C1 相距 0.3 nm，而 C—O 共价键只有 0.14 nm 长。

（4）反应形成"糖基-酶"中间产物，酶把糖环 E 连接的糖链释放。水分子的加入使 Glu35 重新质子化，然后释放糖环 D 连接的产物。

Philips 提出的上述机制最初被广泛接受，但后来的实验数据更倾向于酶的催化是从 Asp52 对糖环 D 上 C1 的亲核攻击开始。因此，关于溶菌酶的催化机制尚未最终证实。

知识框 4-2　溶菌酶的发现

1921 年 11 月,英国细菌学家亚历山大·弗莱明(Alexander Fleming)患上了重感冒。他当时正在研究杀灭细菌的药物,顺手就把这次感冒带进了自己的研究。

他取了一点鼻腔黏液,滴在培养了一种黄色球菌的固体培养基上。两周后,Fleming 发现一个有趣现象。培养基上其他部分遍布球菌的克隆群落,但黏液所在之处却没有,而黏液边缘的一些地方,似乎出现了一种新的克隆群落,外观呈半透明状。弗莱明一度认为这种新克隆是来自他鼻腔黏液中的新球菌,还开玩笑地取名为 A·F(他名字的缩写)球菌。但是很快他就发现,这所谓的新克隆根本不是一种什么新的细菌,而是由细菌裂解所致。

Fleming 继续研究,并得出明确结论,鼻腔黏液中含有可以杀死细菌的物质。Fleming 还发现,热和蛋白沉淀剂都可破坏这种物质的抗菌功能。于是他推断这种新发现的物质一定是一种酶,于是将它命名为 lysozyme,即溶菌酶,lyso-表明这种物质可以裂解细菌,-zyme 表明这种物质是酶。随后他发现,眼泪中也大量含有这种物质,但汗水和尿液中没有。为了进一步研究溶菌酶,弗莱明曾到处讨要眼泪,惹得同事们一度竟都避他不及。1922 年 1 月,他发现鸡蛋的蛋清中有活性很强的溶菌酶,这才解决了溶菌酶的来源问题。

1922 年稍晚些的时候,Fleming 发表了第一篇研究溶菌酶的论文。后续的研究结果表明,这种酶的杀菌能力不太强,只有部分细菌对溶菌酶敏感,溶菌酶对多种有害病原菌却没有什么作用。

幸运的是,Fleming 继续他的试验,终于在 7 年后发现了真正的抗生素药物:青霉素。

四、酶原与酶原激活

有些酶在刚刚合成时是没有活性的前体,称为酶原(zymogen)。酶原要经过部分水解,切去部分肽段,才能形成有活性的酶。这个过程称为酶原激活(zymogen activation),是酶从无活性的前体转变为有活性酶的过程,酶原激活过程是不可逆的。体内有一些酶采用这种特殊的蛋白质水解方式活化,酶原激活有时会切掉很多氨基酸残基,如牛羧肽酶 B 激活时要从 505 个氨基酸残基中切掉约 200 个。

(一)消化道中的蛋白酶

胰蛋白酶原、胰凝乳蛋白酶原在胰腺中合成,在小肠中活化后水解食物中的蛋白质。为什么蛋白酶只消化食物,不消化合成自身的组织呢?机体有两种方法保护自己不被自己合成的酶消化:一种方法是首先合成没有活性的酶原,只有当这些酶原进入小肠后才会被加工,然后才产生有活性的酶。另一种方法是在小肠上皮细胞外覆盖由一层黏蛋白(mucin)构成的黏液。黏蛋白是很大的糖蛋白,其中大量的寡糖链与蛋白质共价结合,并结合了大量的水。黏蛋白形成丝状的网络,保护着小肠。黏蛋白中的碳水化合物也保护着蛋白质本身不被降解。

有些酶对机体则不会造成危险,如淀粉酶,就不必先合成酶原。

当食物进入胃中以后,胃的上皮细胞就分泌出胃蛋白酶原。与有活性的胃蛋白酶相比,胃蛋白酶原的 N-端多了 44 个氨基酸残基。这个多余的片段封闭了酶的活性中心。当酶原与胃中的 HCl 接触以后,构象发生变化。酶自己将这个多余的片段切除,形成了成熟的胃蛋白酶。这个过程称为自身降解(self-cleaves)。一旦形成了少量的胃蛋白酶,这些成熟的酶就会水解其他的酶原,产生更多成熟的有活性的酶。

胰蛋白酶原、胰凝乳蛋白酶原和弹性蛋白酶原都是在胰腺中合成的,合成后就储藏在膜包被的分泌囊泡中。当受到激素或神经信号的刺激后,分泌囊泡的膜与细胞质膜融合,将各种酶原分泌出来。肠肽酶(enteropeptidase)是插在十二指肠黏膜上的酶,肠肽酶将胰蛋白酶原 N-端含 6 个氨基酸残基的肽段切除,产生有活性的胰蛋白酶(图 4-18A)。

胰蛋白酶的水解发生在 Lys_6-Ile_7 形成的肽键上,这个肽键也正是胰蛋白酶的作用位点。由肠肽酶水解产生的少量活性的胰蛋白酶迅速将其他的胰蛋白酶原水解,产生更多的胰蛋白酶。同时,胰蛋白酶也使其他的酶原分子活化。

不同的蛋白酶原活化的机制不尽相同。胰凝乳蛋白酶原要经过两次水解,形成 A、B、C 三个肽段才能产生有活性的胰凝乳蛋白酶(图 4-18B)。胰凝乳蛋白酶原是由 245 个氨基酸残基组成的单链酶蛋白,链内有 5 对二硫键。当酶原经胰蛋白酶作用,切断 Arg_{15} 和 Ile_{16} 之间的肽键,就转变成有活性的 π-胰凝乳蛋白酶,π-胰凝乳蛋白酶活性高,但不稳定。通过 π-胰凝乳蛋白酶的自身水解作用,切去一段二肽(Ser_{14}-Arg_{15}),生成 δ-胰凝乳蛋白酶。进而

再切去一段二肽(Thr_{147}-Asn_{148})后转变成更加稳定但活性较低的 α-胰凝乳蛋白酶(图 7-14)。酶原激活后构象发生变化,造成一个疏水的反应口袋,允许带芳香环的底物(如酪氨酸、色氨酸及苯丙氨酸)或带一个较大的非极性脂肪烃链的底物(如甲硫氨酸)进入专一性部位。显然,这样的口袋在酶原中是不存在的。

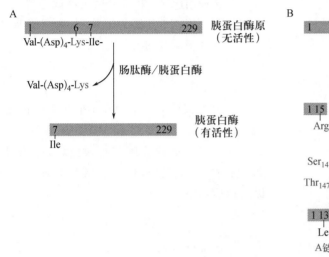
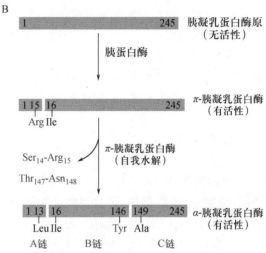

A. 胰蛋白酶原的激活过程　B. 胰凝乳蛋白酶原激活过程

图 4-18　酶原激活过程示意图

(改自 Nelson et al.,2021)

弹性蛋白酶原只需胰蛋白酶将 N-端的一段序列切去即可被活化。

假如储存上述蛋白酶原的分泌囊泡的膜破裂,细胞中还有一种胰蛋白酶抑制蛋白(trypsin-inhibitor protein)能与胰蛋白酶的活性中心紧密结合,从而抑制胰蛋白酶在胰腺中作用。蛋白酶原的合成、分泌和活化是精细的调节过程,保证了蛋白酶原只在特定组织器官中活化,避免了对机体的损伤。

(二)蛋白质激素

一些蛋白质激素最初合成的是无活性的前体。如胰岛素是由胰岛素原(proinsulin)经蛋白酶水解加工后才形成有活性的胰岛素。

(三)与凝血有关的蛋白质和酶

机体受到创伤后,会启动一系列的水解反应,将凝血酶原和血纤蛋白原激活。在创口处形成血凝块,将伤口封闭。

(四)一些纤维蛋白

胶原蛋白是皮肤、骨骼等组织中的重要成分,由可溶性的原胶原蛋白经过部分水解后,缔合形成不溶于水的纤维蛋白。

(五)与细胞程序性死亡有关的酶

在生长发育过程中以及受到外来刺激时,机体能够主动清除多余的、衰老的和受损伤的细胞,以保持机体内的环境平衡并维持正常生理活动。这个过程就称为细胞程序性死亡(programmed cell death),也称细胞凋亡(apoptosis),是机体的自我调节机制。

与细胞程序性死亡有关的蛋白酶称为 caspase,最初是以无活性的前体形式(procaspase)合成的。当前体被各种信号激活后,启动细胞程序性死亡。在大多数生物中,从线虫到人类,caspase 的功能都是相同的。细胞程序性死亡可以清除身体内出了问

题的细胞,如产生抗自身抗体的细胞、受病原体感染的细胞或者 DNA 受到严重损伤的细胞。

第六节　酶促反应动力学

动力学(kinetics)研究的是化学反应速度和影响反应速度各种因素的关系。因为反应速度以及反应速度在不同条件下如何变化与反应的途径密切相关,所以研究动力学可以使我们了解反应的机制,了解反应发生的各个步骤和顺序。酶促反应动力学是揭示酶促反应机制的有力工具。

酶促反应动力学的研究非常复杂,本章中只讨论简单体系中的几个基本问题。

一、稳态动力学

动力学的研究始于 1902 年,Adrian J. Brown 用转化酶(即蔗糖酶)水解蔗糖,研究底物浓度对反应速度的影响。反应中固定酶的浓度,在不同的底物浓度下测定反应速度。用反应速度对底物浓度作图,得到一条双曲线(图 4-19)。

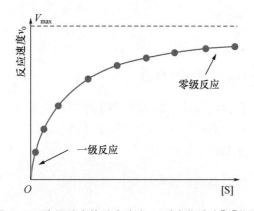

图 4-19　酶促反应的反应速度 v_0 对底物浓度[S]作图
(固定酶的浓度,反应得到双曲线。底物浓度低时,曲线接近于直线,反应速度依赖于底物浓度。底物浓度很高时,酶接近饱和,增加底物浓度不能提高反应速度)

从图 4-19 中可以看到,底物浓度很低时,随着底物浓度的增加,反应速度也增加,二者成正比。反应是一级反应。当底物浓度增加到一定程度时,反应速度不再按比例增高,是混合级反应。当底物浓度大大高于酶的浓度时,反应的速度与底物的浓度无关,是零级反应。于是 Brown 提出反应可以分为2个部分:

$$E+S \underset{k_2}{\overset{k_1}{\rightleftharpoons}} ES \underset{k_4}{\overset{k_3}{\rightleftharpoons}} E+P \qquad (4-1)$$

式中的 E、S、ES 和 P 分别代表酶、底物、酶-底物复合物和产物,k 是反应速度常数。按照这个模式,当底物浓度提高到使所有的酶都形成 ES 复合物时,所有的酶都被底物饱和,反应速度就达到最大。此时再增加底物浓度,反应速度也不会提高。整个反应的速度与底物浓度无关。反应速度达到平台。在这种情况下,第二步反应就成为整个反应的限速步骤。当 ES 分解为产物后,酶又游离出来催化下一个分子的反应。

(一)米氏方程

1913 年,在 Victor Henri 早期工作的基础上,Leonor Michaelis 和 Maud Menten 假设当 $k_2 \gg k_3$ 时,ES 形成产物的速度很小,可以忽略不计;从 E 和 S 形成 ES 的反应与 ES 分解为 E 和 S 的反应可以迅速达到平衡。即:

$$K_S = k_2/k_1 \qquad (4-2)$$

整理推导后得到:

$$v_0 = \frac{V_{max}[S]}{K_S+[S]} \qquad (4-3)$$

这个公式称为米氏方程(Michaelis-Menten equation)。其中的 K_S 是 ES 解离成 E 和 S 的平衡常数(substrate constant),V_{max} 是最大反应速度(maximal velocity)。酶与底物形成复合物的概念是酶促反应动力学的基础。Michaelis-Menten 提出这个公式时假设 ES 复合物与游离的 E 和 S 之间很快就可以达到平衡,实际上,这种情况只能在 $k_2 \gg k_3$ 时才会出现。他们的理论被称为“快速平衡理论”。

George E. Briggs 和 John Burdon Sanderson Haldane 在 1925 年对米氏方程进行了修正。他们提出:[ES]可以分解为 E+S,也可以分解为 E+P。将酶与过量的底物混合,当初始阶段过后(约几毫秒),尽管[S]和[P]不断变化,[ES]会保持恒定,直至底物耗尽。在这期间,ES 生成的速度和分解的速度相等,即:[ES]维持在稳态(steady state),这是一种动态平衡的状态。他们首次将稳态的概念引入了米氏方程,他们的理论被称为“稳态平衡理论”。

在稳态下,虽然生成 ES 的反应有 2 个:E+S→

ES 和 E+P→ES。但是在反应的初始阶段,产物的浓度很低,E+P→ES 的速度极小,因此 k_4 可以忽略不计。所以,ES 的生成只与 E+S→ES 有关,速度是:

$$v_{合成}=k_1([E]_T-[ES])[S] \qquad (4\text{-}4)$$

式中,$[E]_T$ 为酶的总浓度,$[ES]$ 为酶-底物复合物的浓度,$[E]_T-[ES]$ 为游离酶的浓度,$[S]$ 为底物浓度。反应中底物是过量的,尽管一部分底物与酶形成复合物,但与底物的总浓度相比,可以忽略不计。游离底物的浓度即可视为与总的底物浓度接近相同。

Briggs-Haldane 对米氏方程进行了重要修正:ES 的分解反应有 2 个,既可以分解为 E+S,也可以分解为 E+P。ES 的分解速度为:

$$v_{分解}=k_2[ES] \qquad (4\text{-}5)$$

$$v_{分解}=k_3[ES] \qquad (4\text{-}6)$$

在反应达到稳态时,$[ES]$ 的合成速度与分解速度相等,即:

$$v_{合成}=v_{分解} \qquad (4\text{-}7)$$

$$k_1([E]_T-[ES])[S]=k_2[ES]+k_3[ES]$$
$$(4\text{-}8)$$

这一步是稳态平衡理论与快速平衡理论的重要区别。

整理可得:

$$\frac{([E]_T-[ES])[S]}{[ES]}=\frac{k_2+k_3}{k_1} \qquad (4\text{-}9)$$

用 K_m 表示 k_1、k_2、k_3 之间的关系:

$$K_m=\frac{k_2+k_3}{k_1} \qquad (4\text{-}10)$$

将式(4-9)代入式(4-10):

$$K_m=\frac{([E]_T-[ES])[S]}{[ES]} \qquad (4\text{-}11)$$

整理后可得稳态时的 $[ES]$:

$$[ES]=\frac{[E]_T[S]}{K_m+[S]} \qquad (4\text{-}12)$$

因为酶促反应的速度(v)与 $[ES]$ 成正比,所以:

$$v=k_3[ES] \qquad (4\text{-}13)$$

将式(4-12)代入式(4-13),得到:

$$v=k_3\frac{[E]_T[S]}{K_m+[S]} \qquad (4\text{-}14)$$

由于反应体系中底物是过量的,所有的酶都被底物饱和形成了 $[ES]$,也就是 $[E]_T=[ES]$,所以反应达到了最大速度 V_{max},即:

$$V_{max}=k_3[ES]=k_3[E]_T \qquad (4\text{-}15)$$

将式(4-15)代入式(4-14):

$$v=\frac{V_{max}[S]}{K_m+[S]} \qquad (4\text{-}16)$$

这就是根据稳态理论得到的动力学方程式。这个方程的形式与米氏方程相同,所以还是称为米氏方程,其中的 K_m 称为米氏常数(Michaelis constant)。当 $k_2 \gg k_3$ 时,$K_m=K_S$。

从式中可以知道米氏常数 K_m 有一个简单的运算定义:

$$当 v=1/2V_{max} \ 时,K_m=[S] \qquad (4\text{-}17)$$

K_m 是当酶促反应速度达到最大反应速度一半时的底物浓度,单位是 mol/L(图 4-20)。

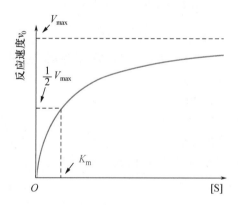

图 4-20　米氏常数 K_m
(米氏常数 K_m 是反应速度达到最大反应速度一半时的底物浓度)

(二)动力学参数的意义

1. K_m 的意义

K_m 值是 ES 的分解速度与合成速度之比。可以把 K_m 值看作表观(apparent)解离常数,真实解离常数是 K_S。当 $k_2 \gg k_3$ 时,K_m 与 ES 分解成 E+S 的平衡常数相等,$K_m=K_S$。所以,K_m 可以近似地表示酶与底物间亲和力的大小,K_m 值越低,酶与底物间的亲和力越高。K_m值反映了酶本身特有的性质。

根据K_m值可以判断酶的底物。例如,在酶的几种底物中,K_m值最低的底物可能是酶的最适底物。用K_m值还可以区分催化同一种反应的不同的酶。例如,哺乳动物具有几种乳酸脱氢酶,每种都有特异的K_m值。测定K_m值有助于了解不同组织中或不同生理状况下催化同一反应的是否是同一种酶。

根据某个酶的K_m值可以对反应速度做出判断。例如:如果$[S]=3K_m$,求反应速度v相当于最大反应速度V_{max}的百分比。

$$v=\frac{V_{max} \cdot 3K_m}{K_M+3K_m}$$

$$v=\frac{3}{4}V_{max}=75\%V_{max}$$

当$[S]=3K_m$,v达到最大反应速度V_{max}的75%。

利用米氏方程,还可以根据某个酶的反应速度和K_m值求得底物浓度。例如:求当反应速度达到最大反应速度的80%时的底物浓度。

$$80\%V_{max}=\frac{V_{max} \cdot [S]}{K_m+[S]}$$

$$80\%(K_m+[S])=[S]$$

$$[S]=4K_m$$

反应过程中,底物、温度、pH和离子强度都可能影响酶的K_m值。

2. k_{cat}的意义

当底物浓度过量时,反应可以达到最大速度。此时酶的浓度成为整个反应的限制因素,在这种情况下获得的速度常数称为催化常数k_{cat}(catalytic constant)。

$$V_{max}=k_{cat}[E]_T \qquad k_{cat}=\frac{V_{max}}{[E]_T} \quad (4\text{-}18)$$

k_{cat}也称转换数(turnover number),表示每个活性中心每秒将底物分子转化成产物分子的最大数量,单位是s^{-1}。

在式(4-18)那样简单的反应中,$k_{cat}=k_3$。在比较复杂的反应中,k_{cat}也比较复杂,往往是几个常数的组合。

3. k_{cat}/K_M的意义

将式(4-18)代入米氏方程(式4-16),可以得到:

$$v=\frac{k_{cat}[E]_T \cdot [S]}{K_m+[S]} \quad (4\text{-}19)$$

当$[S]\ll K_m$时,几乎没有ES形成。游离酶的浓度$[E]$约等于总酶的浓度$[E]_T$。上式可以推导为:

$$v_0=\frac{k_{cat}}{K_m}[E]_T \cdot [S] \quad (4\text{-}20)$$

k_{cat}/K_m是酶促反应的表观二级速度常数,表明反应速度随着溶液中酶与底物分子的碰撞而改变。因此,k_{cat}/K_m是酶催化效率的度量。

k_{cat}/K_m还可以作为酶专一性的度量。酶的专一性意味着酶可以把底物从许多其他的物质中挑选出来并进行反应。从这个意义上讲,酶的专一性是酶对底物的结合能力与催化能力的函数。假设溶液中有2个底物竞争某个酶的活性中心,酶对底物A的k_{cat}比对底物B的k_{cat}低1 000倍;同时又对底物A的K_m比对底物B的K_m低1 000倍,酶与底物A的紧密结合对较低的催化速度做出了补偿。所以,仅用K_m判断酶与底物间亲和力的大小是不准确的。由于综合了酶对底物的结合能力和催化能力,所以k_{cat}/K_m是一个非常重要的动力学参数。

(三)动力学参数的计算

在进行动力学的实验中,固定酶的浓度,在不同的底物浓度下测定反应速度。用反应速度对底物浓度作图,得到的是一条双曲线。从V_{max}的1/2处可以求得近似的K_m值。因为在实际中,无论怎样增加底物浓度,也只能得到趋近于V_{max}的反应速度,不能得到真正的V_{max}。因此也不能准确计算K_m和V_{max}。

要解决这个问题就要把将米氏方程转变成直线方程,用作图法求出K_m和V_{max}。有多种作图的方法可以求出K_m和V_{max},在这里我们只介绍双倒数作图法(double-reciprocal plot)。

双倒数作图法,也被称为Lineweaver-Burk作图法。首先对米氏方程等式的两边取倒数,整理后得到:

$$\frac{1}{v_0}=\frac{K_m}{V_{max}} \cdot \frac{1}{[S]}+\frac{1}{V_{max}} \quad (4\text{-}21)$$

以$1/v_0$对$1/[S]$作图,得到一条直线(图4-21)。直线的斜率为K_m/V_{max};直线在纵轴上的截距

为 $1/V_{max}$；在横轴上的截距为 $-1/K_m$。用双倒数方程可以得到精确的 K_m 和 V_{max} 值。

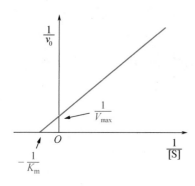

图 4-21 米氏方程的双倒数作图法

计算 k_{cat} 的值需要知道反应中酶的浓度，按式(4-18)计算即可。之后，k_{cat}/K_m 的值就很容易计算出来。

二、酶的抑制与激活作用

酶活性很容易受到一些小分子的干扰，使催化的反应速度减慢甚至停止。这些小分子与酶结合后并没有造成酶蛋白变性，但是引起酶活性降低或丧失，这种作用就是抑制作用(inhibition)。引起抑制作用的小分子称为抑制剂(inhibitor，I)。

抑制作用表明酶的活性可以作为生物系统中主要的调控手段。抑制作用可以帮助我们鉴别酶活性中心的催化基团，了解酶反应的机制和复杂代谢途径的反应顺序和机理。对抑制作用的认识很快就在医药、农业甚至军事领域得到了大规模的应用。例如：前列腺素与很多生理过程有关，包括产生疼痛的过程。阿司匹林(乙酰水杨酸)可以抑制由花生四烯酸合成前列腺素的第一步反应，从而起到消炎、镇痛的作用。对某些昆虫中酶抑制剂的研究已经形成杀虫剂的生产工业。"神经毒气"也是一些特殊酶的抑制剂。

抑制作用可以分为可逆抑制作用(reversible inhibition)和不可逆抑制作用(irreversible inhibition)。在可逆的抑制作用中，可逆抑制剂与酶结合比较松弛，可以用透析、超滤等方法除去抑制剂使酶恢复活性。在不可逆的抑制作用中，不可逆抑制剂以共价键与酶结合，用透析、超滤等方法无法除去。

(一)可逆抑制作用

1. 竞争性抑制作用

竞争性抑制作用(competitive inhibition)是最常见的一种抑制作用。竞争性抑制剂只能与游离的酶结合形成 EI 复合物，但是 EI 复合物不能形成产物并把酶释放出来。当抑制剂与酶结合后，底物就不能与酶结合，或者，底物与酶结合后就不能与抑制剂结合。因为底物和抑制剂竞争同一个酶的活性中心，所以称为竞争性抑制作用。

竞争性抑制剂通常是底物类似物。例如：琥珀酸脱氢酶催化琥珀酸脱氢形成延胡索酸。丙二酸与琥珀酸的结构非常相似，因此成为酶的竞争性抑制剂。这是竞争性抑制作用中最典型的例子。

由于竞争性抑制剂与酶的结合是可逆的，所以可以用透析、超滤等方法除去抑制剂使酶恢复活性，也可以用增加底物浓度的方法降低 EI 的量，提高酶的活性。在竞争性抑制剂存在时，酶的最大反应速度 V_{max} 不变。抑制剂的量越多，一半酶被饱和所需的底物越多，也就是 K_m 越高。

竞争性抑制作用的动力学方程为：

$$v_0 = \frac{V_{max}[S]}{K_m\left(1+\dfrac{[I]}{K_i}\right)+[S]} \qquad (4-22)$$

式中的[I]是抑制剂的浓度，K_i 是抑制常数(inhibition constant)。转变成双倒数方程为：

$$\frac{1}{v_0}=\frac{K_m}{V_{max}}\left(1+\frac{[I]}{K_i}\right)\cdot\frac{1}{[S]}+\frac{1}{V_{max}} \qquad (4-23)$$

用双倒数作图法可以看到：代表不同抑制剂浓度的直线在 $1/v_0$ 轴上有一个共同的截距，即 $1/V_{max}$ 不变。直线在 $1/[S]$ 轴上的截距不同，$1/K_m$ 的绝对值降低，K_m 值增加(图 4-22)。

四氢叶酸是一些酶的辅酶，负责转移甲基、羟甲基和甲酰基等一碳单位(见第十一章氨基酸代谢)，在氨基酸和嘌呤的代谢中起重要作用(详见维生素、氮代谢、嘌呤代谢)。人类可以从食物中吸收叶酸，然后在体内进一步加工生成四氢叶酸。但是细菌不能直接摄取叶酸，只能在二氢蝶酸合酶和二氢叶酸合酶的催化下用对氨基苯甲酸和谷氨酸等为原料先合成二氢叶酸，然后再进一步转化成四氢叶酸。对氨基苯磺酰胺(磺胺类药物)与对氨基苯甲酸的结构十分相似(图 4-23)，是二氢蝶酸合酶的竞争性抑制剂。应用磺胺类药物使酶活性受到抑制，细菌的生长繁殖也受到抑制，从而达到治疗的目的。

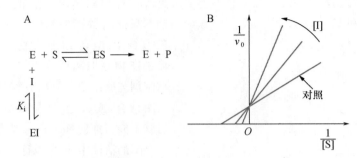

A. 抑制剂与酶的结合　B. 竞争性抑制作用的双倒数图

图 4-22　竞争性抑制作用

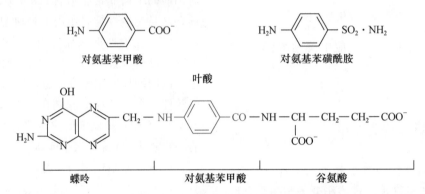

图 4-23　对氨基苯甲酸、对氨基苯磺酰胺和叶酸的结构

2. 非竞争性抑制作用

非竞争性抑制作用（noncompetitive inhibition）中，抑制剂与底物的结构不同，也不与酶的活性中心结合。换句话说：抑制剂不与底物竞争酶的活性中心（图 4-24）。抑制剂既可以与 E 结合，形成 EI 复合物，又可以与 ES 结合，形成 ESI 复合物。无论是 EI 还是 ESI，都不能形成产物。由于形成了 ESI 复合物，就不可能以增加底物浓度的方法恢复酶的活性。

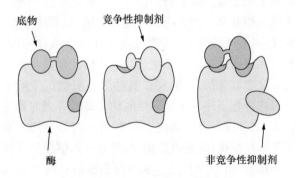

图 4-24　酶与底物或抑制剂的相互作用

非竞争性抑制作用的动力学方程为：

$$v_0 = \frac{V_{max}[S]}{(K_m + [S])(1 + \frac{[I]}{K_i})} \quad (4\text{-}24)$$

转变成双倒数方程为：

$$\frac{1}{v_0} = \frac{K_m}{V_{max}}(1 + \frac{[I]}{K_i}) \cdot \frac{1}{[S]} + \frac{1}{V_{max}}(1 + \frac{[I]}{K_i}) \quad (4\text{-}25)$$

用双倒数作图法可以看到：非竞争性抑制作用使 $1/V_{max}$ 增加，即：V_{max} 降低。但是代表不同抑制剂浓度的直线在 $1/[S]$ 轴上有一个共同的截距，$1/K_m$ 不变（图 4-25）。

实际上，在非竞争性抑制作用中，大多数酶的 V_{max} 和 K_m 都会受到影响。因为抑制剂对游离的酶 E 和 ES 复合物的亲和力不同。

3. 反竞争性抑制作用

反竞争性抑制作用（uncompetitive inhibition）中，抑制剂只能与 ES 结合，形成 ESI 复合物。反竞争性抑制作用的动力学方程为：

$$v_0 = \frac{V_{max}[S]}{K_m + [S](1 + \frac{[I]}{K_i})} \quad (4\text{-}26)$$

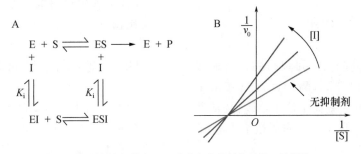

A. 抑制剂与酶的结合　B. 非竞争性抑制作用的双倒数图

图 4-25　非竞争性抑制作用

转变成双倒数方程为：

$$\frac{1}{v_0}=\frac{K_m}{V_{max}}\cdot\frac{1}{[S]}+\frac{1}{V_{max}}(1+\frac{[I]}{K_i}) \quad (4-27)$$

用双倒数作图法可以得到一组具有相同斜率的平行线，反竞争性抑制作用使 V_{max} 降低，也使 K_m 降低（图 4-26）。

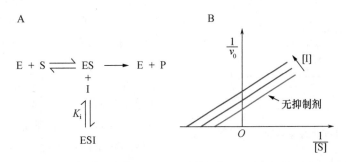

A. 抑制剂与酶的结合　B. 反竞争性抑制作用的双倒数图

图 4-26　反竞争性抑制作用

各种可逆抑制作用的抑制剂存在时对酶促反应的影响如表 4-1 所示。

表 4-1　抑制剂对酶促反应的影响

抑制作用类型	V_{max}	K_m
无抑制剂	V_{max}	K_m
竞争性抑制剂	不变	增加
非竞争性抑制剂	降低	不变
反竞争性抑制剂	降低	降低

(二)不可逆抑制作用

不可逆抑制剂与酶形成了稳定的共价键，使总酶浓度中有活性的酶分子数减少。典型的不可逆抑制作用是对活性中心的氨基酸侧链进行烷基化和酰基化等共价修饰。其他的不可逆抑制剂还包括：有机磷、有机汞、有机砷等化合物，以及重金属盐等物质。过渡态类似物也可以作为一些酶的不可逆抑制剂。

在细菌细胞壁的合成过程中，糖肽转肽酶催化肽聚糖链的交联。青霉素（penicillin）与该酶活性中心的 Ser-OH 共价结合，是该酶的不可逆抑制剂。糖肽转肽酶失活后，细菌细胞壁的合成受到阻碍，造成生长受阻。青霉素是临床上极为有效的抗生素。

(三)酶的激活剂

凡是能够提高酶活性的物质都称为酶的激活剂（activator）。大部分激活剂是无机离子或简单的小分子有机化合物。无机离子包括：Na^+、K^+、Mg^{2+}、Fe^{3+} 等阳离子；Cl^-、PO_4^{3-} 等阴离子。这些离子可能与酶的活性基团结合，也可能作为辅基或辅酶的一部分参加反应。

作为激活剂的小分子化合物有维生素 C、半胱氨酸等。胶原蛋白中的 α-链合成后，脯氨酰羟化酶把肽链上的一些 Pro 羟基化形成羟脯氨酸（Hyp）。脯氨酰羟化酶的活性需要维生素 C 将酶中的 Fe^{3+} 还原为 Fe^{2+}，因此缺少维生素 C 时，脯氨酰羟化酶的活性就会受到影响，容易导致坏血病的发生（见第五章）。

三、pH 对酶活性的影响

用反应速度 v 对 pH 作图,可以得到钟形曲线(图 4-27)。从图中可以看到,酶的活性只在某个 pH 范围内活性最大,低于或高于这个范围,酶活性就会降低。这个 pH 范围称为酶的最适 pH(optimum pH)。

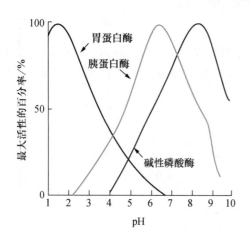

图 4-27 pH 对酶活力的影响

酶的最适 pH 因底物的种类和浓度,缓冲液的成分不同而变化。所以,酶的最适 pH 并不是一个常数。图中是几种酶的最适 pH。酶的最适 pH 一般为 6～8,动物体内的酶多为 6.5～8.0,植物和微生物体内的酶多为 4.5～6.5。但胃蛋白酶的最适 pH 是 1.5。

pH 对酶促反应速度的影响主要表现为影响酶蛋白上氨基酸侧链的离子化。侧链基团的离子化作用参与维持酶蛋白正确的三维结构,也为酶活性中心的催化氨基酸残基提供了基本的催化反应的功能。

酶活性在一定的 pH 范围内变化提供了鉴别活性中心氨基酸残基的线索。如果酶活性在 pH 4 左右变化,表明活性中心可能含有 Asp 或 Glu。如果酶活性在 pH 6～10 变化,表明活性中心可能含有 His 或 Lys。但必须注意的是:存在于蛋白质中氨基酸残基侧链基团的 pK_a 可能与其处于游离氨基酸时是不同的,发生的变化可能多达几个 pH 单位。例如:如果附近有正电荷时,Lys ε-氨基的 pK_a 可以降到 6.6,而游离的 Lys 中,这个值是 10.5。如果附近有负电荷,Lys ε-氨基的 pK_a 值就会增高。

pH 的变化也可能影响底物的解离,但是这种情况比较少见。

四、温度对酶活性的影响

酶促反应速度与温度有关。当温度较低时,反应速度也比较低。随着温度的升高,反应速度相应提高。但是当温度进一步提高时,酶促反应速度反而降低了。酶只在某个温度时,反应才能达到最大值,这个温度就称为酶的最适温度(optimum temperature)。用反应速度对温度作图,也得到钟形曲线。

酶的最适温度各不相同。动物体内酶的最适温度大约在 35～40 ℃。植物体内酶的最适温度为 40～50 ℃。微生物中酶的最适温度相差很多,Taq DNA 聚合酶在 95 ℃ 还能够发挥稳定的催化作用,是 DNA 序列测定及 PCR 反应中常用的酶。

温度对酶促反应的影响主要有两个方面:与其他化学反应一样,当温度升高时反应速度加快。当温度进一步上升时,酶蛋白逐渐变性。反应体系中变性的酶蛋白逐渐增多,使反应速度下降。

另外,温度还可以影响酶蛋白上氨基酸侧链的离子化;影响 ES 的生成(k_1)和分解(k_2,k_3);通过影响 pH 而影响某个基团或整个反应体系。总之,温度对酶活性的影响非常复杂。

第七节　调　节　酶

在细胞中,许多酶共同作用,催化代谢反应有序地进行。例如:葡萄糖要经过许多反应才能形成乳酸;简单的小分子前体物质也要经过很多步反应才能合成氨基酸。这种连续进行的反应称为代谢途径(metabolic pathway)。在这类代谢途径中,前一个反应的产物就是后一个酶的底物。在这样的代谢途径中,大多数酶遵循米氏动力学。但是,每个代谢途径中还有一个或几个特殊的酶,它们的调节比大多数酶更灵敏,能够在几秒或更短的时间内就对某些信号迅速做出反应,提高或降低酶的活性。通过修饰这些特殊的酶,细胞就可以调节整个代谢途径的反应速度,使细胞在生长中对环境信号、能量或营养做出相应的调整。

这些特殊酶的活性可以用某些方式进行可逆的

修饰,它们的活性对整个代谢途径的反应速度有较大的影响,因此被称为调节酶(regulatory enzyme)。在多步骤的酶促反应系统中,调节酶往往是催化第一个反应或关键反应的酶。

调节酶的活性可以由不同的方式修饰。别构酶以非共价键可逆地与一些调节分子结合实现活性调节。这类调节分子称为别构调节物(allosteric modulator),通常是小分子代谢物或辅助因子。还有一些调节酶以可逆的共价修饰(covalent modification)改变酶的活性。这两类酶都是多亚基酶。

在细胞中,酶活性至少还有另外两类调节方式。在其中一种调节中,酶与调节蛋白结合,酶活性或被激活,或被抑制。在另一种调节中,酶以无活性的前体合成,经蛋白水解作用除去一些肽段后才具有活性。这种修饰方式称为酶原激活(见本章第五节酶原激活),是不可逆的过程。

一、别构酶

在很多代谢途径中,起调节作用的小分子一般是整个代谢途径的终产物。也就是终产物对催化代谢途径的中第一个反应或关键反应的酶进行调节。这就意味着:调节物的结构与第一个酶的底物和直接产物的结构完全不同。以这种方式进行调节的酶称为别构酶(allosteric enzyme)。"别构(allosteric)"一词来源于希腊文,意思是"其他的结构(other structure)",强调的是调节物的结构不必与酶分子的底物或产物的结构相同。

(一)别构酶的结构和催化作用

别构酶是一类以构象变化影响催化活性的酶。目前知道的别构酶都是多亚基酶,含有2个或2个以上的亚基。亚基对称排列,所以,酶分子的构象是

对称的。酶分子中除了催化反应的活性中心以外,还有结合调节物的别构中心(allosteric site)。2个中心可能位于一个亚基的不同结构域上,也可能位于酶的不同亚基上。

在第二章中我们已经知道了血红蛋白的别构效应。当血红蛋白的一个亚基与O_2结合后,构象发生变化,使其他的亚基更容易与O_2结合。这个概念同样可以应用于别构酶:调节物与酶结合,引起酶构象的变化,使酶活性升高或降低。

当酶的别构中心与调节物结合后,酶的构象发生变化,构象的变化传递到负责催化的活性中心,使酶对底物的结合与催化受到影响。一个亚基上发生的这些变化又影响了其他的亚基,使酶活性发生改变,从而对代谢做出调节。这种效应称为别构效应(allosteric effect)。一般的别构酶都比其他非调节酶要大。

别构酶的每个亚基都有2种构象:一种是有利于结合底物或调节物的松弛态构象(relaxed state,R态);一种是不利于结合底物或调节物的紧张态构象(tensed state,T态)。二者的互相转换取决于外界条件和亚基间的相互作用。

天冬氨酸转氨甲酰酶(aspartate transcarbamoylase,ATCase)是别构调节中极好的例子,这个酶是细菌催化嘧啶合成途径中的关键酶,含有12条多肽链,分成6个催化亚基和6个调节亚基。6个催化亚基又可以分成2个三聚体(图4-28)。X射线衍射分析ATCase的晶体结构发现,与底物类似物结合后,2个三聚体的催化亚基分开1.2 nm并旋转12°,从紧密的构象转变为分离的构象(R态)。这种构象变化造成活性中心的催化基团重新定向,使它们与底物结合并促进催化作用。ATP和CTP可以与调节亚基上的别构中心结合,CTP促使酶从分离的构象转变为紧密的构象(T态),降低酶的活性。

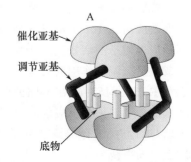

A. 与底物类似物结合后,ATCase转变为R态　B. 与别构抑制剂CTP结合后,ATCase为T态,对底物的亲和力低

图4-28　结合抑制剂前后ATCase的构象变化

再来看 ATCase 催化的反应。ATCase 催化天冬氨酸和氨甲酰磷酸生成氨甲酰天冬氨酸。这是嘧啶合成途径中的关键反应,整个合成途径的终产物是 CTP。当天冬氨酸和氨甲酰磷酸浓度高时,ATCase 的活性也高,促进整个代谢途径的运行。ATP 是酶的别构激活剂,结合在酶的别构中心,可以增强酶对底物的亲和力从而促进反应。当终产物 CTP 积累时,CTP 与酶的别构中心结合,抑制了酶的活性,使整个代谢途径的运行速度减慢或暂停(参见图 7-6)。

大多数别构酶在代谢途径中处于关键位置,通常催化代谢途径中的第一个反应。这是代谢途径中的一个绝佳的调控点。对第一步反应的调节可以防止中间产物和终产物的积累,也就避免了能量和材料的浪费。

天冬氨酸和氨甲酰磷酸是 ATCase 的底物,二者协同地结合在酶的活性中心。ATP 和 CTP 是酶的别构调节物,结合在酶的别构中心。

(二)别构酶的动力学

别构酶都是多亚基酶,具有多个活性位点。别构酶与底物的结合是协同的,它们的活性受到小分子效应物的调节。在第二章有关蛋白质的内容里,我们比较了单肽链的肌红蛋白和四个亚基的血红蛋白。肌红蛋白的氧合曲线是一条双曲线,血红蛋白的氧合曲线是 S 形曲线。当我们比较非调节酶和别构酶催化的反应进程时,得到了相同的结果:以反应速度 v 对底物浓度[S]作图,非调节酶得到了双曲线,别构酶得到了 S 形曲线。

在别构酶催化的反应中,以反应速度 v 对底物浓度[S]作图得到的不是双曲线,而是 S 形曲线。从 S 形曲线上看,当底物浓度很低时,酶与底物的亲和力也很低。当底物浓度增高时,酶与底物的结合越来越有效。最后一个位点与底物的亲和力最高。底物分子对别构酶的调节作用称为同促效应(homotropic effect)。

S 形曲线反映了别构酶各个亚基之间协同的相互作用:在具有同促效应的别构酶中,一个底物分子与结合位点结合改变了酶的构象,增强了酶对后续的底物分子的结合。S 形曲线的特点是调节物分子浓度的小变化可以引起酶活性的大变化。这是因为酶从弱结合的 T 态转变成了强结合的 R 态。

S 形曲线也说明别构酶不遵循米氏方程。所以当别构酶催化的反应速度 v 达到最大反应速度

V_{max} 的一半时的底物浓度不能称为 K_m,而是用 $[S]_{0.5}$ 或 $K_{0.5}$ 表示。

图 4-29 中比较了非调节酶的双曲线和别构酶的 S 形曲线。从曲线上可以看到,在非调节酶催化的反应中,当[S]=0.11 时,v=10% V_{max};当[S]=9 时,v=90% V_{max}。也就是说,如果要使反应速度从 10% V_{max} 增加到 90% V_{max},就要使底物浓度增加 81 倍(9/0.11)。在别构酶催化的反应中,情况大不相同。当[S]=3 时,v=10% V_{max};当[S]=9 时,v=90% V_{max}。要使反应速度从 10% V_{max} 增加到 90% V_{max},底物浓度只需增加 3 倍即可。

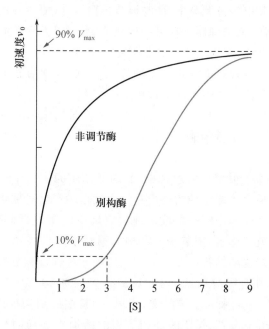

图 4-29　底物浓度对两种催化反应速度的影响

S 形曲线表明别构酶对底物浓度的变化非常敏感。在细胞中。当底物浓度发生较小的变化时,别构酶就可以迅速地做出反应,最大限度地控制反应速度。这也就是别构酶处在代谢反应途径中关键位置的原因。

非底物分子的调节物对别构酶的调节作用称为异促效应(heterotropic effect),异促效应既包括抑制效应也包括激活效应。这些调节物对酶活性的抑制或激活是调节作用的关键。如果一个酶能够在 T 态和 R 态之间转换,在不同的状态下,它对底物的结合能力以及催化反应的能力就有差别。任何一个可以与酶蛋白结合的调节分子就可以改变 T 态与 R 态间的平衡。

因别构效应导致酶活性增加的物质称为正效应物或别构激活剂,可以使反应的平衡点向 R 态移

动。从图 4-30 中可以看到,别构激活剂使 S 形曲线向左侧移动,曲线的形状更接近于双曲线。因别构效应导致酶活性降低的物质称为负效应物或别构抑制剂,可以使反应的平衡点向 T 态移动。别构抑制剂使图中的 S 形曲线向右侧移动。

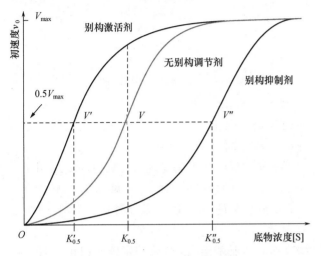

图 4-30　激活剂和抑制剂对别构酶的调节作用

许多别构酶既有同促效应又有异促效应,也就是说,既受底物的调节也受其他代谢分子的调节。例如天冬氨酸和氨甲酰磷酸对 ATCase 的协同结合,以及 ATP/CTP 对 ATCase 的调节作用。

以上讲的都是正协同效应,这种效应使酶对底物浓度的变化非常敏感。还有一种负协同效应,使酶对底物浓度的变化不敏感,降低了酶对后续底物

分子的亲和力。只有少数的别构酶具有负协同效应,这里不再详细介绍。

综合别构酶催化和动力学的性质,可以看出别构酶共有的特征如下:

(1)别构酶都是多亚基酶(但不是所有的多亚基酶都是调节酶)。酶分子中除了活性中心,还含有别构中心。

(2)调节物(激活剂或抑制剂)以非共价键与别构酶结合。调节物可能是底物,调节物的结构与底物或产物的结构也可能并不相同,它们结合在别构中心。

(3)在别构酶(具有正协同效应)催化的反应中,以 v 对[S]作图得到 S 形曲线。

(三)别构酶的作用机理

解释别构酶与调节物的协同结合有几种假说,其中齐变理论和序变理论得到人们的广泛认同(图 4-31)。

1. 齐变理论

齐变理论(concerted theory)解释了别构酶与单一配体(如底物)的协同结合。这个理论假设:每个亚基上有一个结合位点,可以结合一个底物;每个亚基的构象都受到其他亚基的影响;酶蛋白的构象发生变化时,分子依然保持对称性。酶分子的 2 种构象(R、T)间有一个平衡,与底物的结合使平衡倾向于 R 态(图 4-31A)。

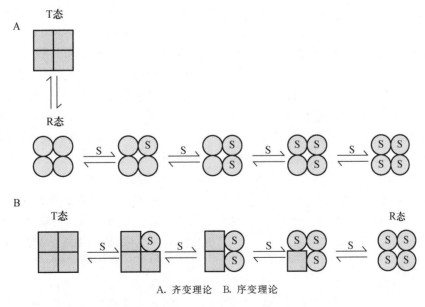

A. 齐变理论　B. 序变理论

图 4-31　底物与别构酶四聚体的协同结合

简单地说,这个理论假定一个别构酶的所有亚基同时具有某一种构象,要么全是 R 态,要么全是 T 态。构象的变化对于每个亚基来说是同步的。无论构象如何变化,分子依然保持了对称性。因此,这个理论也被称为对称模型。

2. 序变理论

序变理论(sequential theory)的概念更广泛。这个理论认为:当一个配体与一个亚基结合后,引起这个亚基的三级结构发生变化。这个亚基-配体复合物又使邻近亚基的构象发生不同程度的变化,其中只有一种构象与配体的亲和力最高。与齐变理论不同的是,序变理论认为多亚基的别构酶可以有不同的构象(图 4-31B)。

序变理论可以解释负协同效应(别构酶降低了对后续底物分子的亲和力),把齐变理论处理为一种有限的简单情况。大多数别构酶对调节物的结合呈现出两种模式的混合。

也有人提出了其他的理论,从不同的角度解释别构酶的协同性和别构调节机制。别构酶作用的机制非常复杂,需要更深入的研究和探讨。

二、酶活性的共价调节

有一些调节酶以可逆的共价修饰改变酶的活性。共价修饰的调节比别构调节慢一些。调节酶的共价修饰是可逆的,可以在有活性与无活性之间变化,或在活性高与低之间变化,但需要其他酶的辅助。

最普遍的共价修饰方式是磷酸化作用。磷酸化作用发生在调节酶肽链特殊的 Ser-OH 上,Thr、Tyr 甚至 His 也可能发生磷酸化作用。蛋白质激酶(protein kinase)催化 ATP 的 γ-磷酸基团转移到调节酶的 Ser 上,形成磷酸丝氨酸。蛋白磷酸酶(protein phosphatase)催化磷酸丝氨酸的水解,释放磷酸基团,恢复 Ser 的—OH 基团(图 4-32)。

共价修饰的效果对于每个酶来说是不同的。有些酶被修饰后,从无活性的状态转变为激活态;有些酶受到共价修饰后可能失去活性。

三、同工酶

同工酶(isozyme)催化相同的化学反应,但它

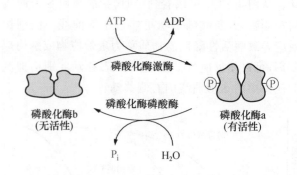

图 4-32 磷酸化酶的可逆共价修饰

们的蛋白质结构、理化性质和免疫性能等都有明显的区别。同工酶可能存在于同一个物种,同一种组织甚至同一个细胞中。

最先发现的同工酶是乳酸脱氢酶(lactate dehydrogenase,LDH)的同工酶。脊椎动物中至少有 5 种乳酸脱氢酶的同工酶,涉及 2 种亚基类型:一种是 M 亚基(muscle),一种是 H 亚基(heart)。5 种同工酶有不同的亚基组合,形成四聚体。LDH_1(H_4)和 LDH_2(MH_3)主要存在于心脏和红细胞中,其他类型的同工酶数量比较少。LDH_3(M_2H_2)主要存在于大脑和肾脏中。LDH_4(M_3H)和 LDH_5(M_4)主要存在于骨骼肌和肝脏中。不同的 LDH 同工酶对丙酮酸有不同的 K_m 和 V_{max} 值。LDH_4 可以在骨骼肌中迅速把浓度极低的丙酮酸还原成乳酸。LDH_1 则在心脏中迅速把乳酸氧化成丙酮酸。

同工酶对代谢的调节起重要作用。研究得比较清楚的是微生物中的同工酶。例如:在大肠杆菌中,天冬氨酸激酶(aspartokinase,AK)将 ATP 上的磷酸基团转移到天冬氨酸上形成磷酸天冬氨酸,磷酸天冬氨酸是合成 Thr、Lys、Ile 和 Met 的共同前体。天冬氨酸激酶有 3 种同工酶(AK1、AK2、AK3,图 4-33)。其中 AK1 受 Lys 和 Ile 的别构抑制,AK3 受 Thr 的抑制,AK2 则不受别构调节。这三种同工酶协同作用,就不会因某一种产物过剩而影响该途径其他产物的合成。

同工酶与个体的发育及组织分化有密切的关系。有些同工酶在哺乳动物胚胎发育的晚期,甚至出生后才生成,活性也逐渐提高,成年后仅分布于特定的组织中。有些同工酶在哺乳动物胚胎发育的早期就出现,然后活性逐渐降低。

同工酶具有多种功能,可以作为遗传标记用于遗传分析,在农业中用于优势杂交组合的预测。

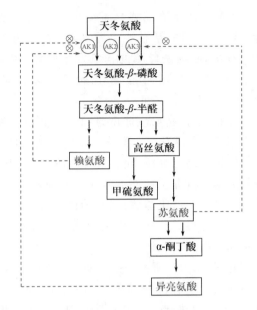

图 4-33　天冬氨酸激酶的同工酶在 Lys、Met、Thr 和
Ile 合成中受不同的反馈抑制调控

第八节　核酶和抗体酶

除了以蛋白质为主要成分的酶,某些 RNA 也具有催化活性,这种具有催化活性的 RNA 称为核酶(ribozyme)。抗体酶(abzyme)是经人工方法获得的具有催化活性的抗体。

一、核酶

过去认为只有蛋白质有催化活性,蛋白质具有不同的三级结构,蛋白质多肽链可提供不同的侧链基团,形成具有柔性的各种活性中心,催化相应的反应。现在知道,一些 RNA 也具有催化活性。我们用核酶来描述这些具有催化活性的 RNA。

Thomas R. Cech 在研究低等真核生物四膜虫的 rRNA 基因时发现:rRNA 基因首先转录成 35S rRNA 前体。35S 前体 rRNA 在体外实验中可以自我剪接,剪掉一个 414 个碱基的内含子,并将外显子连接起来。

四膜虫 rRNA 基因中的内含子从基因中被剪掉后,经过 2 轮环化-水解反应,最后形成具有酶活性的 L-19RNA。下面仅介绍 L-19 催化的几种反应之一。

图中描述了在 L-19 的催化下,由五聚胞嘧啶核苷酸(C5)产生六聚胞嘧啶核苷酸(C6)的过程(图4-34)。

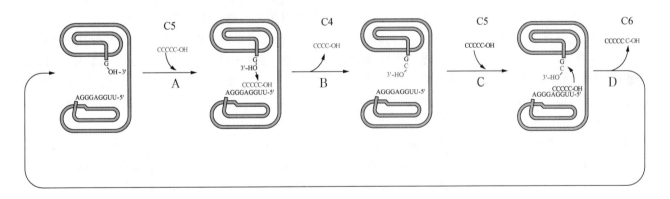

A. C5(五聚胞苷)与 L-19 结合　B. C5 中的一个 C 共价连接于核酶末端的 G,并释放 C4
C. 另一分子 C5 与酶结合,反应产生了 C6　D. C6 从酶中释放,核酶恢复到原来的状态

图 4-34　L-19 催化的反应

C5 与底物结合位点结合,反应中一个 C 从 C5 中被转移至内含子的 3′ 端。留下的四聚胞苷酸(C4)被释放。当一个新的 C5 与底物结合位点结合后,原来被剪下来的 C 又加到新的 C5 上,产生 C6。这个反应是真正的催化反应,因为在反应的前后 L-19 RNA 没有变化,而且可以催化几个循环。在这个反应中核酶的行为类似于核苷酰转移酶。

核酶催化的每一步都是转酯反应:一个磷酸酯键直接转换成另一个,没有中间水解产物生成,也不需要提供额外的能量。由 RNA 催化的反应符合经典的米式动力学。

在 Cech 发现 L-19 的同时,Sidney Altman 发现大肠杆菌中的 RNase P 是一个核糖核蛋白,含一个 RNA 链。这个 RNA 分子具有催化活性,可对

tRNA 进行加工。蛋白质的作用是间接的,只是维持催化 RNA 的结构。

核酶的发现突破了生物催化剂原有的概念,也显示出 RNA 在进化过程中的意义:原始生命的最初形式可能就是 RNA,经过长期的进化才产生了 DNA 和蛋白质。因为 RNA 既可以作为遗传信息的载体,又可以作为有催化功能的酶。

二、抗体酶

抗体与抗原结合的专一性极高,酶与底物过渡态结合很强。如果我们用一个反应过渡态的类似物作为抗原得到一个抗体,会发生什么结果呢?答案是:这种特殊的抗体可以与反应中真正的过渡态结合,并催化反应进行。这种具有催化活性的特殊抗体就被称作抗体酶。

目前,抗体酶还不能达到真正酶的催化效率,但它们在医药和工业上有重要的应用前景。例如:如果研究出专一降解可卡因的抗体酶就可以作为药物治疗可卡因成瘾。

小结

(1)酶主要是具有催化活性的蛋白质,具有蛋白质的结构和性质。含有一条多肽链的酶称为单体酶。寡聚酶含有两个或两个以上的亚基。几种酶彼此嵌合,催化一个代谢途径中的许多步反应,这些酶形成的体系称为多酶复合体。有些酶分子中只含有多肽链,这类酶属于单成分酶。有些酶还含有辅助因子,称为双成分酶。酶蛋白和辅助因子结合后形成的复合物称为全酶。只有全酶才有催化活性。少数 RNA 也具有催化活性,称为核酶。

(2)酶的活性中心是酶进行催化反应的位置,包括结合位点和催化位点。在含有辅助因子的酶中,辅助因子或辅助因子上的某些基团也参与酶活性中心的组成。酶的活性中心有一些共同的特征:只占酶分子中很小的一部分;是一个三维实体;由疏水的氨基酸残基形成口袋,位于酶分子的表面或接近表面的部分;具有柔性;以非共价键与底物结合。

(3)诱导契合学说解释了酶的专一性。诱导契合学说认为酶的活性中心是柔性的,在与酶的结合过程中,底物诱导酶的构象发生变化,使酶活性中心的催化基团与底物上的反应基团互补契合。

(4)酶能够提高反应速度是因为降低了底物形成过渡态所需的活化能。酶降低反应活化能的原因是酶与底物的结合机理和酶对底物的催化机理。酶与底物的结合机理包括邻近效应和定向效应;底物依靠非共价相互作用与酶结合;酶的活性中心为反应提供疏水环境。化学催化机理包括酸碱催化、共价催化和金属离子催化。

(5)酶促动力学研究的是酶催化反应的速度,以及各种因素对酶促反应速度的影响。Michaelis 和 Menten 推导出米氏方程。Briggs-Haldane 对米氏方程做出了重要修正,他们根据稳态理论得到的动力学方程式与米氏方程相同,所以还是称为米氏方程,其中的 K_m 称为米氏常数。用双倒数方程可以得到 K_m 和 V_{max} 的精确数值。

(6)K_m 是当酶促反应速度达到最大反应速度一半时的底物浓度。催化常数 k_{cat} 也称转换数,表示每个活性中心每秒将底物分子转化成产物分子的最大数量。k_{cat}/K_m 是酶催化效率的度量。k_{cat}/K_m 还可以作为酶专一性的度量。

(7)在可逆的抑制作用中,竞争性抑制作用是最常见的一种抑制作用。在竞争性抑制剂存在时,酶的最大反应速度 V_{max} 不变,K_m 增高。非竞争性抑制作用使 V_{max} 降低,K_m 不变。反竞争性抑制作用使 V_{max}、K_m 都降低。

(8)大多数别构酶在代谢途径中处于关键位置,通常催化代谢途径中的第一个反应。别构酶共有的特征:除了少数的例外,别构酶都是多亚基酶。酶分子中除了活性中心,还含有别构中心。调节物以非共价键与别构酶的别构中心结合。在别构酶催化的反应中,以 v 对[S]作图得到 S 形曲线。别构激活剂可以使反应的平衡点向 R 态移动,使 S 形曲线向左侧移动,形状更接近于双曲线。别构抑制剂可以使反应的平衡点向 T 态移动,使 S 形曲线向右侧移动。

(9)解释别构酶与调节物的协同结合的齐变理论和序变理论得到人们的广泛认同。

思考题

一、单选题

1. 全酶是指_____。
   - A. 结构完整无缺的酶
   - B. 酶与变构剂的复合物
   - C. 酶与抑制剂的复合物
   - D. 酶蛋白与辅助因子的结合物

2. 决定酶专一性的是_____。
   - A. 酶蛋白
   - B. 辅酶
   - C. 金属离子
   - D. 辅基

3. 下列符合诱导契合学说的是_____。
   - A. 酶与底物的关系有如锁和钥匙的关系
   - B. 在底物的诱导下,酶的构象可发生一定改变,才能与底物进行反应
   - C. 底物的结构朝着适应酶活性中心方面改变
   - D. 底物与酶的变构部位结合后,改变酶的构象,使之与底物相适应

4. _____不改变酶的 K_m 值。
   - A. 竞争性抑制剂
   - B. 非竞争性抑制剂
   - C. 反竞争性抑制剂
   - D. 不可逆抑制作用

5. 以下有关别构酶的论述中错误的是_____。
   - A. 别构酶多为寡聚酶
   - B. 除了具有活性中心外,还具有别构中心
   - C. 别构酶的动力学曲线符合米氏方程
   - D. 催化活性受到构象变化的调节

二、问答题

1. 请解释酶如何降低反应的活化能。

2. 酶与底物之间的主要作用力是什么?为什么酶与底物结合过紧不利于酶的催化作用,而酶与过渡态结合较紧有利于酶的催化作用?

3. 如何判断一个酶促反应的抑制剂属于哪种类型?请用作图法说明你的答案。

三、分析题

一个酶促反应中,反应速度与底物浓度的值如下:

$[S]$(mmol/L)	2.0	3.3	5.0	10.0
$v[\text{mmol}/(\text{L}\cdot\text{min})]$	2.5	3.1	3.6	4.2

(1)请用双倒数作图法计算 K_m 和 V_{max} 并画图。

(2)如果酶的浓度为 4×10^{-5} mmol/L,请计算 k_{cat}(提示:k_{cat} 是每秒将底物分子转化成产物分子的最大数量,单位是 s^{-1})。

参考文献

[1] Boyer P D. The Enzymes-Kinetics and Mechanism. Vol. II 3rd ed. Academic Press,1970.

[2] Dixon M. Enzymes. 2nd ed. Longman,1964.

[3] Palmer T. Understanding Enzymes. 2nd ed. John Willy and Sons,1985.

[4] Fersht A. Enzyme structure and mechanism. 2nd ed. W. H. Freeman and Company,1984.

[5] Berg J M,Tymoczko J L,Gatto G J Jr. ,et al. Biochemistry. 9th ed. W. H. Freeman and Company,2019.

[6] Nelson D L,Cox M M,Hoskins A A. Lehninger Principles of Biochemistry. 8 th ed. W. H. Freeman and Company,2021.

[7] Moran A M,Horton H R,Scrimgeour K G,et al. Principles of Biochemistry. 5th ed. Pearson Education Limited,2014.

[8] Applying D R,Anthony-Cahill S J, Mathews C K,et al. Biochemistry. Concepts and Connections. 2nd ed. Pearson Education,Inc. ,2019.

[9] Voet D,Voet J,Pratt C W. Fundamentals of Biochemistry-Life at the molecular level. 5th ed. John Wiley & Sons,Inc. ,2016.

[10] Elliott W,Elliott D,Biochemistry and Molecular Biology. 2nd ed. Oxford University Press,2001.

[11] 沈黎明. 基础生物化学. 北京:中国林业出版社,1996.

[12] 朱圣庚,徐长法. 生物化学. 4 版. 北京:高等教育出版社,2017.

第五章

维生素与辅酶

本章关键内容： 维生素是维持生物正常生命活动所必需的一类小分子有机物质。绝大多数水溶性维生素及其衍生物是辅酶或辅基的组成成分。此外，有些金属离子和其他有机小分子也是辅酶的组成成分。它们在酶反应中或者作为氧化还原酶类辅助因子，起到递氢体或递电子体作用；或者作为基团转移酶的辅助因子，充当被转移基团的载体。因此，它们在生物生长发育和物质代谢中起重要作用。

维生素（vitamin）是维持生物正常生命活动不可缺少的一类微量小分子有机化合物，在生物生长发育和物质代谢中起重要作用。对于人和动物而言，尽管对维生素需要量很少，但由于体内不能合成或者合成量不足，必须由食物供给，属于必需营养素。因此，机体缺乏维生素时，可能造成代谢障碍。

维生素按其溶解性分为脂溶性维生素及水溶性维生素两大类。水溶性维生素有 B 族维生素（包括维生素 B_1、维生素 B_2、维生素 B_6、维生素 B_{12}、维生素 PP、泛酸、生物素和叶酸等）和维生素 C。脂溶性维生素有维生素 A、维生素 D、维生素 E 和维生素 K 等。

已知绝大多数水溶性维生素及其衍生物是辅酶或辅基的组成成分。单成分酶的催化活性依赖于酶活性中心三维结构上靠得很近的少数几个氨基酸残基，而双成分酶必须与辅基或辅酶等辅助因子结合后才能表现出酶的全部活性。

还有一些辅助因子是金属离子和其他小分子化合物，甚至包括一些小分子蛋白质，如 Zn^{2+}、辅酶 Q、铁硫蛋白和细胞色素等。

第一节　水溶性维生素

一、维生素 B_1 与硫胺素焦磷酸

维生素 B_1（图 5-1）是由一个嘧啶环和一个带正电荷的噻唑环借助亚甲基桥连接而成的化合物，因

分子中含有硫和氨基，所以又称硫胺素（thiamine）。硫胺素在体内经硫胺素焦磷酸合成酶催化，与 ATP 作用形成硫胺素焦磷酸（thiamine pyrophosphate，TPP；或 thiamine diphosphate，TDP）后，转变为辅酶形式。

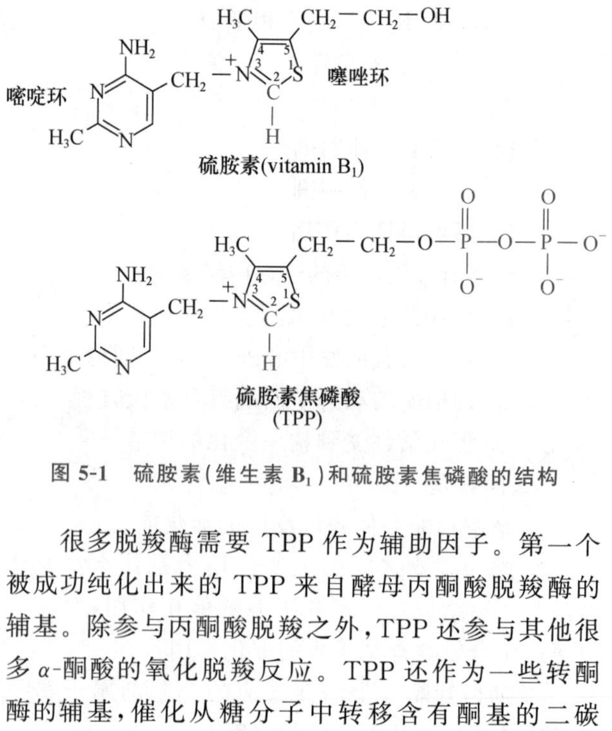

图 5-1　硫胺素（维生素 B_1）和硫胺素焦磷酸的结构

很多脱羧酶需要 TPP 作为辅助因子。第一个被成功纯化出来的 TPP 来自酵母丙酮酸脱羧酶的辅基。除参与丙酮酸脱羧之外，TPP 还参与其他很多 α-酮酸的氧化脱羧反应。TPP 还作为一些转酮酶的辅基，催化从糖分子中转移含有酮基的二碳基团。

TPP 之所以具有脱羧的功能是因为其噻唑环 C-2 上的氢可以 H^+ 形式解离，使 C-2 变成碳负离子。碳负离子可以和 α-酮酸的酮基结合形成中间复合物，进一步脱去 CO_2 而生成醛。

维生素 B_1 广泛分布于植物种子的外皮和胚芽中,米糠、酵母、瘦肉和肝脏中含量也很丰富。若维生素 B_1 缺乏,TPP 不能合成,糖类物质代谢的中间产物 α-酮酸就不能氧化脱羧,造成丙酮酸和 α-酮戊二酸等在组织中积累。这些酸性物质的积累可刺激神经末梢,引起神经炎,故维生素 B_1 又称为抗神经炎因子。同时,维生素 B_1 缺乏还可能引起手足麻木、心率加快、心力衰竭和下肢水肿等症状,临床上称为脚气病(beriberi)。因此,维生素 B_1 又称抗脚气病维生素。

知识框 5-1　脚气病与硫胺素

硫胺素是第一种被发现的维生素,其缺乏可引起脚气病。对脚气病的认识,大部分来自荷兰医生在荷属南亚殖民地的工作。最早描述过脚气病的欧洲人之一是荷兰医生 Nicolaaes Tulp,而荷兰医生 Jacob Bontius 记录了荷属东印度群岛(现在的印度尼西亚)首府巴达维亚(Batavia)的脚气病病例。由于该地区每年死于脚气病的人数多达数万人,荷兰政府于 1886 年成立了专门研究脚气病的委员会,军医 Christiaan Eijkman 被派往东印度群岛开展脚气病病因调查。他发现喂食精米的鸡会发生类似人脚气病的神经炎,而患病鸡可通过在饲料中加入谷糠治疗后好转。Eijkman 进一步指出,糙米的米皮中含有一种保护素,并提倡人们吃粗米、喝米糠水来防治脚气病,但他最后却错误地认为脚气病是因精米饮食降低了人对传染源抵抗力而引起的。随后,军医 Gerrit Grijns 接替了 Eijkman 的工作,并得出关于脚气病病因的正确结论,即食物中存在着外周神经系统所需的未知物质。1912 年,美国生物化学家 Casimir Funk 将糙米中抗脚气病的物质鉴定为一种胺。1929 年,为表彰 Eijkman 对脚气病开创性的工作,他被授予了诺贝尔生理学或医学奖。1933 年,美国化学家 Robert Runnels Williams 确定了硫胺素即维生素 B_1 的结构,随后完成其化学合成,并在菲律宾制定了硫胺素强化大米的配方,以预防脚气病的发生。

二、维生素 B_2 与 FMN、FAD

维生素 B_2 即核黄素(riboflavin)(图 5-2),由核糖醇和 7,8-二甲基异咯嗪构成。核黄素的两种活性形式是黄素单核苷酸(flavin mononucleotide, FMN)和黄素腺嘌呤二核苷酸(flavin adenine dinucleotide, FAD)(图 5-3)。

FAD 和 FMN 作为许多酶的辅基,与蛋白质结合非常紧密,结合黄素辅基的酶或蛋白质被称为黄素酶(flavoenzyme)或黄素蛋白(flavoprotein)。这种紧密结合可以影响 FAD(FMN)的标准氧化还原电势。因此,测得的相关标准氧化还原电势是某一特定黄素蛋白的,而不是 FAD(FMN)的。FAD 和 FMN 因在 445～450 nm 波长范围内有吸收而显黄色,这是由结构中的异咯嗪共轭双键系统所致。但还原型的 $FADH_2$ 和 $FMNH_2$ 是无色的,因为被还原后改变了异咯嗪的共轭双键系统。

FAD 或 FMN 起着电子载体的作用,广泛参与各种氧化还原反应,与糖、脂肪和氨基酸代谢密切相关。黄素核苷酸含有异咯嗪环,其 1、5 位 N 原子能发生可逆的还原。由于 FAD 或 FMN 具有三种氧化还原状态,所以既可以参加 2 个电子的传递,也可以参加 1 个电子的传递。

在每次氧化还原反应中,FAD 或 FMN 可以接受 2 个电子和 2 个质子,被还原成为 $FADH_2$ 和 $FMNH_2$。FAD 或 FMN(醌)每次还可以先接受 1 个电子和 1 个质子,还原成 FMNH· 和 FADH·(半醌),然后再接受 1 个电子和 1 个质子,还原成 $FADH_2$ 和 $FMNH_2$(氢醌)。反之,$FADH_2$ 和 $FMNH_2$ 也可以经历黄素半醌的中间产物,分两次给出 $2H^+$ 和 $2e^-$,最后转换为氧化型的 FAD 和 FMN。此可逆转换过程具有重要生物学意义,由于 FAD 和 FMN 可以把单电子传递与双电子传递联系起来,因此在很多电子传递系统中起重要作用。

$FADH_2$ 和 $FMNH_2$ 的氧化反应往往与含铁金属蛋白的还原反应偶联,如铁硫蛋白。铁硫蛋白中的 Fe^{3+} 每次只能接受一个电子。在这种电子传递中,$FADH_2$ 和 $FMNH_2$ 首先给出一个电子,使 Fe^{3+} 还原为 Fe^{2+},$FADH_2$ 和 $FMNH_2$ 则形成黄素半醌的中间产物,即 FMNH· 和 FADH·。然后再给出一个 H^+ 和 e^-,将第二个 Fe^{3+} 还原为 Fe^{2+},FMNH· 和 FADH· 则分别氧化为 FAD 和 FMN。

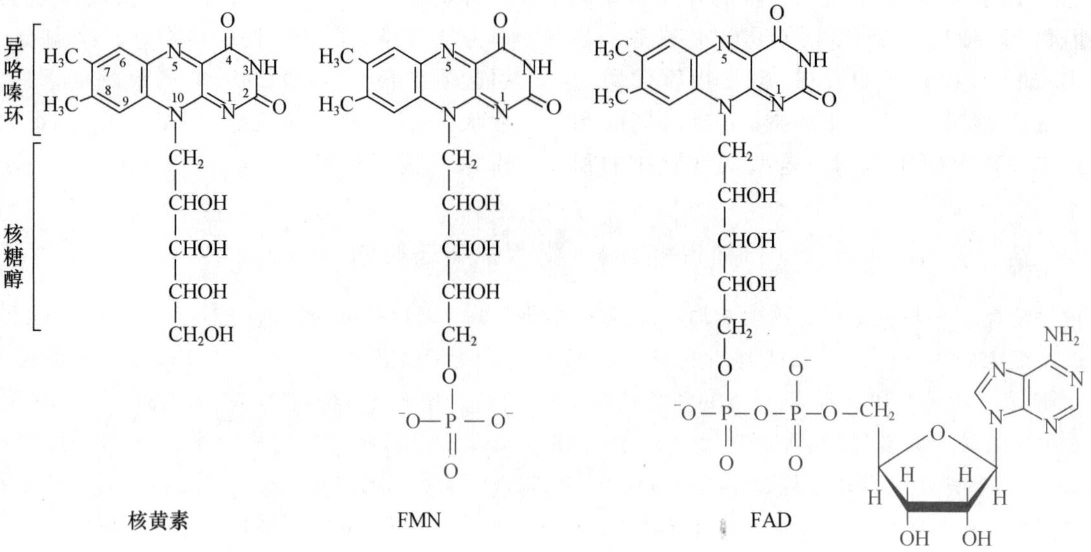

图 5-2 核黄素(维生素 B_2)、FMN 和 FAD 的结构

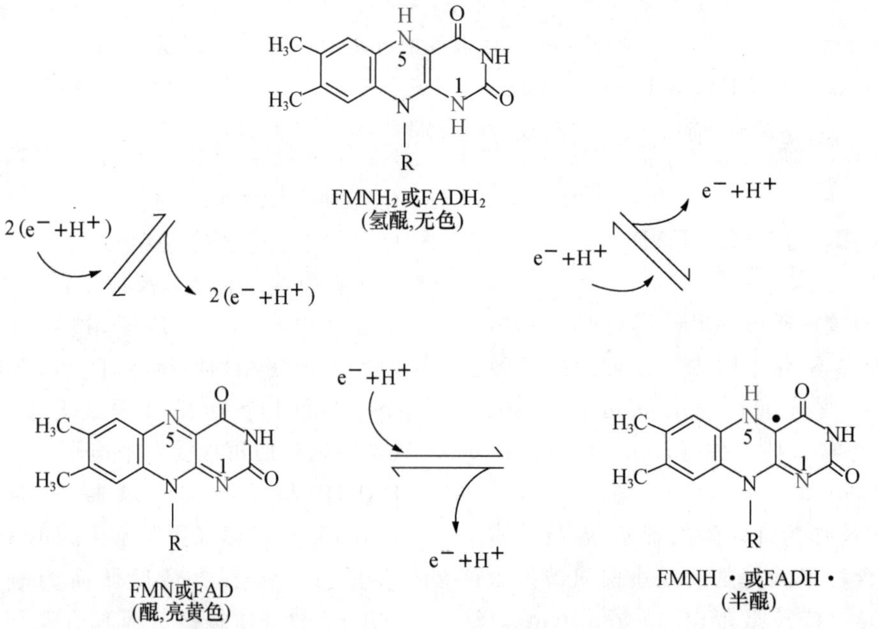

图 5-3 FAD 或 FMN 参与的氧化还原反应

酵母、绿色植物、谷物、鸡蛋、乳类和肝脏等中富含核黄素。植物和许多微生物能合成核黄素,动物通常则不能合成,但昆虫及哺乳动物的肠道微生物能合成核黄素。当人体缺乏核黄素时,可引起口角炎、唇炎和皮肤炎等病症。

三、泛酸与辅酶 A

泛酸(pantothenic acid)是 β-丙氨酸通过酰胺键与 α,γ-二羟-β,β-二甲基-丁酸缩合而成的化合物

(图 5-4)。泛酸因广泛存在于自然界中,因而也被称为遍多酸。泛酸的活性形式是辅酶 A(coenzyme A,CoA),由 3 部分构成:含有一个游离—SH 的巯基乙胺、泛酸单位(β-丙氨酸和泛解酸形成的酰胺),以及 $3'$-羟基被磷酸基团酯化的 ADP(图 5-4)。

辅酶 A 分子中的反应部位是巯基,脂酰基与巯基共价结合形成硫酯。硫酯键具有较高的自由能,因而辅酶 A 可以将携带的酰基提供给各种受体分子。

辅酶 A 是参与酰基转移反应的重要辅酶,常作

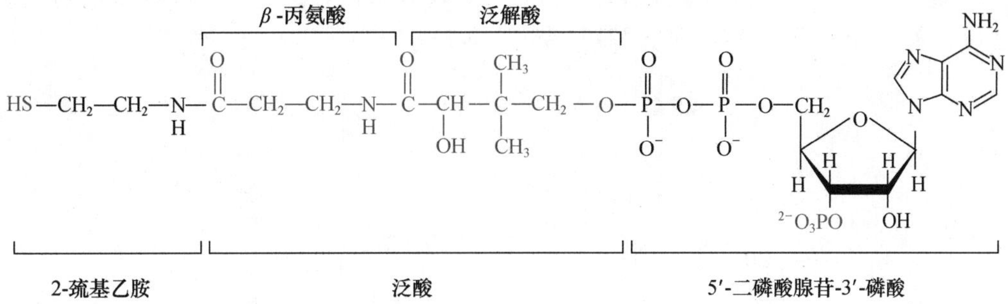

图 5-4　辅酶 A 的结构

为酰基的载体转移一些简单羧酸和脂肪酸，许多蛋白质的酰化修饰所需的酰基也由辅酶 A 携带。如乙酰辅酶 A，它不仅是糖、脂和氨基酸分解代谢重要的中间产物，还可以作为许多生物分子合成的原料，其提供的乙酰基可进入三羧酸循环以进一步分解产生能量。酵母、蜂王浆、肝脏和花生等都含有较多的泛酸，人体肠道细菌也可以合成，一般不会缺乏。

当辅酶 A 中的泛酰巯基乙胺部分被磷酸酯化后，形成的化合物称为磷酸泛酰巯基乙胺，是酰基载体蛋白（ACP）的辅基（参见图 10-25）。脂肪酸合成中的中间产物就连接在 ACP 辅基的巯基上。

四、维生素 PP 与 NAD^+、$NADP^+$

维生素 PP 包括烟酸（nicotinic acid）和烟酰胺（nicotinamide）两种物质（图 5-5），又称尼克酸和尼克酰胺。烟酸是烟酰胺的前体。维生素 PP 在体内主要以烟酰胺形式存在。

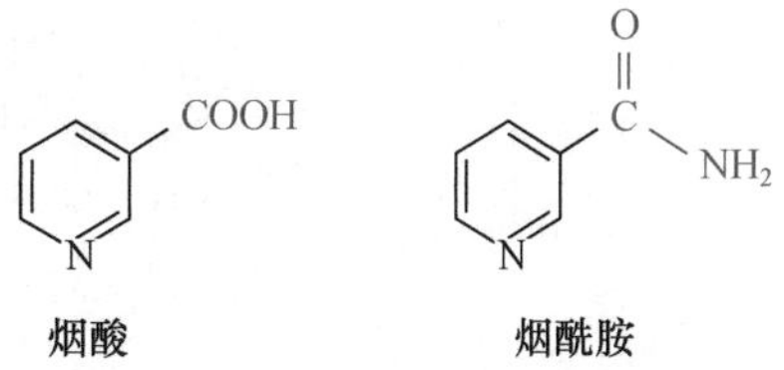

图 5-5　烟酸和烟酰胺的结构

烟酰胺辅酶有两种：烟酰胺腺嘌呤二核苷酸（nicotinamide adenine dinucleotide，NAD^+）和烟酰胺腺嘌呤二核苷酸磷酸（nicotinamide adenine dinu-cleotide phosphate，$NADP^+$）。两种辅酶都含有腺苷酸（AMP）和烟酰胺单核苷酸（nicotinamide mononucleotide，NMN），两个部分由磷酸酐键连接起来。NAD^+ 和 $NADP^+$ 的差异在于后者的腺苷 $2'$-羟基被磷酸化（图 5-6）。

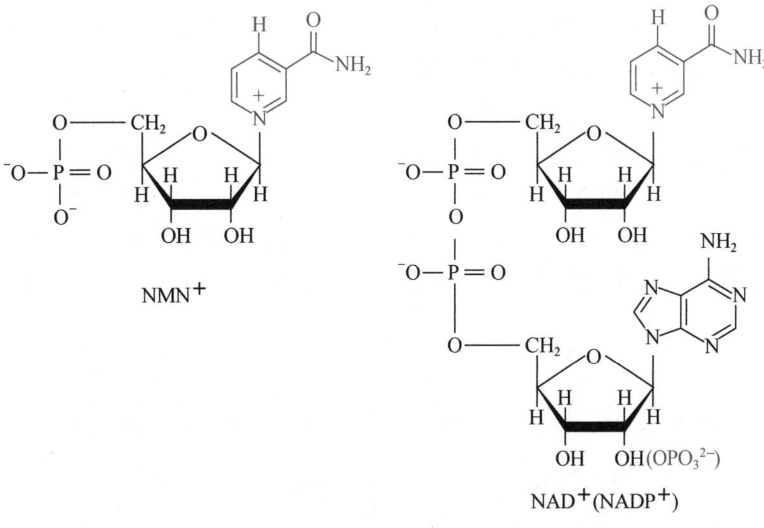

图 5-6　NMN^+、NAD^+ 和 $NADP^+$ 的结构

NAD$^+$和NADP$^+$上的"＋"是指烟酰胺环上的N带有正电荷。实际上,由于NAD$^+$和NADP$^+$带有磷酸基团,整个分子所带净电荷为负电荷(图5-7)。

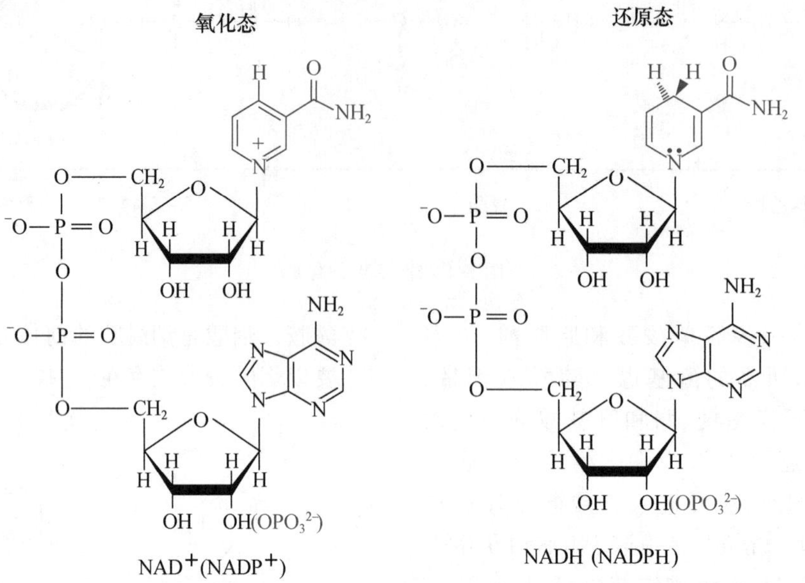

图 5-7 NAD$^+$和NADP$^+$的氧化态和还原态结构

NAD$^+$和NADP$^+$都是脱氢酶的辅酶,参与传递代谢物上脱下来的电子,在氧化还原反应中起重要作用。当代谢物脱去2个氢原子后,其中一个氢原子以氢负离子的形式(1个H$^+$,2个e$^-$)转移给NAD$^+$或NADP$^+$,另一个氢原子以质子的形式释放到溶液中,即生成NADH＋H$^+$或NADPH＋H$^+$。因此,吡啶核苷酸的氧化-还原反应总是发生双电子转移。

NADH和NADPH在含氧的溶液中非常稳定,通常被称为具有还原能力的分子。由于这种稳定性,NADH和NADPH可以携带着还原力从一个酶转移到另一个酶,也可以从一个代谢途径转移到另一个代谢途径。这一点与FAD的性质很不相同。

NADH和NADPH由于含有二氢吡啶环,在340 nm处有一吸收峰,但NAD$^+$和NADP$^+$在这个波长没有吸收峰。因此,340 nm处吸收峰的出现和消失,可以用作监测与氧化和还原相关脱氢酶催化反应的指标。

NADH主要是在分解代谢中生成,在线粒体中被氧化时与ATP的合成偶联;NADPH则主要为生物合成提供还原能力。

肉类、谷物和花生等食物中富含此类维生素。人和动物的肠道细菌可从色氨酸少量合成烟酸,因而人通常不会缺乏此类维生素。如果缺乏时,可表现出神经营养障碍,出现皮炎,导致糙皮病(pellagra),故烟酸又称为抗糙皮病因子。

五、维生素 B$_6$ 及其辅酶

维生素 B$_6$ 普遍存在于动植物中,包括吡哆醛(pyridoxal)、吡哆胺(pyridoxamine)和吡哆醇(pyridoxine)三种,它们的区别在于吡啶环第4位碳上是氧化还是氨基化(图5-8)。维生素 B$_6$ 对光和碱性条件敏感,遇高温易被破坏,在酸性条件下稳定。

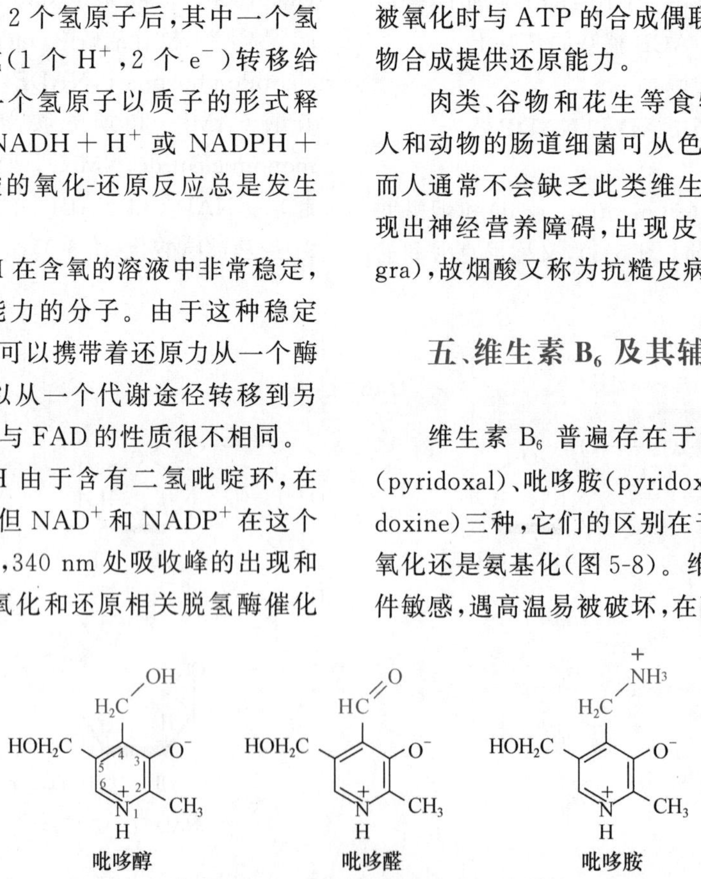

图 5-8 三种维生素 B$_6$ 的结构

维生素 B_6 在生物体内都以磷酸酯形式存在,参与代谢过程的主要是磷酸吡哆醛和磷酸吡哆胺(图5-9)。磷酸吡哆醛和磷酸吡哆胺在氨基酸代谢中非常重要,是氨基酸转氨基、脱羧和消旋作用等酶的辅基。

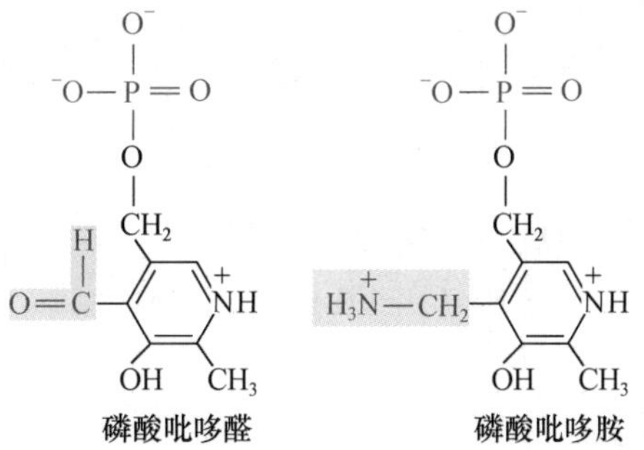

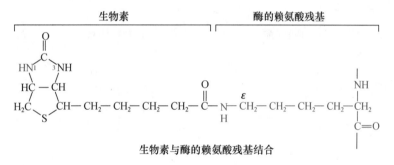

图 5-9 磷酸吡哆醛与磷酸吡哆胺的结构

在进行以上反应时,磷酸吡哆醛的醛基与底物 α-氨基酸的氨基结合成醛亚胺中间复合物,醛亚胺再根据不同酶蛋白的特性使氨基酸发生转氨、脱羧或消旋等作用。

补充维生素 B_6,可提高谷氨酸脱羧酶的活力,使谷氨酸脱羧产生较多的 γ-氨基丁酸。由于 γ-氨基丁酸是重要的神经递质,缺乏维生素 B_6 易导致神经系统功能异常。此外,乙醇在体内氧化为乙醛,乙醛可促使磷酸吡哆醛的分解,故酗酒者易发生吡哆醛的缺乏。维生素 B_6 在酵母粉中含量最多,米糠或白米含量也不少,其次是来自肉类和蔬菜。由于肠道细菌可以合成维生素 B_6,所以人体一般不易缺乏。此外,临床上常用维生素 B_6 制剂防治妊娠呕吐和放射病呕吐。

六、维生素 B_7(生物素)

生物素(biotin)是一个含硫的环状物,其分子结构为带有戊酸侧链的噻吩环与尿素所结合的骈环,噻吩环上带有一个戊酸的侧链(图5-10)。

生物素　　　　　　　　酶的赖氨酸残基

生物素与酶的赖氨酸残基结合

图 5-10 与酶共价结合的生物素

在羧基转移反应和依赖 ATP 的羧化反应中,生物素作为催化这类反应酶的辅基。生物素通过侧链的羧基与酶蛋白中赖氨酸的 ε-氨基以酰胺键相连。多数需要生物素的酶都可以催化体内 CO_2 的固定以及羧化反应,反应中 CO_2 首先与尿素环上的1个氮原子结合,形成羧基生物素,然后再将此 CO_2 转给适当的受体。因此,生物素在代谢过程中起 CO_2 载体的作用(参见图10-21)。

生物素在动植物体内分布广泛,且肠道细菌也可以合成,人体每天的需要量很少,一般不会缺乏。但是,如果经常食用生蛋清,可导致生物素缺乏。这是由于蛋清中含有一种抗生物素蛋白(avidin),它是由相同亚基组成的四聚体,其每个亚基都可以紧密结合一个生物素分子,使得小肠中生成的生物素不能被吸收。煮熟的鸡蛋使抗生物素蛋白变性,失去对生物素的亲和力,消除了它的毒性。

七、叶酸与四氢叶酸

叶酸(folic acid)是自然界中广泛存在的维生素,因在绿叶中含量丰富,故名叶酸。叶酸也称为喋酰谷氨酸(pteroylglutamate),是由喋呤(2-氨基-4 氧取代喋啶)、对氨基苯甲酸与 L-谷氨酸残基连接而成(图5-11)。在人体内,通过食物获得的叶酸在二氢叶酸还原酶催化下加氢还原成二氢叶酸(dihydrofolate acid,DHF)和四氢叶酸(tetrahydrofolic acid,THFA),反应过程需要 NADPH 和维生素 C。辅酶形式的叶酸是 5,6,7,8-四氢叶酸,即辅酶 F(CoF)。

THFA 是转移一碳基团(见第十一章)酶系的辅酶,作为甲基、亚甲基、甲酰基和甲川基的载体,因而可形成各种四氢叶酸的衍生物(图5-12)。N-5 和 N-10 是转移一碳基团的反应位置。一碳基团的转移

叶酸

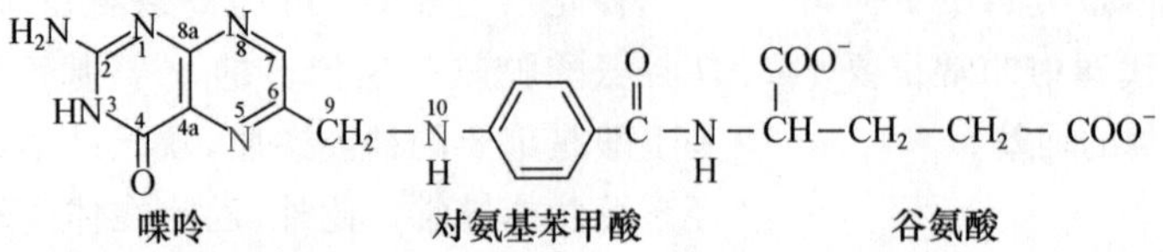

喋呤　　　　　对氨基苯甲酸　　　　　谷氨酸

5,6,7,8-四氢叶酸

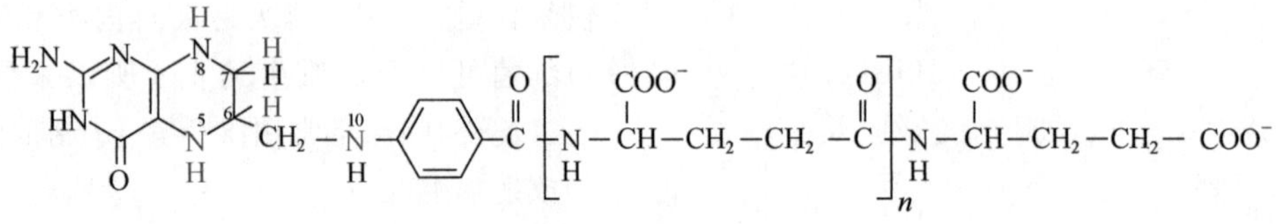

图 5-11　叶酸和四氢叶酸

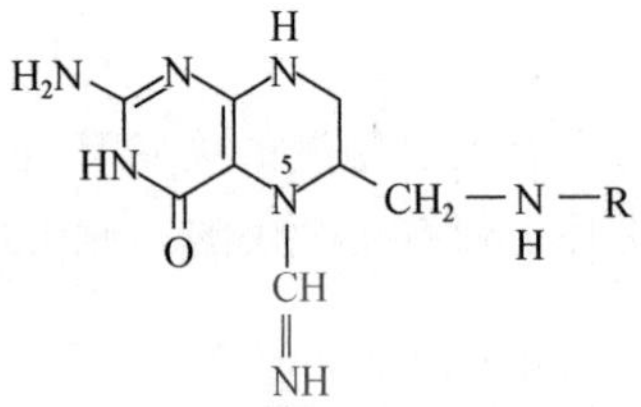

N^5-亚胺甲基四氢叶酸 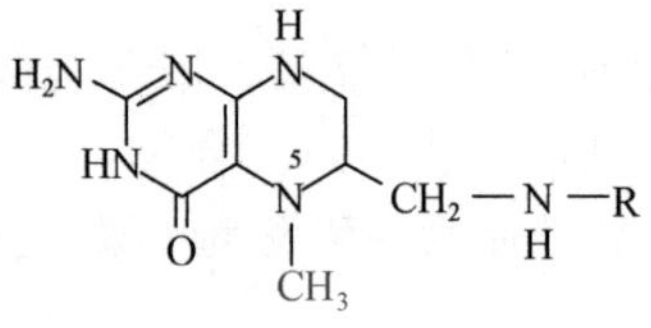　　　　　N^5-甲基四氢叶酸

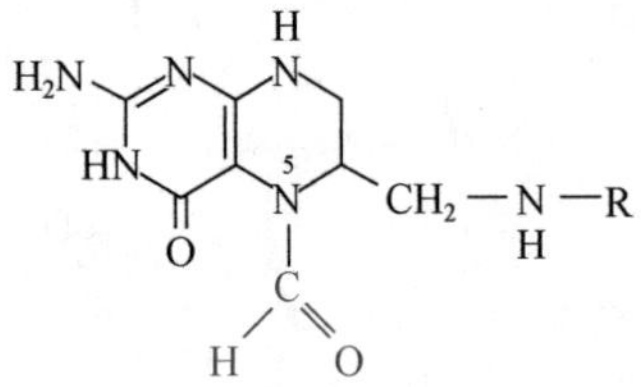

N^5-甲酰基四氢叶酸 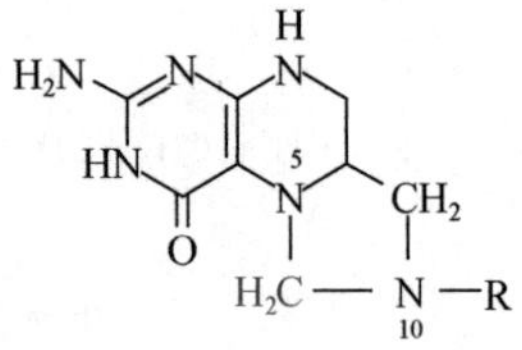　　　　　N^5,N^{10}-亚甲基四氢叶酸

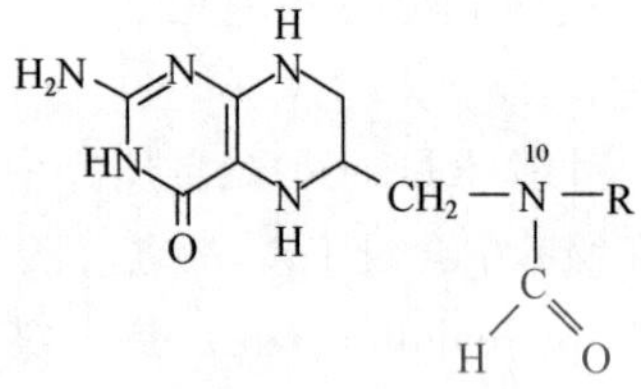

N^{10}-甲酰基四氢叶酸 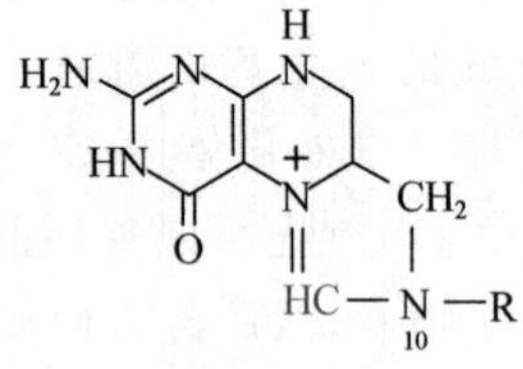　　　　　N^5,N^{10}-甲川基四氢叶酸

图 5-12　四氢叶酸的多种分子形式

在氨基酸代谢、嘌呤和嘧啶合成中占重要地位。

细菌不能直接利用其生长环境中的叶酸,而需要通过二氢蝶酸合酶催化对氨基苯甲酸与二氢喋呤衍生物(二氢羟甲基喋呤)生成二氢蝶酸,进一步在二氢叶酸合成酶(dihydrofolate synthetase)和二氢叶酸还原酶(dihydrofolate reductase)催化下依次转化为二氢叶酸和四氢叶酸。磺胺药物是对氨基苯磺

酰胺的衍生物,其与叶酸分子中的对氨基苯甲酸结构相似,可作为二氢蝶酸合酶的竞争性抑制剂,影响四氢叶酸在细菌体内的合成,从而使得磺胺类药物具有抗菌作用。由于叶酸对核酸代谢有重要影响,而核酸代谢与肿瘤生长密切相关,根据此原理设计出的叶酸类抗代谢物可作为临床抗癌药物。人体缺乏叶酸时,可导致巨幼红细胞贫血和血红素合成障

碍性贫血。叶酸对孕妇尤其重要,若在怀孕前3个月内缺乏叶酸,可导致胎儿神经管发育缺陷。

八、维生素 B_{12}（钴胺素）及其辅酶

维生素 B_{12} 含有钴咻环系统,其中钴原子位于钴咻环中央,以配位键与4个吡咯N结合,第5个配位键与 3'-磷酸-5,6-二甲基苯并咪唑核苷酸结合。当第6个配位键与不同的R基团结合时,可形成各种维生素 B_{12} 衍生物。当R基为—CN、—OH和—CH₃时,衍生物分别称为氰钴胺素、羟钴胺素和甲基钴胺素。当R基团为 5'-脱氧腺苷时,衍生物称为 5'-脱氧腺苷钴胺素（5'-deoxyadenosylcobalamine）（图5-13）。

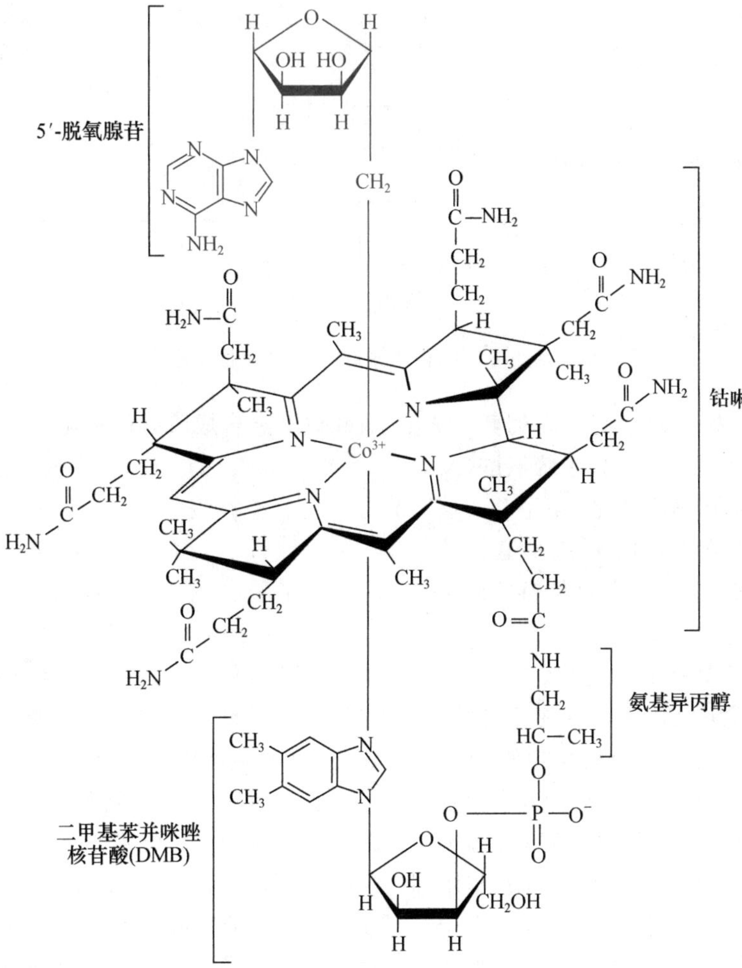

图 5-13 5'-脱氧腺苷钴胺素的结构

已知维生素 B_{12} 是几种变位酶和甲基转移酶的辅酶。辅酶形式的维生素 B_{12} 主要有两种:腺苷钴胺素和甲基钴胺素。腺苷钴胺素参与几种酶催化的分子内重排,反应是底物分子内的一个氢原子与邻近的一个基团交换位置,如 L-甲基丙二酸单酰-CoA变位酶催化 L-甲基丙二酸单酰-CoA转变为琥珀酰-CoA的反应（参见图10-10）。

维生素 B_{12} 参与反应的关键在钴与 5'-脱氧腺苷之间的Co—C键（图5-14）。反应中:①B_{12} 的Co—C键断裂,产生 Co^{2+} 并释放出 5'-脱氧腺苷自由基。②5'-脱氧腺苷自由基从底物分子中吸收一个H,转变为 5'-脱氧腺苷,同时产生底物自由基。③底物自由基发生分子内重排:一个基团（X）移动到相邻的位置,产生了另一种形式的自由基（产物自由基）。④产物自由基从 5'-脱氧腺苷中吸取一个H,形成产物,维生素 B_{12} 再次形成 5'-脱氧腺苷自由基。⑤5'-脱氧腺苷自由基的—CH₂基团与钴咻环中的钴连接,重新形成Co—C键,Co^{2+} 转变为 Co^{3+}。维生素 B_{12} 再生,准备参加下一轮反应。

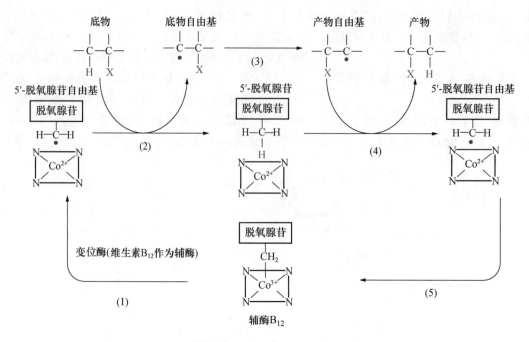

图 5-14　辅酶 B_{12}（腺苷钴胺素）参与的变位反应

甲基钴胺素与四氢叶酸一起参与甲基的转移。例如在哺乳动物的甲硫氨酸合成中,高半胱氨酸(又称同型半胱氨酸,Hcy)甲基转移酶催化 N_5-甲基四氢叶酸上的甲基转移到维生素 B_{12} 上,形成甲基钴胺素;甲基钴胺素再将甲基转到高半胱氨酸侧链的巯基上,形成甲硫氨酸(参见图 11-28)。

维生素 B_{12} 在水溶液中稳定,熔点较高,易被酸、碱和日光等破坏。维生素 B_{12} 主要存在于肝脏、酵母中。植物和动物都不能自身合成维生素 B_{12},只有少数微生物能够自行合成。草食动物胃中含有可以合成维生素 B_{12} 的微生物,而人体肠道细菌也可合成部分维生素 B_{12}。维生素 B_{12} 与叶酸的作用有时是相互关联的,当体内缺乏维生素 B_{12} 时,由于核酸合成和蛋白质合成障碍,可导致巨幼红细胞贫血和血红素合成障碍性贫血。

九、硫辛酸

硫辛酸(lipoic acid)是一个八碳羧酸(辛酸),C-6 和 C-8 上的氢原子被硫取代。硫辛酸有氧化型和还原型两种形式。在氧化型中的两个硫以二硫键连接,还原型为二氢硫辛酸(6,8-dithiooctanoic acid),两个硫都以巯基形式存在。

硫辛酸是 α-酮酸氧化脱羧反应中硫辛酸酰基转移酶的辅基,其羧基与酶蛋白上的赖氨酸残基 ε-NH_2 共价连接,形成硫辛酰胺(图 5-15)。硫辛酸在反应中起转移酰基和氢的作用(图 5-16),一个硫携带脂酰基,另一个硫为巯基形式。

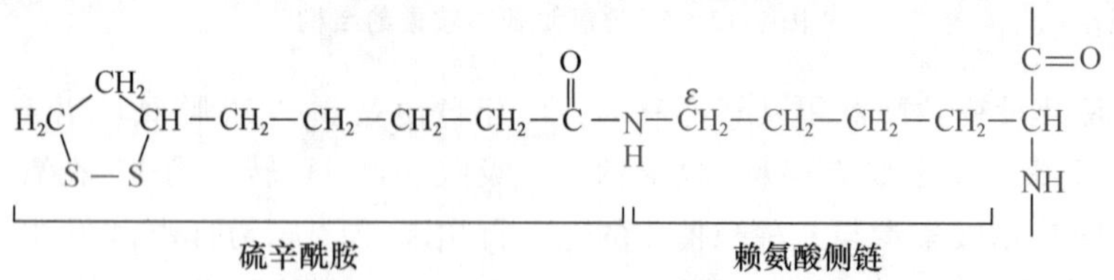

图 5-15　硫辛酸的辅基形式(图中的硫辛酸为氧化型)

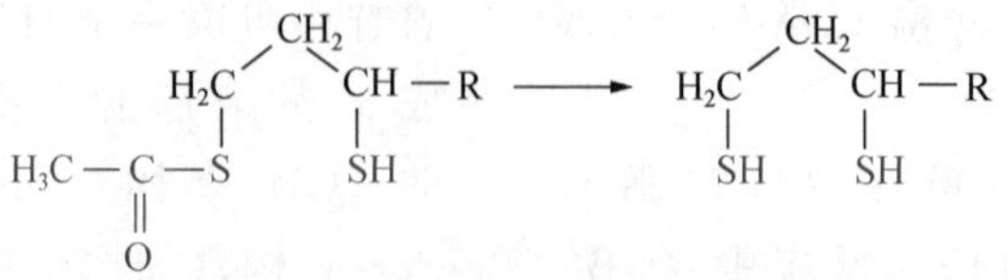

图 5-16　硫辛酸在反应中起转移酰基的作用

植物、动物可以合成 6,8-二氢硫辛酸。硫辛酸在动物肝脏和酵母中含量较多,它是某些微生物的必需维生素。人体可以合成足量的硫辛酸,因此,对人体而言硫辛酸不是维生素,随着年龄的增大或在某些病理条件下可能造成硫辛酸的合成量不足,但在人类中尚未发现有硫辛酸缺乏症。

十、维生素 C

维生素 C 的主要功能是作为抗氧化剂,其化学本质是一种不饱和的己糖内酯化合物,有 L 型和 D 型两种异构体,只有 L 型有生理作用。其分子 C-2 和 C-3 上两个相邻的烯醇式羟基极易解离,释放出 H^+ 而被氧化成为脱氢抗坏血酸,故抗坏血酸虽然不含自由羧基,但仍具有酸性(图 5-17)。

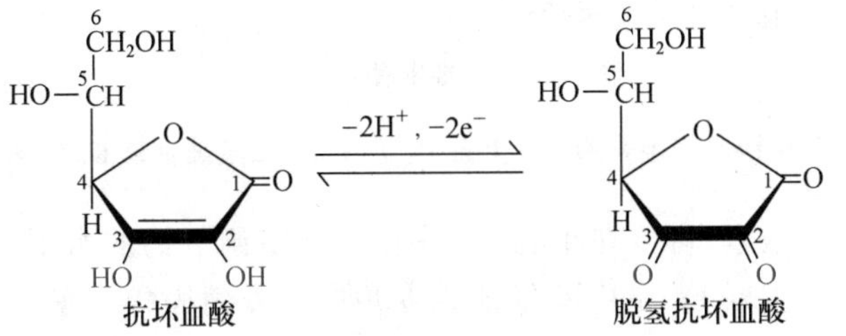

图 5-17　抗坏血酸氧化为脱氢抗坏血酸

维生素 C 的 C-2 和 C-3 位的羟基也很容易氧化成酮基,所以维生素 C 又是很强的还原剂。维生素 C 参与体内很多反应,如许多含巯基的酶,在体内需要游离的—SH 才能发挥其催化活性,而维生素 C 能使这些酶分子中的巯基处于还原状态。此外,在胶原蛋白形成过程中,部分脯氨酸需经脯氨酰羟化酶催化形成羟脯氨酸后,胶原蛋白才能进一步形成稳定的三股螺旋。脯氨酸羟化酶为双加氧酶(dioxygenase),α-酮戊二酸、分子氧和 Fe^{2+} 共同参与此羟化过程,反应过程中结合于酶活性部位的 Fe^{2+} 被氧化为 Fe^{3+},导致羟化酶失活,维生素 C 使 Fe^{3+} 还原为 Fe^{2+},恢复了羟化酶的活性。因此,缺乏维生素 C,不能形成稳定的胶原纤维,将导致坏血病(scurvy),出现如皮肤损伤以及血管变脆引起的牙龈肿胀出血、牙齿脱落等症状。因维生素 C 能防治坏血病,所以又名抗坏血酸。

新鲜水果及蔬菜富含维生素 C,特别是在橙子、番茄、猕猴桃和辣椒等中含量尤为丰富。植物中含有抗坏血酸氧化酶,可将维生素 C 氧化为二酮古洛糖酸而失去活性,使得储存时间长的水果和蔬菜中维生素 C 的含量大量减少。除包括人在内的灵长类动物和豚鼠不能合成维生素 C 外,其他动物都能合成。因此,维生素 C 是人的必需营养素,需要由外源食物供给。

第二节　脂溶性维生素

一、维生素 A

维生素 A 包括维生素 A_1(视黄醇,retinol)和维生素 A_2(3-脱氢视黄醇,3-dehydroretinol),二者均为 20 碳含白芷酮环的多烯烃一元醇,它们的差别仅在于后者的环中 3 位多一个双键(图 5-18)。维生素 A_1 和维生素 A_2 分别存在于海水鱼及淡水鱼肝中。

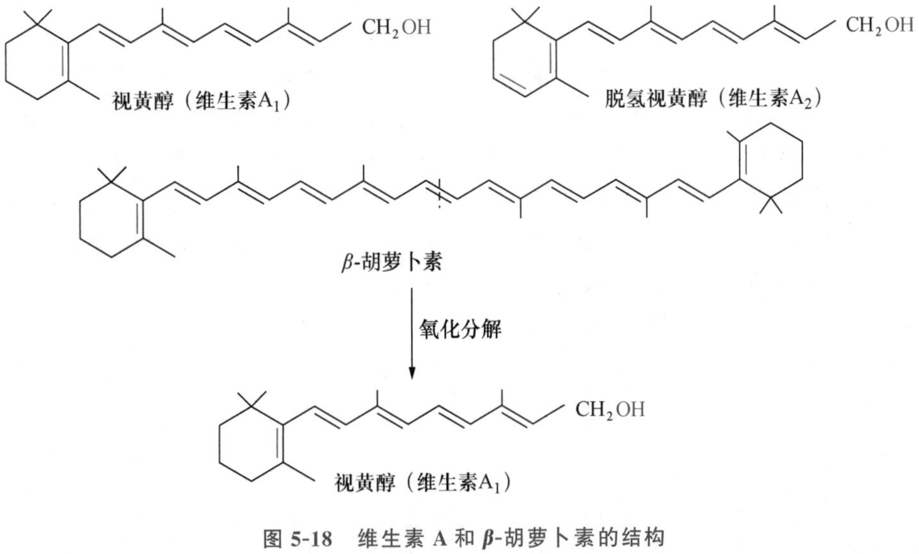

图 5-18　维生素 A 和 β-胡萝卜素的结构

植物中的 β-胡萝卜素在肠道可转变为两分子视黄醇，因此 β-胡萝卜素是一种维生素 A 原（图 5-18）。体内视黄醇可氧化成视黄醛（retinal），视黄醛也可进一步氧化成视黄酸（retinoic acid）。视杆细胞主要与暗视觉有关。在视杆细胞内，黑暗条件下全反视黄醛变成 11-顺视黄醛（retinal），后者与视蛋白（opsin）结合形成视紫红质，视紫红质感受弱光。因此，如果人缺乏维生素 A 可引起夜盲症。可见光可以刺激 11-顺式视黄醛形成全反视黄醛，从而改变视紫红质的分子构象，使得视黄醛与视蛋白分离。这种结构的变化引发视觉细胞神经冲动，这是视觉形成的基础。上述途径产生的全反视黄醛，被还原成全反视黄醇，经血流至肝转变成 11-顺视黄醇，而后再随血流返回视网膜氧化成 11-顺视黄醛，重新合成视紫红质。

此外，视黄醇参与糖蛋白合成，是维持上皮组织正常结构所必需的。若维生素 A 缺乏，会引起上皮细胞干燥、增生及角质化，可导致眼干燥症。而视黄酸作为一种激素，参与基因表达的调节，在眼结膜、角膜和视网膜等上皮细胞的分化成熟起重要作用。但是，维生素 A 过多会引起中毒，可发生骨疼痛、胃痛、多鳞性皮炎、肝脾肿大、恶心和腹泻等。

动物不能合成维生素 A，其植物来源主要有胡萝卜、甘薯和哈密瓜等蔬菜瓜果，而在鱼肝油、牛奶和动物肝脏等动物性食品中含量丰富。

二、维生素 D

维生素 D 是一组类固醇衍生物的总称，其中以维生素 D_2（麦角钙化醇，ergocalciferol）及维生素 D_3（胆钙化醇，cholecalciferol）最为重要（图 5-19）。存在于大多数高等动物的表皮或皮肤组织中的 7-脱氢胆固醇，在阳光或紫外线的照射下，可经光化学反应转化为维生素 D_3。但维生素 D_3 本身并没有生物学活性，要在肝脏和肾脏中转化成 1,25-二羟维生素 D_3 才具有功能。1,25-二羟维生素 D_3 是一

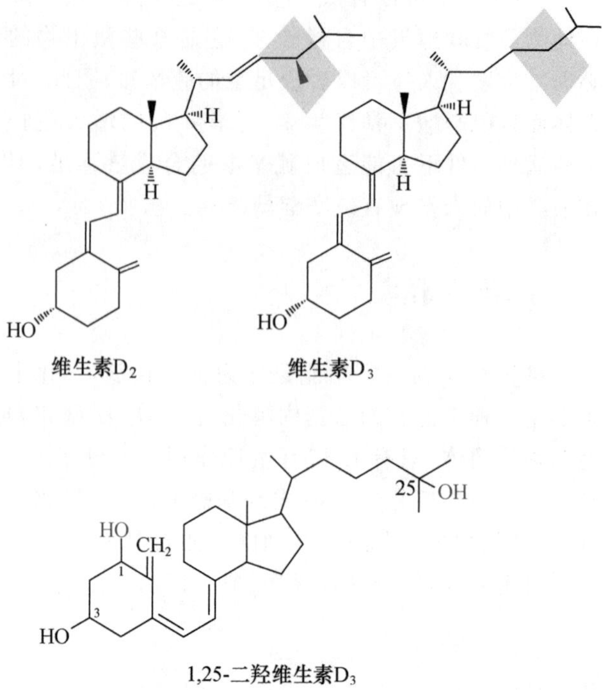

图 5-19　维生素 D_2、维生素 D_3 及 1,25-二羟维生素 D_3 结构

种激素，可以在小肠、肝脏和肾脏中调节钙的水平。维生素 D_2 是由酵母菌或麦角中的麦角固醇经紫外线照射而产生，虽然这种维生素也存在于自然界中，但存量极微。

维生素 D 参与体内钙、磷和矿物质平衡的调节，并影响这些矿物质的吸收以及它们在骨组织内的沉积。现已证明，1,25-二羟维生素 D_3 能诱导许多动物的肠黏膜细胞产生一种专一的钙结合蛋白（CaBP）。维生素 D 促使骨与软骨及牙齿的矿物化，并不断更新以维持其正常生长。缺乏维生素 D 会导致肠道对钙和磷的吸收减少，可表现为佝偻病和骨软化症。

经常晒太阳是动物获得充足有效的维生素 D_3 的最好来源，特别是婴幼儿。鱼肝油是维生素 D 的丰富来源，其制剂可作为婴幼儿维生素 D 的补充剂。动物性食品是天然维生素 D 的主要来源，含脂肪高的海鱼和鱼卵、动物肝脏、蛋黄和奶油等含量较多。

知识框 5-2　维生素 D 缺乏症的营养补充

维生素 D 是一种调节钙和磷代谢的激素前体，进而促进骨骼发育和维持神经肌肉正常功能。长期慢性维生素 D 缺乏，不仅能导致儿童的佝偻病和成人的软骨病发生，还可能在自体免疫疾病、癌症和心血管疾病等非骨骼疾病中起潜在作用。因此，补充维生素 D 对众多慢性疾病的防治具有重要意义。由于日光暴露不足或身体无法合成足量维生素 D，儿童、妊娠期/哺乳期妇女和 65 岁以上老年人是维生素 D 缺乏的高风险人群，他们的维生素 D 推荐补充量分别为每日 400～800 IU、400 IU 和 600 IU。此外，由于富含维生素 D 的天然食物并不多，其最可靠的饮食来源是维生素 D 强化食品，如强化乳饮料每升含 600 IU 维生素 D，强化奶片可达 1 600 IU/kg，人造黄油可达 5 600 IU/kg。

三、维生素 E

维生素 E 又称生育酚(tocopherol，TocOH)(图 5-20)。已知具有维生素 E 作用的物质有八种，包括四种生育酚和四种生育三烯醇(tocotrienol)，它们都含有一个含氧的双环系统，环上带有一个疏水的侧链，其中 α-生育酚的生物活性最高。维生素 E 不溶于水，不易被酸和碱破坏，但易被氧化。维生素 E 的功能主要有两个：一是与动物生殖机能有关，临床上常用于治疗习惯性流产和早产等；二是作为一种很强的脂溶性抗氧化剂，在体内可保护细胞膜免受自由基损害，还可保护巯基不被氧化，从而保持某些酶的活性，具有延缓细胞衰老的作用。

维生素 E 在自然界广泛分布，蔬菜、坚果、谷类和动物性食品中都含有，膳食中维生素 E 最好的来源是植物油。

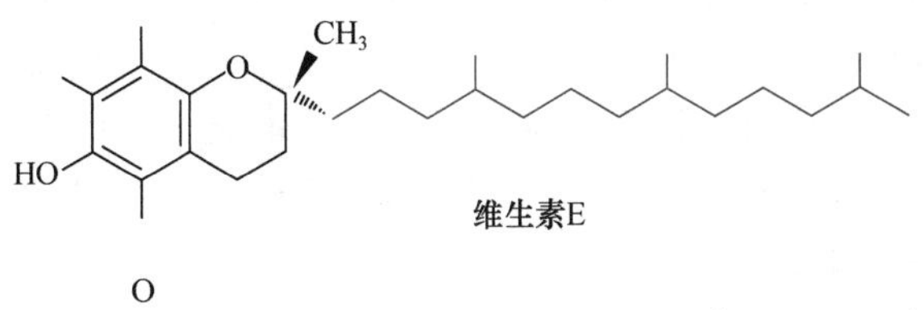

维生素E

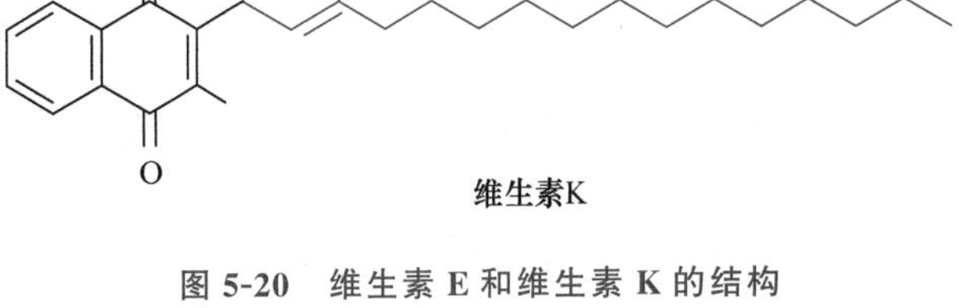

维生素K

图 5-20　维生素 E 和维生素 K 的结构

四、维生素 K

维生素 K，又称凝血维生素(coagulation vitamin)，是 2-甲基萘醌的衍生物(图 5-20)。维生素 K 耐热，但易遭酸、碱、氧化剂和光(特别是紫外线)的破坏。由于天然维生素 K 对热稳定，且不溶于水，在正常的烹调过程中损失很少。

维生素 K 是肝脏合成凝血酶原所必需的。维生素 K 被摄入后，首先被还原为 γ-谷氨酰羧化酶所需的二氢衍生物，γ-谷氨酰羧化酶催化凝血酶原 N 端的 10 个谷氨酸残基转化为 γ-羧基谷氨酸残基，再经下游一系列反应激活凝血酶，引发凝血作用。维生素 K 广泛存在于动植物食品中，人体肠道细菌也可合成维生素 K，一般不容易缺乏。

不是所有维生素都作为酶的辅酶或辅基发挥作用，维生素 A、维生素 C、维生素 D、维生素 E 和维生素 K 有多种多样的生理功能。

此外，还有一些重要的非维生素辅酶和辅基，如 ATP 是核苷酸类辅酶或辅基的组成成分，辅酶 Q (CoQ)是泛醌类辅酶，铁硫蛋白和细胞色素是蛋白质辅酶。这些辅酶和辅基的结构与功能将在第七章中详细介绍。

小结

(1)水溶性维生素及其衍生物主要通过辅酶或辅基的形式参与生命活动。硫胺素(维生素 B_1)以 TPP/TDP 的形式作为脱羧酶的辅基。核黄素(维生素 B_2)以 FMN 和 FAD 的形式作为氧化还原反应酶的辅基。泛酸是 CoA 和 ACP 的组成成分，CoA 和 ACP 作为酰基转移反应酶的辅酶和辅基。维生素 PP 以 NAD^+ 和 $NADP^+$ 的形式作为多种脱氢酶和还原酶的辅酶；维生素 B_6 以磷酸吡哆醛和磷酸吡哆胺的形式作为氨基酸转氨基、脱羧和消旋作用等酶的辅基。生物素作为羧化酶的辅酶,起 CO_2 载体的作用。叶酸以 THFA 的形式作为一碳基团转移酶的辅酶。维生素 B_{12}(钴胺素)是几种变位酶和甲基转移酶的辅酶。硫辛酸是酰基转移酶的辅基。维生素 C 以提供还原力的方式参与体内很多反应。

(2)脂溶性维生素 A、维生素 D、维生素 E 和维生素 K 则分别在视觉形成、钙的吸收、生育与抗氧化,以及凝血方面具有重要的生理作用。

思考题

一、单选题

1. 下列物质能被氨基喋呤和氨甲喋呤所拮抗的是_____。

A. 维生素 B_6　　　　　B. 核黄素

C. 叶酸　　　　　　　D. 泛酸

2. CoA 中的功能基团为_____。

A. —SH　　　　　　　B. —COOH

C. —OH　　　　　　　D. —NH₂

3. 下列含金属元素的维生素是_____。

A. 维生素 B_1　　　　　B. 维生素 B_2

C. 维生素 B_6　　　　　D. 维生素 B_{12}

4. 下列不具有可逆的氧化型和还原型的辅基/辅酶是_____。

A. 生物素　　　　　　B. FAD

C. NAD^+　　　　　　D. 硫辛酸

5. 下列维生素名称-化学名称-维生素缺乏症的组合中,属错误对应关系的是_____。

A. 维生素 B_{12}-钴胺素-恶性贫血

B. 维生素 B_2-核黄素-口角炎

C. 维生素 B_6-吡哆醛-脚气病

D. 维生素 E-生育酚-不育症

二、问答题

1. 患恶性贫血症可能是因为缺乏什么维生素?其影响机制是什么?

2. 脱氢酶的辅酶或辅基有哪些?其中哪些是由维生素转化的?这些维生素是什么?

3. 为什么维生素 C 称为抗坏血酸?

三、分析题

根据维生素 B_1 活性辅酶的功能,试分析缺乏维生素 B_1 为什么能影响糖代谢(需结合糖代谢的知识)?

参考文献

[1] 孙远明,余群力. 食品营养学. 北京:中国农业大学出版社,2002.

[2] 吴赛玉. 简明生物化学. 合肥:中国科学技术大学出版社,2002.

[3] 陈诗书. 医学生物化学. 北京:科学出版社,2004.

[4] 王希成. 生物化学. 2 版. 北京:清华大学出版社,2005.

[5] 黄熙泰,于自然,李翠凤. 现代生物化学. 3 版. 北京:化学工业出版社,2012.

[6] 张洪渊. 生物化学教程. 4 版. 成都:四川大学出版社,2017.

[7] Frances R Frankenburg. Vitamin Discoveries and Disasters:History,Science,and Controversies. ABC-CLIO, LLC,2009.

[8] Berg J M,Tymoczko J L,Gatto G J Jr. ,et al. Biochemistry. 9th ed. W. H. Freeman and Company,2019.

第六章

脂质和生物膜

> **本章关键内容:**本章主要包括生物体内主要脂质的结构和功能,生物膜的组成和结构,以及生物膜的主要功能三部分内容。重点掌握脂肪酸、三酰甘油和磷脂的结构,生物膜的组成和结构特点以及小分子物质的跨膜运输的方式。了解脂质结构和功能的多样性以及 G 蛋白介导的 cAMP 信号途径。

脂质(lipid)也称脂类,是一类结构和功能多样的生物有机分子,其共同特征是不溶或微溶于水但易溶于非极性有机溶剂。有些脂质是疏水性(非极性)的,有些脂质是两亲性(amphiphilic)的(既有亲水区域,又有疏水区域)。脂质的两亲性是其形成生物膜骨架的结构基础。

细胞膜也称质膜(plasma membrane),它作为选择性透过屏障,将细胞内外环境有效地分隔开来。真核细胞还有内膜系统(system of internal membrane),把内部空间分割成多个独立的区室(compartment),即细胞器和亚细胞结构。原核细胞的内膜系统不发达,只有少量的内膜结构。细胞的质膜和内膜系统总称为生物膜(biomembrane)。

本章先介绍生物体内的脂质,再介绍生物膜的结构,最后讨论生物膜的功能。

第一节 生物体内的脂质

根据化学成分,脂质可分为简单脂质(simple lipid)、复合脂质(compound lipid)和异戊二烯类脂质(isoprenoid lipid)。简单脂质包括脂肪酸以及由脂肪酸和醇形成的酯,后者包括三酰甘油(triacylglycerol)和蜡(wax)。复合脂质的分子中除含脂肪酸和醇外,还有非脂成分,如磷酸基团和糖基。根据非脂成分的不同,复合脂质又分为磷脂(phospholipid)和糖脂(glycolipid)。类固醇(steroid)、萜(terpene)和脂溶性维生素(lipid vitamin)等属于异戊二烯类脂质,因为它们的结构与异戊二烯有关。

按生物学功能,脂类可分为储存脂质(storage lipid)、结构脂质(structural lipid)和活性脂质(active lipid)。储存脂质主要是三酰甘油和蜡,三酰甘油是多种生物的主要储能形式,蜡是海洋浮游生物的能量储存库。结构脂质是生物膜的结构成分,包括磷脂、糖脂和胆固醇。活性脂质虽然在细胞中含量很少,但具有重要的生物活性。如磷脂酰肌醇和鞘氨醇衍生物是细胞内信使,肾上腺皮质激素和性激素是类固醇激素,视黄醛和类胡萝卜素是在视觉和光合作用中起捕光作用的色素,泛醌是氧化还原反应的辅因子。

一、脂肪酸

从生物中分离出来的脂肪酸有 100 多种。生物体内大量的脂肪酸以结合形式存在于三酰甘油、蜡、磷脂和糖脂等化合物中,只有少量的脂肪酸以游离状态出现在组织和细胞中。

脂肪酸(fatty acid,FA)是具有 4～36 碳长($C_4 \sim C_{36}$)烃链的羧酸。脂肪酸中,烃链多数是线型的,含分支或含环的数量较少。表 6-1 所列举的是常见的脂肪酸。烃链不含双键的脂肪酸称饱和脂肪酸(saturated FA),烃链含有双键的脂肪酸称不饱和脂肪酸(unsaturated FA,UFA)。只含有一个双键的不饱和脂肪酸是单不饱和脂肪酸(monounsaturated FA,MUFA),含有两个及两个以上双键的不饱和脂肪酸是多不饱和脂肪酸(polyunsaturated FA,PUFA)。

表 6-1 常见的脂肪酸

脂肪酸	系统命名	简写符号	熔点/℃	结构式
饱和脂肪酸				
月桂酸	十二酸	12：0	44.2	$CH_3(CH_2)_{10}COOH$
棕榈酸	十六酸	16：0	63.1	$CH_3(CH_2)_{14}COOH$
硬脂酸	十八酸	18：0	69.6	$CH_3(CH_2)_{16}COOH$
花生酸	二十酸	20：0	76.5	$CH_3(CH_2)_{18}COOH$
单不饱和脂肪酸				
棕榈油酸	十六碳-9-烯酸(顺)	$16：1\Delta^{9c}$	$-0.5\sim0.5$	$CH_3(CH_2)_5CH=CH(CH_2)_7COOH$
油酸	十八碳-9-烯酸(顺)	$18：1\Delta^{9c}$	13.4	$CH_3(CH_2)_7CH=CH(CH_2)_7COOH$
贡多酸	二十碳-11-烯酸(顺)	$20：1\Delta^{11c}$	$23\sim24$	$CH_3(CH_2)_7CH=CH(CH_2)_9COOH$
芥子酸	二十二碳-13-烯酸(顺)	$22：1\Delta^{13c}$	$33\sim35$	$CH_3(CH_2)_7CH=CH(CH_2)_{11}COOH$
神经酸	二十四碳-15-烯酸(顺)	$24：1\Delta^{15c}$	$42\sim43$	$CH_3(CH_2)_7CH=CH(CH_2)_{13}COOH$
多不饱和脂肪酸				
亚油酸	十八碳-9,12-二烯酸(顺,顺)	$18：2\Delta^{9c,12c}$	-5	$CH_3(CH_2)_4(CH=CHCH_2)_2(CH_2)_6COOH$
α-亚麻酸	十八碳-9,12,15-三烯酸(全顺)	$18：3\Delta^{9c,12c,15c}$	-11	$CH_3(CH=CHCH_2)_3(CH_2)_7COOH$
γ-亚麻酸	十八碳-6,9,12-三烯酸(全顺)	$18：3\Delta^{6c,9c,15c}$	-14.4	$CH_3(CH_2)_4(CH=CHCH_2)_3(CH_2)_3COOH$
花生四烯酸	二十碳-5,8,11,14-四烯酸(全顺)	$20：4\Delta^{5c,8c,11c,14c}$	-49	$CH_3(CH_2)_4(CH=CHCH_2)_4(CH_2)_2COOH$
DHA	二十二碳-4,7,10,13,16,19-六烯酸(全顺)	$22：6\Delta^{4c,7c,10c,13c,16c,19c}$	-45.5	$CH_3CH_2(CH=CHCH_2)_6CH_2COOH$

每个脂肪酸都有系统名称和习惯名称,不分支的脂肪酸还有简写符号。按系统命名原则,羧基碳原子被指定为 C-1,其余的碳原子依次编号。在习惯命名中,羧基后的第一个碳原子(C-2)为 α 碳原子,之后依次以 β、γ、δ 等表示,离羧基最远的碳原子定为 ω。ω 是希腊字母表中的最后一个字母。脂肪酸的简写法是先写出链长(碳原子数目),再写出双键数目,两者之间用冒号隔开。双键的位置是指双键与羧基碳(标为 C-1)的关系,用 Δ(delta) 右上标的数字表示,数字是指双键键合的两个碳原子的序号中较低者,如在 C-9 和 C-10 之间以及 C-12 和 C-13 之间各有一个双键的十八碳二烯酸(亚油酸)简写为 $18：2\Delta^{9,12}$。有时在序号后面用 c(cis,顺式)和 t(trans,反式)表明双键的构型。如顺,顺,顺-9,12,15-十八碳三烯酸(α-亚麻酸)简写为 $18：3\Delta^{9c,12c,15c}$。由于生物脂肪酸中双键几乎总是顺式的,所以在简写中在表示双键位置的数字后面可不标出构型符号。

常见的脂肪酸多是 12～24 个碳原子的直链脂肪酸,并且碳原子数多是偶数的,奇数碳的脂肪酸较少见,这是因为在生物体内脂肪酸是以二碳(乙酸盐)单位连续加入的方式从头合成的。生物脂肪酸

的双键构型多为顺式构型,少数是反式构型。牛奶、乳制品、牛肉和羊肉的脂肪中的反式脂肪酸只占脂肪酸总量的 2%～9%。反式脂肪酸还可以在对植物油的氢化加工过程中产生,人造黄油(margarine)中就含有大量的反式脂肪酸。与一般的植物油相比,反式脂肪酸具有耐高温、不易变质、存放更久、易运输等优点。但反式脂肪酸可能增加体内血浆中胆固醇和三酰甘油的水平,从而增加血液黏稠度。有实验证明,摄食较多反式脂肪酸的人群患心脏病的风险更大。因此,在有的人造黄油的生产过程中不再进行氢化处理,而是通过在植物油中添加其他可食用成分(如脱脂奶粉)来形成便于涂抹的半固体物质。

虽然哺乳动物可合成多种脂肪酸,但不能向脂肪酸中引入超过 Δ^9 的双键,因此不能合成亚油酸($18：2\Delta^{9,12}$)和 α-亚麻酸($18：3\Delta^{9,12,15}$)。由于这两种脂肪酸对维持人体的功能是必不可少的,必须从膳食特别是植物性食物中获得,所以被称为人体必需脂肪酸(essential fatty acid)。若从脂肪酸末端的甲基碳(ω 碳)开始对碳原子进行编号,第一个双键在 C-3 和 C-4 之间的多不饱和脂肪酸称为 ω-3 脂肪酸,第一个双键在 C-6 和 C-7 之间的多不饱和脂肪酸称为 ω-6 脂肪酸。亚油酸和 α-亚麻酸

分别属于 ω-6 脂肪酸和 ω-3 脂肪酸。必需脂肪酸在人体内可进一步转化成具有不同重要功能的多不饱和脂肪酸（见第十章）。

脂肪酸和含脂肪酸化合物的物理性质很大程度上取决于脂肪酸烃链的长度和不饱和程度。非极性烃链是造成脂肪酸在水中溶解度低的原因。通常烃链越长、双键越少，脂肪酸在水中的溶解度越低。脂肪酸的羧基是极性的，在中性 pH 时解离，因此短链脂肪酸（少于 C_{10}）微溶于水。

脂肪酸和含脂肪酸化合物的熔点也受烃链长度和不饱和程度的影响。从表 6-1 中可以看到饱和脂肪酸中的月桂酸（12：0）、棕榈酸（16：0）和硬脂酸（18：0）和花生酸（20：0）的熔点随烃链长度的增加而提高。在室温（25 ℃）下，12：0 到 20：0 的饱和

脂肪酸由于熔点高，往往是蜡状的固体，而同样链长的不饱和脂肪酸由于熔点低，往往是油状液体。熔点的这种差异是由脂肪酸分子装配的紧密程度不同引起的。从图 6-1 可以看出，饱和脂肪酸的烃链中每个碳-碳单键都可以自由旋转，使烃链有很大的柔性，因此饱和脂肪酸最稳定的构象是完全伸展的形式，分子可以伸长并紧密装配。在不饱和脂肪酸中，一个顺式双键使烃链产生约 30° 的刚性弯曲，不能像饱和脂肪酸那样紧密地装配，因此分子间的相互作用被削弱，所以不饱和脂肪酸的熔点比相同链长的饱和脂肪酸明显降低；相同链长的不饱和脂肪酸，双键越多熔点越低。同是十八碳脂肪酸，硬脂酸（18：0）的熔点约为 70 ℃，油酸（18：1）的熔点约为 13.4 ℃，γ-亚麻酸（18：3）的熔点约为 −14.4℃。

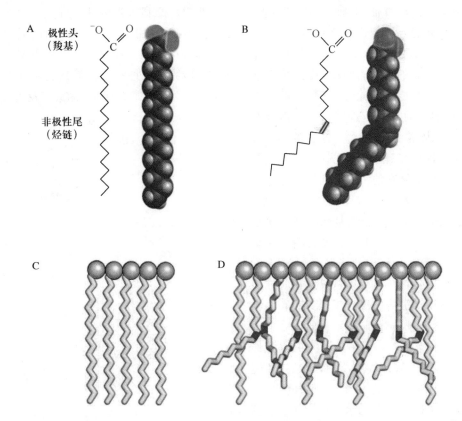

A. 硬脂酸（18：0）的伸展构象　B. 油酸（18：1Δ^{9c}）的构象，由于双键限制旋转，使烃链中有一个刚性弯曲
C. 饱和脂肪酸的装配　D. 饱和脂肪酸与不饱和脂肪酸混合物的装配

图 6-1　硬脂酸和油酸的结构以及脂肪酸的装配

（改自 Nelson et al.，2021）

二、三酰甘油和蜡

动植物油脂的化学成分是酰基甘油（acylglycer-

ol），其中主要是三酰甘油（triacylglycerol，TAG），此外，还有少量二酰甘油和单酰甘油。常温下呈固态的酰基甘油称脂肪（fat），呈液态的酰基甘油称油（oil）。

三酰甘油是 1 分子甘油和 3 分子脂肪酸形成的

三酯,其结构通式为:

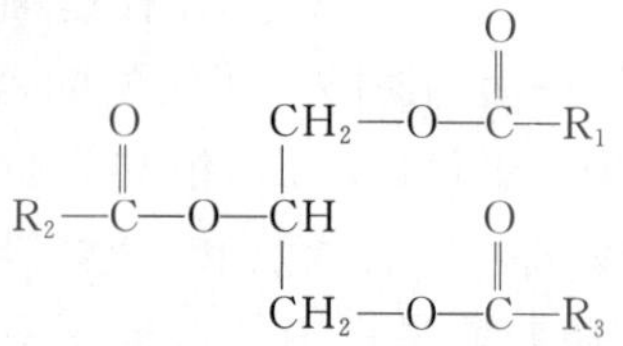

$$
\begin{array}{c}
\text{O} \\
\quad\quad \| \\
\text{O} \quad\quad \text{CH}_2-\text{O}-\text{C}-\text{R}_1 \\
\| \quad\quad\quad | \\
\text{R}_2-\text{C}-\text{O}-\text{CH} \quad\quad \text{O} \\
\quad\quad\quad | \quad\quad\quad \| \\
\quad\quad \text{CH}_2-\text{O}-\text{C}-\text{R}_3
\end{array}
$$

通式中 R_1、R_2 和 R_3 代表 3 个脂肪酸的烃链,当三个脂肪酸烃链相同时,该化合物称为简单三酰甘油(simple triacylglycerol);当 R_1、R_2 和 R_3 任意两个不同或三个都不相同时,称为混合三酰甘油(mixed triacylglycerol)。

三酰甘油是非极性分子,不溶于水,易溶于非极性有机溶剂。三酰甘油最重要的生理功能是储存能量。脊椎动物的脂肪细胞储存大量的三酰甘油。许多植物的种子中也有三酰甘油,为种子的萌发提供能量。三酰甘油的储能效率要高于多糖和蛋白质,这是由于它的还原程度更高。1 g 油脂在体内完全氧化可释放 38 kJ/mol 的能量,而 1 g 糖或蛋白质只产生约 17 kJ/mol 的能量。此外,三酰甘油不溶于水,因此不会对细胞的渗透压造成影响。但也是由于不溶于水,当机体需要能量时,三酰甘油不能像糖原那样快速降解,因此三酰甘油更适合作为长期的能量储备。动物皮下储存的三酰甘油不仅可作为能量储备,而且可以保持体温。

蜡(wax)是长链($C_{14}\sim C_{19}$)脂肪酸(RCOOH)和长链($C_{16}\sim C_{30}$)一元醇(HOR′)形成的酯。简单蜡酯的通式为 RCOOR′。蜡中的脂肪酸一般为饱和脂肪酸,醇可以是饱和醇,也可以是不饱和醇或固醇。由于蜡分子含一个很弱的极性头(酯基)和一个非极性尾(一般为两条长的烃链),所以蜡是完全不溶于水的。蜡的熔点(60~100 ℃)一般比三酰甘油的高,在常温下呈固态。在浮游生物中,蜡是代谢燃料的主要储存形式。蜡还广泛存在于动物的皮毛、植物的叶子和鸟类的羽毛中,起防水和保护作用。例如,白蜡也称为中国虫蜡,是白蜡虫的分泌物,其主要成分为 C_{26} 醇和 C_{26} 酸、C_{28} 酸所形成的酯,熔点为 80~83 ℃,可用作涂料、润滑剂及其他化工原料。

三、磷脂和糖脂

磷脂是含有磷酸基团的脂质,包括以甘油为骨架的甘油磷脂(phosphoglyceride)和以鞘氨醇(sphingosine)为骨架的鞘磷脂(sphingomyelin)。

糖脂是含有糖基的脂质,包括甘油糖脂和鞘糖脂。鞘磷脂和鞘糖脂合称鞘脂(sphingolipid)。

(一)甘油磷脂

甘油磷脂都是由 L-甘油-3-磷酸衍生来的。L-甘油-3-磷酸中的甘油的 C-1 和 C-2 都被脂肪酸酯化形成的化合物是磷脂酸(图 6-2)。磷脂酸(phosphatidic acid)是最简单的甘油磷脂,少量存在于生物体中,是其他甘油磷脂和三酰甘油生物合生的前体。磷脂酸的磷酸基进一步被一个高极性或带电荷的醇(HO-X)酯化,就形成各种甘油磷脂。甘油磷脂的结构通式见图 6-2。HO-X 包括胆碱、乙醇胺、丝氨酸、肌醇和甘油等,它们形成的磷脂分别命名为磷脂酰胆碱、磷脂酰乙醇胺、磷脂酰丝氨酸、磷脂酰肌醇和磷脂酰甘油等(表 6-2)。甘油磷脂可分为两部分:由两条长的非极性的烃链组成疏水的尾部,由极性的磷酸化的 X 基团组成亲水的头部。甘油磷脂的这种结构使其成为典型的两亲性分子,适合作为生物膜的骨架,因此广泛存在于各种膜中。

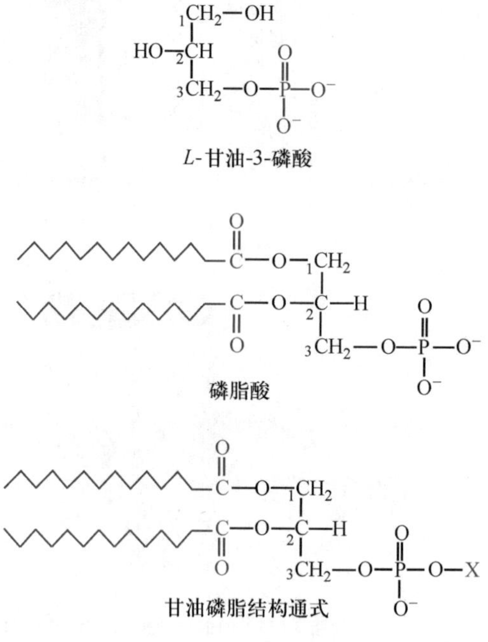

图 6-2 L-甘油-3-磷酸、磷脂酸的结构和甘油磷脂的结构通式

(二)甘油糖脂

甘油糖脂是由糖基通过糖苷键与二酰甘油上的游离羟基相连形成的化合物。常见的甘油糖脂是单半乳糖基二酰甘油和二半乳糖基二酰甘油(图 6-3),主要存在于植物的叶绿体膜和微生物的细胞膜中。

表 6-2　常见的甘油磷脂

甘油磷脂名称	HO-X 的名称	极性头部中-X 的结构
磷脂酸	水	$-H$
磷脂酰胆碱	胆碱	$-CH_2CH_2\overset{+}{N}(CH_3)_3$
磷脂酰乙醇胺	乙醇胺	$-CH_2CH_2\overset{+}{N}H_3$
磷脂酰丝氨酸	丝氨酸	$-CH_2-\underset{COO^-}{\overset{\overset{+}{N}H_3}{CH}}$
磷脂酰甘油	甘油	$-CH_2CH-CH_2OH$ 下 OH
二磷脂酰甘油	磷脂酰甘油	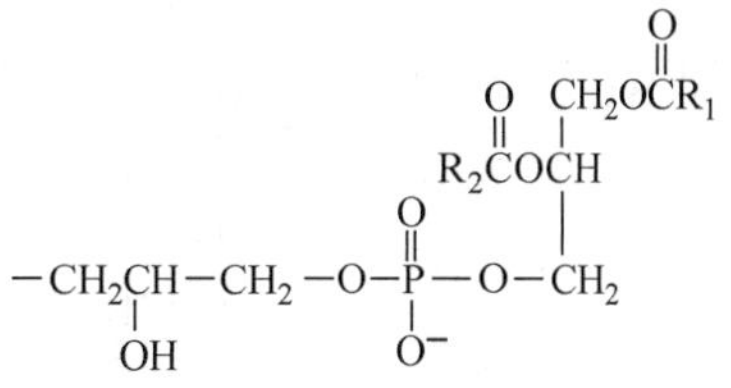 (结构式)
磷脂酰肌醇	肌醇	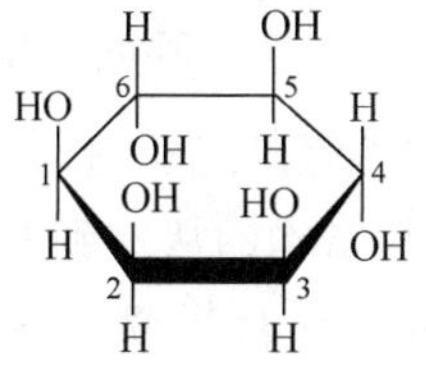 (肌醇结构式)

图 6-3　甘油糖脂的化学结构

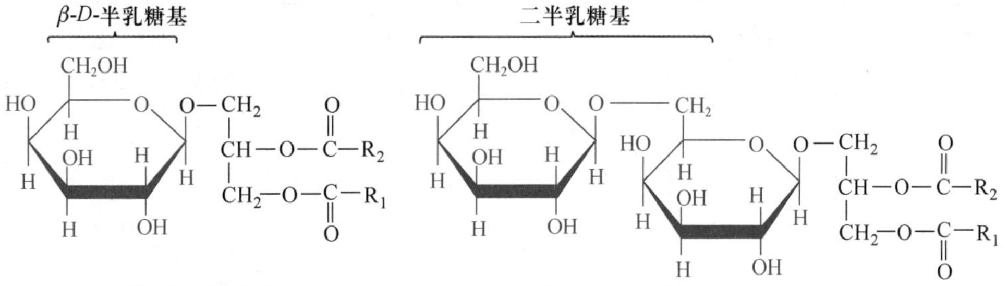

单半乳糖基二酰甘油　　二半乳糖基二酰甘油

(三)鞘磷脂和鞘糖脂

鞘脂以鞘氨醇为骨架。鞘氨醇是含十八碳的不饱和烃链的氨基二醇,它的 C-1、C-2 和 C-3 分别携有—OH、—NH$_2$ 和—OH(图 6-4)。鞘氨醇 C-2 上的氨基与一个长链脂肪酸的羧基以酰胺键相连,形成的化合物称为神经酰胺(ceramide)(图 6-4)。所有的鞘脂都是由神经酰胺衍生而来的。鞘脂根据极性头部的不同,分为鞘磷脂和鞘糖脂。

鞘磷脂(sphingomyelin)是在神经酰胺的 C-1 上含磷酸胆碱或磷酸乙醇胺作为极性头部(图 6-4)。鞘磷脂在一般性质和三维结构等方面都与磷脂酰胆碱

和磷脂酰乙醇胺相似。鞘磷脂也是生物膜的重要组分,在动物的神经组织,特别是在髓鞘中含量较高。

鞘糖脂(glycosphingolipid)是糖类通过它的半缩醛羟基与神经酰胺的 C-1 的羟基以糖苷键相连而形成的化合物。半乳糖神经酰胺是第一个被发现的鞘糖脂,由于最先发现于人脑,所以又称脑苷脂(图6-4)。鞘糖脂在膜上参与细胞之间的通信,并作为 ABO 血型抗原决定簇的一部分。

四、类固醇

类固醇(steroid)又称甾类或甾体,其核心结构是

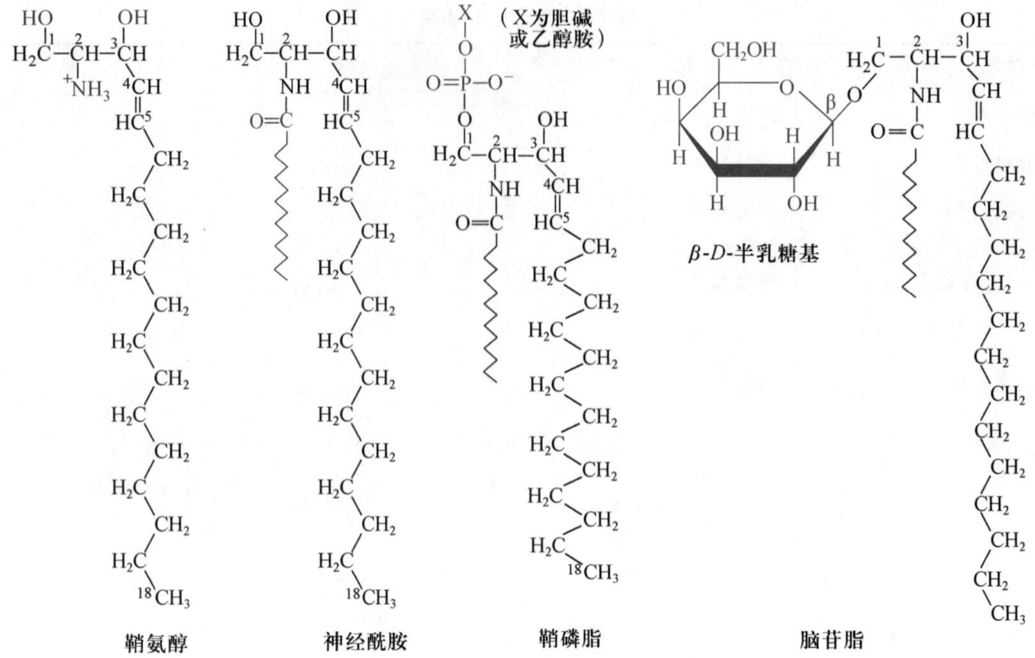

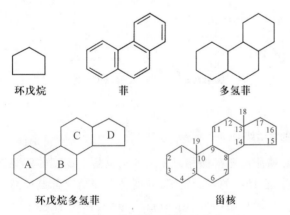

鞘氨醇　　　　神经酰胺　　　　鞘磷脂　　　　脑苷脂

图 6-4　部分鞘脂的化学结构和鞘磷脂的结构通式

环戊烷多氢菲。环戊烷多氢菲是由 3 个六元环和 1 个五元环稠合而成,按其结构的从左到右顺序,这些环分别为 A、B、C、D 环。在环戊烷多氢菲的 A、B 环之间和 C、D 环之间(C-18 和 C-19)各有一个甲基,称为角甲基。带有角甲基的环戊烷多氢菲称为甾核。甾核是类固醇化合物的母体(图 6-5)。

环戊烷　　菲　　多氢菲

环戊烷多氢菲　　　甾核

图 6-5　环戊烷多氢菲和甾核的化学结构

固醇或甾醇(sterol)是类固醇中的一大类化合物。固醇结构的特点是在甾核的 C-3 上有一个 β 取向的羟基,C-17 上含有 8~10 个碳原子的分支烃链。多数真核生物都能合成固醇,并存在于它们的细胞膜中;但细菌不能合成固醇,只有少数细菌能把外源的固醇结合到它们的细胞膜中。

胆固醇(cholesterol)是一种常见的动物固醇。它有 27 个碳原子,C-17 上连接一个 8 碳的分支烃链,C-5、C-6 之间有 1 个双键(图 6-6)。胆固醇分子中只有 C-3 上的羟基是亲水的,其余部分都是由疏水的烃链组成,因此胆固醇是疏水性较强的两亲性脂质。胆固醇主要参与动物细胞膜的组成,调节膜的流动性。它也是血液中脂蛋白复合体的成分,参与脂类的运输。此外,胆固醇还是许多重要活性物质如维生素 D、类固醇激素和胆汁酸的前体。

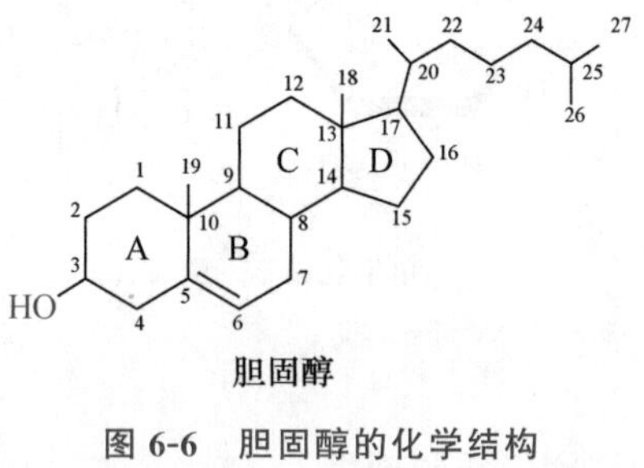

胆固醇

图 6-6　胆固醇的化学结构

植物很少含胆固醇,但含有其他固醇,这些固醇的结构与胆固醇非常类似。植物中含有的固醇主要为 β-谷固醇,存在于谷物和大豆中,此外常见的还有豆固醇和油菜固醇等。真菌可产生麦角固醇,其功能相当于动物细胞中的胆固醇,用来调节膜的流动性。麦角固醇经加工处理可转变为维生素 D_2。

第二节　生物膜的结构

生物膜规定了细胞的外部边界和内部的区室

(compartment)。它是细胞的基本成分,行使多种重要功能。本节重点讨论生物膜的化学组成和结构特征。

一、生物膜的化学组成

生物膜几乎全部由脂质和蛋白质组成,糖类只作为糖蛋白和糖脂中的糖基存在于生物膜中。生物膜含有特定的脂质和蛋白质。因膜的类型不同,脂质和蛋白质的相对比例可以有很大的变化,这反映出生物膜功能的多样性。例如动物神经元的髓鞘(一种延展的质膜)主要起电的绝缘体的作用,功能相对单一,其中脂质的含量可占到膜干重的79%;而细菌的质膜以及线粒体和叶绿体膜是多种酶促反应的场所,膜蛋白的含量则高于膜脂的含量。通常情况下,功能复杂的膜其蛋白质的种类和含量较多;功能简单的膜其蛋白质的种类和含量较少。

(一)膜脂

膜脂主要有磷脂、糖脂和固醇等,以磷脂含量最高。磷脂中以甘油磷脂为主,其中磷脂酰胆碱和磷脂酰乙醇胺含量最丰富,也最普遍。动物细胞的质膜几乎都含糖脂,主要是鞘糖脂;植物和细菌的质膜中含有较多的甘油糖脂。动物细胞的固醇含量一般比植物细胞的高。质膜的固醇含量又高于内膜系统的。动物质膜含的是胆固醇,植物质膜含的是植物固醇如谷固醇、豆固醇等。细菌细胞一般不含固醇。

(二)膜蛋白

膜蛋白是生物膜的又一重要成分,与生物膜的功能直接相关,包括膜上的酶、受体、转运蛋白、离子通道、电子传递体、结构蛋白和抗原等。这些蛋白质在结构上差异很大,很难用一个通用的模型来概括其结构特征。

不同来源的生物膜中的膜蛋白组分差异大于它们的膜脂组分,这反映了功能上的专门化。有些膜蛋白通过 Ser、Thr 或 Asn 残基跟寡糖共价相连,这些天线般的寡糖链影响新生肽链的折叠及稳定性,跟细胞识别、黏着以及细胞免疫有关。

二、生物膜的结构特征

(一)脂双层是生物膜的基本结构特征

膜脂(甘油磷脂、鞘磷脂和固醇)虽是两亲性分子,但实际上不溶于水。当与水混合时,膜脂分子的亲水头部通过氢键与水分子相互作用而朝向水相,疏水尾部靠疏水相互作用而相互聚拢,自动组装成双分子层。膜脂分子的两亲性是形成生物膜脂双层结构的分子基础。脂双层具有以下特征:脂双层的厚度为5~6 nm,由两层膜脂分子组成,每一层中的膜脂分子都是极性头部朝向外侧,非极性尾部朝向内侧;脂双层是没有侧面边界的自我封闭的连续系统;靠疏水相互作用驱动,脂双层结构不仅可自动组装、自动保持而且可自动修复;脂双层对亲水性溶质(离子和多数极性分子)高度不透,但允许一些非极性小分子化合物通过。

(二)与脂双层结合方式不同的三类膜蛋白

根据膜蛋白在膜上的定位以及与膜脂结合的牢固程度,可将膜蛋白分为外周膜蛋白、内在膜蛋白和脂锚定膜蛋白(图6-7)。

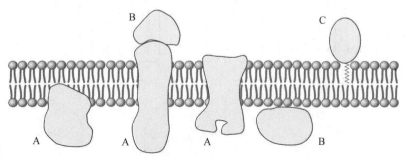

A. 内在膜蛋白　B. 外周膜蛋白　C. 脂锚定膜蛋白

图6-7　膜蛋白与脂双层的结合方式

1. 外周膜蛋白

外周膜蛋白(peripheral membrane protein)又称外在膜蛋白(extrinsic membrane protein),为水溶性蛋白质,分布在脂双层的内外表面上,一般通过离子键和氢键与膜脂的极性头部或内在膜蛋白的亲水结构域结合。这种结合的相互作用力较弱，用比较温和的方法，如改变介质的 pH 或离子强度，可将外在膜蛋白从膜上分离。位于线粒体内膜上作为电子传递链组分的细胞色素 c 就是一种典型的外在膜蛋白。

2. 内在膜蛋白

内在膜蛋白（intrinsic membrane proteins）也称整合膜蛋白（integral membrane protein），主要通过跟脂双层的疏水相互作用与膜结合。蛋白质的非极性氨基酸残基常以 α 螺旋的形式与脂双层的疏水部分相互作用，也有些蛋白质是以多股 β 折叠形成的 β 桶结构跨膜的。内在膜蛋白有的只是部分埋在脂双层中，有的则横跨整个脂双层。内在膜蛋白与脂双层结合得很牢固，很难与生物膜分离，只有用去污剂、有机溶剂或变性剂等破坏内在膜蛋白与脂双层之间的疏水相互作用，才能把它们提取出来。

3. 脂锚定膜蛋白

脂锚定膜蛋白（lipid-anchored membrane proteins）中不含跨膜的肽段，通过与嵌入脂双层膜中的特定脂质共价结合，并以它们为疏水锚钩（anchor）而锚定在膜的一侧（图 6-8）。有些脂锚定膜蛋白是与嵌入脂双层中的脂肪酸形成共价连接，如蛋白质以 N 端氨基与豆蔻酸的羧基形成酰胺键（图 6-8C）或以 Cys 的巯基与棕榈酸的羧基形成硫酯键（图 6-8B）；另一些蛋白质则以 C 端或 C 端附近 Cys 的巯基与嵌入脂双层中的类异戊二烯形成硫醚键（图 6-8D）；蛋白质还可以通过糖基磷脂酰肌醇（glycosyl phosphatidyli-nositol，GPI）锚定在膜上（图 6-8A），其 C 端的氨基酸残基与磷酸化的乙醇胺相连，后者又与膜上糖基化的磷脂酰肌醇共价相连。在不同的 GPI 脂锚定膜蛋白中，寡糖链的糖残基数量和排列各不相同。分离脂锚定膜蛋白需要利用专一性的水解酶，如磷脂酶。有些学者把脂锚定膜蛋白也归入内在膜蛋白的范畴。

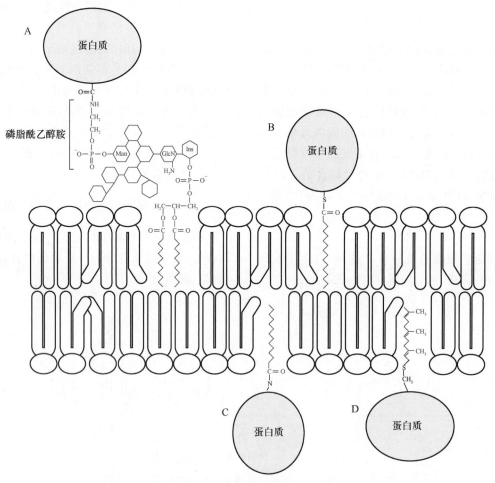

A. 蛋白质通过糖基磷脂酰肌醇锚定在膜上。Man：甘露糖；GlcN：氨基葡萄糖；Ins：肌醇
B 和 C. 蛋白质通过脂酰基锚定在膜上　D. 蛋白质通过异戊二烯基锚定在膜上

图 6-8　脂锚定膜蛋白

(三)生物膜具有不对称性和流动性

不对称性和流动性是生物膜的主要结构特征，也是其行使生物功能的基础。

1. 生物膜的不对称性

膜脂和膜蛋白在脂双层的分布都具有不对称性。

膜脂的不对称性是指脂质在脂双层的内、外两层的分布有差异。例如，质膜中含有胆碱的磷脂（磷脂酰胆碱和胆碱鞘磷脂）主要分布在脂双层的外层，它们在生理条件下净电荷为零，不会相互排斥；磷脂酰乙醇胺、磷脂酰丝氨酸和磷脂酰肌醇多分布在脂双层的内层，由于磷脂酰丝氨酸的静电荷为负值，从而使质膜的内表面带负电荷。在细胞发生凋亡时，磷脂酰丝氨酸从质膜的内层迁移到外层。磷脂酰丝氨酸的外移，常作为细胞发生凋亡的早期信号。

膜蛋白在脂双层分布的不对称性主要表现在以下几个方面：有些外周膜蛋白只附着在外层的表面，而有些却只附着在内层的表面；有些脂锚定膜蛋白只锚定在外层的表面，而有些却只锚定在内层的表面；内在膜蛋白在脂双层中的镶嵌具有方向性，有的只插在外层，有的只插在内层，有的虽然贯穿内外两层，但蛋白质在两侧的分布是不对称的；糖蛋白和糖脂的糖基通常只位于质膜的外表面。膜蛋白分布的不对称性对于生物膜行使正常生理功能是非常重要的。

2. 生物膜的流动性

生物膜的流动性是指生物膜的各组分所做的各种形式的运动，主要包括膜脂的流动性和膜蛋白的流动性。生物膜的流动性是被精确调节的，适宜的流动性对膜执行正常功能同样十分重要。

膜脂的运动包括侧向扩散（lateral diffusion）和翻转扩散（flip-flop diffusion）等几种形式（图6-9）。侧向扩散是指膜脂分子在脂双层的同一层中运动。侧向扩散速度很快，如在37℃时细菌细胞膜上的一个磷脂分子在1 s内可以侧向扩散2 μm，相当于从细胞的一端扩散到了另一端。翻转扩散是膜脂分子从脂双层的一层翻到另一层的运动。翻转扩散即使发生也是很慢的，因为进行翻转扩散的磷脂分子要将其亲水头部穿过疏水区，这在热力学上是不利的，发生的频率较低。翻转扩散的速度极低，因此生物膜能够保持不对称性。

膜脂的流动性受环境温度和脂质组成的影响。

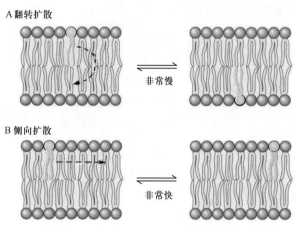

A 翻转扩散

非常慢

B 侧向扩散

非常快

图6-9 脂质分子在脂双层中的运动

（改自 Nelson et al., 2021）

低于正常生理温度，脂质分子的运动受到很大限制，脂双层呈半固体的有序液态（liquid-ordered state），也称凝胶态（gel state）。温度升高，膜脂分子的运动加快，脂酰基的烃链处于不断运动中，脂双层呈流动的无序液态（liquid-disordered state），又称液晶态（liquid-crystalline state）（图6-10）。膜脂从一种状态转变成另一种状态的现象称相变（phase transition），发生相变时的温度称相变温度（phase-transition temperature）。从凝胶态到液晶态，脂双层总的形状和大小保持不变，但单个脂质分子的运动程度有变化。

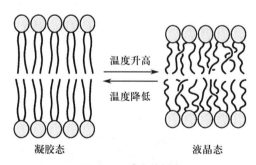

温度升高

温度降低

凝胶态   液晶态

图6-10 膜脂的相变

（改自 Moran et al., 2014）

膜脂的流动性除与环境温度有关外，还与组成膜脂的脂酰基链的长度和饱和度有关。脂酰基链越长、饱和度越高，生物膜的相变温度就越高。

胆固醇具有刚性的环结构，对生物膜的流动性具有重要的调节作用。在相变温度以上，胆固醇刚性环结构减少了它附近的脂酰基链绕C—C键旋转的自由度，从而降低了膜的流动性；在相变温度以下，胆固醇刚性环结构的插入阻扰脂酰基链的有序排列，提高了膜的流动性（图6-11）。胆固醇是调节动物细胞膜流动性的缓冲剂。

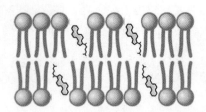

图 6-11　脂双层膜含有磷脂和胆固醇

虽然多数原核生物、真菌和植物的生物膜上没有胆固醇，但它们可以通过改变膜脂分子中不饱和脂肪酸的含量和脂肪酸链的长度来调节膜的流动性。例如，降低大肠杆菌的培养温度，很快就会观察到其质膜的不饱和脂肪酸的比例上升。再如温度的下降使微球菌(*Micrococcus*)质膜的磷脂分子中十六碳脂肪酸的比例增加，而十八碳脂肪酸的比例减少。通过调整膜脂组成，高温和低温下培养的细菌能保持相似的膜流动性。

像大多数膜脂一样，膜蛋白不会在脂双层上发生翻转，但它们可以绕垂直于脂双层平面的轴进行旋转扩散(rotational diffusion)，许多膜蛋白还能够发生侧向扩散。1970 年，L. D. Frye 和 Michael Edidin 的细胞融合实验成为膜蛋白具有流动性的第一个直接证据。在实验过程中，他们采用了免疫荧光显微技术(immunofluorescence microscopy)来监测膜蛋白的流动性。首先，他们用带有红色荧光的抗体特异地结合人细胞膜上的蛋白质，用带有绿色荧光的抗体特异地结合鼠细胞膜上的蛋白质，然后用仙台病毒(Sendai virus)诱导两种细胞的融合，形成杂交细胞(hybrid cell)，再在荧光显微镜下观察膜蛋白的分布随时间的改变。在细胞融合初期，融合细胞上的红色和绿色的荧光标记分别局限在各一半的区域中，经 37 ℃保温 40 min 之后，融合细胞表面的红色和绿色荧光则均匀分布，这个实验表明带有不同荧光标记的膜蛋白在质膜上发生了移动和扩散。

(四)生物膜的流动镶嵌模型

1972 年美国科学家 Seymour J. Singer 和他的研究生 Garth L. Nicolson 提出的流动镶嵌模型(fluid mosaic model)是迄今为止最受关注和广泛应用的关于生物膜结构的模型。流动镶嵌模型的主要内容如下：生物膜以具有流动性的脂双层作为基本骨架，其上镶嵌着蛋白质，这些蛋白质有的镶嵌在脂双层表面，有的嵌入脂双层中，还有的横跨脂双层。各种膜组分在脂双层的分布是不对称的，组成糖蛋白和糖脂的寡糖链一般分布于质膜的外表面。生物膜是动态的结构，具有流动性，膜蛋白质和膜脂可以在脂双层中侧向扩散(图 6-12)。流动镶嵌模型与以往提出的各种模型的主要区别在于：它突出了生物膜的流动性和组成生物膜的各组分分布的不对称性。

流动镶嵌模型的提出基于膜脂和膜蛋白组织的热力学原理以及膜基质内不对称和侧向迁移等大量的实验证据，奠定了生物膜结构与特征的基础。随着

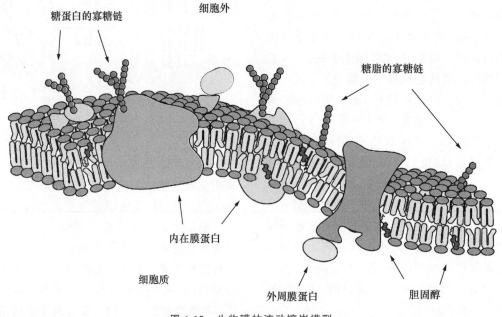

图 6-12　生物膜的流动镶嵌模型

成像技术的发展,生物膜结构的更多细节浮出水面,使该模型得以补充和完善。例如,近年来的一些实验表明,生物膜各部分的流动性是不均匀的。在一定温度下,有的膜脂处于凝胶态,有的膜脂处于液晶态。即使都处于液晶态,膜中各部分的流动性也不完全相同。可以把整个生物膜看成具有不同流动性的板块相间隔的动态结构。Mahendra K. Jain 和 Harold B. White 在1977年提出了板块镶嵌模型。该模型主要强调了生物膜结构和功能的区域化特点。1997年,Kai Simons 和 Elina Ikonen 首次提出了脂筏(lipid raft)的概念,进一步丰富了对膜流动性的理解。脂筏是脂双层内富含胆固醇和鞘脂的微区(microdomain),在质膜上最为常见。脂筏是膜蛋白附着的平台,蛋白质被选择性地包裹在脂筏中或被从脂筏中排除,因此,脂筏处于动态变化中。越来越多的实验证实脂筏的存在及其重要性,已发现脂筏存在于大多数哺乳动物细胞质膜中,也存在于一些植物细胞质膜中。总之,有关生物膜结构的理论还在不断发展中。

知识框 6-1 古菌细胞膜的独特性质

古菌的细胞膜具有独特的磷脂,称醚甘油磷脂(ether glycerophospholipid)。醚甘油磷脂分子中的甘油与疏水的烃链尾之间是通过醚键而不是酯键相连(图1)。古菌中常见的醚甘油磷脂是甘油二醚(glycerol diether)和二甘油四醚(diglycerol tetraether)。甘油二醚的疏水烃链尾是20碳的植烷基;二甘油四醚的疏水烃链是40碳的二植烷基。两分子甘油二醚的植烷基侧链共价相连,形成二甘油四醚。一些古菌生活在高温和酸性的极端环境中,如超嗜热古菌生存的环境温度是70~125 ℃。为了适应极端环境,构成其细胞膜的脂质主要是醚甘油磷脂,原因是醚键比酯键更稳定,能抵抗高温和酸性环境下的水解。

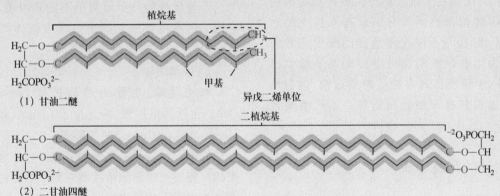

图1 甘油二醚和二甘油四醚的结构
(改自 Madigan et al., 2015)

古菌的细胞膜中有独特的脂单层结构或脂单层、脂双层混合结构。二甘油四醚构成的细胞膜是脂单层膜(图2)。脂单层膜广泛存在于超嗜热古菌中。与脂双层膜相比,脂单层膜具有极强的耐热性,并可减缓膜在高温下的流动性。

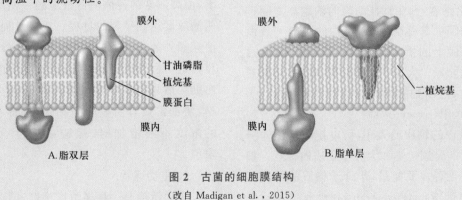

图2 古菌的细胞膜结构
(改自 Madigan et al., 2015)

虽然古菌在细胞膜的化学组成和结构上与其他生物有差异,但其细胞膜的基本结构模式与其他生物是一样的,都是由亲水的内表面、亲水的外表面以及疏水的内部区域组成。看来,这是细胞膜行使功能的最佳结构基础。

参考文献

[1] Moran L A, Horton H R, Scrimgeour K G, et al. Principles of Biochemistry. 5th ed. Pearson Education International, 2014.

[2] Madigan M T, Martinko J M, Bender K S, et al. Brock biology of microorganisms. 14th ed. Pearson Education, Inc., 2015.

[3] 杨荣武. 生物化学原理. 3版. 北京:高等教育出版社,2018.

第三节 生物膜的功能

生物膜具有多种功能,参与生命过程中的许多重要生理活动。首先,生物膜是有选择性的渗透屏障,质膜规定了细胞的边界,并控制穿过边界(膜)的分子的运输,为细胞的生命活动提供相对稳定的内环境;内膜系统把细胞内部分隔成若干独立的区室—细胞器,使参与不同代谢途径的酶定位在不同的区域,为生命活动的高效进行和调节提供了条件。此外,生物膜还具有物质跨膜运输、信息转导、能量传递和转换和细胞识别等一系列重要的生理功能。

一、物质的跨膜运输

生命活动要正常进行,细胞就需要不断从周围环境获得营养,还需要及时排出细胞内的代谢废物。这些物质是如何通过生物膜的屏障进出细胞的呢?

生物膜是有选择性的渗透屏障,它限制绝大多数分子自由通过。然而,疏水的小分子(如 O_2 和 CO_2)可以进出细胞,并在真核细胞的细胞器之间扩散。由于生物膜中部是疏水区,极性的小分子或离子跨膜就需要膜上的蛋白质或载体的帮助,有些过程还需要消耗能量。大分子如蛋白质、核酸,不能透过生物膜扩散,进出细胞要经过胞吞作用(endocytosis)和胞吐作用(exocytosis)。

根据被运输的物质的大小,可以把跨膜运输分为小分子物质的跨膜运输和大分子物质的转运。根据运输过程中是否需要能量,小分子物质的跨膜运输又分为被动运输(passive transport)和主动运输(active transport)。

(一)小分子物质的跨膜运输

非极性的气体分子(如 O_2 和 CO_2)、疏水的小分子(如类固醇激素),以及脂溶性维生素和一些药物等可以透过膜扩散。这类物质可以从高浓度的一侧通过质膜向低浓度的一侧移动。这种移动是自发过程,由熵的增加和自由能的降低驱动。

一些极性的分子或离子不能自由透过生物膜,它们的运输要在膜上的蛋白质或载体的作用下进行,有些过程还需要消耗能量。

1. 被动运输

被动运输,也称为被动扩散(passive diffusion),包括简单扩散(simple diffusion)和协助扩散(facilitated diffusion)两种形式。

简单扩散是指脂溶性和一些极性小分子由高浓度的一侧通过膜向低浓度的一侧扩散的过程。其特点是不与膜上物质发生任何类型的反应,也不需要生物体供给能量,其能量来自高浓度本身包含的势能。简单扩散的结果是物质在膜两侧的浓度最终达到平衡。

协助扩散是指小分子物质在膜转运蛋白的协助下,由高浓度的一侧向低浓度的一侧跨膜扩散,直至两侧浓度达到平衡的过程。在该过程中同样不需要消耗额外的能量。被转运的物质与参与协助扩散的膜转运蛋白发生可逆性结合,在其协助下扩散过膜。协助扩散与简单扩散在动力学性质上的显著差别是:协助扩散有明显的饱和效应,即当被转运物质的浓度不断增加时,运输的速度会出现一个极限值。

2. 主动运输

主动运输是一种逆浓度梯度进行的物质运输方式,需要专一的转运蛋白和能量。主动运输提供能量的方式有两种：一种直接与 ATP 的水解偶联的主动转运称初级主动运输（primary active transport），另一种与离子顺浓度梯度转移相偶联，间接消耗 ATP 的主动转运称次级主动运输（secondary active transport）（图 6-13）。

（1）初级主动运输 Na$^+$-K$^+$ 泵（sodium-potassium pump）是初级主动运输的典型例子。Na$^+$-K$^+$ 泵也被称为 Na$^+$-K$^+$ ATPase，位于动物细胞的质膜上，具有多项重要的生理功能，包括维持细胞的静息电位、提供次级主动运输的能量、调节细胞的体积、调节神经元活动状态等。

动物细胞内的 Na$^+$ 浓度低、K$^+$ 浓度高，而细胞外的情况相反，Na$^+$ 浓度高、K$^+$ 浓度低。这种跨膜的 Na$^+$ 浓度差和 K$^+$ 浓度差由质膜上的 Na$^+$-K$^+$ 泵维持。每消耗 1 分子 ATP，Na$^+$-K$^+$ 泵把 3 个 Na$^+$ 泵出细胞并把 2 个 K$^+$ 泵入细胞。这一过程直接与 ATP 的水解偶联，属于初级主动运输。

Na$^+$-K$^+$ 泵的运输过程如图 6-14 所示。首先细胞质基质一侧的 3 个 Na$^+$ 与脱磷酸化形式的泵结合，这种结合促进 ATP 水解，泵被磷酸化。磷酸化的泵构象发生改变。Na$^+$-K$^+$ 泵构象的变化一方面降低了它与 Na$^+$ 的亲和力，另一方面也增加了它与 K$^+$ 的亲和力，于是，3 个 Na$^+$ 被释放到胞外，同时胞外的 2 个 K$^+$ 与泵结合，引起泵脱磷酸化，恢复到原来的构象，结合的 2 个 K$^+$ 被释放到细胞内，完成一个运输循环。

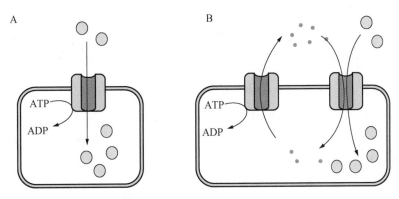

图 6-13 初级主动运输（A）和次级主动运输（B）

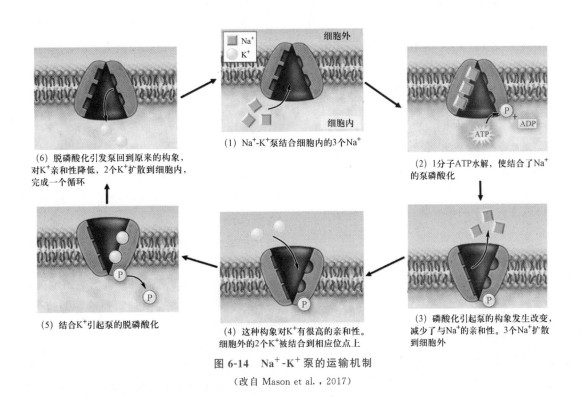

（1）Na$^+$-K$^+$ 泵结合细胞内的 3 个 Na$^+$

（2）1 分子 ATP 水解，使结合了 Na$^+$ 的泵磷酸化

（3）磷酸化引起泵的构象发生改变，减少了与 Na$^+$ 的亲和性。3 个 Na$^+$ 扩散到细胞外

（4）这种构象对 K$^+$ 有很高的亲和性。细胞外的 2 个 K$^+$ 被结合到相应位点上

（5）结合 K$^+$ 引起泵的脱磷酸化

（6）脱磷酸化引发泵回到原来的构象，对 K$^+$ 亲和性降低，2 个 K$^+$ 扩散到细胞内，完成一个循环

图 6-14 Na$^+$-K$^+$ 泵的运输机制

（改自 Mason et al.，2017）

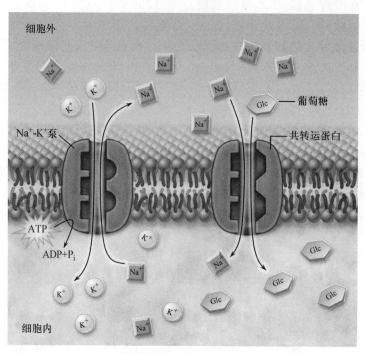

图 6-15　Na$^+$ 梯度驱动的葡萄糖的次级主动运输

（改自 Mason et al.，2017）

（2）次级主动运输　次级主动运输是离子梯度驱动的主动运输。在这种运输中，某种物质逆浓度梯度的跨膜运输与另一种离子（一般是 H$^+$ 或 Na$^+$）顺浓度梯度的运输相偶联，此过程是一种物质的跨膜运输伴随着另一种物质的运输，属于协同运输（cotransport）。

动物小肠上皮细胞对葡萄糖的吸收就是次级主动运输。如图 6-15 所示，葡萄糖在质膜上的 Na$^+$-葡萄糖协同转运蛋白（Na$^+$-glucose cotransporter）的作用下，和 Na$^+$ 一起转运到细胞内。Na$^+$ 顺浓度梯度运输提供能量驱动了葡萄糖逆浓度梯度运输到小肠上皮细胞内，而 Na$^+$ 浓度梯度是由直接以 ATP 为能源的 Na$^+$-K$^+$ 泵维持的。因此，次级主动运输还是间接地利用 ATP 为能源。

大肠杆菌细胞膜上的半乳糖苷透性酶/转运蛋白（galactoside permease/transporter），利用 H$^+$ 梯度运输乳糖。每转运 1 分子乳糖进入细胞，同时伴随 1 个 H$^+$ 进入细胞（图 6-16）。我们将在第八章中学习到，细胞利用还原性物质的氧化形成 H$^+$ 梯度是产生 ATP 的核心步骤。可见，利用 H$^+$ 梯度的次级主动运输也是间接利用了 ATP。

上述根据小分子跨膜转运是否消耗能量分为主动运输和被动运输两种方式，而根据转运蛋白

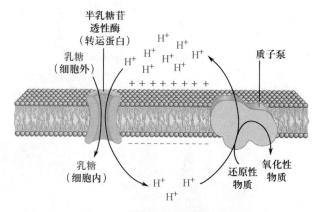

图 6-16　大肠杆菌对乳糖的吸收

（改自 Nelson et al.，2021）

（transporter）在运输物质数目上的不同，转运蛋白介导的跨膜转运又分为单向运输（uniport）和协同运输（cotransport）（图 6-17）。单向运输是指转运蛋白只运输一种物质，如红细胞对葡萄糖的协助扩散。而动物小肠上皮细胞对葡萄糖的次级主动运输和大肠杆菌半乳糖苷转运蛋白对乳糖的运输都是协同运输。若被协同运输的两种物质的转运方向相同，称为同向运输（symport）；若向相反方向转运，则称为反向运输（antiport）。动物小肠上皮细胞对葡萄糖的运输以及大肠杆菌对乳糖的运输都是两种物质从细胞外转运到细胞内，都属于同向运输。

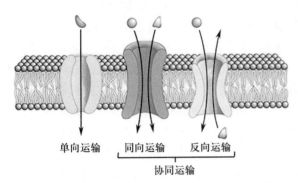

单向运输　　同向运输　　反向运输

协同运输

图 6-17　转运蛋白介导的小分子物质的跨膜运输

（改自 Nelson et al.，2021）

（二）大分子物质的转运

小分子物质是以穿过细胞膜的方式进出细胞的，而大分子物质如多糖、蛋白质、多核苷酸甚至颗粒物等是以和细胞膜一起移动来进出细胞的，并伴有细胞膜的增加或减少。这类物质进入细胞的过程称为胞吞作用，排出的过程称为胞吐作用。

胞吞作用可有两种方式：一种是被摄入的物质原来没有膜包围，当它与细胞膜接触后，细胞膜下陷，将它包入膜中形成囊泡，囊泡再与细胞膜分开而进入细胞。这种胞吞作用使细胞膜丢失一部分（图6-18）。另一种是被摄入的物质有膜包围，当它与细胞膜接触后发生膜的融合，然后将物质释放入细胞质中。这种胞吞作用使细胞膜有所增加。动物体内最重要的胞吞作用是巨噬细胞和中性白细胞对细菌、病毒和其他感染物质的吞噬。

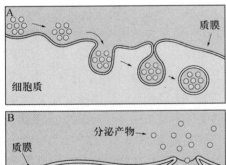

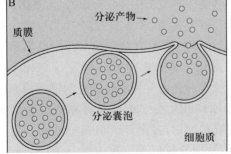

A. 胞吞过程　B. 胞吐过程

图 6-18　胞吞过程和胞吐过程示意

胞吐作用最重要的类型是激素和神经递质的释放。激素中的胰岛素、甲状腺素和神经递质中的儿茶酚胺、乙酰胆碱等均储存在分泌细胞内的囊泡中。当分泌细胞受到刺激时，囊泡移向质膜并与之融合，然后将囊泡中的内含物释放出来。其他蛋白质的分泌，如肝脏清蛋白的分泌、乳腺乳蛋白的分泌、胃和胰腺消化酶的分泌也都是通过胞吐作用来完成的。

二、信号转导

生物体是一个整体，组成生物体的细胞彼此密切配合，相互协调，以适应细胞内、外环境的变化。激素调节是生物体重要的调节方式。水溶性激素和大分子脂溶性激素不能直接通过细胞膜进入细胞内，需要通过某些传导途径将信息传递到细胞内。这些激素的受体位于细胞膜上，简称膜受体，属于内在膜蛋白。膜受体与相应的激素识别、结合后，构象发生变化，这种变化经常通过膜上的传递体（transducer）传递到膜上的效应酶（effector enzyme），激活效应酶。激活的效应酶催化细胞内某些小分子物质的合成。这些小分子物质代替激素在细胞内行使功能，引发特定的生物学效应（图 6-19）。胞外的信号，如激素、生长因子、神经递质等，被称为第一信使（first messenger），在胞内合成的这些小分子物质则被称为第二信使（second messenger）。已发现的第二信使有 cAMP、cGMP、1，4，5-三磷酸肌醇（inositol 1，4，5-trisphosphate，IP_3）、Ca^{2+} 和二酰甘油（diacylglycerol，DAG）等。G 蛋白偶联受体（G-protein-coupled receptor，GPCR）是常见的膜受体，G 蛋白作为传递体，在受体和效应酶之间传递信号。

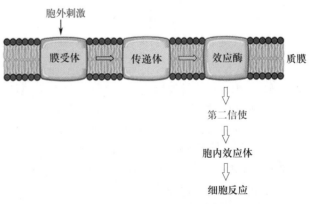

胞外刺激

膜受体　⟹　传递体　⟹　效应酶　质膜

第二信使

胞内效应体

细胞反应

图 6-19　信号转导的一般过程

（改自 Moran et al.，2014）

G 蛋白是鸟嘌呤核苷酸结合蛋白(guanine nucle-otide-binding protein)。与 GPCR 相对应的 G 蛋白是由 α、β、γ 三个亚基组成的异源三聚体($G_{\alpha\beta\gamma}$),属于脂锚定膜蛋白。其 α 亚基(G_α)通过 N 端形成的脂酰基锚定在细胞膜的内侧,能结合膜受体、效应酶、GTP 和 GDP,还具有较低的 GTP 酶的活性,能把 GTP 水解为 GDP。γ 亚基(G_γ)则与异戊二烯基共价结合而锚定在细胞膜内侧,通常与 β 亚基形成复合物。

G 蛋白有两种形式:一种是与 GDP 结合的无活性形式 $G_{\alpha\beta\gamma}$-GDP,另一种是与 GTP 结合的活性形式 $G_{\alpha\beta\gamma}$-GTP。这两种形式的转换如图 6-20 所示:在激素与膜受体结合之前,异源三聚体 G 蛋白为无活性的 $G_{\alpha\beta\gamma}$-GDP。当激素与膜受体结合后,激素-受体复合物与 $G_{\alpha\beta\gamma}$-GDP 结合,诱导 $G_{\alpha\beta\gamma}$-GDP 构象改变,与 GDP 解离并结合 GTP 转变为 $G_{\alpha\beta\gamma}$-GTP 的活性形式。GTP 的结合促使 G_α-GTP 与 $G_{\beta\gamma}$ 解离,被激活的 G_α-GTP 随后在膜中经侧向扩散激活下游的效应酶。然而,活性形式 G_α-GTP 是短暂的,因为 G_α 的 GTP 酶活性催化 GTP 水解为 GDP,并导致 G_α-GDP 与 $G_{\beta\gamma}$ 重新结合,又回到无活性的 $G_{\alpha\beta\gamma}$-GDP 状态。

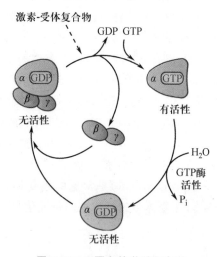

图 6-20 G 蛋白的激活和失活

根据结合的效应酶的不同以及结合效应酶后是激活效应酶还是抑制效应酶,G 蛋白可分为不同的类型。例如 G_s 激活效应酶——腺苷酸环化酶(ade-nylate cyclase, AC),而 G_i 则抑制效应酶——腺苷酸环化酶,G_q 激活效应酶——磷脂酶 C 等。下面简要介绍 cAMP 信号途径和磷脂酰肌醇信号途径。

1. cAMP 信号途径

如图 6-21 所示,当激活型的激素与膜受体结合后,激素-受体复合物在膜上侧向扩散,遇到 G_s 蛋白并与之结合。激素-受体复合物与 $G_{s\alpha\beta\gamma}$ 结合后诱导 G_s 蛋白转变成活性构象,GTP 取代 GDP,$G_{s\alpha}$-GTP 与 $G_{s\beta\gamma}$ 解离。

$G_{s\alpha}$-GTP 与腺苷酸环化酶结合。腺苷酸环化酶是内在膜蛋白,催化 ATP 生成 cAMP(图 6-22)。$G_{s\alpha}$-GTP 结合并激活腺苷酸环化酶,使胞内 cAMP 的水平升高。cAMP 激活蛋白激酶 A(protein ki-nase A, PKA)。活化后的 PKA 催化 ATP 上的磷酸基团转移给靶蛋白,使其受磷酸化修饰而改变活性。这些靶蛋白多是代谢途径的调节酶以及调节细胞生长或分裂的酶。胞外的激素通过升高胞内 cAMP 的水平,而改变靶蛋白的活性,使细胞做出应答。cAMP 是该信号途径中的第二信使。

刺激结束后,信号转导途径必须关闭。G_s 激活的 cAMP 信号途径有 4 种关闭机制:第一种,当血液中的激素浓度降低到受体的 K_D 值以下,激素从受体上解离下来,失活的受体不能再激活 G_s。第二种,$G_{s\alpha}$ 的 GTP 酶活性催化 $G_{s\alpha}$-GTP 水解为 $G_{s\alpha}$-GDP,使 $G_{s\alpha}$ 又回到与 $G_{s\beta\gamma}$ 相结合的无活性状态,不能激活腺苷酸环化酶,就终止了 cAMP 的产生。第三种,胞内的 cAMP 磷酸二酯酶催化 cAMP 水解为 5′-AMP(图 6-22),降低细胞中 cAMP 的水平。第四种,胞内的磷蛋白磷酸酶(phosphoprotein phosphatase)作用于那些响应信号刺激而被磷酸化的酶分子,水解其磷酸基团而实现去磷酸化,从而终止了那些由酶磷酸化而引起的代谢效应。

如果激素的水平高于受体的 K_D 值,它仍结合在受体上,G_α-GDP 中的 GDP 可再次被 GTP 取代形成 G_α-GTP,开始第二次激活过程。在上述途径中,G_s 穿梭于膜上受体与腺苷酸环化酶之间,起信号传递的作用。

肾上腺素对肝细胞中糖原分解的激活,采用的就是 G_s 激活的 cAMP 信号途径。肾上腺素与肝细胞上的膜受体形成复合物,激活 G_s。激活的 G_s 再激活腺苷酸环化酶,提高了胞内 cAMP 的水平。受 cAMP 激活的 PKA,在肝细胞中的主要底物是磷酸化酶 b 激酶。磷酸化酶 b 激酶受到 PKA 激活后,催化糖原磷酸化酶 b 磷酸化为有活性的糖原磷酸化酶 a,糖原磷酸化酶 a 则催化糖原的分解。在整个信号转导过程中,多个环节出现一种酶以另一种酶为底物,从而导致信号级联放大(cascade amplifica-tion)(见第七章),这是激素能够产生强大的生物学效应的主要原因。

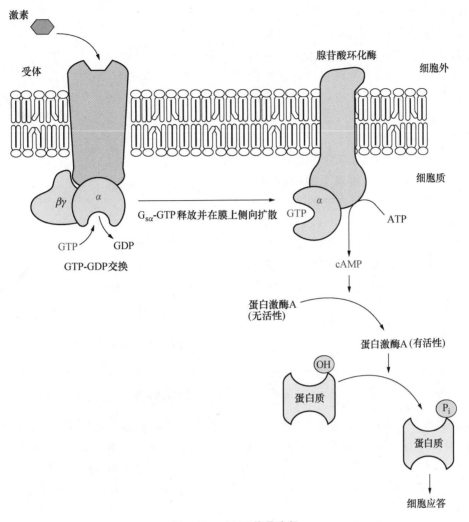

图 6-21 cAMP 信号途径

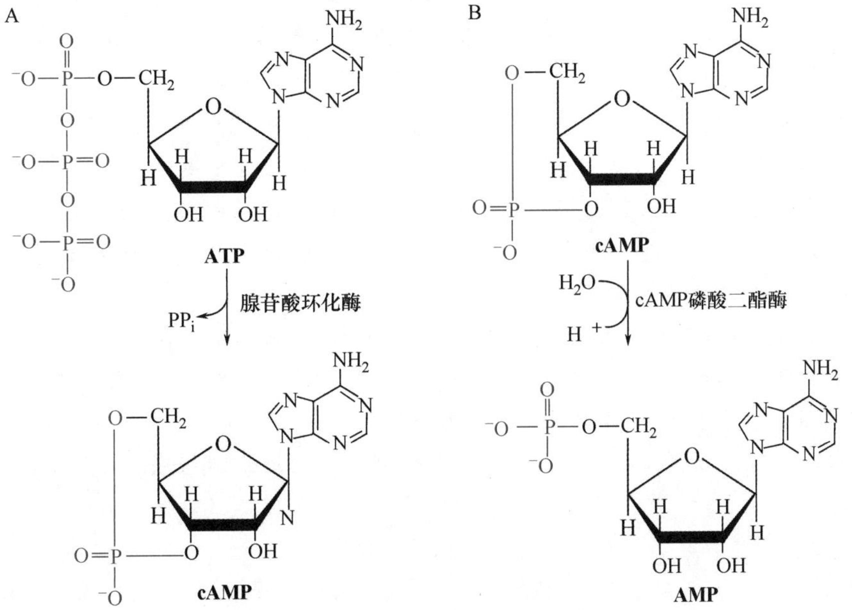

A. cAMP 的形成 B. cAMP 的水解

图 6-22 cAMP 的形成和水解

以上介绍的是 G_s 激活的 cAMP 信号途径。还有一些激素如生长激素释放抑制因子,与其受体结合导致 G_i 的激活;G_i 抑制腺苷酸环化酶,导致 cAMP 水平的降低,激活的 PKA 回到没有活性的状态。因此,G_i 主要通过降低 PKA 的活性而起作用。

2. 磷脂酰肌醇信号途径

在磷脂酰肌醇信号途径中,激素将受体激活后,通过 G_q 蛋白的转导作用,激活质膜上的磷脂酶 C(phospholipase C,PLC),使质膜内侧的 4,5-二磷酸磷脂酰肌醇(phosphatidylinositol 4,5-bisphosphate,PIP_2)水解成 1,4,5-三磷酸肌醇(IP_3)和二酰甘油(DAG)(图 6-23),至此,胞外信号转换为胞内信号。因为 IP_3 和 DAG 都是第二信使,这一信号系统又称为"双信使系统"。

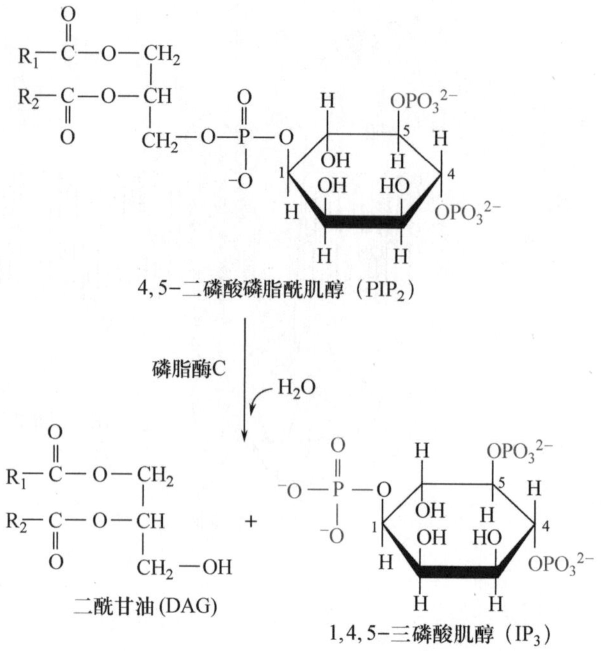

图 6-23 二酰甘油和 1,4,5-三磷酸肌醇的形成

知识框 6-2 G 蛋白和细菌毒素

G 蛋白在多种信号转导过程中起重要作用。人类基因组编码将近 200 种 G 蛋白。虽然 G 蛋白的大小、亚基结构、细胞定位和功能不同,但都可以被激活,然后经过一段短暂的时间,又可以自我失活;并采用相同的机制在结合 GDP 的无活性构象和结合 GTP 的活性构象之间转换。因此,G 蛋白被称为生物学"开关"。霍乱毒素(cholera toxin)和百日咳毒素(pertussis toxin)都以 G 蛋白为靶标,干扰宿主细胞的正常信号转导。

霍乱是肠道疾病,其病原菌是霍乱弧菌(*Vibrio cholerae*)。霍乱弧菌产生的霍乱毒素是由 A、B 两种亚基组成的蛋白质,由霍乱弧菌分泌到受感染者的肠道内。B 亚基识别肠道上皮细胞表面的神经节苷脂并与之结合,为 A 亚基进入细胞提供了路径。A 亚基进入细胞后,被断裂成 A_1 和 A_2 两个片段。A_1 催化 NAD^+ 上的 ADP-核糖基转移到 G_s 的 α 亚基的特定的 Arg 残基上。被 ADP-核糖基化修饰的 $G_{s\alpha}$ 失去 GTP 酶活性,这导致肠上皮细胞腺苷酸环化酶的持续活化,胞内维持长期高浓度的 cAMP 水平,则 PKA 一直处于激活状态。PKA 使肠上皮细胞质膜的囊性纤维化跨膜传导调节蛋白(CFTR)Cl^- 通道蛋白和 Na^+-H^+ 交换蛋白磷酸化而激活这些转运蛋白。由此引起 NaCl 流出肠上皮细胞进入肠道,随之产生的渗透压使大量水分也进入肠道。严重脱水和电解质流失引发霍乱特有的急性水样腹泻。

百日咳是呼吸道疾病,其病原菌是百日咳博德特氏菌(*Bordetella pertussis*)。该菌产生的外毒素——百日咳毒素与位于肺上皮细胞表面的糖脂——乳糖神经酰胺结合,经内吞作用进入细胞。毒素催化 G_i 的 α 亚基上特定的 Cys 残基被 ADP-核糖基化共价修饰。修饰后的 $G_{i\alpha}$ 蛋白上结合的 GDP 不能被细胞质基质中的 GTP 取代,因此不能抑制腺苷酸环化酶的活性,导致 cAMP 水平的增加而引发百日咳。

参考文献

[1] Nelson D L, Cox M M, Hoskins A A. Lehninger Principles of Biochemistry. 8th ed. W. H. Freeman and Company, 2021.

[2] Moran L A, Horton H R, Scrimgeour K G, et al. Principles of Biochemistry. 5th ed. Pearson Education International, 2014.

[3] 朱圣庚,徐长法. 生物化学. 4版. 北京:高等教育出版社,2016.

[4] 杨荣武. 生物化学原理. 3版. 北京:高等教育出版社,2018.

三、能量传递和转换

生物膜是能量传递和转换的重要场所。线粒体是真核细胞进行生物氧化和能量转换的细胞器,在其内膜上定向有序地排列着与有电子传递相关的蛋白和与氧化磷酸化相关的酶,催化底物脱下的电子沿内膜上的呼吸链进行传递,并与 ADP 的磷酸化偶联,生成 ATP,为代谢过程提供可直接利用的能量。

与线粒体类似,叶绿体中的能量转换同样依赖于膜系统上的相关成分。叶绿体膜上分布有捕获光能的叶绿素蛋白复合体、电子传递复合体和光合磷酸化偶联因子复合物。在光合作用中,由光驱动的电子流所产生的质子动势和 ADP 磷酸化作用相偶联产生 ATP。植物可利用储藏在高能化合物中的能量同化 CO_2。

四、识别功能

生命活动过程中,细胞之间以及细胞与外界环境之间通过准确的识别,做出相应的反应。植物和动物细胞中普遍存在的细胞识别对其生长、发育、代谢、神经传递等都具有重要的作用。细胞识别可以涉及两个不同物种的细胞,如根瘤菌和豆科植物的根毛细胞,也可以发生在同一物种的细胞之间,如花粉粒和柱头。细胞的识别功能主要是通过细胞膜外表面上的糖蛋白来实现的。糖蛋白的寡糖部分很不均一,富含信息,形成高度专一性的识别位点,可被凝集素(糖结合蛋白)高亲和性结合。花粉粒和柱头之间相互识别就是植物凝集素作用的一个实例,花粉粒表面的植物凝集素识别柱头表面的糖蛋白而与之结合。识别促使柱头释放水分,花粉粒吸水、伸出花粉管、生长并与卵受精。

小结

(1)脂质是细胞的水不溶性成分,结构多种多样,共同特征是不溶或微溶于水,但易溶于非极性有机溶剂。脂质按化学组成可分为单纯脂质、复合脂质和异戊二烯类脂质;按生物功能可分为储存脂质、结构脂质和活性脂质。

(2)脂肪酸是具有 4～36 碳长($C_4 \sim C_{36}$)烃链的羧酸,可分为饱和脂肪酸和不饱和脂肪酸。天然不饱和脂肪酸的双键几乎都是顺式的。三酰甘油是脂肪酸与甘油形成的三酯,多数天然油脂是三酰甘油的混合物。

(3)生物膜主要由脂质(主要是磷脂)、蛋白质和糖类等组成。脂双层是生物膜的骨架,蛋白质决定了生物膜功能的特异性。膜蛋白可分为内在膜蛋白、外周膜蛋白和脂锚定膜蛋白。膜脂和膜蛋白在脂双层中的分布是不对称的,反映了膜在功能上的不对称性。膜的流动性是生物膜结构的主要特征,受温度、脂肪酸组成以及固醇含量的影响。膜的流动性与生物膜的主要功能——物质跨膜运输、信息转导、能量传递和转换以及细胞识别密切相关。流动镶嵌模型较好地解释了生物膜的结构与功能的关系。

(4)根据运输过程中是否消耗能量,小分子物质的跨膜运输可分为主动运输和被动运输。主动运输消耗能量。直接由 ATP 驱动的主动运输是一级主动运输;不是直接由 ATP 驱动,而是由跨膜的电化学梯度驱动的主动运输是二级主动运输。大分子物质的转运与小分子物质不同,采用胞吞作用进入细胞,采用胞吐作用排出细胞。

(5)某些激素的受体位于细胞膜上,它们只与胞外的特异的激素进行识别并发生响应,响应信号可传递至位于细胞膜上的 G 蛋白,并通过 cAMP 信号途径或磷脂酰肌醇信号途径传递到细胞内。

思考题

一、单选题

1. 下列关于脂质的叙述,正确的是_____。

A. 蜂蜡和胆固醇分子中都含有甘油基

B. 磷脂分子中都含有甘油基

C. 鞘磷脂分子中都有酰胺键

D. 脂类分子中都含有脂酰基

2. 下列有关脂肪酸的叙述,错误的是_____。

A. 天然不饱和脂肪酸通常是顺式结构

B. 天然多不饱和脂肪酸通常具有共轭双键

C. 天然脂肪酸多由偶数个碳原子组成

D. 饱和脂肪酸比不饱和脂肪酸的熔点高

3. 通过提高提取液中离子强度可以将_____分离出来。

A. 内在膜蛋白　　　B. 外在膜蛋白

C. 脂锚定膜蛋白　　D. 膜脂分子

4. 磷脂分子形成生物膜的脂双层,主要依靠的是_____。

A. 氢键　　　　　　B. 疏水相互作用

C. 离子键　　　　　D. 共价键

5. G 蛋白_____。

A. 只能结合 GDP

B. 只能结合 GTP

C. 既能结合 GDP,也能结合 GTP

D. 与 GDP 结合后,具有活性

二、问答题

1. 生物膜的主要成分是什么?

2. 请简述生物膜的流动镶嵌模型。

3. 一级主动运输和二级主动运输有何区别?

三、分析题

分析生物膜的流动性及影响流动性的主要因素。

参考文献

[1] Nelson D L, Cox M M, Hoskins A A. Lehninger Principles of Biochemistry. 8th ed. W. H. Freeman and Company, 2021.

[2] Moran L A, Horton H R, Scrimgeour K G, et al. Principles of Biochemistry. 5th ed. Pearson Education International, 2014.

[3] Alberts B, Johnson A, Lewis J, et al. Molecular Biology of the Cell. 6th ed. Garland Science, Taylor & Francis Group, 2015.

[4] Simons K, van Meer, G. Lipid sorting in epithelial cells. Biochemistry, 1988, 27:6197-6202.

[5] Nicolson G L. The fluid—mosaic model of membrane structure: still relevant to understanding the structure, function and dynamics of biological membranes after more than 40 years. Biochimica et Biophysica Acta, 2014, 1838:1451-1466.

[6] Mason K A, Losos J B, Singer S R, et al. Biology. 11th ed. McGraw-Hill Education, 2017.

[7] 朱圣庚, 徐长法. 生物化学. 4 版. 北京: 高等教育出版社, 2016.

[8] 杨荣武. 生物化学原理. 3 版. 北京: 高等教育出版社, 2018.

第七章

代谢概述

本章关键内容：本章系统阐述了生物体代谢过程的整体性。在此基础上，介绍了机体对代谢的调节作用，主要包括代谢途径的调节作用，代谢途径的区域化分隔与联系，酶活性的调节以及酶含量的调节。

在前面的章节中，我们学习了细胞中各种组分的结构和功能，了解了小分子如何形成生物大分子，或进一步形成大分子聚集体。这些内容被称为生物化学的静态部分。

从这一章开始，我们将关注生命过程是如何"运作的"，包括营养物质的利用过程，细胞内各种成分的合成、降解以及相互转化的过程。这些过程主要分为物质代谢和能量代谢两方面，包括糖类代谢、脂类的代谢和含氮化合物（氨基酸和核苷酸）的代谢。这些过程是细胞动态功能，所以被称为生物化学的动态部分。

核酸和蛋白质的生物合成是细胞的重要功能。核酸的代谢与遗传信息的代谢密切相关。

尽管各类物质的代谢途径和调节作用千差万别，但是，所有组分的反应以及酶的催化作用都遵循基本的化学和物理学的规则，并受到严格的调控。

第一节　代谢概述

生物界包括动物、植物和微生物。尽管各自的结构特征和生活方式多种多样，千变万化，然而，它们却有着共同的最基本的新陈代谢过程，这表明地球上的生物有共同的起源。

一、新陈代谢

新陈代谢（metabolism）简称代谢，是细胞中各种生物分子的合成、利用和降解反应的总和。一般说来，新陈代谢包括了所有产生和储藏能量的反应，以及所有利用这些能量进行物质合成的反应。

新陈代谢是逐步进行的，每种代谢都是由一连串反应组成的一个系列。这些一连串有序反应组成的系列就称为代谢途径（metabolic pathway）。在每一个代谢途径中，前一个反应的产物就是后一个反应的底物。所有这些反应的底物、中间产物和产物统称为代谢中间产物（metabolic intermediate），简称代谢物（metabolite）。

生物新陈代谢过程可以分为合成代谢与分解代谢。合成代谢（anabolism）指细胞利用简单的无机分子（CO_2、NH_3、H_2O等）合成生物小分子物质（单糖、氨基酸、核苷酸等），以及将小分子物质合成生物大分子的过程，合成代谢通常需要消耗能量。分解代谢（catabolism）指机体将复杂的大分子降解为小分子并产生能量的过程，也包括将小分子分解为无机化合物的过程。

各种生物都有自己特定的新陈代谢类型。虽然不同生物中的代谢途径有很大的分化，但生物中的代谢途径有很多共同的特征：所有的代谢反应都是在生物体内，在常温常压、有水和接近中性 pH 的环境中进行的，反应条件温和；反应通常是由酶来催化的，酶的活性受到精细的调控；代谢反应逐步进行，彼此协调，有严格顺序性；各代谢途径彼此分隔又相互联系，形成了网络化交流系统；代谢过程中，能量逐步释放或吸收。

无论是分解代谢还是合成代谢大致都可分为三个阶段（图7-1）。

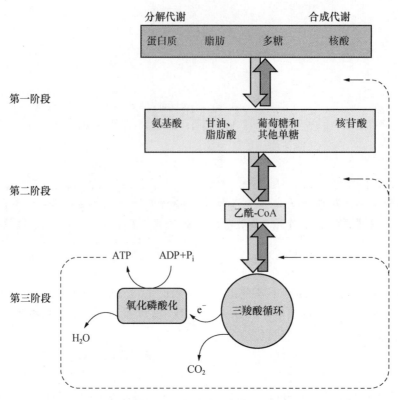

图 7-1　代谢的三个阶段

在分解代谢的第一阶段中,细胞合成的或摄取的大分子化合物首先降解为单体。如多糖降解为己糖和戊糖等单糖;脂肪降解为脂肪酸、甘油和其他成分;蛋白质降解为氨基酸等。这一阶段几乎不产生可利用的能量。在第二阶段,这些单体转变成简单的中间代谢物。如己糖、戊糖、生糖氨基酸和甘油降解为丙酮酸,然后生成乙酰-CoA;脂肪酸和生酮氨基酸也降解为乙酰-CoA 等。这个阶段产生的能量很少。第三阶段是乙酰-CoA 和其他产物氧化成水、CO_2 以及 NH_3 等无机化合物。生命活动所需的能量绝大部分是在第三阶段产生的。当然,在分解代谢的第二阶段中,各种小分子可以互相转化,或者进入合成代谢途径。

分解代谢通常是氧化过程,基本目标是形成 ATP、还原力(NADPH)以及小分子物质。合成代谢往往是还原过程。

合成代谢中,一开始是少数的共同材料,如 CO_2、H_2O、NH_3 等无机化合物。然后逐步合成简单的生物分子,如葡萄糖、氨基酸等。这些简单的分子再形成许多不同类型的生物大分子,如糖原、蛋白质和核酸等。生物大分子具有高度的特异性,正是它们决定了生物物种和个体之间的差异。

不同生物的合成代谢所利用的起始原料有所不同。根据这种区别,可以将生物分为两类:一类可以利用无机的 CO_2 合成葡萄糖和其他所有的有机分子,因此被称为自养生物。这类生物包括高等绿色植物、蓝绿藻、光合细菌、硝酸和亚硝酸细菌等。另一类只能利用外界环境中的有机物合成自身所需要的物质,因此被称为异养生物。异养生物包括所有较高等的动物、无光合作用的异养植物、大多数微生物等。绿色植物通过光合作用固定 CO_2 产生碳水化合物,动物以植物或其他动物为食物,并将摄入的有机物分解来获得自身所需的能量和有机分子。所以说:所有分解代谢的底物都是活细胞合成的,这些底物可能来自同一个细胞,也可能来自同一个体的不同细胞,也可能来自不同的生物。

生物合成的材料基本来自分解代谢中产生的小分子物质,所需要的还原力由 NADPH 提供。ATP 是生物体内能量的通用"货币",机体在物质代谢过程中,将能够利用的能量转化为高能化合物的形式暂时储存于 ATP 等物质中,ATP 等物质又可将其所含的能量释放出来,供生命活动所需。因此物质代谢与能量代谢是密不可分的。

在新陈代谢过程中,随着物质的变化,也伴随着能量的交换。生物体利用的能量形式最主要的包括三类:ATP 是能量的通用"货币";NAD(P)H 保存了氧化还原反应产生的能量；跨膜离子浓度的梯度。此外，也有其他的形式，如高能硫酯键。

新陈代谢的一个重要原则是合成代谢与分解代谢分离。尽管合成途径和分解途径有共同的中间产物，但两种途径不是简单的逆转，两个途径中的酶不同，反应的调控机制不同，甚至反应在细胞中发生的部位也不同。合成与分解途径的分离是基本的调控。当一个途径活跃时，另一个途径就受到抑制，以避免无效循环（futile cycle）。例如：ATP 的水平高时，细胞就不必进行大量的氧化反应，细胞中的碳就以脂肪或碳水化合物的形式储存起来。于是，脂肪酸合成和糖异生作用就活跃起来。ATP 水平低时，细胞就动用储存的能源物质来产生能量，脂肪酸和碳水化合物就进行分解。

虽然分解代谢和合成代谢基本上采取不同的途径，但有许多代谢环节是双方可以共同利用的，这种可以共用的代谢环节称为两用代谢途径（amphibolic pathway），即分解代谢和合成代谢可以共同利用的代谢环节。三羧酸循环就是典型的两用代谢途径，其中的很多中间产物，如草酰乙酸、α-酮戊二酸等既是分解代谢的中间产物，又是合成代谢的中间产物。因此，三羧酸循环在生物体物质的合成和分解代谢中都处于非常重要的位置。

二、代谢途径

生物体内有成千上万种代谢反应，根据物质的种类，这些代谢反应大致可以分为糖类、脂类、氨基酸和核苷酸代谢，其中每一类代谢反应中都有各自的一系列反应。这些一系列有序反应组成的系列就称为代谢途径，其中一个反应的产物成为下一个反应的底物，相关的酶组合起来催化一个代谢途径的反应（图 7-2）。

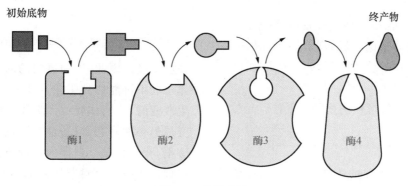

图 7-2 代谢途径
（一系列有序反应组成代谢途径，其中一个反应的产物成为下一个反应的底物）

一个代谢途径就像工厂中不同形式的生产流水线，催化反应的酶就像流水线中的工位。代谢途径有多种形式，如环形、螺旋形和线形等（图 7-3）。环形代谢途径虽然也是由一系列酶促反应构成的，但反应相互联系形成一个闭环，如三羧酸循环。在螺旋形代谢途径中同样的一组酶可以重复用于特定分子链的延伸或降解，如脂肪酸的生物合成和 β-氧化过程。线形代谢途径的特点是前一个反应的产物就是下一个反应的底物，直至合成终产物，如丝氨酸生物合成途径。但是代谢途径的界限并不像工厂里的生产线那么明确，因为代谢途径之间是相互联系的。每个代谢途径的描述主要是依照历史上习惯或是依照学习方便来进行的。

一些不同的代谢途径中存在共同的代谢中间产物，这些物质形成代谢途径的分支点，这是这些代谢物进入或离开的位置，它们的进出使各个代谢途径相互连接，形成有效运转的代谢网络。在代谢过程中关键的代谢中间产物主要有 3 种：6-磷酸葡萄糖、丙酮酸、乙酰-CoA。特别是乙酰-CoA 是各代谢途径之间的枢纽物质。通过这三种关键中间代谢产物使细胞中 4 类生物大分子：糖、脂类、蛋白质和核酸实现相互联系和转变。

一个代谢途径包括了多步反应。新陈代谢逐步进行的原因之一是酶的作用有限，按照一般的规则，一个酶每次反应只能断裂或形成一个或几个有限的共价键，一个酶的活性中心只能催化一步反应，这是酶的专一性决定的。另一个原因是能量输入与输出的控制，在细胞中，一个反应中发生的能量转移不会超过 60 kJ/mol，但从 CO_2 和 H_2O 合成葡萄糖需要输入 2 800 kJ/mol 的能量，葡萄糖氧化成 CO_2 和 H_2O 也会释放出同样多的能量。因此，在代谢途径中，能量只能逐步吸收（合成途径中）或释放（分解途径中）。

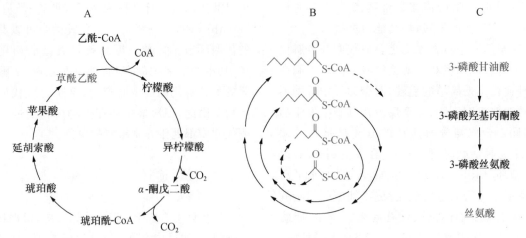

A. 环形代谢途径　B. 螺旋形代谢途径　C. 线形代谢途径

图 7-3　代谢的形式

三、代谢的方向

在生理条件下,很多代谢途径是以单一方向进行的。一旦底物进入代谢途径,就会顺序发生一系列反应。反应的顺序不会发生逆转,避免物质的无效循环和能量的浪费。

假设一个简单的线形代谢途径如下:

$$A \xrightarrow{E_1} B \xrightarrow{E_2} C \xrightarrow{E_3} D \xrightarrow{E_4} E \xrightarrow{E_5} P$$

如果第一个反应物 A 的浓度足够高,第一个反应就能发生并生成产物 B。当 B 积累起来,就作为第二个反应的底物,生成产物 C。这样依次反应下去就生成终产物 P。只要第一个底物 A 的供应充足,终产物 P 不断地被除去,反应就可以连续进行。在大多数情况下,反应以相当恒定的速度进行,中间代谢物 B、C、D、E 的浓度不会有太大的改变。此时的反应就达到了稳态(steady state)。

开放系统中的稳态与封闭系统中的平衡态类似。体内代谢是一系列酶促反应的总和,大多数生化反应是可逆的,接近平衡点,称为接近平衡的反应(near-equilibrium reaction)。有些反应是不可逆的,远离平衡点,称为非平衡反应或不可逆反应(irreversible reaction)。

平衡反应无法调控,因为反应的底物和产物的浓度已经接近平衡。不可逆反应才能做有用功,一个代谢途径中都有一步或几步不可逆的反应,促使代谢中的一系列反应以单方向进行(图7-4)。

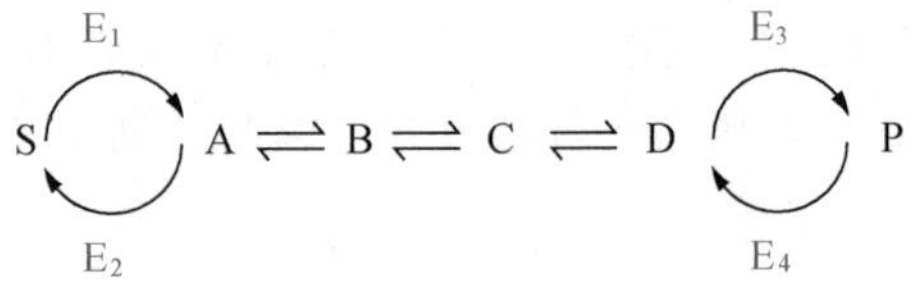

生物是开放系统,与环境有各种形式的能量与

$$S \underset{E_2}{\overset{E_1}{\rightleftharpoons}} A \rightleftharpoons B \rightleftharpoons C \rightleftharpoons D \underset{E_4}{\overset{E_3}{\rightleftharpoons}} P$$

图 7-4　代谢途径中的可逆反应和不可逆反应

物质交换。因此,生物体内的新陈代谢作为一个整体永远不可能达到平衡。环境总会变化,当环境发生改变时,生物体就对代谢做出调控,从一种稳态转变成另一种稳态,以适应环境的变化。在后面的章节里,我们将学习到体内的调节机制总是倾向于维持代谢的稳态。对于代谢的稳态可以通过底物/产物浓度的变化进行调节,也可以只针对代谢途径中催化某一步反应的酶对代谢进行调节。

一个代谢途径的多数反应是接近于平衡的,这种平衡反应的速度受到底物/产物浓度的有效控制。如前所述简单的线形代谢途径,如果第一个反应物 A 的浓度低于某种限度,第一个反应的产物 B 就会减少,将依次影响下游反应的进行,致使每步反应速度降低,最后导致终产物 P 的量也会减少。同样如果终产物积累的太多,反过来也会抑制上游的反应,相应使反应速度降低。这种底物/产物浓度的变化对整个代谢途径都有影响。

一个代谢途径中,可逆反应的正反应和逆反应是由同一种酶催化。不可逆反应和它相应的逆反应要由两种不同的酶催化。例如:6-磷酸果糖生成1,6-二磷酸果糖是由糖酵解途径中磷酸果糖激酶-1 催化的,1,6-二磷酸果糖分解为 6-磷酸果糖(逆反应)则是由糖异生作用中的 1,6-二磷酸果糖磷酸酶催化的。不但催化正、逆反应的酶不同,两个酶所属的代谢途径也不同,这种酶专一性的安排也促使代谢以单方向进行。

一个代谢途径中往往有一步反应的速度大大低于其他的反应速度,成为整个代谢途径的"瓶颈"。这个速度最慢的反应称为限速反应(rate-limiting reaction),它的速度决定了整个代谢途径的反应速度。非平衡的不可逆反应往往是代谢途径中的限速反应。代谢途径中,催化限速反应的酶就是限速酶(rate-limiting enzyme)。限速酶"约束"着代谢反应的方向和速度。

限速酶的位置主要分布在代谢途径的第一步反应、分支代谢途径中的分支点、整个代谢途径中的限速步骤和不可逆的单向反应上。它们催化的反应有下述特点:①反应速度最慢,它的活性决定整个途径的总速度;②催化单向反应或非平衡反应,它的活性决定整个途径的进行方向;③酶活性可受多种代谢物或效应剂的调节。

磷酸果糖激酶-1是糖酵解中的限速酶,也是关键的调节酶。但是生理条件下,底物6-磷酸果糖的浓度很低,酶的活性中心也已经接近饱和,底物浓度的变化对酶的活性几乎没有什么影响。只有对酶活性进行别构修饰,才可能较大地改变酶催化反应的速度。这种调节就是针对代谢途径中某一个酶进行的调节。

第二节 代谢途径的区域化调节

细胞内的物质代谢是错综复杂的,然而各种代谢途径都能互相协调、互相制约,有条不紊地进行着。

真核细胞内存在由膜系统分开的区域,使各类反应在细胞中有各自的空间分布,也称区域化(compartmentation),区域化保证了同一细胞内的不同代谢过程可以分别进行而不致互相干扰。但生物体内的代谢过程并不是彼此孤立的,而是互相关联,彼此交织在一起的。

一、代谢途径的区域化分隔

真核细胞呈高度的区域化。细胞质内含有多种由膜包围的细胞器,如细胞核、叶绿体、线粒体、溶酶体、高尔基体等。各细胞器均包含有一整套酶系统,执行特定的代谢功能。例如:糖酵解、磷酸戊糖途径和脂肪酸合成的酶系存在于细胞质中;核酸合成的酶系存在于细胞核中;水解酶系存在于溶酶体中等。

即使在同一细胞器内,酶分布也有一定的区域。例如:在线粒体内,电子传递链和氧化磷酸化的酶分布在内膜上,三羧酸循环、脂肪酸β-氧化和氨基酸氧化作用的酶系存在于线粒体基质中。

细胞的区域化使得不同代谢途径隔离。一个代谢途径有关的酶类分布于细胞的某一区域或亚细胞结构中(表7-1),使有关代谢途径只能分别在细胞不同区域内进行,各自行使不同功能,互不干扰,使整个细胞的代谢得以正常进行。

表7-1 真核细胞主要代谢途径与酶的区域分布

代谢途径	细胞内分布
糖酵解	细胞质
三羧酸循环	线粒体
磷酸戊糖途径	细胞质
糖异生	线粒体及细胞质
糖原合成与分解	细胞质
脂肪酸β-氧化	线粒体
脂肪酸合成	细胞质
呼吸链	线粒体
胆固醇合成	内质网、细胞质
磷脂合成	内质网
尿素合成	细胞质、线粒体
蛋白质合成	内质网、细胞质
DNA合成	细胞核
mRNA合成	细胞核
tRNA合成	核质
rRNA合成	核仁
血红素合成	细胞质、线粒体
胆红素生成	微粒体、细胞质
多种水解酶	溶酶体

区域化不仅仅使酶限制在某个细胞器中,即使没有被膜细胞器存在时,催化一个顺序反应的几种酶也可以集中在细胞的某个区域里。这些酶可能结合在膜上,可能形成多酶复合体,也可能发生弱的相互作用。

区域化可以使一个途径中各个酶之间形成弱相互作用。例如:糖酵解过程中,从葡萄糖形成丙酮酸需要许多酶催化。这些酶在溶液中由弱的相互作用形成了超分子结构,很可能这种结构导致了蛋白质在细胞中高度浓缩,发生了相互作用。在这种超分子结构中,代谢物扩散的机会减少了。因为一个反应释放的产物离下一个酶的活性中心很近,所以尽管细胞内各种中间代谢物的平均浓度很低,但在酶的活性中心,代谢物的局部浓度却比较高。

无论是高度组织化的结构还是松散的结合,多酶复合体有效地控制着反应途径。多酶复合体限制了中间代谢物的扩散,降低了一个分子在代谢途径中传递的时间。所以,代谢物通过一个途径的速度可能非常快,对途径中第一个底物浓度的变化反应也就非常灵敏。

原核生物细胞内缺少被膜的细胞器,但是代谢途径也呈现区域化的特征。例如大肠杆菌的质膜上也分布有多种酶,细菌的能量代谢和多种合成代谢是在膜上进行的。在大肠杆菌的周质空间含有三类蛋白质:水解酶负责催化食物的初步降解;结合蛋白用于启动物质转运过程;化学受体在趋化性中起作用。质膜将这些蛋白质限制在周质空间,与细胞内的酶相隔离。

二、膜结构对代谢的调控

膜使各类反应在细胞中区域化,保证不同代谢过程在同一细胞内的不同区域内进行而不致互相干扰。区域化还具有重要的调节功能,这种功能来自膜对不同代谢物的选择性通透。在膜上镶嵌着与各种运输功能相关的蛋白质,它们运送或交换各种中间代谢物和离子,代谢底物或产物,酶的激活剂或抑制剂,以及 ATP、ADP 等。这些物质影响和调节代谢反应的方向和速度。

一个代谢途径发生在一个细胞器或特定的区域中,所有的中间产物都保存在细胞器或特定区域中,而且只有通过膜上特殊的载体或通道才能使底物进入或使产物输出。因此,膜可以控制底物进入代谢途径的量,从而对代谢做出调控。例如,胰岛素信号通路促进葡萄糖转运蛋白移动到质膜上,促使葡萄糖进入肌肉细胞和脂肪细胞。从血液进入不同细胞的葡萄糖或分解产生能量,或合成糖原。

三、代谢途径相互联系形成网络

物质代谢是生命现象的基本特征,是生命活动的物质基础。后边章节将分别叙述糖类、脂类、蛋白质与核酸等物质的代谢。这些途径虽然是独立进行的,但是它们在机体内又相互联系、相互制约。机体同一组织细胞内的各种代谢由一整套复杂而又精确的调节机制控制着,形成的一个完整统一体,从而保证生命活动的正常进行。

(一)糖代谢与脂肪代谢的关系

糖和脂肪都是生物体内重要的碳源和能源。糖代谢和脂肪代谢可以通过乙酰-CoA 和磷酸甘油相互联系。

葡萄糖分解产生丙酮酸,丙酮酸又进一步形成乙酰-CoA。乙酰-CoA 就可以进入脂肪酸合成途径合成长链脂肪酸。糖分解代谢的中间产物磷酸二羟丙酮可还原生成磷酸甘油。脂肪酸合成所需的 NADPH 可由磷酸戊糖途径供给。同时,糖代谢产生的柠檬酸、ATP 可变构激活乙酰-CoA 羧化酶,这个酶是脂肪酸合成途径中的关键酶。所以,糖代谢不仅可为脂肪酸合成提供原料,而且促进这一过程的进行。最后脂肪酸与磷酸甘油酯化生成脂肪储存起来,这就是不含油脂的高糖膳食同样可以使人肥胖的原因。

脂肪转化成糖的途径在不同生物体内有所区别。在植物和微生物体内,脂肪分解产生的大量乙酰-CoA 可经过乙醛酸循环转变成琥珀酸,琥珀酸转变成苹果酸和草酰乙酸后可经糖异生作用生成葡萄糖。

但是在动物体内,脂肪中的绝大部分组分不能转变为糖。脂肪分解后可以产生甘油和脂肪酸。其中的甘油可以在肝、肾等组织中经过数步反应转化为 3-磷酸甘油醛。3-磷酸甘油醛可以经糖异生途径转化为糖,也可以进入糖代谢途径进一步氧化分解。但是脂肪酸分解生成的乙酰-CoA 不能逆行生成丙酮酸,从而不能进入糖异生途径转变为糖。因为脂肪酸分解产生的乙酰-CoA 比甘油的量大得多,所以脂肪的绝大部分不能转变为糖。

(二)糖代谢与蛋白质代谢的相互关系

葡萄糖经糖酵解途径产生丙酮酸,丙酮酸脱羧后形成的乙酰-CoA 再经过三羧酸循环形成 α-酮戊二酸、草酰乙酸。这些 α-酮酸都可以作为氨基酸的碳骨架,通过转氨基作用形成相应的氨基酸(丙氨酸、谷氨酸及天冬氨酸),进而合成蛋白质或参与其他生命活动。此外,由糖分解产生的能量,也可供氨基酸和蛋白质合成用。植物可以合成全部氨基酸。动物和人体内仅能合成部分所需的氨基酸,这些氨基酸称为非必需氨基酸。还有一些氨基酸只能从食物中获取,称为必需氨基酸。

蛋白质可以降解形成氨基酸,一部分生糖氨基酸在体内可以转变为糖。这类氨基酸经脱氨后可以形成丙酮酸、草酰乙酸、α-酮戊二酸等,这些 α-酮酸可进入三羧酸循环,经由草酰乙酸进入糖异生途径生成糖。对动物体而言,有两种氨基酸(亮氨酸、赖氨酸)是净生酮氨基酸,降解后只能形成酮体等脂类物质,不能够转化为糖类物质。

(三)脂肪代谢与蛋白质代谢的相互关系

脂肪水解所形成的脂肪酸,经 β-氧化作用生成许多分子乙酰-CoA。脂肪分解产生的甘油也可通过丙酮酸转变成乙酰-CoA。乙酰-CoA 与草酰乙酸缩合,经三羧酸循环转变成 α-酮戊二酸、草酰乙酸等。这些 α-酮酸可以通过转氨基作用生成氨基酸。α-酮戊二酸可经转氨基作用产生谷氨酸,草酰乙酸经转氨基作用可转变为天冬氨酸。

在植物和微生物中存在乙醛酸循环途径。这个途径可以利用乙酰-CoA 合成琥珀酸,向三羧酸循环中补充草酰乙酸,从而实现由脂肪酸合成氨基酸。含有大量油脂的植物种子在萌发时,乙醛酸循环极为活跃。微生物利用乙酸或石油烃类物质发酵生产氨基酸,也是通过乙醛酸循环。在动物体内不存在乙醛酸循环。动物一般不能利用脂肪合成氨基酸。

蛋白质可以转变为脂类。在动物体内的生酮氨基酸在代谢过程中能生成酮体,酮体中的乙酰乙酸可以转化成乙酰-CoA,再进一步合成脂肪酸。生糖氨基酸可以直接或间接生成丙酮酸,然后转变为甘油。甘油和脂肪酸进一步合成脂肪。

(四)核酸代谢与糖代谢、脂肪、蛋白质代谢的相互关系

核酸是细胞中的遗传物质。核酸通过控制细胞中蛋白质的合成,影响细胞的组成成分和代谢类型。

此外,游离的核苷酸及其衍生物在代谢中起着重要作用。例如,ATP 是重要的能量货币,GTP 供给蛋白质肽链延长时所需要的能量,CTP 参与磷脂的合成,糖核苷酸(糖基二磷酸核苷)参与多糖的合成,如 UDP-葡萄糖在蔗糖、糖原的合成中是葡萄糖的载体。

核酸的合成也受到其他物质的控制。核酸的合成需要多种酶和蛋白质因子参加,嘌呤及嘧啶核苷酸的合成需要谷氨酰胺、天冬氨酸等为原料。核苷酸降解可以产生少量的能量和可利用的产物,但是核苷酸不是重要的能源、碳源和氮源。

糖类、脂类、蛋白质和核酸代谢的相互关系见图 7-5。

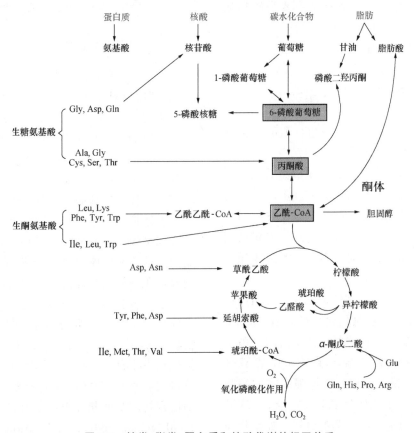

图 7-5 糖类、脂类、蛋白质和核酸代谢的相互关系

第三节　代谢调节

新陈代谢受到严格的调控以适应不断变化的环境。这种调控范围可以有很大的变化,也许只影响几个途径,也许会影响很多途径。生物体对环境变化的响应时间变化也很大,快速的响应时间可能只有几毫秒,如神经冲动的传导、肌肉的收缩等,但通常持续的时间也很短。慢速响应可能要几小时才会发生,但持续的时间往往比较长。

代谢调节(metabolic regulation)可以通过以下3种途径进行。

(1)调节酶的活性。这种调节对现有的酶进行修饰,使酶的活性发生变化。这种调节一般在数秒或数分钟内即可完成,效果快速而短暂,因此是一种快速调节。

(2)调节酶的数量。这是通过增加酶蛋白的合成或影响酶蛋白的降解速度来调节,这种调节一般需要数小时才能完成,作用缓慢而持久,因此调节的速度比较慢。

(3)调节底物的水平。这种调节主要是底物从细胞中的一个区域运送到另一个区域,一般是通过膜的选择性通透进行调节的。

一、酶活性的调节

酶活性的调节有不同的方式,包括酶的别构调节、酶的共价修饰、酶原激活等。酶的别构调节是由效应物与酶分子可逆结合进行的。调节酶活性的效应物可以是大分子的多聚体,如蛋白质-蛋白质间的相互反应可以影响酶的活性,有些参与核酸代谢的酶要与DNA结合才能激活。这里我们只关注低相对分子质量的效应物,主要是底物、产物或其他调节物。

酶的别构激活或别构抑制通常发生在代谢途径的限速步骤,这个步骤往往是代谢途径的起始反应,催化这步反应的酶就是代谢途径中的限速酶。由于别构效应物与酶的调节位点结合,影响了亚基-亚基间的相互作用,这种相互作用可能增强或降低酶与底物的结合。如果一个代谢途径是不分支的,这种运作方式可以很明显地影响产物的合成。如果代谢途径是有分支的,酶的调节也就更复杂。

酶活性可逆的别构调节非常重要。我们在别构酶中已经了解了别构酶的调节作用,在后面的章节中,我们还会遇到很多别构调节的例子。

大肠杆菌中,天冬氨酸转氨甲酰酶(ATCase)是嘧啶合成途径中的第一个酶,也是嘧啶合成的关键酶。ATCase催化天冬氨酸和氨甲酰磷酸合成氨甲酰天冬氨酸,反应是不可逆的。ATCase是别构酶,分子中具有活性中心和别构调节位点。当细胞内CTP积累时,CTP与调节位点结合,改变了调节亚基的构象。这种构象变化通过亚基与亚基之间的相互作用,影响了催化亚基上活性中心的构象,从而减弱了酶与底物的亲和力,产生抑制作用,最大抑制作用约为86%。ATCase的活性受到终产物CTP的抑制,CTP是酶的别构抑制剂。这类抑制作用是反馈抑制(图7-6)。

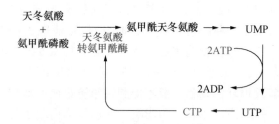

图7-6　胞苷三磷酸生物合成的反馈调节

(一)反馈抑制作用

反馈(feedback)这个术语来自电子工程学,本意是指"输出对输入的控制"。生物化学中借用来说明代谢途径中,中间产物或终产物对前面某个反应速度的影响。凡是能产生使代谢过程速度加快的影响称为正反馈(positive feedback)。凡是能使代谢过程速度降低的影响称为负反馈(passive feedback),也称反馈抑制作用(feedback inhibition)。

反馈抑制对生物合成途径非常重要。这种调节既准确又经济。反馈抑制是用代谢途径的终产物抑制前面的酶来影响自身的合成,调节位点非常精准,同时避免了原料与能量不必要的消耗。

对不发生分支的代谢反应中,只有一个终产物对线性反应序列开头的酶起反馈抑制作用,称为单价反馈抑制(monovalent feedback inhibition)。如果反应发生分支,就会产生两种或两种以上的终产物,而其中任一种终产物的积累都会对序列反应前面的别构调节酶起反馈抑制作用,即多价反馈抑制(multivalent feedback inhibition)。反馈抑制有很多种形式:

1. 同工酶的反馈抑制

同工酶（isoenzyme）是指催化同一生化反应,但酶蛋白结构及组成有所不同的一组酶。如果在一个分支代谢过程中,在分支点之前的一个反应由一组同工酶所催化,分支代谢的几个最终产物往往分别对这几个同工酶发生抑制作用,并且终产物对各自分支也具有单独的抑制作用。这种调节方式称为同工酶的反馈抑制（isoenzyme feedback inhibition）。其调节机理如图7-7所示。

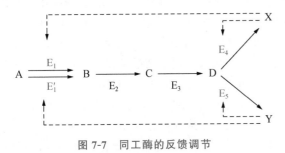

图 7-7　同工酶的反馈调节

催化第一步反应的酶有两个同工酶:E_1 和 E_1',其中 E_1 只受 X 反馈抑制,E_1' 只受到 Y 抑制,同时由 X 抑制 E_4,由 Y 抑制 E_5。这样当 Y 过量抑制了 E_1' 时,由于 E_1 仍可催化发生由 A→B→C→D 的反应,然后再由 E_4 催化由 D→X 的反应,即分支终产物 Y 的过量,不影响另外分支终产物 X 的生成,从而保证 X 和 Y 分别引起反馈抑制而不会互相干扰。

天冬氨酸激酶（aspartokinase）在大肠杆菌中有三种同工酶 AK1、AK2 和 AK3,其中 AK1 受终产物 Ile、Lys 所抑制,AK3 受 Thr 抑制,而 AK2 不是调节酶（参见图4-33）。

2. 协同反馈抑制

在分支代谢中,只有当几个最终产物同时过多才能对共同途径的第一个酶发生抑制作用,称为协同反馈抑制（concerted feedback inhibition）。而当终产物单独过量时,只能抑制相应支路的酶,不影响其他产物合成,这就保证了在分支代谢过程中,不至于因为一个最终产物的过多而影响其他最终产物的合成。这个调节机理如图7-8所示。

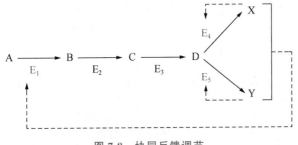

图 7-8　协同反馈调节

X 和 Y 除分别对 E_4 和 E_5 起反馈抑制外,二者同时积累还协同抑制 E_1,但单独 X 或 Y 对 E_1 不产生抑制作用。

从天冬氨酸合成赖氨酸、苏氨酸、甲硫氨酸的代谢过程中的第一个酶——天冬氨酸激酶（AK）,受到终产物苏氨酸和赖氨酸的协同反馈抑制。

3. 顺序反馈抑制

在一个分支代谢途径中,终产物积累引起反馈抑制使分支点的中间产物积累。分支点的中间产物再抑制反应途径中第一个酶活性,从而达到调节的目的。因为这种调节是按照顺序进行的,所以称顺序反馈抑制（sequential feedback inhibition）。这个调节机理如图7-9所示。

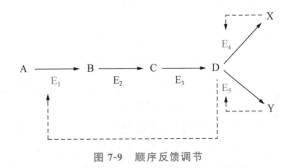

图 7-9　顺序反馈调节

X 和 Y 分别对 E_4 和 E_5 起反馈抑制,而 D 又对 E_1 起反馈抑制。当 X 或 Y 积累过多时,只分别抑制催化合成其本身的酶 E_4 或 E_5,而互不干扰。当 E_4 和 E_5 同时受到抑制时,D 便积累,D 又可以对 E_1 起反馈抑制,这便可使整个过程停止进行。

细菌芳香族氨基酸的合成就是通过上述方式调节的。色氨酸、酪氨酸、苯丙氨酸分别抑制其合成途径中发生分支反应处的酶,当三者均存在时,它们共同的前体分支酸和预苯酸便积累,这两种酸又对前面催化磷酸烯醇式丙酮酸与4-磷酸赤藓糖缩合的酶以及催化莽草酸磷酸化生成3-磷酸莽草酸的酶起反馈抑制作用,如图7-10所示。

4. 累积反馈抑制

在一个分支代谢中,几个最终产物中的任何一个产物过多时都能对某一酶发生部分抑制作用,但要达到最大抑制效果,则必须几个最终产物同时积累。这样的反馈抑制称为累积反馈抑制（cumulative feedback inhibition）。

一个典型的例子是谷氨酰胺合成酶的反馈抑制。在 ATP 参与下,谷氨酰胺合成酶催化谷氨酸和 NH_4^+ 合成谷氨酰胺,谷氨酰胺在氮代谢中起重要作用。甘氨酸、丙氨酸以及谷氨酰胺代谢的至少

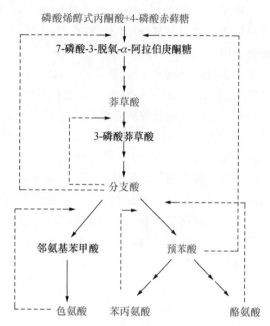

图 7-10　芳香族氨基酸合成的顺序反馈调节

6 种终产物(色氨酸、组氨酸、氨甲酰磷酸、6-磷酸氨基葡萄糖、CTP 及 AMP)都是谷氨酰胺合成酶的别构抑制剂。谷氨酰胺合成酶分子中有分别对上述各种化合物专一的结合部位。每种分子单独与酶结合时,只能部分抑制酶的活性,当所有这些分子同时与酶结合时,酶的活性几乎完全丧失,即累积反馈抑制作用。

终产物的反馈抑制是准确、经济的调控方式,因为起调节作用的物质就是产物本身。所以,当产物的量少时,关键酶的活性增高,整个途径的运行速度加快,产物就增多。当终产物的量过多时,对代谢途径中初始反应的酶产生反馈抑制,使合成速度减慢,产物减少。避免了反应的中间产物积累,有利于原料的合理利用和节约机体的能量。反馈抑制在系列的合成代谢的调节中起重要作用。

(二)前馈激活

在一个反应序列中,上游反应产生的中间代谢物对下游反应的酶起激活作用,促进反应进行,这种调节方式称为前馈激活(feedforward activation)。例如,在糖原合成中,6-磷酸葡萄糖是糖原合酶的别构激活剂,可促进糖原的合成,如图 7-11 所示。

前馈激活作用能使代谢速度加快,所以是一种正调控。

(三)共价修饰与级联系统

代谢途径中一个酶的活性可以由别构效应调

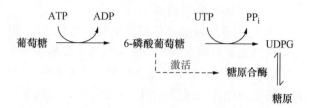

图 7-11　6-磷酸葡萄糖的前馈激活作用

节,这种调节是由效应物与酶分子可逆结合进行的。另一种有效控制酶活性的途径是对酶的结构进行可逆的共价修饰。共价修饰(covalent modification)是指在专一酶的催化下,某种小分子基团可以共价结合到被修饰酶的特定氨基酸残基上,从而改变酶的活性。修饰基团包括磷酸基团、腺苷酰基团、尿苷酰基团、甲基基团和 ADP-核糖酰基团等。

磷酸化作用是将 ATP 上的磷酸基团转移到酶蛋白的 Ser、Thr 或 Tyr 的—OH 上。腺苷酰化作用是将 ATP 上的腺苷酰基团转移到酶蛋白的 Tyr 的—OH 上。ADP-核糖酰化作用是转移 NAD^+ 上的 ADP-核糖酰基团。

共价修饰作用中最常见的是磷酸化修饰。真核细胞中 $1/3 \sim 1/2$ 的蛋白质是磷酸化的,蛋白质磷酸化作用是可逆的,磷酸基团的加入与去除由不同的酶催化。磷酸化作用中,蛋白激酶(protein kinase)将 ATP 上的一个磷酸基团与蛋白质的 Ser、Thr 或 Tyr 残基的—OH 连接。去磷酸化作用中,蛋白磷酸酶(protein phosphatase)把加入的磷酸基团水解去除。

Ser、Thr 或 Tyr 都是仅有温和极性的氨基酸,经磷酸化修饰后,就向蛋白质中引入了一个很大的极性基团。磷酸基团的氧原子可以和蛋白质上的一个或几个基团形成氢键,这些基团常常是 α-螺旋骨架上起始的氨基,或是 Arg 的胍基。磷酸基团上的 2 个负电荷可以排斥相邻残基侧链上的负电荷,如 Asp 和 Glu 侧链所带的负电荷。当这些侧链位于蛋白质的关键区域时,磷酸化作用可以影响酶蛋白的构象,影响酶蛋白与底物的结合能力以及酶的催化活性。

蛋白质磷酸化作用最经典的例子是动物细胞中的糖原磷酸化酶。糖原磷酸化酶是糖原降解中的关键酶,催化糖原降解产生 1-磷酸葡萄糖。下面为该酶催化的反应:

$$(\text{葡萄糖})_n + P_i \xrightarrow{\text{糖原磷酸化酶}} (\text{葡萄糖})_{n-1} + 1\text{-磷酸葡萄糖}$$

糖原　　　　　　　　少了一个葡萄糖残基的糖原

糖原磷酸化酶以活性高(糖原磷酸化酶 a)和活性低(糖原磷酸化酶 b)两种形式存在。这个酶有两个亚基,每个亚基都有一个特异的 Ser 作为磷酸化的修饰位点。磷酸化酶 b 激酶将 ATP 上的磷酸基团转移到糖原磷酸化酶 b 的 Ser 的—OH 上,形成高活性的糖原磷酸化酶 a。修饰的磷酸基团由磷酸化酶 a 磷酸酶除去(图 7-12)。

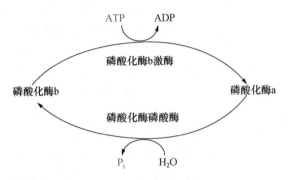

图 7-12　糖原磷酸化酶的酶促化学修饰

$$2ATP+糖原磷酸化酶\ b\longrightarrow 2ADP+糖原磷酸化酶\ a$$
$$糖原磷酸化酶\ a+H_2O\longrightarrow 糖原磷酸化酶\ b+2P_i$$

糖原磷酸化酶 a 和糖原磷酸化酶 b 在二级、三级和四级结构的构象上都有区别,活性中心的构象变化使催化活性发生改变,使酶在两种活性形式间转换。

共价修饰的调节常常与调节级联(regulatory cascade)有关。共价修饰可以激活一个酶,接着,这个酶又激活第二个酶,这样依次反应,直到最后一个酶作用于底物。这样的顺序作用形成了一个级联系统,有效地放大了最初的信号。如果每个酶可以把信号放大 100 倍,经过四级反应,信号就可以放大 10^8 倍。

第一个被阐明的调节级联是动物细胞中糖原分解过程的调节。在静息的肌肉组织中,糖原磷酸化酶主要以 b 型存在。当肌肉组织剧烈活动时,肾上腺素与质膜上的受体结合,使腺苷酸环化酶活化并催化 ATP 生成 cAMP。cAMP 浓度的升高激活了依赖于 cAMP 的蛋白激酶 A(protein kinase A,PKA)。因此将激素称为第一信使,而将 cAMP 称为第二信使。活化的 PKA 使磷酸化酶 b 激酶激活,后者又使糖原磷酸化酶 b 转变为激活态糖原磷酸化酶 a。最后,激活的糖原磷酸化酶 a 使糖原分解为 1-磷酸葡萄糖,为肌细胞提供产生能量的底物。这样,由激素的作用开始,最后导致糖原的分解。上述一系列变化便构成一个级联系统(图 7-13)。当肌肉转为静息时,磷酸化酶 b 磷酸酶将 Ser 上的磷酸基团去除,使磷从 a 型回到 b 型。

在肝细胞中,糖原磷酸化酶活性主要受胰高血糖素调控。当血糖浓度过低时,胰高血糖素与质膜上的受体结合,激活腺苷酸环化酶,催化 ATP 合成 cAMP,cAMP 进而激活蛋白激酶 A,蛋白激酶 A 使无活性的磷酸化酶转变为有活性的磷酸化酶,磷酸化

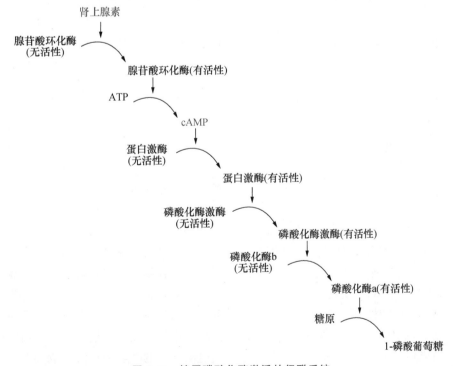

图 7-13　糖原磷酸化酶激活的级联系统

169

酶激酶将无所性的磷酸化酶 b 转变为有活性的磷酸化酶 a。激活的糖原磷酸化酶 a 使糖原分解产生 1-磷酸葡萄糖,进而转变为葡萄糖进入血液。当血糖水平恢复正常后,葡萄糖进入肝细胞与糖原磷酸化酶-a 的别构位点结合。酶的构象变化使 Ser-Pi 暴露给磷蛋白磷酸酶(phosphoprotein phosphatase-1, PP1),PP1 把磷酸基团水解去除。肌细胞和肝细胞中的糖原磷酸化酶是同工酶,由不同的基因编码。

代谢途径中有很多受共价修饰的酶,都具有无活性/低活性或者有活性/高活性两种形式。这两种形式通过可逆共价修饰,可互相转变。但有些酶经磷酸化后活性升高,而有些酶经磷酸化后却活性降低。

酶还有其他的修饰方式。例如:细菌的化学受体是细菌趋化性系统的一个成员,化学受体被甲基化修饰后,可以使细菌在溶液中游向营养物质或离开有毒的化学物质。ADP-核糖酰化作用是在特异的酶催化下,将 NAD^+ 上的 ADP-核糖酰基转移到被修饰分子上的作用。细菌固氮酶-还原酶被 ADP-核糖酰化修饰以后,可以对生物固氮途径进行调控。白喉毒素具有催化作用,可以对真核生物蛋白质合成过程中的延长因子 2(eEF2)进行 ADP-核糖酰化修饰,造成 eEF2 失活,使蛋白质合成停止。白喉毒素的作用极其有效,一分子的毒素就可以修饰足够多的 eEF2,从而杀死细胞。

酶原激活也是酶活性调节的一种方式,在第四章第五节的酶原激活中已详细介绍,这里就不再赘述。

二、酶含量的调节

生物体除通过调节酶的活性来调节代谢外,还可以改变酶的含量来调节代谢过程。酶含量的调节包括酶蛋白的合成和降解。但酶蛋白的合成与降解所需时间比较长,持续时间也比较长,所以酶的含量的调节是一种比较慢的调节方式。

(一)酶蛋白的合成

酶的化学本质主要是蛋白质,酶的合成也就主要是蛋白质的合成。这种调节作用要通过一系列蛋白质的生物合成环节,故调节效应出现较迟缓。不过,一旦酶被合成,酶就能保持活性,直至酶蛋白被降解。因此,这种调节的效应持续时间比较长。

由于环境的改变,一个细胞中某种酶的水平可能有很大的改变。如果向培养基中加入一种细菌不常利用的物质,分解这种物质的酶很快就大量合成,这种现象称为酶合成的诱导(induction)。酶合成的诱导与分解代谢有关。如果某个代谢途径的终产物大量积累,细胞就会减少有关酶的合成,从而降低了这种产物的水平。这种现象称为酶合成的阻遏(repression)。酶合成的阻遏与合成代谢有关。

在大肠杆菌中,与乳糖分解代谢有关的三个酶的基因连在一起,受到共同的调节。这个结构单位称为乳糖操纵子。大肠杆菌主要利用葡萄糖,乳糖操纵子通常是关闭的。当培养基中只有乳糖而没有葡萄糖时,乳糖代谢产物别乳糖作为诱导物与阻遏蛋白结合,大肠杆菌的乳糖操纵子开放,合成与乳糖分解代谢有关的酶。

大肠杆菌中,与合成色氨酸有关的五个酶的基因形成色氨酸操纵子。当环境中色氨酸的含量很低时,色氨酸操纵子开放,合成色氨酸合成途径中的酶,大肠杆菌就有充足的色氨酸供应。当培养基中含有大量的色氨酸时,色氨酸操纵子则关闭,因为不必再合成有关的酶。

我们将在第十四章第三节原核生物的转录调控中详细介绍乳糖操纵子和色氨酸操纵子的结构以及调节机理。

(二)酶蛋白的降解

近年来的研究表明,蛋白质的寿命与其成熟的蛋白质 N 末端的氨基酸残基有关,被称作 N-末端规则(N-end rule)。当 N-末端残基为 M、S、A、I、V 和 G 时,成为稳定的长寿命蛋白质,而 N-末端为 R、D 时,则很不稳定。改变 N-末端氨基酸残基可以明显改变其半寿期。

细胞内酶的含量也可通过改变酶分子的降解速度来调节。溶酶体的蛋白水解酶可催化酶蛋白的降解。因此,凡能改变蛋白水解酶活性或蛋白水解酶在溶酶体内的分布的因素,都可间接影响酶蛋白的降解速率。

除溶酶体外,细胞内还存在蛋白酶体。当待降解的酶与泛素结合后,蛋白酶体即能识别并降解该蛋白质。泛素化的蛋白质即被迅速降解,释放的泛素还可被再利用。关于酶蛋白的降解还可参见第十一章第一节 蛋白质的酶促降解。

大肠杆菌在指数生长期,蛋白酶的总活性较低,但当大肠杆菌由于营养缺乏而处于静止期时,便诱导合成蛋白水解酶,分解细胞内不需要的蛋白质;植物种子在萌发时蛋白酶的合成速度也明显增加,用于分解种子中的储藏蛋白质供幼苗生长之用。目前认为,通过酶蛋白的降解来调节酶含量远不如酶蛋白合成的诱导和阻遏重要。

知识框 7-1 代谢组学

　　继基因组学和蛋白质组学之后，20 世纪 90 年代末期又发展起了一门新兴学科——代谢组学（metabonomics/metabolomics）。它是全面研究生物体在生理及病理条件下，机体内代谢物的种类（通常为相对分子质量 1 000 以下的小分子化合物）、数量及变化规律的科学。

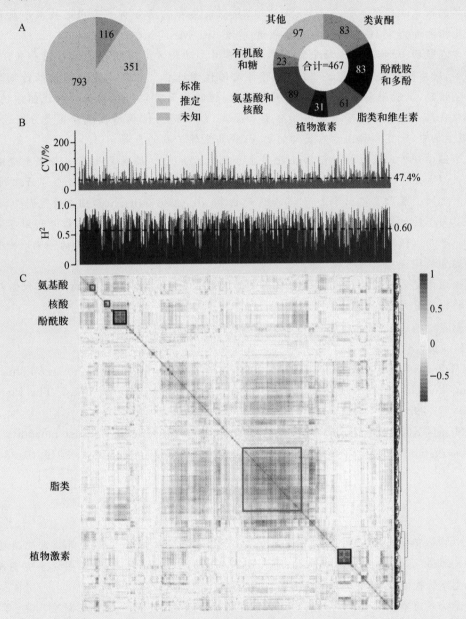

A. 检测到的代谢物数量及其分类，B. 代谢性状变异系数（CV）和广义遗传力（H^2）在 RIL 群体中的分布。H^2 的估计采用单因素方差分析，考虑到 3 个生物重复之间的差异是由环境因素引起的表型方差。
C. 两两的皮尔逊相关性显示在热图上，而代谢物则根据基于相关性的层次聚类分析进行分类。相关程度由正相关和负相关表示。

图 1　科农 9204（KN9204）和京 411（J411）两个小麦重组自交系
（recombinant inbredlines，RIL）群体的代谢谱
（引自 Shi et al.，2020）

代谢组学与基因组学、转录组学、蛋白质组学有密切的联系，可以认为代谢组学是基因组学、转录组学和蛋白质组学的延伸。生物体内的信息沿着 DNA、mRNA、蛋白质、代谢产物、细胞、组织、器官和个体的方向流动并形成逐级上升的研究层次，代谢组学在信息的传递中起到承上启下的作用。与基因或蛋白质相比，代谢物能更直接和准确地反映机体的病理生理状态。因为基因改变不一定能得到表达，表达的蛋白质可能不具有活性，此外，某个基因和蛋白质的缺失可以由其他基因和蛋白质进行补偿。

代谢组学的研究流程包括样品采集、预处理、数据采集和数据分析。采用的技术手段包括核磁共振(NMR)、气相色谱-质谱(GS/MS)和液相色谱-质谱(LC/MS)。

代谢组学在植物、动物及微生物中都有广泛的应用。动物方面可用于药物筛选和开发、疾病诊断等方面。例如，肿瘤的发生和发展过程中，具有特定的代谢过程。利用代谢组学技术监测这些过程中代谢物的变化情况，就能早期诊断并预测肿瘤的发展；植物方面可促进植物基因功能组学的研究，加快农作物品质改良。代谢组学还可用于植物分类和鉴定，以及药用植物活性成分定量分析，用于中药质量控制；在微生物中，研究各种因素对发酵的影响，提高生物工程的产量。

通过代谢组学分析血液生物标记物还能用于预测死亡风险。德国马克斯·普朗克老龄化生物学研究所的 Joris Deelen 及同事对 44 168 名个体进行了代谢组学分析，这些受试者全部为欧洲血统，年龄在 18～109 岁之间。最后鉴定出了 14 种与全因死亡率(all-cause mortality)相关的代谢物，已知这些生物标记物会参与各种过程，包括脂蛋白和脂肪酸代谢、糖酵解以及炎症。之后，作者利用鉴定出来的代谢物构建了一个用以预测 5 年及 10 年死亡风险的模型，该模型对于所有年龄段的预测准确性都高于基于传统风险因素的模型。

随着代谢组学定量方法精确度的提高和研究的深入，以及各种组学数据的对接，代谢组学应用的广度和深度将得到更大的提升。

参考文献

[1] 贾伟. 医学代谢组学. 上海：上海科学技术出版社，2011.

[2] Shi T T, Zhu A T, Jia J Q, et al. Metabolomics analysis and metabolite-agronomic trait associations using kernels of wheat(*Triticum aestivum*) recombinant inbred lines. The Plant Journal, 2020,103(1)：279-292.

[3] Deelen J, Kettunen J, Fischer K, et al. A metabolic profile of all-cause mortality risk identified in an observational study of 44 168 individuals. Nature Communications, 2019,10：3346.

知识框 7-2 遗传代谢病

遗传代谢病是有代谢功能缺陷的一类遗传病，是因为维持机体正常代谢所必需的某些由多肽和(或)蛋白组成的酶、受体、载体等发生遗传缺陷，即编码这类多肽(蛋白质)的基因发生突变而导致的疾病。又称为先天性代谢缺陷。

遗传代谢病多为单基因遗传病，种类繁多，常见的有数百种，发病年龄可在新生儿期、婴幼儿期、儿童期、青少年期，甚至成人期。遗传代谢病有不同的分类方法，根据代谢物可分为氨基酸代谢异常、碳水化合物代谢异常、脂肪酸氧化障碍、尿素循环障碍、有机酸代谢异常、核酸代谢异常、金属元素代谢异常、内分泌代谢异常、骨代谢病等；根据代谢异常的细胞器部位进行分类，包括溶酶体病、线粒体病、过氧化物酶体病等。

下面，我们以苯丙氨酸羟化酶缺乏症为例来了解遗传代谢病。我国该病的发病率为 8.5/10 万。苯丙氨酸羟化酶缺乏症是造成儿童智力损伤的常染色体隐性遗传病，缺乏苯丙氨酸羟化酶会导致苯丙酮尿症，因此这种疾病也称为苯丙酮尿症(phenylketonuria,PKU)。苯丙氨酸是人体必需的氨基酸，一部分用于蛋白质的合成,一部分通过苯丙氨酸羟化酶转变为酪氨酸,用于合成黑色素和甲状腺素、肾上腺素、多巴等神经递质。当苯丙氨酸羟化酶缺乏时,苯丙氨酸不能转化为酪氨酸,在体内代谢为苯丙酮酸、苯乙酸和苯乳酸等,影响神经系统发育,导致智力发育迟缓。生成的苯丙酮酸、苯乙酸和苯乳酸从尿中排出,苯乳酸使患儿的尿液中有鼠尿的臭味。

随着预防医学科学的发展,已在新生儿中普遍开展苯丙酮尿症的疾病筛查。在新生儿症状尚未出现前就得以诊断和治疗,避免智力的落后。一旦确诊,可通过饮食控制进行治疗。患者进食不含或低苯丙氨酸的特殊食物,满足生长发育所需的营养要求。

参考文献

顾学范.临床遗传代谢病.北京:人民卫生出版社,2015.

小结

(1)新陈代谢是细胞中各种生物分子的合成、利用和降解反应的总和。生物新陈代谢过程可以分为合成代谢与分解代谢。合成代谢是生物体利用能量将小分子物质合成简单物质及大分子物质的过程。分解代谢是将复杂的生物大分子分解形成小分子物质或无机化合物并释放能量的过程。

(2)新陈代谢是逐步进行的,由一连串有序反应组成的一个反应系列称为代谢途径。在每一个代谢途径中,前一个反应的产物是后一个反应的底物。所有这些反应的底物、中间产物和产物统称为代谢中间产物,简称代谢物。

(3)在生物体内,有多种形式的代谢途径,如线形、环形和螺旋形等途径。生物体内的新陈代谢呈现出如下特点:在温和条件下进行,由酶催化,酶的活性受到调控,代谢反应逐步进行,彼此协调,有严格顺序性,各代谢途径相互联系,能量逐步释放或吸收,ATP 是机体能量利用的共同形式,NADPH 是合成代谢所需的还原当量。

(4)体内代谢是一系列酶促反应的总和,通常包括可逆反应以及不可逆反应,可逆反应的正反应和逆反应是同一种酶催化,不可逆反应及其逆反应由不同的酶催化。整个代谢途径速度往往取决于代谢途径中反应速度最慢的反应,即限速反应,常常是途径中的不可逆反应。限速反应速度的快慢决定着代谢途径的反应速度,催化限速反应的酶为限速酶。限速酶可受多种代谢物或效应的调节,通过对限速酶的调节可实现对代谢途径的调节。

(5)真核生物细胞内存在由生物膜结构分开的区域,各类反应在细胞不同区域进行,即区域化保证不同代谢过程在同一细胞内的不同部位进行,保持相对独立,避免互相干扰。生物膜还通过膜的选择性通透使底物在细胞内不同区域维持不同的浓度水平,这对代谢的调节也起着至关重要的作用。

(6)虽然代谢途径存在区域化分割,但是物质的代谢在机体内并不是孤立进行的,而是相互联系、相互制约形成的一个完整代谢网络。糖、脂、蛋白质的代谢途径互相联系,但不能完全相互转变,因为有些代谢反应是不可逆的。在代谢过程中关键的代谢中间产物主要有 3 种:6-磷酸葡萄糖、丙酮酸、乙酰-CoA。特别是乙酰-CoA,它是各代谢之间的枢纽物质。通过三种中间代谢产物使细胞中 4 类生物大分子:糖、脂类、蛋白质和核酸实现相互转变。

(7)新陈代谢是受到严格调控的,使生物适应不断变化的环境,维持机体正常的生命活动。体内存在着一套精细的代谢调节机制,不断的调节各种物质代谢的强度、方向和速率。代谢的调节可以通过几种方式进行:酶活性的调节;酶含量的调节等。酶活性的调节包括别构调节、共价修饰、酶原激活等。对酶含量的调节包括酶蛋白的合成和降解。

思考题

一、单选题

1. 下列关于物质代谢联系的说法错误的是_____。

    A. 糖可以为脂肪和氨基酸的合成提供原料

    B. 核苷酸的从头合成需要氨基酸作为原料

    C. 动物体内脂肪分解产生的甘油和脂肪酸都可以转变为糖

D. 氨基酸可作为脂类合成的原料

2. 能催化酶蛋白发生磷酸化的酶是_____。

    A. 磷蛋白磷酸酶

    B. 蛋白激酶

    C. 腺苷环化酶

    D. 焦磷酸化酶

3. 下列被称作第二信使的分子是_____。

    A. cDNA   B. ACP

    C. cAMP   D. AMP

4. 下列关于限速酶的叙述错误的是_____。

    A. 限速酶的速度决定整个代谢途径的反应速度

    B. 限速酶在代谢途径中活性最高,所以才对整个代谢途径的流量起决定作用

    C. 酶活性受多种代谢物或效应物的调节

    D. 催化单向或非平衡反应

二、问答题

1. 新陈代谢具有哪些特点?

2. 细胞对酶活性的调节方式有哪些?

3. 代谢途径的区域化在代谢调节中有什么作用?

三、分析题

针对(a)$A+B+ATP \rightarrow C$ 和(b)$D \rightarrow E+F+ATP$ 两个反应,请回答问题:

(1)这两个反应哪个是合成反应? 哪个是分解反应? 为什么?

(2)如果体内 ATP 的含量升高,会对这两个反应有怎样的影响?

参考文献

[1] Nelson D L, Cox M M. Lehninger Principles of Biochemistry. 7th ed. W. H. Freeman and Company, 2017.

[2] Berg J M, Tymoczko J L, Gatto G J Jr., et al. Biochemistry. 9th ed. W. H. Freeman and Company, 2019.

[3] 朱圣庚,徐长法. 生物化学. 4 版. 北京: 高等教育出版社,2016.

第八章
生物氧化与氧化磷酸化

本章关键内容:理解生物化学反应的自由能变化,以及化学平衡和氧化还原电位与自由能变化的关系。掌握 ATP 的自由能变化、ATP 的结构及其在代谢中的作用。理解生物氧化的概念和特点。掌握电子传递链的组成及两条电子传递链的排列顺序。掌握氧化磷酸化概念及 ATP 合酶的作用。理解线粒体外 NADH 的跨膜转运(两种穿梭系统)。

一切生命活动都需要能量。在地球上,太阳的辐射能是生物界最主要的能源。绿色植物和光合细菌等自养生物能将日光辐射转变为化学能,并储存于所合成的碳水化合物中,再将碳水化合物转化为脂类和蛋白质等其他有机化合物。动物和某些微生物等异养生物不能直接利用光能,必须依赖光合植物提供的燃料分子在体内氧化产生可供利用的化学能。这个过程主要是生物通过细胞呼吸代谢把燃料分子氧化成 CO_2 和 H_2O,同时产生 ATP。这就是生物圈中能量和物质的流动与转换。正是这种能量和物质的流动和转换,保证了生命的维持和繁衍。

生物体从环境中获取化学能,一方面用于自身物质的合成,一方面将其转化为其他形式的能量(如机械功、渗透压、电化学梯度等)以维持生命活动。在长期进化过程中生物已经形成一种高效的能量转换机制,这种机制严格服从热力学定律。

第一节 自由能变化

一、生物化学反应的自由能变化

生物体系是一个开放的体系,即生物体系随时都在与环境进行物质与能量的交换,而且这种交换永远不可能达到平衡。从物理和化学体系产生和发展的热力学定律完全适合于开放的生物体系。

1840 年,焦耳(James P. Joule)提出了热力学第一定律,阐明了系统及其周围的总能量保持恒定,

也就是能量守恒原理。按照热力学第一定律体系:内能的变化等于该体系与环境交换的热与功的总和。其数学表达式为:

$$\Delta U = Q + W$$

式中:ΔU 是体系内能的变化;Q 是体系变化时吸收的热量;W 是体系所做的功。热力学第一定律表明:内能是体系的状态函数。体系的状态发生变化时,其内能的改变值只决定于体系的初、终状态,与途径无关。

如果将葡萄糖放入弹式量热器中可测得葡萄糖的燃烧热为:

$$C_6H_{12}O_6 \longrightarrow CO_2 + H_2O \qquad 2\ 872\ kJ/mol$$

葡萄糖在体内代谢中也可彻底氧化成 CO_2 和 H_2O,虽然经过的途径不同,但放出的热量与体外氧化放出的热量是相同的。从葡萄糖氧化产生 CO_2 和 H_2O 的例子中可以看出:热力学第一定律阐明了能量守恒的原理。但 CO_2 和 H_2O 能否自发形成葡萄糖呢?热力学第一定律不能对此做出说明。

那么,一个自发反应到底应该朝哪个方向进行呢?热力学第二定律指出:任何一种物理或化学的过程都自发地趋向于增加体系与环境的总熵(S)。

热力学第二定律的数学表达式为:$dS \geqslant \dfrac{dQ}{T}$

式中:T 是体系的绝对温度,S 是熵。

熵(entropy)是热力学第二定律所导出的另一个状态函数,是代表体系中质点运动混乱程度的物

理量。自然界孤立体系中的一切变化都是自发地向混乱度增加的方向进行的,即向熵增大的方向进行,$\Delta S > 0$。当体系达到平衡时,则 $\Delta S = 0$,所以熵是判断一个变化能否自发进行的热力学函数。

热力学第二定律的核心是:宇宙总是趋向于越来越无序。然而生物体是高度有序的整体,这似乎漠视了第二定律的存在。实际上生物体并没有避开或偏离热力学第二定律,因为生物体是开放体系,能与环境进行物质与能量的交换。为了维持自身的有序性,不断将生命活动中产生的正熵释放至环境中,使环境的熵值增加,而自身保持低熵。如葡萄糖的氧化分解:

$$C_6H_{12}O_6 + 6O_2 \longrightarrow 6CO_2 + 6H_2O$$

在这一过程中,反应物是 1 分子葡萄糖加 6 分子氧,共 7 分子。经氧化反应后形成的产物是 6 分子 CO_2 和 6 分子 H_2O 共 12 分子。同时葡萄糖由固体分子变成气体和液体,由大分子转变成小分子,无疑是熵增的过程。然而机体将 CO_2 和 H_2O 排至环境中却维护了自身内在的有序性。

熵是指混乱度或无序性,是一种无用的能,因为化学反应的熵不易测定,所以利用熵判断一个生化反应能否自发进行有一定的困难。对生物化学来说,最重要的是自由能(free energy)。因为自由能变化容易通过计算求得,所以它在判断生物化学过程的进行方向和可逆反应处于平衡的位置都是比较方便的。

自由能是生物体在恒温恒压下,体系可以用来对环境做功的那一部分能量,又称 Gibbs 自由能,用符号 G 表示。生物体在生命活动过程中所需的能量,都来自体内生物化学反应释放的自由能。Gibbs 在热力学第一定律和第二定律的基础上,提出了在恒温恒压下体系自由能变化的公式:

$$\Delta G = \Delta H - T\Delta S$$

式中:ΔG 表示在恒温恒压条件下体系自由能的改变量;ΔH 是体系焓变;ΔS 是体系的熵变。

从上式来看,ΔG 实际上是体系的总能量减去体系在恒压恒温条件下的熵变。这样,就可以以 ΔG 的大小来判断一个化学反应的方向。这实际上就是热力学第二定律要解决的化学反应的方向和限度问题。化学反应的自由能变化可总结如下:

当 $\Delta G < 0$ 时,体系的反应能自发进行,为放能反应;

当 $\Delta G = 0$ 时,表明体系已处于平衡状态;

当 $\Delta G > 0$ 时,反应不能自发进行,当给体系补充自由能时,才能推动反应进行,为吸能反应。

反应的 ΔG 仅决定于反应物(初始状态)的自由能与产物(最终状态)的自由能,与反应途径和反应机制无关。例如,葡萄糖氧化为 CO_2 和 H_2O,无论是在体外通过燃烧的形式进行,还是在细胞内由一系列酶催化而发生,其 ΔG 都相同。其次,ΔG 是判断一个化学反应能否向某个方向进行的根据,与反应速度无关。负的 ΔG 表明反应可以自发进行,但并不表明反应以多大的速度进行,不能判断一个化学反应的速率问题。

二、自由能变化与化学平衡

从热力学的知识我们知道,当一个反应的 ΔG 是负值时,反应可以自动发生。当一个反应的 ΔG 是正值时,反应不能自动发生。要使这类反应发生必须从外部输入能量。当一个反应的 ΔG 是 0 时,反应达到平衡,没有净产物生成。

如果我们能够知道一个反应中的反应物和产物的自由能,我们就可以很容易地计算出反应的自由能变化。也就是:

$$\Delta G_{反应} = G_{产物} - G_{底物}$$

但是,我们不能知道每个化学分子的绝对自由能的值。我们只能从化学反应中得到一些有关的热力学参数。例如,CO_2 和 H_2O 可以经过光合作用合成葡萄糖。虽然我们不知道 CO_2 和 H_2O 的绝对自由能,但是自由能的变化是可以测定的。利用这个过程的逆反应,我们可以从葡萄糖氧化成 CO_2 和 H_2O 的过程测出焓的变化(ΔH),熵的变化(ΔS)。利用这些参数我们就可以计算出葡萄糖合成时的自由能变化。

还有一个应该注意的问题是:对于任何一个反应来说,反应物和产物的浓度都可能变化,ΔG 也会随之发生变化。因此,我们需要一个标准,可以在反应物和产物的浓度发生变化时作为参照。人们为这个标准规定了条件:25 ℃(298 K),一个大气压,反应物和产物的浓度都是 1.0 mol/L。在这个标准条件下测定热力学参数,计算后得到的自由能变化称为标准自由能变化,用 ΔG^0 表示。

因为在大多数生物化学反应中 H^+ 的浓度非常

重要,所以,在生物化学中,标准自由能变化使用的符号是 $\Delta G^{0'}$,表示除了上述的条件以外,反应还在 pH＝7 的条件下进行。这个条件下,H^+ 的浓度是 10^{-7} mol/L,而不是规定的 1.0 mol/L。

如果一个反应为:

$$A+B \rightleftharpoons C+D$$

这个反应的自由能变化是:

$$\Delta G = \Delta G^{0'} + RT\ln\frac{[C][D]}{[A][B]} \qquad (8\text{-}1)$$

公式中的 R 是气体常数[8.314 J/(mol·K)],T 是绝对温度(K),[A]、[B]和[C]、[D]分别是反应物和产物的浓度(mol/L),ln 是自然对数,换算成常用对数后为 2.303 lg。

当反应达到平衡时,$K_{eq}=\dfrac{[C][D]}{[A][B]}$,$\Delta G=0$,则:

$$\Delta G^{0'}=-RT\ln\frac{[C][D]}{[A][B]},或者:\Delta G^{0'}=-RT\ln K_{eq}$$

$$(8\text{-}2)$$

让我们来看看下面的例子。1-磷酸葡萄糖(G1P)可以经过异构化形成 6-磷酸葡萄糖(G6P),反应是可逆的。在可逆反应中,自发反应向哪一个方向进行呢?反应时(25 ℃),我们使 1-磷酸葡萄糖或 6-磷酸葡萄糖的起始浓度为 0.02 mol/L。当反应达到平衡时,1-磷酸葡萄糖的浓度为 0.001 mol/L,6-磷酸葡萄糖的浓度为 0.019 mol/L。据此可以求出该反应的 K_{eq} 和 $\Delta G^{0'}$。将数值代入公式(8-1),则:

$$
\begin{aligned}
K_{eq} &= [G6P]/[G1P]\\
&= 0.019/0.001\\
&= 19\\
\Delta G^{0'} &= -RT\ln K_{eq}\\
&= -8.315\times10^{-3}\times298\times2.303\times\log19\\
&= -7.304 \text{ kJ/mol}
\end{aligned}
$$

由此得知:由 1-磷酸葡萄糖形成 6-磷酸葡萄糖的反应是自发反应。

在代谢过程中,一个反应序列自由能的总变化等于每一步反应自由能变化的总和。热力学上不能自发进行的反应,有时可能被自发进行的反应驱动。例如在糖酵解过程中,磷酸己糖异构酶催化 6-磷酸葡萄糖形成 6-磷酸果糖,反应的 $\Delta G^{0'}$ 为 1.68 kJ/mol。$\Delta G^{0'}$ 的数值表明逆反应更有利。但是由于 6-磷酸果糖不断消耗,拉动反应向前进行(见第九章中的糖酵解途径)。

不过,一个反应的真实自由能变化与标准自由能变化可能很不相同,有时还会相差很多。这是因为生物体内,反应物和产物的浓度一般不会是 1.0 mol/L。另外,在代谢过程中反应物和产物的浓度还会发生变化。

让我们仔细检查这两种情况的区别。当反应达到平衡时,反应物和产物的比例由平衡常数(K_{eq})决定。公式(8-1)可以表达为:

$$\Delta G = \Delta G^{0'} + RT\ln K_{eq} \qquad (8\text{-}3)$$

如果反应没有达到平衡,反应物和产物的比例由 Q 表示($Q=[C][D]/[A][B]$)。Q 称为质量作用比(mass action ratio)。公式(8-1)可以表达为:

$$\Delta G = \Delta G^{0'} + RT\ln Q \qquad (8\text{-}4)$$

Q 与 K_{eq} 之间的区别表明了一个反应系统实际发生的状态与平衡状态之间到底有多大的距离。实际反应中,ΔG 可能不等于零。所以,应该是 ΔG 而不是 $\Delta G^{0'}$ 决定了反应的方向。

例如:ATP 水解为 ADP 和 P_i 时的标准自由能变化为 -30.5 kJ/mol。在鼠肝细胞中,ATP、ADP 和 P_i 的浓度分别为 3.4、1.3 和 4.8 mmol/L。我们可以计算鼠肝细胞中 ATP 水解的真实自由能变化(25 ℃,pH 7.0),并将得到的数值与标准自由能变化比较。

ATP 水解的真实自由能变化:

$$\Delta G = \Delta G^{0'} + RT\ln\frac{[ADP][P_i]}{[ATP]}$$

将已知的数值代入公式:

$$\Delta G = -31\,000 \text{ J/mol} + [8.314 \text{ J/(mol·K)}]\times$$

$$(298 \text{ K})\times2.303\log\frac{(1.3\times10^{-3})\times(4.8\times10^{-3})}{3.4\times10^{-3}}$$

$$\Delta G = -48\,000 \text{ J/mol}$$

鼠肝细胞中,ATP 水解的真实自由能变化是标准自由能变化的 1.5 倍。

根据真实自由能变化和标准自由能变化的差别,可以把代谢反应分成两类:Q 代表一个活细胞中,反应物和产物在稳态时的比例。当 Q 接近 K_{eq} 时,反应就称为接近平衡的反应。这类反应的自由能变化很小,反应是可逆的。当 Q 远离 K_{eq} 时,反应是代谢中的不可逆的反应。这类反应中的 Q 与 K_{eq} 可能相差 1～2 个数量级。

当代谢途径中的反应发生变化,细胞中的代谢物浓度也会发生变化。大多数情况下,代谢物浓度的变化不会超过 2～3 倍。代谢途径中多数酶都催化接近平衡点的反应,有足够的能力将底物-产物的浓度恢复到平衡状态。这些酶能够催化 2 个方向的反应。接近平衡的反应不适合调控。因为底物和产物的浓度已经接近平衡,不会有净产物生成。

不可逆反应是代谢途径的瓶颈,催化不可逆反应的酶活性通常不足以使反应达到平衡。代谢物浓度的变化对这类酶的活性几乎没有什么影响,需要其他的方式对酶的活性进行调节,如别构调节等。不可逆反应是代谢途径的调控部位。

这里有两个概念需要注意。第一个概念是:反应可以自动发生并不意味着反应的速度就应该很快。有些反应能够自动发生,但是速度却非常慢。例如:钻石可以自发生成石墨,但速度极慢。在第四章的酶促反应中已经介绍了反应速度与活化能有关。第二个需要注意的概念是:一个开放体系的熵可以降低,代价是消耗额外的能量。例如:生物从食物中获取能量和原料,用于维持生存、生长和繁殖。生命过程中,熵的降低是暂时的。整个生命过程的自由能变化是负值。所以,生命是一个不可逆的过程。

三、自由能变化与氧化还原电位

生物体内发生很多氧化还原反应。氧化还原反应的实质是电子从一种物质移动到另一种物质,使一个物质被氧化,另一个物质被还原。氧化还原反应可以分成 2 个半反应,一个是氧化反应,另一个是还原反应。反应中,电子流动产生的能量或储存在还原性的辅酶中,或通过一系列的反应储存在 ATP 的磷酸酐键中。

一个还原剂的还原电位(reduction potential)是热力学活性的尺度,可以用化学电池测量。化学电池由 2 个分离的半电池组成。每个半电池各有一个金属电极和 1 mol/L 的电解质溶液。2 个半电池通过导线和盐桥连接。例如:在一个简单的氧化-还原反应中,2 个电子从 Zn 原子(Zn)转移到 Cu 离子(Cu^{2+}),产生 Zn 离子(Zn^{2+})和 Cu 原子(Cu)。

$$Zn + Cu^{2+} \rightleftharpoons Zn^{2+} + Cu$$

反应在 2 个半电池中进行。在锌电极,Zn 原子释放 2 个电子被氧化。电子通过导线传递到铜电极,将 Cu^{2+} 还原成铜原子。电子在回路中的流动可以用电压计测量(图 8-1)。电流的方向表明:与铜相比,锌对电子的亲和力比较低,更容易丢失电子被氧化。也就是说,锌是比铜更强的还原剂,更容易提供电子。由于两种物质对电子的亲和力不同,电子就可以在回路中自发流动。驱动电子流动的作用力与两种物质对电子的亲和力之差成正比,这种作用力称为电子移动力(electromotive force, emf)。电压计上的读数显示了 2 个半电池的电位差,左、右 2 个半电池的电位差就是电子移动力。

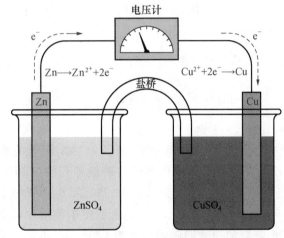

图 8-1 化学电池

锌电极和铜电极通过导线和盐桥连接。电子移动力由电压计测量。

像自由能一样,测量还原电位也需要一个参考的标准。这个参考的标准不是一个完整的氧化还原反应,而是一个半反应。这个作为参考标准的半反应就是氢离子(H^+)还原成氢$\left(\frac{1}{2}H_2\right)$。

$$H^+ + e^- \rightleftharpoons \frac{1}{2}H_2$$

在标准状态下,这个半反应的还原电位规定为 0.0 V,称为标准还原电位(standard reduction potential),用 E^0 表示。任何其他的氧化还原对的还原电位都可以与 H^+/H_2 的比较,确定相对于 H^+/H_2 还原电位的符号和数量。

测定时以 H^+/H_2 半电池作为参比电池,以其他半电池作为样品电池。标准状态规定为:电解质的浓度为 1 mol/L,25 ℃。由于标准还原电位已经规定为 0,被测量的电位就是样品的电位。

生物化学中,氢离子浓度的作用非常重要。所以,规定生物化学中的标准还原电位还要多一个条件:pH = 7,用$E^{0'}$表示。

表8-1中列出了生物化学中一些重要半反应的标准还原电位。表中只列出了还原反应,数字的符号表示反应的方向。

从表中可以看出,$E^{0'}$值越小,供出电子的倾向越大,还原能力越强。$E^{0'}$值越大,接受电子的倾向越大,氧化能力越强。在一个氧化还原反应中,反应物的还原电位越负,越容易供出电子。所以,电子总是从容易被氧化的反应物自动流向容易被还原的反应物上,也就是从更负的电位流向更正的电位。

表8-1 生物化学中一些重要分子的还原电位

还原的半反应	$E^{0'}/V$
乙酰-CoA+CO_2+H^++2e^-⟶丙酮酸+CoA	−0.48
铁氧还蛋白,Fe^{3+}+e^-⟶Fe^{2+}	−0.43
α-酮戊二酸+CO_2+2H^++2e^-⟶异柠檬酸	−0.38
$NADP^+$+2H^++2e^-⟶NADPH+H^+	−0.32
NAD^++2H^++2e^-⟶NADH+H^+	−0.32
硫辛酸+2H^++2e^-⟶二氢硫辛酸	−0.29
谷胱甘肽(氧化型)+2H^++2e^-⟶谷胱甘肽(还原型)	−0.23
FAD+2H^++2e^-⟶$FADH_2$	−0.22
FMN+2H^++2e^-⟶$FMNH_2$	−0.22
乙醛+2H^++2e^-⟶乙醇	−0.20
丙酮酸+2H^++2e^-⟶乳酸	−0.18
草酰乙酸+2H^++2e^-⟶苹果酸	−0.17
延胡索酸+2H^++2e^-⟶琥珀酸	0.03
Q+2H^++2e^-⟶QH_2	0.04
Cyt b(线粒体中),Fe^{3+}+e^-⟶Fe^{2+}	0.08
Cyt c_1,Fe^{3+}+e^-⟶Fe^{2+}	0.22
Cyt c,Fe^{3+}+e^-⟶Fe^{2+}	0.23
Cyt a,Fe^{3+}+e^-⟶Fe^{2+}	0.29
Cyt a_3,Fe^{3+}+e^-⟶Fe^{2+}	0.39
Fe^{3+}+e^-⟶Fe^{2+}	0.77
$\frac{1}{2}O_2$+2H^++2e^-⟶H_2O	0.82

电子转移的过程也发生能量变化,所以,一个反应系统的标准还原电位与自由能变化有关:

$$\Delta G^{0'} = -nF\Delta E^{0'} \tag{8-5}$$

式中n为转移电子数,F为法拉第常数[96.48 kJ/(V·mol)],$\Delta E^{0'}$是电子受体系统与其他电子供体系统之间的标准还原电位差。

一个氧化还原反应的标准自由能变化可以从2个半反应的标准还原电位计算出来。例如NADH的氧化和O_2的还原。

两个半反应是:

$$NAD^+ + 2H^+ + 2e^- \longrightarrow NADH + H^+$$
$$\Delta E^{0'} = -0.32V$$

$$\frac{1}{2}O_2 + 2H^+ + 2e^- \longrightarrow H_2O$$
$$\Delta E^{0'} = 0.82V$$

因为NAD^+的半反应具有更负的还原电位,NADH就是电子的供体,O_2是电子的受体。净反应为:

$$NADH + \frac{1}{2}O_2 + H^+ \longrightarrow NAD^+ + H_2O$$

反应的$\Delta E^{0'}$:

$$\Delta E^{0'} = 0.82 \text{ V} - (-0.32)\text{V} = 1.14V$$

反应的$\Delta G^{0'}$:

$$\Delta G^{0'} = -2 \times 96.48 \text{ kJ/V/mol} \times 1.14 \text{ V}$$
$$= -220 \text{ kJ/mol}$$

从ADP和P_i形成ATP的标准自由能变化是−30.5 kJ/mol,在细胞的生理条件下,一分子NADH氧化释放的能量可以合成几分子ATP。

生物体所需要的能量大都来自糖、脂肪、蛋白质等有机物的氧化。有机分子在细胞内氧化分解成CO_2和H_2O并释放出能量形成ATP的过程称为生物氧化(biological oxidation)。由于生物氧化是在细胞中进行的,所以又被称为细胞呼吸。

有机物在生物体内完全氧化与在体外燃烧彻底氧化在本质上是相同的,最终的产物都是CO_2和H_2O,释放能量的总值也相同。生物氧化在活细胞中进行,条件温和(pH接近中性,体温),由一系列的酶催化,同时需要许多辅酶的参与。氧化过程中能量逐步释放,其中部分能量由一些高能化合物(如ATP)截获,再供给机体所需。在此过程中既不会因为氧化过程中能量骤然释放而伤害机体,又能使释放的能量尽可能得到有效的利用。

四、高能化合物

自由能变化决定了反应的方向。这一点在生物化学中非常重要,因为每一个代谢途径都必须是热力学上有利的过程。但是,有一些重要的代谢反应却是需要输入能量的。例如:一些离子逆浓度梯度的跨膜运输。这个过程的自由能变化是很大的正值,只有输入大量的能量才能推动离子逆浓度梯度的跨膜。提供能量的是一些自由能变化具有很大负值的反应。一个热力学上不利的反应要与一个热力学上有利的反应偶联(couple)起来反应才能进行。

在生物化学中,将吸能反应与放能反应偶联是重要的原则。偶联不仅用于驱动热力学上不利的反应进行,还用于物质跨膜的主动运输,神经冲动的传导,肌肉收缩以及其他的生理变化。

由偶联驱动的过程很普遍。这就意味着细胞中含有相当多的化合物在反应时自由能变化的负值很高。这些化合物中的某个键水解时的自由能变化是很大的负值,我们把这个化学键称为高能键(high-energy bond),曾经流行用"～"表示高能键,由于从化学性质的角度,高能键与其他化学键并无特殊性,近年来的生化教材已不再使用这种表示方式。生物化学中把水解时释放 -20.9 kJ/mol(-5 kcal/mol)以上能量的化合物称为高能化合物。高能化合物包括磷酸肌酸、磷酸烯醇式丙酮酸、ATP、酰基 CoA 等。表 8-2 中列出了生物体内一些化合物水解时的自由能变化。

表 8-2　生物体内一些化合物水解时的自由能变化

化合物	水解产物	$\Delta G^{0\prime}/$(kJ/mol)
磷酸烯醇式丙酮酸	丙酮酸$+P_i$	-61.9
$3',5'$-cAMP	$5'$-AMP	-50.4
1,3-二磷酸甘油酸	3-磷酸甘油$+P_i$	-49.6
磷酸肌酸	肌酸$+P_i$	-43.3
乙酰磷酸	乙酸$+P_i$	-43.3
ATP	ADP$+P_i$	-35.7
ATP	AMP$+PP_i$	-35.7
ADP	AMP$+P_i$	-32.8
尿嘧啶核苷二磷酸-葡萄糖(UDPG)	葡萄糖$+$UDP	-31.9
乙酰-CoA	乙酸$+$CoA	-31.5
ATP(Mg^{2+})	ADP(Mg^{2+})$+P_i$	-30.5
S-腺苷甲硫氨酸	甲硫氨酸$+$腺苷	-25.6
1-磷酸葡萄糖	葡萄糖$+P_i$	-21.0
PP_i	$2\,P_i$	-19.2
1-磷酸果糖	果糖$+P_i$	-16.0
6-磷酸葡萄糖	葡萄糖$+P_i$	-13.9
3-磷酸甘油	甘油$+P_i$	-9.2
AMP	腺苷$+P_i$	-9.2

应该指出的是,生物化学中的高能键与化学中的高能键有不同的含义。化学中的高能键是指断裂时需要大量能量的键。生物化学中的高能键是指在断裂时自由能变化是很大负值的键。

在生物体内的高能化合物中,最重要的是ATP。我们将在后面的章节中多次看到 ATP 在各种生命活动中的重要作用。

(一)ATP 水解的自由能变化

ATP 在代谢中的重要作用是由它本身的结构

和性质所决定的。ATP 分子中,α-磷酸基团与核糖的 $5'$-OH 连接形成一个磷酸酯键,α-和 β-磷酸基团之间,β-和 γ-磷酸基团之间形成了两个磷酸酐键。ATP 水解可以产生 ADP 和无机磷酸(P_i),也可以产生 AMP 和无机焦磷酸(PP_i)。从表 8-2 中可以知道 ATP 水解时自由能变化的一些特征。ATP 的两个磷酸酐键水解时的自由能变化是相当大的负值。但 AMP 的磷酸酯键水解时产生的能量并不很多。所以在 ATP 中,两个磷酸酐键才是高能键。

在标准状态下,ATP 水解的 $\Delta G^{0\prime}$ 为 -30.5 kJ/

mol。但是在活细胞中，ATP 水解的 ΔG 可能非常不同。我们在前面已经知道在鼠肝细胞中，ATP 水解的 ΔG 为 -48 kJ/mol。在人红细胞中，这个数值可能达到 -52 kJ/mol。细胞中的 Mg^{2+} 也会影响 ATP 水解的自由能变化。细胞中的 Mg^{2+} 与 ATP、ADP 结合形成复合物，Mg^{2+} 的正电荷部分屏蔽了磷酸基团上的负电荷，降低了分子内的静电斥力。所以在大多数与 ATP 有关的酶促反应中，酶的真正底物是 Mg^{2+}-ATP(图 8-2)。

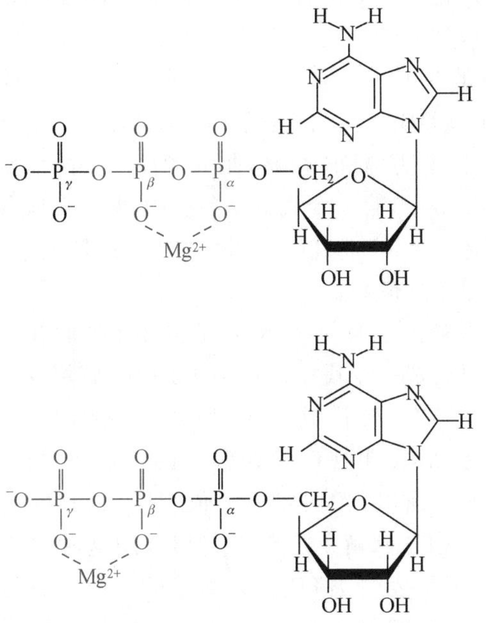

图 8-2　Mg^{2+}-ATP 复合物

在众多高能化合物中，ATP 水解时的 $\Delta G^{0'}$ 既不是最高的，也不是最低的，而是处在中间位置。这就使 ATP 在代谢中的作用主要是磷酰基团的载体。ADP 可以从具有更高磷酸基团转移势的化合物中接受磷酸基团和能量，合成 ATP。ATP 又可以把携带的能量和磷酸基团转移给具有较低磷酸基团转移势的化合物，本身生成 ADP。ATP 的这种性质非常重要，使它在细胞内的多数磷酸基团转移的反应中成为共同的中间体。但是，ATP 只是能量的即时供体，或者说是能量的传递者，而不是长期的能量储存库。有能量储存功能的化合物是磷酸肌酸和磷酸精氨酸。

(二)ATP 水解产生大量能量的原因

前文中已提到，高能键并不是含有很高能量的化学键，与其他的化学键相比也没有什么特殊的性质。为什么 ATP 水解能够产生这么多的能量呢？

这是因为 ATP 与它的水解产物的稳定性有很大差别，水解产物的自由能低于 ATP 的自由能，水解产物的稳定性大于 ATP 的稳定性。

ATP 分子中有 4 个离得很近的负电荷。相同的电荷互相排斥，使 ATP^{4-} 的稳定性降低。水解释放一个磷酸基团后，ADP 分子中的静电斥力降低，分子的稳定性增加。水解产生的 HPO_4^{2-} 和 ADP^{2-}，或者是 AMP 和 PP_i，都带有负电荷，不可能直接将水解反应逆转，重新合成 ATP。

水解产生的 HPO_4^{2-} 形成共振杂化体(resonance hybrid)，4 个 P—O 键具有相同的双键性质，H^+ 并不是固定地与任何一个氧原子结合。共振杂化的形式极大地稳定了 HPO_4^{2-}，而这种共振稳定作用不会在 ATP 分子中出现(图 8-3)。

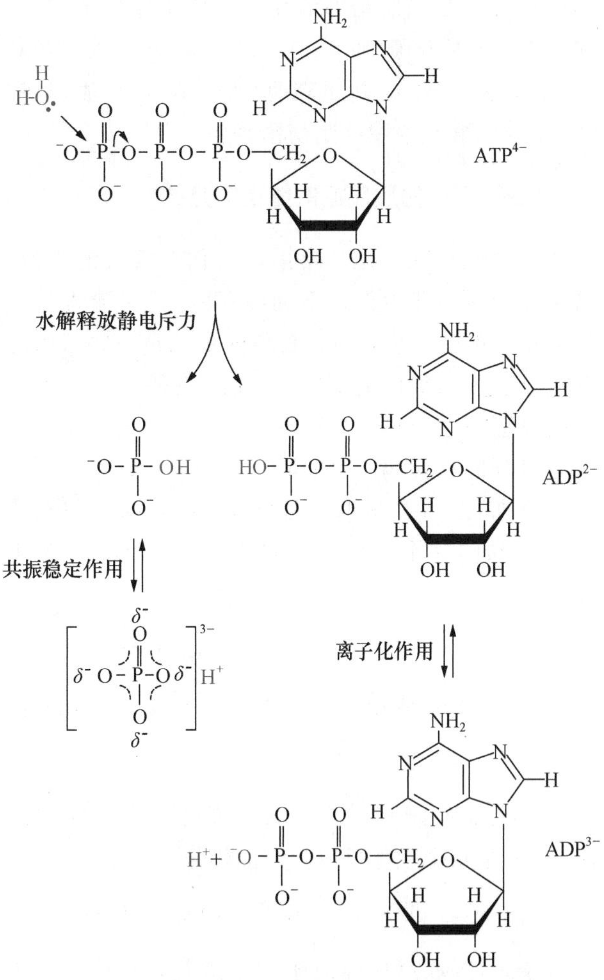

图 8-3　ATP 水解产生较大自由能变化的化学基础

水解产生的 ADP^{2-} 立即离子化，释放的 H^+ 进入水的介质中。在细胞的生理条件下，细胞质中的 H^+ 浓度为 10^{-7} mol/L，远远低于标准状态下的 1 mol/L。极低的 H^+ 浓度有利于 ATP 水解。

ATP 的水解产物都比 ATP 本身更容易溶解，溶解后的产物形成溶剂壳，降低了分子内的静电斥力，使分子的稳定性增加。

尽管 ATP 从热力学上说不很稳定，但从动力学上说是稳定的。在 pH 7 时，$O—P_\gamma$ 键的水解所需要的活化能相当高，为 $200\sim400$ kJ/mol。必须由相关的酶来降低活化能，反应才能迅速进行。

如果一个醇的—OH 对 ATP 的 α-P 位置进行亲核攻击，ATP 就水解为 AMP 和 PP_i。由焦磷酸酶催化 PP_i 继续水解，产生 2 分子无机磷酸 P_i。两步反应的自由能变化相加，则 $O—P_\beta$ 键水解的自由能变化比 $O—P_\gamma$ 键水解的自由能变化更大。

水解产生的 AMP 也可以转移到中间体上，这个过程称为腺苷酰化作用。例如：脂肪酸降解的第一步反应是脂肪酸的活化。反应中脂酰-CoA 合成酶首先催化脂肪酸与 ATP 反应生成脂酰-AMP，然后把脂酰基团转移到 CoA 上形成脂酰-CoA（详见第十章中的脂肪酸降解）。

(三)ATP 为反应提供能量的方式

有一些代谢反应的自由能变化是很大的正值，这类反应属于热力学上不利的反应，只有输入大量的能量才能使反应进行。提供能量的是一些自由能变化具有很大负值的反应，这类反应是热力学上有利的反应。一个热力学上不利的反应要与一个热力学上有利的反应偶联起来反应才能进行。

例如：由 A 生成 B 是吸能(endergonic)反应，我们可以预测这个反应不能自发进行，不利于 A 生成 B：

$$A \Longrightarrow B \qquad \Delta G^{0\prime} = 10 \text{ kJ/mol}$$

同时，由 C 生成 D 是高度放能的(exergonic)：

$$C \Longrightarrow D \qquad \Delta G^{0\prime} = -30 \text{ kJ/mol}$$

如果细胞能够将 2 个反应偶联，整个反应的 $\Delta G^{0\prime}$ 就是每个独立反应数值的代数和。

$$A+C \Longrightarrow B+D \qquad \Delta G^{0\prime} = -20 \text{ kJ/mol}$$

于是，偶联反应倾向于向右进行，有利于 A 生成 B。

在后面的章节中，我们会看到很多偶联反应的例子。很多偶联反应都是由 ATP 提供能量的。

ATP 把 γ-磷酰基团转移给 X，使它活化。活化的 X-P 可能是一个代谢中间产物，也可能是酶活性

中心上某个氨基酸残基的侧链。然后 X-P 再与第二个底物完成反应。其中的 X-P 就是两个反应共同的中间体。

$$X + ATP \Longrightarrow X\text{-}P + ADP$$
$$X\text{-}P + Y + H_2O \Longrightarrow X\text{-}Y + P_i + H^+$$

在由 ATP 提供能量的反应中，磷酰基团以共价键与中间产物连接。所以说，ATP 具有高的磷酸基团转移势(phsphoryl group transfer potential)。这种表达比简单地说 ATP 是高能化合物更准确。

以谷氨酸形成谷氨酰胺的反应为例，在图 8-4A 介绍的反应中，第一个反应是谷氨酸与氨离子(NH_3^+)形成谷氨酰胺，是吸能反应。第二个反应是 ATP 分解为 ADP 和 P_i，是放能反应。两个反应偶联。反应中，第一个底物是谷氨酸，两个反应共同的中间体是 γ-谷氨酰磷酸，第二个底物是氨离子，终产物是谷氨酰胺。

但是为了简便，人们常常把 2 个偶联在一起的反应书写成一个反应。在图 8-4B 中，就用一个单箭头表示 ATP 转化成 ADP 和 P_i（有些反应中 ATP 转化为 AMP 和 PP_i)，似乎是 H_2O 把 P_i 或 PP_i 置换下来。所以，人们习惯把依赖于 ATP 的反应说成"由 ATP 水解所驱动"。但是，用这种方式书写时，并不是表明 ATP 就是简单的水解。因为真正的 ATP 水解除了产生热，不能在等温系统中驱动化学反应。这种方式只是偶联反应的一种简便表达方法。

虽然细胞中大多数 ATP 驱动的反应都是以转移磷酰基、腺苷酰基的方式实现，而有些过程确实与 ATP 水解有关。例如：在肌细胞中，ATP 与肌球蛋白(myosin)结合，肌球蛋白通过水解 ATP 产生明显的构象变化，引起肌肉收缩，从而将 ATP 中储存的化学能转变为机械能。

(四)ATP 的合成

ATP 的合成有以下 4 种不同的方式。

1. 底物水平磷酸化

在这种方式中，ADP 从具有更高磷酸基团转移势的磷酸化合物中接受磷酸基团，生成 ATP。如磷酸烯醇式丙酮酸把磷酰基团转移给 ADP 形成丙酮酸和 ATP（详见第九章的糖酵解）。

肌肉和神经组织中含有磷酸原(phosphagen)，主要由磷酸肌酸和磷酸精氨酸组成。磷酸原是磷酸

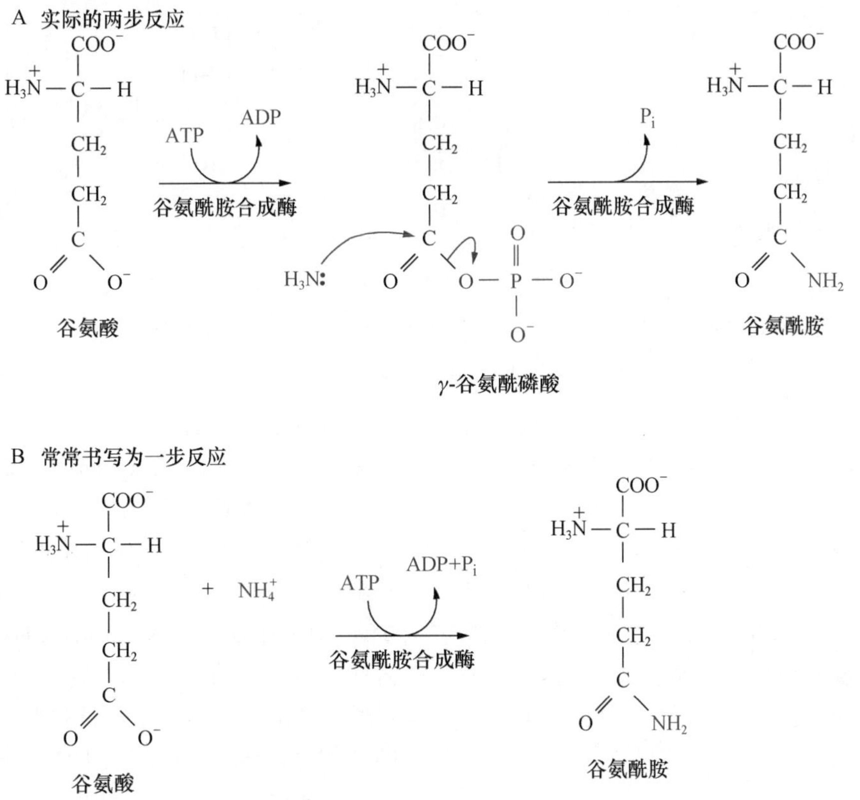

A　实际的两步反应

谷氨酸 　　　　　 γ-谷氨酰磷酸 　　　　　 谷氨酰胺

B　常常书写为一步反应

谷氨酸 　　　　　　　　　　　　　　　 谷氨酰胺

A. 实际的两步反应　B. 常常书写为一步反应

图 8-4　由 ATP 提供能量的反应

酰胺,不是磷酸酐。脊椎动物的磷酸原主要是磷酸肌酸(phosphocreatine)。在静息的肌肉中,磷酸肌酸的浓度是 ATP 浓度的 5 倍。当 ATP 的水平下降时,肌酸激酶将磷酰基团从磷酸肌酸上转移给 ADP,迅速为肌细胞补充 ATP。磷酸肌酸的供应可以维持 3～4 s,足以使代谢途径恢复 ATP 的供应。

在很多无脊椎动物中,磷酸精氨酸(phospharginine)是主要的磷酸原。

2. 氧化磷酸化

生物内的氧化作用能够产生跨线粒体内膜的质子浓度梯度和电位梯度,储存在质子浓度梯度和电位梯度中的能量可以驱动 ADP 和 P_i 合成 ATP。氧化作用伴随着磷酸化作用发生,称为氧化磷酸化作用。生物体内的大多数 ATP 是从这个途径产生的。

本章的第二节和第三节将详细介绍氧化磷酸化作用。

3. 光合磷酸化

光合作用可以产生跨叶绿体中类囊体膜的质子浓度梯度,从而驱动 ATP 的形成。

4. 腺苷酸激酶催化的反应

腺苷酸激酶可以催化 AMP 转化成 ADP。

$$AMP + ATP \rightleftharpoons 2ADP$$

反应产生的 ADP 可以通过底物水平磷酸化作用、氧化磷酸化作用或光合磷酸化作用进一步转化成 ATP。

(五)其他的高能化合物

生物体内有很多种高能化合物,除了 ATP,还包括磷酸肌酸、磷酸精氨酸、磷酸烯醇式丙酮酸、酰基 CoA 等(图 8-5)。根据键型的特点,可以把高能化合物分为以下 4 类。

1. 磷氧键型

很多高能化合物属于这种类型。其中,乙酰磷酸、1,3-二磷酸甘油酸、氨甲酰磷酸等属于酰基磷酸化合物。ATP、焦磷酸等属于焦磷酸化合物。磷酸烯醇式丙酮酸属于烯醇式磷酸化合物。

2. 磷氮键型

磷酸肌酸和磷酸精氨酸属于这一类。

3. 硫酯键型

硫酯也是高能化合物。硫酯键水解产生的能量可以用于合成 GTP 或 ATP,也可以用于将酰基基

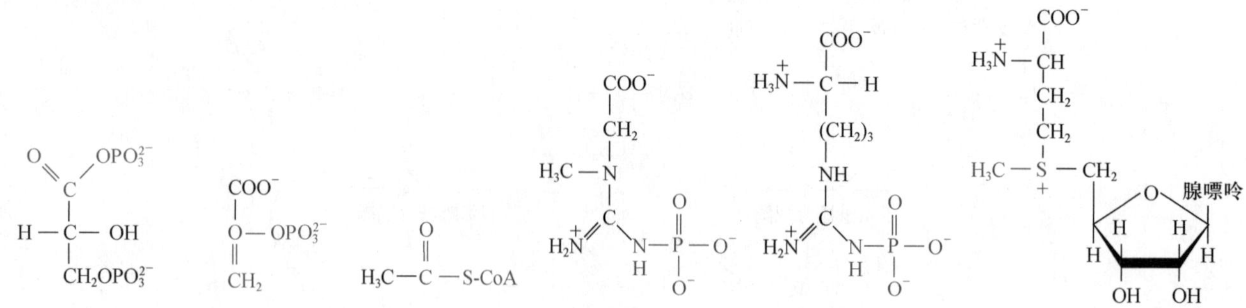

1,3-二磷酸甘油酸　磷酸烯醇式丙酮酸　乙酰-CoA　磷酸肌酸　磷酸精氨酸　*S*-腺苷甲硫氨酸

图 8-5　几种高能化合物

团转移给受体分子。例如：三羧酸循环中，琥珀酰-CoA 的高能硫酯键可以和 GDP/ADP、P_i 反应，生成琥珀酸、CoA 和 GTP/ATP。乙酰-CoA 在代谢途径中处于中心的位置。

硫酯键水解产生的能量高于氧酯键。这是因为在硫酯键中，硫的电子不能有效地离域，也就不能形成共振形式。但氧酯键可以形成共振形式，所以氧酯比硫酯稳定，硫酯键水解时产生的自由能变化大于氧酯键。

4. 甲硫键型

S-腺苷甲硫氨酸属于这一类。

第二节　电子传递链

当电子在真核生物的线粒体膜上传递的同时，将质子泵到内外膜的间隙，产生了跨线粒体内膜的质子电化学梯度（包括质子的浓度梯度和电位梯度）。电子传递的能量储存在质子电化学梯度中，当质子从内膜的外侧流回至线粒体基质，电子传递存储的能量就可以驱动 ADP 和 P_i 合成 ATP。氧化作用伴随着磷酸化作用发生，称为氧化磷酸化作用。生物体内的绝大多数 ATP 是从这个途径产生的。

原核生物的氧化磷酸化作用在质膜上进行。

一、线粒体

真核生物中，大多数生物分子的需氧氧化作用在线粒体中进行，包括将在后面章节中详细介绍的三羧酸循环，脂肪酸的 β-氧化和氨基酸的氧化作用等。

不同细胞中线粒体的数量相差很多。有些单细胞藻类中只有一个线粒体，哺乳动物的肝细胞中可能含有 5 000 个线粒体。线粒体的大小在不同的生物中也有很大区别。一个典型的哺乳动物细胞的线粒体直径 0.2～0.8 μm，长度 0.5～ 1.5 μm，大约相当于一个大肠杆菌细胞的大小。

线粒体由两层膜与细胞质隔开，两层膜的性质非常不同。外膜（outer membrane）上的蛋白质种类很少，其中一种膜孔蛋白（porin）形成了跨膜的通道，水溶性的小分子（相对分子质量＜5 000）和离子可以经过通道自由进出。因为外膜对小分子和离子是通透的，所以线粒体内外膜的间隙（intermenbrane space）中离子和代谢物的组成与细胞质的大体相同。

内膜（inner membrane）只允许非极性的小分子如 O_2 和 CO_2 扩散通过。但是极性的小分子和离子，包括 H^+ 就不能通过扩散跨过内膜。因为线粒体内膜的内侧带有负电荷，带有负电荷的代谢物进入线粒体更是困难。这类物质需要有特殊蛋白质进行主动运输才能进入线粒体。线粒体内膜上的蛋白质非常多。按照质量计算，蛋白质与脂类的比例是 4∶1。

线粒体内膜有很多的折叠，称为嵴（cristae）。大量的折叠增加了膜的表面积，也增加了膜间隙的容量。下面将介绍的电子传递链上的各种组分和 ATP 合酶（ATP synthase）就存在于线粒体的内膜上（图 8-17）。

由内膜包围的线粒体基质（matrix）中含有很多氧化途径的酶类，如三羧酸循环、脂肪酸的 β-氧化和氨基酸的氧化作用等。线粒体有自己的基因组 DNA，基质中还含有其基因组复制、转录和翻译所需的全部酶类。

二、电子载体

线粒体内膜的电子传递链有四个复合物，称为呼吸链复合物（respiratory complex）Ⅰ、Ⅱ、Ⅲ和Ⅳ。每个复合物都是由几种电子载体与一些蛋白质形成的，可以循环地进行氧化和还原作用。从传递链的整体来看,电子从复合物Ⅰ向复合物Ⅳ流动。四个复合物彼此间是分离的,只通过间接方式接触。四个复合物可以通过加入去污剂再经离子交换层析小心地分离出来,以等比例在体外重组后,能够具有一定的活性。

在电子从复合物Ⅰ流向复合物Ⅳ的过程中,真正携带电子的载体其实都是与蛋白质结合的辅助因子,包括 FMN、FAD、CoQ、Fe-S 蛋白以及含有血红素的细胞色素和铜蛋白。四个复合物分别含有不同的电子载体形成的氧化还原中心,每个复合物都催化电子传递链上的一部分反应。

电子传递复合物中的辅因子可以分为以下 5 类。

(一)烟酰胺核苷酸类

NAD^+ 作用是汇集底物氧化产生的电子。当代谢物脱去 2 个氢原子后,其中一个氢原子以氢负离子的形式(1 个 H^+,2 个 e^-)转移给 NAD^+,另一个氢原子以质子的形式释放到溶液中,形成 $NADH+H^+$,$NADP^+$ 同样是接受氢负离子形成 $NADPH+H^+$。所以,吡啶核苷酸的氧化-还原反应总是同时发生双电子转移。

NADH 在含氧的溶液中非常稳定,可以从一个酶转移到另一个酶,也可以从一个代谢途径转移到另一个代谢途径。这一点与 FAD 和蛋白质紧密结合的性质很不相同。

(二)黄素蛋白类

电子传递复合物中有两种黄素蛋白,一种含有 FMN,另一种含有 FAD。FAD 和 FMN 与蛋白质结合非常紧密,无论是氧化还是还原,都发生在一个蛋白质上。

NADH 把两个电子传递给复合物 Ⅰ 中的 FMN,FMN 被还原成 $FMNH_2$。琥珀酸把脱下的两个电子传递给复合物 Ⅱ 中的 FAD,FAD 被还原成 $FADH_2$。在电子传递复合物中,黄素蛋白总是和铁硫蛋白连接。由于铁硫蛋白中的 Fe 每次只能接受一个电子,$FMNH_2$ 和 $FADH_2$ 每次就提供一个电子。在随后的电子传递过程中,每个步骤都是传递一个电子。

(三)铁硫蛋白类

线粒体内膜上至少有 8 种硫铁蛋白(Fe-S 蛋白)参与电子传递,这是一类与电子传递有关的非血红素铁蛋白。最早从厌氧菌中发现,后来在高等植物中也发现了类似的蛋白质。其活性部分含有活泼的硫和铁原子,称为铁硫中心(Fe-S center)或铁硫簇(Fe-S cluster)。铁是与无机硫原子或是蛋白质肽链上半胱氨酸残基的巯基硫相结合,常见的铁硫中心有 3 种组合方式(图 8-6):①1 个铁原子与 4 个半胱氨酸残基上的巯基硫相连(Fe-S)。②2 个铁原子、2 个无机硫原子组成(2Fe-2S),其中每个铁原子还分别与两个半胱氨酸残基的巯基硫相结合。③由 4 个铁原子与 4 个无机硫原子相连(4Fe-4S),铁与硫相间排列在一个正六面体的 8 个顶角端;此外 4 个铁原子还各与一个半胱氨酸残基上的巯基硫相连。

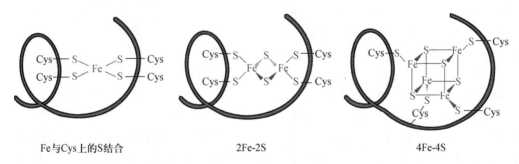

| Fe与Cys上的S结合 | 2Fe-2S | 4Fe-4S |

图 8-6 铁硫蛋白质中铁与硫的三种组合方式

铁硫蛋白在线粒体内膜上常与黄素酶或细胞色素结合成复合物而存在,在电子传递链的复合物Ⅰ、复合物Ⅱ和复合物Ⅲ中,都含 Fe-S 蛋白,通过铁的可逆变价($Fe^{3+}+e^- \rightleftharpoons Fe^{2+}$),铁硫簇每次接受或提供一个电子。在叶绿体中,铁硫蛋白则参与光合作用中的电子传递。

(四)细胞色素类

细胞色素(cytochrome,Cyt)是一类以铁卟啉(或血红素)作为辅基的电子传递蛋白,广泛参与动植物、酵母、好氧菌以及厌氧光合菌等的氧化还原反应。

卟啉环以四个配价键与铁原子相连,形成四配位体螯合的络合物,一般称为血红素。根据血红素辅基的不同结构,可将细胞色素分为 a、b、c 和 d 类。a 类细胞色素辅基的结构是血红素 A;b 类细胞色素的辅基是原血红素,即铁-原卟啉 IX;c 类细胞色素

的辅基是血红素 C,血红素 C 以其卟啉环上的乙烯基与蛋白质分子中的半胱氨酸巯基相加成的硫醚键共价结合(图 8-7);d 类细胞色素仅在细菌中发现,它的辅基为铁二氢卟啉。除细胞色素 c 外,其他各类细胞色素的辅基都是以非共价键与蛋白质相结合。

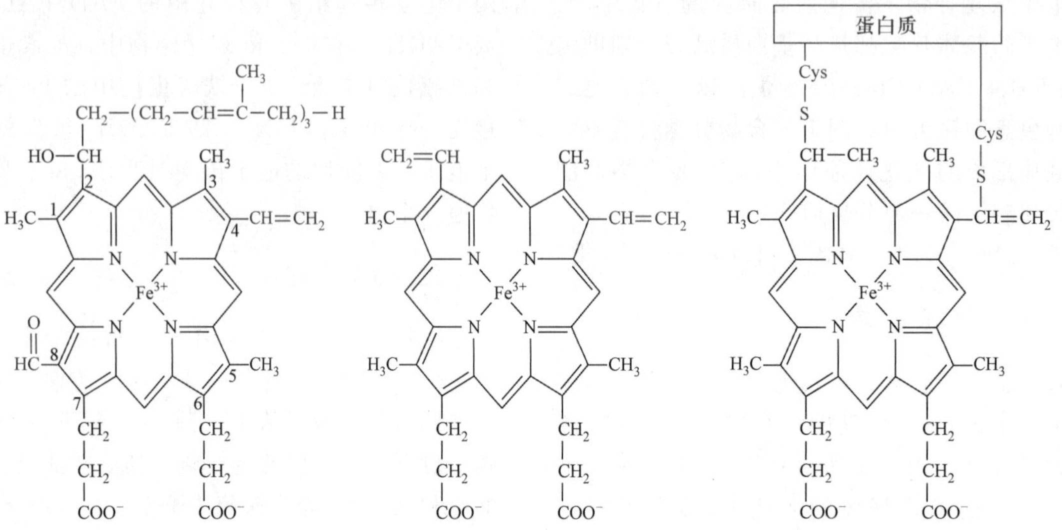

血红素A
(a-型细胞色素)

铁-原卟啉IX
(b-型细胞色素)

血红素C
(c-型细胞色素)

图 8-7　三类细胞色素中血红素的结构

细胞色素作为电子载体传递电子的方式是通过其血红素辅基中铁原子的还原态(Fe^{2+})和氧化态(Fe^{3+})之间的可逆变化而实现,也是单电子载体。由于所含的血红素不同,结合的蛋白质不同,所以每种细胞色素的还原电位也不同,这就使细胞色素可以在电子传递链的不同位置携带电子。同样,铁硫簇的还原电位也依赖于其所结合的蛋白质。

还原状态的细胞色素在可见光区具有特征性的光吸收带:α 带、β 带、γ 带(图 8-8)。通常 α 带是各类细胞色素的特征性吸收带,用于区分各类不同的细胞色素。a 类细胞色素的 α 吸收带位于 598～605 nm;b 类吸收带在 556～564 nm;c 类吸收带在 550～555 nm;d 类吸收带在 600～620 nm。每类细胞色素成员的光吸收略有差别,还可以进一步分成亚类。

真核细胞(动物、植物、酵母、脉孢菌)的线粒体膜和某些细菌的细胞质膜上的氧化磷酸化电子传递链中,有 b、c_1、c、a 和 a_3 五种细胞色素。它们的氧化还原电位(或电子亲和性)逐渐增加,其作用是将电子从各种脱氢酶复合物顺序地传递到分子氧。细胞色素 c 是膜的外周蛋白,位于线粒体内膜的外侧,能被盐溶液抽提。其他的细胞色素都紧紧地与线粒体内膜相结合,需要高浓度的去垢剂才能把它们提取出来。

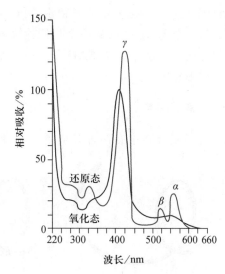

图 8-8　氧化态与还原态 Cyt c 的吸收光谱

在植物和一些藻类的光合电子链中,至少有三种细胞色素参与光诱导的光合电子传递,起电子载体的作用:细胞色素 b_6(或称细胞色素 b_{563})、细胞色素 b_3(或称细胞色素 b_{559})和细胞色素 f(或称细胞色素 b_{552})。细胞色素 b_3、b_6 和 f 都是不对称地分布于叶绿体类囊体的膜上,与膜紧密结合的膜蛋白。光合细菌,如紫色非硫细菌或绿色光合菌若处于无光照并给予氧气的条件下,它们的电子传递链相似于

线粒体的呼吸链;若处于光照及厌氧条件下,其电子传递链由辅酶Q-细胞色素c_2氧化酶组成。细胞色素c_2是一个水溶性的细胞色素,分子量为12 000~14 000。它的一级结构与哺乳类线粒体中的细胞色素c十分相似,并具有c类细胞色素的典型的吸收光谱,α最大吸收峰为550 nm。

除了氧化磷酸化和光合磷酸化的电子传递链以外,细胞色素还存在于非磷酸化的电子传递酶系中。在动物组织的内质网膜和微生物中,广泛存在着两种重要的细胞色素:细胞色素b_5和细胞色素P-450,催化一些脂溶性底物的羟化、去饱和及氧合等反应。

(五)可移动的电子载体

线粒体内膜上电子传递链的四个复合物之间由两个可移动的电子载体连接进行电子传递。这两个可移动的电子载体分别是辅酶Q和Cyt c。

辅酶Q(CoQ)因在生物界广泛存在,又属于醌类化合物,故又称泛醌(ubiquinone)。泛醌含有一个苯醌的环,环上带有一个很长的脂肪族侧链(图8-9)。常用CoQ_n表示它的一般结构,n代表侧链上类异戊二烯的数目。不同的CoQ主要是侧链类异戊二烯的数目不同,动物和高等植物一般为CoQ_{10},微生物为$CoQ_{6\sim9}$。

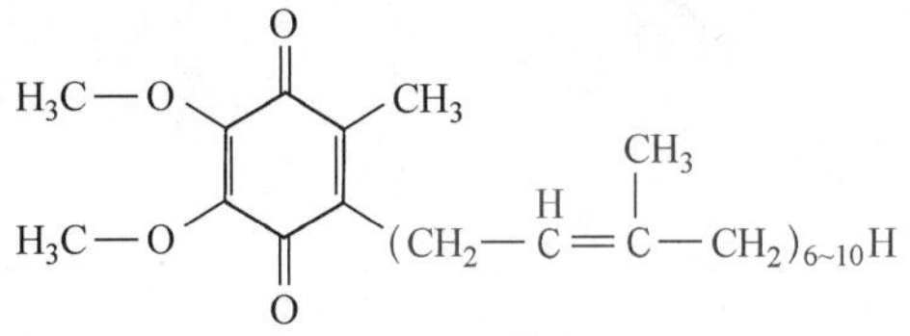

图8-9　泛醌的结构

泛醌的功能基团是苯醌,通过醌/酚结构互变进行电子传递。CoQ是比NAD^+和FAD更强的氧化剂,因此可以被NADH和$FADH_2$还原。反应中,CoQ每次可以接受一个或两个电子,每次也可以提供一个或两个电子。CoQ的这种能力是因为它具有三种不同的氧化状态:完全氧化的状态,部分氧化的半醌式($\cdot Q^-$或$\cdot QH$)自由基中间体,以及完全还原的状态(图8-10)。

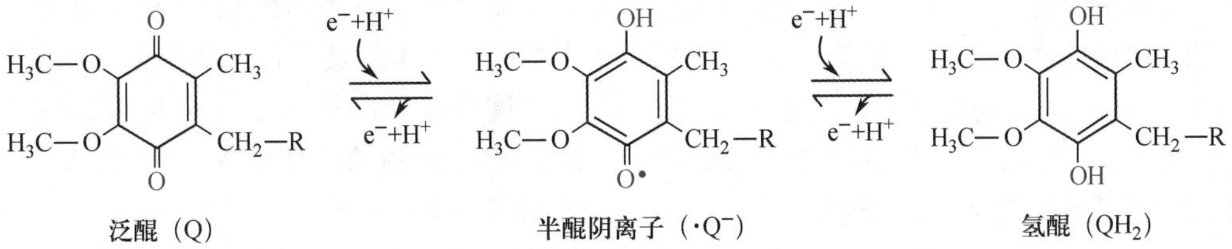

泛醌(Q)　　　半醌阴离子($\cdot Q^-$)　　　氢醌(QH_2)

图8-10　辅酶Q的三种氧化状态

CoQ是电子传递链中唯一的非蛋白质组分,由于它是脂溶性小分子,具有非极性性质,所以可以在膜脂双层中自由运动。CoQ能够参加1个或2个电子的传递,所以能够在提供2个电子,但接受1个电子的反应中作为中间媒介。CoQ在与线粒体膜结合的电子传递链中起中心的作用,它可以从复合物Ⅰ和Ⅱ上接受电子形成QH_2,然后再把电子传给复合物Ⅲ。Cyt c是位于线粒体内膜外表面的外周蛋白,是单电子的载体。它把复合物Ⅲ上的电子传递给复合物Ⅳ。复合物Ⅳ用获得的电子将O_2还原成H_2O。

三、电子传递复合物

在线粒体内膜上,电子传递链的四个复合物都是由几种电子载体与一些蛋白质形成的,可以重复地进行氧化和还原作用。每个复合物都含有不同的电子载体形成的氧化还原中心,各自催化电子传递链上的一部分反应。

(一)复合物Ⅰ

复合物Ⅰ系统命名是NADH:辅酶Q氧化还原酶,功能是催化2个电子从NADH传递到CoQ。真核生物的复合物Ⅰ含有36~46条多肽链,多肽链的数目依生物的不同种类而异。

复合物Ⅰ的结构是"L"型,一个臂伸向线粒体基质,一个臂嵌在内膜中。伸向基质的臂上含有NADH脱氢酶和FMN,以及一系列Fe-S簇,埋在膜中的臂上含有CoQ的结合位点和4个质子易位部位(图8-11)。

NADH以氢负离子的形式($\cdot H^-$)将2个电子传递给FMN,形成$FMNH_2$。

$FMNH_2$是一个转换器,它把传递两个电子的途径与传递一个电子的途径连接起来。$FMNH_2$每次向Fe-S簇提供一个电子,通过半醌中间产物重新氧化成FMN,以进行下一次反应。

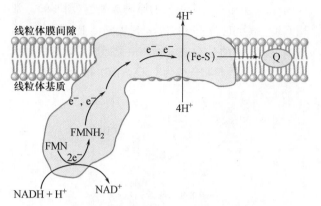

图 8-11　电子传递链中的复合物 I
（电子在复合物 I 中的传递途径路径及复合物 I 的质子泵作用）

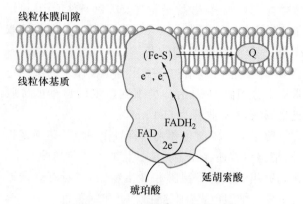

图 8-12　电子传递链中的复合物 II
（电子在复合物 II 中的传递路径）

Fe-S 簇形成的通道将电子引导至复合物 I 的膜结合部分，使电子从水溶性的环境进入了疏水的环境。这个部分正是 CoQ 的结合位点。CoQ 接受一个电子形成半醌中间体，然后再接受一个电子和两个 H^+ 形成氢醌（$CoQH_2/QH_2$）。

FMN 被还原成 $FMNH_2$ 时，还接受了 2 个质子。其中一个质子来源于氢负离子，一个来源于线粒体基质。当 CoQ 被还原时，这 2 个质子从复合物的内部转移给 CoQ 形成 QH_2。无论是还原态还是氧化态，CoQ 都是脂溶性的，可以在脂双层中扩散。QH_2 把从复合物 I 和复合物 II 上收集的电子送到复合物 III。

复合物 I 还是一个质子泵。当一对电子从 NADH 流到 CoQ，形成 QH_2 时，把 4 个质子从线粒体基质泵到膜间隙。这 4 个质子并不包括还原 CoQ 时消耗的 2 个质子。

（二）复合物 II

复合物 II 的系统命名是琥珀酸：辅酶 Q 氧化还原酶，也称琥珀酸脱氢酶复合物。这个酶也是三羧酸循环途径中唯一的一个与膜结合的酶。复合物 II 从琥珀酸接受电子，并催化 CoQ 还原成 QH_2。

复合物 II 是由三个相同的酶形成的蘑菇状的同三聚体。每个酶都由 4 个亚基组成，2 个头部亚基伸向基质，另外 2 个柄部亚基是内在膜蛋白质，深深地埋在膜中。复合物 II 的头部亚基含有底物结合位点、FAD 和 Fe-S 簇，柄部亚基含有 CoQ 的结合位点（图 8-12）。

琥珀酸上脱下的 2 个电子先将 FAD 还原，生成的 $FADH_2$ 再将电子交给 Fe-S 簇。CoQ 接受电子还原成 QH_2。复合物 II 不是质子泵，不能把质子从线粒体基质转移到膜间隙。复合物 II 的作用是在电子传递链的中间从底物琥珀酸向 CoQ 提供电子。

还有一些其他的反应通过底物脱氢向 CoQ 提供电子，如脂肪酸 β-氧化作用中的 ETF：CoQ 氧化还原酶和 3-磷酸甘油脱氢酶等，因此，CoQ 处于电子传递链的中心位置。

（三）复合物 III

复合物 III 称为辅酶 Q：Cyt c 氧化还原酶，也称为细胞色素 bc_1 复合物。从很多细菌和真核生物的线粒体中都分离得到了复合物 III。用 X 射线衍射法分析复合物的晶体结构后发现：复合物 III 是由 2 个相同的单体组成的同二聚体，每个单体传递电子的功能核心由三个亚基组成，分别是 Cyt b、Fe-S 蛋白和 $Cyt\ c_1$（图 8-13）。Cyt b 有两种类型，一种类型的 Cyt b 的还原电位比较低，标记为 $Cyt\ b_L$，另一种 Cyt b 的还原电位比较高，标记为 $Cyt\ b_H$。

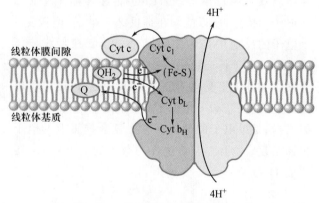

图 8-13　电子传递链中的复合物 III
（电子在复合物 III 中的传递路径及复合物 III 的质子泵作用）

复合物 III 催化一分子 QH_2 的氧化，将两分子 Cyt c 还原，同时向膜间隙转移 4 个质子。QH_2 上的两个电子流向 Cyt c 时采用了一个分支的循环途径，称为 Q 循环（图 8-14）。

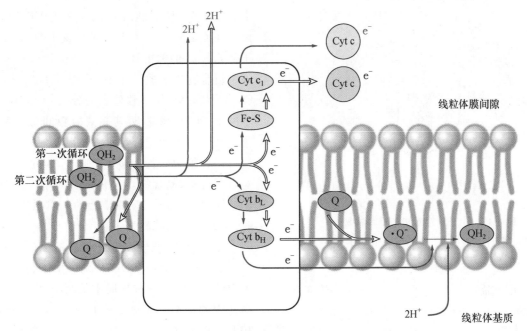

图 8-14　复合物Ⅲ中的 Q 循环

（2分子 QH_2 要进行2次循环才能完成一个反应。图中空心的箭头表示第一个 QH_2 分子
的电子传递路径，实心的箭头表示第二个 QH_2 分子的电子传递路径）

两分子 QH_2 要进行两次循环才能完成一个反应。第一次循环中，一分子 QH_2 携带着从复合物Ⅰ或复合物Ⅱ上收集的电子移动到复合物Ⅲ以后，释放出第一个电子，形成半醌（$\cdot Q^-$）。释放出的第一个电子经过 Fe-S 蛋白、Cyt c_1 最后达到 Cyt c，同时向膜间隙转移2个质子。$\cdot Q^-$ 继续释放出电子（原来 QH_2 上的第二个电子），本身氧化成 CoQ。这第二个电子采用了另一条分支的途径，经过 Cyt b_L 和 Cyt b_H，把另外一分子 CoQ 还原成 $\cdot Q^-$。

第二次循环中，第二分子 QH_2 到达复合物Ⅲ以后，释放一个电子同样经过 Fe-S 蛋白、Cyt c_1 最后达到 Cty c，同时向膜间隙转移2个质子。释放的第二个电子也同样经过 Cyt b_L 和 Cyt b_H 途径传递，但是这一次电子是传递到第一次反应中产生的 $\cdot Q^-$ 同时从线粒体基质吸收2个 H^+ 后被还原成 QH_2。

两分子 QH_2 要进行两次循环才能完成传递 $2e^-$ 到 Cyt c 的反应。两次循环共向膜间隙转移4个质子。Q 循环的反应为：

第一次循环：$QH_2 + Cyt\ c(Fe^{3+}) + Q \rightarrow Q + Cyt\ c(Fe^{2+}) + \cdot Q^- + 2H^+_{泵出}$

第二次循环：$QH_2 + Cyt\ c(Fe^{3+}) + \cdot Q^- + 2H^+_{结合} \rightarrow Q + Cyt\ c(Fe^{2+}) + QH_2 + 2H^+_{泵出}$

净反应：$QH_2 + 2Cyt\ c(Fe^{3+}) + 2H^+_{结合} \rightarrow Q +$ $2Cyt\ c(Fe^{2+}) + 4H^+_{泵出}$

近年来的一些研究结果对 Q 循环机制提出了不同的模型，Q 循环的详细机制有待进一步的研究来揭示。

（四）复合物Ⅳ

复合物Ⅳ也称为细胞色素 c 氧化酶。这个复合物是线粒体内膜上一个很大的内在膜蛋白，催化还原型的 Cyt c 氧化，释放的电子交给分子氧。O_2 是这个复合物中的末端电子受体。将一分子 O_2 还原成2分子 H_2O 需要4个电子。

复合物Ⅳ由两个相同的酶组成二聚体，每个酶上具有催化活性的核心结构包括三个亚基。亚基Ⅰ中含有三个氧还中心，其中两个是 Cyt a-a_3，一个是铜原子（Cu_B）。Cyt a 和 Cyt a_3 的血红素是相同的，但是由于亚基Ⅰ为两个细胞色素提供的氨基酸环境不同，Cyt a 和 Cyt a_3 就具有了不同的还原电位，因此在电子传递链上处于不同的位置。Cu_B 与 Cyt a_3 形成二核中心（binuclear center）Cyt a_3-Cu_B，分子氧的还原就发生在这里。亚基Ⅱ含有两个铜原子形成的氧还中心（Cu_A）。两个铜原子分享电子，形成混合价的状态。亚基Ⅱ的末端结构域是 Cyt c 的结合位点。亚基Ⅲ中没有氧还中心，它的作用是稳定亚基Ⅰ、Ⅱ的结构（图 8-15）。

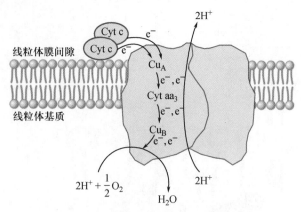

图 8-15 电子传递链中的复合物 Ⅳ
（电子在复合物 Ⅳ 中的传递路径及复合物 Ⅳ 的质子泵作用。
氧是电子传递链的最终电子受体）

O_2 的还原需要 4 个电子，所以，4 分子的 Cyt c 依次与亚基 Ⅱ 结合，每次向 Cu_A 提供一个电子。电子随后进入亚基 Ⅰ，经过 Cyt a 到达 Cyt a_3-Cu_B 二核中心。分子氧还原的细节还不是很清楚，一般认为：O_2 在 Cyt a_3-Cu_B 二核中心裂解，一个 O 与 Cu 结合，一个 O 与 Cyt a_3 的 Fe 结合。复合物 Ⅳ 从基质

中获得 4 个 H^+。随后 O 的质子化作用和电子传递使氧还原成水。一个水分子从铜上释放，一个水分子从 Cyt a_3 的铁上释放。

复合物 Ⅳ 是质子泵，每个电子从 Cyt c 传递到 O_2 就推动一个质子移位。一分子 O_2 的还原需要 4 个电子，所以，整个反应一共向膜间隙转移 4 个质子。复合物 Ⅰ 和复合物 Ⅲ 的情况是每一对电子的传递可以向膜间隙各转移 4 个质子，因此，按照传递一对电子计算，复合物 Ⅳ 每传递一对电子转移 2 个质子。所以，每分子 NADH 上的一对电子传递到 O_2 时，一共向膜间隙转移了 10 个质子。

综上所述，电子在电子传递链中的流动过程可以概括描述如下：NADH 把两个电子传递给复合物 Ⅰ 中的 FMN；琥珀酸把脱下的两个电子传递给复合物 Ⅱ 中的 FAD。FMN 和 FAD 被还原成 $FMNH_2$ 和 $FADH_2$。CoQ 从复合物 Ⅰ 或 Ⅱ 上接受电子形成 QH_2，然后再把电子传给复合物 Ⅲ。Cyt c 把复合物 Ⅲ 上的电子传递给复合物 Ⅳ。复合 Ⅳ 用获得的电子将 O_2 还原成 H_2O。

知识框 8-1 呼吸体

线粒体内膜上的呼吸链由四种呼吸链复合物组成，即复合物 Ⅰ、Ⅱ、Ⅲ 和 Ⅳ。最初人们认为这些复合物以独立的功能单位存在。2000 年 Hermann Schägger 等证明这些复合物除了单独存在外，还能彼此结合形成呼吸链超级复合物（respiratory supercomplex）。随后科学家发现，复合物单体可以通过不同的组合方式结合在一起，形成多种超级复合物，人们将具有完整呼吸活性（消耗电子供体和 O_2 产生 H_2O）的呼吸链超级复合物称为呼吸体（respirasome）。

在不同物种生物体中，超级复合物的组合形式差异较大。比如，酵母中最主要的形式为复合物 Ⅲ 与 Ⅳ 以 2∶1 组合，即 $Ⅲ_2Ⅳ_1$。土豆微管组织中主要形式为 $Ⅰ_1Ⅲ_2$，小鼠的肝脏中

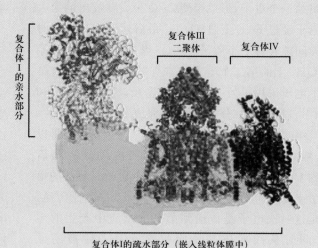

图 1 $Ⅰ+Ⅲ_2+Ⅳ_1$ 超级复合物示意图
（改自 Garrett et al.，2017）

则 $Ⅰ_1Ⅱ_1Ⅲ_2Ⅳ_1$，高等哺乳动物中最常见的组合形式为 $Ⅰ_1Ⅲ_2Ⅳ_1$。而在同一个物种中，也存在着不同组成形式的超级复合物。

由于呼吸体是由大量的蛋白亚基和各类辅助因子有序的组装而成，与独立的呼吸复合物相比，不仅能提高能量转换效率，还能减少呼吸过程中氧化还原反应位点的暴露，因此也明显减少了呼吸作用过

程中有害分子的产生,这对降低癌症发生风险和延缓衰老都有非常重要的作用。

现在的理论认为,在正常生理条件下,单独的呼吸复合物与各类超级复合物之间处于动态平衡之中,以适应不同生理状态下细胞能量代谢的特定需求。然而,随着研究的深入,科学家们发现呼吸体并不是呼吸链复合物最高级的组织形式。2017年清华大学杨茂君研究团队发表在《细胞》杂志的文章中指出,呼吸链复合物之间存在更高程度的聚合状态。他们从体外培养的人类细胞中纯化得到了一类$I_2$$III_2$$IV_2$+2Cyt c组合起来的超大膜蛋白质分子机器,称为超超级复合物(megacomplex, MC),并运用冷冻电镜三维重构的方法首次成功解析了该MC的三维结构。通过计算机模拟,他们发现MC结构中的某一间隔与复合物Ⅱ的结构可以很好地吻合,进而将复合物Ⅱ的结构嵌入MC获得超大型复合物MC $I_2II_2III_2IV_2$的模型。这些研究结果都有助于人们更深入理解线粒体呼吸链的能量代谢及调节。同时,或许未来的教材中在逐一介绍呼吸链复合物之后,有必要让读者了解呼吸体的概念。

参考文献

谷金科,宗帅,吴萌,等.线粒体呼吸链超超级复合物——能量大分子机器的终极形态.中国细胞生物学学报,2018,40(4):463-469.

四、电子传递链

需氧细胞内,糖、脂肪和蛋白质氧化分解后产生了电子和质子。电子通过线粒体内膜上的一系列电子载体,最后传递给氧,生成水。这一系列的电子载体在线粒体的内膜上按照一定的顺序组成了从供氢体到氧之间传递电子的链条,称为电子传递链(electron transport chain, ETC)。因为电子传递需要氧的存在,所以,电子传递链也称为呼吸链(respiratory chain)(图8-16)。

电子传递链中的各种成分有严格的排列顺序。排列顺序是由各个组分的还原电位决定的(表8-3)。NADH的还原电位最低,为−0.32 V。表明在链中,NADH的还原性最强,提供电子的能力最高,因此排在链的最前方。O_2的还原电位最高,为+0.82 V。表明在链中,O_2接受电子的能力最强,因此排在链的末端。其他的电子载体按照还原电位从低向高(或者说从负向正)的顺序在二者之间依次排列。使得电子可以从还原电位较低的化合物流向较高的化合物。

表8-3　线粒体电子传递链各组分的标准还原电位

底物或复合物	$E^{0'}/V$
NADH/NAD$^+$	−0.32
复合物Ⅰ	
FMN	−0.30
Fe-S	−0.25～0.05

续表8-3

底物或复合物	$E^{0'}/V$
琥珀酸	0.05
复合物Ⅱ	
FAD	0.00
Fe-S	−0.26～0.00
QH_2/Q	0.04
复合物Ⅲ	
Cyt b_L	−0.01
Cyt b_H	0.03
Fe-S	0.28
Cyt c_1	0.22
Cyt c	0.23
复合物Ⅳ	
Cyt a	0.21
Cu_A	0.24
Cyt a_3	0.39
Cu_B	0.34
O_2	0.82

复合物Ⅰ、Ⅲ和Ⅳ在传递电子的同时还能把质子泵到线粒体的膜间隙。电子传递的过程也发生大量的自由能变化,绝大部分释放的自由能储存在质子电化学梯度中,用以驱动ATP的合成。在这个通路中,第一个电子供体是NADH,经过复合物Ⅰ、Ⅲ和Ⅳ的传递,最后的电子受体是O_2。我们把这条传递电子的线路称为NADH电子传递链(图8-16)。NADH电子传递链是主要的电子传递链。

琥珀酸把电子传递到复合物Ⅱ中的 FAD,还原后形成的 $FADH_2$ 成为第一个电子供体,复合物Ⅱ不能将质子泵到膜间隙中。然后 $FADH_2$ 中的电子经过复合物Ⅲ和Ⅳ,最后的电子受体也是 O_2。我们把这条传递电子的线路称为 $FADH_2$ 电子传递链(图8-16)。

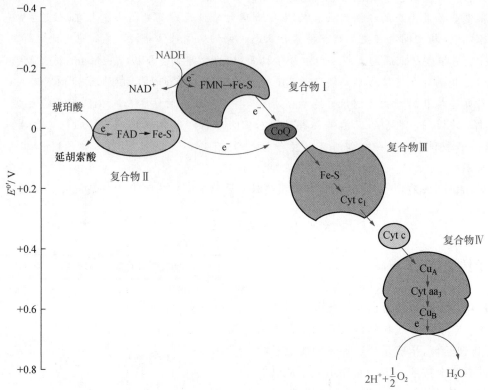

图 8-16 四个复合物在电子传递链中的排列顺序

(图中的纵坐标是 $E^{0'}$,每个复合物之间的高度是还原剂与氧化剂的 $\Delta E^{0'}$,e^- 仅表示电子流动的方向)

五、电子传递链抑制剂

凡能够切断电子传递链中某一部位电子流的物质,统称为电子传递链的电子传递抑制剂。这些抑制剂可强烈的抑制电子传递链中的一些酶类,导致电子传递链中断。所以这些物质大多对人类或哺乳类动物乃至需氧生物具有极强的毒性。但人们利用其作用的专一性来特异的切断电子传递链中某一部位的电子传递,以研究电子传递链的组成及它们的排列顺序。重要的电子传递抑制剂如下。

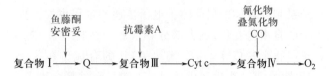

(1)鱼藤酮和安密妥 鱼藤酮(rotenone)存在于一些植物的根、茎或种子中,也是农药鱼藤精的一种主要成分,它与安密妥(amytal)都可抑制从NADH 到 CoQ 的电子传递。

(2)抗霉素 A 能抑制细胞色素 b 到 c_1 之间的电子传递。维生素 C 可缓解这种抑制作用,因为维生素 C 可直接还原细胞色素 c,电子流可以从维生素 C 传递到 O_2 从而可消除抗霉素 A 的抑制作用。

(3)氰化物、叠氮化合物和一氧化碳 三者都能抑制从细胞色素 aa_3 到分子氧之间的电子传递。氰化物和叠氮化合物与血红素 a_3 的高铁形式作用,一氧化碳可抑制血红素 a_3 的亚铁形成。

第三节 氧化磷酸化作用

在线粒体内膜上的电子传递链中,最前端的电子供体是 NADH,最末端电子受体是分子 O_2。电子从 NADH 最终传递到分子 O_2,使 O_2 还原成 H_2O。电子传递过程释放的能量推动质子从基质转移到膜间隙,形成了质子的电化学梯度。当质子从特定质子通道流回基质时,释放的能量驱动 ATP 的合成。所以,这个过程被称为氧化磷酸化作用,即线粒体膜上电子传递至 O_2 的氧化过程与 ADP 磷酸化合成 ATP 的过程是紧密偶联在一起的。

一、质子移动力和化学渗透学说

一对电子从 NADH 传递到 O_2 的过程是高度放能的,整个反应的 $\Delta G^{0'}$ 是 -220 kJ/mol。这是在标准状态下计算得到的数值,NADH 和 NAD^+ 的浓度都是 1 mol/L。在活跃呼吸的线粒体中,实际的 NADH 和 NAD^+ 的浓度比例大于 1,真实的 $\Delta G^{0'}$ 的数值会更大。

(一)质子移动力

电子在线粒体膜上传递所产生的能量大部分用于推动质子从基质转移到膜间隙,于是就在线粒体内膜的两侧形成了跨膜的质子浓度梯度和跨膜的电位梯度,二者合称为质子电化学梯度。储存在质子电化学梯度中的能量称为质子移动力(proton-motive force, pmf)。

每个质子移位需要输入 18.8 kJ/mol 的自由能。一对电子从 NADH 传递到 O_2 的 $\Delta G^{0'}$ 是 -220 kJ/mol。同时向膜间隙泵出 10 个质子,产生的质子移动力是 188 kJ/mol。可见电子传递产生的大部分能量储存在质子电化学梯度中。

当质子流回基质时,储存的能量用于合成 ATP。

(二)化学渗透学说

电子传递过程中产生的能量如何驱动 ATP 合成一直是能量代谢研究的热点。为此先后有多种学说提出,如化学偶联学说,构象偶联学说和化学渗透学说。目前广泛认可的是化学渗透学说,因为它得到越来越多实验结果的支持和验证。化学渗透学说是英国生物化学家 Peter Mitchell 于 1961 年提出的。由于对生物能学的贡献,Mitchell 在 1978 年被授予诺贝尔化学奖。

化学渗透学说指出:电子传递释放出的自由能和 ATP 合成是由一种跨线粒体内膜的质子梯度相偶联的。也就是,电子传递所释放的自由能驱动 H^+ 从线粒体基质跨过内膜进入膜间隙,从而形成跨线粒体内膜的质子电化学梯度(图 8-17)。

质子移动力驱使 H^+ 返回线粒体基质。但由于线粒体内膜对 H^+ 的不通透性,H^+ 只能通过内膜上专一的质子通道 F_0(详见本章 ATP 合酶的结构)返回。这样,驱使 H^+ 返回基质的质子移动力为 ATP 的合成提供了能量。线粒体内膜的完整性和质子的不可通透性是氧化和磷酸化偶联的基础。

化学电池是通过导线和盐桥形成的一个回路,电子传递链和 ATP 合酶也形成一个回路,这个回路是通过跨膜的质子电化学梯度连接的。

一些关键性的实验结果支持化学渗透假说。例如:氧化磷酸化要求封闭的线粒体内膜存在。线粒体膜上的电子传递导致 H^+ 从线粒体内膜运出到线粒体膜间隙,从而产生跨线粒体内膜的电化学梯度。H^+、OH^-、K^+ 和 Cl^- 等离子都不能自由透过线粒体内膜。它们的自由扩散将削减电化学梯度,破坏 H^+ 浓度的形成,也必然破坏氧化磷酸化作用的进行。

化学渗透学说的一个重要的实验证据是氧化磷酸化的重组实验。用电镜观察线粒体内膜时,可以看到内膜朝向基质的一面分布着排列规则的小颗粒,还可以观察到这些小颗粒具有伸向基质的头部和柄部。1960 年,Efraim Racker 等用超声波、膜分散剂将线粒体的内膜破碎,然后再将线粒体内膜制备成亚线粒体囊泡。在形成的亚线粒体囊泡中,有些囊泡膜的方向发生了翻转,原来朝向基质的一面翻转朝向溶液(inside-out)。

这种翻转的囊泡膜上,还可以进行电子传递和氧化磷酸化作用,表明电子传递链上的组分和合成 ATP 的酶仍然保留了下来。随后的实验中,用胰蛋白酶或尿素处理囊泡,将膜上的小颗粒的头部水解下来,产生了缺少颗粒的膜囊泡和可溶性的部分。膜囊泡保留了电子传递链,可以传递电子,却不能合成 ATP。若将可溶性的部分再与膜囊泡重组,氧化磷酸化作用又能恢复(图 8-18)。

这个重组实验证明线粒体内膜含有电子传递链的组分,内膜上的颗粒是合成 ATP 的重要部位。电子传递与氧化磷酸化作用紧密偶联。Racker 等证明水解下来的可溶性部分就是 ATP 合酶上的 F_1(详见本章 ATP 合酶的结构)。

虽然化学渗透学说能够解释氧化磷酸化过程的大部分问题,但仍有一些问题并未得到完满的解决。例如:H^+ 在通过电子传递链时是怎样被泵出的细节。近年来,随着对电子传递复合体结构的解析,对泵出 H^+ 的机制提出了多种模型。

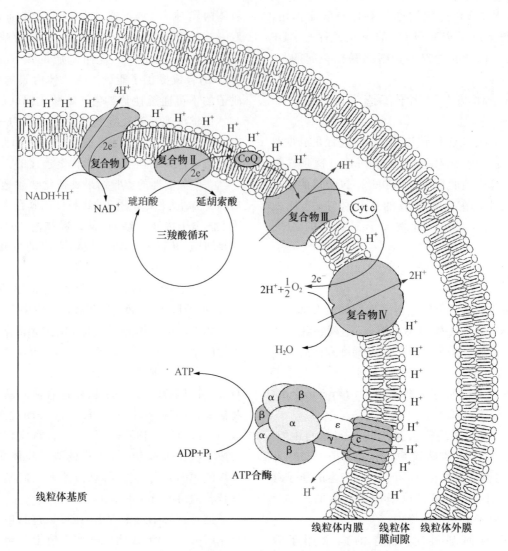

图 8-17 电子传递与 ATP 合成偶联-化学渗透学说

(电子在复合物 Ⅰ、Ⅲ、Ⅳ 传递时将质子泵到线粒体的膜间隙,产生了质子电化学梯度。

当质子经 F_0 流回到基质时,质子移动力推动 F_1 合成 ATP)

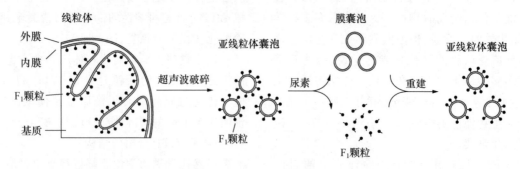

图 8-18 氧化磷酸化的重组实验

二、ATP 合成机制

(一)ATP 合酶的结构

ATP 合酶(ATP synthase)催化 ADP 和 P_i 合成 ATP。ATP 合酶位于线粒体内膜上,当酶从膜上释放下来以后,在体外可以水解 ATP,所以也称为 F_1F_0-ATP 酶(F_1F_0-ATPase)。ATP 合酶是一个很大的多亚基蛋白,相对分子质量为 450 000。酶的形状像一个球状的门把手,由 F_1 和 F_0 两个主要的部分构成。F_1 部分是面向基质的球状体,含有合成 ATP 的活性位点。F_0 部分嵌入膜内,含有质子通道(图 8-19)。

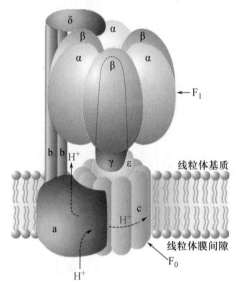

图 8-19 ATP 合酶的结构
(ATP 合酶中 F_1 的球状部分由 3 个 αβ 二聚体组成。球状部分伸向基质,由 γε 形成的柄部与 F_0 连接。在 F_0 的部分,c 亚基形成环状结构。a 亚基与 c-环结合。bδ 形成的支架使 F_1 稳定在膜上)

综合生物化学和晶体结构的研究,现在已经知道 ATP 合酶的 F_1 部分由 9 个亚基组成:$\alpha_3\beta_3\gamma\delta\epsilon$。α 亚基和 β 亚基形成二聚体。三个二聚体形成 $\alpha_3\beta_3$ 六聚体,组成了 F_1 的球状部分,其中 α 亚基和 β 亚基交替排列。γ 亚基像一个长柄,一端贯穿于 $\alpha_3\beta_3$ 六聚体之间,另一端与 ε 亚基结合,将 $\alpha_3\beta_3$ 与 F_0 连接起来。β 亚基具有催化合成 ATP 的位点,所以 ATP 合酶具有三个合成 ATP 的活性位点。虽然三个 β 亚基的氨基酸序列相同,但是它们的构象不同。原因之一是 γ 亚基与三个 β 亚基的结合是不对称的,每次只与一个 αβ 结合。

F_0 部分由 a、b、c 三种亚基组成。c 亚基比较小,几乎完全由跨膜螺旋组成。c 亚基的数量依生物的种类不同而异,酵母 ATP 合酶中 F_0 中含有 10 个 c 亚基,全部嵌入内膜中形成 c-环结构。γ 亚基和 ε 亚基形成的结构"站在"c-环的中心。2 个 b 亚基的跨膜区域与 a 亚基结合,另一端的亲水区域与 δ 亚基结合。b_2 和 δ 亚基像一个支架,将 $\alpha_3\beta_3$ 稳定在膜的表面。F_0 是质子通道,二环己基碳二亚胺(DCCD)、寡霉素 B 能与 F_0 的亚基结合,抑制 H^+ 转运。

(二)ATP 合成机制

化学渗透学说阐明了呼吸链上的电子传递与 ATP 合酶上 ADP 磷酸化是通过跨膜的质子电化学梯度(即质子移动力)偶联的。但是,并未解释 ATP 合酶如何利用这种质子流推动 ADP 与 P_i 形成 ATP。

结合了动力学和 F_1F_0 其他反应性质的研究,Paul Boyer 提出:ATP 合成的机制是结合变化机制(binding change mechanism)。Boyer 认为,当质子从线粒体膜间隙流回基质时,驱动 F_1 的三个 β 亚基轮流催化 ATP 的合成。Boyer 等随后进行了其他多项实验,最终证明质子移动力提供的能量并非直接用于 ATP 合成,而是促使 ATP 合酶的构象改变,使与酶紧密结合的 ATP 释放出来。在同一时间,三个 β 亚基具有不同的构象。John Walker 用 X 射线衍射法分析牛心线粒体 ATP 合酶的晶体,获得了高分辨率的三维结构。Walker 发现酶在合成 ATP 的过程中,三个 β 亚基的确处于不同构象,为证实 Boyer 提出的结合变化机制起到了关键作用。两人因此获得 1997 年诺贝尔化学奖。

Boyer 提出 ATP 合酶的结合变化机制,解释了 ATP 的合成机理(图 8-20)。ATP 合酶有三个催化位点,当质子经线粒体内膜上的 F_0 流入 ATP 合酶时,每个活性位点对底物和产物的亲和力会发生变化,产生如下三种不同的构象。

松散构象(loose, L):处于此构象的 β 亚基可以从环境中结合 ADP 和 P_i,所以也称作 β-ADP 构象。在这种构象中,酶对底物的亲和力比较低。

紧密构象(tight, T):在这种构象中,酶与底物的结合很紧密,有利于 ADP 和 P_i 缩合形成 ATP,所以也被称为 β-ATP 构象。

开放构象(open, O):在这种构象中,酶对底物的亲和力非常低。新合成的 ATP 从酶的活性位点释放出去,所以也称为 β-empty 构象。

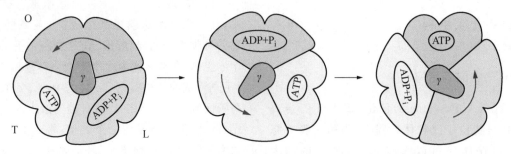

图 8-20 ATP 合成的结合变化机制

[图中用三种不同的颜色表示三个 αβ 二聚体。ATP 合酶中,3 个 αβ 二聚体在任一时间具有不同的构象。其中,L 是松散构象(loose),与底物 ADP 和 P_i 结合。T 是紧密构象(tight),有利于 ADP 和 P_i 缩合形成 ATP。O 是开放构象(open),将新合成的 ATP 释放。γ 亚基以反时针方向旋转(从 F_1 顶部俯视),每次只与一个 αβ 二聚体结合]

β 亚基的构象变化是由跨膜质子电化学梯度驱动的。当质子通过 F_0 上的质子通道时,驱动 c 亚基形成的 c-环的旋转。c-环的旋转扭动 γ 亚基的长柄,直到产生足够的张力,将 γ 亚基从 F_1 中的一个 αβ 位置弹开,与另一个位置的 αβ 接触。γ 亚基的旋转是步进式的,每步旋转 120°。每旋转 120°,就与另一个亚基接触。

每个 β 亚基都从松散构象结合 ADP 和 P_i 开始,至开放构象释放合成的 ATP 结束。在任何一个给定的时间内,三个 αβ 活性位点分别处于三种不同构象,顺序进行催化反应。即当一个亚基进入开放构象时,相邻的一个亚基是松散构象,相邻的另一个亚基是紧密构象。γ 亚基的旋转使三个 β 亚基轮流经过三种构象的变化,每旋转一周,可以合成三分子 ATP。Boyer 也称此为旋转催化机制(rotational catalysis),ATP 合酶也被称为旋转马达(rotational motor)。

知识框 8-2 一种往复运动驱动的 ATP 合酶旋转催化模型

美国科学家 Paul Boyer 研究组于 20 世纪 80 年代初提出 ATP 合成的"旋转催化理论",M. Yoshida & K. Kinosita Jr. 实验室采用遗传工程技术,结合荧光显微镜观察,证实了通过 F_0 通道的质子流将引起 c-环和附着于其上的 γ 亚基围绕着 γ 亚基纵轴旋转。当 ATP 合酶合成 ATP 时,γ 亚基应该按照一定方向旋转;当酶水解 ATP 时,γ 亚基应向相反方向旋转。此模型已被广泛接受,但仍然存在多方面的理论缺陷。

2016 年刘佳峰等提出了一种新的 ATP 合酶旋转催化模型,此模型中,发生转动的是 $α_3β_3$ 六聚体,而不是传统模型中所认为的 c-环/γε 中心杆。也就是说,质子的跨膜转运引起 c-环的周期性构象改变,从而使得附着在 c-环上的中心杆产生往复运动,这种往复运动驱动 $α_3β_3$ 连续转动。这种工作模式与按压式伸缩圆珠笔中推杆的往复运动驱动凸轮产生连续转动的工作机理十分相似。

此模型认为:当构成质子通道的那部分 c-亚基与 γε 中心杆发生直接相互作用,以使 c 环的构象变化直接传递到中心杆上。中心杆(作为推杆)的往复运动将推动 $α_3β_3$ 六聚体(作为凸轮)的转动。在 γ 亚基和 β 亚基之间存在一个倾斜作用面,γ 亚基中一段最保守的氨基酸序列参与组成倾斜作用面,说明其有着重要的生物学功能。此外,$α_3β_3$ 六聚体的顶部有 δ 亚基作为盖子以阻止 $α_3β_3$ 六聚体在被 γε 中心杆推动时产生轴向位移。由于 δ 亚基的阻挡作用,$α_3β_3$ 六聚体被迫转动。同时,此 δ 亚基亦可作为铰链,将转动的 $α_3β_3$ 六聚体固着在 ab 侧杆的 b 亚基上。

如何实现在活细胞中观察到究竟是 $α_3β_3$ 六聚体或 c-环相对于细胞膜参考系的转动,尚有待新技术的出现或设计出新的实验。

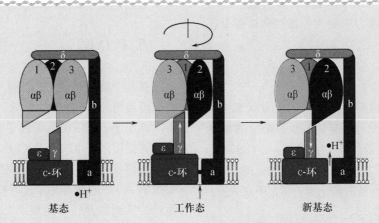

图1　在"工作态"时，由于 H$^+$ 的结合使 c-环发生构象变化，导致 γε 中心杆向上运动，通过接触到 α$_3$β$_3$ 六聚体中一个 αβ 的斜面而推动 α$_3$β$_3$ 转动。质子被释放后，c-环和中心杆向下运动返回其初始状态，ATP 合酶回到新的"基态"

参考文献

刘佳峰，付新苗，昌增益. ATP 合酶旋转催化的一种新机制. 中国科学，生命科学. 2016，46 (3)：269-273.

三、ATP、ADP 和 P$_i$ 的转运

真核细胞的线粒体是合成 ATP 的主要场所，而细胞很多利用 ATP 的代谢过程主要是在细胞质中。线粒体内膜对带电荷的物质又是不通透的。因此，需要两种特殊的转运蛋白。一种转运蛋白将 ATP 向外运输到细胞质中，向内将 ADP 运进线粒体。这种转运蛋白称为腺苷酸易位酶（adenine nucleotide translocase）。除了 ADP，ATP 的合成还需要 P$_i$，另一种转运蛋白将 P$_i$ 运进线粒体，同时进入线粒体的还有 H$^+$。这种转运蛋白称为磷酸基团易位酶（phosphate translocase）。两种类型的转运都需要质子移动力提供能量（图 8-21）。

线粒体膜间隙

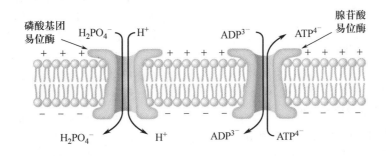

线粒体基质

图 8-21　ATP、ADP 和 P$_i$ 的转运

腺苷酸易位酶位于线粒体内膜上，从膜间隙结合 ADP，把它送进基质。同时从基质结合 ATP，把它向外运输到细胞质中。这是协同反向运输，向内运输 3 个负电荷的同时向外送出 4 个负电荷。这类运输改变的是质子移动力中的电荷梯度部分。苍术苷是一种有毒的糖苷，可以特异地抑制腺苷酸易位酶的活性，使细胞质中的 ADP 不能进入线粒体再生为 ATP。

ATP 的合成所需要 P$_i$ 由磷酸基团易位酶转运。磷酸基团易位酶也位于线粒体内膜，它可以推

动 $H_2PO_4^-$ 和一个 H^+ 同时进入线粒体基质。这类运输改变的是质子移动力中的质子浓度梯度部分。

四、能荷

代谢中的很多反应是由细胞中的能量状态控制的。Daniel Atkinson（1968 年）提出了能荷的概念用以说明细胞中的能量状态。能荷（energy charge）的定义为：高能磷酸键在总的腺苷酸库中（即 ATP，ADP 和 AMP 浓度之和）所占的比例。可用下式表示：

$$能荷 = \frac{[ATP] + 0.5[ADP]}{[ATP] + [ADP] + [AMP]}$$

式中，ATP 含有两个磷酸酐键，ADP 只含有一个，所以系数是 0.5。能荷数值的范围为 0~1.0。0 说明细胞中所有的腺苷酸都是 AMP，1.0 则表示细胞中的所有腺苷酸都是 ATP。

Atkinson 认为：产生 ATP 的代谢途径（分解途径）受高能荷的抑制，利用 ATP 的途径（合成途径）受高能荷的激活。用这些代谢途径的反应速度对能荷作图得到图 8-22。从图中可以看到两条曲线在能荷约为 0.9 时急速地升降并交汇。

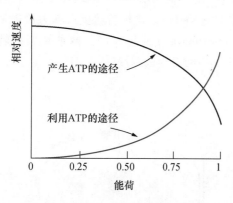

图 8-22 能荷对 ATP 生成途径和 ATP
利用途径相对速率的影响

细胞可以调节代谢途径，将能荷维持在相当窄的范围内。换句话说，能荷有些像细胞中的 pH，可以起到缓冲的作用。大多数细胞的能荷处于 0.8~0.95。

在某些条件下，能荷值可作为细胞产能和需能代谢过程间别构调节的信号。例如：糖酵解的途径中，磷酸果糖激酶催化 6-磷酸果糖生成 1,6-二磷酸果糖。磷酸果糖激酶是别构酶，受到 ATP 的强烈抑制，但却被 AMP 和 ADP 所激活。另外，在三羧酸循环中，当细胞或组织能荷高时，这时高浓度的 ATP 会降低柠檬酸合酶和异柠檬酸脱氢酶的活性，

从而达到调节生成 ATP 数量的目的。

五、P/O 比

在化学渗透学说被广泛接受以前，人们已经知道电子传递与 ATP 合成的偶联，但是反应究竟消耗了多少氧原子，同时究竟生成了多少 ATP 并不清楚。于是就提出了 P/O 比（P/O ratio）的概念。P/O 比是指每消耗 1 mol 的原子氧使无机磷掺入到 ADP 所生成 ATP 的摩尔数，或者指每对电子经电子传递链传递给氧原子所生成 ATP 的摩尔数。

测定 P/O 比时，在缓冲液中加入完整的线粒体和氧化作用的底物，如 NADH 或琥珀酸；同时向反应体系中供氧。然后检测 ATP 的合成和 O_2 的消耗。大多数这类试验得到的数据比较相近：以 NADH 为电子供体时的 P/O 比 2~3，以琥珀酸为电子供体时的 P/O 比为 1~2。因为当时假定 P/O 比应该是整数，所以认为 NADH 的 P/O 比是 3，琥珀酸的 P/O 比是 2。然而，这种试验并不精确。因为在完整的线粒体中，很多其他的反应也可能消耗 ATP 或 O_2。

当化学渗透学说提出以后，人们认识到 P/O 比不必是整数。于是，这个问题转化为：一对电子从 NADH 传递到 O_2 有多少质子泵到膜间隙？合成一分子 ATP 需要多少质子通过 F_1F_0 合酶流回基质？这种测定从技术上说很复杂，除了要考虑氧化磷酸化作用，还要考虑到线粒体的缓冲能力，质子的渗漏，其他需要质子移动力的反应等。

目前普遍接受的数值是：一对电子从 NADH 传递到 O_2 的同时要向线粒体膜泵出 10 个质子。一对电子从琥珀酸传递到 O_2 的同时要向线粒体膜泵出 6 个质子。合成一分子 ATP 需要 4 个质子，其中 3 个用于合成 ATP，一个用于转运 ATP、ADP 和 P_i。因此，NADH 的 P/O 比是 2.5(10/4)，琥珀酸的 P/O 比是 1.5(6/4)。本书中所有的化学计算使用的都是这个数值。

也有其他的文章使用 P/O 比为 3 或 2 的数值。不过，真正精确的数值也许要等到氧化磷酸化的所有细节完全清楚以后才能知道。

六、氧化磷酸化的解偶联和抑制

（一）氧化磷酸化的解偶联作用

电子传递与磷酸化作用是紧密偶联在一起的。

有些人工合成的化合物可以将两个过程分开,这些化合物称为解偶联剂。有解偶联剂存在的时候,氧化作用可以在没有或 ADP 极少量的情况下进行,直到所有的氧被耗尽,但没有 ATP 合成。此时电子传递产生的能量以热能的形式消耗了。

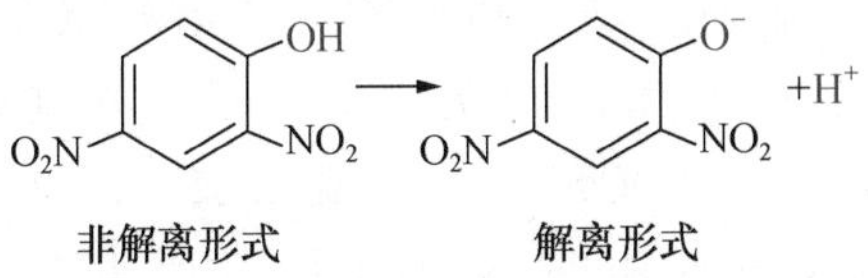

图 8-23　解偶联剂 2,4-二硝基苯酚

解偶联剂的种类很多,在化学结构上没有什么共同之处,但都是脂溶性的弱酸。它们的质子化形式和负离子形式都是脂溶性的,都可以穿过线粒体内膜。因为它们的负离子中,电子是离域的,可以形成共振形式。2,4-二硝基苯酚(DNP)就是典型的解偶联剂(图 8-23)。DNP 的质子化形式可以透过内膜,同时将一个 H^+ 带入基质,这样就破坏了内膜两侧的质子浓度梯度,使 ATP 不能正常合成。

生物体内存在着正常的解偶联作用,以产生热量。例如:在新生儿的颈背部和冬眠动物体内含有褐色脂肪组织。这种脂肪组织中含有大量的线粒体,所以颜色呈现褐色。在褐色脂肪组织中的线粒体内膜上存在一种解偶联蛋白-产热素(thermogenin),现在被称为解偶联蛋白 1(uncoupling protein 1,UCP1)。受信号调节,质子可通过 UCP 1 的通道返回基质,消耗质子浓度梯度,使电子传递产生的能量不能完全用于 ATP 的合成,而是以热形式散发以维持体温。褐色脂肪组织中的解偶联作用在生理上有着重要意义。它是冬眠动物和新生儿获取热量,维持体温的一种方式。

(二)氧化磷酸化抑制剂

氧化磷酸化抑制剂是直接抑制 ATP 合成的化学物质。如寡霉素,它能与 ATP 合酶中 F_0 上的一个亚基结合而干扰了质子返回基质,使 ATP 不能合成。由于 ATP 合成停止,电子传递也被阻断。所以寡霉素的作用位点虽在 ATP 合酶,但同时又抑制了电子传递和氧的消耗。

(三)离子载体抑制剂

离子载体抑制剂是一类脂溶性的小分子。例如:缬氨霉素是一个环状的疏水小肽,可以携带 K^+ 穿过内膜进入线粒体,短杆菌肽可携带 K^+、

Na^+ 及其他一些一价阳离子穿过膜,从而破坏了膜两侧的电位梯度。离子载体抑制剂与解偶联剂的区别在于:离子载体抑制剂所结合的是其他一价的阳离子,不是质子。

由于可以破坏跨膜的离子梯度,离子载体抑制剂都具有一定的毒性。有些离子载体抑制剂对某些微生物具有特异性,因此可以作为抗生素。

第四节　线粒体外 NADH 的穿梭机制

NAD^+ 和 NADH 都不能自由通过线粒体内膜。因此,在线粒体外产生的 NADH 必须通过特殊的跨膜传递机制才能进入线粒体氧化,称为穿梭作用。

一、磷酸甘油穿梭系统

磷酸甘油穿梭系统是最早被发现的穿梭系统,存在于哺乳动物的肌肉组织和神经细胞中。有关的反应由 3-磷酸甘油脱氢酶催化。

细胞质和线粒体内都存在 3-磷酸甘油脱氢酶,但它们的辅助因子不同。细胞质中的 3-磷酸甘油脱氢酶以 NADH 为辅酶,把 NADH 上的氢转移给磷酸二羟丙酮。磷酸二羟丙酮被还原为 3-磷酸甘油,然后进入线粒体。进入线粒体内的 3-磷酸甘油在线粒体 3-磷酸甘油脱氢酶的催化下又转变为磷酸二羟丙酮,脱下的氢被该酶的辅基 FAD 接受,FAD 接受 2 个 H 转变为 $FADH_2$。这样细胞质中的 NADH 间接地转变为线粒体内的 $FADH_2$,$FADH_2$ 可进入电子传递链彻底氧化(图 8-24)。经这个穿梭途径进入线粒体的 NADH 能够产生 1.5 分子的 ATP。

二、苹果酸-天冬氨酸穿梭系统

在心脏、肝脏和肾脏中还有一种苹果酸-天冬氨酸穿梭系统。如图 8-25 所示,在苹果酸脱氢酶的作用下,草酰乙酸接受 NADH 中的氢转变为苹果酸。苹果酸进入线粒体后,在苹果酸脱氢酶的作用下又转变为草酰乙酸。苹果酸脱下的 2 个氢被苹果酸脱氢酶的辅酶 NAD^+ 接受生成 NADH。这样细胞质中的 NADH 就转变成了线粒体中的 NADH,可进

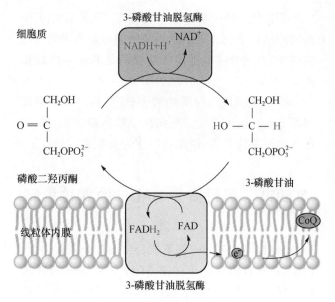

图 8-24　磷酸甘油穿梭系统

入电子传递链被氧化。为了维持细胞质中草酰乙酸的水平,草酰乙酸必须返回细胞质,但草酰乙酸不能自由穿过线粒体膜。线粒体中存在谷草转氨酶,可催化谷氨酸和草酰乙酸之间的氨基转移作用,使草酰乙酸转变为天冬氨酸,然后天冬氨酸离开线粒体进入细胞质。细胞质中也存在谷草转氨酶,可催化天冬氨酸和 α-酮戊二酸之间的氨基转移作用,使天冬氨酸又转变为草酰乙酸。经这个穿梭途径进入线粒体的 NADH 可以产生 2.5 分子的 ATP。

在哺乳动物中,磷酸甘油穿梭系统主要存在于肌肉和脑组织中。苹果酸-天冬氨酸穿梭系统在心脏、肝脏和肾脏中很活跃。

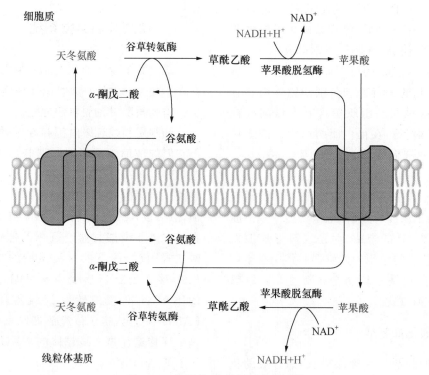

图 8-25　苹果酸-天冬氨酸穿梭系统

小结

一切生命活动都需要能量。从物理和化学体系产生和发展的热力学定律完全适合于开放的生物体系。对生物化学而言,最重要的是自由能。

1. 自由能变化

自由能变化用 ΔG 表示。当一个反应的 ΔG 是

负值时,反应可以自发进行。当一个反应的 ΔG 是正值时,反应不能自发进行。要使这类反应发生必须从外部输入能量。当一个反应的 ΔG 是 0 时,反应达到平衡,没有净产物生成。在标准条件下反应的自由能变化称为标准自由能变化。在生物化学中,除了标准条件以外,还规定 pH = 7。生物化学中的标准自由能变化用 $\Delta G^{0\prime}$ 表示。

标准自由能变化可以通过平衡常数 K_{eq} 求得。但是,一个反应的真实的自由能变化与标准自由能

变化可能很不相同,有时还会相差很多。在实际的反应中,反应物和产物的比例由质量作用比 Q 表示。通过 Q 可以计算出实际反应的 ΔG。一个反应真实自由能变化是 ΔG,应该是 ΔG 而不是 $\Delta G^{0'}$ 决定了反应的方向。

氧化还原反应的实质是电子从一种物质移动到另一种物质,反应中,电子流动可以产生能量。氧化还原反应的自由能变化可以通过标准还原电位求得。生物化学中其他标准条件以外,还规定 pH = 7,用 $E^{0'}$ 表示。一个反应系统的标准还原电位的变化与反应的标准自由能变化相关:$\Delta G^{0'} = -nF\Delta E^{0'}$。

2. 高能化合物

水解时释放 20.9 kJ/mol 以上能量的化合物称为高能化合物。生物化学中的高能键与化学中的高能键有不同的含义。生物化学中的高能键是指在断裂时自由能变化是很大负值的键。在生物体内的高能化合物中,最重要的是 ATP。因为 ATP 水解时的 $\Delta G^{0'}$ 处在高能化合物的中间位置。

3. 电子传递链

需氧细胞内,各种代谢物氧化分解后产生了电子和质子。电子通过线粒体膜上的一系列电子载体,最后传递给氧,生成水。这一系列的电子载体在线粒体的内膜上按照一定的顺序组成了从供氢体到氧之间传递电子的链条,称为电子传递链或呼吸链。

线粒体内膜的电子传递链有四个复合物,称为呼吸链复合物Ⅰ、Ⅱ、Ⅲ和Ⅳ。每个复合物都是由几种电子载体与一些蛋白质形成的,可以重复地进行氧化和还原作用。复合物Ⅰ、Ⅲ和Ⅳ在传递电子的同时还能把质子泵到线粒体的膜间隙,但是复合物Ⅱ不能将质子泵到膜间隙中。

在电子从复合物Ⅰ流向复合物Ⅳ的过程中,真正携带电子的载体其实都是与蛋白质结合的辅因子,包括烟酰胺核苷酸类、黄素蛋白类、Fe-S 蛋白以及含有血红素的细胞色素类和铜蛋白。四个复合物分别含有不同的电子载体形成的氧化还原中心,每个复合物都催化电子传递链上的一部分反应。

线粒体内膜上的四个呼吸链复合物之间由两个可移动的电子载体进行电子传递。其中一个是脂溶性的 CoQ,一个是 Cyt c。

电子传递链中的各种成分有严格的排列顺序。排列顺序是由各个组分的还原电位决定的。NADH 的还原电位最低,排在链的最前方。O_2 的还原电位最高,排在链的末端,O_2 是呼吸链的最终电子受体。其他的电子载体按照还原电位从低向高(或者说从负向正)在二者之间依次排列。使得电子可以从还原电位较低的化合物流向较高的化合物。

电子传递链可以分为 NADH 电子传递链和 $FADH_2$ 电子传递链。NADH 电子传递链是主要的电子传递链。

4. 氧化磷酸化及化学渗透性学说

电子在线粒体膜上传递能够产生跨线粒体膜的质子浓度梯度和电位梯度,储存在质子电化学梯度中的能量可以驱动 ADP 和 P_i 合成 ATP。氧化作用伴随着磷酸化作用发生,称为氧化磷酸化作用。生物体内的大多数 ATP 是从这个途径产生的。

化学渗透学说指出,当电子传递产生的自由能驱动 H^+ 从线粒体基质跨过内膜进入膜间隙,从而形成跨线粒体内膜的质子的浓度梯度和电位梯度,合称为质子电化学梯度,即质子移动力。电子传递释放出的自由能和 ATP 合成是由跨线粒体内膜的质子电化学梯度偶联起来的。质子移动力驱使 H^+ 通过线粒体内膜上专一的质子通道(F_0)返回线粒体基质,为 ATP 的合成提供能量。

5. ATP 合成机制

位于线粒体内膜上的 ATP 合酶催化 ADP 和 P_i 合成 ATP。ATP 合酶由 F_1 和 F_0 两个主要的部分构成。F_1 是面向基质的球状体,含有合成 ATP 的活性位点。F_0 嵌入膜内,含有质子通道。在 ATP 合酶的 F_1 部分,三个 α 亚基和三个 β 亚基交替排列。β 亚基具有催化合成 ATP 的位点。ATP 合成的结合变化机制指出:当质子从线粒体膜间隙经 F_0 流回基质时,驱动 F_1 的三个 β 亚基轮流催化合成的 ATP 从 ATP 合酶释放出来。在同一时间,三个 β 亚基处于三种不同的构象。

6. 能荷、P/O 比及解偶联剂

能荷:高能磷酸键在总的腺苷酸库中(即 ATP,ADP 和 AMP 浓度之和)所占的比例。细胞中的高能荷抑制分解途径(产生 ATP 的代谢途径),促进合成途径(利用 ATP 的途径)。大多数细胞的能荷处于 0.8~0.95。

P/O 比:指每消耗 1 摩尔的原子氧使无机磷掺入到 ADP 所生成 ATP 的摩尔数,或者指每对电子经电子传递链传递给氧原子所生成 ATP 的摩尔数。目前普遍接受 P/O 比的数值是:一对电子从 NADH 传递到 O_2 的同时从线粒体基质泵出 10 个

质子至膜间隙,而一对电子从琥珀酸传递到 O_2 的同时从线粒体基质泵出 6 个质子。合成一分子 ATP 需要 4 个质子,因此,NADH 的 P/O 比是 2.5,琥珀酸的 P/O 比是 1.5。

能将电子传递与磷酸化作用两个过程分开的化合物称为解偶联剂。解偶联剂的种类很多,DNP 就是典型的解偶联剂。氧化磷酸化抑制剂是直接抑制 ATP 合成的化学物质,如寡霉素。离子载体抑制剂可以破坏跨膜的离子梯度。

7. 线粒体外 NADH 的穿梭机制

线粒体外产生的 NADH 必须通过特殊的跨膜传递机制才能进入线粒体氧化,称为穿梭作用。磷酸甘油穿梭系统存在于哺乳动物的肌肉组织和神经细胞中。有关的反应由 3-磷酸甘油脱氢酶催化。经这个途径进入线粒体的 NADH 能够产生 1.5 分子的 ATP。苹果酸-天冬氨酸穿梭系统在心脏、肝脏和肾脏中很活跃。经这个途径进入线粒体的 NADH 可以产生 2.5 分子的 ATP。

生物体内存在多种生物氧化体系,其中最重要的是存在于线粒体内的氧化系统。此外还存在非线粒体氧化系统。还有一些光自养生物可以从无机化合物中获得生命所需要的能量。

思考题

一、单选题

1. 关于生物氧化,下列叙述错误的是_____。
    A. 常伴有 ATP 的生成
    B. 可在细胞的内质网中进行
    C. 在温和条件下进行
    D. 需要一系列酶的催化

2. 呼吸链中,各细胞色素在电子传递中的排列顺序是_____。
    A. $Cyt\ c_1 \rightarrow Cyt\ b \rightarrow Cyt\ c \rightarrow Cyt\ aa_3 \rightarrow O_2$
    B. $Cyt\ c \rightarrow Cyt\ c_1 \rightarrow Cyt\ b \rightarrow Cyt\ aa_3 \rightarrow O_2$
    C. $Cyt\ c_1 \rightarrow Cyt\ c \rightarrow Cyt\ b \rightarrow Cyt\ aa_3 \rightarrow O_2$
    D. $Cyt\ b \rightarrow Cyt\ c_1 \rightarrow Cyt\ c \rightarrow Cyt\ aa_3 \rightarrow O_2$

3. 下列关于电子传递链的叙述,_____是不正确的。
    A. 线粒体内有 NADH 呼吸链和 $FADH_2$ 呼吸链
    B. 一对电子从 NADH 传递到氧的过程中

有 2.5 个 ATP 生成
    C. 呼吸链上的递氢体和递电子体按其标准氧化还原电位从低到高排列
    D. 线粒体呼吸链是生物体唯一的电子传递体系

4. 下列电子传递体中,既能传递电子又能传递质子的是_____。
    A. FMN 和 CoQ
    B. FMN 和 Fe-S 蛋白
    C. CoQ 和 Cyt c
    D. Cyt c 和 Cyt a

5. ATP 合成酶中的_____有质子通道,_____亚基具有催化 ATP 合成的活性。
    A. F_1,α
    B. F_1,β
    C. F_0,β
    D. F_0,γ

二、问答题

1. 何谓电子传递链?电子传递链中的各组分是如何进行排序的?请写出完整的 NADH 电子传递链和 $FADH_2$ 电子传递链。

2. Mitchell 的化学渗透学说如何解释了氧化磷酸化的机制?

3. 线粒体外产生的 NADH 是如何进入线粒体氧化的?

三、分析题

请问本章所学的哪些实验或理论支持了化学渗透学说?为什么?

参考文献

[1] Elliott W,Elliott D,Biochemistry and Molecular Biology. 3rd ed. Oxford University Press,2006.

[2] Horton H R,Moran A M,Scrimgeour K G,et al. Principles of Biochemistry. 5th ed. Pearson Education International,2012.

[3] Mathews C K,van Hold K E,Ahern K G. Biochemistry. 8th ed. Benjamin/Cummings,an imprint of Addison Wesley Longman,Inc.,2012.

[4] Nelson D L,Cox M M,Hoskins A A. Lehninger Principles of Biochemistry. 8th ed. W.

H. Freeman and Company，2021.

［5］Garrett R H，Grisham C M. Biochemistry. 6th ed. Cengage Learning，2017.

［6］Voet D，Voet J G，Pratt C W. Fundamenatles of Biochemistry，5th ed. John Wiley & Sons，Inc.，2016.

［7］Miesfeld R L，McEvoy M M. Biochemistry. W. W. Norton & Company，Inc.，2017.

［8］郭蔼光. 基础生物化学. 北京：高等教育出版社，2001.

［9］黄熙泰，于自然，李翠凤. 现代生物化学. 北京：化学工业出版社，2005.

［10］吕淑霞，任大明，唐咏. 基础生物化学. 北京：中国农业出版社，2003.

［11］沈黎明. 基础生物化学. 北京：中国林业出版社，1996.

［12］朱圣庚，徐长法. 生物化学. 4 版. 北京：高等教育出版社，2016.

［13］张洪渊. 生物化学原理. 北京：科学出版社，2006.

［14］张楚富. 生物化学原理. 北京：高等教育出版社，2003.

第九章
碳水化合物代谢

本章重点内容：生物体内重要的糖类包括单糖、寡糖和多糖的结构和生物学功能；糖酵解途径、糖异生途径、三羧酸循环以及磷酸戊糖途径的反应历程、能量代谢特点和关键酶的调控方式；重要的代谢产物丙酮酸在有氧和无氧条件下的不同的代谢途径；体内重要的寡糖和多糖的合成与降解的基本过程。

糖类（saccharide）也称碳水化合物（carbohydrate），是自然界中含量最丰富的有机物。每年，光合作用将数百亿立方米的二氧化碳和水合成纤维素以及其他的糖类。糖类数量庞大，种类繁多，功能多样。

淀粉是世界上绝大多数地区的主要食物供应；在大多数非光合细胞中碳水化合物的氧化是重要的产能途径。

不溶于水的糖类物质可以作为结构物质及保护性物质。例如：植物细胞壁的主要成分纤维素、半纤维素和果胶物质以及细菌细胞壁的肽聚糖等。此外，甲壳类动物和昆虫外壳的几丁质也属于糖类物质。一些糖类物质存在于动物的结缔组织中，起到润滑动物关节的作用。

一些糖类物质参与细胞的识别及细胞黏附的过程。还有一些复杂的糖类多聚体与蛋白质或脂类共价连接，决定了这些分子的细胞定位和代谢去向。

糖类物质在代谢过程中产生重要的中间代谢物，这些中间产物为其他生物分子如氨基酸、核苷酸、脂肪及类固醇的合成提供碳原子或碳骨架。一些糖类物质参与生物活性分子的组成。例如：生物体中的核酸、一些酶的辅因子（如 CoA-SH、FAD、NAD^+）以及其他生物活性分子（如 ATP、GTP、cAMP）的构成都离不开核糖。

第一节　生物体内的糖类

糖类物质主要是由碳、氢和氧三种元素所组成，

糖分子中的氢和氧的原子数之比往往是 2：1，其分子式通常用 $C_m(H_2O)_n$ 通式表示。其中氢、氧原子数的比例与水分子的相同，因此人们误认为糖是碳与水的化合物，故称为碳水化合物。然而随着研究的深入，人们发现一些糖并不符合这一通式，如鼠李糖（$C_6H_{12}O_5$），而一些非糖物质反倒符合这一通式，如乙酸（$C_2H_4O_2$）。虽然"碳水化合物"这一名称并不严格，但是已经广泛使用很久，因此至今仍然沿用。

糖类按照聚合程度可分为单糖、寡糖和多糖。单糖是指不能再水解为更小单位的糖，如葡萄糖、果糖、核糖。寡糖是指含 2~10 个单糖结构的缩合物，如蔗糖、麦芽糖、棉籽糖。多糖是指含 10 个以上单糖结构的缩合物，如淀粉、糖原、纤维素。

按照衍生物的不同，糖类又可以分为简单糖和结合糖（也称复合糖）。简单糖是指不含有非糖类物质的糖。结合糖是指含有其他非糖类物质的糖，如糖脂、糖蛋白、蛋白聚糖。

糖类是单糖、单糖缩聚物以及一些衍生物的总称。

一、单糖

（一）单糖的化学结构

单糖的化学结构是多羟基醛或多羟基酮。单糖按照羰基的位置不同可分为醛糖和酮糖。最简单的醛糖是甘油醛，而最简单的酮糖是二羟丙酮，其他的醛糖和酮糖都可以看作是这二者的衍生物。按照分

子内的碳原子数不同,单糖可分为丙糖(三碳糖)、丁糖(四碳糖)、戊糖(五碳糖)以及己糖(六碳糖)等。

除了二羟丙酮,其他的单糖都含有一个或一个以上的不对称碳原子,因此单糖具有旋光性。根据绝对构型,可以把单糖分为 D-构型糖和 L-构型糖。旋光性与绝对构型没有必然联系。通常,以距离羰基碳最远的不对称碳原子上的羟基来判断单糖的构

型。当一个单糖分子中,距离羰基最远的不对称碳原子上羟基的位置与 D-甘油醛羟基的位置相同,这个单糖就是 D-构型。当一个单糖分子中,距离羰基最远的不对称碳原子上羟基的位置与 L-甘油醛羟基的位置相同,这个单糖就是 L-构型。生物体内常见的糖以 D-构型为主,如葡萄糖(D-己醛糖)、果糖(D-己酮糖)以及核糖(D-戊醛糖)(图 9-1,图 9-2)。

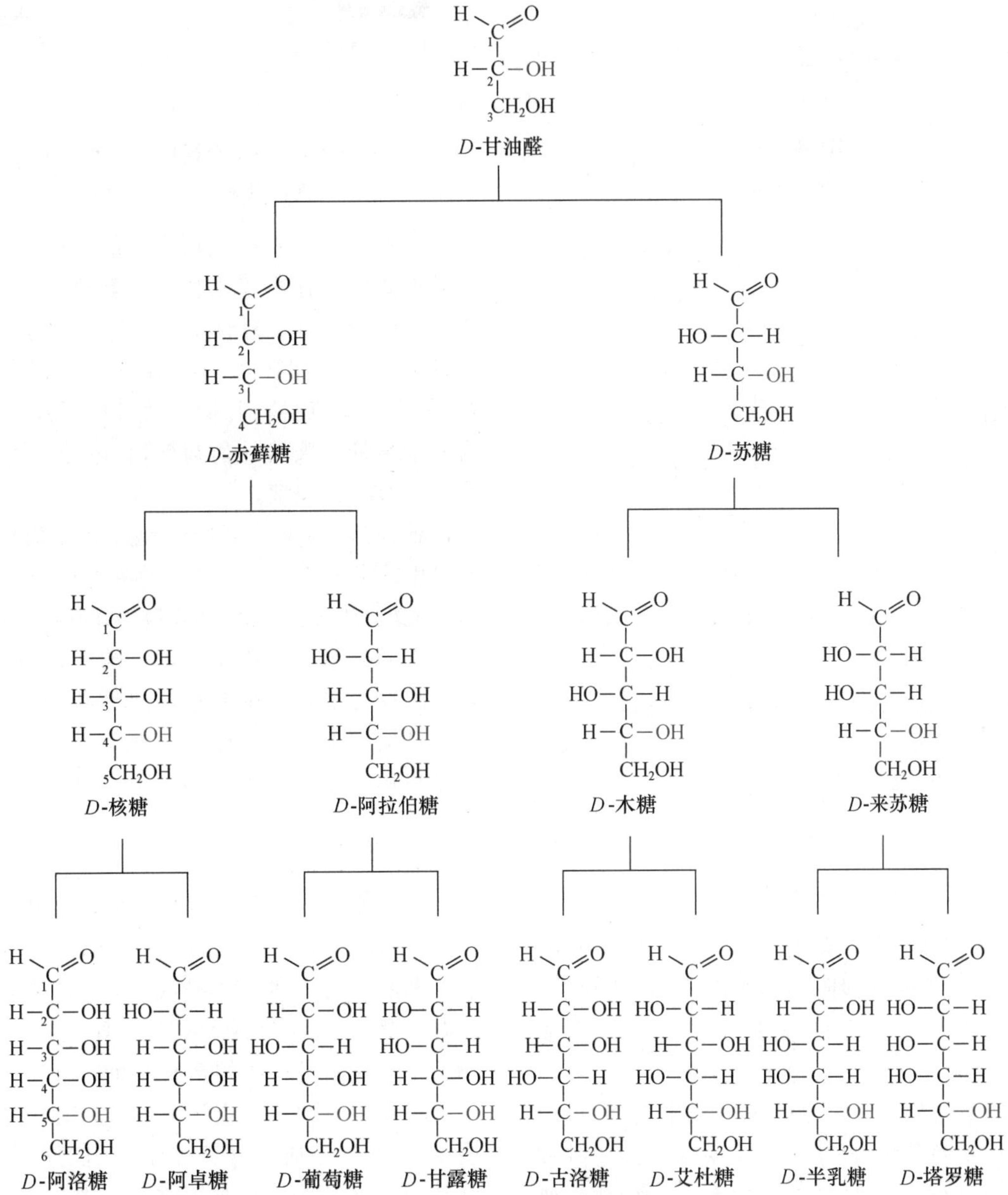

图 9-1　D-系醛糖

上面介绍的单糖都是开链分子。实际上在水溶液中,5 个或 5 个以上碳原子的单糖主要以环状结构存在。含有 5 个或更多碳原子的醛糖和含有 6 个或更多碳原子的酮糖的羰基都可以与分子内的一个羟基反应,形成环式半缩醛(hemiacetal)或半缩酮

(hemiketal)。同一个单糖分子中,环状结构比开链结构多了一个不对称碳原子。例如:葡萄糖有 6 个碳原子,它的开链形式含有 4 个不对称碳原子,环状形式就含有 5 个不对称碳原子。

六碳的醛糖形成的六元环称为吡喃糖(pyr-

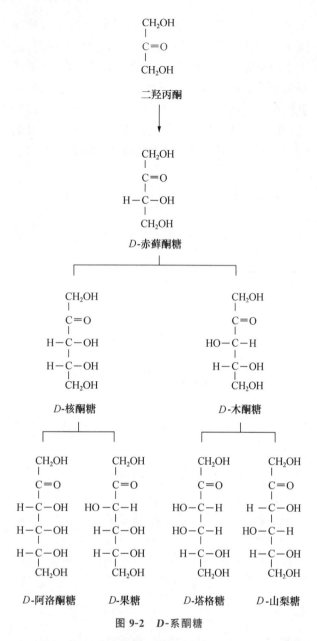

图 9-2 D-系酮糖

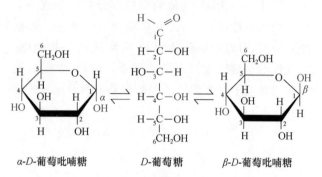

图 9-3 开链葡萄糖环化形成 α-D-吡喃葡萄糖和 β-D-吡喃葡萄糖

anose)，六碳的酮糖形成的五元环称为呋喃糖 (furanose)。D-葡萄糖环化形成 D-葡萄吡喃糖，D-果糖环化既可以形成 D-呋喃果糖，也可以形成 D-吡喃果糖。

糖分子中的醛基与羟基作用形成半缩醛时，由于 C═O 为平面结构，羟基可以从平面的两边进攻 C═O，从而得到 α-构型和 β-构型两种异构体。两种构型可通过开链式相互转化而达到平衡。α-构型中，生成的半缩醛羟基与决定单糖构型的羟基 (C₄—OH) 在同一侧；β-构型中，生成的半缩醛羟基与决定单糖构型的羟基在不同的两侧。在环式结构中，氧化程度最高的碳称为异头碳(anomeric carbon)，是不对称碳原子。α-构型和 β-构型的两个立体异

体称为异头物(anomer)。D-葡萄糖的 α-型和 β-型即是一对异头物，它们是非对映异构体(图 9-3)。

葡萄糖(glucose)是最常见的单糖，以游离或结合的形式广泛存在于生物界。葡萄、无花果及蜂蜜中游离的葡萄糖含量较多。结合的葡萄糖主要存在于糖原、淀粉、纤维素、半纤维素等多糖中。一些寡糖，如麦芽糖、蔗糖、乳糖以及各种形式的糖苷中也含有葡萄糖。天然的葡萄糖，无论是游离的或是结合的，均属 D-构型。

葡萄糖分子具有还原性，这是由于葡萄糖分子存在自由的半缩醛羟基。像葡萄糖这种异头碳没有参与形成糖苷键，有自由半缩醛羟基的糖称为还原糖。

果糖是自然界中常见的己酮糖，也是最甜的单糖。果糖可游离存在于蜂蜜、水果中，也可作为单体构成蔗糖和果聚糖。环状果糖含半缩醛羟基，所以果糖也属于还原糖。

(二)单糖的衍生物

自然界中还存在一些单糖的衍生物。单糖分子中的羟基能与酸作用生成酯。例如，葡萄糖与磷酸生成 6-磷酸葡萄糖，果糖与磷酸生成 6-磷酸果糖。此外还有 3-磷酸甘油醛和磷酸二羟丙酮(图 9-4A)。这些物质是糖代谢过程中的重要中间产物。

单糖分子的一个或几个羟基被氨基取代称为氨基糖，这个羟基通常位于糖的 C-2 位置，有时这个氨基基团还可以被乙酰基团进一步取代。图 9-4B 中是 3 个氨基糖，其中的 β-D-葡萄糖胺和 N-乙酰-β-D-半乳糖胺是许多重要多糖的组成成分；N-乙酰-α-D-神经氨酸(acetylneuraminic acid)，即唾液酸(sialic acid, SA)，是动物体内很多糖蛋白和糖脂的组成成分。

此外，单糖衍生物还有糖醇和糖醛酸，糖醇是单

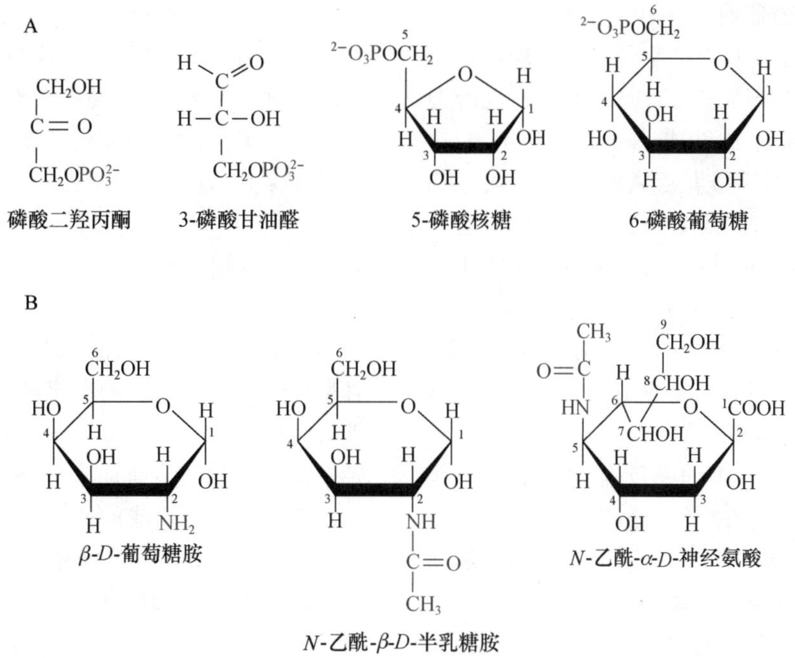

A

磷酸二羟丙酮   3-磷酸甘油醛   5-磷酸核糖   6-磷酸葡萄糖

B

β-D-葡萄糖胺

N-乙酰-β-D-半乳糖胺

N-乙酰-α-D-神经氨酸

A. 单糖磷酸酯   B. 氨基糖

图 9-4   几种单糖衍生物

糖分子的醛或酮基还原成羟基后所得的多元醇。糖醛酸是单糖分子的伯醇基氧化成羧基的化合物,如葡萄糖醛酸。

二、寡糖

寡糖也称低聚糖,在自然界中的种类多达数百种。许多生物大分子中都含有寡糖。寡糖在生物体参与多种生物功能,包括信号识别、免疫应答、储藏和运输等。

第一个糖分子的异头碳与第二个糖分子的羟基缩合形成的共价键是一种糖苷键(glycosidic bond),是所有单糖聚合物之间的基本连接。由两个单糖分子缩合而成的寡糖称为双糖,两个糖之间的连键是 O-糖苷键(O-glycosidic bond)。形成双糖的两个单糖可以相同也可以不同。双糖也可以认为是一种糖苷,其中的配基是另外一个单糖分子。常见的双糖有麦芽糖、蔗糖、纤维二糖和乳糖(图 9-5)。

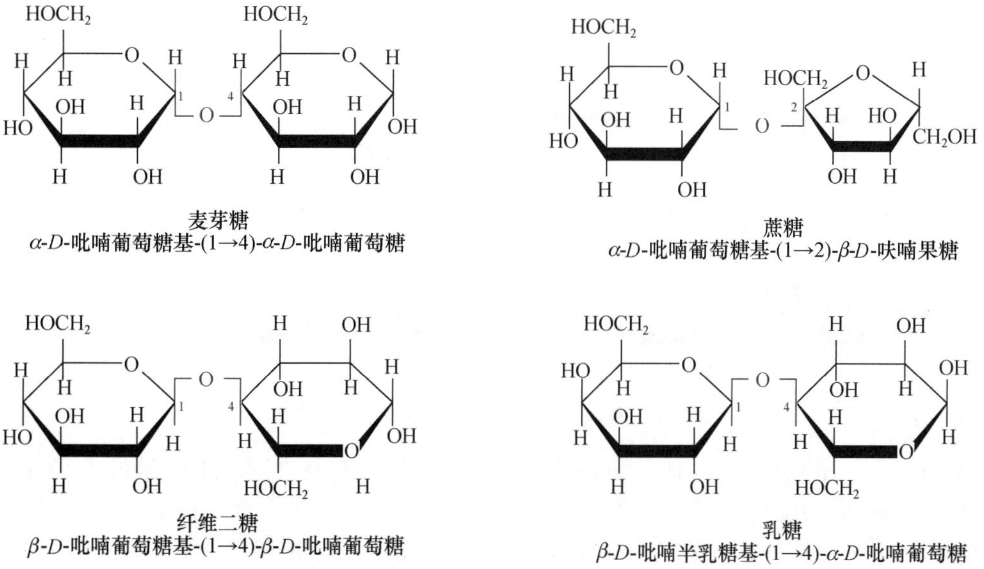

麦芽糖
α-D-吡喃葡萄糖基-(1→4)-α-D-吡喃葡萄糖

蔗糖
α-D-吡喃葡萄糖基-(1→2)-β-D-呋喃果糖

纤维二糖
β-D-吡喃葡萄糖基-(1→4)-β-D-吡喃葡萄糖

乳糖
β-D-吡喃半乳糖基-(1→4)-α-D-吡喃葡萄糖

图 9-5   几种常见的双糖

麦芽糖(1-*α*-*D*-葡萄糖基-4-*α*-*D*-葡萄糖苷)是在淀粉酶的作用下,水解淀粉时产生的。麦芽糖由两个 *D*-葡萄糖以 *α*-1,4-糖苷键连接而成。图中可以看到左边葡萄糖的异头碳由于形成糖苷键被固定了,右边葡萄糖分子的半缩醛异头碳是游离的,可以形成 *α*-构型或 *β*-构型;半缩醛羟基也是游离的,具有还原性。

蔗糖(1-*α*-*D*-葡萄糖基-2-*β*-*D*-果糖苷)只在植物中合成,是自然界中分布最广泛的双糖。甘蔗含蔗糖 14% 以上,甜菜含蔗糖 16%~20%。蔗糖以 2 个单糖的异头碳形成了 *α*-1,2-糖苷键,所以没有游离的半缩醛羟基,不具有还原性。

纤维二糖(1-*α*-*D*-葡萄糖-4-*β*-*D*-葡萄糖苷)是纤维素的基本结构单元,在自然界不存在游离的纤维二糖。

乳糖(4-*β*-*D*-半乳糖基-1-*β*-*D*-葡萄糖苷)是哺乳动物乳汁中主要的碳水化合物,只在乳腺中合成。乳糖分子中的葡萄糖基上有自由的半缩醛羟基,属于还原糖。

寡糖可以从天然植物中提取出来,也可以用淀粉等为原料合成出来。目前一些低聚糖的生理活性和保健作用受到了广泛的重视。例如异麦芽糖(1-*α*-*D*-葡萄糖基-6-*D*-葡萄糖苷)的低聚物进入大肠能有效地促进双歧杆菌的生长繁殖,所以能够作为双歧杆菌的增殖因子(也称"双歧因子")。这类糖能抑制腐败菌的生长,提高营养吸收率,促进乳制品中乳糖的消化性和脂质的代谢,所以具有调节消化功能和保健的作用。

三、多糖

多糖(polysaccharide)是由 10 个到上万个单糖通过糖苷键连接形成的高聚物。由同种单糖缩合而成的多糖称为同多糖(homopolysaccharide)。自然界中最丰富的同多糖是淀粉、糖原和纤维素,它们都是由葡萄糖缩合而成的。

淀粉(starch)是植物中普遍存在的多糖,它是植物体内养分的储存方式。淀粉大量存在于植物的种子和地下块茎中。淀粉可分为直链淀粉(amylose)和支链淀粉(amylopectin),前者为无分支的螺旋结构,由葡萄糖残基以 *α*-1,4-糖苷键首尾相连而成,后者由葡萄糖残基以 *α*-1,4-糖苷键形成直链,在支链处为 *α*-1,6-糖苷键,大约每 20 个葡萄糖残基就有一个分支(图 9-6)。

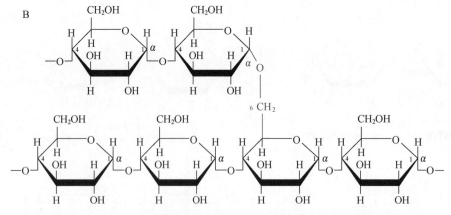

图 9-6 直链淀粉(A)和支链淀粉(B)的结构

糖原(glycogen)也称动物淀粉,是人和动物体内葡萄糖的储存形式,它的结构类似支链淀粉,但分支更多,大约每 10 个葡萄糖残基就形成一个支链。

纤维素(cellulose)是参与植物细胞的结构组成的多糖。它是生物圈中含量最丰富的有机化合物。纤维素是由 *D*-葡萄糖以 *β*-1,4-糖苷键组成的大分子多糖,相对分子质量为 50 000~2 500 000,相当于 300~15 000 个葡萄糖基(图 9-7)。

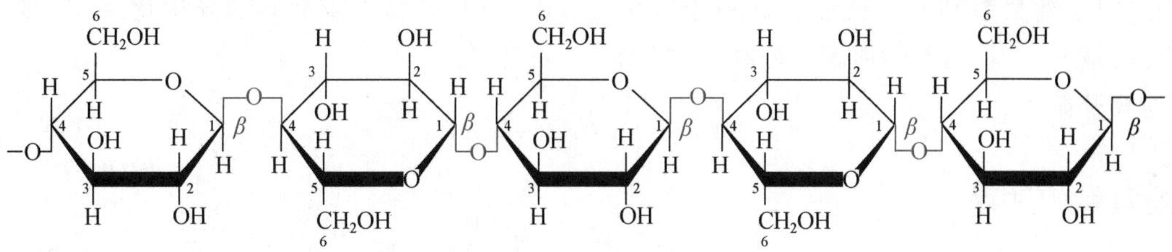

图 9-7　纤维素的结构

由不同种类的单糖分子缩合而成的多糖称为杂多糖(heteropolysaccharide)。常见的杂多糖是由含氨基糖的重复双糖结构组成的,称为糖胺聚糖(glycosaminoglycan,GAG),又称为黏多糖。常见的糖胺聚糖包括透明质酸、硫酸软骨素、硫酸皮肤素、肝素等。

四、糖缀合物

糖缀合物(glycoconjugate)主要包括糖蛋白、蛋白聚糖、肽聚糖(peptidoglycan)、糖脂(glycolipid)、脂多糖等。

糖类和蛋白质结合以蛋白质为主的称为糖蛋白。糖蛋白中的肽链与糖分子的连接方式主要有两种:一种是糖分子的羟基与肽链中的丝氨酸或苏氨酸的羟基相连,称为 O-糖苷键;另一种是糖分子的羟基与天冬氨酸的氨基相连,称为 N-糖苷键。糖蛋白广泛地分布于动物、植物和微生物体内。例如红细胞表面的血型糖蛋白、一些激素分子如绒毛膜促性腺激素和促甲状腺素、还有一些酶类如胃蛋白酶等都属于糖蛋白。糖蛋白在生物体内具有多种生物功能。例如:消化道黏液糖蛋白具有润滑作用,此外一些细胞膜表面的糖蛋白具有免疫和识别作用。

糖类和蛋白质结合以糖为主的则是蛋白聚糖,它是动物结缔组织的重要成分,具有支持和保护细胞的作用。原核生物特有的细胞壁成分称为肽聚糖。肽聚糖是一种大分子复合体,由若干个 N-乙酰葡萄糖胺和 N-乙酰胞壁酸以及少数短肽链组成的亚单位聚合而成。

糖类和脂质结合以脂质为主的称为糖脂。糖脂可由鞘氨醇,也可由甘油等衍生。在自然界分布最广,迄今研究得最多的是鞘糖脂(详见第六章)。重要的糖鞘脂有脑苷脂和神经节苷脂。脑苷脂在脑中含量最多,主要是半乳糖苷脂,其脂肪酸主要为二十四碳脂肪酸。神经节苷脂是一类含唾液酸的酸性糖鞘酯,广泛分布于全身各组织的细胞膜的外表面。此外,鞘糖脂还具有血型决定功能。红细胞质膜上

的鞘糖脂是 ABO 血型系统的血型抗原,血型免疫活性特异性的分子基础是糖链的糖基组成。A、B、O 三种血型抗原的糖链结构基本相同,只是糖链末端的糖基有所不同。A 型血的糖链末端为 N-乙酰半乳糖;B 型血为半乳糖;O 型血则缺少这两种糖基;而 AB 型有 A 型和 B 型的两种糖链。

糖类和脂质结合成分以多糖为主的称脂多糖。脂多糖是革兰氏阴性细菌外壁层中特有的一种化学成分。其结构比较复杂,在不同类群、甚至菌株之间都有差异。脂多糖对于细菌的宿主是有毒性的,这种毒性只有当细菌死亡溶解或用人工方法破坏菌细胞后才释放出来,所以称为内毒素。内毒素耐热而稳定,抗原性弱,可引起发热、微循环障碍、内毒素休克等症状。

第二节　糖酵解

人们在几世纪之前就开始利用发酵作用来为生产和生活服务,如酿酒过程就是乙醇发酵过程。直至 1940 年,糖酵解的途径才阐述清楚。目前该途径是研究得最为清楚的生物化学途径之一。有 3 位生物化学家对阐明糖酵解作用做出了很大的贡献,因此糖酵解过程又以这三位科学家的名字命名,称为 Embden-Meyerhof-Parnas 途径,简称 EMP 途径。

糖酵解(glycolysis)是 1 分子葡萄糖经过一系列酶促反应降解为 2 分子丙酮酸的过程,在这个过程中释放的能量保存在 ATP 和 NADH 中。糖酵解过程被认为是生物最古老、最原始的获取能量的一种方式,是一切有机体中普遍存在的葡萄糖降解途径。这一过程无论在有氧或无氧的条件下均可进行,是所有生物体进行葡萄糖分解代谢所必须经过的共同阶段。

在糖酵解途径中,1 分子葡萄糖经过 10 步酶催化的反应转变成 2 分子丙酮酸,同时产生 ATP 和 NADH。这一过程不仅在能量代谢过程中起重要

的作用,而且对于葡萄糖和其他代谢物进一步氧化降解有重要的意义。因此,在学习糖代谢时,我们先从糖酵解途径开始。

一、糖酵解的过程

糖酵解的全过程从葡萄糖开始共包括 10 步酶促反应,全部在细胞质中进行。这 10 步反应根据能量代谢的特点可划分为两个阶段:第 1 阶段包括前 5 个步骤,由葡萄糖经过磷酸化分解为三碳糖,每分解 1 分子葡萄糖消耗 2 分子 ATP,称为耗能的糖活化阶段;第 2 阶段为后 5 个步骤,是三碳糖 3-磷酸甘油醛氧化脱氢并释放能量的阶段,释放的能量形成了 ATP,称为产能阶段。

(一)糖酵解途径的第一阶段——葡萄糖的活化阶段

1. 葡萄糖磷酸化反应

在己糖激酶(hexokinase)的催化下,ATP 上的 γ-磷酸基团转移给葡萄糖形成 6-磷酸葡萄糖(G-6-P)。所谓激酶(kinase)是将 ATP 的磷酸基团转移给特定底物并使底物磷酸化的酶。激酶根据其催化反应中接受磷酸基团的物质来进行命名。己糖激酶催化的是磷酸基团从 ATP 转移到己糖分子上的反应。激酶催化的反应需要 ATP 作为磷酸基团供体,同时要有二价镁离子参与。

$$\Delta G^{0'}=-16.7 \text{ kJ/mol}$$

此步由己糖激酶催化的反应是糖酵解途径中的第 1 个磷酸化反应。这个反应的 $\Delta G^{0'}$ 为 -16.7 kJ/mol,因此是不可逆反应。催化该反应的己糖激酶是糖酵解过程中的第一个调节酶,其活性受其催化产物 6-磷酸葡萄糖的别构抑制。

2. 磷酸己糖异构化反应

在磷酸己糖异构酶(phosphohexose isomerase)的催化下,6-磷酸葡萄糖转变为 6-磷酸果糖(F-6-

P),这是醛糖与酮糖间的异构化反应。此步反应是可逆的。

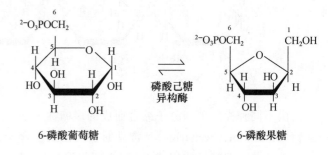

$$\Delta G^{0'}=+1.7 \text{ kJ/mol}$$

3. 磷酸果糖的磷酸化反应

在磷酸果糖激酶-1(phosphofructokinase-1,PFK-1)的催化下,6-磷酸果糖接收 ATP 的 γ-磷酸基团转变为 1,6-二磷酸果糖,这是糖酵解途径中的第 2 个磷酸化反应。

$$\Delta G^{0'}=-14.2 \text{ kJ/mol}$$

这步反应是糖酵解途径的关键限速步骤。催化该反应的磷酸果糖激酶-1 是糖酵解途径的限速酶。磷酸果糖激酶-1 是别构调节酶,其活性受多种代谢物的调节。ATP 和柠檬酸是该酶的别构抑制剂,NADH 和脂肪酸也对该酶有抑制作用,此外 2,6-二磷酸果糖是该酶的强烈激活剂。

4. 二磷酸果糖的裂解反应

在醛缩酶(aldolase)催化下,1,6-二磷酸果糖裂解为 3-磷酸甘油醛和磷酸二羟丙酮。

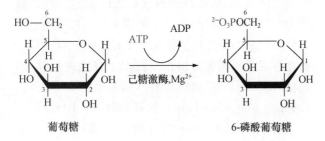

$$\Delta G^{0'}=+23.8 \text{ kJ/mol}$$

醛缩酶的名称取自于其催化的逆向反应,即醛醇缩合反应。在热力学上,此步反应的 $\Delta G^{0'}$ 为 $+23.8$ kJ/mol,因此反应有利于向其逆反应(即缩合反应)方向进行。但在正常生理条件下,该反应的确向裂解方向进行。这主要是由于反应产物3-磷酸甘油醛在接下来的步骤中不断被氧化消耗,细胞中3-磷酸甘油醛的浓度处于较低水平,不利于反应向缩合方向进行。

5. 磷酸丙糖的异构化反应

在磷酸丙糖异构酶(triose phosphate isomerase)的催化下,磷酸二羟丙酮迅速异构化为3-磷酸甘油醛。

磷酸二羟丙酮　　　　3-磷酸甘油醛

$\Delta G^{0'} = +7.5\ \text{kJ/mol}$

该反应的 $\Delta G^{0'} = +7.5\ \text{kJ/mol}$,因此反应有利于向磷酸二羟丙酮生成的方向进行。但实际上反应仍向生成3-磷酸甘油醛的方向进行。这是由于3-磷酸甘油醛直接进入糖酵解的后续反应而不断被消耗导致的。

(二)糖酵解途径的第二阶段——产能阶段

6. 磷酸丙糖的氧化反应

在3-磷酸甘油醛脱氢酶(glyceraldehyde 3-phosphate dehydrogenase)的催化下,3-磷酸甘油醛被氧化的同时磷酸化生成1,3-二磷酸甘油酸。

3-磷酸甘油醛　　　　1,3-二磷酸甘油酸

$\Delta G^{0'} = +6.3\ \text{kJ/mol}$

此步反应是酵解中的第一个氧化反应。这一步既是氧化反应,也是磷酸化反应。氧化过程是放能反应,$\Delta G^{0'}$ 为 $-43.2\ \text{kJ/mol}$。酯酰磷酸化是不利于热力学的反应,$\Delta G^{0'}$ 为 $+49.5\ \text{kJ/mol}$。但是由于两个反应偶联在一起,氧化反应释放的能量促进了磷酸化反应的进行,而磷酸化反应吸收的能量储于1,3-二磷酸甘油酸的高能磷酸键中。研究发现3-磷酸甘油醛脱氢酶的活性能够被碘乙酸抑制。碘乙酸可与3-磷酸甘油醛脱氢酶分子中Cys的巯基发生反应,因此证明了巯基是3-磷酸甘油醛脱氢酶活性

中心的必需基团。

7. 高能磷酸键的转移反应

在磷酸甘油酸激酶(phosphoglycerate kinase)的催化下,1,3-二磷酸甘油酸的高能磷酸基团转移给ADP,生成3-磷酸甘油酸和ATP。

1,3-二磷酸甘油酸　　　　3-磷酸甘油酸

$\Delta G^{0'} = -18.5\ \text{kJ/mol}$

这是糖酵解途径中第一次生成ATP的反应。上一步反应生成的高能化合物1,3-二磷酸甘油酸的高能磷酸键断裂,将能量转移至ATP分子中。这种ATP中高能磷酸键产生的方式不同于发生在线粒体中的氧化磷酸化过程。这种由其他高能磷酸化合物将磷酸基团直接转移给ADP形成ATP的过程称为底物水平磷酸化。

8. 磷酸甘油酸的变位反应

在磷酸甘油酸变位酶(phosphoglycerate mutase)的催化下,3-磷酸甘油酸C-3上的磷酸基团转移到分子内的C-2原子上,生成2-磷酸甘油酸。

3-磷酸甘油酸　　　　2-磷酸甘油酸

$\Delta G^{0'} = +4.4\ \text{kJ/mol}$

此步反应是分子内磷酸基团位置的变换,属于分子内的重排反应。催化这种分子内功能基团位置移动的酶称为变位酶(mutase)。

9. 磷酸甘油酸的烯醇化反应

在烯醇化酶(enolase)的催化下,2-磷酸甘油酸脱水生成磷酸烯醇式丙酮酸(phosphoenolpyruvate,PEP)。

2-磷酸甘油酸　　　　磷酸烯醇式丙酮酸

$\Delta G^{0'} = +7.5\ \text{kJ/mol}$

这一步反应使分子内能重新分布,C-2 上的磷酸酯键转变为高能的磷酰烯醇键,生成的磷酸烯醇式丙酮酸是高能磷酸化合物。这步反应显著地提高了磷酰基团的转移势能。

10. 高能磷酸键的转移反应

在丙酮酸激酶(pyruvate kinase)催化下,磷酸烯醇式丙酮酸的磷酸基团转移给 ADP,生成烯醇式丙酮酸和 ATP。但烯醇式丙酮酸很不稳定,迅速发生分子重排反应,生成了丙酮酸。

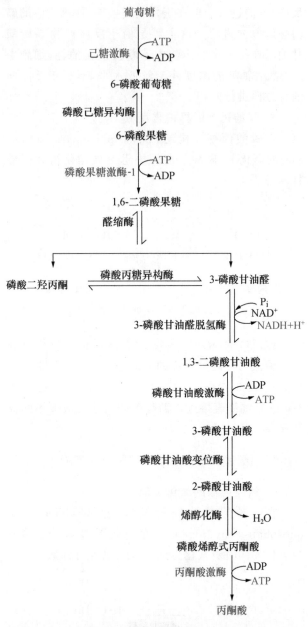

$\Delta G^{0'} = -31.4\ kJ/mol$

这是糖酵解过程中第二次生成 ATP 的反应,也是第二次以底物水平磷酸化的方式生成 ATP。此步反应的 $\Delta G^{0'}$ 为 $-31.4\ kJ/mol$,基本不可逆。烯醇式丙酮酸重排形成丙酮酸的反应不需要酶的催化,反应强烈倾向于丙酮酸生成的方向。

(三)糖酵解途径的总结

糖酵解从葡萄糖开始至丙酮酸的生成结束,共包括 10 个反应步骤。反应历程如图 9-8 所示。其中,第 1 阶段(前 5 步反应)是 1 分子葡萄糖转变成 2 分子 3-磷酸甘油醛。其中第 1 步反应和 3 步反应是消耗能量的,共消耗了 2 分子 ATP。第 2 阶段(后 5 步反应)是 2 分子 3-磷酸甘油醛转变成 2 分子丙酮酸。其中第 7 步反应和第 10 步反应是产生能量的,共生成了 4 分子 ATP。此外,第 6 步反应生成了 2 分子 NADH。

糖酵解整个过程的总反应可表示为:

葡萄糖+2ADP+2Pi+2NAD$^+$ ⟶ 2 丙酮酸+
2ATP+2NADH+2H$^+$+2H$_2$O

二、糖酵解过程中能量的产生

在糖酵解过程的第 1 阶段,葡萄糖经过两步磷酸化形成 1,6-二磷酸果糖,该阶段在葡萄糖磷酸化和 6-磷酸果糖磷酸化的反应中共消耗 2 分子 ATP。随后在第 2 阶段,1,3-二磷酸甘油酸及磷酸烯醇式

图 9-8　糖酵解的反应过程

丙酮酸反应中各生成 2 分子 ATP,共增加了 4 分子 ATP。减去在第一阶段消耗的 2 分子 ATP,所以 1 分子葡萄糖酵解变为 2 分子丙酮酸的反应净生成 2 分子 ATP。

第 6 步反应中生成了 2 分子 NADH,若进入有氧的彻底氧化途径可产生 5 分子 ATP。但动物的某些组织如脑组织或骨骼肌中,细胞质中产生的 NADH 需要经过磷酸甘油穿梭系统才能进入线粒体,由于进入线粒体后是由 FAD 作为质子受体,所以只产生 3 分子 ATP。因此,2 分子 NADH 彻底氧化可产生 ATP 的分子数为 5 或 3 个。

如果糖酵解是从糖原降解开始的,糖原经磷酸

解和变位反应后在不消耗 ATP 的情况下变为 6-磷酸葡萄糖，所以相当于每分子葡萄糖经糖酵解可净产生 3 分子 ATP 和 2 分子 NADH。

三、糖酵解的生理意义

糖酵解普遍存在于生物体中，从单细胞生物到高等动植物都存在糖酵解过程，其生理意义主要有以下 2 点。

（1）糖酵解过程是葡萄糖进行有氧或无氧分解的共同代谢途径，使生物体获得生命活动所需的部分能量。该过程在无氧及有氧条件下都能进行，当生物体在相对缺氧（如高原氧气稀薄）或氧的供应不足（如激烈运动）时，糖酵解是糖分解的主要形式，也是获得能量的主要方式。但由于糖酵解释放的能量有限，所以只是机体供氧不足或有氧氧化受阻时补充能量的应急措施。在供氧不足的生物体肌肉组织中，葡萄糖经无氧氧化产生的丙酮酸转变为乳酸。某些厌氧微生物，如某些细菌或酵母菌，将葡萄糖氧化为乙醇。

（2）糖酵解途径中形成的许多中间产物可作为合成其他物质的原料。如磷酸二羟丙酮可转变为甘油，丙酮酸可转变为丙氨酸或乙酰-CoA，后者是脂肪酸合成的原料，这样就使糖酵解与蛋白质代谢及脂肪代谢途径联系起来，实现了物质间的相互转化。

四、丙酮酸的去路

丙酮酸是糖酵解途径的终产物。在无氧条件下，丙酮酸不能进一步氧化，只能进行乳酸发酵生成乳酸或者进行酒精发酵生成乙醇（图 9-9）。在有氧条件下，丙酮酸先氧化脱羧生成乙酰-CoA，再经三羧酸循环和电子传递链彻底氧化为 CO_2 和 H_2O，产生大量 ATP。

（一）有氧条件下形成乙酰-CoA

在有氧条件下，丙酮酸进入线粒体，在丙酮酸脱氢酶复合体的催化下，脱羧形成乙酰-CoA。乙酰-CoA 进入三羧酸循环，被彻底氧化生成 CO_2 和 H_2O（详见本章第四节）。

（二）无氧条件下形成乳酸或乙醇

1. 丙酮酸形成乳酸

在乳酸脱氢酶（lactate dehydrogenase）的催化下，NADH 脱氢，丙酮酸被还原为乳酸（lactate）。

$$
\underset{丙酮酸}{\begin{array}{c} COO^- \\ | \\ C=O \\ | \\ CH_3 \end{array}}
\quad\xrightarrow[乳酸脱氢酶]{NADH+H^+ \quad NAD^+}\quad
\underset{L\text{-}乳酸}{\begin{array}{c} COOH \\ | \\ HO-C-H \\ | \\ CH_3 \end{array}}
$$

反应中消耗的 NADH 与糖酵解途径中 3-磷酸甘油醛氧化生成的 NADH 相互抵消。葡萄糖转变为乳酸的总反应为：

葡萄糖＋$2P_i$＋2ADP——2 乳酸＋2ATP＋$2H_2O$

由葡萄糖转变为乳酸的过程称为乳酸发酵。动物、植物及微生物都可进行乳酸发酵。乳酸发酵可用于生产奶酪、酸奶、食用泡菜等。例如，食用泡菜的腌制就是乳酸杆菌大量繁殖，产生乳酸积累导致酸性增强而抑制了其他细菌的生长。

在人和动物体内一些缺乏血管和线粒体的组织细胞中（如红细胞、晶状体、角膜和睾丸等），丙酮酸代谢的主要产物就是乳酸。在骨骼肌细胞中，运动对 ATP 的需求致使糖酵解过程产生大量的 NADH。而当 NADH 超出线粒体呼吸链的氧化能力时，就会导致 NADH/ NAD^+ 的比值升高，有利于丙酮酸还原为乳酸。因此，在剧烈运动时，乳酸会在骨骼肌中累积，形成乳酸堆积。大部分乳酸会通过血液运输进入肝脏，在肝脏乳酸脱氢酶的催化下变回丙酮酸，而后转变为葡萄糖（详见本章第三节糖异生）。在正常生理条件下，乳酸能够被有效回收和利用，因此血浆中乳酸的浓度会维持在稳定的水平。

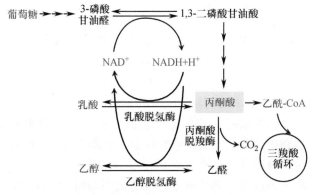

图 9-9　丙酮酸可以进入无氧发酵途径形成乙醇或乳酸，
也可以进入有氧降解

知识框 9-1   乳酸是代谢废物吗?

经过本章内容的学习,同学们已经了解了乳酸这种生物分子在体内的代谢过程。简而言之,就是葡萄糖经过糖酵解产生的丙酮酸在无氧的条件下还原生成乳酸。乳酸就像位于代谢网络的盲肠一样,要彻底氧化分解必须氧化转变为丙酮酸,然后进入其他代谢途径。值得注意的是,乳酸的生成和再利用往往发生在机体不同的组织细胞中。本章第三节糖异生中讲到的可立氏循环(Cori cycle)就是典型的例子。肌肉剧烈收缩时无氧代谢产生乳酸经过血液循环至肝脏中进行糖异生,生成的葡萄糖经血液循环为肌肉供能。实际上,乳酸的产生和利用还不仅于此。乳酸的产生是没有线粒体或供氧十分匮乏的细胞利用葡萄糖的结果。在这些组织中,乳酸是葡萄糖代谢供能的主要产物。由于有氧代谢不能进行,乳酸在这些组织中不能被重新利用,因此被作为代谢"废物"排入血液中,运输至肝脏进行解毒和重新利用。但事实上,乳酸在体内还大有用武之地。2017年,Cell 发表的文章证实一些肿瘤细胞会自主摄取乳酸作为能源物质。例如在人的非小细胞肺癌中,乳酸是三羧酸循环燃料的主要来源,而非葡萄糖。近几年的研究显示,除肿瘤细胞外,人体除大脑以外,很多细胞包括肿瘤细胞都非常"喜爱"乳酸碳源。在生理浓度下,葡萄糖对这些细胞的供能主要是间接的,是通过转变为乳酸来实现的。这不仅使我们开始对乳酸这种重要的代谢中间产物重新审视。我们也期待更多的新发现来扩展我们对生命的化学世界的认知!

参考文献

[1] Faubert B, Li K Y, Cai L. Lactate metabolism in human lung tumors. Cell, 2017, 171:358-371.

[2] Hui S, Ghergurovich J M, Morscher R J. Glucose feeds the TCA cycle via circulating lactate. Nature, 2017, 551:115-118.

2. 丙酮酸形成乙醇

在丙酮酸脱羧酶(pyruvate decarboxylase)作用下,丙酮酸首先脱羧变成乙醛。该反应需要硫胺素焦磷酸(TPP)为辅酶。乙醛继而在乙醇脱氢酶(alcohol dehydrogenase)催化下被 NADH 还原形成乙醇。

由葡萄糖转变为乙醇的过程称为酒精发酵(alcoholic fermentation),葡萄糖转变为乙醇的总反应为:

$$葡萄糖+2P_i+2ADP+2H \longrightarrow 2乙醇+2CO_2+2ATP+2H_2O$$

酒精发酵存在于酵母和某些微生物细菌中。利用这一过程可用进行酿酒。此外,在真菌和缺氧的植物器官中也存在酒精发酵。例如,甘薯在长期淹水供氧不足时,块根中能够产生乙醇。

五、糖酵解的调控

糖酵解途径中有三步反应由于释放大量自由能而不可逆,催化这三步反应的酶分别是己糖激酶、磷酸果糖激酶-1 和丙酮酸激酶。这 3 个酶催化的反应是糖酵解的调控部位,对糖酵解的速度进行多种调节。

(一)己糖激酶

己糖激酶催化糖酵解过程的第一步磷酸化反应。磷酸基团的转移是生物化学中的基本反应之一。该酶是糖酵解过程中的第一个调节酶,这个反应释放大量的自由能,所以是不可逆的。

己糖激酶受其催化反应的产物 6-磷酸葡萄糖的别构抑制。当催化糖酵解第二个磷酸化反应的磷酸果糖激酶-1 活性被抑制时,6-磷酸果糖积累,从而使 6-磷酸葡萄糖的浓度也相应升高,进而抑制己糖激酶使其活性下降。

当细胞处于高能荷状态或柠檬酸水平升高时,

表明细胞处于能量过剩的状态。这种情况也导致6-磷酸葡萄糖浓度升高,进而抑制己糖激酶的活性,使糖酵解速度下降。

(二)磷酸果糖激酶-1

磷酸果糖激酶-1(PFK-1)是糖酵解过程中最重要的调节酶。由于该酶在三个调节酶中催化效率最低,糖酵解的速度主要决定于该酶的活性,因此它是糖酵解过程的限速酶。PFK-1 是一个四聚体的别构酶,该酶活性受多种代谢物的调节。高浓度的 ATP、NADH、脂肪酸、柠檬酸可以抑制该酶的活性;而高浓度的 AMP、ADP、低浓度脂肪酸可以激活该酶;此外,2,6-二磷酸果糖是该酶的强烈激活剂。

1. ATP 和 AMP 的别构调节作用

ATP 既是该酶作用的底物,又是该酶的别构抑制剂。在 PFK-1 的每一个亚基上存在两个 ATP 结合位点,其中一个是底物结合位点,另一个是调节位点。当 ATP 浓度升高时,与酶的调节位点结合,使酶发生别构作用,导致酶对底物 6-磷酸果糖的亲和力降低,从而抑制酶的活性。

AMP、ADP 和 2,6-二磷酸果糖能够阻止 ATP 的抑制作用,是该酶的激活剂。这是由于 AMP 能够优先结合在 PFK-1 上,阻止 ATP 对酶的别构作用。ADP 可在腺苷酸激酶的催化下与 ATP 和 AMP 相互转变,维持这三种物质在体内的浓度比。

2. 柠檬酸的别构抑制作用

柠檬酸是丙酮酸氧化脱羧生成乙酰-CoA 后,再与草酰乙酸结合的产物,也是三羧酸循环的第一个中间产物。当糖酵解的速度快时,柠檬酸生成多,高浓度的柠檬酸与 PFK-1 的别构中心结合,使酶构象改变而失活,从而抑制糖酵解途径的进行。

3. 2,6-二磷酸果糖的调节作用

2,6-二磷酸果糖并不是糖酵解或糖异生途径的中间产物,但是作为调节物可以作用于糖酵解和糖异生两条途径。它是 PFK-1 的别构激活剂,可以促进 1,6-二磷酸果糖的合成。

当血液中葡萄糖浓度低时,导致 2,6-二磷酸果糖的浓度降低,PFK-1 缺乏激活剂,从而抑制了糖酵解,促进了糖异生(糖异生作用见本章第三节)。与之相反,当血液中葡萄糖浓度高时,导致 2,6-二磷酸果糖的浓度升高,促进糖酵解,抑制糖异生。

4. 其他调节因素

NADH 和脂肪酸也抑制 PFK-1 的活性。当机体内能量水平高,不需糖分解生成能量时,PFK-1 的活性就受到抑制,从而降低糖酵解的速度。另外,PFK-1 被 H^+ 抑制,在 pH 明显下降时糖酵解的速率降低,这一机制能够防止在缺氧条件下形成过量乳酸导致酸毒症。

(三)丙酮酸激酶

丙酮酸激酶的活性受高浓度 ATP 及乙酰-CoA 等代谢物的抑制,这种产物对反应本身的抑制即为反馈抑制。当 ATP 的生成量超过细胞自身需要时,通过丙酮酸激酶的别构抑制使糖酵解的速度减低。

第三节 糖异生作用

糖异生(gluconeogenesis)是指体内从非糖类物质合成葡萄糖的代谢过程。在哺乳动物中,肝脏与肾脏是糖异生的主要器官。糖异生过程不是糖酵解过程的简单逆转。糖异生过程中有 7 个可逆反应与糖酵解过程相同,但还需要绕过 3 个不可逆的反应,因此需要另外的酶促反应。所以,糖酵解和糖异生都是不可逆的过程。在动物细胞中,尽管 2 条途径主要都在细胞质中进行,但是受到不同的调控。

一、葡萄糖异生作用的过程

(一)丙酮酸通过两步反应转变为磷酸烯醇式丙酮酸

1. 丙酮酸羧化生成草酰乙酸

丙酮酸 $+HCO_3^- +ATP \longrightarrow$ 草酰乙酸 $+ADP+P_i$

该反应在线粒体中进行,由丙酮酸羧化酶(pyruvate carboxylase)催化。丙酮酸羧化酶以生物素作为辅基,还需要 Mg^{2+} 参与。乙酰-CoA 作为该酶的激活剂参与催化过程。

糖异生途径的第一步是把丙酮酸转化为磷酸烯醇式丙酮酸,但这不是糖酵解的直接逆转。在真核生物中,这个过程需要在细胞质和线粒体中共同完成。

糖酵解产生的丙酮酸首先从细胞质进入线粒体,由线粒体中的丙酮酸羧化酶催化形成草酰乙酸。丙酮酸羧化酶以生物素作为活化 HCO_3^- 的载体。丙酮酸羧化酶催化的反应是糖异生途径的第一个调节部位。

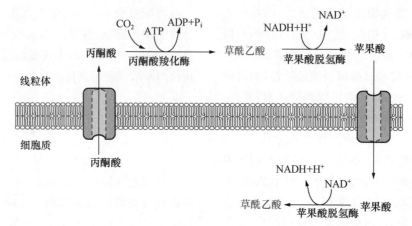

左图：

$$\begin{array}{c}COO^-\\|\\C=O\\|\\CH_3\end{array} + HCO_3^- \xrightarrow[\text{丙酮酸羧化酶}]{ATP\quad ADP+P_i} \begin{array}{c}COO^-\\|\\C=O\\|\\CH_2\\|\\COO^-\end{array} + H_2O$$

丙酮酸　　　碳酸氢盐　　　　　　　　　　　草酰乙酸

线粒体内形成的草酰乙酸不能直接穿过线粒体膜。因此，草酰乙酸在返回细胞质之前首先需要经苹果酸脱氢酶（malate dehydrogenase）催化转变为苹果酸，再通过苹果酸-天冬氨酸穿梭系统进入细胞质（参见图 8-25）。在细胞质的苹果酸脱氢酶催化下重新氧化成草酰乙酸（图 9-10）。

图 9-10　线粒体中丙酮酸的羧化作用

2. 草酰乙酸脱羧生成磷酸烯醇式丙酮酸（PEP）

草酰乙酸由磷酸烯醇式丙酮酸羧激酶（phosphoenolpyruvate carboxykinase）催化，生成磷酸烯醇式丙酮酸。

$$\begin{array}{c}COO^-\\|\\C=O\\|\\CH_2\\|\\COO^-\end{array} \xrightarrow[\text{磷酸烯醇式丙酮酸羧激酶}]{GTP\quad GDP\quad CO_2} \begin{array}{c}COO^-\\|\\C-OPO_3^{2-}\\||\\CH_2\end{array}$$

草酰乙酸　　　　　　　　　磷酸烯醇式丙酮酸

该反应在细胞质中进行，消耗 1 个来自 GTP 的高能磷酸键。

（二）1,6-二磷酸果糖生成 6-磷酸果糖

糖异生中的第 2 个不可逆反应是 1,6-二磷酸果糖水解为 6-磷酸果糖，由 1,6-二磷酸果糖磷酸酶（fructose 1,6-bisphosphatase，FBPase-1）催化。AMP 和 2,6-二磷酸果糖是该酶的别构抑制剂，ATP 和柠檬酸是该酶的别构激活剂。

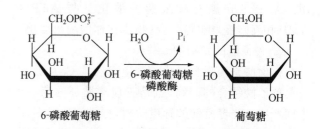

1,6-二磷酸果糖　　　　　　　6-磷酸果糖

（三）6-磷酸葡萄糖生成葡萄糖

糖异生最后一个不可逆反应是 6-磷酸葡萄糖水解为葡萄糖和 P_i。

6-磷酸葡萄糖　　　　　　　　葡萄糖

这一反应由 6-磷酸葡萄糖磷酸酶（glucose-6-phosphatase）催化。该酶主要存在于肝细胞中，定位于内质网，是内质网的标志酶。此酶的活性受底物水平的控制。

以上 3 步反应分别实现了丙酮酸到磷酸烯醇式丙酮酸的转变、1,6-二磷酸果糖到 6-磷酸果糖的转变及 6-磷酸葡萄糖到葡萄糖的转变。完成了糖酵解中 3 步不可逆反应的逆转。这 3 步反应再加上糖酵解中的另外 7 个可逆反应就构成了糖异生途径（图 9-11）。

从以上图 9-11 中两个代谢途径的比较可以看出，糖酵解和糖异生过程能量的产生和消耗并不对等。由葡萄糖经过酵解途径生成丙酮酸的过程共产

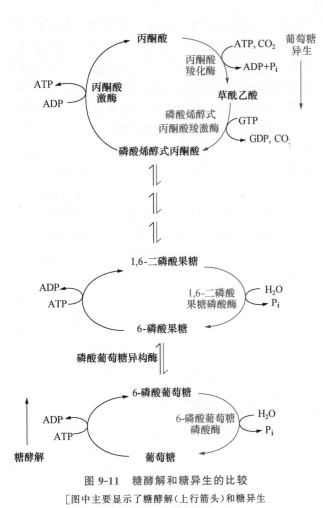

图 9-11　糖酵解和糖异生的比较

[图中主要显示了糖酵解（上行箭头）和糖异生（下行箭头）的不可逆反应]

续表9-1

1,6-二磷酸果糖→6-磷酸果糖＋P_i

6-磷酸果糖⇌6-磷酸葡萄糖

6-磷酸葡萄糖＋H_2O→葡萄糖＋P_i

总反应式：2 丙酮酸＋4 ATP＋2 GTP＋2 NADH＋2 H^+＋4 H_2O→葡萄糖＋4 ADP＋2 GDP＋6 P_i＋2 NAD^+

二、葡萄糖异生作用的前体

丙酮酸是糖酵解途径的终产物和糖异生途径的起始物，凡是能够转变成丙酮酸的物质都能够沿着糖异生途径生成葡萄糖。糖异生途径中，由丙酮酸转变为磷酸烯醇式丙酮酸时首先羧化生成草酰乙酸。因此，三羧酸循环的中间代谢物如苹果酸、琥珀酸、柠檬酸等都可以通过柠檬酸循环生成草酰乙酸，然后进入糖异生途径。

氨基酸也可以作为糖异生的前体。大多数氨基酸在代谢过程中会转变成丙酮酸、α-酮戊二酸、草酰乙酸等，因此也可以进入糖异生途径。这些氨基酸也因此称为生糖氨基酸（详见第十一章氨基酸代谢）。

生 2 分子 ATP。从表 9-1 中的糖异生总反应方程式中可以看出，由丙酮酸合成葡萄糖消耗了 4 个 ATP 和 2 个 GTP 的 6 个高能磷酸键。多出来的 4 个高能磷酸键的能量用于不可逆反应的绕行。

表 9-1　丙酮酸起始的糖异生反应方程式

丙酮酸＋HCO_3^-＋ATP→草酰乙酸＋ADP＋P_i	×2
草酰乙酸＋GTP⇌磷酸烯醇式丙酮酸＋CO_2＋GDP	×2
磷酸烯醇式丙酮酸＋H_2O⇌2-磷酸甘油酸	×2
2-磷酸甘油酸⇌3-磷酸甘油酸	×2
3-磷酸甘油酸＋ATP⇌1,3-二磷酸甘油酸＋ADP	×2
1,3-二磷酸甘油酸＋NADH＋H^+⇌3-磷酸甘油醛＋NAD^+＋P_i	×2
3-磷酸甘油醛⇌磷酸二羟丙酮	
3-磷酸甘油醛＋磷酸二羟丙酮⇌1,6-二磷酸果糖	

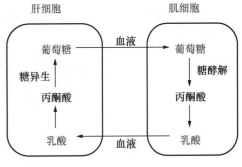

图 9-12　可立式循环

动物剧烈运动后，肌肉组织中大量积累乳酸。乳酸的再利用是在肝脏中转变成丙酮酸后进入糖异生途径生成葡萄糖，而后葡萄糖进入血液再运送回肌肉组织中为其收缩提供能量。这一循环过程称为可立氏循环（Cori cycle）（图 9-12）。这一循环是一个耗能的过程，因为肝脏内糖异生所消耗的能量要多于肌肉组织中葡萄糖酵解生成的能量。但这一过程对于哺乳动物在应急状态下维持肌肉组织的收缩力起着重要的作用。

三、葡萄糖异生作用的调控

糖异生和糖酵解是一对相反的代谢途径。糖异生属于合成代谢途径,是消耗 ATP 的耗能过程。而糖酵解属于分解代谢途径,是生成 ATP 的产能过程。因此,当机体能量水平处于高能荷状态时,糖酵解途径被抑制,糖异生被激活。而处于低能荷状态时则相反。

2,6-二磷酸果糖是一个重要的调节物,能够同时调节糖酵解和糖异生 2 条途径。

在细胞中,2,6-二磷酸果糖的合成与降解受磷酸果糖激酶-2(PFK-2)和 2,6-二磷酸果糖磷酸

酶(FBPase-2)的调控。这两个催化活性位于酶分子中一条多肽链的不同部位。肽链的 N-端为 PFK-2,催化 6-磷酸果糖的第二位碳原子上加一个磷酸基团,生成 2,6-二磷酸果糖。肽链的 C-端为 FBPase-2,催化 2,6-二磷酸果糖水解为 6-磷酸果糖。因此,这是一个双功能酶(PFK-2/FBPase-2)。这个双功能酶表现出哪一种酶活性是受磷酸化和去磷酸化的共价修饰调控的。酶蛋白在蛋白激酶 A 的催化下被磷酸化后,其 FBPase-2 的活性被激活,水解掉 2,6-二磷酸果糖中第 2 位的磷酸基团,生成 6-磷酸果糖;酶蛋白在蛋白磷酸酶催化下去磷酸化后,其 PFK-2 活性被激活,促进生成 2,6-二磷酸果糖(图 9-13)。

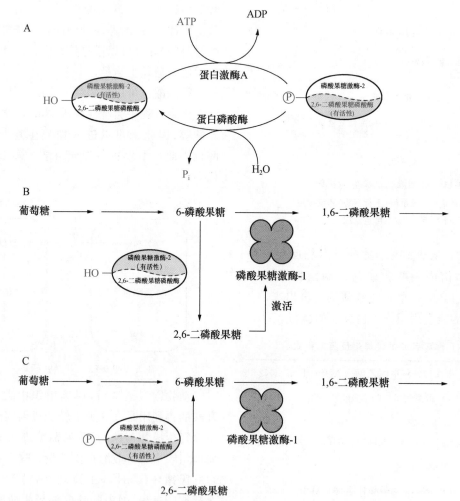

A. 酶蛋白去磷酸化后显示磷酸果糖激酶-2 活性;酶蛋白磷酸化后显示 2,6-二磷酸果糖磷酸酶的活性

B. 血液中葡萄糖浓度高时,磷酸果糖激酶-2 催化 2,6-二磷酸果糖的合成,后者激活磷酸果糖激酶-1 的活性,促进糖酵解,抑制糖异生

C. 血液中葡萄糖浓度低时,2,6-二磷酸果糖磷酸酶水解 2,6-二磷酸果糖,抑制磷酸果糖激酶-1 的活性,抑制糖酵解,促进糖异生

图 9-13　2,6-二磷酸果糖对糖酵解和糖异生的调节

当血液中葡萄糖浓度低时,胰高血糖素促进肝细胞生成 cAMP。cAMP 作为第二信使激活蛋白激酶 A,使得双功能酶蛋白中一个特定的丝氨酸磷酸化。磷酸化后该酶显示磷酸酶活性,降低 2,6-二磷酸果糖的浓度,导致磷酸果糖激酶-1 缺少激活剂,从而抑制了糖酵解,促进了糖异生。与之相反,当血液中葡萄糖浓度高时,cAMP 浓度下降,最终导致 2,6-二磷酸果糖的浓度升高,磷酸果糖激酶-1 的活性增加,促进糖酵解,抑制糖异生。

四、葡萄糖异生作用的意义

糖异生作用的意义主要有以下两点。

(1)糖异生是一个非常重要的代谢过程,普遍存在于生物体中。如人体的脑和神经系统、红细胞及肾上腺髓质等组织都是以葡萄糖作为唯一的或主要的代谢燃料。糖异生能够补充糖供应的不足,维持血糖水平的恒定,保障脑、红细胞等组织的正常功能。

(2)剧烈运动后骨骼肌中积累的乳酸能够作为糖异生途径的前体,通过该途径生成葡萄糖。这一方面使乳酸得到充分的利用,另一方面能够防止乳酸堆积的产生。

第四节 三羧酸循环

在有氧条件下,糖酵解产物丙酮酸经过氧化脱羧形成乙酰-CoA。乙酰-CoA 通过一个循环被彻底氧化为 CO_2 和 H_2O,同时释放出大量能量。因为这个过程的第一个产物是含有三个羧基的柠檬酸,所以称为三羧酸循环(tricarboxylic acid cycle,简称 TCA 循环)或柠檬酸循环。三羧酸循环是英国生物化学家 Hans Krebs 在总结前人工作及他本人利用鸽胸肌进行的一系列实验的基础上于 1937 年提出的,因此这个循环也称为 Krebs 循环。Krebs 也因此获得了 1953 年的诺贝尔生理学或医学奖。

知识框 9-2 名人小传——汉斯·克雷布斯(Hans Krebs)

1900 年,汉斯·克雷布斯(Hans Krebs)出生在德国的一个犹太家庭中。在作为医生的父亲的影响下,Krebs 从小就对医学充满兴趣。23 岁获得医学博士后,Krebs 进入德国著名的瓦伯格(Otto Warburg)生物化学实验室,利用 4 年时间学习当时最先进的生物化学研究技术。而后,Krebs 如愿以偿地成了一名医生。在繁忙的医生工作之余,他通过缜密的思维和巧妙的方法在一年的时间里揭示了尿素的合成机制——鸟氨酸循环,即尿素循环。正当 Krebs 事业有成之际,由于纳粹政权的迫害,他不得不离开故乡,辗转逃到英国。在异国他乡,没有行医执照 Krebs 无法继续他热爱的医生工作,幸而在英国皇家协会主席霍普金斯(Frederick Hopkins)的帮助下来到英国剑桥大学继续他的生物氧化研究。经过 5 年的努力,37 岁的 Krebs 与其实验室的博士生共同报道了令整个生物化学界震惊的伟大发现——三羧酸循环。从此也树立了代谢研究新的里程碑。1953 年,Krebs 与辅酶 A 的发现者李普曼(Fritz Lipmann)分享了当年的诺贝尔生理学或医学奖。为了科学事业,Krebs 直到 38 岁才结婚,婚后育有两子一女。他一生简朴,热爱园艺和欣赏音乐。67 岁退休后还继续从事科学研究工作。1981 年 Krebs 在英国牛津去世,享年 81 岁。

参考文献

[1]王宇. 克雷布斯与三羧酸循环的发现. 植物杂志,1985(1):42-44.

[2]陈牧,刘锐,翁屹. 三羧酸循环的发现与启示. 医学与哲学(A),2012,33(1):71-73.

三羧酸循环不仅是糖代谢的主要途径,也是三大营养物质(糖类、脂类和氨基酸)的最终代谢通路,又是糖类、脂类、氨基酸代谢相互联系的枢纽。该途径在动植物和微生物细胞中普遍存在,具有重要的生理意义。

一、丙酮酸的氧化脱羧

大部分生物的糖分解代谢是在有氧条件下进行,糖酵解生成的丙酮酸在有氧条件下的彻底氧化分解。从丙酮酸开始的彻底氧化可分为两个阶段：丙酮酸氧化脱羧生成乙酰-CoA 和乙酰-CoA 的乙酰基部分经过三羧酸循环被彻底氧化。

由于生成丙酮酸的糖酵解途径在细胞质中进行，而丙酮酸脱氢酶复合体和三羧酸循环过程中的反应都位于线粒体中，所以细胞质中产生的丙酮酸需要进入线粒体基质。丙酮酸进入线粒体是通过线粒体外膜上的通道和内膜上的丙酮酸易位酶来完成的。

（一）丙酮酸氧化脱羧生成乙酰-CoA

丙酮酸的氧化脱羧是糖酵解产物丙酮酸在有氧条件下，由丙酮酸脱氢酶复合体（pyruvate dehydro-genase complex，PDC）催化生成乙酰-CoA 的反应。该反应既脱氢又脱羧，故称氧化脱羧。该反应不可逆，它本身不属于糖酵解，也不属于三羧酸循环，却是连接糖酵解与三羧酸循环的中心环节。

$$\underset{\text{丙酮酸}}{\begin{matrix} COO^- \\ | \\ C=O \\ | \\ CH_3 \end{matrix}} + HS\text{-}CoA \quad \xrightarrow[\text{丙酮酸脱氢酶复合体}]{NAD^+ \qquad NADH+H^+} \quad \underset{\text{乙酰-CoA}}{\begin{matrix} S\text{-}CoA \\ | \\ C=O \\ | \\ CH_3 \end{matrix}} + CO_2$$

催化这一反应的丙酮酸脱氢酶复合体位于线粒体基质，是一个结构复杂的多酶复合体，由丙酮酸脱氢酶（E1）、二氢硫辛酰转乙酰酶（E2）和二氢硫辛酰脱氢酶（E3）3 种酶组成。此外，在多酶复合体中还包含有硫胺素焦磷酸（TPP）、硫辛酸、CoA-SH、FAD、NAD^+ 等辅助因子。其中 TPP 是 E1 的辅基，硫辛酸是

E2 的辅基，FAD 是 E3 的辅基（图 9-14）。

丙酮酸氧化脱羧的过程可以分为以下几个步骤：首先由丙酮酸脱氢酶（E1）催化丙酮酸与 TPP 连接并脱羧，生成羟乙基-TPP，而后羟乙基氧化为乙酰基并转移给二氢硫辛酰转乙酰酶（E2）的硫辛酰胺。TPP-E1 回复原来的状态。

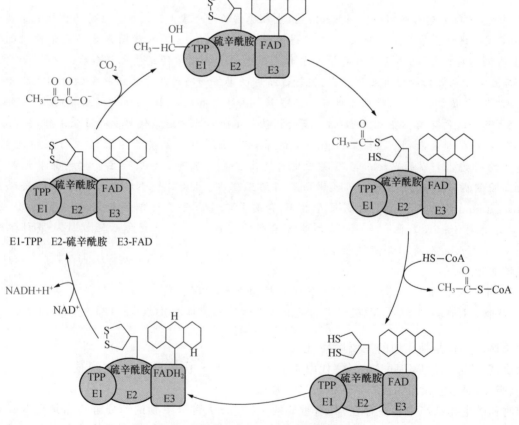

图 9-14 丙酮酸脱氢酶复合体催化的反应

接下来由 E2 催化乙酰基转移至 CoA 的巯基，生成乙酰-CoA，此时酶分子中的硫辛酰胺是还原态。在二氢硫辛酰脱氢酶（E3）的催化下，将二氢硫辛酰胺的氢传递给 FAD 生成 $FADH_2$，同时分子本身被氧化，重新形成氧化态的二氢硫辛酰转乙酰酶。$FADH_2$ 再将氢传递至 NAD^+，生成 NADH，E3 再生为氧化态。整个过程中，第一步脱羧反应是不可逆的。

（二）丙酮酸氧化脱羧反应的调节

丙酮酸的氧化脱羧反应是决定丙酮酸命运的关键步骤。由丙酮酸氧化脱羧生成的乙酰-CoA 进入三羧酸循环继续氧化，而 $NADH＋H^+$ 则进入电子传递链生成 ATP。催化该反应的丙酮酸脱氢酶复合体受到能量水平与代谢物水平的调节，其调节机制包括别构调节和共价调节。

1. 产物的别构调节

丙酮酸氧化脱羧的产物 NADH 和乙酰-CoA 能够抑制丙酮酸脱氢酶的活性，其中乙酰-CoA 抑制二氢硫辛酰转乙酰酶，NADH 抑制二氢硫辛酰脱氢酶。此外，丙酮酸脱氢酶复合体的活性受细胞能荷的调控。当细胞能量消耗增加时，AMP、CoA-SH 和 NAD^+ 能别构激活该酶的活性；当细胞能量供应充足时，ATP 抑制丙酮酸氧化脱羧的进行。

2. 磷酸化共价调节

丙酮酸脱氢酶分子的特定丝氨酸残基受可逆的磷酸化共价调节。可逆的磷酸化反应由专一的蛋白激酶和磷酸酶催化，能够使丙酮酸脱氢酶的一个亚基磷酸化而失活。酶的去磷酸化形式为活性状态，而磷酸化形式为非活性状态。ATP、NADH 和乙酰-CoA 能够增强磷酸化反应，抑制酶的活性；ADP、NAD^+ 和 CoA-SH 能够抑制磷酸化反应，增强酶的活性。

二、三羧酸循环的过程

三羧酸循环从乙酰-CoA 和草酰乙酸这两种底物开始，经过缩合、加水、脱氢、脱羧等 8 步反应，重新生成草酰乙酸，完成一个循环。

1. 柠檬酸的生成反应

在柠檬酸合酶（citrate synthase）的催化下，乙酰-CoA 与草酰乙酸缩合生成柠檬酰-CoA，而后高能硫酯键水解形成 1 分子柠檬酸并释放 CoA-SH。这是三羧酸循环途径的第 1 步反应，也是限速反应。反应释放大量的自由能，反应是不可逆的。

ATP、NADH 和琥珀酰-CoA 是柠檬酸合酶的别构抑制剂；ADP 是该酶的别构激活剂。此外，底物乙酰-CoA 和草酰乙酸的浓度对柠檬酸的合成速度有重要影响。柠檬酸合酶是三羧酸循环中的第一个调节酶。

2. 柠檬酸的异构化反应

在顺乌头酸酶（aconitase）的催化下，柠檬酸先脱水生成顺乌头酸，然后再加水生成异柠檬酸。这是一步可逆的异构化反应。

这个反应的底物柠檬酸是一个具有前手性的对称分子。所谓前手性是指一个非手性分子经取代反应后失去对称性转变为手性分子的特性。前手性分子上存在立体异位面。例如，柠檬酸分子中心的碳原子形成四面体结构，当顺乌头酸酶与柠檬酸分子不同的侧面结合时就会有立体结构上的差异。同位素标记结果显示，此步异构化反应羟基只能连接在来自草酰乙酸的碳原子上。这说明顺乌头酸酶对柠檬酸分子的结合是有立体选择性的，异构化生成异柠檬酸的反应是不对称的。

3. 异柠檬酸的氧化脱羧反应

这是三羧酸循环的第 1 次氧化还原反应。在异柠檬酸脱氢酶(isocitrate dehydrogenase)的催化下，异柠檬酸被氧化脱氢，生成草酰琥珀酸中间产物。

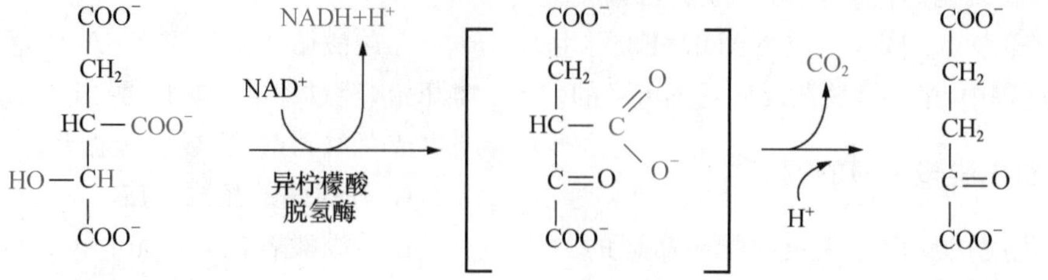

异柠檬酸   草酰琥珀酸   α-酮戊二酸

4. α-酮戊二酸的氧化脱羧反应

这是三羧酸循环中第 2 个氧化脱羧反应，在 α-酮戊二酸脱氢酶复合体(α-ketoglutarate dehydrogenase complex)的催化下，α-酮戊二酸氧化脱羧并结合 CoA-SH 生成琥珀酰-CoA、1 分子 NADH $+H^+$ 和 1 分子 CO_2。这一步反应释放出大量能量，是不可逆反应。

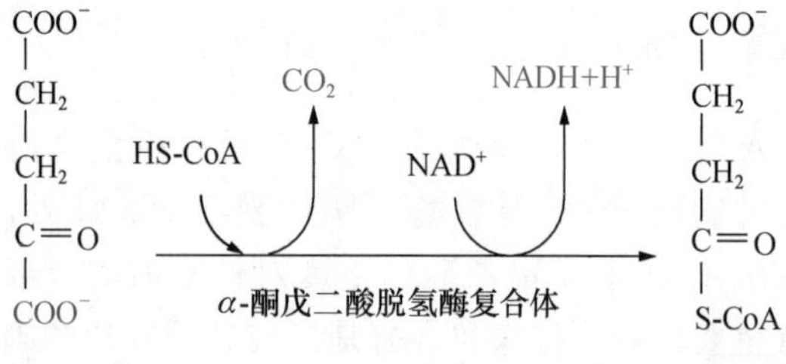

α-酮戊二酸   琥珀酰-CoA

α-酮戊二酸脱氢酶复合体与丙酮酸脱氢酶复合体的结构和催化机制相似，由 α-酮戊二酸脱氢酶、二氢硫辛酰转琥珀酰酶和二氢硫辛酰脱氢酶 3 种酶组成，也需要 TPP、硫辛酸、CoA-SH、FAD、NAD^+ 等辅助因子的参与，并同样受产物 NADH、琥珀酰-CoA 及 ATP、GTP 的反馈抑制。但与丙酮酸脱氢酶复合体不同的是 α-酮戊二酸脱氢酶复合体不受磷酸化调节。

5. 琥珀酸的生成反应

这是三羧酸循环中唯一的通过底物水平磷酸化直接产生高能磷酸化合物的反应。在琥珀酰-CoA 合成酶(succinyl-CoA synthetase)催化下，高能化合物琥珀酰-CoA 的高能硫酯键水解释放的能量使 GDP 磷酸化生成 GTP，同时生成琥珀酸。GTP 很容易将磷酸基团转移给 ADP 形成 ATP。动物中，有两种琥珀酰-CoA 合成酶的同工酶，分别对 ADP 或 GDP 专一，生成 ATP 或 GDP；但在植物中琥珀

草酰琥珀酸是一个不稳定的 β-酮酸，迅速脱羧生成 α-酮戊二酸。反应释放大量自由能，因此是不可逆的。异柠檬酸脱氢酶是三羧酸循环中的第二个调节酶。

酰-CoA 合成酶直接催化生成的是 ATP。

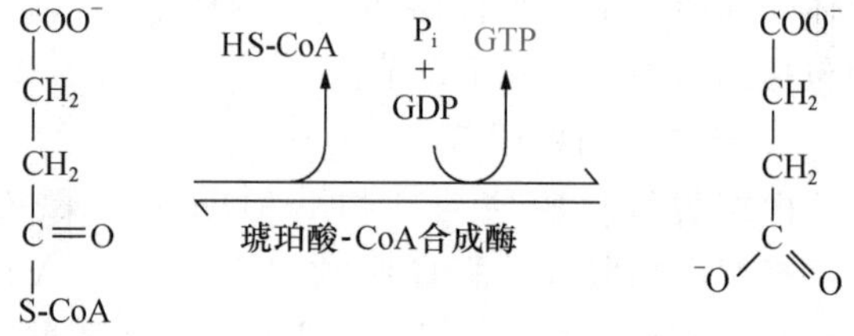

琥珀酰-CoA   琥珀酸

6. 延胡索酸的生成反应

该反应是三羧酸循环中的第 3 个氧化还原反应。在琥珀酸脱氢酶(succinate dehydrogenase)的催化下，琥珀酸被氧化脱氢生成延胡索酸(反丁烯二酸)，酶的辅基 FAD 是氢受体，反应生成 1 分子 $FADH_2$。琥珀酸的结构类似物丙二酸等是琥珀酸脱氢酶的竞争性抑制剂。

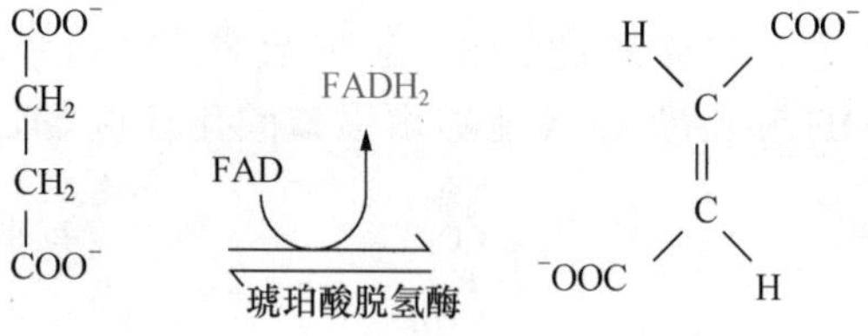

琥珀酸   延胡索酸

琥珀酸脱氢酶与其辅基以共价方式结合，FAD 杂环上的甲基与酶分子的一个组氨酸杂环上的氮原子形成共价键。这种连接方式不同于绝大多数酶与 FAD 辅基的紧密而非共价的结合。琥珀酸脱氢酶是三羧酸循环中唯一与线粒体内膜结合的酶(其他的酶都分布于线粒体基质中)。因此，在参与三羧酸循环的同时，它也参与电子传递过程。由琥珀酸脱氢酶催化的反应脱下的氢和电子能够直接进入线粒体内膜的电子传递链。

7. 苹果酸的生成反应

在延胡索酸酶（fumarase）的催化下，延胡索酸水化生成苹果酸。由于延胡索酸酶具有立体结构专一性，该反应只能生成 L-苹果酸。

应，也是最后一步反应。在苹果酸脱氢酶（malate dehydrogenase）的催化下，苹果酸氧化脱氢生成草酰乙酸，NAD^+ 是氢受体，至此，草酰乙酸得以再生，又可接受进入循环的乙酰-CoA 分子，进行下一轮三羧酸循环反应。

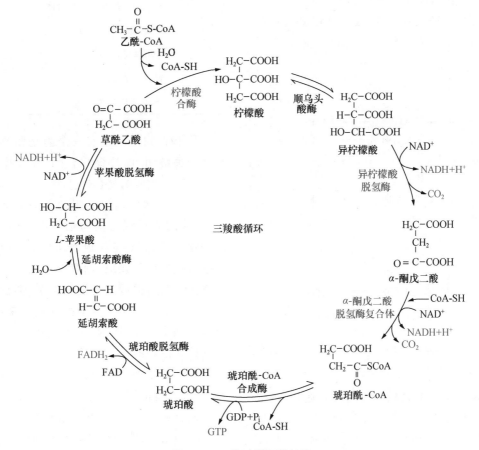

8. 草酰乙酸的再生反应

该反应是三羧酸循环中的第 4 个氧化还原反应

三羧酸循环的整个反应历程如图 9-15 所示。

图 9-15　三羧酸循环的过程

三、三羧酸循环中能量的产生

自乙酰-CoA 进入三羧酸循环开始，在第 3、4、6、8 步共 4 个氧化还原反应中各脱下 1 对氢原子，其中 3 对氢原子交给 NAD^+，生成 3 分子 $NADH+H^+$，另 1 对氢原子交给 FAD 生成 $FADH_2$。$NADH+H^+$ 和 $FADH_2$ 在电子传递链中被氧化，电子经过电子传

递体传递给 O_2 并与 ATP 的生成偶联。在线粒体中每个 $NADH+H^+$ 产生 2.5 个 ATP，每个 $FADH_2$ 产生 1.5 个 ATP，经计算共可转化为 9 分子 ATP。另外，在琥珀酰-CoA 生成琥珀酸时，伴随着底物水平磷酸化生成 1 分子 GTP（植物中为 ATP）。因此，1 分子乙酰-CoA 通过三羧酸循环被氧化共可产生 10 分子 ATP。

葡萄糖彻底氧化分解需要经过糖酵解途径、丙

酮酸氧化脱氢脱羧和柠檬酸循环途径,最终生成产物水和二氧化碳。下面我们来计算一下葡萄糖彻底氧化分解产生的 ATP 的数量(图 9-16)。

首先,1 分子葡萄糖经糖酵解途径分解成 2 分子丙酮酸净生成 2 分子 ATP 和 2 分子 NADH。原核生物中 2 分子 NADH 经电子传递链产生 5 分子 ATP,因此折合 7 分子 ATP。真核生物糖酵解途径产生的 NADH 可分别经磷酸甘油系统或苹果酸-天冬氨酸穿梭系统(详见第八章生物氧化与氧化磷酸化),在线粒体中形成 FADH$_2$ 或 NADH,因此 2 分子 NADH 可产生 5 分子或 7 分子 ATP。

接下来,2 分子丙酮酸转变成 2 分子乙酰-CoA 时生成 2 分子 NADH,可以产生 5 分子 ATP。

1 分子乙酰-CoA 通过三羧酸循环被氧化可产生 10 分子 ATP,2 分子乙酰-CoA 能够产生 20 分子 ATP。

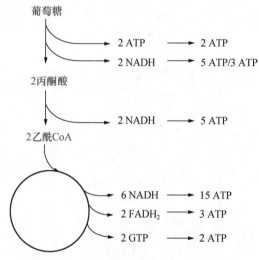

图 9-16 1 分子葡萄糖彻底氧化可以产生 32 分子 ATP (原核生物),30 或 32 分子 ATP(真核生物)

综合起来,1 分子葡萄糖经过糖酵解途径、丙酮酸氧化脱氢脱羧和三羧酸循环途径,最终可以产生 32 分子 ATP(原核生物),30 分子或 32 分子 ATP(真核生物)。

四、三羧酸循环的调控

研究一个代谢途径的调控首先要了解催化其限速步骤的酶,以及这些酶在体内的底物的浓度和调节方式。然而,这种研究对于三羧酸循环来说却相当困难。这主要是因为三羧酸循环的很多中间产物既存在于线粒体中,也存在于细胞质中。这就使得

对酶催化反应底物或产物的浓度难以确定。因此,在研究过程中我们首先假定这些物质在线粒体内外处于平衡状态,然后以细胞中的总浓度来推测线粒体中的浓度。表 9-1 中列出了心肌或肝脏组织中三羧酸循环 8 步酶促反应的标准自由能变化($\Delta G^{o'}$)。

表 9-2 心肌或肝脏组织中三羧酸循环酶促反应的标准自由能变化

反应步骤	酶	$\Delta G^{o'}$/(kJ/mol)
1	柠檬酸合酶	-31.5
2	顺乌头酸酶	5
3	异柠檬酸脱氢酶	-21
4	α-酮戊二酸脱氢酶复合体	-33
5	琥珀酰-CoA 合成酶	-2.1
6	琥珀酸脱氢酶	6
7	延胡索酸酶	-3.4
8	苹果酸脱氢酶	29.7

从 $\Delta G^{o'}$ 可以判断有三个酶是调节三羧酸循环途径的关键酶,即柠檬酸合酶、异柠檬酸脱氢酶和 α-酮戊二酸脱氢酶复合体。

三羧酸循环调控的驱动力是细胞对能量的需求,因此调节过程必然与细胞中氧的消耗、NADH 的氧化以及 ATP 的生成密切相关。通过前面章节的学习我们已经知道,糖酵解和糖异生途径主要的调节方式是对关键酶的别构调节、共价修饰调节及底物的影响。对于三羧酸循环途径来说,其调控主要是 3 种简单的机制:①底物效应,②产物抑制,③其他代谢物的竞争性反馈抑制。

柠檬酸合酶的活性受其底物草酰乙酸和乙酰-CoA 浓度的调节。草酰乙酸浓度下降会抑制柠檬酸的合成。同样,能够与乙酰-CoA 竞争的其他脂酰-CoA 也能够竞争性地减少柠檬酸的合成。此外,ATP 是柠檬酸合酶的别构抑制剂,它能提高柠檬酸合酶对其底物乙酰-CoA 的 K_m 值。当 ATP 水平高时,与酶结合的乙酰-CoA 较少,导致合成的柠檬酸减少。

异柠檬酸脱氢酶的活性能够被 ATP、琥珀酰-CoA 和 NADH 抑制;ADP 能够激活该酶的活性。这是由于 ADP 是该酶的变构激活剂,能增大此酶对底物的亲和力。

α-酮戊二酸脱氢酶复合体受 ATP 及其所催化

的反应产物琥珀酰-CoA、NADH 的抑制（图 9-17）。在 α-酮戊二酸脱氢酶复合体中，二氢硫辛酰转琥珀酰酶是关键酶，它能够对进入循环的 α-酮戊二酸进行调控从而调节三羧酸循环的正常运行。琥珀酰-CoA 是该酶的强烈抑制剂，ATP 和 NADH 抑制该酶的活性。

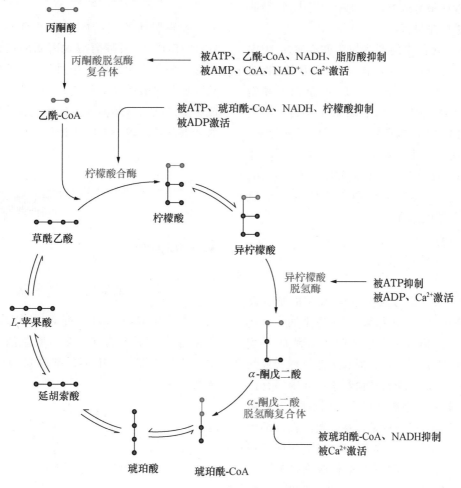

图 9-17　三羧酸循环的调控

总之，调节三羧酸循环的关键因素是[NADH]/[NAD$^+$]的比值、[ATP]/[ADP]的比值和草酰乙酸、乙酰-CoA 等代谢物的浓度。循环过程中的三步不可逆反应使整个循环只能单方向进行。

五、三羧酸循环的特点和意义

三羧酸循环的整个反应过程有以下几个特点。

1. 碳骨架的变化

乙酰-CoA 进入三羧酸循环后，产生了六碳的三羧酸（柠檬酸）。释放 1 分子 CO_2 后，形成五碳的二羧酸（α-酮戊二酸），α-酮戊二酸释放 1 分子 CO_2，形成了四碳的二羧酸（琥珀酰-CoA）。之后都是二羧酸的反应。三羧酸循环的整个过程是两个碳原子被氧化成 CO_2 离开循环。

2. 水分子的参与

在整个循环过程中消耗了 2 分子水，1 分子用于柠檬酸的合成，另 1 分子用于延胡索酸的水合作用，形成 L-苹果酸。水的加入相当于向中间产物上加入了氧原子，促进了还原性碳原子的氧化。另外，在琥珀酰-CoA 合成酶催化的反应中，GDP 磷酸化所释放的水也用于高能硫酯键的水解，二者在数量上相互抵消。

3. 对氧的需求

分子氧并不直接参与三羧酸循环，但三羧酸循环只能在有氧条件下才能进行，因为只有当电子传递给分子氧时，NADH 和 $FADH_2$ 才能再生为 NAD^+ 和 FAD；如果没有氧，NAD^+ 和 FAD 不能再生，三羧酸循环就不能继续进行，因此，三羧酸循环是严格需氧的。

三羧酸循环具有如下的生物学意义。

(1)三羧酸循环是生物界中的动物、植物及微生物中都普遍存在的代谢途径,是机体将糖或其他物质氧化而获得能量的最有效方式。在糖代谢中,糖经此途径氧化产生的能量最多。

(2)三羧酸循环的中间产物如草酰乙酸、α-酮戊二酸、丙酮酸、乙酰-CoA等是合成糖、氨基酸、脂肪等生物分子的原料。此外该循环是糖、蛋白质和脂肪彻底氧化分解的共同途径,是联系3大类物质代谢的枢纽。蛋白质水解的产物如谷氨酸、天冬氨酸、丙氨酸等脱氨或转氨后的碳架要通过三羧酸循环才能被彻底氧化;脂肪分解产生甘油和脂肪酸,脂肪酸经β-氧化产生乙酰-CoA,甘油和乙酰-CoA彻底氧化都需要经过三羧酸循环。

六、草酰乙酸的回补反应

三羧酸循环从草酰乙酸与乙酰-CoA的缩合反应开始,到草酰乙酸的再生结束,其过程中的中间产物可以成为很多生物分子合成的前体。例如,α-酮戊二酸和草酰乙酸分别是谷氨酸和天冬氨酸合成的碳架;琥珀酰-CoA是叶绿素和血红素中卟啉环合成的前体;柠檬酸转运至细胞质后裂解成乙酰-CoA可用于脂肪酸合成。上述过程都消耗三羧酸循环的中间产物,最终导致中间产物浓度下降,从而影响三羧酸循环的进行。因此,必须从其他代谢途径补充一些中间产物才能使保证三羧酸循环的正常进行。这种补充称为回补反应(anaplerotic reaction)。回补反应主要有以下几种途径。

(一)丙酮酸羧化生成草酰乙酸

在哺乳动物的肝脏和肾脏中,丙酮酸羧化成草酰乙酸是最重要的回补反应。在丙酮酸羧化酶(pyruvate carboxylase)的催化下,丙酮酸在线粒体中生成草酰乙酸,该反应的辅基是生物素。

$$
\begin{array}{c}
COOH \\ | \\ C=O \\ | \\ CH_3
\end{array}
+CO_2+ATP+H_2O \xrightarrow[\text{丙酮酸羧化酶}]{}
\begin{array}{c}
COOH \\ | \\ C=O \\ | \\ CH_2 \\ | \\ COOH
\end{array}
+ADP+P_i
$$

丙酮酸   草酰乙酸

丙酮酸羧化酶是一个调节酶,它被高浓度的乙酰-CoA激活。它催化的反应是动物中最重要的回补反应。其催化机制在第三节糖异生中已有介绍。

(二)磷酸烯醇式丙酮酸羧化生成草酰乙酸

在磷酸烯醇式丙酮酸羧化酶(PEP carboxylase)的作用下,磷酸烯醇式丙酮酸(PEP)生成草酰乙酸。该反应在细胞质中进行,生成的草酰乙酸需转变成苹果酸后经穿梭进入线粒体,然后再脱氢生成草酰乙酸。这是糖异生作用途径中草酰乙酸转变为磷酸烯醇式丙酮酸的逆过程。

$$
\begin{array}{c}
COOH \\ | \\ C-O-PO_3^{2-} \\ \| \\ CH_2
\end{array}
+CO_2+H_2O \xrightarrow[\text{丙酮酸羧化酶}]{\text{磷酸烯醇式}}
\begin{array}{c}
COOH \\ | \\ C=O \\ | \\ CH_2 \\ | \\ COOH
\end{array}
+P_i
$$

磷酸烯醇式丙酮酸   草酰乙酸

(三)苹果酸脱氢生成草酰乙酸

在苹果酸酶(malic enzyme)的催化下,丙酮酸羧化生成苹果酸,再在苹果酸脱氢酶的作用下脱氢生成草酰乙酸。其中苹果酸脱氢酶以NAD^+作为辅酶。

$$
\begin{array}{c}
COOH \\ | \\ C=O \\ | \\ CH_3
\end{array}
+CO_2 \xrightarrow[\text{苹果酸酶}]{NADPH+H^+ \quad NADP^+}
\begin{array}{c}
COOH \\ | \\ HO-C-H \\ | \\ CH_2 \\ | \\ COOH
\end{array}
\xrightarrow[\text{苹果酸脱氢酶}]{NAD^+ \quad NADH+H^+}
\begin{array}{c}
COOH \\ | \\ C=O \\ | \\ CH_2 \\ | \\ COOH
\end{array}
$$

丙酮酸   L-苹果酸   草酰乙酸

(四)氨基酸形成草酰乙酸

天冬氨酸和α-酮戊二酸经转氨作用,可形成草酰乙酸和谷氨酸。此外,异亮氨酸、缬氨酸、苏氨酸和甲硫氨酸也可形成琥珀酰-CoA来补充三羧酸循环的中间产物。

$$
\begin{array}{c}
COOH \\ | \\ H_2N-C-H \\ | \\ CH_2 \\ | \\ COOH
\end{array}
+
\begin{array}{c}
COOH \\ | \\ C=O \\ | \\ CH_2 \\ | \\ CH_2 \\ | \\ COOH
\end{array}
\xrightarrow[\text{谷草转氨酶}]{}
\begin{array}{c}
COOH \\ | \\ C=O \\ | \\ CH_2 \\ | \\ COOH
\end{array}
+
\begin{array}{c}
COOH \\ | \\ H_2N-C-H \\ | \\ CH_2 \\ | \\ CH_2 \\ | \\ COOH
\end{array}
$$

天冬氨酸   α-酮戊二酸   草酰乙酸   谷氨酸

第五节　磷酸戊糖途径

生物体内糖分解代谢的主要途径是无氧酵解和有氧氧化,生物体内半数以上的糖是通过这种途径分解的,其余的则是通过磷酸戊糖途径进行代谢。通过实验可以证明酵解不是葡萄糖唯一的分解代谢途径。研究发现:如果在组织匀浆中加入碘乙酸抑制糖酵解途径,发现葡萄糖仍有一定量的消耗。这说明有其他降解葡萄糖的代谢途径存在。此外,用同位素^{14}C分别标记葡萄糖C_1和C_6,发现降解产物$^{14}CO_2$中$^{14}C_1$的含量更高。而葡萄糖经糖酵解分解时$^{14}C_1$-葡萄糖和$^{14}C_6$-葡萄糖生成$^{14}CO_2$的分子数应相等。这一实验更直接证明了葡萄糖还有其他分解代谢途径,并且分解方式不同于糖酵解途径。随后,在1954年和1955年,Irwin Gunsalus、Bernard Horecker和Ephraim Racker发现了磷酸戊糖途径。

磷酸戊糖途径(pentose phosphate pathway,PPP)是生物体内糖氧化分解的途径之一。该途径不必经过糖酵解和三羧酸循环,葡萄糖直接氧化脱氢和脱羧,再经过分子重排产生不同碳链长度的磷酸单糖。磷酸戊糖途径中,脱氢酶的辅酶不是NAD^+而是$NADP^+$,产生的NADPH作为还原力以供生物合成过程使用。

一、磷酸戊糖途径的过程

磷酸戊糖途径在细胞质中进行,整个途径可分为不可逆的氧化阶段和可逆的非氧化阶段。不可逆的氧化阶段从6-磷酸葡萄糖(即葡萄糖-6-磷酸)的氧化反应开始,直到形成5-磷酸核酮糖。可逆的非氧化阶段是磷酸戊糖分子在转酮酶和转醛酶的催化下互变异构及重排,产生糖酵解的中间产物的过程。

(一)6-磷酸葡萄糖不可逆的氧化脱羧阶段

6-磷酸葡萄糖的氧化脱羧阶段包括3种酶催化的3步反应,即脱氢、水解和脱氢脱羧反应。该阶段是不可逆的氧化阶段,由$NADP^+$作为氢的受体,6-磷酸葡萄糖脱去1分子CO_2,生成磷酸五碳糖。具体反应过程如下。

1. 6-磷酸葡萄糖的脱氢反应

在6-磷酸葡萄糖脱氢酶(glucose-6-phosphate dehydrogenase)的作用下,6-磷酸葡萄糖脱氢,生成6-磷酸葡萄糖酸内酯。$NADP^+$是该酶的辅酶,6-磷酸葡萄糖脱氢酶催化脱下的氢由$NADP^+$接受,生成NADPH。

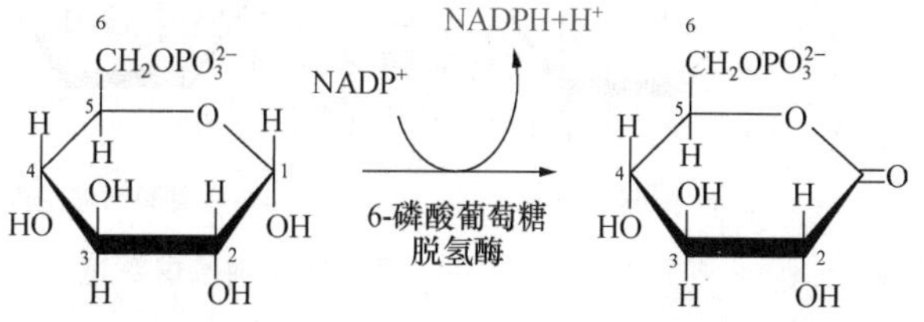

2. 6-磷酸葡萄糖酸内酯的水解反应

在6-磷酸葡萄糖酸内酯酶(6-phosphogluconolactonase)的催化下,6-磷酸葡萄糖酸内酯水解生成6-磷酸葡萄糖酸。

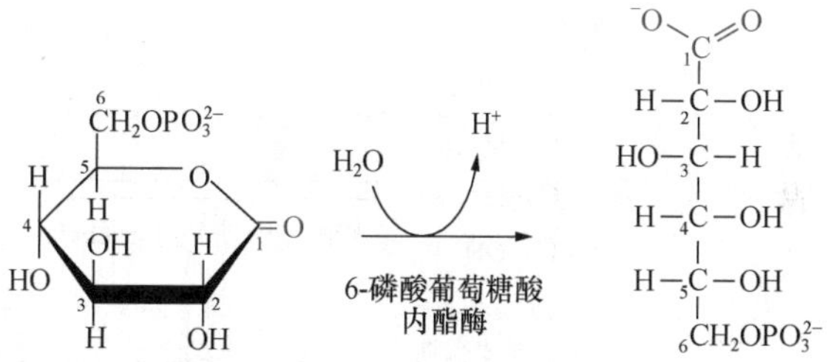

3. 6-磷酸葡萄糖酸的脱氢脱羧反应

在6-磷酸葡萄糖酸脱氢酶(6-phosphogluconate dehydrogenase)的作用下,6-磷酸葡萄糖酸氧化脱羧,生成5-磷酸核酮糖。该酶也是以$NADP^+$为辅酶。

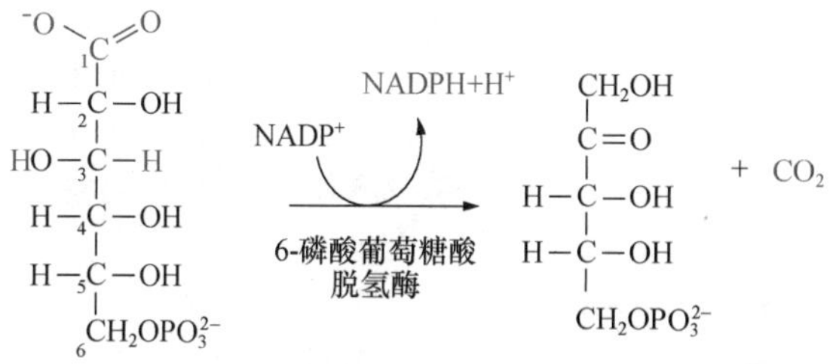

图9-18总结了磷酸戊糖途径的不可逆的氧化反应。6-磷酸葡萄糖在氧化反应的第一阶段形成了5-磷酸核酮糖、CO_2和2分子的NADPH。

(二)可逆的非氧化反应阶段

由于细胞对NADPH的需求量远大于对磷酸戊糖的需求量,所以,多余的磷酸戊糖需要转化成糖

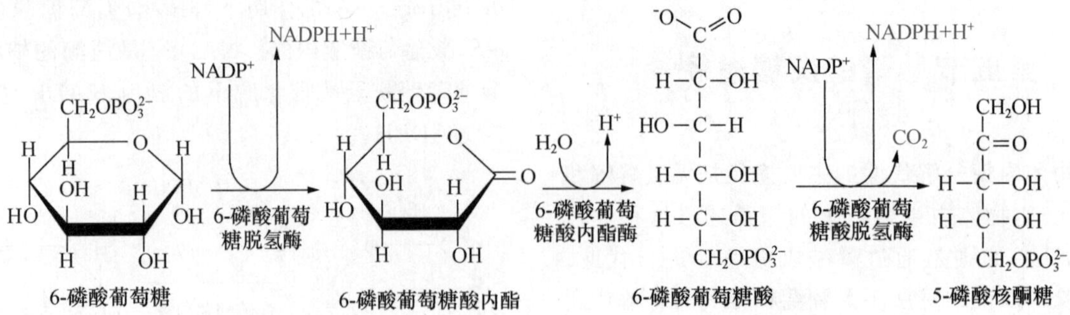

图 9-18　磷酸戊糖途径的第一阶段——不可逆的氧化反应

酵解途径的中间产物进行下一步代谢。磷酸戊糖途径的第二阶段是可逆的非氧化阶段,经过 5 步反应使磷酸戊糖转变为糖酵解的中间产物 3-磷酸甘油醛、6-磷酸果糖和 6-磷酸葡萄糖。该过程包括异构化、转酮反应和转醛反应。

1. 磷酸戊糖的异构化反应

5-磷酸核酮糖在 5-磷酸核酮糖异构酶(ribulose 5-phosphate isomerase)催化下转变为 5-磷酸核糖。另外,5-磷酸核酮糖也可以在 5-磷酸核酮糖差向异构酶(ribulose 5-phosphate epimerase)的催化下转变为 5-磷酸木酮糖。

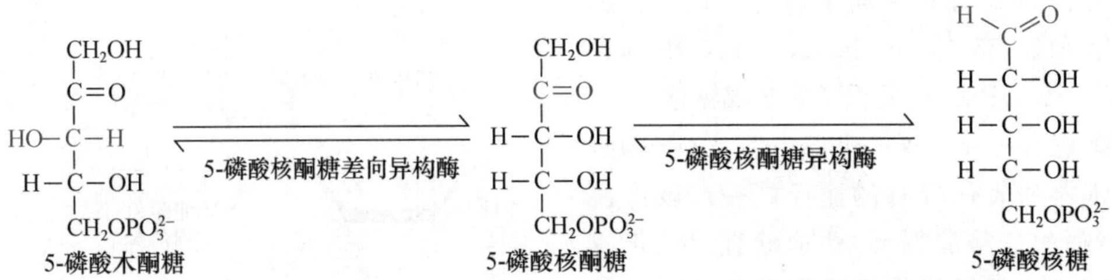

2. 转酮醇反应

在转酮酶(transketolase)的催化下,5-磷酸木酮糖上的乙酮醇基(羟乙酰基)转移到 5-磷酸核糖的 C_1 上,生成 3-磷酸甘油醛和 7-磷酸景天庚酮糖($C_5 + C_5 \rightarrow C_3 + C_7$)。转酮酶将一个二碳单位从酮糖转移给醛糖。该酶以硫胺素焦磷酸(TPP)为辅酶。

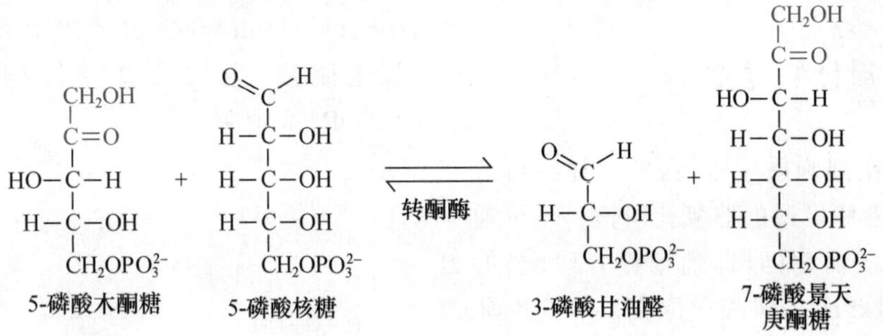

3. 转醛醇反应

在转醛酶(transaldolase)的催化下,7-磷酸景天庚酮糖上的二羟丙酮基转移给 3-磷酸甘油醛。转醛酶将一个三碳单位从酮糖转移给醛糖。反应产生 4-磷酸赤藓糖和 6-磷酸果糖($C_7 + C_3 \rightarrow C_4 + C_6$)。

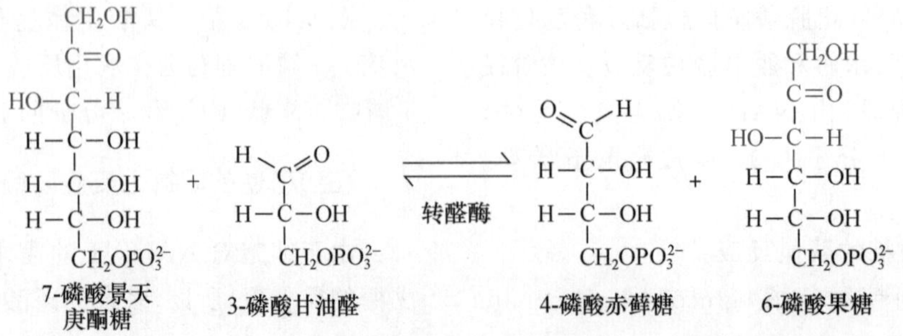

4. 转酮醇反应

在转酮酶的催化下，5-磷酸木酮糖上的乙酮醇基（羟乙酰基）转移到 4-磷酸赤藓糖的第 1 个碳原子上，生成 3-磷酸甘油醛和 6-磷酸果糖（$C_5 + C_4 \rightarrow C_3 + C_6$）。此步反应与上一个转酮反应相似。

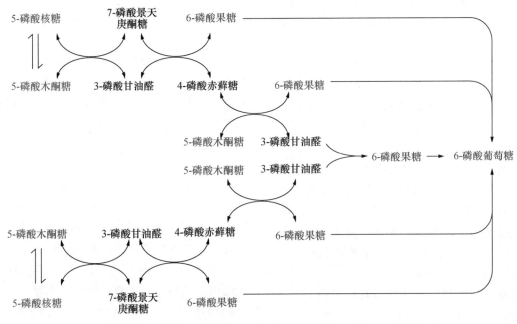

5-磷酸木酮糖　　4-磷酸赤藓糖　　转酮酶　　3-磷酸甘油醛　　6-磷酸果糖

5. 磷酸己糖的异构化反应

在磷酸己糖异构酶的催化下，6-磷酸果糖经异构化形成 6-磷酸葡萄糖。

6-磷酸果糖　　磷酸己糖异构酶　　6-磷酸葡萄糖

磷酸戊糖途径可逆的非氧化反应阶段可概括为图 9-19。

二、磷酸戊糖途径的调控

5-磷酸核糖和 NADPH 是磷酸戊糖途径的重要产物。其中，NADPH 在生物合成过程中提供还原力，而 5-磷酸核糖主要作为原料用于核苷酸的合成。因此该途径的速率主要受细胞对 NADPH 和 5-磷酸核糖需要量的调节。当细胞中对 NADPH 的需求量大于对 5-磷酸核糖的需求时，就由转酮酶和转酮醇酶催化 5-磷酸核糖转变成糖酵解途径的中间产物。而当细胞中对 5-磷酸核糖的需求量大于对 NADPH 的需求时，糖酵解途径中的 3-磷酸甘油醛和 6-磷酸果糖可以通过磷酸戊糖途径的可逆反应再反过来生成 5-磷酸核糖。

磷酸戊糖途径中的限速酶是 6-磷酸葡萄糖脱氢酶。该酶催化磷酸戊糖途径的第一步反应，其活性受 $NADP^+$ 浓度的调控。当细胞对 NADPH 的需求增加时，$NADP^+$ 浓度升高，提高了 6-磷酸葡萄糖脱氢酶的催化效率，使得 NADPH 的浓度升高。

图 9-19　磷酸戊糖途径的第二阶段——可逆的非氧化反应

三、磷酸戊糖途径的总反应式

从 6 分子 6-磷酸葡萄糖开始进入反应,经过的 2 次氧化脱氢及脱羧后,产生 6 分子 CO_2 和 6 分子 5-磷酸核酮糖与 12 分子的 $NADPH+H^+$。总反应式为:

$$6\times(6\text{-磷酸葡萄糖})+12NADP^++6H_2O\rightarrow$$
$$6\times(5\text{-磷酸核酮糖})+6CO_2+12NADPH+12H^+$$

第二阶段是可逆的非氧化反应。6 分子 5-磷酸核酮糖最终可生成 5 分子 6-磷酸葡萄糖。反应总式为:

$$6\times(5\text{-磷酸核酮糖})+H_2O\leftrightarrow5\times(6\text{-磷酸葡萄糖})+P_i$$

因此,由 6 分子 6-磷酸葡萄糖开始,经过一系列反应转化为 5 分子 6-磷酸葡萄糖和 6 分子 CO_2,相当于 1 分子 6-磷酸葡萄糖被彻底氧化。

磷酸戊糖途径的总反应可用下式表示:

$$6\text{-磷酸葡萄糖}+12NADP^++7H_2O\rightarrow$$
$$6CO_2+12NADPH+12H^++P_i$$

四、磷酸戊糖途径的意义

由于磷酸戊糖途径在糖酵解受抑制的情况下也能运行,所以也称为磷酸己糖支路(hexose monophosphate shunt,HMS)。它在动物、植物和微生物体内普遍存在,具有重要的生理意义。

(1)从 6 分子 6-磷酸葡萄糖开始进入反应,磷酸戊糖途径中每循环一次相当于降解 1 分子 6-磷酸葡萄糖,能够产生 12 分子 NADPH,为细胞中的各种合成反应提供还原力。NADPH 作为氢和电子供体,参与脂肪酸、胆固醇的生物合成。此外,非光合细胞中硝酸盐、亚硝酸盐的还原、氨的同化以及丙酮酸羧化还原成苹果酸等反应也需要 NADPH 提供还原力。

(2)磷酸戊糖途径的中间产物为许多化合物的合成提供原料。如 5-磷酸核糖是合成核苷酸的原料,也是 NAD^+、$NADP^+$、FAD 等辅因子的组分;4-磷酸赤藓糖和磷酸烯醇式丙酮酸是合成芳香族氨基酸的前体物质。此外,核酸的降解产物核糖也需由磷酸戊糖途径进一步分解。

(3)磷酸戊糖途径与光合作用有密切关系。在磷酸戊糖途径的非氧化重排阶段中,一系列 3C、4C、5C、7C 的磷酸单糖中间产物及酶类与光合作用中卡尔文循环的大多数中间产物和酶相同。该途径与光合作用中二氧化碳的固定和还原密切相关。

(4)磷酸戊糖途径与糖的有氧、无氧分解是相互联系的。磷酸戊糖途径中间产物 3-磷酸甘油醛是 3 种代谢途径的枢纽点。如果磷酸戊糖途径受阻,3-磷酸甘油醛则进入无氧或有氧分解途径。反之,如果用碘乙酸抑制 3-磷酸甘油醛脱氢酶,使糖酵解和三羧酸循环不能进行,3-磷酸甘油醛则进入磷酸戊糖途径。磷酸戊糖途径在整个代谢过程中没有氧的参与,但可使葡萄糖降解,这在种子萌发的初期作用很大。此外,植物感病或受伤时磷酸戊糖途径增强,因此该途径与植物的抗病能力有一定关系。糖分解途径的多样性,是物质代谢上所表现出的生物对环境的适应性。

磷酸戊糖途径是在动物、植物和微生物中普遍存在的糖的分解代谢途径,通常在机体内可与三羧酸循环同时进行。在不同生物中磷酸戊糖途径所占比例不同。在植物中有时可占 50% 以上,在动物及多种微生物中约有 30% 的葡萄糖经此途径氧化。磷酸戊糖途径在不同组织器官中所占的比重也不同。例如动物的骨骼肌中基本缺乏这条途径,而在乳腺、脂肪组织、肾上腺皮质中,大部分葡萄糖是通过此途径分解的。

第六节 双糖和多糖的合成与降解

一、单糖供体——糖核苷酸

寡糖与多糖以单糖作为结构单元。用于合成寡糖和多糖的单糖分子首先要转变为活化形式,该形式是糖与核苷酸相结合的化合物,即糖核苷酸。在高等植物中,最早发现的糖核苷酸是尿苷二磷酸葡萄糖(uridine diphosphate glucose,UDPG)。后来又发现的腺苷二磷酸葡萄糖(adenosine diphosphate glucose,ADPG)和鸟苷二磷酸葡萄糖(guanosine diphosphate glucose,GDPG),它们都是葡萄糖的活化形式,分别在寡糖和多糖的生物合成中作为葡萄糖的供体。糖核苷酸的合成途径见图 9-20。

ADPG 和 GDPG 也是以类似的反应生成的,催化的酶是 ADPG(GDPG)焦磷酸化酶。此反应是可逆的,但由于焦磷酸可以被焦磷酸酶水解成正磷酸,所以反应趋向于向生成糖核苷酸的方向进行。

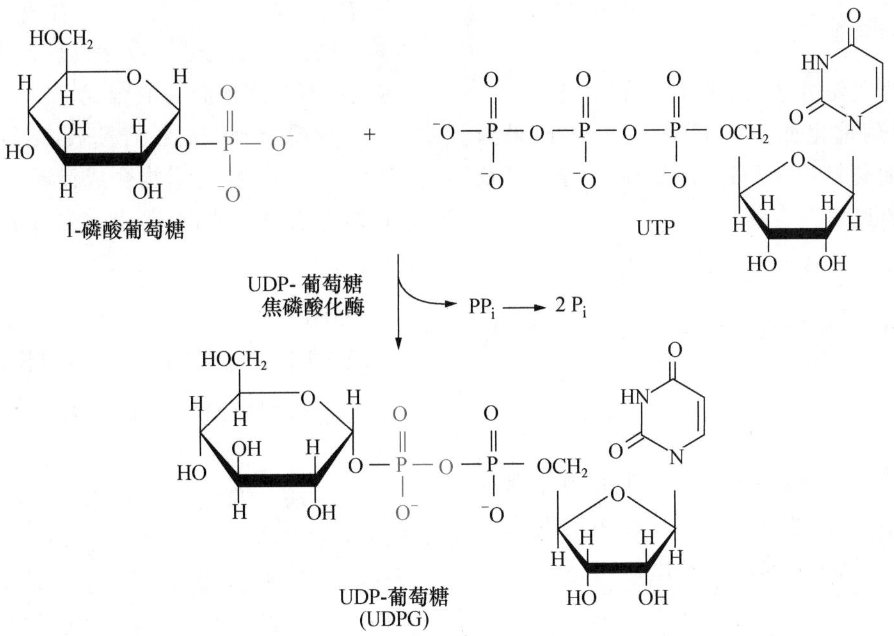

图 9-20 糖核苷酸的合成

二、蔗糖的合成与降解

(一)蔗糖的合成

蔗糖的合成主要有两种途径,分别由蔗糖合酶和磷酸蔗糖合酶催化。

1. 蔗糖合酶催化的蔗糖合成

蔗糖合酶(sucrose synthase)能利用 UDPG 作为葡萄糖供体与果糖合成蔗糖。

$$UDPG + 果糖 \rightarrow 蔗糖 + UDP$$

除此之外,蔗糖合酶还可以利用 ADPG、GDPG 等糖核苷酸作为葡萄糖的供体,但是活性偏低。蔗糖合酶催化的蔗糖的合成途径不是蔗糖合成的主要途径。因为这个酶的作用主要是分解蔗糖,产生 UDPG 为多糖的合成提供糖基。该酶主要存在于植物的非光合组织中,在储藏淀粉的组织器官中对蔗糖转变成淀粉起着重要作用。

2. 磷酸蔗糖合酶催化的蔗糖合成

磷酸蔗糖合酶(sucrose phosphate synthase)只能够利用 UDPG 作为葡萄糖的供体,催化 UDPG 与 6-磷酸果糖反应生成 6-磷酸蔗糖。6-磷酸蔗糖再经磷酸酶作用,水解脱去磷酸基团,形成蔗糖(图 9-21)。此途径在光合组织中活性较高,是植物中蔗糖生物合成的主要途径。

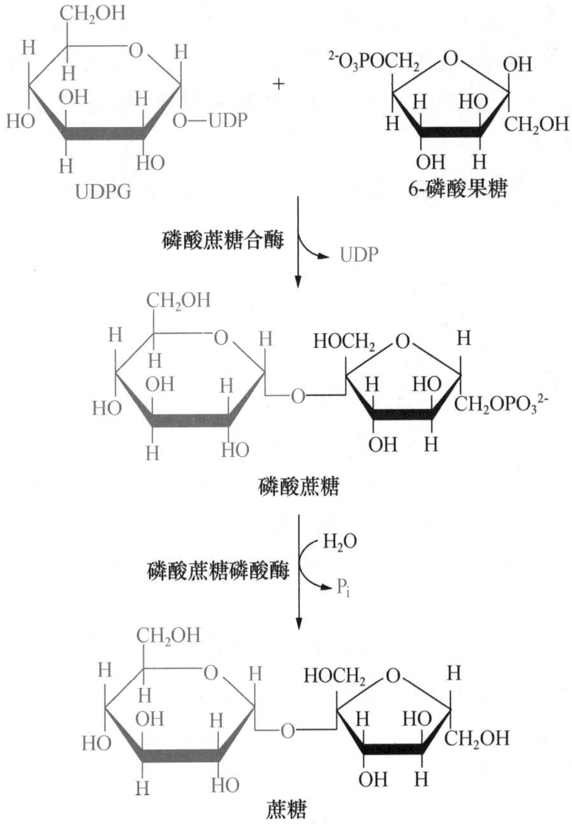

图 9-21 蔗糖的合成

此外,在微生物中还存在另一种合成蔗糖的途径,由蔗糖磷酸化酶(sucrose phosphorylase)催化 1-磷酸葡萄糖和果糖合成蔗糖并生成 1 分子磷酸,该反应是可逆的。

(二)蔗糖的降解

蔗糖的水解主要通过以下两种酶催化进行。

(1)蔗糖合酶催化蔗糖与UDP反应生成果糖和尿苷二磷酸葡萄糖(UDPG),该反应是前面提及的合成反应的逆过程。

$$蔗糖＋UDP \rightarrow UDPG＋果糖$$

(2)蔗糖酶(sucrase)催化蔗糖水解生成葡萄糖和果糖。

$$蔗糖＋H_2O \rightarrow 葡萄糖＋果糖$$

蔗糖酶也称转化酶(invertase),在植物体内广泛存在。蔗糖水解时,糖苷键断裂的自由能变化为$\Delta G^{0'}=-27.62 \text{ kJ/mol}$,反应不可逆。

三、淀粉及糖原的合成与降解

淀粉是植物界普遍存在的储存多糖,禾谷类作物的种子、豆类和薯类等粮食中含有大量淀粉。植物经光合作用合成的糖大部分转化为淀粉进行储藏。

糖原又称动物淀粉,主要存在于高等动物的肌肉和肝脏中。

(一)淀粉及糖原的合成

1. 淀粉的合成

淀粉分为直链淀粉和支链淀粉,对于直链淀粉的合成来说,就是单体之间形成α-1,4-糖苷键。对于支链淀粉的合成来说,除了要形成α-1,4-糖苷键之外还要形成α-1,6-糖苷键。

(1)直链淀粉的合成 催化直链淀粉合成的酶有以下3种。

①淀粉磷酸化酶 淀粉磷酸化酶催化1-磷酸葡萄糖合成淀粉,反应需要有引物存在,引物主要是葡萄糖以α-1,4-糖苷键链接形成的淀粉或葡萄多糖。反应为:

$$1\text{-磷酸葡萄糖}＋(引物)_n \longrightarrow (引物)_{n+1}＋P_i$$

反应所需的最小引物分子为麦芽三糖,即$n \geq 3$。引物的功能是作为α-葡萄糖的受体。淀粉磷酸化酶催化α-葡萄糖与引物的C_4非还原性末端的羟基结合,使淀粉链延长。动物、植物、酵母和某些微生物中都有淀粉磷酸化酶存在。但植物细胞内无机

磷酸浓度较高,不适宜反应向合成方向进行。淀粉磷酸化酶的主要功能是分解淀粉或为其他酶反应提供引物,不是催化淀粉的合成。

②淀粉合酶 淀粉合酶(starch synthase)催化UDPG或ADPG与引物合成淀粉。UDPG(或AD-PG)作为葡萄糖的供体,此途径是淀粉合成的主要途径。

$$UDPG＋(引物)_n \longrightarrow (引物)_{n+1}＋UDP$$
$$或\ ADPG＋(引物)_n \longrightarrow (引物)_{n+1}＋ADP$$

淀粉合酶利用ADPG比利用UDPG的效率高近10倍。

③D-酶 D-酶(D-enzyme)是一种糖苷转移酶,它可作用于α-1,4-糖苷键,将一个麦芽多糖片段转移到葡萄糖、麦芽糖上,或其他含α-1,4-糖苷键的多糖上。该酶能够催化合成"引物"用于淀粉合成。例如,D-酶可将麦芽三糖中的2个葡萄糖单位转移给另1个麦芽三糖,生成麦芽五糖,再由淀粉合酶催化反应继续进行,使淀粉链延长(图9-22)。

麦芽三糖　　　　麦芽五糖　　　葡萄糖

图 9-22　D-酶的作用

(2)支链淀粉的合成 支链淀粉的合成除了要形成α-1,4-糖苷键之外,还要形成α-1,6-糖苷键。催化α-1,6-糖苷键形成的酶是Q-酶。此酶能从直链淀粉的非还原端处切下一段6~7个残基的寡聚糖片段,并将其转移到一段直链淀粉的一个葡萄糖残基的C_6-羟基处,形成α-1,6-糖苷键,这样就形成分支结构。因此,Q-酶与形成α-1,4-键的淀粉合酶共同作用就可合成支链淀粉的分支(图9-23)。

2. 糖原的合成

糖原是由多个葡萄糖组成的带分支的大分子多糖,相对分子质量一般为$10^6 \sim 10^7$,是动物体内糖的储存形式。糖原主要储存在肌肉和肝脏中。动物糖原与植物淀粉虽然其结构复杂程度不同,但它们的生物合成机制相似。

糖原在动物体内由糖原合酶(glycogen synthase)合成。动物消化淀粉产生的6-磷酸葡萄糖转化为1-磷酸葡萄糖,再形成UDPG作为糖原合成的葡萄糖供体。糖原合酶催化的糖原合成反应需要至

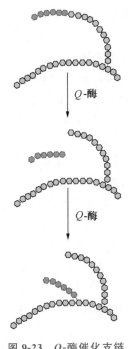

图 9-23 *Q*-酶催化支链
淀粉的合成

少含 4 个葡萄糖残基的 *α*-1,4-多聚葡萄糖作为引物。酶催化引物的非还原性末端与 UDPG 反应,形成 *α*-1,4-糖苷键,使糖原链增加一个葡萄糖单位。糖原合酶只能促成 *α*-1,4-糖苷键,因此该酶催化反应生成为 *α*-1,4-糖苷键相连构成的直链多糖分子。动物糖原分支要比植物支链淀粉多。糖原分支的形成主要由分支酶催化形成 *α*-1,6-糖苷键。

(二)淀粉及糖原的降解

1. 淀粉的降解

淀粉的降解有两种方式,分别是水解和磷酸解。降解的产物也因降解方式不同而异。

(1)淀粉的水解 在植物中,催化淀粉 *α*-1,4-糖苷键以及 *α*-1,6-糖苷键水解的酶称淀粉酶(amylase)。淀粉酶主要包括 *α*-淀粉酶、*β*-淀粉酶以及脱支酶(R-酶)。

①*α*-淀粉酶 *α*-淀粉酶在淀粉分子的内部水解 *α*-1,4-糖苷键,因此属于淀粉内切酶(endoamylase)。该酶可以水解直链淀粉或糖原分子内部的任意 *α*-1,4-糖苷键,但对距淀粉链非还原性末端第 5 个以后的糖苷键的作用受到抑制。*α*-淀粉酶作用于直链淀粉生成葡萄糖、以及不同长度的葡萄糖聚合物(工业上称为糊精)。作用于支链淀粉时,*α*-1,6-糖苷键不能被水解,因此其水解产物为葡萄糖、葡萄糖聚合物、以及含有 *α*-1,6-糖苷键分支的聚合物。

②*β*-淀粉酶 *β*-淀粉酶从淀粉分子外围的非还原性末端水解 *α*-1,4-糖苷键,因此是一种淀粉外切酶(exoamylase)。该酶每间隔一个糖苷键进行水解,产物是麦芽糖。*β*-淀粉酶不能水解 *α*-1,6-糖苷键,也不能越过 *α*-1,6-糖苷键,因此遇到 *α*-1,6-糖苷键处就停止作用了。如果底物是直链淀粉,反应产物几乎都是麦芽糖;如果底物是支链淀粉,水解产物则为麦芽糖和多分支的聚合物(图 9-24)。

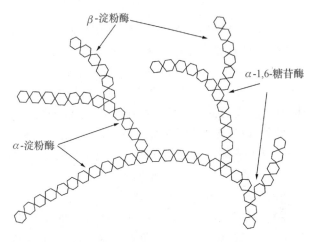

图 9-24 *α*-淀粉酶、*β*-淀粉酶和 *α*-1,6-糖苷酶催化淀粉水解

③脱支酶 脱支酶(debranching enzyme)又称 R-酶,可以水解淀粉的 *α*-1,6-糖苷键。但脱支酶只能水解支链淀粉的外围分支,而不能水解支链淀粉内部的分支。

(2)淀粉的磷酸解 淀粉在淀粉磷酸化酶的作用下发生磷酸解,从非还原端依次对 *α*-1,4-糖苷键进行磷酸解,每次释放 1 分子 1-磷酸葡萄糖。1-磷酸葡萄糖不能扩散到细胞外,并且可进一步在磷酸葡萄糖变位酶的催化下转化为 6-磷酸葡萄糖,最后转化为葡萄糖,6-磷酸葡萄糖也可直接经糖酵解被氧化。由于淀粉磷酸化酶只能作用于 *α*-1,4-糖苷键,所以不能完全降解支链淀粉,支链淀粉的完全降解还需有其他酶的配合。

2. 糖原的降解

糖原的降解是通过磷酸解的方式进行的。糖原磷酸化酶是糖原降解过程的关键酶,该酶主要存在于动物的肝脏和骨骼肌中,在肝脏中通过分解糖原直接补充血糖。糖原磷酸化酶从非还原端开始磷酸解,产物为 1-磷酸葡萄糖,切至距离分支点 4 个葡萄糖残基时停止,由寡聚葡聚糖转移酶切下分支点 3 个葡萄糖残基转移到另一链的非还原端以 *α*-1,4-糖苷键相连,剩余的 1 个葡萄糖残基的 *α*-1,6-糖苷键由脱支酶作用水解生成葡萄糖。人体内糖原的储存或消耗是一个受调控的过程,如果缺乏有关的酶将导致糖原的不正常代谢,表现为糖原蓄积症,如低血糖、肝肿大、酮中毒等。

四、纤维素的合成与降解

(一)纤维素的合成

纤维素分子的基本结构单位是 D-葡萄吡喃糖以 β-1,4-糖苷键相连的无分支的葡聚糖。一条纤维素单链一般由 2 000～15 000 个单糖组成,长度为 1.0～7.7 μm。纤维素是世界上最丰富的生物多聚体,具有巨大的商业价值。纤维素是重要的造纸原料,此外,以纤维素为原料的产品也广泛用于塑料、炸药、电工及科研器材等方面。食物中的纤维素对人体的健康也有着重要的作用。

近年来,对纤维素合成的研究进展大多来自对拟南芥的研究。研究表明植物纤维素的生物合成是由质膜上的超分子复合物(supramolecular complex)完成,该复合物由多个纤维素合酶(cellulose synthase)亚基和其他几种蛋白质组成,共同完成一个复杂的合成过程。与蔗糖和淀粉的合成一样,纤维素的合成也是以糖核苷酸作为葡萄糖供体。植物可以利用 GDPG 和 UDPG 作为供体,而细菌则只能利用 UDPG 作为单糖供体合成纤维素。

(二)纤维素的降解

天然的纤维素在无机酸的水解下生成葡萄糖。此外纤维素在生物体内的降解是在纤维素酶(cellulase)的催化下进行的。纤维素酶是反刍动物的消化系统瘤胃中的共生细菌产生的,此外自然界有些微生物如青霉菌、放线菌、枯草杆菌以及一些真菌也能合成和分泌纤维素酶。

小结

(1)糖类的化学本质是多羟醛、多羟酮及其聚合物和衍生物。糖类按其聚合程度可分为单糖、寡糖和多糖。生物体中常见的单糖是葡萄糖和果糖。蔗糖、乳糖和麦芽糖是常见的二糖。淀粉、糖原和纤维素是最常见的多糖,它们都是葡萄糖的聚合物。淀粉是植物内养分的储存方式。糖原是人和动物体内的储能多糖。纤维素是植物细胞壁结构物质中的主要成分。糖可以和其他生物分子结合生成复合糖,如与蛋白质和脂类结合形成糖蛋白和糖脂。糖类是重要的能源物质,糖彻底氧化释放大量的能量供机体需要。此外,糖代谢的中间产物可作为其他生物大分子,如蛋白质、核酸和脂肪酸合成的前体,因此,糖代谢是生物新陈代谢中的枢纽环节。

(2)糖酵解是 1 分子葡萄糖经过一系列酶促反应降解为 2 分子丙酮酸的过程,反应净生成 2 分子 ATP。整个过程有 9 个磷酸化的中间产物。糖酵解的 10 步反应中,有 3 个不可逆的反应是整个代谢途径的调控点,3 步反应分别由己糖激酶、磷酸果糖激酶-1 和丙酮酸激酶催化,其中磷酸果糖激酶-1 是关键的限速酶。

(3)动物体内,糖酵解生成的丙酮酸和 NADH 在不同情况下有不同的去路。在无氧条件下丙酮酸被还原为乳酸的过程称为乳酸发酵。在植物和微生物中,酵解生成的丙酮酸在无氧条件下脱羧转变成乙醛后进一步还原为乙醇,该过程称为乙醇发酵。丙酮酸生成乳酸或乙醇的反应需要氧化糖酵解途径产生的 NADH。有氧条件下,NADH 进入线粒体电子传递链产生 ATP。

(4)糖异生作用是由非糖物质,如甘油、乳酸、某些氨基酸等,生成葡萄糖的过程。糖异生途径有 7 步可逆反应与糖酵解途径相同,但糖酵解途径中 3 个不可逆反应需要被绕过。这 3 步不可逆反应需经丙酮酸羧化酶、磷酸烯醇式丙酮酸羧激酶、1,6-二磷酸果糖磷酸酶和 6-磷酸葡萄糖磷酸酶催化完成。糖异生和糖酵解在体内是受到协同调控的,这对维持生物体内糖水平的稳定有重要作用。

(5)糖酵解产生的丙酮酸由丙酮酸脱氢酶复合体催化氧化脱羧生成乙酰-CoA。该反应是连接糖酵解与三羧酸循环的中心环节。

(6)三羧酸循环从乙酰-CoA 和草酰乙酸缩合开始,经过 8 步反应,重新生成草酰乙酸,完成一个循环。一个循环中包括连续 2 次氧化脱羧,4 次氧化脱氢和一次底物水平磷酸化。1 分子乙酰-CoA 经过三羧酸循环可以产生 10 分子 ATP。三羧酸反应的调控酶是柠檬酸合酶,异柠檬酸脱氢酶和 α-酮戊二酸脱氢酶复合体。三羧酸循环是多种物质如糖、脂和氨基酸的彻底氧化分解的共同途径。同时三羧酸循环的中间代谢物可转变为其他生物分子合成的前体。由于三羧酸循环途径的中间代谢物不断进入其他代谢途径而被消耗,为了维持三羧酸循环的稳定,有几种回补反应用于补充循环途径中的中间代谢物。

(7)磷酸戊糖途径是生物中普遍存在的另一条糖代谢途径。磷酸戊糖途径分为2个阶段。在第一个不可逆的氧化阶段中,6-磷酸葡萄糖直接氧化脱氢和脱羧,产生磷酸戊糖。脱氢酶的辅酶是$NADP^+$,产生的NADPH作为还原力以供生物合成。在第二个可逆的非氧化阶段中,磷酸戊糖形成不同链长的磷酸单糖,包括一些糖酵解的中间产物。磷酸戊糖途径的调控酶是6-磷酸葡萄糖脱氢酶。

(8)寡糖和多糖的生物合成中以糖核苷酸作为葡萄糖分子的活化形式,即作为葡萄糖的供体。催化糖核苷酸合成的酶是ADPG(或UDPG)焦磷酸化酶。在高等植物体中,蔗糖合成的主要途径是磷酸蔗糖合酶途径。蔗糖的水解主要通过蔗糖合酶和蔗糖酶催化,其中蔗糖酶催化的反应是不可逆的。淀粉有直链淀粉和支链淀粉两种,对于支链淀粉的合成来说,除了要形成α-1,4-糖苷键,还要形成α-1,6-糖苷键,分别由淀粉合酶、淀粉磷酸化酶、D-酶和Q-酶催化,但淀粉磷酸化酶的主要功能是分解淀粉,即淀粉的磷酸解作用。参与淀粉水解的酶主要包括α-淀粉酶、β-淀粉酶以及R-酶。动物体内由糖原合酶催化合成糖原的直链,分支合成主要由分支酶形成α-1,6-糖苷键来完成;糖原的分解主要由糖原磷酸化酶催化。纤维素合成在纤维素合酶催化下完成。纤维素的降解由纤维素酶的催化进行。

思考题

一、单选题

1. 下列关于葡萄糖的叙述,正确的是_____。
   A. 属于六碳醛糖,是果糖和半乳糖的同分异构体
   B. 在溶液中主要以呋喃糖环的形式存在
   C. 在生物体中仅以L-构型存在
   D. 不具有还原性
2. 糖酵解途径的限速酶是_____。
   A. 己糖激酶
   B. 磷酸果糖激酶-1
   C. 丙酮酸激酶
   D. 磷酸丙糖异构酶
3. NADPH能够为细胞合成代谢提供还原力,NADPH主要是由_____产生的。
   A. 三羧酸循环途径
   B. 糖酵解途径
   C. 磷酸戊糖途径
   D. 糖异生途径
4. 与静息状态相比,剧烈运动时骨骼肌细胞中_____。
   A. AMP/ATP的值降低
   B. 2,6-二磷酸果糖水平降低
   C. $NADH/NAD^+$的值降低
   D. 丙酮酸还原为乳酸的反应增强
5. 下列关于糖异生的叙述正确的是_____。
   A. 是产能的代谢途径
   B. 饥饿时对维持血糖稳定十分重要
   C. 主要在肌肉细胞的胞质中发生
   D. 胰岛素促进糖异生途径

二、问答题

1. 为什么说三羧酸循环是糖、脂和蛋白质三大物质代谢的共同通路?
2. 简述2,6-二磷酸果糖在糖酵解和糖异生中的调节作用。
3. 在有氧条件下,1分子葡萄糖在生物体内氧化成CO_2和H_2O,可净产生多少分子的ATP?

三、分析题

一个刚满月的男婴来到医院检查,发现神经系统症状以及乳酸中毒的表现。经检查发现血液中乳酸含量超标。培养其皮肤成纤维细胞进行酶活性检测。发现当硫胺素焦磷酸(TPP)浓度正常时,其丙酮酸脱氢酶(PDH)的活性不足正常值的5%。当加大TPP浓度至原来的1 000倍时,PDH活性达到了正常值的80%。据此病例,试分析下列观点是否正确。

(1)对其使用硫胺素进行治疗有望降低其血液中的乳酸水平,并改善期临床症状。

(2)高碳水化合物饮食有助于该患者的治疗。

(3)鉴于其体内乳酸累积,那么糖有氧氧化中间产物柠檬酸水平也应该相应的升高。

参考文献

［1］Ferrier D R. Biochemistry. 6th ed. 北京：北京大学医学出版社，2013.

［2］Horton H R，Moran L W，Scrimgeour K G，et al. Principle of Biochemistry. 5th ed，Pearson Education，Inc. ,2012.

［3］Nelson D L，Cox M M. Lehninger Principles of Biochemistry. 7th ed. W. H. Freeman and Company，2017.

［4］Voet D，Voet J G. Principles of Biochemistry. 4th ed. John Wiley & Sons Inc. ,2011.

［5］郭蔼光. 基础生物化学. 2 版. 北京：高等教育出版社，2009.

［6］朱圣庚，徐长法. 生物化学. 4 版. 北京：高等教育出版社，2016.

第十章

脂质代谢

本章关键内容:本章介绍脂质在生物体内的代谢,主要讲述脂肪酸的分解代谢和合成代谢。重点掌握脂肪酸 β-氧化的历程以及调控;饱和脂肪酸彻底氧化分解所产生的能量的计算;脂肪酸从头合成途径、以及与脂肪酸 β-氧化的比较;乙醛酸循环的过程、生物学意义、以及与三羧酸循环的比较。

第六章已经介绍了脂质的分类、结构和功能。本章探讨脂质是如何在生物体内合成和分解的。概述哺乳动物对脂肪的消化、吸收、转运、储存和动员,重点讲述脂肪酸的氧化分解和生物合成,简要介绍三酰甘油、磷脂和固醇的代谢。

第一节 脂质的降解

一、脂肪的消化、吸收、转运及动员

三酰甘油是甘油和脂肪酸形成的甘油三酯,属于非极性化合物,不溶于水,不会增加细胞内的渗透压;相对的化学惰性,使其可在细胞中大量储存,却不会与其他细胞成分发生不必要的化学反应;高度还原的烃链,使其在相同质量下完全氧化放出的能量是糖原和蛋白质的 2 倍以上。这些性质使三酰甘油适合作为储能物质。然而,由于不溶于水,摄入的脂肪必须先乳化,才能被肠道中水溶性的酶水解(消化);从肠道中吸收或从储存组织中动员的脂肪必须先与特定的蛋白质结合,克服其不溶于水的性质,才能被血液转运。

哺乳动物对脂肪的水解主要有两种:一是食物中的脂肪在消化道内的水解,即脂肪的消化;二是机体储存的脂肪在脂肪组织中的水解,即脂肪的动员。

通常人们每日从食物中摄取的脂质中,三酰甘油占90%左右,此外还有少量的磷脂、胆固醇、胆固醇酯和游离的脂肪酸。三酰甘油的消化开始于胃脂肪酶,彻底消化是在小肠内由胰分泌的胰脂肪酶完成。

图 10-1 所示,脂肪进入小肠后,胆囊分泌到小肠中的胆汁盐将脂质乳化,形成混合微团。胆汁盐是在肝脏中从胆固醇合成的,储存在胆囊中。乳化作用使不溶于水的脂肪分散成小颗粒,提高其溶解度,也增加了脂肪酶与脂肪的接触面积,有利于脂肪的消化和吸收。小肠中的胰脂肪酶对食物中的三酰甘油进行消化,生成甘油、单酰甘油、二酰甘油以及脂肪酸(图 10-2)。这些水解产物扩散到小肠表面的黏膜细胞里,重新合成三酰甘油,再被胆固醇和载脂蛋白(apolipoprotein)包装成被称为乳糜微粒(chylomicron,CM)的脂蛋白,经淋巴进入血液。在毛细血管中,乳糜微粒中的三酰甘油被脂蛋白脂酶水解成甘油和脂肪酸,再被肌肉组织或脂肪组织吸收。在肌肉组织中,脂肪酸被氧化以提供能量。在脂肪组织中,甘油和脂肪酸重新酯化成三酰甘油储存起来(图 10-1)。

脂肪组织中的脂肪的动员取决于代谢的需求,受血液中激素的调控。脂肪组织中的脂肪以脂滴的形式储存在脂肪细胞里。脂滴的核心是三酰甘油和胆固醇酯,四周包围着一层磷脂。脂滴包被蛋白(perilipin)包被在脂滴的表面,限制激素敏感脂肪酶(hormone-sensitive lipase)对脂滴的接触,以防止过早的脂肪动员。当血液中血糖浓度降低时,机体分泌肾上腺素和胰高血糖素。这些激素随血液流动到脂肪细胞表面,与其表面的受体结合,激活 G_s 蛋白,通过 cAMP 信号途径,使胞内的脂滴包被蛋白和激素敏感脂肪酶磷酸化。脂滴包被蛋白经磷酸化修饰后失活,导致脂滴表面的保护性屏障失去作

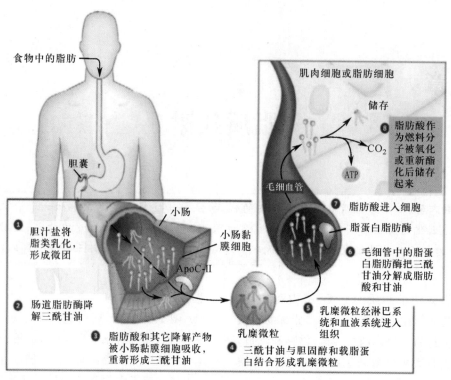

图 10-1 哺乳动物对食物中的脂肪的消化、吸收和转运

（改自 Nelson et al.，2017）

用；激素敏感脂肪酶经磷酸化修饰后被激活，催化三酰甘油的水解反应（图 10-2）。水解释放出来的脂肪酸从脂肪细胞进入血液。因脂肪酸不溶于水，血液中的可溶性的清蛋白（serum albumin）与脂肪酸结合，协助其转运到骨骼肌、心肌和肾等组织细胞中进一步氧化分解。

知识框 10-1　血浆脂蛋白和脂质的转运

脂质不溶于水，它们在血液中是以血浆脂蛋白（plasma lipoprotein）的形式进行转运的。血浆脂蛋白是由载脂蛋白（apolipoprotein）与三酰甘油、胆固醇、胆固醇酯及磷脂组装成的球状的大分子复合物颗粒。脂蛋白的内部是由三酰甘油和胆固醇酯通过疏水键和范德华力组成的疏水核心，亲水表面是磷脂单分子层，载脂蛋白和胆固醇镶嵌在其中（图 1）。人类的脂蛋白中至少有 10 种载脂蛋白。它们的作用包括帮助脂质转运、稳定脂蛋白、激活作用于脂蛋白的酶、识别和结合特定细胞膜上的受体、参与受体介导的脂蛋白的内吞等。

脂质和载脂蛋白组装的类型不同，形成了不同的脂蛋白。由于脂质的密度比蛋白质低，因此，组成脂蛋白的脂质含量越高，其密度越低。可通过超速离心分离不同密度的脂蛋白，并可在电子显微镜下进行观察（图 1B）。按密度递增的顺序，可把血浆脂蛋白分为乳糜微粒（chylomicron，CM）、极低密度脂蛋白（very low density lipoprotein，VLDL）、中间密度脂蛋白（immediate density lipoprotein，IDL）、低密度脂蛋白（low density lipoprotein，LDL）和高密度脂蛋白（high density lipoprotein，HDL）（表 1）。这五种脂蛋白除了在密度、组成成分、颗粒直径上有差别外，在来源及功能上也有差别。

表 1　人主要的血浆脂蛋白

	CM	VLDL	IDL	LDL	HDL
分子量$\times 10^{-6}$	>400	10～80	5～10	2.3	0.18～0.36
直径/Å	10^4～10^3	300～800	250～350	180～250	50～120

续表1

	CM	VLDL	IDL	LDL	HDL
密度/(g/mL)	<0.95	0.95~1.006	1.006~1.019	1.019~1.063	1.063~1.210
化学成分/%					
蛋白质	2	10	18	25	33
三酰甘油	85	50	31	10	8
胆固醇	4	22	29	45	30
磷脂	9	18	22	20	29

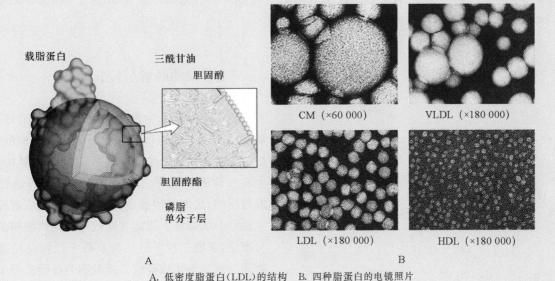

A. 低密度脂蛋白(LDL)的结构　　B. 四种脂蛋白的电镜照片

图1　脂蛋白

(改自 Nelson et al. , 2017)

　　在五种血浆脂蛋白中,乳糜微粒(CM)密度最小、体积最大。食物中的脂质被消化后,在小肠黏膜上皮细胞中与载脂蛋白一起组装成CM。CM中的脂质主要是三酰甘油,也含有少量胆固醇和胆固醇酯。CM经淋巴系统进入血液,随血液循环到脂肪组织和肌肉组织。CM中的三酰甘油被血管中的脂蛋白脂肪酶水解,释放出的脂肪酸进入脂肪细胞和肌肉细胞。失去了大部分三酰甘油的CM残余物经受体介导的内吞作用被肝细胞吸收,其中的胆固醇和胆固醇酯便进入了肝细胞。因此,CM的主要功能是把食物中被小肠吸收的脂肪转运到脂肪组织和肌肉组织,把食物中的胆固醇转运到肝脏。

　　肝细胞中的脂肪和胆固醇与载脂蛋白装配成极低密度脂蛋白(VLDL),并由肝细胞分泌到血液,随血液循环到肝外组织中。在循环中,同CM一样,毛细血管中的脂蛋白脂肪酶把VLDL中的三酰甘油水解释放出脂肪酸,脂肪酸进入肝外细胞。随着三酰甘油的失去,VLDL的体积缩小,密度增高,转化成中间密度脂蛋白(IDL)。IDL的脂肪比例由VLDL的50%降低到31%,胆固醇的比例由22%上升到29%。血液中的IDL大约有一半被肝细胞吸收;另一半在血液循环过程中,在脂蛋白脂肪酶的催化下,进一步失去三酰甘油而转变成低密度脂蛋白(LDL)。LDL的脂肪比例已降到10%,而胆固醇的比例则升到46%。由于多数细胞(包括肝细胞)的细胞膜上有LDL的受体,所以LDL可以通过受体介导的内吞被这些细胞吸收。因此,LDL的主要功能是把肝细胞中的胆固醇转移到肝外细胞,满足肝外细胞对胆固醇的需求。当血管内皮细胞因高血压、吸烟等因素受损后,血液中高浓度的LDL会沉积在血管壁上,其中的胆固醇被氧化,在血管壁上形成斑块,甚至造成动脉粥样硬化(atherosclerosis)。因此,LDL

通常被称为"坏"胆固醇。在临床实践中,LDL 的水平与心脑血管疾病的发病呈正相关。

高密度脂蛋白(HDL)是富含蛋白质的脂蛋白颗粒。它们从肝外组织细胞中、乳糜微粒和 VLDL 残留物中获取胆固醇,并将其转化为胆固醇酯。这些胆固醇和胆固醇酯或者被 HDL 逆向转运回肝脏,被肝脏转化成胆汁盐,并分泌到胆囊;或者从 HDL 重新进入 LDL 中,经血液循环在肝外组织中重新分配。HDL 可以清除肝外组织细胞和血浆中的胆固醇,使之返回肝脏,因此,HDL 被视为血液中的清道夫,通常被称为"好"胆固醇。临床实践中,HDL 的水平与心脑血管疾病的发病呈负相关。

参考文献

[1]Nelson D L,Cox M M. Lehninger Principles of Biochemistry. 7th ed. W. H. Freeman and Company,2017.

[2]Moran L A,Horton H R,Scrimgeour K G,et al. Principles of Biochemistry. 5th ed. Pearson Education International,2012.

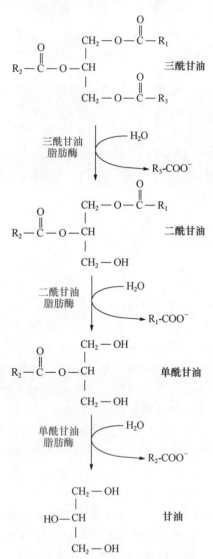

图 10-2　脂肪酶催化三酰甘油水解

二、甘油的降解与转化

脂肪水解后产生的甘油被运送到肝和肾,在甘油激酶(glycerol kinase)催化下生成 L-α-磷酸甘油。L-α-磷酸甘油被氧化成磷酸二羟丙酮,经异构化后,生成 3-磷酸甘油醛。然后或者经糖酵解途径转化成丙酮酸,进入三羧酸循环而彻底氧化;或者经糖异生途径合成糖原。因此甘油代谢和糖代谢的关系极为密切,磷酸二羟丙酮是联系两个代谢途径的关键物质。甘油转化成磷酸二羟丙酮的过程见图 10-3。

三、脂肪酸的氧化分解

脂肪酸的氧化分解是生物体中普遍存在的产生能量的重要途径。

原核生物脂肪酸的分解代谢发生于细胞质中。真核生物中,催化脂肪酸氧化的酶在线粒体基质中,细胞质中的脂肪酸要经过活化、转运入线粒体后,才能进行氧化降解。在讲述脂肪酸的氧化之前,先了解脂肪酸的活化和转运入线粒体。

(一)脂肪酸的活化和转运入线粒体

动物细胞中氧化脂肪酸的酶在线粒体基质中。细胞质中碳链长度为 12 或更短的脂肪酸不需要膜转运蛋白的帮助就可进入线粒体。从饮食中获得或从脂肪组织中释放的脂肪酸多是 14 个或更多碳原子的脂肪酸,不能直接通过线粒体内膜,必须首先经历由三种酶促反应组成的肉碱穿梭(carnitine shuttle),才能进入线粒体基质。

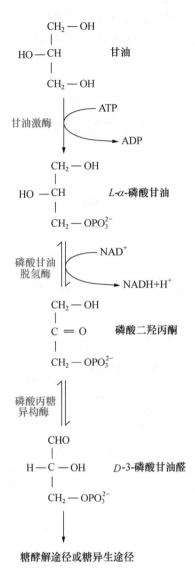

图 10-3　甘油的降解与转化

1. 脂肪酸的活化

　　第一个反应由线粒体外膜上的脂酰-CoA 合成酶（acyl-CoA synthetase），又称硫激酶（thiokinase）催化。在其催化下，脂肪酸的羧基和辅酶 A 的巯基之间以硫酯键相连，生成脂酰-CoA，ATP 水解成 AMP 和 PP_i。反应方程式如下：

$$R—COO^- + ATP + CoA—SH \xrightarrow{\text{脂酰-CoA 合成酶}}$$

$$R—\overset{\overset{\displaystyle O}{\|}}{C}—S—CoA + AMP + PP_i \quad \Delta G^{0'} \approx -15\ kJ/mol$$

　　这个反应分两步进行：首先，脂肪酸与 ATP 形成中间物脂酰-AMP，释放出焦磷酸；随后，CoA 置换出脂酰-AMP 中的 AMP，生成脂酰-CoA 和 AMP（图 10-4 右）。第一步反应中释放出来的 PP_i 立即被广泛存在的无机焦磷酸酶水解为无机磷酸（图 10-4

左）。这个高度放能的反应，使得总反应的 $\Delta G^{0'}$ 成为大的负值，脂肪酸的活化反应也因此不可逆。总反应方程式如下：

$$R—COO^- + ATP + CoA—SH \longrightarrow$$

$$R—\overset{\overset{\displaystyle O}{\|}}{C}—S—CoA + AMP + 2P_i \quad \Delta G^{0'} \approx -34\ kJ/mol$$

　　由于 ATP 水解成 AMP 和 PP_i，而 PP_i 又迅速被焦磷酸酶水解，因此，一般认为每活化 1 分子脂肪酸，消耗 2 分子 ATP。

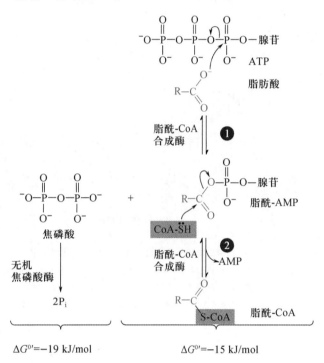

$\Delta G^{0'} = -19\ kJ/mol$　　　　$\Delta G^{0'} = -15\ kJ/mol$

图 10-4　脂肪酸活化为脂酰-CoA

（脂肪酸的活化由脂酰-CoA 合成酶和无机焦磷酸酶催化。脂酰-CoA 的形成分两步进行。整个反应放出大量能量。改自 Nelson et al.，2017）

2. 脂肪酸转运入线粒体

　　在线粒体外膜细胞质溶胶一侧形成的脂酰-CoA，既可以转运到线粒体氧化产生 ATP，也可以在细胞质溶胶中合成膜脂。要进入线粒体氧化的脂肪酸必须短暂地与肉碱（carnitine）的羟基结合，形成脂酰-肉碱（图 10-5），这是肉碱穿梭的第二个反应。这个转酯反应由线粒体外膜上的肉碱脂酰转移酶 1（carnitine acyltransferase 1）催化。脂酰-CoA 通过外膜时，形成脂酰-肉碱，然后扩散到膜间隙，经线粒体内膜上的脂酰-肉碱/肉碱共转运蛋白（acyl-carnitine/carnitine cotransporter）的转运，进入基质（图 10-5）。这个共转运蛋白转运 1 分子脂酰-肉碱进入线粒体基质,同时从线粒体基质转运1分子肉碱到膜间隙。

肉碱穿梭的第三步也是最后一步反应是由位于线粒体内膜的内表面的肉碱脂酰转移酶2催化。在

其催化下,脂酰基从肉碱转移到线粒体内的 CoA 上,再生脂酰-CoA,并将其和游离的肉碱一起释放到基质中(图10-5)。

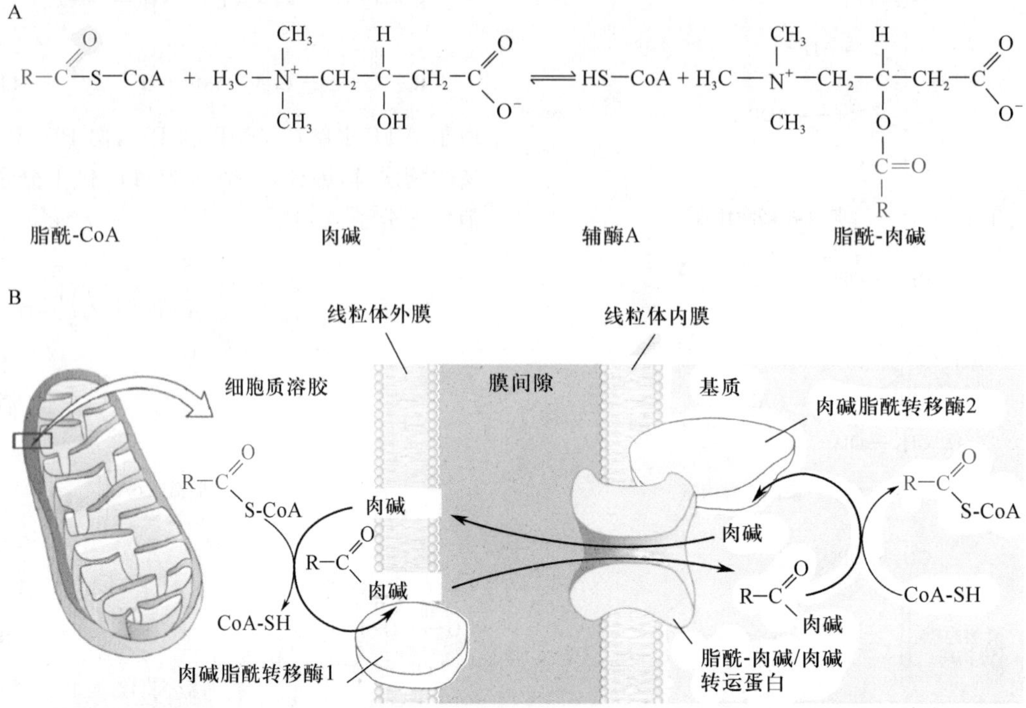

脂酰-CoA　　　　肉碱　　　　辅酶A　　　　脂酰-肉碱

A. 肉碱脂酰转移酶催化的反应　肉碱的化学名称为 L-β-羟基-γ-三甲胺丁酸,在植物和动物体中均存在　B. 脂酰-CoA 通过脂酰-肉碱/肉碱转运蛋白进入线粒体　脂酰-肉碱在外膜或膜间隙形成后,通过内膜转运进入基质。在基质中,脂酰基转移到线粒体 CoA,释放肉碱,肉碱通过同一个转运蛋白返回膜间隙。肉碱脂酰转移酶1和肉碱脂酰转移酶2是同工酶。肉碱脂酰转移酶1是脂肪酸氧化的限速酶

图 10-5　脂酰-CoA 跨线粒体内膜基质
(改自 Nelson et al. ,2017)

脂肪酸进入线粒体的三步反应——酯化到 CoA 上、转酯化到肉碱上及随后转运、再转酯化回到 CoA 上——即把细胞质溶胶的 CoA 库和线粒体基质的 CoA 库连接起来,也把细胞质溶胶的脂酰-CoA 库和线粒体基质的脂酰-CoA 库连接起来。线粒体基质中的 CoA 主要用于丙酮酸、脂肪酸和一些氨基酸的氧化分解,而细胞质溶胶中的 CoA 主要用于脂肪酸的生物合成。细胞质溶胶中的脂酰-CoA 即可用于膜脂的生物合成,也可转移到线粒体基质中进行氧化产能。而一旦转化为脂酰肉碱,脂酰基就注定了氧化产能的命运。肉碱介导的进入线粒体过程是脂肪酸氧化的限速步骤,肉碱脂酰转移酶1是限速酶,受脂肪酸生物合成的第一个中间体丙二酸单酰-CoA 的抑制。这种抑制阻止了脂肪酸合成和降解的同时进行。

(二)脂肪酸的氧化

线粒体中的脂肪酸的氧化经历三个阶段。第一个阶段是 β-氧化(β-oxidation)。从脂酰链的羧基端开始,连续地氧化移除二碳单位——乙酰-CoA。以16碳的棕榈酸为例,经历 7 轮氧化,每轮以乙酰-CoA 的形式失去 2 个碳原子。7 轮结束时,只残留最后两个碳原子(原来脂肪酸链的 C-15 和 C-16),即乙酰-CoA。总的结果是棕榈酸的 16 个碳原子的脂肪酸链转化为 8 分子乙酰-CoA 的乙酰基。每个乙酰-CoA 的形成都需要脱氢酶从脂酰基去除 4 个氢原子(2 对电子和 4 个质子)。第二阶段,乙酰-CoA 的乙酰基进入三羧酸循环氧化成 CO_2,这个阶段同样发生在线粒体基质。可见,脂肪酸经 β-氧化产生的乙酰-CoA 和葡萄糖经糖酵解和丙酮酸氧化产生的乙酰-CoA 一样,进入了氧化的共同途径。第

三个阶段,脂肪酸氧化的前两个阶段产生的还原型的电子载体 NADH 和 FADH$_2$,向线粒体呼吸链提供电子,电子通过呼吸链传递给氧气,同时伴随 ADP 磷酸化为 ATP。

后两个阶段在前面的章节已学习过了,我们将重点讨论第一个阶段——β-氧化。先从饱和偶数碳原子脂肪酸通过 β-氧化形成乙酰-CoA 开始学习。然后,概述不饱和脂肪酸和奇数碳原子脂肪酸氧化所必须经历的额外的步骤。最后,讨论不常见的脂肪酸氧化途径:α-氧化和 ω-氧化。

1. 饱和脂肪酸的 β-氧化有四步基本步骤

首先介绍饱和偶数碳原子脂肪酸,如饱和十六碳脂肪酸(棕榈酸)的 β-氧化作用过程。

脂酰-CoA 进入线粒体后,在线粒体基质中进行 β-氧化作用。每一轮氧化反应包括 4 步基本步骤(图 10-7)。

(1)脱氢反应　在脂酰-CoA 脱氢酶(acyl-CoA dehydrogenase)的催化下,脂酰-CoA 脱氢,在 α 和 β

碳原子之间形成双键,产物是反-Δ^2-烯脂酰-CoA。注意形成的双键是反式构型,不同于天然不饱和脂肪酸的顺式构型。脂酰-CoA 脱氢酶有三种同工酶,分别对短(4～8C)、中(4～14C)、长链(12～18C)的脂肪酸专一性催化。三种同工酶均以 FAD 作为辅基。

这一步反应是不可逆的。反应产生了反-Δ^2-烯脂酰-CoA 和 1 分子 FADH$_2$。如图 10-6 所示,此步产生的 FADH$_2$ 依次通过电子转移黄素蛋白(electron-transferring flavoprotein,ETF)、ETF:Q 氧化还原酶传递给泛醌而进入呼吸链,再依次通过复合物Ⅲ和复合物Ⅳ,传递到氧气,生成水。此步产生的 1 分子 FADH$_2$ 经呼吸链氧化,产生 1.5 分子 ATP。

(2)加水反应　反-Δ^2-烯脂酰-CoA 在烯脂酰-CoA 水合酶(enoyl-CoA hydratase)催化下,在双键上加水生成 L-β-羟脂酰-CoA,此酶具有立体化学专一性,只催化反式双键上加水,并且羟基只加在 β-碳原子上,而且只生成 L-型的产物。

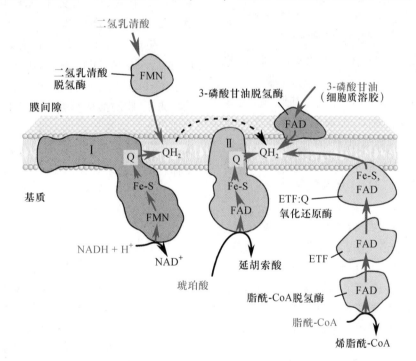

图 10-6　电子传递到呼吸链中的泛醌

[线粒体基质中的 NADH 上的电子通过黄素蛋白(NADH 脱氢酶)的 FMN 传递到复合物Ⅰ的 Fe-S 中心,然后到泛醌(Q)。三羧酸循环中琥珀酸氧化产生的电子通过有 Fe-S 中心的黄素蛋白(复合物Ⅱ)传递到泛醌。脂肪酸 β-氧化的第一个酶,脂酰-CoA 脱氢酶,把电子转移到电子转移黄素蛋白(ETF),然后,通过 ETF:泛醌氧化还原酶传递到泛醌。嘧啶核苷酸生物合成途径的中间产物二氢乳清酸,通过黄素蛋白(二氢乳清酸脱氢酶)把电子传给泛醌。细胞质溶胶中的糖酵解的中间产物 3-磷酸甘油,把电子传递到线粒体内膜外表面上的黄素蛋白(3-磷酸甘油脱氢酶),然后,通过该蛋白质传递到泛醌。改自 Nelson et al.,2017]

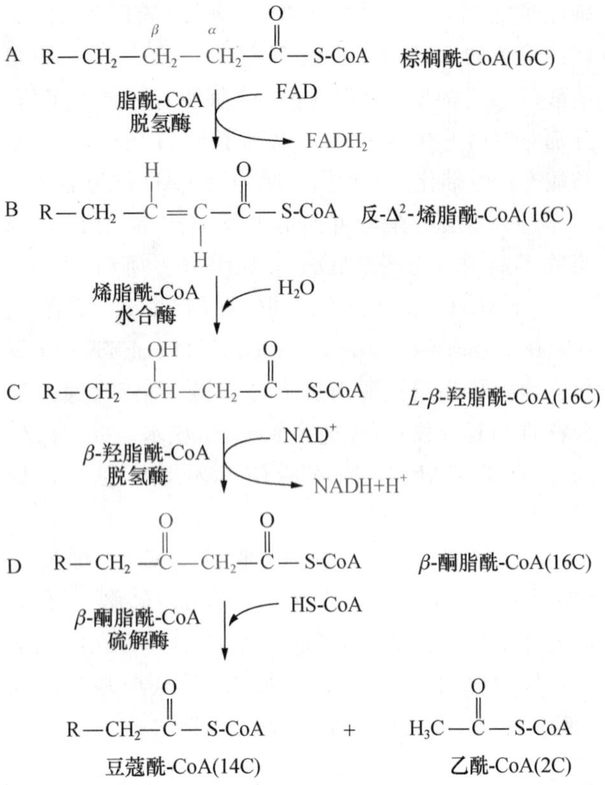

A $\quad R-CH_2-\overset{\beta}{CH_2}-\overset{\alpha}{CH_2}-\overset{O}{\overset{\|}{C}}-S\text{-}CoA \quad$ 棕榈酰-CoA(16C)

脂酰-CoA脱氢酶 $\searrow$ FAD $\to$ FADH$_2$

B $\quad R-CH_2-\overset{H}{\underset{}{C}}=\overset{}{\underset{H}{C}}-\overset{O}{\overset{\|}{C}}-S\text{-}CoA \quad$ 反-Δ^2-烯脂酰-CoA(16C)

烯脂酰-CoA水合酶 $\searrow$ H$_2$O

C $\quad R-CH_2-\overset{OH}{\underset{}{CH}}-CH_2-\overset{O}{\overset{\|}{C}}-S\text{-}CoA \quad$ L-β-羟脂酰-CoA(16C)

β-羟脂酰-CoA脱氢酶 $\searrow$ NAD$^+$ $\to$ NADH+H$^+$

D $\quad R-CH_2-\overset{O}{\overset{\|}{C}}-CH_2-\overset{O}{\overset{\|}{C}}-S\text{-}CoA \quad$ β-酮脂酰-CoA(16C)

β-酮脂酰-CoA硫解酶 $\searrow$ HS-CoA

$R-CH_2-\overset{O}{\overset{\|}{C}}-S\text{-}CoA \quad + \quad H_3C-\overset{O}{\overset{\|}{C}}-S\text{-}CoA$

豆蔻酰-CoA(14C) $\qquad\qquad$ 乙酰-CoA(2C)

图 10-7 脂肪酸 β-氧化的四步基本步骤

(3)再脱氢反应 在 β-羟脂酰-CoA 脱氢酶（L-β-hydroxyacyl CoA dehydrogenase）催化下，L-β-羟脂酰-CoA 的 β-碳原子上的羟基脱氢，生成 β-酮脂酰-CoA。β-羟脂酰-CoA 脱氢酶具有立体化学专一性，只催化 L-型异构体的反应。该酶以 NAD$^+$ 为辅酶，反应除了形成 β-酮脂酰-CoA 外，还产生 1 分子 NADH。NADH 直接从复合物Ⅰ进入呼吸链，1 分子 NADH 产生 2.5 分子 ATP。

(4)硫解反应 在 β-酮脂酰-CoA 硫解酶（thiolase）的催化下，β-酮脂酰-CoA 和游离的 CoA 反应，把原脂肪酸羧基端的二碳单位裂解下来，产生乙酰-CoA，另一个产物是比原来的脂酰-CoA 少 2 个碳原子的脂酰-CoA。这个反应之所以称硫解反应，是类比的水解反应，因为 β-酮脂酰-CoA 的断裂是其与 CoA 巯基的反应引起的。

脂肪酸的亚甲基之间的单键是相对稳定的。β-氧化采用了巧妙的机制，使其稳定性减弱而容易断裂。这一巧妙的机制就是前三步反应使 β 碳（C-3）由亚甲基氧化成酮基，从而成为巯基亲核攻击的靶点，促使 C_α—C_β 键的断开。

2. β-氧化的四步基本步骤重复进行，产生乙酰-CoA 和 ATP

一轮 β-氧化从脂酰-CoA 上移走了 1 分子乙酰-CoA、2 对电子和 4 个质子，使其缩短 2 个碳原子。以 16C 的棕榈酰-CoA 为例，经历一轮 β-氧化，移走 1 分子乙酰-CoA，留下少了 2 个碳原子的豆蔻酰-CoA。反应式如下：

$$\text{棕榈酰-CoA}+\text{CoA}+\text{FAD}+\text{NAD}^++\text{H}_2\text{O}\longrightarrow$$
$$\text{豆蔻酰-CoA}+\text{乙酰-CoA}+\text{FADH}_2+\text{NADH}+\text{H}^+$$

$$(10\text{-}1)$$

14C 的豆蔻酰-CoA 经历另一轮脱氢、加水、再脱氢和硫解 β-氧化的四步基本步骤，生成第二分子乙酰-CoA 和 12C 的月桂酰-CoA。氧化 1 分子棕榈酰-CoA 总共要经历 7 轮 β-氧化的四步基本步骤，产生 8 分子的乙酰-CoA。总反应式如下：

$$\text{棕榈酰-CoA}+7\text{CoA}+7\text{FAD}+7\text{NAD}^++7\text{H}_2\text{O}\longrightarrow$$
$$8\text{乙酰-CoA}+7\text{FADH}_2+7\text{NADH}+7\text{H}^+$$

$$(10\text{-}2)$$

每分子 FADH$_2$ 将 1 对电子经呼吸链传递到 O$_2$ 产生 1.5 分子 ATP。每分子 NADH 将 1 对电子经呼吸链传递到 O$_2$ 产生 2.5 分子 ATP。所以，每一轮 β-氧化生成 4 分子 ATP。注意这个过程也生成水。每对电子从 FADH$_2$ 或 NADH 传递到 O$_2$，产生 1 分子 H$_2$O。这样产生的水称"代谢水"。对于冬眠的动物来说，脂肪酸的氧化既为它们提供能量和热量，又提供水。这对于长期不吃也不喝的动物的生存来说，是至关重要的。沙漠中的骆驼也是通过氧化驼峰中储存的脂肪来补充自然环境中缺少的水分。

棕榈酰-CoA 氧化成 8 分子乙酰-CoA，包括电子传递和氧化磷酸化的总方程式：

$$\text{棕榈酰-CoA}+7\text{CoA}+7\text{O}_2+28\text{P}_i+28\text{ADP}\longrightarrow$$
$$8\text{乙酰-CoA}+28\text{ATP}+7\text{H}_2\text{O} \quad (10\text{-}3)$$

3. 乙酰-CoA 可经三羧酸循环进一步氧化

脂肪酸氧化生成的乙酰-CoA 可经三羧酸循环氧化成 CO$_2$ 和 H$_2$O。下面的方程式表示棕榈酰-CoA 氧化的第二阶段以及偶联的第三阶段的总反应式：

$$8\text{乙酰-CoA}+16\text{O}_2+80\text{P}_i+80\text{ADP}\longrightarrow$$
$$8\text{CoA}+80\text{ATP}+16\text{CO}_2+16\text{H}_2\text{O} \quad (10\text{-}4)$$

把反应式(10-3)和(10-4)相加，得到棕榈酰-CoA 完全氧化成 CO$_2$ 和 H$_2$O 的反应式：

$$\text{棕榈酰-CoA}+23\text{O}_2+108\text{P}_i+108\text{ADP}\longrightarrow$$
$$\text{CoA}+108\text{ATP}+16\text{CO}_2+23\text{H}_2\text{O} \quad (10\text{-}5)$$

棕榈酸活化为棕榈酰-CoA 时,消耗两个高能磷酸键,因此,每分子棕榈酸完全氧化成 CO_2 和 H_2O,净产生 106 个 ATP。

动物细胞的脂肪酸 β-氧化主要发生在线粒体基质中,有的也可以发生在过氧化物酶体(peroxisome)中。植物和低等真核生物的脂肪酸 β-氧化则主要发生在过氧化物酶体中。

4. 不饱和脂肪酸的氧化还需要两种辅助反应

前面介绍了饱和偶数脂肪酸的氧化过程。然而,动物和植物体内的三酰甘油和磷脂中的脂肪酸多数是不饱和的脂肪酸,有 1 个或 2 个双键。这些双键都是顺式构型,不能被烯脂酰-CoA 水合酶作用。该酶只催化把水加到 Δ^2-烯脂酰-CoA 的反式双键上的反应。不饱和脂肪酸的 β-氧化还需要另外两种辅助酶(auxiliary enzyme)的参与:异构酶和还原酶。下面举两个例子具体说明。

油酸($18:1\Delta^{9c}$)是 18 碳的单不饱和脂肪酸,在 C-9 和 C-10 之间有一个双键,双键是顺式构型。像饱和脂肪酸那样,油酸先经过活化,生成油酰-CoA,通过肉碱穿梭进入线粒体基质。然后,进行 3 轮 β-氧化作用,产生了 3 分子乙酰-CoA 和顺-Δ^3-十二烯脂酰-CoA。顺-Δ^3-十二烯脂酰-CoA 不能被烯脂酰-CoA 水合酶作用,因为该酶只作用反式双键。第一种辅助酶 Δ^3,Δ^2-烯脂酰-CoA 异构酶(enoyl-CoA isomerase)催化顺-Δ^3-十二烯脂酰-CoA 转化为

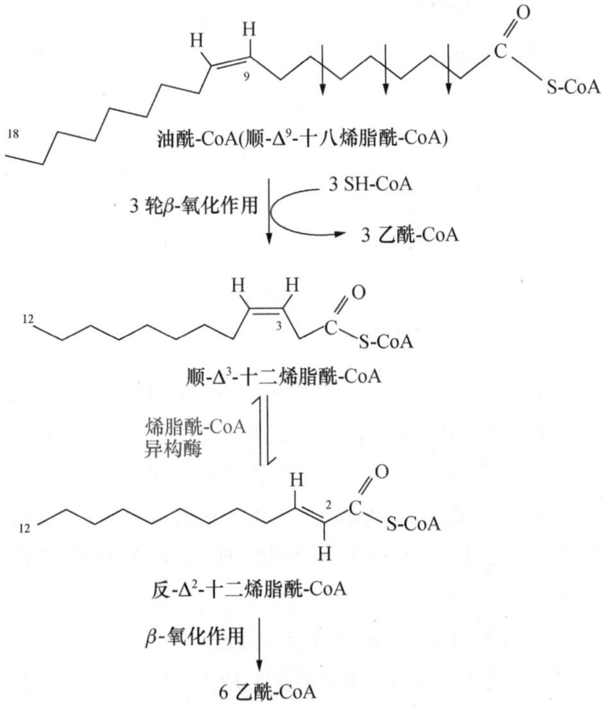

图 10-8 油酰-CoA 的氧化

反-Δ^2-烯脂酰-CoA。然后经烯脂酰-CoA 水合酶作用,继续进行 5 轮 β-氧化,再产生 6 分子乙酰-CoA。β-氧化作用结束后,共生成 9 分子乙酰-CoA。油酸的氧化过程见图 10-8。

多不饱和脂肪酸的氧化除了需要烯脂酰-CoA 异构酶之外,还需要 2,4-二烯脂酰-CoA 还原酶(2,4-dienoyl-CoA reductase)的参与(图 10-9)。

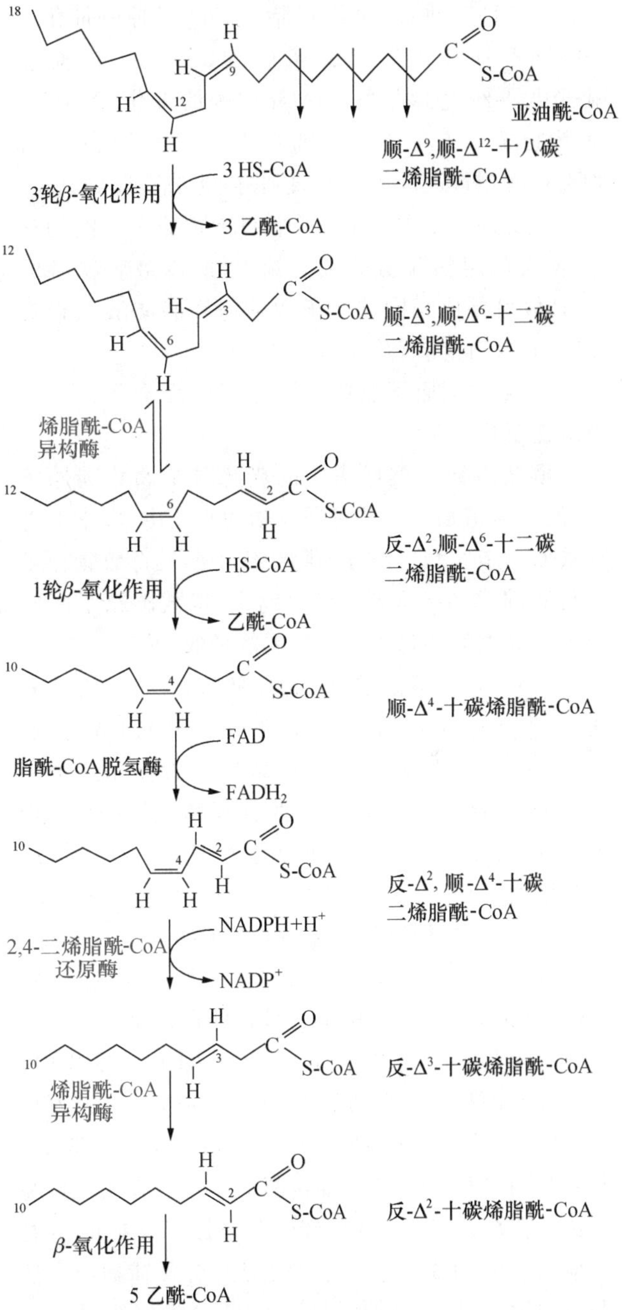

图 10-9 亚油酰-CoA 的氧化

亚油酸是 18 碳二烯酸,在 C-9 和 C-10 及 C-12 和 C-13 之间有顺式双键。亚油酰-CoA 经 3 轮 β-氧化产生 3 分子乙酰-CoA 和 1 分子十二碳二烯脂

酰-CoA,在新形成的 C-3 和 C-4 之间及 C-6 和 C-7 之间的两个双键都是顺式。顺-Δ^3 双键经过异构酶催化成反-Δ^2 构型。烯脂酰-CoA 继续进行 β-氧化,断裂 1 分子乙酰-CoA 后,产生顺-Δ^4-十碳烯脂酰-CoA。经过脂酰-CoA 脱氢酶作用后,十碳烯脂酰-CoA 在 C-2 位置又生成 1 个反式双键,成为反-Δ^2,顺-Δ^4-十碳二烯脂酰-CoA。

第二种辅助酶 2,4-二烯脂酰-CoA 还原酶催化这一中间产物转化为反-Δ^3-烯脂酰-CoA。反-Δ^3-烯脂酰-CoA 再经过烯脂酰-CoA 异构酶的催化,形成反-Δ^2-烯脂酰-CoA,成为烯脂酰-CoA 水合酶的底物。烯脂酰-CoA 继续进行 β-氧化,直到完全形成乙酰-CoA。

需要注意的是:由于不饱和脂肪酸中双键的存在,使得代谢物脱氢的机会减少,所以最后获得的 ATP 数目要比相同碳原子数的饱和脂肪酸获得的 ATP 的数目少。

5. 奇数碳原子脂肪酸彻底氧化还需要另外三步酶促反应

虽然多数天然脂质中的脂肪酸是偶数碳原子的,但许多植物和一些海洋生物的脂质中,也常见奇数碳原子脂肪酸。哺乳动物组织中罕见奇数碳原子脂肪酸,但在牛、羊等反刍动物中,奇数碳原子脂肪酸氧化提供的能量占它们所需能量的 25%。

具有 17 个碳原子的直链脂肪酸,经过 7 轮 β-氧化,产生 7 分子乙酰-CoA 和 1 分子丙酰-CoA。乙酰-CoA 可直接进入三羧酸循环继续氧化,而丙酰-CoA 却要再经另外三步酶促反应,转化为琥珀酰-CoA,才能进入三羧酸循环继续氧化。这三步反应分别由丙酰-CoA 羧化酶(propionyl-CoA carboxylase)、甲基丙二酸单酰-CoA 差向异构酶(methylmalonyl-CoA racemase)和甲基丙二酸单酰-CoA 变位酶(methylmalonyl-CoA mutase)催化(图 10-10)。

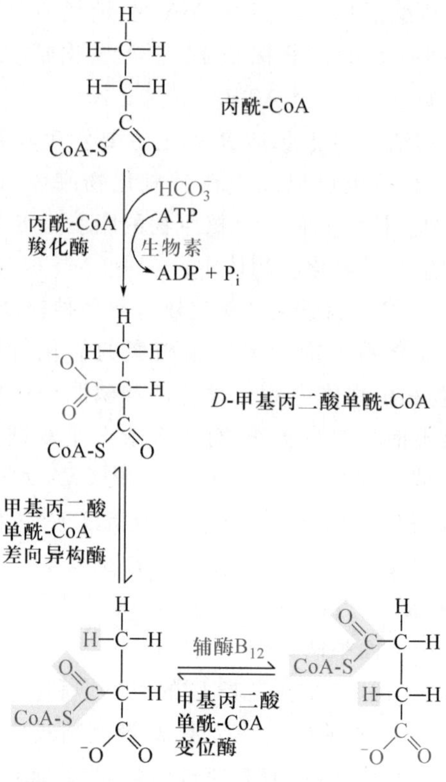

在甲基丙二酸单酰-CoA 变位酶催化的反应中,位于原来丙酸 C-2 上的基团—CO—S-CoA 与原丙酸 C-3 上的一个氢原子交换位置(图 10-11A)。辅酶 B_{12} 是甲基丙二酸单酰-CoA 变位酶的辅酶。这是一类烷基或取代烷基(X)与相邻碳上的氢原子交换的酶促反应(图 10-11B),它们之间的交换需要辅酶 B_{12} 参与,而且被交换的氢原子与溶剂 H_2O 的氢原子没有发生混合。这类依赖于辅酶 B_{12} 的变位反应在自然界少见,辅酶 B_{12} 参与反应的机制可参见图 5-14。

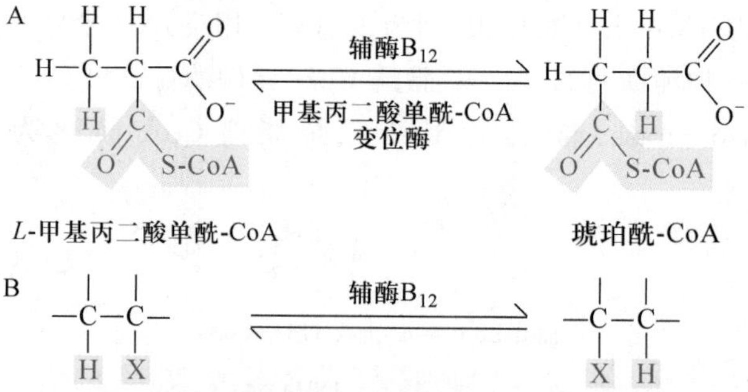

6. 脂肪酸的 α-氧化和 ω-氧化

植烷酸(phytanic acid)是具有甲基侧链的长链

图 10-10 由丙酰-CoA 生成琥珀酰-CoA

(改自 Nelson et al.,2017)

A. 甲基丙二酸单酰-CoA 变位酶催化的反应

B. 辅酶 B_{12} 参与的变位反应的通式

图 10-11 辅酶 B_{12} 参与的变位反应

(改自 Nelson et al.,2017)

分支脂肪酸,来源于叶绿素的叶绿醇侧链。反刍动物瘤胃中的微生物在消化植物叶绿素时产生植烷酸。存在于反刍动物的脂质和乳汁中的植烷酸,是人类膳食的重要组成成分。由于它的 β 碳原子上有甲基,不能形成 β-酮中间产物,所以不能直接进行 β-氧化。

植烷酸先通过 α-氧化进行降解。如图 10-12 所示,植烷酰-CoA 的 α-碳原子先羟基化,这步反应有 O_2 的参与。羟基化的中间产物进一步脱羧,形成少

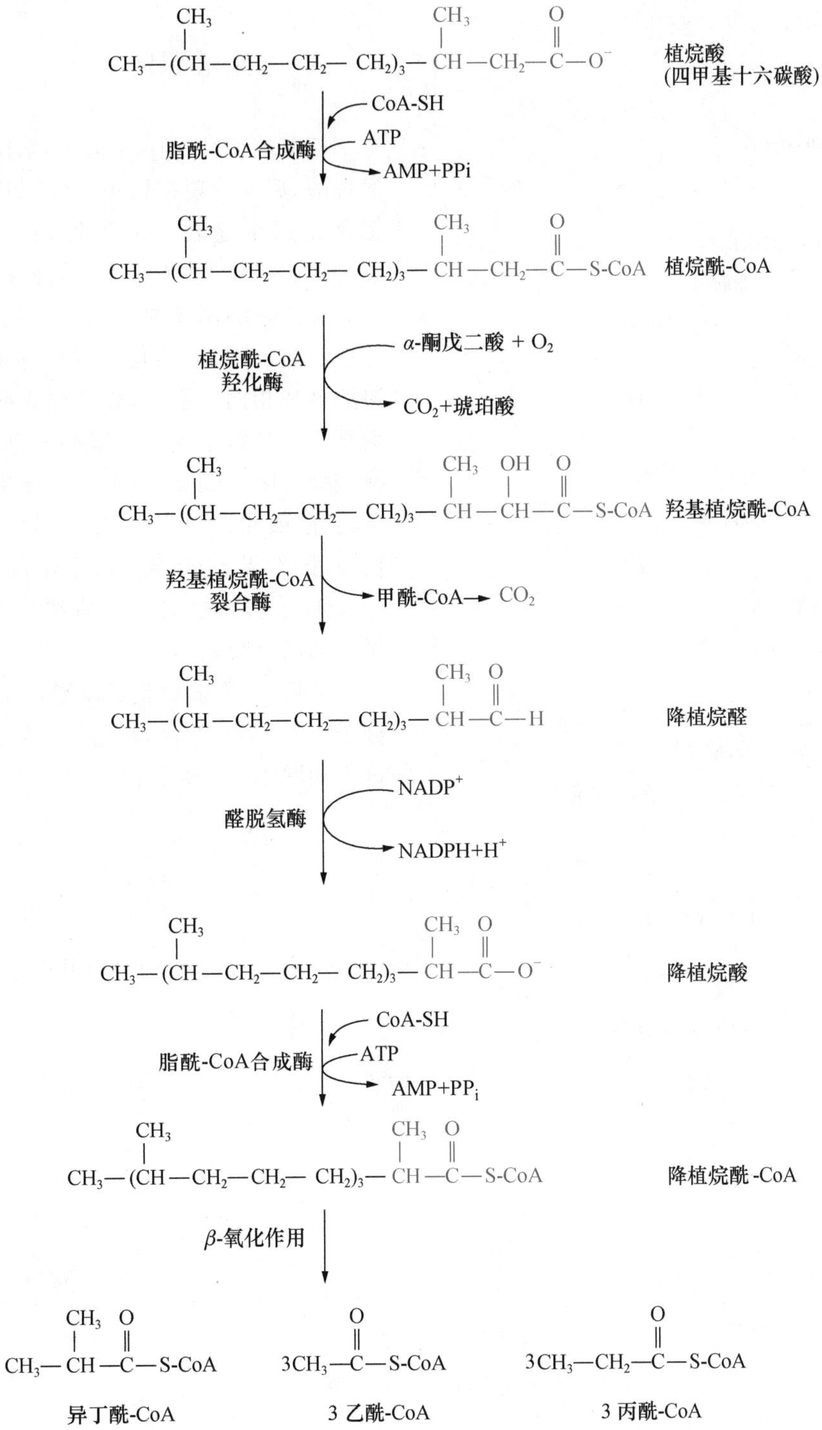

图 10-12 植烷酸的 α-氧化

一个碳原子的醛（降植烷醛），然后，再被氧化成羧酸（降植烷酸），这样，β 碳原子上就没有取代基了，可以进行正常的 β-氧化。人体如果缺乏 α-氧化系统，体内植烷酸就会积累，导致外周神经炎类型的运动失调及视网膜炎等症状。

脂肪酸还可进行 ω-氧化。这个途径使脂肪酸的末端甲基（ω-碳原子）发生氧化，生成 α, ω-二羧酸。ω-碳原子的氧化先是羟基化，反应在混合功能加氧酶（mixed-function oxygenase）催化下，在 ω-碳原子上引入羟基，这个羟基的氧原子来自氧气，需要细胞色素 P_{450} 和电子供体 NADPH 参与。然后，这个羟基在醇脱氢酶、醛脱氢酶的作用下进一步氧化成羧基（图 10-13）。α, ω-二羧酸可以从分子的两端进行 β-氧化。因此 ω-氧化加速了脂肪酸降解的速度。

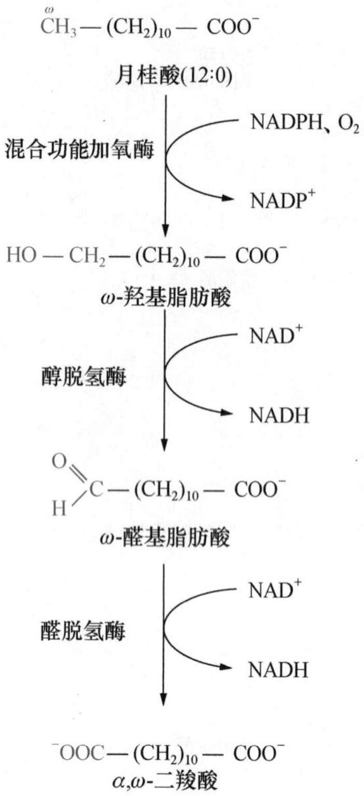

$$\overset{\omega}{C}H_3—(CH_2)_{10}—COO^-$$

月桂酸(12:0)

混合功能加氧酶 → NADPH、O_2 → $NADP^+$

$$HO—CH_2—(CH_2)_{10}—COO^-$$

ω-羟基脂肪酸

醇脱氢酶 → NAD^+ → NADH

$$\overset{O}{\underset{H}{C}}—(CH_2)_{10}—COO^-$$

ω-醛基脂肪酸

醛脱氢酶 → NAD^+ → NADH

$$^-OOC—(CH_2)_{10}—COO^-$$

α,ω-二羧酸

图 10-13　月桂酸(12:0)的 ω-氧化

四、乙醛酸循环

乙醛酸循环(glyoxylate cycle)最初是在细菌中发现的,后来发现在植物、真菌和某些无脊椎动物中也存在这个途径。由于代谢中产生特征中间产物——乙醛酸,这个途径因此被称作乙醛酸循环。

在乙醛酸循环中,乙酰-CoA 与草酰乙酸缩合形成柠檬酸,柠檬酸转化为异柠檬酸。这些反应与三羧酸循环相同。但是,异柠檬酸没有继续脱氢脱羧,而是直接裂解生成了乙醛酸和琥珀酸,反应由异柠檬酸裂合酶(isocitrate lyase)催化(图 10-14A)。接着,乙醛酸和另一分子乙酰-CoA 反应,生成苹果酸,反应由苹果酸合酶(malate synthase)催化(图 10-14B)。异柠檬酸裂合酶和苹果酸合酶是乙醛酸循环的两个特征酶。

随后,苹果酸氧化成草酰乙酸,后者又可以与一分子乙酰-CoA 缩合,开始另一轮反应。乙醛酸循环过程如图 10-15 所示。

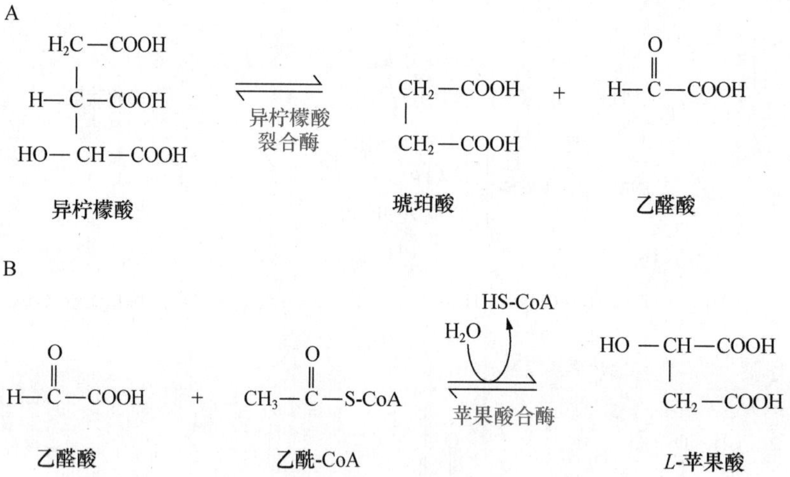

A

$$\begin{matrix} H_2C—COOH \\ | \\ H—C—COOH \\ | \\ HO—CH—COOH \end{matrix}$$

异柠檬酸

异柠檬酸裂合酶 ⇌

$$\begin{matrix} CH_2—COOH \\ | \\ CH_2—COOH \end{matrix}$$

琥珀酸

$$\begin{matrix} O \\ \| \\ H—C—COOH \end{matrix}$$

乙醛酸

B

$$\begin{matrix} O \\ \| \\ H—C—COOH \end{matrix}$$

乙醛酸

$$\begin{matrix} O \\ \| \\ CH_3—C—S-CoA \end{matrix}$$

乙酰-CoA

H_2O　HS-CoA

苹果酸合酶

$$\begin{matrix} HO—CH—COOH \\ | \\ CH_2—COOH \end{matrix}$$

L-苹果酸

图 10-14　异柠檬酸裂合酶(A)和苹果酸合酶(B)催化的反应

乙醛酸循环的总反应式是:

$$2乙酰\text{-}CoA + NAD^+ + 2H_2O \longrightarrow$$
$$琥珀酸 + 2CoA + NADH + H^+$$

反应结果是将 2 分子乙酰-CoA 生成 1 分子琥珀酸。循环中产生的琥珀酸可用于生物合成。

乙醛酸循环可以使乙酰-CoA 通过形成四碳中间产物琥珀酸合成葡萄糖。具有乙醛酸循环功能的细胞可以利用乙酰-CoA 合成碳水化合物。例如:酵母可以在乙醇中生长,因为酵母可以把乙醇氧化,逐步形成乙酰-CoA,然后通过乙醛酸循环形成琥珀酸。同样,很多细菌将乙酸转化为乙酰-CoA,就可以利用乙醛酸循环在乙酸中生长。

植物中具有一种特殊的细胞器称为乙醛酸循环体(glyoxysome),其中含有催化乙醛酸循环的酶。但是,乙醛酸循环体并非在所有时间,所有的组织中都存在。它们只在富含脂质的种子发芽过程中存在。这一阶段,发芽的植株不能进行光合作用合成葡萄

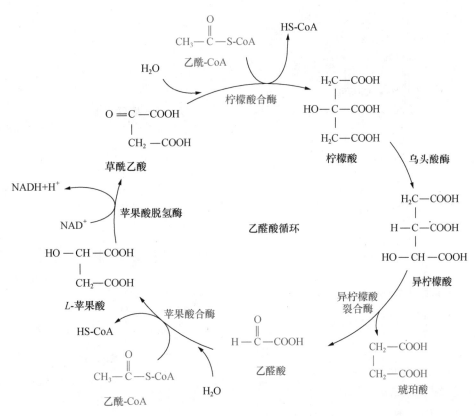

图 10-15　乙醛酸循环途径

糖,但又需要大量的葡萄糖构建自己的机体。于是,乙醛酸循环中产生的琥珀酸从乙醛酸循环体进入线粒体,三羧酸循环中的酶把琥珀酸转化成苹果酸。苹果酸可以氧化形成草酰乙酸,也可以从线粒体中进入细胞质。在细胞质中,苹果酸由细胞质中的苹果酸脱氢酶催化形成草酰乙酸,成为糖异生作用的前体。发芽的种子因而可以将储存的脂质转化为葡萄糖。

乙醛酸循环的重要生理意义在于:

①乙醛酸循环实现了脂肪到糖的转变,对植物的生长发育起着重要的作用。例如在油料作物种子发芽期,乙醛酸循环进行得非常活跃,在此期间种子中储藏的脂类经乙酰-CoA 生成糖,及时供给生长点所需的能量和碳架,促进发芽、生长。

②乙醛酸循环提高了生物体利用乙酰-CoA 的能力。只要极少量的草酰乙酸作引物,乙醛酸循环就可以持续运行,不断产生琥珀酸,回补三羧酸循环。

由于脊椎动物通常没有乙醛酸循环的特征酶(异柠檬酸裂合酶和苹果酸合酶),所以不能完成从脂肪酸到葡萄糖的净合成过程。

五、酮体的生成与利用

脂肪酸 β-氧化产生的乙酰-CoA,可进入三羧酸

循环进行彻底氧化分解。但人类和大多数哺乳动物在肝脏及肾脏细胞中还有另外一条去路,即形成乙酰乙酸、D-β-羟基丁酸和丙酮,这三者统称为酮体(ketone body)(图 10-16)。"体"一般指不溶于水的小颗粒,酮体只是沿用了历史上的名称,这三种物质在血液和尿液中是可溶的,不是颗粒,而且其中的 D-β-羟基丁酸也不是酮。

正常情况下,血液中的酮体含量是很低的,脂肪酸的氧化和糖的降解基本处于平衡。但在严重饥饿或糖尿病(糖代谢障碍)时,机体就开始通过脂肪酸的氧化生成大量的乙酰-CoA。此时,草酰乙酸的供应量不足,很多乙酰-CoA 不能与草酰乙酸缩合形成柠檬酸进入三羧酸循环。多余的乙酰-CoA 在肝细胞线粒体中形成酮体,所以肝脏是酮体生成的主要器官。

酮体在肝内产生,但肝脏本身不能利用,因为肝脏中缺少将乙酰乙酸转化为乙酰乙酰-CoA 的 β-酮脂酰-CoA 转移酶。酮体要随血液运输到肝外组织(包括心肌、骨骼肌及大脑等)才能进一步代谢。这些肝外组织含有利用酮体的酶,可以利用酮体氧化供能。

正常进食情况下,大脑优先利用葡萄糖作为燃料。然而,在饥饿条件下,缺乏葡萄糖时,大脑利用

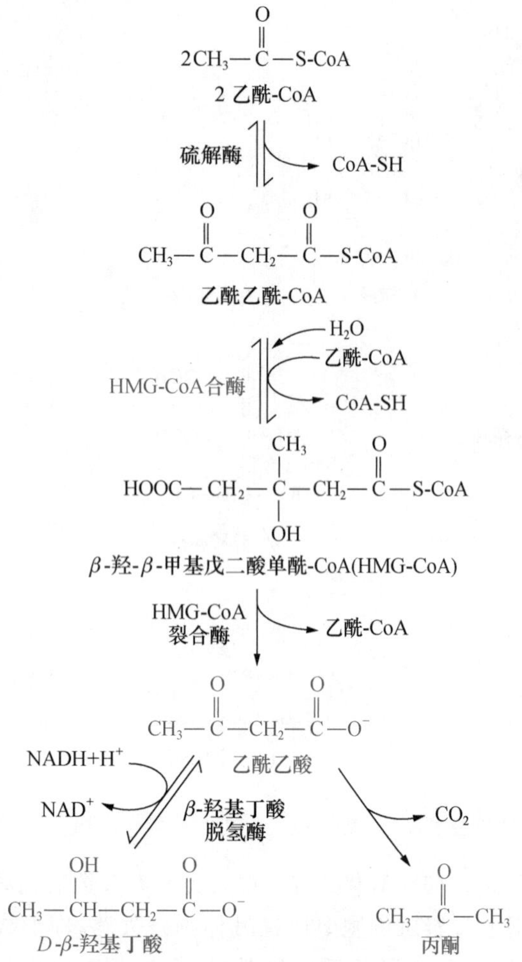

$$2CH_3-\overset{O}{\overset{\|}{C}}-S\text{-}CoA$$

2 乙酰-CoA

硫解酶 ⇅ → CoA-SH

$$CH_3-\overset{O}{\overset{\|}{C}}-CH_2-\overset{O}{\overset{\|}{C}}-S\text{-}CoA$$

乙酰乙酰-CoA

HMG-CoA合酶 ⇅ ← H₂O, 乙酰-CoA → CoA-SH

$$HOOC-CH_2-\underset{OH}{\overset{CH_3}{\overset{\|}{C}}}-CH_2-\overset{O}{\overset{\|}{C}}-S\text{-}CoA$$

β-羟-β-甲基戊二酸单酰-CoA(HMG-CoA)

HMG-CoA 裂合酶 → 乙酰-CoA

$$CH_3-\overset{O}{\overset{\|}{C}}-CH_2-\overset{O}{\overset{\|}{C}}-O^-$$

乙酰乙酸

NADH+H⁺ → NAD⁺ β-羟基丁酸脱氢酶 ; → CO₂

$$CH_3-\underset{OH}{\overset{}{CH}}-CH_2-\overset{O}{\overset{\|}{C}}-O^-$$

D-β-羟基丁酸

$$CH_3-\overset{O}{\overset{\|}{C}}-CH_3$$

丙酮

图 10-16 酮体的生物合成

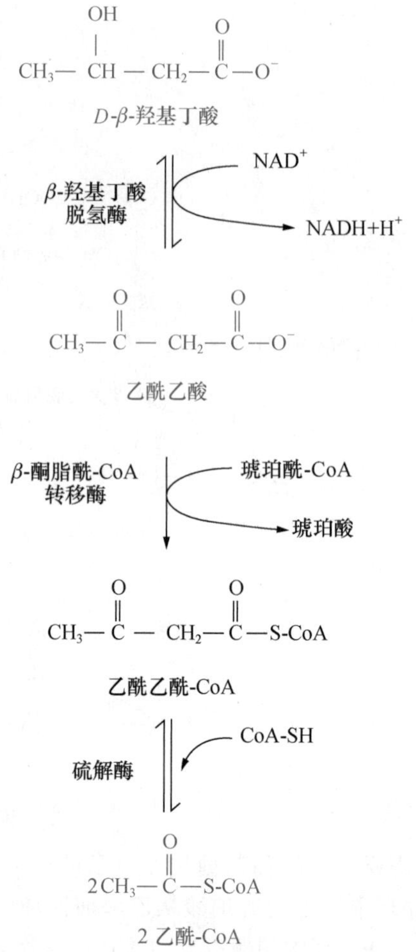

$$CH_3-\underset{OH}{\overset{}{CH}}-CH_2-\overset{O}{\overset{\|}{C}}-O^-$$

D-β-羟基丁酸

β-羟基丁酸脱氢酶 ⇅ ← NAD⁺ → NADH+H⁺

$$CH_3-\overset{O}{\overset{\|}{C}}-CH_2-\overset{O}{\overset{\|}{C}}-O^-$$

乙酰乙酸

β-酮脂酰-CoA转移酶 ← 琥珀酰-CoA → 琥珀酸

$$CH_3-\overset{O}{\overset{\|}{C}}-CH_2-\overset{O}{\overset{\|}{C}}-S\text{-}CoA$$

乙酰乙酰-CoA

硫解酶 ⇅ ← CoA-SH

$$2CH_3-\overset{O}{\overset{\|}{C}}-S\text{-}CoA$$

2 乙酰-CoA

图 10-17 酮体的利用

乙酰乙酸和 D-β-羟基丁酸作为燃料。大脑不能用脂肪酸作为燃料，因为脂肪酸不能穿过血脑屏障。乙酰乙酸在 β-酮脂酰-CoA 转移酶(琥珀酰-CoA 转硫酶)或乙酰乙酸硫激酶的催化下,转化成乙酰乙酰-CoA,然后被硫解为 2 分子乙酰-CoA,进入三羧酸循环彻底氧化。β-羟基丁酸在脱氢酶的作用下生成乙酰乙酸,然后再进行氧化(图 10-17)。丙酮比上述两种酮体的产量少,主要通过呼吸排出体外。

酮体是脂肪酸分解代谢的正常产物,是肝脏输出能源的一种形式,是脑组织的重要能源。酮体的利用可减少糖的利用,有利于维持血糖水平恒定。但当机体缺糖(长期饥饿)或糖不能被利用(严重糖尿病)时,脂肪酸动员加强,酮体生成增加。当酮体生成超过肝外组织利用的能力时,引起血酮增高,产生酮血症。酮体随尿排出,引起酮尿。

六、甘油磷脂的水解

磷脂酶(phospholipase)是水解甘油磷脂的酶。

主要的磷脂酶包括磷脂酶 A(phospholipase A)、磷脂酶 B(phospholipase B)、磷脂酶 C(phospholipase C)和磷脂酶 D(phospholipase D)等,它们在自然界中分布很广,存在于动物、植物、细菌、真菌中。

磷脂酶 A 能水解甘油磷脂分子中两个脂肪酸中的一个,产生溶血磷脂(lysophospholipid)。磷脂酶 B 又称溶血磷脂酶(lysophospholipase),水解溶血磷脂。

磷脂酶 A 又分为磷脂酶 A₁ 和磷脂酶 A₂ 两种。磷脂酶 A₁ 广泛存在于动物细胞内,能专一性地作用于甘油磷脂①位酯键,生成 2-脂酰甘油磷脂和脂肪酸。磷脂酶 A₂ 主要存在于蛇毒及蜂毒中,也发现在动物胰脏内,以酶原形式存在。它专一性地水解甘油磷脂②位酯键,生成 1-脂酰甘油磷脂和脂肪酸(图 10-18)。磷脂酶 A₁ 与磷脂酶 A₂ 作用后的这两种产物的分子中都只剩下一个脂酰基,都具有溶血作用,因此都称为溶血磷脂。溶血磷脂是甘油磷脂代谢的正常中间产物,是一种很强的表面活性剂,但它在细胞或组织中浓度很低。如果某些因素引起机体内溶血磷脂含量升高,会使细胞膜如红细胞的细胞膜溶解。

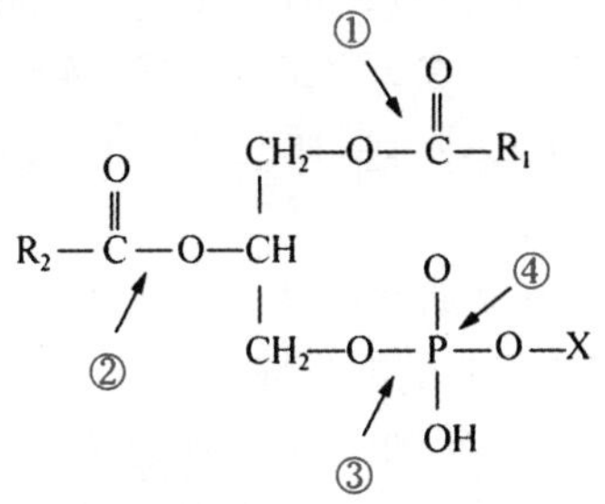

图 10-18 磷脂酶的专一性

磷脂酶 B 又称溶血磷脂酶(lysophospholipase),催化溶血磷脂水解去掉脂酰基,可分为 L_1 和 L_2 两种。L_1 催化由磷脂酶 A_2 作用后的产物 1-脂酰甘油磷脂上①位酯键的水解。L_2 催化由磷脂酶 A_1 作用后的产物 2-脂酰甘油磷脂上②位酯键的水解(图 10-18)。

磷脂酶 C 存在于动物脑、蛇毒以及一些微生物分泌的毒素中,能专一地水解甘油磷脂③位磷酸二酯键,生成二酰甘油和磷酸胆碱(图 10-18)。

磷脂酶 D 主要存在于高等植物中,能专一地水解甘油磷脂④位磷酸二酯键,生成磷脂酸(图 10-18)。

知识框 10-2 冬眠和脂肪氧化

很多动物在冬眠、迁徙等过程中,氧化储存在体内的脂肪产生能量。最著名的例子是冬眠的灰熊(grizzly bear)。灰熊能在冬眠的 7 个月里一直保持睡眠状态;寒冷冬天的体温却维持在 31 ℃,接近非冬眠的水平(约 40 ℃);心跳从每分钟 90 次下降到 8 次,呼吸频率从每分钟 6～10 次下降到 1 次左右;虽然每天消耗约 25 000 kJ,却几个月都不吃、不喝、不排尿、也不排便。冬眠的灰熊是如何维持体温的?又是如何维持基础代谢的呢?

研究表明,冬眠的灰熊用体内的脂肪作为唯一的能源。当电子在线粒体的传递和 ATP 的产生解偶联时,脂肪氧化的能量以热的形式发散出来,可以使灰熊在极低的环境温度下维持接近正常的体温。脂肪氧化产生的能量不仅足以维持体温,还足以用来合成氨基酸和蛋白质,以及其他需要能量的过程。脂肪氧化还释放出大量的水,可以补充呼吸失去的水分。三酰甘油降解释放的甘油通过糖异生转变成血液中的葡萄糖。降解氨基酸形成的尿素在肾脏被再吸收和循环,氨基被重新利用来合成新的氨基酸,以维持体内的蛋白质。

为了准备冬眠,灰熊在体内储存大量的脂肪。一个成年的灰熊在春季末和夏季,每天消耗 38 000 kJ;而在接近冬季时,它一天进食 20 h,每天消耗 84 000 kJ。胃口大增是灰熊响应激素分泌的季节性变化的结果。养肥期大量的进食碳水化合物,使脂肪大量合成。到冬眠结束时,灰熊失去了最大体重的 15%～40%。

虽然都是冬眠,但灰熊的冬眠方式与一些小型动物的不同。后者的体温在冬眠的大部分时间接近环境温度,即接近 0 ℃;但在短暂的觉醒时期,上升到接近冬眠前的水平;在这一时期,动物们吃、喝和排便。例如,北极地松鼠(Arctic ground squirrel),冬眠的体温(冬眠前 37 ℃)掉到 0 ℃,呼吸下降到冬眠前的 10% 以下。

研究冬眠的机制,可以给人类的医学研究产生一些启发。比如,减慢移植器官的新陈代谢可能会延长其的生存期;如果人类进行长距离的太空旅行,诱导出一种类似于冬眠的状态可能会减轻长途旅行的单调,还能保存飞船上的资源,如食物和氧气。

参考文献

Nelson D L, Cox M M. Lehninger Principles of Biochemistry. 7th ed. W. H. Freeman and Company, 2017.

第二节　脂质的合成

脂质是生物储存能量的主要形式，也是细胞膜的主要组成成分。脂质的生物合成是吸收能量和还原的反应，以 ATP 为能源、还原型的电子载体为还原力（通常为 NADPH）。本节主要讲解饱和脂肪酸从头合成，也介绍饱和脂肪酸进一步加工形成更复杂的脂质的生物过程，并简单介绍胆固醇的从头合成和转化。

首先介绍 L-α-磷酸甘油和脂肪酸的生物合成。然后，简单介绍脂肪酸转化成三酰甘油和磷脂的过程。最后，概述胆固醇的合成和转化。

一、L-α-磷酸甘油的合成

甘油虽然是三酰甘油的成分，但是真正参与三酰甘油合成的是 L-α-磷酸甘油。L-α-磷酸甘油有两个来源。一个来源是糖酵解的中间产物磷酸二羟丙酮。细胞质溶胶中的磷酸二羟丙酮在磷酸甘油脱氢酶催化下还原为 L-α-磷酸甘油。另一个来源是脂肪在体内降解生成的甘油。甘油在甘油激酶的作用下，磷酸化成 L-α-磷酸甘油（图 10-19）。

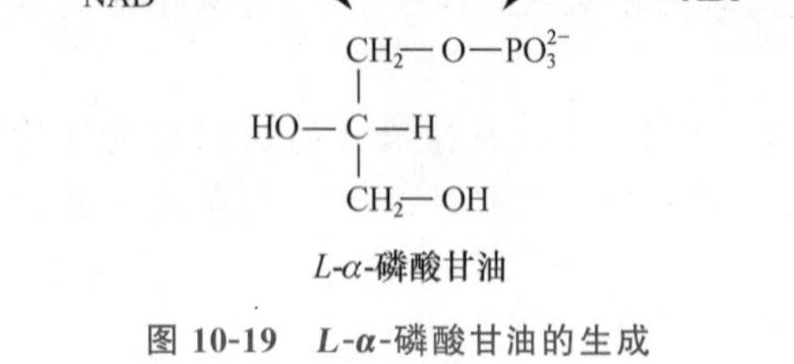

图 10-19　L-α-磷酸甘油的生成

二、脂肪酸的生物合成

在发现脂肪酸的降解是氧化移去连续的二碳单位（乙酰-CoA）后，生化学家们曾经推测脂肪酸的合成可能是 β-氧化的逆反应。但是后来的研究发现

脂肪酸的合成和降解是不同的途径。这两种途径在催化反应的酶系、反应的场所、转运机制、电子供体和受体、脂酰基载体等方面有显著的差别。此外，脂肪酸的合成中有一个三碳的中间产物——丙二酸单酰-CoA（malonyl-CoA），而它并不是脂肪酸降解的中间产物。

下面从饱和脂肪酸的从头合成、脂肪酸碳链的延长、以及不饱和脂肪酸的生成等几部分学习脂肪酸的生物合成。动物饱和脂肪酸从头合成（de novo）的终产物一般是棕榈酸（16:0）。脂肪酸碳链的延长和脱饱和都是在棕榈酸的基础上修饰而成。

（一）饱和脂肪酸的从头合成

1. 乙酰基以柠檬酸的形式转运出线粒体

脂肪酸从头合成的前体是乙酰-CoA。真核生物的乙酰-CoA 主要来自线粒体中的丙酮酸氧化脱羧、以及氨基酸碳骨架的氧化降解。而由脂肪酸氧化产生的乙酰-CoA 并不是脂肪酸生物合成的主要来源，因为脂肪酸的合成途径和分解途径是相互制约的。

真核生物的脂肪酸在细胞质中合成。在线粒体中产生的乙酰-CoA 不能直接穿过线粒体内膜，所以要借助穿梭过程把乙酰基转运出线粒体。线粒体中的乙酰-CoA 首先与草酰乙酸反应，形成柠檬酸。催化反应的酶是三羧酸循环中的柠檬酸合酶。然后，柠檬酸通过线粒体内膜上的柠檬酸转运蛋白进入细胞质。在细胞质中，柠檬酸被柠檬酸裂合酶（citrate lyase）催化裂解，重新生成乙酰-CoA 和草酰乙酸，同时消耗 1 分子 ATP。细胞质中草酰乙酸不能直接返回线粒体基质，因为线粒体内膜上没有草酰乙酸转运蛋白。在苹果酸脱氢酶的催化下，草酰乙酸还原成苹果酸。苹果酸可以通过苹果酸-α-酮戊二酸转运蛋白回到线粒体基质，再在线粒体基质中的苹果酸脱氢酶催化下，氧化成草酰乙酸，完成穿梭。实际上，细胞质中苹果酸的主要命运是在苹果酸酶的催化下，氧化脱羧产生 NADPH、丙酮酸和 CO_2。产生的丙酮酸通过丙酮酸转运蛋白进入线粒体，在丙酮酸羧化酶催化下重新形成草酰乙酸，又可参加乙酰-CoA 转运循环（图 10-20）。在整个穿梭过程中，每转运 1 分子乙酰基到细胞质中，消耗 2 分子 ATP。苹果酸酶催化产生的 NADPH 大约可提供脂肪酸合成所需的一半 NADPH，另一半由磷酸戊糖途径提供。

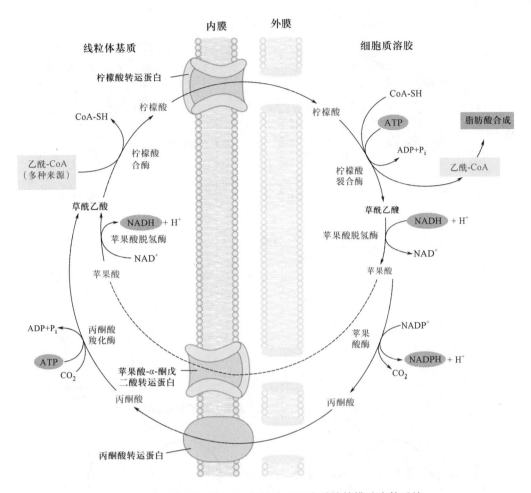

图 10-20　把乙酰基从线粒体转移到细胞质的柠檬酸穿梭系统

(乙酰基来源于线粒体基质中的氨基酸分解代谢生成的乙酰-CoA,或来源于细胞质中的葡萄糖的糖酵解产生的丙酮酸,在线粒体基质中转化为乙酰-CoA。乙酰基以柠檬酸的形式从线粒体中释放出来;在细胞质中被重新转化成乙酰-CoA,进行脂肪酸合成。草酰乙酸被还原为苹果酸,苹果酸可以返回到线粒体基质中并转化为草酰乙酸。然而,细胞质中苹果酸的主要命运是被苹果酸酶氧化,产生细胞里的 NADPH;产生的丙酮酸回到线粒体基质中。改自 Nelson et al. ,2017)

2. 丙二酸单酰-CoA 来自乙酰-CoA 和碳酸氢盐

研究人员在用细胞提取液研究脂肪酸合成时,发现在脂肪酸从头合成过程中,乙酰-CoA 只是引物,二碳单位的供体则是丙二酸单酰-CoA。后者多出的一个碳原子来自 HCO_3^-,因此脂肪酸的从头合成反应需要 HCO_3^- 的存在。以合成 1 分子棕榈酸为例,合成反应所需的 8 个二碳单位中,只有 1 个是以乙酰-CoA 的形式参与,而其他 7 个均以丙二酸单酰-CoA 形式参与。丙二酸单酰-CoA 是由乙酰-CoA 和 HCO_3^- 在乙酰-CoA 羧化酶(acetyl-CoA carboxylase)的催化下合成的。乙酰-CoA 羧化酶的辅基是生物素。

大肠杆菌中的乙酰-CoA 羧化酶是由三种不同的亚基组成的复合物,包括生物素羧基载体蛋白(biotin carboxyl carrier protein,BCCP)、生物素羧

化酶(biotin carboxylase,BC)和转羧基酶(transcarboxylase,TC)。生物素通过酰胺键与生物素羧基载体蛋白的赖氨酸残基上的 ε-氨基共价结合。在动物细胞中,这三种活性位于一条多肽链上。植物细胞中则有上述两种形式的乙酰-CoA 羧化酶。

乙酰-CoA 羧化酶催化的反应可以分成两步(图10-21)。首先,碳酸氢盐(HCO_3^-)的羧基与生物素环的一个氮原子结合,形成活化的羧基生物素-BC-CP。这个反应由生物素羧化酶催化并消耗一分子ATP。在第二步反应中,转羧基酶催化羧基生物素-BCCP 上活化的羧基转移到乙酰-CoA 上,产生丙二酸单酰-CoA 和生物素-BCCP。

在大肠杆菌乙酰-CoA 羧化酶复合物中,生物素通过酰胺键与生物素羧基载体蛋白赖氨酸残基上的

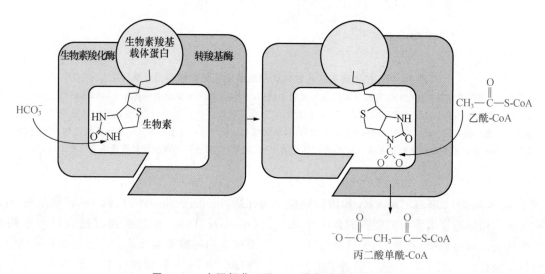

图 10-21　乙酰-CoA 羧化形成丙二酸单酰-CoA

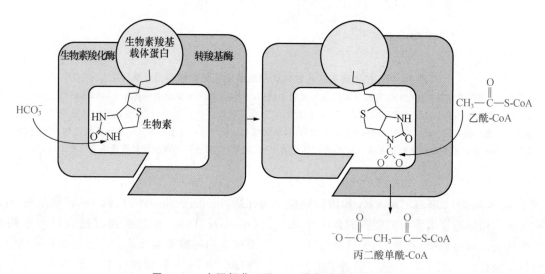

图 10-22　大肠杆菌乙酰-CoA 羧化酶催化的反应

（大肠杆菌乙酰-CoA 羧化酶有三种亚基：生物素羧基载体蛋白与生物素共价结合；生物素羧化酶通过 ATP-依赖的反应把 CO_2 连接到生物素环的一个氮原子上；转羧基酶将活化的 CO_2 从生物素转移到乙酰-CoA 上，产生了丙二酸单酰-CoA。长而有弹性的生物素臂将被活化的 CO_2 从生物素羧化酶的活性位点转移到转羧基酶的活性位点，转羧基酶催化活化的羧基转移到乙酰-CoA 上，产生丙二酸单酰-CoA）

ε-氨基共价结合，形成具有弹性的长臂。当生物素结合了 HCO_3^- 后，长臂可将被活化的 CO_2 从生物素羧化酶的活性位点转移到转羧基酶的活性位点（图 10-22）。

乙酰-CoA 羧化酶催化的反应是不可逆的，是脂肪酸合成过程的关键调节步骤。

3. 脂肪酸合成是四步基本步骤的重复

在所有生物中，脂肪酸的长碳链的合成，都是四步基本步骤的重复（图 10-23）。参与这些反应的酶系和蛋白质，通称为脂肪酸合酶（fatty acid syn-

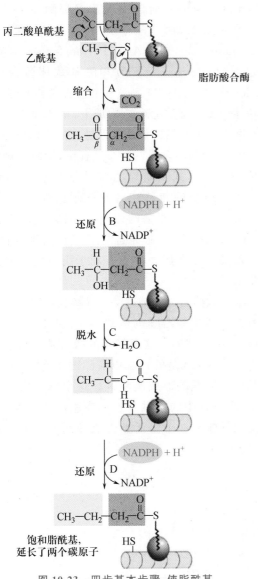

图 10-23　四步基本步骤:使脂酰基
延伸两个碳原子

(丙二酸单酰基和乙酰基(或更长的脂酰基)与脂肪酸合酶以硫酯键相连而被活化。脂肪酸合酶是多酶体系。A. 活化的脂酰基(乙酰-CoA 上的乙酰基是第一个脂酰基)和丙二酸单酰基上的两个碳原子缩合,同时从丙二酸单酰基上释放出 CO_2,将脂酰基链延长了两个碳原子。图中标出该反应第一步的机理,以表明脱羧对缩合的促进作用。然后,缩合产生的 β-酮基采用以下三步被还原:B. β-酮基被还原成羟基,C. 脱水产生双键,D. 双键还原,形成相应的饱和脂酰基。改自 Nelson et al.,2017)

thase)。每一轮四步基本步骤生成的饱和脂酰基是下一轮反应中与活化的丙二酸单酰基缩合的底物。每重复一轮,脂酰基延伸两个碳原子。

脂肪酸合酶有两种主要类型:第一类是脊椎动物和真菌的脂肪酸合酶,第二类是植物和细菌中的

脂肪酸合酶。植物和细菌的脂肪酸合酶是分散的多酶体系,其组成见表 10-1;合成中的每一步反应都是由独立的、可自由扩散的酶催化的。中间产物也可以扩散,并能进入其他途径(如硫辛酸合成)。这种类型的脂肪酸合酶催化生成的产物有多种,包括长度不同的饱和脂肪酸、不饱和脂肪酸、支链脂肪酸和羟基脂肪酸。这种类型的脂肪酸合酶也存在于脊椎动物线粒体中。

表 10-1　植物和细菌的脂肪酸合酶的组成

酶和蛋白质	英文名称及缩写
β-酮脂酰-ACP 合酶	β-ketoacyl-ACP synthase,KS
β-酮脂酰-ACP 还原酶	β-ketoacyl-ACP reductase,KR
β-羟脂酰-ACP 脱水酶	β-hydroxyacyl-ACP dehydrase,HD
烯脂酰-ACP 还原酶	enoyl-ACP reductase,ER
乙酰-CoA-ACP 酰基转移酶	acetyl-CoA-ACP acyltransferase,AT
丙二酸单酰-CoA-ACP 转移酶	malonyl-CoA-ACP transferase,MT
酰基载体蛋白	acyl carrier protein,ACP

脊椎动物的脂肪酸合酶由多功能的多肽链组成。以哺乳动物为例,其脂肪酸合酶由两条相同的多肽链组成同源二聚体。七种活性位点分别位于同一条多肽链的不同结构域(图 10-24)。每条多肽链似乎能独立行使功能。这是因为当一个亚基上的所有活性位点被突变失活后,脂肪酸合酶的功能只是中等程度的减少。真菌的脂肪酸合酶在结构上与哺乳动物有所不同。它是由两条多功能的多肽链形成的复合物,七个活性位点中的三个在 α 亚基上,其余四个在 β 亚基上。

脊椎动物和真菌的脂肪酸合酶催化的反应只释放一种产物,中间产物都与该多功能肽链共价连接,不被释放出来。当链长达到 16 个碳原子时,产物棕榈酸才被释放出来。棕榈酸的 C-16 和 C-15 分别来自反应启动时作为引物的乙酰-CoA 的甲基和羧基碳原子;其余的碳原子是由乙酰-CoA 经丙二酸单酰-CoA 生成的。

4. 哺乳动物的脂肪酸合酶有多个活性位点

哺乳动物脂肪酸合酶的七种活性分别是:β-酮脂酰-ACP 合酶(β-ketoacyl-ACP synthase;KS)、β-酮脂酰-ACP 还原酶(β-ketoacyl-ACP reductase;KR)、β-羟脂酰-ACP 脱水酶(β-hydroxyacyl-ACP

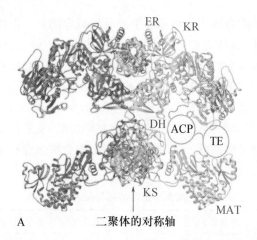

B KS MAT DH ER KR ACP TE

哺乳动物脂肪酸合酶的所有活性位点都位于一条多肽链的不同结构域上。A. 两条多肽链相互交织在一起,构成 X 形的空间结构。晶体结构中的结构域包括:β-酮脂酰-ACP 合酶（β-ketoacyl-ACP synthase；KS）、丙二酸单酰/乙酰-CoA-ACP 转移酶（malonyl/acetyl-CoA-ACP transferase；MAT）、β-羟脂酰-ACP 脱水酶（β-hydroxyacyl-ACP dehydratase；DH）、烯脂酰-ACP 还原酶（enoyl-ACP reductase；ER）、β-酮脂酰-ACP 还原酶（β-ketoacyl-ACP reductase；KR）（改自 Moran et al.，2014）B. 结构域的线性排列。ACP 是酰基载体蛋白（acyl carrier protein）。硫酯酶（thioesterase；TE）结构域,具有在合成结束时,催化从 ACP 上释放产物棕榈酸的活性。晶体中的 ACP 结构域和 TE 结构域是无序的,所以在结构中没有显示出来（引自 Nelson et al.，2017）

图 10-24 哺乳动物脂肪酸合酶的结构

dehydratase；DH）、烯脂酰-ACP 还原酶（enoyl-ACP reductase；ER）、丙二酸单酰/乙酰-CoA-ACP 转移酶（malonyl/acetyl-CoA-ACP transferase；MAT）、硫酯酶（thioesterase；TE）和酰基载体蛋白（acyl carrier protein；ACP）。这七个活性位点位于一条多功能的多肽链的七个结构域上,虽然作用不同但相互联系。七个结构域在多肽链上的排列顺序见图 10-24。在脂肪酸合成的整个过程中,中间产物始终以硫酯键的形式共价结合在脂肪酸合酶的巯基上。被其结合的巯基或者是 β-酮脂酰-ACP 合酶（KS）的一个 Cys 残基的巯基,或者是酰基载体蛋白（ACP）的巯基。硫酯键的水解是高度放能的,其释放的能量在热力学上有利于脂肪酸合成的两个步骤。

酰基载体蛋白的辅基是 4'-磷酸泛酰巯基乙胺。4'-磷酸泛酰巯基乙胺也是 CoA（详见第五章）的组成成分（图 10-25）。这个辅基的磷酸基团与酰基载体蛋白的 Ser 残基的羟基以磷酯键相连,另一端的巯基可与脂酰基形成硫酯键。这个辅基像一支弹性臂,把延伸中的脂酰基连接在脂肪酸合酶上,将反应中间物从一个酶活性位点带到另一个酶活性位点。

图 10-25 酰基载体蛋白和辅酶 A 的结构

（改自 Appling et al.，2016）

5. 脂肪酸合酶接受乙酰基和丙二酸单酰基

在生成脂肪酸链的缩合反应开始之前,脂肪酸合酶上的两个巯基先要携带上正确的脂酰基。首先,乙酰-CoA 的乙酰基在丙二酸单酰/乙酰-CoA-ACP 转移酶（malonyl/acetyl-CoA-ACP transferase,MAT）的催化下,转移到 ACP 上。然后,乙酰基又转移到 β-酮脂酰-ACP 合酶（KS）的 Cys 残基的巯基上,成为缩合反应的第一个底物（图 10-26A）。第二个反应,丙二酸单酰基从丙二酸单酰-CoA 转移到 ACP 的巯基上,也是丙二酸单酰/乙酰-CoA-ACP 转移酶催化（图 10-26B）。这样形成的合酶复合物中,乙酰基和丙二酸单酰基被活化,脂

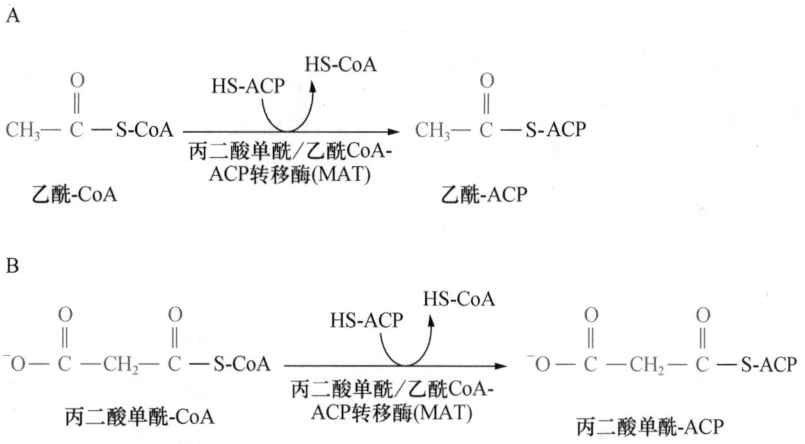

A

$$CH_3-\overset{\overset{\displaystyle O}{\|}}{C}-S\text{-}CoA \xrightarrow[\substack{丙二酸单酰/乙酰CoA\text{-} \\ ACP转移酶(MAT)}]{\substack{HS\text{-}ACP \quad HS\text{-}CoA}} CH_3-\overset{\overset{\displaystyle O}{\|}}{C}-S\text{-}ACP$$

乙酰-CoA 　　　　　　　　　　　　　　　乙酰-ACP

B

$$^-O-\overset{\overset{\displaystyle O}{\|}}{C}-CH_2-\overset{\overset{\displaystyle O}{\|}}{C}-S\text{-}CoA \xrightarrow[\substack{丙二酸单酰/乙酰CoA\text{-} \\ ACP转移酶(MAT)}]{\substack{HS\text{-}ACP \quad HS\text{-}CoA}} {}^-O-\overset{\overset{\displaystyle O}{\|}}{C}-CH_2-\overset{\overset{\displaystyle O}{\|}}{C}-S\text{-}ACP$$

丙二酸单酰-CoA 　　　　　　　　　　　　　丙二酸单酰-ACP

A. 乙酰-CoA 中的乙酰基先从 CoA 转移至 ACP,而后再迅速转移至 β-酮脂酰-ACP 合酶
(KS)的 Cys 的巯基上　　B. 丙二酸单酰-CoA 中的丙二酸单酰基转移至 ACP 中磷酸泛酰巯
基乙胺的巯基上

图 10-26　真核生物中的转乙酰基反应和转丙二酸单酰基反应

肪链延长阶段即将开始。下面,我们将详细讨论脂肪酸链延长阶段的第一轮四步反应。所有步骤的编号参见图 10-27。

(1)缩合反应　活化的乙酰基和丙二酸单酰基缩合形成乙酰乙酰-ACP(acetoacetyl-ACP),同时释放一分子 CO_2。这一步反应由 β-酮脂酰-ACP 合酶(KS)催化。乙酰基从该酶的 Cys 的巯基上转移到与 ACP 的巯基相连的丙二酸单酰基上,成为新生成

的乙酰乙酰基的甲基端的二碳单位。

乙酰乙酰-ACP 是乙酰乙酰基通过 $4'$-磷酸泛酰巯基乙胺上的—SH 连到 ACP 上的。

反应释放的 CO_2 的碳原子,来自当初在乙酰-CoA 羧化酶催化下,从 HCO_3^- 引入到丙二酸单酰-CoA 上的碳原子(图 10-21)。因此,在脂肪酸合成中,CO_2 只是暂时被共价连接;随着每个二碳单位的添加,它又重新释放出来,并没有掺入脂肪酸链中。

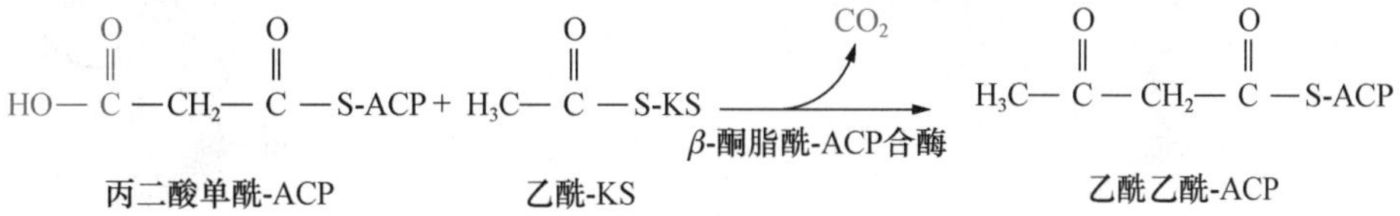

$$HO-\overset{\overset{\displaystyle O}{\|}}{C}-CH_2-\overset{\overset{\displaystyle O}{\|}}{C}-S\text{-}ACP + H_3C-\overset{\overset{\displaystyle O}{\|}}{C}-S\text{-}KS \xrightarrow[\beta\text{-}酮脂酰\text{-}ACP合酶]{CO_2} H_3C-\overset{\overset{\displaystyle O}{\|}}{C}-CH_2-\overset{\overset{\displaystyle O}{\|}}{C}-S\text{-}ACP$$

丙二酸单酰-ACP 　　　　乙酰-KS 　　　　　　　　　　　　乙酰乙酰-ACP

为什么细胞不辞辛苦地给乙酰基加上 CO_2 形成丙二酸单酰基,却又在生成乙酰乙酸的过程中释放出了 CO_2?使用丙二酸单酰基而不是乙酰基可使缩合反应在热力学上有利,而且不可逆行。丙二酸单酰基的亚甲基(C-2)碳原子,被夹在两个羰基碳原子之间,成为强的亲核试剂。在缩合反应中,丙二酸单酰基脱羧,有利于它的亚甲基碳亲核进攻由乙酰基和 β-酮脂酰-ACP 合酶(KS)形成的酯键,替换 β-酮脂酰-ACP 合酶的巯基。而且丙二酸单酰基的脱羧反应与缩合反应偶联,使整个过程高度放能,成为不可逆反应。

在脂肪酸合成反应中,通过使用活化的丙二酸单酰基,而使这个过程成为热力学上有利的反应。实际上,乙酰-CoA 和 HCO_3^- 合成丙二酸单酰-CoA 消耗的 ATP,提供给脂肪酸合成所需要的能量。

(2)酮基的还原反应　缩合反应中生成的乙酰乙酰-ACP 的 C-3 上的酮基被还原,形成 D-β-羟丁酰-ACP。这是脂肪酸合成中的第一个还原反应,由 β-酮脂酰-ACP 还原酶催化。反应以 NADPH 作为还原剂,产物是 D-构型的 β-羟丁酰-ACP。注意,D-β-羟丁酰基与脂肪酸氧化的中间产物 L-β-羟脂酰基的构型不同。

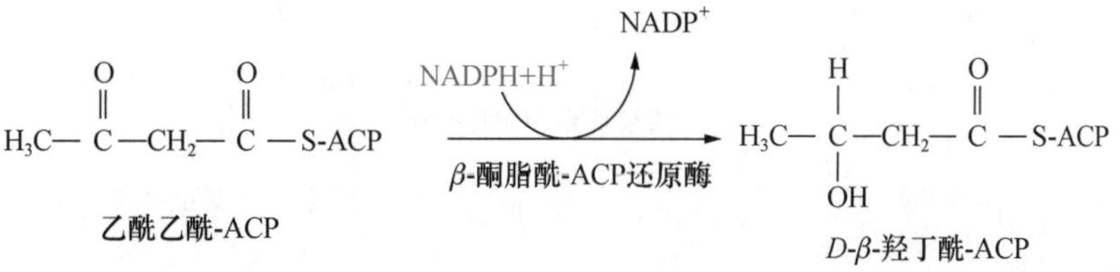

$$H_3C-\overset{\overset{\displaystyle O}{\|}}{C}-CH_2-\overset{\overset{\displaystyle O}{\|}}{C}-S\text{-}ACP \xrightarrow[\beta\text{-}酮脂酰\text{-}ACP还原酶]{\substack{NADPH+H^+ \quad NADP^+}} H_3C-\overset{\overset{\displaystyle H}{|}}{\underset{\underset{\displaystyle OH}{|}}{C}}-CH_2-\overset{\overset{\displaystyle O}{\|}}{C}-S\text{-}ACP$$

乙酰乙酰-ACP 　　　　　　　　　　　　　　　　　　　D-β-羟丁酰-ACP

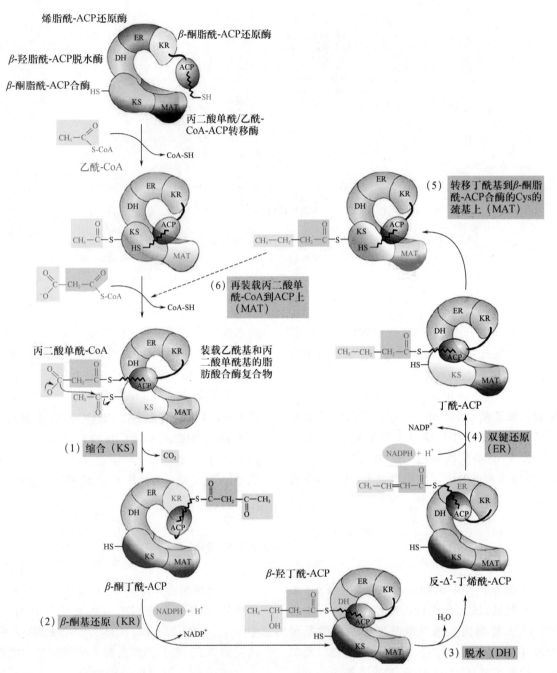

图 10-27　脂肪酸合成途径

（哺乳动物脂肪酸合酶如上所示。图中标注了催化结构域。每个结构域表示该复合物的一种酶活性，排列成一个大而紧的
S形结构。ACP与KR结构域相连。ACP的磷酸泛酰巯基乙胺臂的末端是巯基。彩色显示的酶活性将在下一步起作用。
改自 Nelson et al. ，2017）

（3）脱水反应　β-羟丁酰-ACP 的 α-C 和 β-C 上脱去一分子水，生成带有反式双键的产物：反-Δ²-丁烯酰-ACP，反应在 β-羟脂酰-ACP 脱水酶的催化下进行。

$$D\text{-}\beta\text{-}羟丁酰\text{-}ACP \xrightarrow[\beta\text{-}羟脂酰\text{-}ACP脱水酶]{H_2O} 反\text{-}\Delta^2\text{-}丁烯酰\text{-}ACP$$

（4）双键的还原反应　最后，反-Δ^2-丁烯酰-ACP 的双键被还原，生成丁酰-ACP。反应再一次由 NADPH 作为电子供体，由烯脂酰-ACP 还原酶催化。

$$H_3C-C{=}C-\overset{O}{\overset{\|}{C}}-S\text{-}ACP \quad \xrightarrow[\text{烯脂酰-ACP还原酶}]{NADPH+H^+ \quad NADP^+} \quad H_3C-CH_2-CH_2-\overset{O}{\overset{\|}{C}}-S\text{-}ACP$$

反-Δ^2-丁烯酰-ACP　　　　　　　　　　　　丁酰-ACP

6. 脂肪酸合酶催化的反应重复进行，生成棕榈酸

四碳饱和脂酰-ACP（丁酰-ACP）的生成，标志着脂肪酸合酶催化的第一轮反应完成了。图 10-27 的步骤（5），丁酰基从 ACP 的磷酸泛酰巯基乙胺的巯基上转移到 β-酮脂酰-ACP 合酶（KS）的 Cys 残基的巯基上。这个巯基是第一轮携带乙酰基的巯基。为了开始下一轮四步基本步骤，将脂酰链延长两个碳原子，另一个丙二酸单酰基连接到 ACP 的磷酸泛酰巯基乙胺的巯基上〔步骤（6）〕。丁酰基像第一轮中的乙酰基那样连接到丙二酸单酰-ACP 的两个碳原子上，丙二酸单酰-ACP 同时释放出 CO_2，缩合反应完成了。缩合产物是六碳的脂酰基，共价结合在磷酸泛酰巯基乙胺的巯基上。它的 β-酮在接下来的三步反应中，像第一轮那样，被还原成饱和的脂酰基，形成六碳饱和的己酰-ACP。

经七轮的缩合和还原，形成 16 碳的饱和的棕榈酰基。此时的棕榈酰基依然与 ACP 连接。由于尚不清楚的原因，脂肪酸合酶催化的链延伸通常在此处停止。脂肪酸合酶的硫酯酶（thioesterase）活性将游离的棕榈酸从 ACP 中释放，反应方程式为：

$$\text{棕榈酰-ACP} + H_2O \longrightarrow \text{棕榈酸} + \text{ACP-SH} \tag{10-6}$$

从乙酰-CoA 合成棕榈酸的全过程可以分为两部分。首先，7 分子乙酰-CoA 形成 7 分子丙二酸单酰-CoA：

$$7\text{乙酰-CoA} + 7CO_2 + 7ATP \longrightarrow$$
$$7\text{丙二酸单酰-CoA} + 7ADP + 7P_i \tag{10-7}$$

然后，经历 7 轮缩合和还原反应：

$$\text{乙酰-CoA} + 7\text{丙二酸单酰-CoA} + 14NADPH + 14H^+$$
$$\longrightarrow \text{棕榈酸} + 7CO_2 + 8CoA + 14NADP^+ + 6H_2O \tag{10-8}$$

注意，净生成 6 分子水，是因为有 1 分子水用来水解棕榈酰-ACP 的酯键。把（10-7）和（10-8）相加，得到总方程式：

$$8\text{乙酰-CoA} + 7ATP + 14NADPH + 14H^+ \longrightarrow$$
$$\text{棕榈酸} + 8CoA + 7ADP + 7P_i + 14NADP^+ + 6H_2O \tag{10-9}$$

生物合成脂肪酸，如棕榈酸，需要乙酰-CoA 和两种形式的化学能：ATP 的基团转移势和 NADPH 的还原力。ATP 是 CO_2 结合到乙酰-CoA 上形成丙二酸单酰-CoA 所需要的；NADPH 是还原 β-酮基和双键所需要的。

对于非光合真核生物来说，合成脂肪酸需要消耗更多的能量，因为乙酰-CoA 是在线粒体中产生的，必须被转运到细胞质溶胶中。在这个过程中，每转运一分子乙酰-CoA 消耗两分子 ATP，这样就把脂肪酸合成的能量消耗增加到每个二碳单位消耗三分子 ATP。

7. 脂肪酸合成的调节

当细胞或组织有足够的代谢物来满足能量需求时，过量的部分通常转化为脂肪酸，并以脂质形式如三酰甘油储存起来。乙酰-CoA 羧化酶催化的反应是脂肪酸生物合成的限速步骤，是脂肪酸生物合成的重要调控位点。在脊椎动物中，脂肪酸合成的主要产物棕榈酰-CoA 是该酶的反馈抑制剂；柠檬酸盐是别构激活剂。柠檬酸盐在将细胞代谢从消耗（氧化）燃料分子转向以脂肪酸形式储存燃料分子的过程中起着重要作用。当线粒体中的乙酰-CoA 和 ATP 浓度增加时，柠檬酸被运出线粒体；它同时成为细胞质溶胶中的乙酰-CoA 的前体和激活乙酰-CoA 羧化酶的别构信号。同时，柠檬酸还抑制磷酸果糖激酶-1 的活性，通过抑制糖酵解，而减少碳的流动。

在脊椎动物中，对乙酰-CoA 羧化酶的另一种调节方式是共价修饰调节。乙酰-CoA 羧化酶有磷酸化和去磷酸化两种存在形式。胰高血糖素、肾上腺素通过使乙酰-CoA 羧化酶磷酸化，抑制其活性，并降低其对柠檬酸盐激活的敏感度，从而减慢脂肪酸的合成。乙酰-CoA 羧化酶处于活性（去磷酸化）形式时，聚集成长丝状；磷酸化伴随着解聚成单体和失去活性。

植物和细菌的乙酰-CoA 羧化酶不受柠檬酸盐或磷酸化-去磷酸化循环的调控。在植物中,叶绿体基质中的 pH 和[Mg^{2+}]的增加激活乙酰-CoA 羧化酶。pH 和[Mg^{2+}]的增加发生在植物光照的条件下。细菌不用三酰甘油储存能量。在大肠杆菌中,脂肪酸合成的主要作用是为膜脂提供前体;这个过程的调节是复杂的,使用鸟嘌呤核苷酸(如 ppGpp)来协调细胞生长和膜的形成。

如果脂肪酸合成和 β-氧化同时进行,两个过程会构成无效循环(futile cycle),浪费能量。如前所述,丙二酸单酰-CoA 通过抑制肉碱脂酰转移酶 1 的活性,阻断 β-氧化。因此,在脂肪酸合成过程中,当产生了第一个中间产物丙二酸单酰-CoA 时,就在线粒体内膜转运系统的水平上关闭了 β-氧化。这种调控机制表明了把合成和降解途径分开在不同的细胞隔间的优越性。

8. 棕榈酸的从头合成与 β-氧化的比较

棕榈酸的从头合成与 β-氧化是不同的两个过程,不是简单的逆转。脊椎动物棕榈酸的从头合成与 β-氧化的比较见表 10-2。

表 10-2　脊椎动物棕榈酸的从头合成与 β-氧化的比较

区别点	脂肪酸 β-氧化	脂肪酸从头合成
细胞内进行部位	线粒体	细胞质溶胶
脂酰基载体	CoA-SH	ACP-SH
断裂或加入的二碳单位	乙酰-CoA	丙二酸单酰-CoA
电子受体或供体	NAD^+、FAD	$NADPH+H^+$
底物的转运系统	肉碱转运系统	柠檬酸穿梭系统
对柠檬酸和 HCO_3^- 的需求	不需要	需要
限速酶	肉碱脂酰转移酶 1	乙酰-CoA 羧化酶
四步基本步骤	脱氢、加水、再脱氢、硫解	缩合、还原、脱水、再还原
催化四步基本步骤的酶系	四种独立的酶	全部活性位于一条多功能的多肽链上
四步基本步骤重复的次数	7 次	7 次
β-羟脂酰基的构型	L-型	D-型
反应方向	从羧基端开始降解	从 ω 端到羧基端
能量需求	释放能量	消耗能量

(二)长链饱和脂肪酸的合成是从棕榈酸开始延长的

动物细胞中,脂肪酸合酶的主要产物是 16C 的棕榈酸。更长链的脂肪酸以及不饱和脂肪酸都是以棕榈酸为前体,在其他酶系的催化下形成的。

动物有两种脂肪酸延长系统(fatty acid elongation system),分别位于光面内质网和线粒体中,都可以进一步添加二碳单位,使碳链延长,形成硬脂酸(18:0)或更长链的饱和脂肪酸。光面内质网的延长系统比线粒体中的更活跃。与棕榈酸的合成相比,光面内质网的延长系统虽然在反应中使用的酰基载体不是 ACP 而是 CoA,但是延长的机理是相同的:都是由丙二酸单酰-CoA 提供两个碳原子,然后经还原、脱水、再还原,形成饱和的十八碳的硬脂酰-CoA。反应方程式如下:

棕榈酰-CoA＋丙二酸单酰-CoA＋2NADPH＋$2H^+$
　　——→硬脂酰-CoA＋$2NADP^+$＋CO_2＋CoA

在线粒体中的延长,是棕榈酰-CoA 与乙酰-CoA 而不是丙二酸单酰-CoA 进行缩合、还原、脱水和再还原,生成硬脂酰-CoA。

棕榈酰-CoA＋乙酰-CoA＋2NADPH＋$2H^+$——→
　　硬脂酰-CoA＋$2NADP^+$＋CoA

在植物中,棕榈酸的碳链延长在细胞质中进行,可利用延长酶系统催化,形成十八碳和二十碳的脂肪酸。

总之,不同生物的延长系统在细胞内的分布及反应物有所不同,如表 10-3 所示。

表 10-3　不同生物的脂肪酸延长系统

生物	在细胞内的部位	反应物	供氢体
植物	细胞质	棕榈酰-ACP,丙二酸单酰-ACP	$NADPH+H^+$
动物	内质网	棕榈酰-CoA,丙二酸单酰-CoA	$NADPH+H^+$
动物	线粒体	棕榈酰-CoA,乙酰-CoA	$NADPH+H^+$

(三)不饱和脂肪酸的合成需要去饱和酶

1. 单不饱和脂肪酸的合成

棕榈油酸($16:1\Delta^{9c}$)和油酸($18:1\Delta^{9c}$)是动物组织中最常见的两种单不饱和脂肪酸,两者在C-9 和 C-10 之间都有一个双键。它们分别是由棕榈酸和硬脂酸在脂酰-CoA 去饱和酶(fatty acyl-CoA desaturase)的催化下,发生氧化反应,在脂肪酸链中引入双键的(图 10-28)。脂酰-CoA 去饱和酶是一种混合功能氧化酶(mixed-function oxi-dase)。在它催化的反应中,两个底物脂酰-CoA 和NADPH,各失去一对电子而被氧化;电子流经细胞色素(细胞色素 b_5)和黄素蛋白(细胞色素 b_5 还原酶),最终传递到 O_2,生成水(图 10-29)。脂酰-CoA去饱和酶、细胞色素 b_5 以及细胞色素 b_5 还原酶,都位于光面内质网上。在植物中,油酸是由硬脂酰-ACP 去饱和酶催化,以还原型的铁氧还蛋白(ferre-doxin)作为电子供体,在叶绿体基质中形成的。

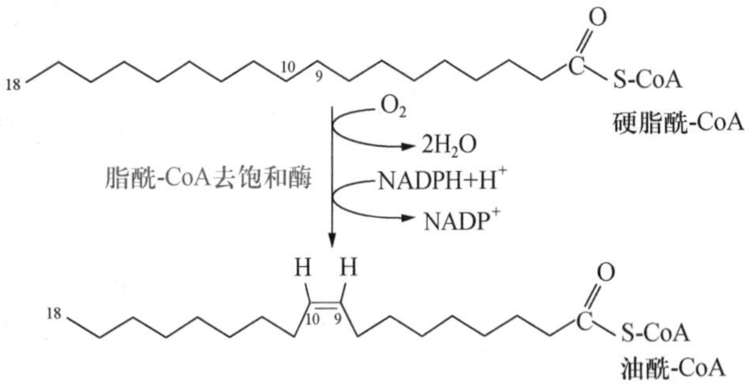

图 10-28　单不饱和脂肪酸的合成

2. 多不饱和脂肪酸的合成

多不饱和脂肪酸因其结构特点以及在人体内相互转化方式不同,主要分为 ω-3、ω-6 两个系列。在多不饱和脂肪酸分子中,从距羧基端最远的碳原子(即甲基端碳原子)开始计数,在第 3 个和第 4 个碳原子之间有一个双键的,称为 ω-3 多不饱和脂肪酸;在第 6 个和第 7 个碳原子之间有一个双键的,则称为 ω-6 多不饱和脂肪酸。ω-6 和 ω-3 多不饱和脂肪酸在哺乳动物体内不能发生相互转化。

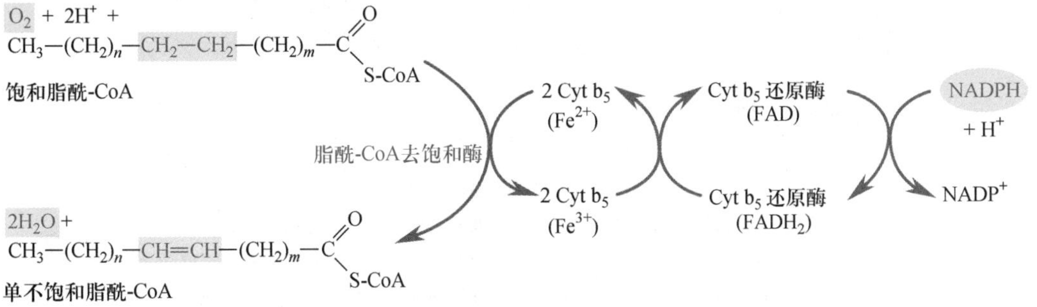

图 10-29　脊椎动物脂肪酸去饱和过程的电子传递

(改自 Nelson et al.,2017)

哺乳动物对脂肪酸的去饱和能力有限,不能在C-10 到甲基末端之间引入双键。因此,哺乳动物不能合成亚油酸($18:2\Delta^{9c,12c}$)和 α-亚麻酸($18:3\Delta^{9c,12c,15c}$)。而植物可以利用位于叶绿体或内质网的去饱和酶系,在 Δ^{12} 和 Δ^{15} 引入双键,合成亚油酸和 α-亚麻酸。由于亚油酸和 α-亚麻酸对人体功能是必不可少的,必须从膳食特别是植物性食物中获取,所以是人类的必需脂肪酸。

亚油酸和 α-亚麻酸分别属于 ω-6 和 ω-3 多不饱和脂肪酸。亚油酸是 ω-6 系列多不饱和脂肪酸的原初成员,在人体内可转化为 γ-亚麻酸、二十碳三烯酸(eicosatrienoate)和花生四烯酸(arachidonate)(图 10-30)。花生四烯酸是维持细胞膜的结构和功能所必需的,而且是一类调节性脂质——类二十烷酸的前体。α-亚麻酸是 ω-3 系列多不饱和脂肪酸的原始成员,在人体内可以转化为两种重要的衍生物,

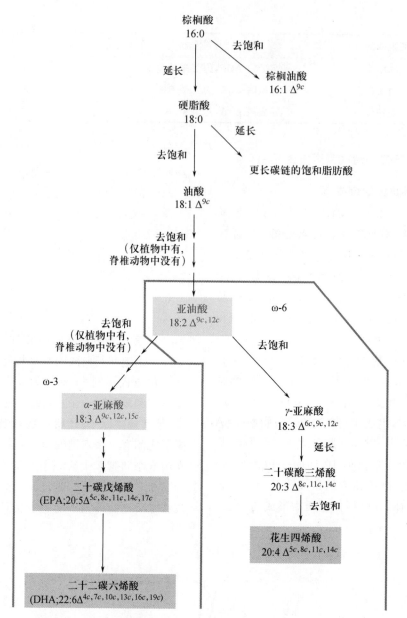

图 10-30　不饱和脂肪酸的合成

[棕榈酸是硬脂酸和更长碳链的饱和脂肪酸,以及单不饱和脂肪酸棕榈油酸和油酸的前
体。哺乳动物不能把油酸转化成亚油酸和α-亚麻酸(阴影),因此,亚油酸和α-亚麻酸是
必需脂肪酸。本图概述了亚油酸向其他多不饱和脂肪酸的转化。亚油酸和α-亚麻酸是
重要的 ω-6 和 ω-3 脂肪酸,它们也是作为信号分子的多种不饱和脂肪酸的前体]

一种是二十碳五烯酸(eicosapentaenoic acid;EPA),
另一种是二十二碳六烯酸(docosahexaenoic acid;
DHA)(图 10-30)。EPA 和 DHA 在视网膜、大脑皮
层等多种组织中起着重要的作用。

三、三酰甘油和甘油磷脂的合成

在细胞质中合成的棕榈酸和主要在内质网合成
的其他脂肪酸以及摄入体内的脂肪酸,可以进一步

用来合成三酰甘油。合成三酰甘油的前体物质是
L-α-磷酸甘油和脂酰-CoA。其中,L-α-磷酸甘油有
两个来源:一是由甘油与 ATP 在甘油激酶催化下
生成的。值得注意的是脂肪细胞缺乏甘油激酶,因
而不能利用游离甘油,故此途径不是脂肪细胞的
L-α-磷酸甘油的来源。二是直接由糖酵解产生的磷
酸二羟丙酮在 3-磷酸甘油脱氢酶的催化下,还原成
L-α-磷酸甘油。

在肝脏细胞和脂肪细胞中,三酰甘油的主要合

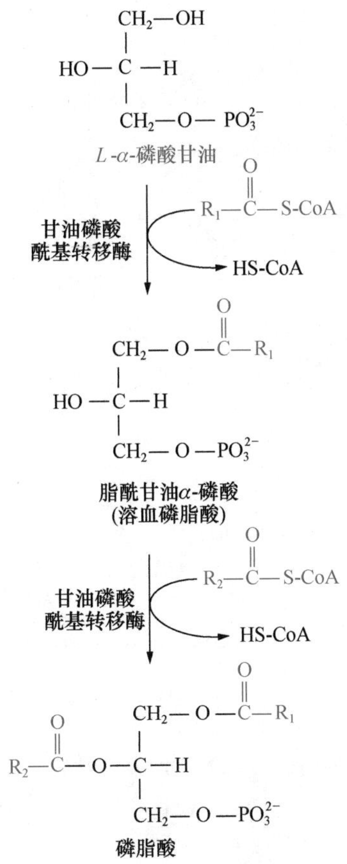

成途径如下：在酰基转移酶催化下，L-α-磷酸甘油的2个游离的羟基被2分子脂酰-CoA 酰基化，形成磷脂酸（L-α-二酰甘油磷酸）（图 10-31）。磷脂酸仅微量存在于细胞中，但却是脂质生物合成的中心中间产物；它既可以转化为三酰甘油，也可以转化为甘油磷脂。磷脂酸被磷脂酸磷酸酶水解，形成 1,2-二酰甘油。二酰甘油可以与第三个脂酰-CoA 发生转酯反应，生成三酰甘油；也可以与 CDP-醇反应形成甘油磷脂（图 10-32）。

磷脂酸是合成甘油磷脂（包括磷脂酰胆碱、磷脂酰乙醇胺、磷脂酰丝氨酸、磷脂酰肌醇和二磷脂酰甘油）的前体，而 CDP（5′-胞苷二磷酸）经常作为脂质成分的载体。细胞内的甘油磷脂有多种，其合成途径也不一样，以脑磷脂（磷脂酰乙醇胺）及卵磷脂（磷脂酰胆碱）的合成过程为例说明如下。

乙醇胺在激酶催化下生成磷酸乙醇胺，然后在胞苷酰转移酶的催化下，与胞苷三磷酸（CTP）作用生成胞苷二磷酸乙醇胺（CDP-乙醇胺），后者再与二酰甘油作用生成磷脂酰乙醇胺（脑磷脂）。这种合成脑磷脂的途径称为 CDP-乙醇胺途径。

磷脂酰胆碱（卵磷脂）的合成途径与磷脂酰乙醇胺的途径相似。胆碱在激酶催化下生成磷酸胆碱，

图 10-31　磷脂酸的生物合成

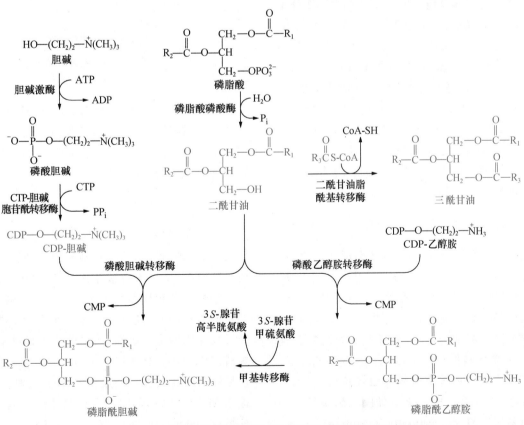

图 10-32　三酰甘油、磷脂酸胆碱和磷脂酰乙醇胺的生物合成

然后在胞苷酰转移酶的催化下,与胞苷三磷酸(CTP)作用,生成胞苷二磷酸胆碱(CDP-胆碱),CDP-胆碱再与二酰甘油作用,生成磷脂酰胆碱。磷脂酰胆碱(卵磷脂)还可以通过磷脂酰乙醇胺的甲基化作用合成,反应中的甲基供体是 S-腺苷甲硫氨酸(图 10-32)。

四、胆固醇的合成

胆固醇(cholesterol)是哺乳动物生物膜的重要组分,也是类固醇激素(steroid hormone)和胆汁酸(bile acid)的前体。由于饮食、血液中的胆固醇水平与心血管疾病之间的关系,而使胆固醇的合成、转化和转运备受关注。

胆固醇的合成主要在细胞质溶胶和内质网进行。胆固醇是 27 碳化合物,所有的碳原子都来自乙酰-CoA。线粒体中产生的乙酰-CoA,需要通过柠檬酸穿梭系统进入细胞质。另外,胆固醇的合成还需大量的 NADPH 及 ATP。胆固醇的生物合成可分为四个阶段,即甲羟戊酸的合成、活化异戊二烯单位的合成、鲨烯的合成及最终胆固醇的合成。

(一)由乙酰-CoA 合成甲羟戊酸

此阶段共有三步反应(图 10-33)。首先,2 分子乙酰-CoA 在硫解酶的催化下缩合成乙酰乙酰-CoA。然后,乙酰乙酰-CoA 再与 1 分子乙酰-CoA 缩合生成 β-羟-β-甲基戊二酸单酰-CoA(HMG-CoA)。第三步反应是胆固醇生物合成的关键步骤:在 HMG-CoA 还原酶的催化下,HMG-CoA 生成甲羟戊酸,电子供体是 NADPH。HMG-CoA 还原酶是胆固醇生物合成的限速酶。真核生物的 HMG-CoA 还原酶位于内质网上,酶的活性中心面向细胞质溶胶。

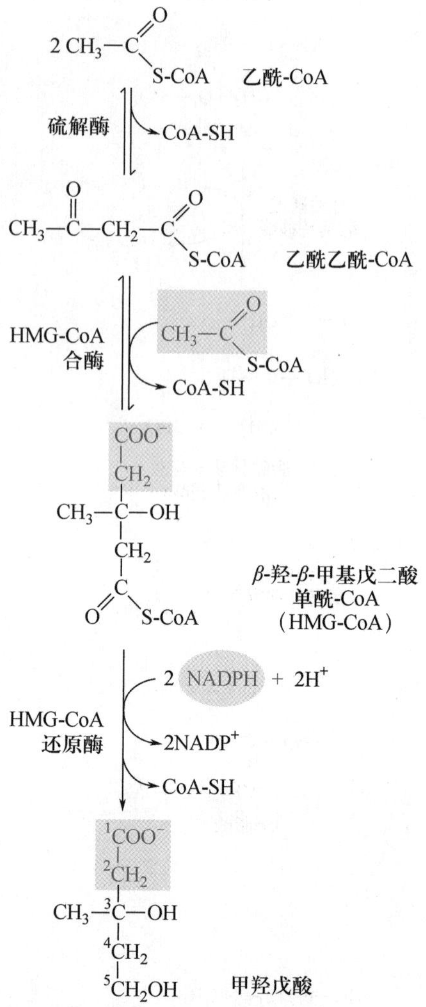

(二)甲羟戊酸转化为两种活化的异戊二烯单位

如图 10-34 所示,经过连续 3 步磷酸化反应,从 3 个 ATP 上转移了 3 个磷酸基团到甲羟戊酸,生成 3-磷酸-5-焦磷酸甲羟戊酸。后者的 C-3 羟基上结合的磷酸基团是容易脱离的离去基团;下一步反应中,这个磷酸基团和羧基离去,生成有一个双键的五碳化合物异戊烯焦磷酸(isopentenyl pyrophosphate, IPP)。IPP 是第一种活化的异戊二烯单位。接着,IPP 异构化,产生第二种活化的异戊二烯单位——二甲烯丙基焦磷酸(dimethylallyl pyrophosphate)。

图 10-33　甲羟戊酸的合成
(改自 Nelson et al., 2017)

许多生物活性物质,如胡萝卜素、虾青素、CoQ、质体醌、叶绿醇、赤霉素等,都是由活化的异戊二烯单位衍生而来的。这部分的学习,有助于理解这些重要的萜类化合物的合成。

(三)六个活化的异戊二烯单位缩合形成鲨烯

主要包括三步反应(图 10-35)。第一步,二甲烯丙基焦磷酸脱去焦磷酸,与异戊烯焦磷酸头对尾缩合(头部是指与焦磷酸相连的那一端),生成十碳化合物牻牛儿焦磷酸(geranyl pyrophosphate)。第二步的缩合与第一步相似,牻牛儿焦磷酸与另一个异戊烯焦磷酸头对尾缩合,形成十五碳化合物法尼焦磷酸(farnesyl pyrophosphate)。最后一步是两个法尼焦磷酸各失去一个焦磷酸基团,头对头缩合,并被 NADPH 还原,形成三十碳的开链不饱和烃——鲨烯(squalene)。

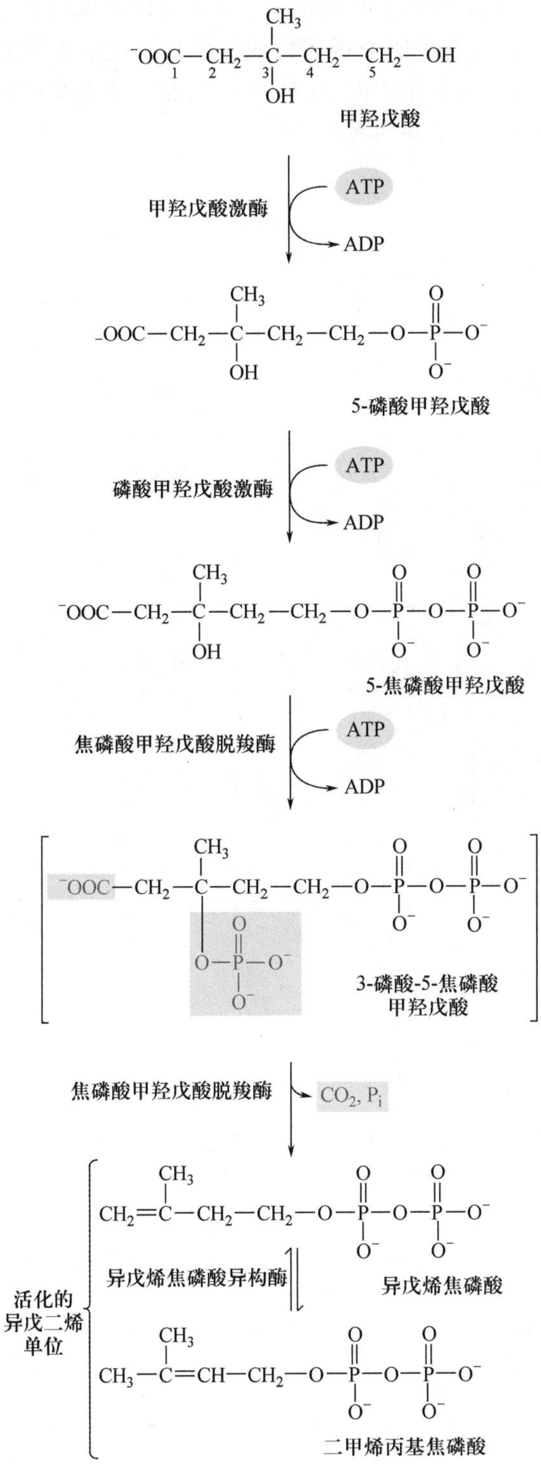

图 10-34 甲羟戊酸转化为活化的异戊二烯单位

（括号内的中间产物是假设的。改自 Nelson et al.,2017）

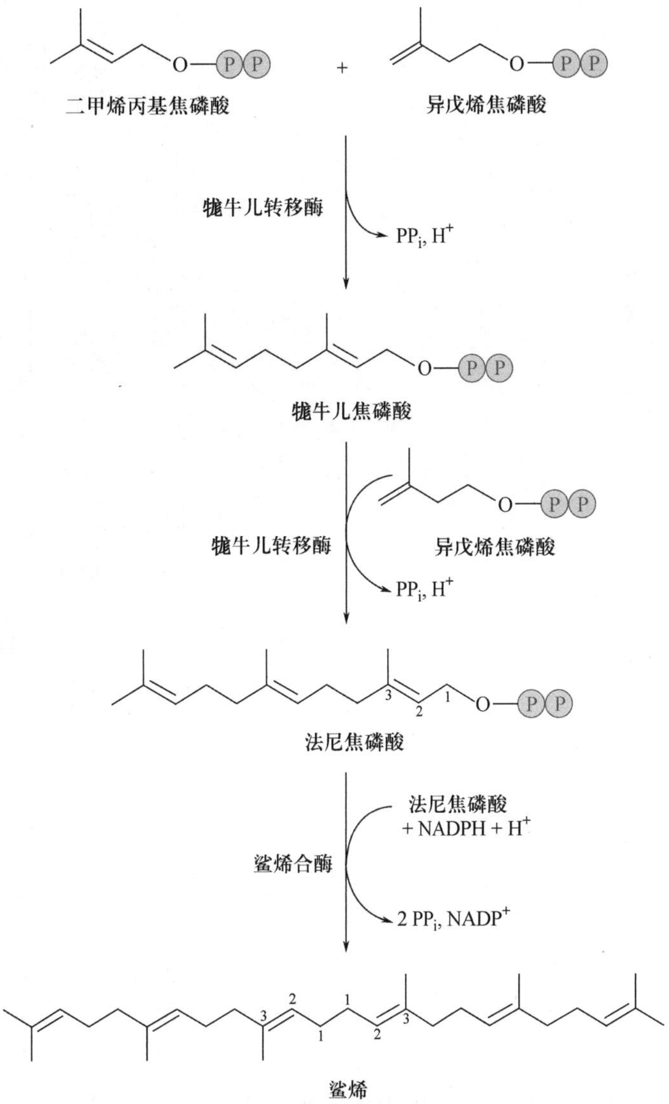

图 10-35 鲨烯的合成

（改自 Nelson et al.,2017）

(四)鲨烯转化成胆固醇

这一阶段的反应在内质网膜上进行(图 10-36)。首先,鲨烯单加氧酶把氧气中一个氧原子加在鲨烯的末端,形成 2,3-环氧鲨烯。该酶是混合功能单加氧酶,NADPH 还原氧气中的另一个氧原子。然后,在环化酶的催化下,2,3-环氧鲨烯转化为环状结构

的羊毛固醇(lanosterol)。2,3-环氧鲨烯分子中的双键处于适合的位置,使其易于从开链线形的分子经协同反应而成为环状结构。环化反应形成的羊毛固醇,已具有了四个稠环构成的甾核。从羊毛固醇到胆固醇的转化约需 20 步反应,包括一些甲基的转移和另一些甲基的去除。

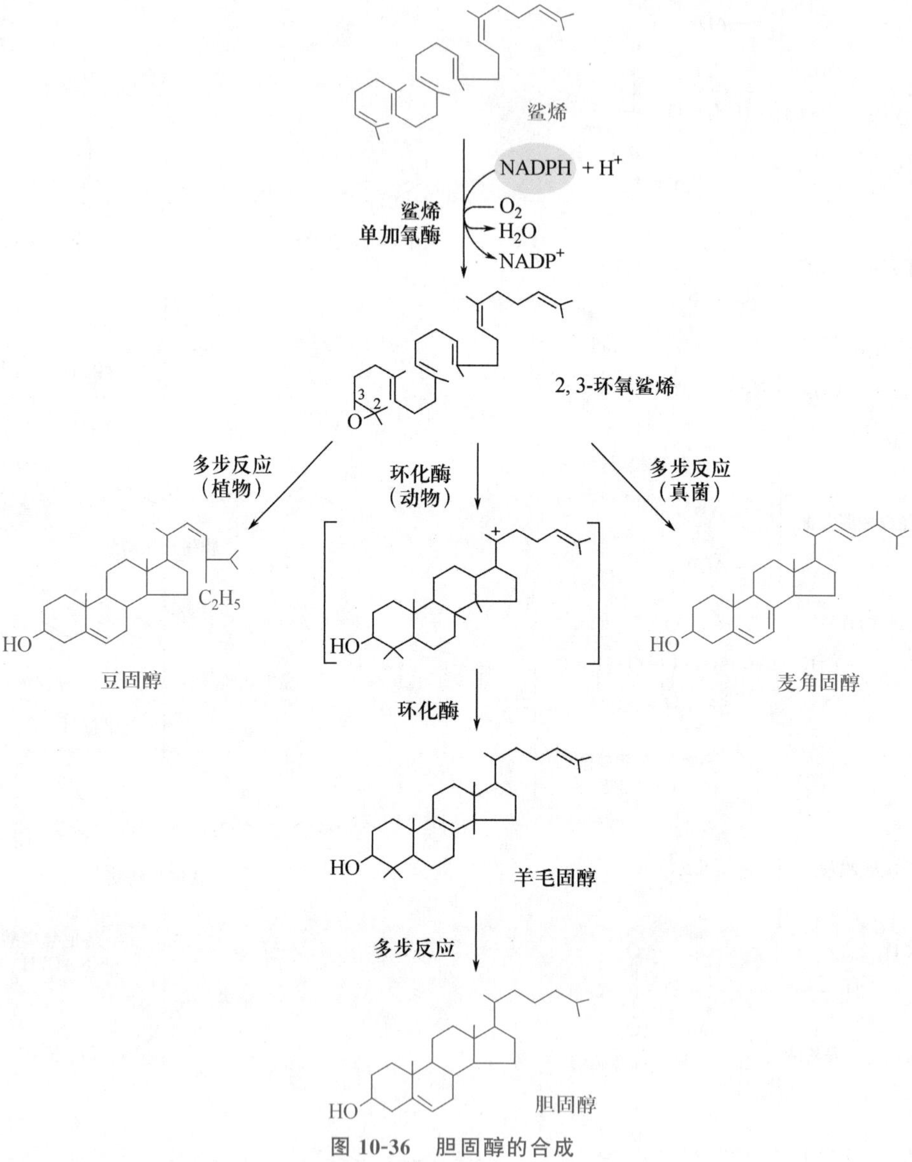

图 10-36 胆固醇的合成

(改自 Nelson et al.,2017)

胆固醇是动物细胞中的固醇。植物、真菌和原生生物也合成在结构上与其紧密相关的其他的固醇。它们使用相同的合成途径,直至 2,3-环氧鲨烯。从此处以后,途径略有不同,产生其他固醇,如植物中的豆固醇(stigmasterol)和真菌中的麦角固醇(ergosterol)。

五、胆固醇在体内的转运和生物转化

哺乳动物胆固醇的来源有两种:食物和体内合成。胆固醇合成和代谢的主要场所是肝脏。体内的其他细胞虽然也能合成胆固醇,但合成的量一般不

能满足自身的需要,还需要从肝细胞中获取。此外,食物中的胆固醇被小肠上皮细胞吸收后,要转运到肝细胞;肝外细胞多余的胆固醇也要转运到肝细胞进行代谢。胆固醇与其他脂质一样,不溶于水,不能直接在水溶性环境中转运,需要与载脂蛋白组装成脂蛋白,在血浆中进行转运。

肝脏合成的胆固醇中有一小部分被整合到肝细胞的细胞膜中,大部分以胆汁酸(bile acid)、胆汁胆固醇(biliary cholesterol)或胆固醇酯(cholesteryl ester)的形式运输到肝外组织。

胆汁酸主要包括胆酸(cholic acid)、鹅脱氧胆酸,以及它们与甘氨酸、牛磺酸形成的结合物。胆汁酸是胆汁的主要成分。胆汁是储存在胆囊中的液体,可分泌到小肠。胆汁也含有少量的胆汁胆固醇。胆汁酸和胆汁盐(bile salt)是相对亲水的胆固醇衍生物,在肠道中可以作为乳化剂,把脂肪分散成小的微团(micelle),大幅度提高了消化道的脂肪酶作用的表面积。胆汁酸在肝脏中以胆固醇为前体合成后,分泌到胆囊、再分泌到消化道,少量排出体外,而多数通过运输又回到肝脏。

胆固醇酯在肝脏中是通过脂酰-CoA-胆固醇酰基转移酶的作用生成的。这个酶催化脂肪酸从CoA转移到胆固醇的羟基上,使胆固醇变成更疏水的形式,阻止其进入细胞膜。胆固醇酯或以脂滴的形式储存在肝脏中,或被脂蛋白运输到需要胆固醇的其他组织中。

在肝外组织,胆固醇参与细胞膜的组成,在肾上腺和性腺转化成多种类固醇激素,例如,糖皮质激素、雌二醇激素、睾酮激素等。皮下组织的7-脱氢胆固醇经紫外线照射形成维生素 D_3。

小结

(1)三酰甘油是动物的主要储能物质,饮食中的三酰甘油在小肠中被胆酸盐乳化,经脂肪酶水解,由小肠上皮细胞吸收并重新转化为三酰甘油,然后与特异的载脂蛋白结合成乳糜微粒。乳糜微粒将三酰甘油运输到组织中,在脂蛋白脂肪酶的作用下释放出游离脂肪酸。

(2)脂肪酸进入细胞后,在线粒体外膜上活化为脂酰-CoA。脂酰-CoA 在肉碱的携带下通过线粒体内膜进入线粒体基质,进行 β-氧化作用。β-氧化经历以下四步基本步骤:

第一步,脱氢。在结合有 FAD 的脂酰-CoA 脱氢酶的催化下,α-碳和 β-碳脱氢,形成反-Δ^2-双键。

第二步,加水。在烯脂酰-CoA 水合酶的催化下,反-Δ^2-双键发生水化反应。

第三步,再脱氢。通过以 NAD^+ 为辅酶的 β-羟脂酰-CoA 脱氢酶的催化,β-羟脂酰-CoA 发生脱氢反应。

第四步,硫解。硫解酶的作用使 β-酮脂酰-CoA 裂解,生成乙酰-CoA 和少了两个碳原子的脂酰-CoA。

然后,缩短了的脂酰-CoA 再进入上述四步基本步骤。产生的乙酰-CoA 进入 TCA 循环氧化为 CO_2。

(3)不饱和脂肪酸的氧化还需要另外两种酶:烯脂酰-CoA 异构酶和 2,4-二烯脂酰-CoA 还原酶。奇数碳原子脂肪酸通过 β-氧化产生乙酰-CoA 和丙酰-CoA。丙酰-CoA 羧化成甲基丙二酸单酰-CoA,然后在甲基丙二酸单酰辅酶 A 变位酶的作用下异构成琥珀酰-CoA。这个变位酶需要维生素 B_{12} 作为辅因子。

(4)植物的乙醛酸循环体中含有脂肪酸氧化酶系,也能使脂肪酸进行 β-氧化。乙醛酸循环开始于草酰乙酸和乙酰-CoA 形成柠檬酸。然后,柠檬酸异构化成异柠檬酸。异柠檬酸被异柠檬酸裂合酶裂解成琥珀酸和乙醛酸。乙醛酸与另一分子乙酰-CoA 缩合形成苹果酸,此反应由苹果酸合酶催化。苹果酸脱氢,再生出草酰乙酸。在乙醛酸循环体中,储存的脂质经 β-氧化和乙醛酸循环,转化为四碳化合物琥珀酸,为种子萌发提供前体。

(5)酮体(丙酮、乙酰乙酸、D-β-羟基丁酸)是在动物肝脏中形成的。乙酰乙酸和 D-β-羟基丁酸通过血液输送到其他组织中,作为能量。

(6)脂肪酸的合成在细胞质溶胶中进行。动物线粒体中形成的乙酰-CoA 经柠檬酸穿梭系统进入细胞质溶胶。脂肪酸合成的引物是乙酰-CoA,二碳单位的供体是丙二酸单酰-CoA。丙二酸单酰-CoA 是在乙酰-CoA 羧化酶的催化下,由乙酰-CoA 与 HCO_3^- 形成的。

脂肪酸的合成由脂肪酸合酶催化。此酶有酰基载体蛋白(ACP)成分,有两种巯基来源,一种由 ACP 的磷酸泛酰巯基乙胺提供,另一种由 β-酮脂酰-ACP 合酶中的 Cys 残基提供。脂肪酸合酶催化的第一轮四步基本步骤如下：

第一步，缩合。乙酰基与丙二酸单酰基在 β-酮脂酰-ACP 合酶作用下生成乙酰乙酰-ACP，释放出 CO_2。

第二步，还原。由 β-酮脂酰-ACP 还原酶催化，以 NADPH 作为还原剂，生成 β-羟丁酰-ACP。

第三步，脱水。在 β-羟脂酰-ACP 脱水酶的催化下，β-羟丁酰-ACP 脱水生成反-Δ^2-烯丁酰-ACP。

第四步，再还原。以 NADPH 作为电子供体，由烯脂酰-ACP 还原酶催化，产生一个连接在 ACP 上的四碳脂酰基——丁酰基。

这四步基本步骤共进行七轮，脂酰基每一轮延长一个二碳单位，最终生成棕榈酸。

(7)棕榈酸经脂肪酸延长系统催化，转化成硬脂酸。两者分别在脂肪酸去饱和系统中酶的催化下，去饱和生成棕榈油酸和油酸。哺乳动物自己不能合成亚油酸和 α-亚麻酸，必须从植物中摄取，再转变成花生四烯酸等多不饱和脂肪酸。

(8)L-α-磷酸甘油在甘油磷酸酰基转移酶催化下分别与 2 分子脂酰-CoA 缩合，形成磷脂酸。磷脂酸水解掉磷酸基团，形成二酰甘油。二酰甘油可以直接生成三酰甘油。

(9)胆固醇由乙酰-CoA 经过一系列复杂反应合成。胆固醇和胆固醇酯由血浆脂蛋白运输。

思考题

一、单选题

1. 脂肪酸在进行 β-氧化之前，先要进行活化。催化脂肪酸活化的酶是_____，消耗_____个高能磷酸键。

　　A. 乙酰-CoA 羧化酶，2

　　B. 脂酰-CoA 合成酶，2

　　C. 脂酰-CoA 合成酶，1

　　D. 乙酰-CoA 羧化酶，1

2. 奇数碳原子脂肪酸 β-氧化的产物是_____。

　　A. 乙酰-CoA

　　B. 琥珀酰-CoA

　　C. 乙酰-CoA 和丙酰-CoA

　　D. 丙二酸单酰-CoA

3. 下列化合物属于酮体的是_____.

　　A. D-β-氨基丁酸

　　B. L-β-羟基丁酸

　　C. 乙酰乙酰-CoA

　　D. 乙酰乙酸

4. 甘油通过形成_____，进入糖酵解途径。

　　A. 甘油醛

　　B. 3-磷酸甘油酸

　　C. 磷酸二羟丙酮

　　D. 二羟丙酮

5. 棕榈油酸(16∶1)降解时，除了脂肪酸 β-氧化所需要的酶外，还需要_____。

　　A. 烯脂酰-CoA 异构酶

　　B. 烯脂酰-CoA 还原酶

　　C. 2,4-二烯脂酰-CoA 还原酶

　　D. 2,4-二烯脂酰-CoA 异构酶

二、问答题

1. 一分子硬脂酸(18∶0)完全氧化为 CO_2 和 H_2O，净生成多少分子 ATP？

2. 试述油料作物种子萌发时乙醛酸循环的过程。并写出乙醛酸循环中的特征酶及其催化的反应式。

3. 棕榈酸从头合成反应中的 NADPH 从何而来？

三、分析题

比较哺乳动物棕榈酸的 β-氧化和从头合成。

参考文献

[1] Nelson D L, Cox M M. Lehninger Principles of Biochemistry. 7th ed. W. H. Freeman and Company, 2017.

[2] Moran L A, Horton H R, Scrimgeour K G, et al. Principles of Biochemistry. 5th ed. Pearson Education International, 2014.

[3] Appling D R, Anthony-Cahill S J, Mathews C K. Biochemistry: Concepts and Connections. Pearson Education Limited, 2016.

[4] 朱圣庚，徐长法. 生物化学. 4 版. 北京：高等教育出版社，2016.

[5] 杨荣武. 生物化学原理. 3 版. 北京：高等教育出版社，2018.

第十一章
氨基酸代谢

本章关键内容：氨基酸代谢包括氨基酸的分解与合成。氨基酸的分解通常通过脱氨基作用脱去氨基，产生的碳骨架可以被氧化分解。碳骨架可以进入糖代谢或者其他代谢途径，代谢产生的多余的氨通过尿素循环或者其他路径排出体外。某些氨基酸还能够通过脱羧基或者羟基化作用产生许多生物活性物质为生物体所利用。氨基酸的合成通常利用糖代谢的中间产物为碳骨架，以 Glu 或 Gln 作为氨基供体。

氨基酸合成中碳骨架的来源以及氮素的来源是本章的要点内容。碳骨架来源于糖代谢的中间产物。氮素来自生物固氮、硝酸盐、亚硝酸盐还原得到的氨离子，生物体通过氨的同化将氨离子固定在谷氨酸等分子中，这些分子为其他氨基酸合成提供氨基。

生物体中的游离氨基酸主要来自体内蛋白质的周转、外源蛋白质的降解以及氨基酸的合成途径。

蛋白质不仅是细胞结构的组成成分，而且是参与许多生物学作用的功能分子。生物体内的蛋白质总是处于不断合成和降解的动态过程中，这个过程被称为蛋白质周转(protein turnover)。

蛋白质由于功能不同，在体内的寿命也不同。蛋白质的寿命通常用半寿期(half-life)来表示。蛋白质的半寿期是指蛋白质降解到其原有浓度一半时所需要的时间，一般从几分钟到几个月不等。在细胞内，一般与代谢过程相关的关键酶以及处于代谢分支点的酶寿命较短，如大鼠肝脏中的鸟氨酸脱羧酶，它是多种胺类物质生物合成的限速酶，其半寿期只有 11 min。未折叠的和折叠不正确的蛋白质寿命也很短。有些蛋白质的寿命较长，如鼠细胞内的细胞色素 c 半寿期约为 1 周，动物结缔组织中的胶原蛋白就相当稳定。

第一节　蛋白质的酶促降解

人类每天都需要进食一定量的蛋白质，这些蛋白质通过消化道消化吸收，保证生物体对蛋白质的需要。以体重 70 kg 的成年人为例，每天需摄取 100 g 蛋白质以满足个体的需要。那么，蛋白质被人体摄入后如何消化吸收为自身所用呢？同时，细胞内的蛋白质也在不断地合成、不断地分解，细胞中蛋白质的分解又是如何进行的呢？让我们从以下内容中找到答案。

一、蛋白质在消化道中的降解

人体摄食的蛋白质进入胃中，刺激胃黏膜分泌促胃液素(gastrin)，或称胃泌素。促胃液素促进胃腺腔壁细胞分泌盐酸，使胃液的 pH 保持在 1～2.5 之间。胃腺主细胞分泌的胃蛋白酶原在酸性条件下发生自身催化，产生有活性的胃蛋白酶(详见第四章　酶原激活)。同时，胃液的低 pH 使许多蛋白质发生变性。蛋白质变性后构象发生改变，导致肽链松散。松散的肽链使胃蛋白酶更容易发挥作用，将摄取的蛋白质水解成小的肽段。

经过部分消化的食物糜进入小肠上部的十二指肠后，刺激肠促胰腺素(pancreatotrophin)分泌。肠促胰腺素进而刺激胰腺分泌碳酸氢盐进入十二指肠，中和来自胃的盐酸，使食物糜的 pH 迅速上升到 7。同时胰腺外分泌细胞合成并分泌胰蛋白酶原、胰凝乳蛋白酶原、羧肽酶原 A 和羧肽酶原 B 进入十二指肠。这些酶原在十二指肠中被激活，成为有活性的蛋白酶。在多种蛋白酶的共同作用下，蛋白质最终被降解生成小肽和氨基酸。小肽和氨基酸通过其相应的转运体进入小肠上皮细胞被吸收,之后进入小肠绒毛的毛细血管,最终进入肝脏进行代谢。

二、蛋白质在细胞中的降解

除消化道能够消化蛋白质外,细胞内也存在蛋白质降解的途径,蛋白质降解的场所包括溶酶体、细胞质以及线粒体等。

(一)溶酶体中蛋白质的降解

溶酶体是蛋白质降解的重要场所。细胞外和细胞内的蛋白质都能够进入溶酶体被降解。细胞内蛋白质进入溶酶体有非选择和选择性两种方式。当营养充足时,细胞通常非选择性降解蛋白质。例如线粒体和内质网中的一些蛋白质,在一定条件下可以形成自噬小体与溶酶体融合;胰岛细胞和甲状腺细胞等形成的部分过剩颗粒也能够与溶酶体融合,两者都是通过非选择性方式进入溶酶体被降解的。当营养缺乏时,细胞如果非选择性地降解蛋白质,将导致某些重要的酶和调节蛋白被降解而对细胞生存产生影响。此时,细胞则选择性降解蛋白质。细胞内一些含有特殊氨基酸序列(如 KFERQ)的蛋白质,通过与特定蛋白质相互结合被选择性送入溶酶体而降解。

研究表明,溶酶体主要降解细胞外的蛋白质和质膜上的膜蛋白,而在正常条件下,对细胞质中蛋白质的周转不起主要作用。

(二)细胞质中蛋白质的降解

泛素途径(ubiquitin pathway)是真核细胞质中蛋白质降解的主要途径。该途径主要负责降解短寿命的和异常的蛋白质,也参与细胞质中一些长寿命蛋白质的缓慢周转。这个途径的作用与 ATP 的水解偶联。

参与泛素途径的酶和蛋白质包括泛素(ubiquit-in)、蛋白酶体(proteasome)以及三种酶。这三种酶分别是泛素活化酶(ubiquitin-activating enzyme),标为 E1;泛素结合酶(ubiquitin-conjugating enzyme),标为 E2;泛素连接酶(ubiquitin ligase),标为 E3。

泛素是含有 76 个氨基酸残基的蛋白质分子,相对分子质量为 8 500。不同物种的泛素分子之间,氨基酸序列的保守性很强。例如,人、鲑鱼和果蝇三者亲缘关系非常遥远,但三种生物中的泛素却只有 2 个氨基酸残基的差别。泛素的作用是将应该降解的蛋白质标记出来。

反应开始时,泛素分子首先与泛素活化酶(E1)作用,产生 E1-泛素复合物。反应需要 ATP 水解提供能量。接着,该复合物在泛素结合酶(E2)的催化下将泛素分子从 E1 转给 E2,形成 E2-泛素复合物。然后,在泛素连接酶(E3)的催化下,泛素分子的羧基末端与目的蛋白质肽链中某些赖氨酸侧链上的 ε-氨基形成异肽键。

当第一个泛素分子羧基末端与目的蛋白质肽链侧链中一个赖氨酸的 ε-氨基形成异肽键以后,E1、E2、E3 继续作用,催化后续的泛素分子以羧基末端与前一个泛素分子 48 位赖氨酸侧链的 ε-氨基连接,最终形成多聚泛素链标记的蛋白。对蛋白质进行标记的泛素分子有时甚至会超过 50 个,最后完成目的蛋白的泛素化标记过程(图 11-1)。目的蛋白经过标记后,将被细胞质中的蛋白酶体识别并水解。

蛋白酶体是一种很大的蛋白质复合体。真核细胞中完整的蛋白酶体为 30S,由两部分组成,一部分是具有催化活性的 20S 蛋白复合物,一部分是具有调节活性的 19S 蛋白复合物。其中,20S 蛋白复合物负责将泛素化的蛋白质降解产生 6～12 个氨基酸残基的小肽段,19S 蛋白复合物具有控制被标记的蛋白与 20S 蛋白复合物的接近,调节 20S 蛋白复合物专一水解泛素标记蛋白质(图 11-2)。

细胞质中除泛素降解途径外,还有其他一些蛋白质降解体系。

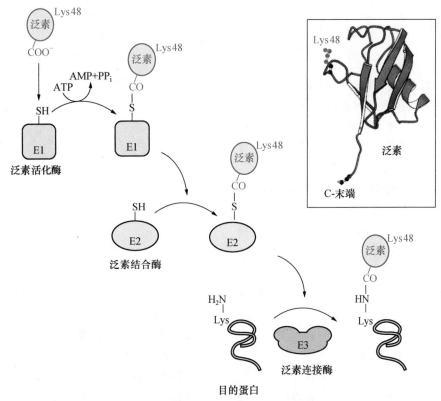

图 11-1　泛素分子标记目的蛋白质的过程

（方框内是泛素分子的晶体结构。改自 Berg et al.，2019）

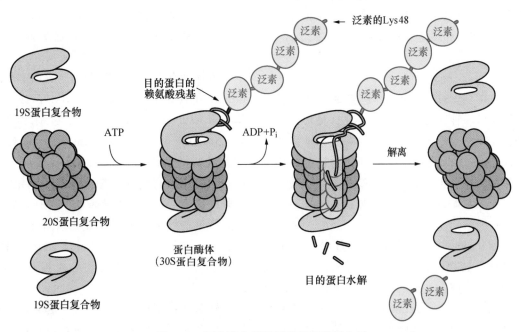

图 11-2　蛋白酶体降解泛素标记的蛋白质

第二节　氨基酸的降解

　　生物体可以通过摄食并降解外源蛋白质获得游离氨基酸,同时生物体体内原有蛋白质在不断周转,也能够产生一定量的游离氨基酸。这些氨基酸可以被生物体利用重新合成蛋白质,也可以作为其他分子的合成前体,或者进入氨基酸降解途径。

　　生物体内氨基酸的降解可以通过脱去氨基,形成酮酸的方式进行。氨基酸降解产生的氨基或者被重新利用合成新的氨基酸,或者通过合成酰胺被储存起来,多余的氨基能够进入尿素循环最终排出体外。氨基酸脱氨基转化生成的酮酸,或者被生物体再次利用合成新的氨基酸,或者作为合成糖类物质或其他物质的前体。

一、氨基酸脱氨基作用

　　通过脱氨基进行降解是生物体氨基酸代谢的途径之一。氨基酸脱氨基的方式有很多种,包括转氨基作用、氧化脱氨基作用、联合脱氨基作用、非氧化脱氨基作用、脱酰胺作用等。其中转氨基作用、氧化脱氨基作用、联合脱氨基作用非常普遍而且非常重要,这里我们将重点介绍这3种脱氨基的方式。

(一)转氨基作用

　　转氨基作用(transamination)是将氨基从一种碳骨架转移到另一种碳骨架的作用。在这种可逆的反应中,转氨酶(transaminase),也称氨基转移酶(aminotransferase),催化一个 α-氨基酸的氨基转移到一个 α-酮酸的酮基上,结果是原来的 α-氨基酸生成相应的 α-酮酸,原来的 α-酮酸形成了相应的 α-氨基酸(图 11-3)。

　　转氨酶催化的反应是氨基在 α-氨基酸与 α-酮酸之间的转换。转换机制如图 11-4 所示。转氨酶的辅基是磷酸吡哆醛(pyridoxal phosphate,PLP)和磷酸吡哆胺(pyridoxamine phosphate,PMP)。磷酸吡哆醛与酶分子的赖氨酸 ε-NH_2 结合产生内部醛亚胺,即转氨酶-磷酸吡哆醛(图 11-4A)。内部醛亚胺首先与 α-氨基酸$_1$ 结合,产生中间产物醛亚胺(外部醛亚胺),后者释放 H^+ 生成醌类中间产物,

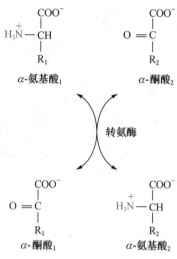

图 11-3　氨基酸与酮酸的转化

随即又得到 H^+ 生成酮亚胺,酮亚胺被水解产生 α-酮酸$_1$,此时 α-氨基酸$_1$ 的氨基与转氨酶的辅基磷酸吡哆醛共价连接,形成磷酸吡哆胺(图 11-4B)。至此已经完成了转氨基作用的一半,另一半类似于上述过程的逆反应(图中未显示),磷酸吡哆胺上的氨基转移到 α-酮酸$_2$ 生成 α-氨基酸$_2$,磷酸吡哆胺转变为磷酸吡哆醛。

　　生物体内存在多种转氨酶。同位素的研究结果表明,除甘氨酸、苏氨酸、脯氨酸和赖氨酸外,其他氨基酸都可以通过转氨基作用将氨基转移给 α-酮戊二酸形成谷氨酸,而自身则脱氨基形成相应的 α-酮酸。

　　人体内存在多种转氨酶,其中谷丙转氨酶(glutamate-pyruvate transaminase,GPT)或称丙氨酸氨基转移酶(alanine aminotransferase,ALT)和谷草转氨酶(glutamic-oxaloacetic transaminase,GOT)或称天冬氨酸氨基转移酶(aspartate aminotransferase,AST)很重要,它们分布在人体的不同组织细胞中。肝脏细胞中 ALT 活性最高,心肌细胞 AST 活性最高。当这些细胞发生透性变化或者破裂时,这些酶就会进入血液中。因此,临床上用血清中 ALT 和 AST 分别作为急性肝炎和心肌梗死的诊断指标之一。

　　转氨基作用在氨基酸代谢中起着非常重要的作用。一个原因是多数氨基酸都可以通过转氨基作用脱去氨基进行代谢,另一个原因是在大多数氨基酸的合成过程中,其氨基都是直接或者间接地来自谷氨酸参与的转氨基过程。

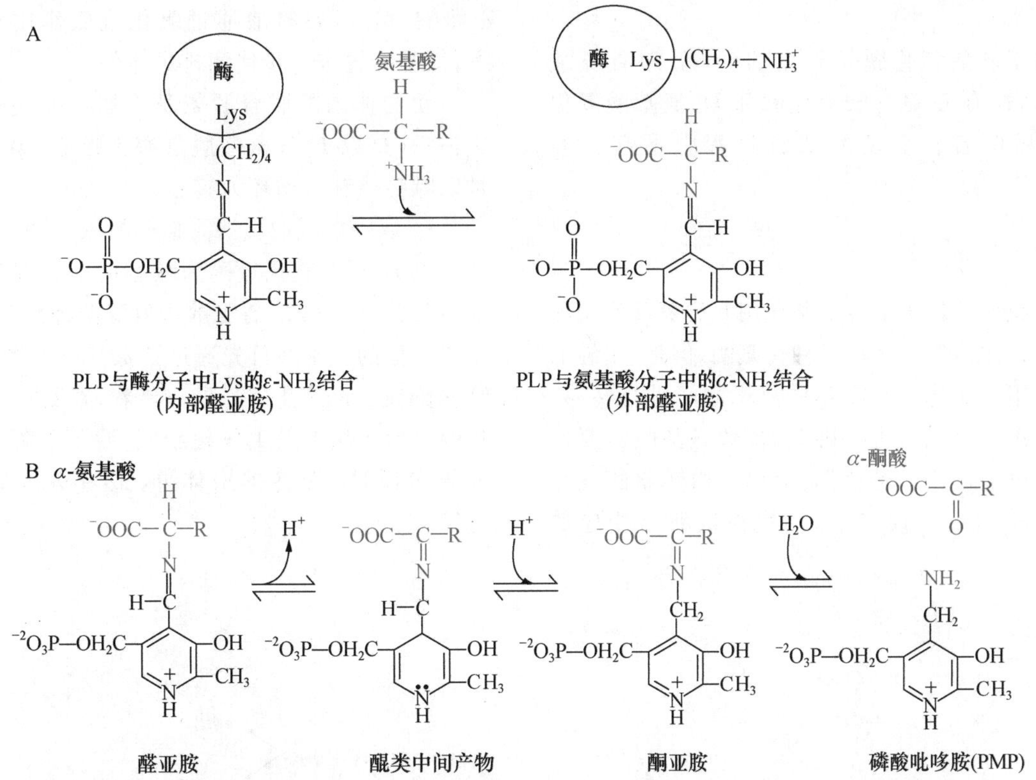

A. 当缺少底物时,酶活性中心特异的 Lys 中 ε-氨基以希夫碱的形式与 PLP 的醛基连接。氨基酸底物存在时,氨基酸的 α-氨基取代酶分子的 Lys ε-氨基与 PLP 的醛基连接 B. 图中只是转氨基作用的前一半反应。在后一半反应中,另一个 α-酮酸经上述反应的逆反应转化为新的氨基酸

图 11-4 转氨基作用

(二)氧化脱氨基作用

氧化脱氨基作用是指在氨基酸氧化酶或氨基酸脱氢酶催化下,氨基酸脱去氨基产生氨和 α-酮酸的过程,反应需要氧的存在。参与氨基酸氧化脱氨作用的酶有很多种,其中最重要的是 L-谷氨酸脱氢酶。它能够催化如图 11-5 所示的反应。

哺乳动物的谷氨酸脱氢酶主要存在于肝和肾细胞的线粒体中,活性很高。L-谷氨酸脱氢酶可以催化谷氨酸氧化脱氨产生氨基和 α-酮戊二酸。这个

酶需要 NAD^+ 作为辅酶,反应后生成的 NADH 通过电子传递链把电子传递给 O_2,所以称为氧化脱氨作用。L-谷氨酸脱氢酶广泛存在于植物、动物和微生物体内。某些种类或组织中的 L-谷氨酸脱氢酶对 NADH 专一,而有些则对 NADPH 专一,其他的则可利用两者作为辅助因子。

由于多数氨基酸都能够通过转氨基作用将氨基转移给 α-酮戊二酸,产生谷氨酸,所以这些氨基酸都可以通过转氨基作用和氧化脱氨作用被降解。因此,L-谷氨酸脱氢酶在氨基酸降解中具有十分重要

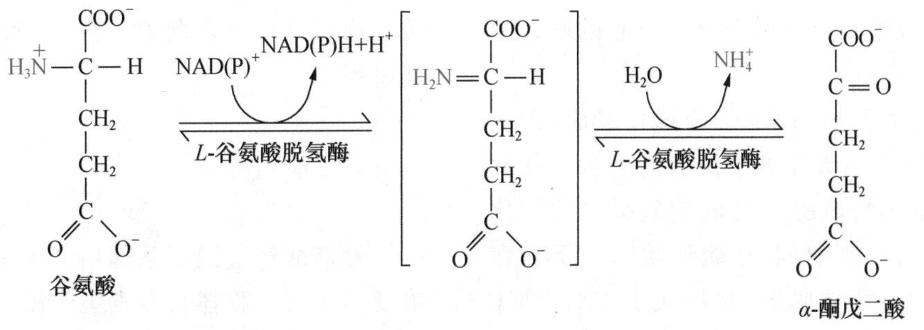

图 11-5 L-谷氨酸脱氢酶催化的氧化脱氨反应

的作用。

参与氨基酸氧化脱氨作用的酶,除 *L*-谷氨酸脱氢酶外,还有 *L*-氨基酸氧化酶和 *D*-氨基酸氧化酶等,但后两者在氨基酸降解过程中不起主要作用。

(三)联合脱氨基作用

联合脱氨基作用是转氨基作用和脱氨基作用的结合。生物体内广泛存在各种转氨酶,但是,单纯的转氨基作用只能使氨基在不同分子之间进行转移,并不能真正将氨基脱去。因此,多数氨基酸需要通过联合脱氨基作用进行代谢。首先,由转氨酶催化将氨基转移给 α-酮戊二酸,产生谷氨酸与相应的

α-酮酸;然后,谷氨酸通过氧化脱氨作用将氨基脱下,氨基经过进一步代谢排出体外。

动物体内的联合脱氨基作用主要包括两种形式:一种是以 *L*-谷氨酸脱氢酶为核心,另一种形式是以嘌呤核苷酸循环为核心。

1. 以谷氨酸脱氢酶为核心的联合脱氨作用

以 *L*-谷氨酸脱氢酶为核心的联合脱氨方式主要涉及转氨酶和 *L*-谷氨酸脱氢酶两种酶(图 11-6)。体内其他的氨基酸首先通过转氨基作用将氨基转移给 α-酮戊二酸产生谷氨酸。接着,谷氨酸在 *L*-谷氨酸脱氢酶作用下发生氧化脱氨,脱下的氨就能够进入尿素循环,最终排出体外,或者进入其他合成途径。

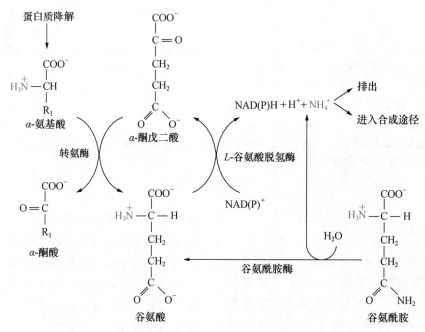

图 11-6 以谷氨酸脱氢酶为核心的联合脱氨作用

2. 以嘌呤核苷酸循环为核心的联合脱氨方式

虽然以 *L*-谷氨酸脱氢酶为核心的联合脱氨方式在生物体内普遍存在,但并不是所有组织都采用这种方式脱氨。在动物的骨骼肌、心肌和脑组织中存在着另外一种以嘌呤核苷酸循环为核心的联合脱氨方式。

嘌呤核苷酸循环是由以下三个过程组成:①次黄嘌呤核苷酸(IMP)与天冬氨酸反应产生腺苷酰琥珀酸;②腺苷酰琥珀酸被腺苷酰琥珀酸裂合酶催化产生腺嘌呤核苷酸(AMP)和延胡索酸;③AMP 在 AMP 脱氨酶催化下水解脱氨,又形成了 IMP,IMP 再继续参与上述反应(图 11-7)。

值得注意的是,以嘌呤核苷酸循环为核心的联

合脱氨方式中包含了两个转氨基的过程。第一个转氨基的过程是氨基酸将氨基转移给 α-酮戊二酸产生谷氨酸。第二个转氨基的过程是谷氨酸在谷草转氨酶的催化下将氨基转移给草酰乙酸产生天冬氨酸。通过这种联合脱氨方式,各种氨基酸完成脱氨基过程。

二、尿素循环

氨基酸经过脱氨基作用产生了氨和碳骨架。高浓度的氨对生物体具有毒害作用。植物可以把多余的氨储藏在酰胺中并重新利用。动物通过不同的方式消除高浓度氨的毒害作用。例如硬骨鱼类以氨的

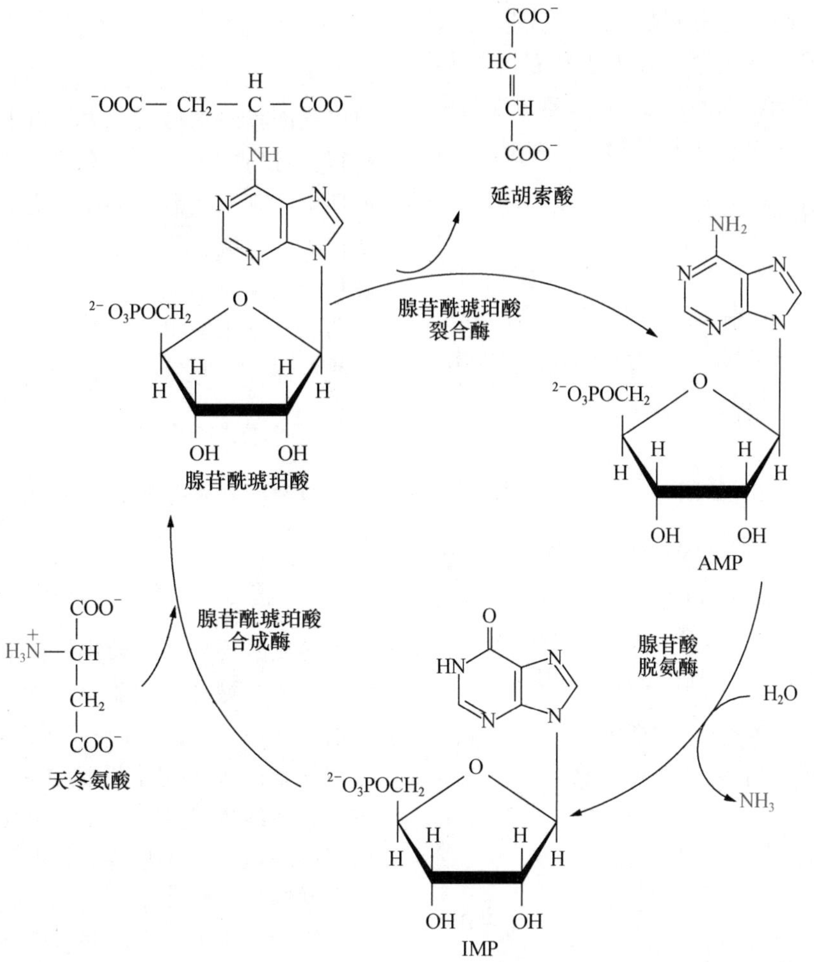

图 11-7 嘌呤核苷酸循环

形式,多数陆生动物以尿素的形式,鸟类和爬行类以尿酸的形式排出体内产生的多余的氨。

人类属于陆生脊椎动物,通过尿素形式排出体内多余的氨。这种排氨方式经历从氨甲酰磷酸与鸟氨酸反应起始,直至最终尿素合成的循环过程,该过程被称作尿素循环(urea cycle),也称为鸟氨酸循环。

氨甲酰磷酸是尿素循环第一个反应的底物,它的合成是在线粒体中完成的。反应由氨甲酰磷酸合成酶(carbamoyl phosphate synthetase,CPS)I催化(图 11-8)。

$$NH_3 + CO_2 + H_2O + 2ATP \longrightarrow$$
$$氨甲酰磷酸 + 2ADP + P_i$$

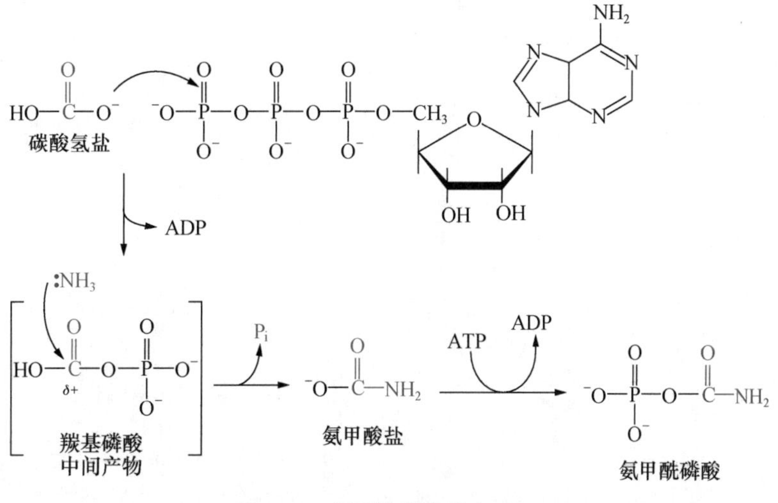

图 11-8 氨甲酰磷酸的合成

细胞中存在三种CPS,分别是CPSⅠ、CPSⅡ和CPSⅢ型。CPSⅠ分布于动物肝脏与肾脏的线粒体中;CPSⅡ分布于脊椎动物细胞质中,在真菌与细菌中也有分布;CPSⅢ则分布于无脊椎动物与鱼类细胞中。

(一)瓜氨酸的合成

在线粒体中,氨甲酰磷酸作为活性氨甲酰基的供体与鸟氨酸反应合成瓜氨酸,释放无机磷酸基团。反应由鸟氨酸转氨甲酰酶(ornithine transcarbamylase)催化。

$$氨甲酰磷酸 + 鸟氨酸 \longrightarrow 瓜氨酸 + P_i$$

(二)精氨基琥珀酸的合成

瓜氨酸经特定转运体从线粒体进入细胞质。精氨基琥珀酸合成酶(argininosuccinase synthetase)催化瓜氨酸与天冬氨酸生成精氨基琥珀酸。反应过程中,一分子ATP水解并释放AMP和PP_i。

$$瓜氨酸 + 天冬氨酸 + ATP \longrightarrow$$
$$精氨基琥珀酸 + AMP + PP_i$$

(三)精氨酸的合成

精氨基琥珀酸在精氨基琥珀酸裂合酶(argininosuccinase lyase)的催化下产生精氨酸和延胡索酸。

$$精氨基琥珀酸 \longrightarrow 精氨酸 + 延胡索酸$$

来自天冬氨酸的氨基留在精氨酸分子中,碳骨架以延胡索酸的形式脱去。由于此反应在细胞质中进行,所以产生的延胡索酸并不能直接进入TCA循环中。延胡索酸可以在细胞质延胡索酸酶的催化下产生苹果酸。苹果酸在细胞质中由苹果酸脱氢酶催化产生草酰乙酸,从而进入葡萄糖异生途径产生葡萄糖。苹果酸也可以在苹果酸转运体的帮助下进入线粒体,随即参与TCA循环。

(四)尿素的产生

精氨酸在精氨酸酶(arginase)的作用下产生尿素和鸟氨酸。

$$精氨酸 + H_2O \longrightarrow 尿素 + 鸟氨酸$$

鸟氨酸再经特定转运体从细胞质重新进入线粒体继续尿素循环。尿素是水溶性的物质,它可通过血液循环进入肾脏,最终以尿液形式排出体外。

尿素循环跨越了细胞中的两个位置,一部分反应发生在线粒体中,一部分反应发生在细胞质中。尿素循环包括4步反应,其中瓜氨酸的合成反应发生在细胞的线粒体中,而精氨基琥珀酸、精氨酸和尿素的合成反应发生在细胞质中(图11-9)。

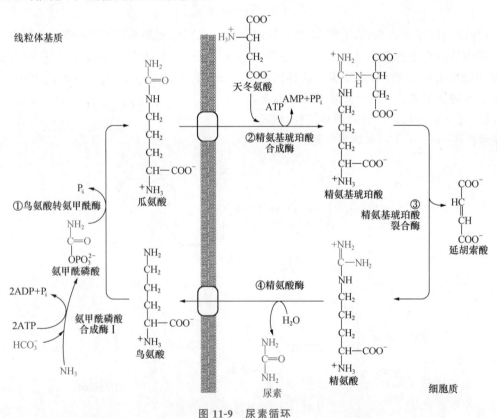

图 11-9 尿素循环

尿素循环的总反应式如下：

$$HCO_3^- + NH_3 + 3ATP + 天冬氨酸 + 2H_2O \longrightarrow$$
$$尿素 + 延胡索酸 + 2ADP + AMP + PP_i + 2P_i$$

尿素分子中的两个氮原子一个来自游离的氨离子，一个来自天冬氨酸，碳原子来自二氧化碳。在整个尿素循环中，合成氨甲酰磷酸消耗了2分子ATP，合成精氨基琥珀酸消耗了1分子ATP，产生1分子AMP，因此整个过程消耗3分子ATP或者4个高能磷酸键。

尿素循环途径受到氨甲酰磷酸合成酶I的限速调节。N-乙酰谷氨酸是该酶的别构激活剂。尿素循环反应受阻会导致人体产生高血氨症（hyperammonemia）。

三、氨基酸碳骨架的代谢

氨基酸在脱掉氨基之后的碳骨架如何代谢呢？氨基酸碳骨架代谢的产物有7种，包括丙酮酸、草酰乙酸、α-酮戊二酸、延胡索酸、琥珀酰-CoA、乙酰-CoA和乙酰乙酰-CoA/乙酰乙酸（表11-1）。

表 11-1　氨基酸碳骨架代谢产生的代谢中间产物

氨基酸	中间产物
丙氨酸、半胱氨酸、甘氨酸、丝氨酸、色氨酸、苏氨酸	丙酮酸
天冬酰胺、天冬氨酸	草酰乙酸
精氨酸、谷氨酰胺、组氨酸、脯氨酸、谷氨酸	α-酮戊二酸
苯丙氨酸、酪氨酸	延胡索酸
异亮氨酸、甲硫氨酸、缬氨酸、苏氨酸	琥珀酰-CoA
苏氨酸、亮氨酸、赖氨酸、异亮氨酸	乙酰-CoA
苯丙氨酸、酪氨酸、色氨酸、亮氨酸、赖氨酸	乙酰乙酰-CoA/乙酰乙酸

不同的氨基酸能够代谢产生这7种碳骨架中的一种、两种，甚至多种产物。例如，丙氨酸通过转氨基作用能够生成丙酮酸，苯丙氨酸降解既生成延胡索酸，也生成乙酰-CoA。

根据氨基酸脱氨基之后产生的中间产物不同可以将氨基酸分成三类：生酮氨基酸（ketogenic amino acid）、生糖氨基酸（glucogenic amino acid）和生糖生酮氨基酸（both glucogenic and ketogenic amino acid）。

有些氨基酸的碳骨架代谢可以产生乙酰乙酰-CoA或乙酰-CoA。由于乙酰乙酰-CoA代谢可形成乙酰-CoA，乙酰-CoA是酮体合成的前体，因此将能够代谢生成乙酰-CoA或者乙酰乙酰-CoA的氨基酸称为生酮氨基酸。

有些氨基酸的碳骨架代谢可以产生丙酮酸、草酰乙酸、α-酮戊二酸、延胡索酸、琥珀酰-CoA。这些代谢产物能够进入合成葡萄糖的途径，因此将能够代谢产生上述中间产物的氨基酸称为生糖氨基酸。

有些氨基酸，例如芳香族氨基酸和异亮氨酸，它们代谢产生的中间产物包括延胡索酸、琥珀酰-CoA以及乙酰-CoA等，这些物质既有能进入葡萄糖异生途径的，又有能代谢生成酮体的，因此这些氨基酸被称为生糖生酮氨基酸。

20种常见的蛋白质氨基酸中只有赖氨酸与亮氨酸是纯粹生酮的（exclusively ketogenic）氨基酸；苯丙氨酸、酪氨酸、色氨酸、异亮氨酸和苏氨酸是生糖生酮氨基酸；其余都是生糖氨基酸。

20种常见氨基酸脱氨之后的碳骨架降解代谢途径各不相同，但有些氨基酸代谢过程中可产生相同的中间产物。根据氨基酸碳骨架降解代谢产生的中间产物，我们将20种氨基酸分成六个组，并简单介绍其降解代谢的过程。

（一）氨基酸降解产生丙酮酸

在氨基酸降解过程中，能够产生丙酮酸的氨基酸包括丙氨酸、苏氨酸、甘氨酸、丝氨酸、色氨酸和半胱氨酸（图11-10）。

丙氨酸在转氨酶的作用下，可以直接将氨基转移给α-酮戊二酸，本身转变为丙酮酸。丝氨酸在丝氨酸脱水酶的作用下直接生成丙酮酸。苏氨酸在苏氨酸脱氢酶的催化下产生2-氨基-3-酮丁酸，之后再转变为甘氨酸。甘氨酸或者通过形成丝氨酸进而产生丙酮酸继续代谢，或者在甘氨酸裂解系统的作用下，生成碳酸氢盐和氨。色氨酸侧链经切割产生丙氨酸，进而转变为丙酮酸。

半胱氨酸降解也可生成丙酮酸。半胱氨酸首先被氧化产生半胱亚磺酸，而后经过一个转氨反应生成β-亚磺酰丙酮酸，最后通过非酶催化过程生成丙酮酸（图11-11）。

（二）氨基酸降解产生草酰乙酸

降解生成草酰乙酸的氨基酸包括天冬酰胺、天冬氨酸两种氨基酸。天冬酰胺经过脱酰胺作用生成天冬氨酸，天冬氨酸在转氨酶的作用下转出氨基生成草酰乙酸（图11-12）。

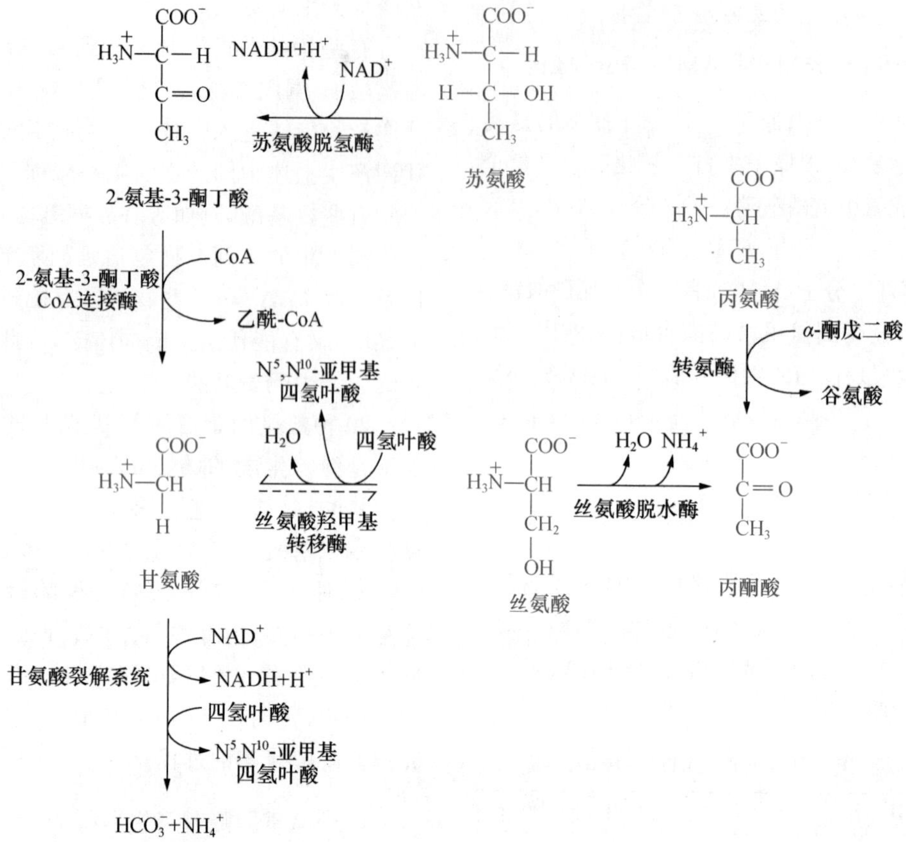

图 11-10　丙氨酸、苏氨酸、甘氨酸和丝氨酸的降解产生丙酮酸

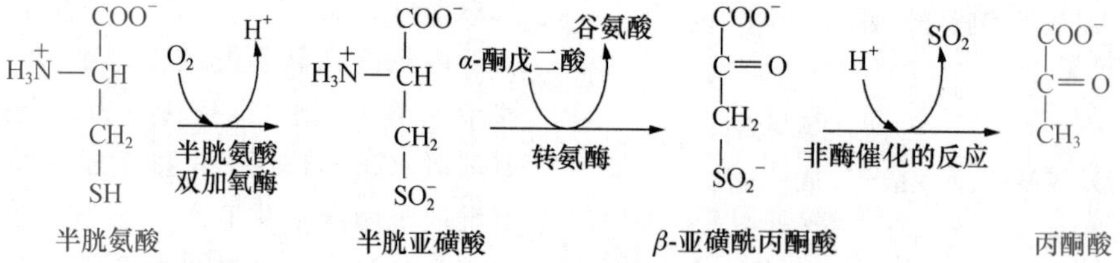

图 11-11　半胱氨酸的降解途径

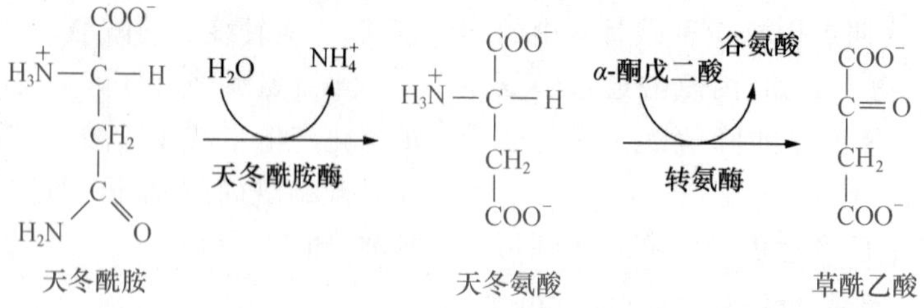

图 11-12　天冬酰胺和天冬氨酸降解途径

(三)氨基酸降解产生 α-酮戊二酸

20 种常见蛋白质氨基酸中能够产生 α-酮戊二酸的有谷氨酰胺、谷氨酸、组氨酸、脯氨酸和精氨酸（图 11-13）。

精氨酸和脯氨酸降解过程中有一个的共同中间产物——谷氨酸 γ-半醛。精氨酸首先水解产生鸟氨酸，而后鸟氨酸通过转氨作用产生谷氨酸 γ-半醛。脯氨酸则先氧化生成 5-羧基吡咯啉，而后水解开环生成谷氨酸 γ-半醛。谷氨酸 γ-半醛最终氧化生成谷氨酸。

组氨酸经过多步反应生成 N-亚氨基谷氨酸，后者把亚氨基转移给四氢叶酸，自身转变为谷氨酸。

谷氨酰胺能够在谷氨酰胺酶的作用下，将酰胺基水解产生谷氨酸，谷氨酸在谷氨酸脱氢酶的催化下产生 α-酮戊二酸。

通过上述代谢，这些氨基酸能够形成 α-酮戊二酸。α-酮戊二酸是三羧酸循环的中间产物，可通过该途径进一步代谢。

(四)氨基酸降解产生琥珀酰-CoA

甲硫氨酸、苏氨酸、缬氨酸和异亮氨酸能够降解产生琥珀酰-CoA（图 11-14）。

甲硫氨酸通过 3 步反应产生高半胱氨酸，随后生成 α-酮丁酸。苏氨酸在苏氨酸脱水酶的催化下水解脱氨直接生成 α-酮丁酸。甲硫氨酸和苏氨酸代谢的共同中间产物 α-酮丁酸由 α-酮酸脱氢酶催化氧化生成丙酰-CoA。异亮氨酸通过 6 步反应，缬氨酸通过 7 步反应都能够生成丙酰-CoA，最终丙酰-CoA 经过 3 步反应再生成琥珀酰-CoA，而琥珀酰-CoA 可以进一步代谢。

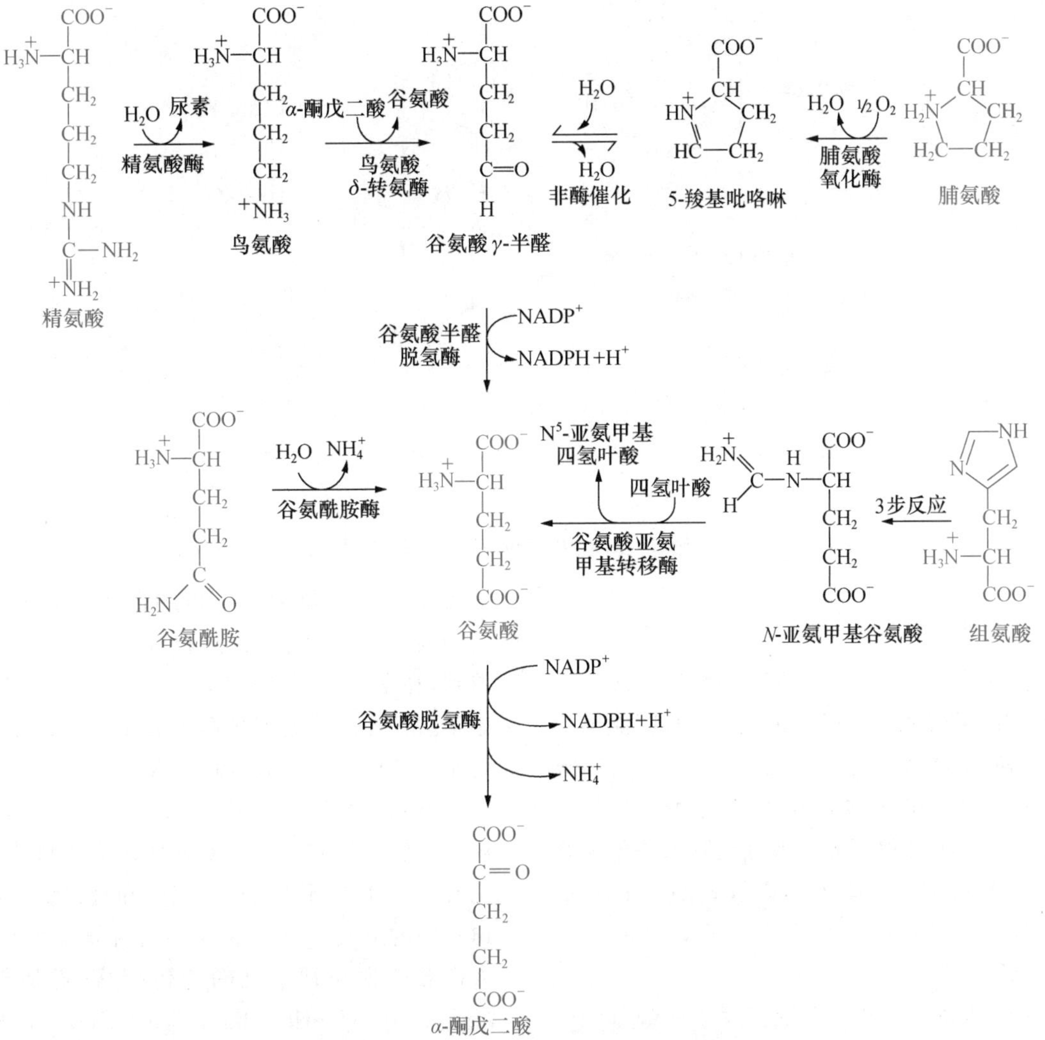

图 11-13 谷氨酸、谷胺酰胺、组氨酸、脯氨酸和精氨酸的代谢过程

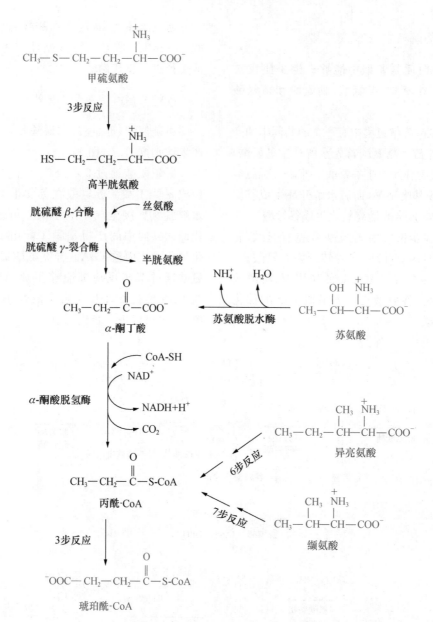

图 11-14　甲硫氨酸、苏氨酸、缬氨酸和异亮氨酸降解产生琥珀酰-CoA

(五)氨基酸降解产生乙酰-CoA

能够代谢产生乙酰-CoA 的氨基酸有很多。由于丙酮酸氧化脱羧能够生成乙酰-CoA，所以能够生成丙酮酸的氨基酸都能够产生乙酰-CoA。此外，异亮氨酸、亮氨酸、赖氨酸也可生成乙酰-CoA（图 11-15，图 11-16）。苏氨酸可经苏氨酸脱水酶催化形成 2-氨基-3-酮丁酸，后者在 2-氨基-3-酮丁酸-CoA 连接酶的催化下与 CoA 反应形成乙酰-CoA 和甘氨酸（图中未显示）。

亮氨酸、异亮氨酸和缬氨酸都属于侧链基团带有分支的氨基酸，它们都在分支氨基酸转氨酶的作用下发生转氨基作用产生相应的 α-酮酸。接着在

分支 α-酮酸脱氢酶复合体的催化下脱羧产生相应的脂酰-CoA，然后分别进行代谢。从图 11-15 可以看到，亮氨酸代谢的产物是乙酰-CoA 和乙酰乙酸；缬氨酸代谢产物是琥珀酰-CoA；异亮氨酸代谢的产物是琥珀酰-CoA 和乙酰-CoA。

虽然很多氨基酸代谢都发生在肝细胞中，但是这三种侧链具有分支的氨基酸作为燃料的氧化降解主要发生在肌肉、脂肪组织、肾和脑组织。如果代谢途径中的分支 α-酮酸脱氢酶复合体发生遗传缺陷，人体会产生一种罕见的遗传疾病，即槭糖浆尿症（maple syrup urine disease,MSUD）。该疾病是由于亮氨酸、异亮氨酸和缬氨酸代谢受阻，含量积累，并进入尿液使尿液具有槭糖汁味而得名。如果不及

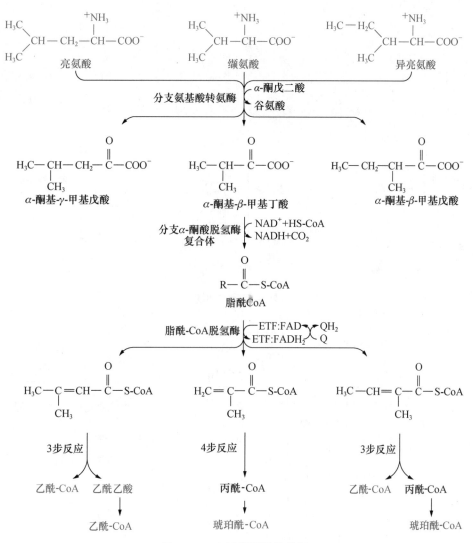

图 11-15　支链氨基酸的代谢

时治疗，患者将会很快死亡。

色氨酸、苯丙氨酸、酪氨酸代谢也可以生成乙酰-CoA（图 11-16）。

赖氨酸和色氨酸经过一系列反应都会产生 α-酮己二酸。α-酮己二酸经过 5 步反应产生乙酰乙酰-CoA。

苯丙氨酸经过羟基化反应生成酪氨酸。酪氨酸经过 5 步反应生成 1 分子延胡索酸和 1 分子乙酰乙酸。乙酰乙酸继续降解，先转化为乙酰乙酰-CoA，接着硫解生成 2 分子乙酰-CoA。

人类有关氨基酸代谢缺陷的研究发现，如果催化苯丙氨酸羟化生成酪氨酸反应的苯丙氨酸羟化酶发生缺失，人类将面临一种疾病苯丙酮尿症（phenylketonuria，PKU）的威胁。PKU 是一种遗传疾病，因此新生婴儿在出生时就进行足血检查，如果不及时发现和治疗，患儿将面临智力发育滞缓

的威胁，而且由于苯丙氨酸积累还会面临其他相关疾病的威胁。

（六）氨基酸降解产生乙酰乙酸和延胡索酸

从图 11-15 和图 11-16 可以看出，能够生成乙酰乙酸的氨基酸有 3 种，它们分别是苯丙氨酸、酪氨酸和亮氨酸。产生延胡索酸的氨基酸只有苯丙氨酸和酪氨酸两种。

四、氨基酸是合成其他物质的前体

氨基酸是很多植物化学物质的前体。很多植物的风味物质都是芳香族氨基酸的衍生物，如苦杏仁、豆蔻、青胡椒、香草豆、丁香和姜以及冬青油、月桂油等。很多植物的色素，如类黄酮、花青素和鱼藤酮也是由芳香族氨基酸衍生而来的。

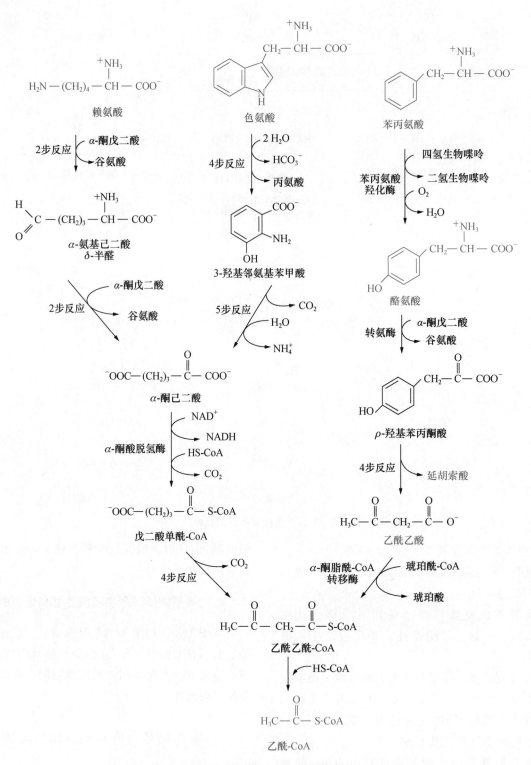

图 11-16　赖氨酸、色氨酸、苯丙氨酸、酪氨酸代谢生成乙酰-CoA

氨基酸除了脱氨基的代谢形式外,还可以通过脱羧基、羟基化等形式产生其他多种生物活性物质或者直接作为合成某些生物活性物质的前体。

（一）氨基酸的脱羧基作用

氨基酸经脱羧作用生成 CO_2 和胺类物质。谷氨酸在谷氨酸脱羧酶的催化下氧化脱羧产生 γ-氨基丁酸（图 11-17）。在动物体内,γ-氨基丁酸是重要的神经递质;而在植物体中,γ-氨基丁酸与植物的抗性相关。

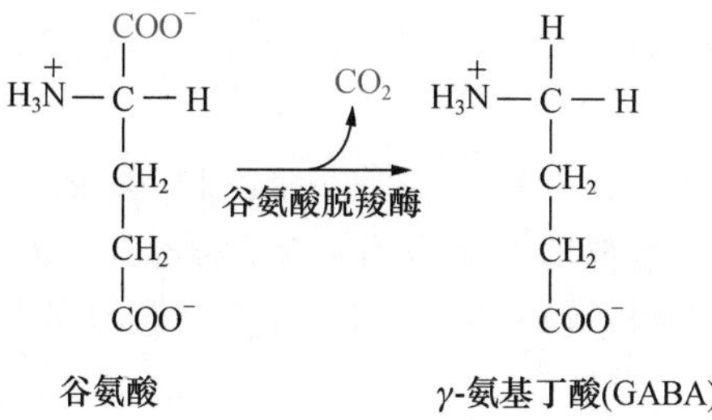

图 11-17　谷氨酸脱羧反应

色氨酸通过氧化和脱羧作用能够生成 5-羟色胺,或者经过转氨基和脱羧反应形成生长素（图 11-18）。5-羟色胺是动物神经递质,它与动物的情绪和进食相关。组氨酸脱羧可以形成组胺,组胺在人体内广泛分布,对人体有重要作用（知识框 11-1）。

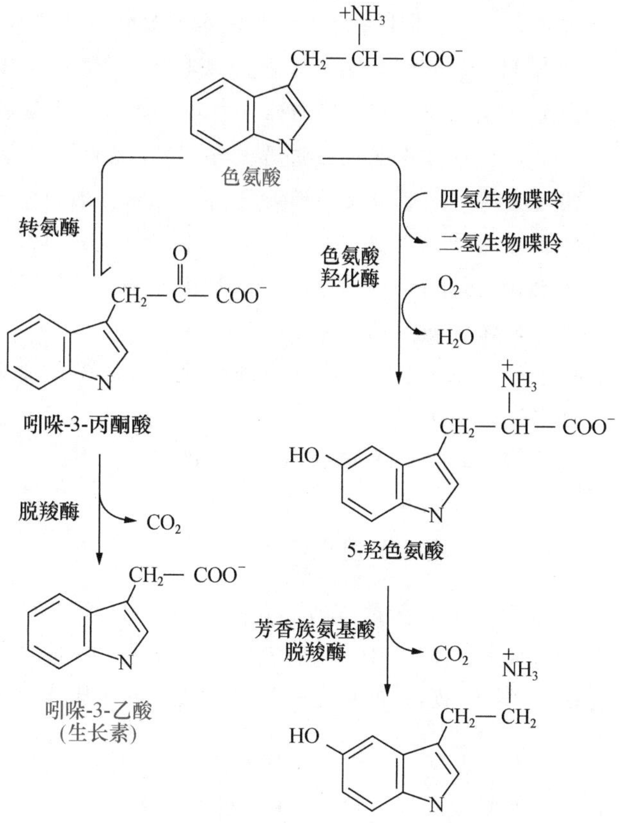

图 11-18　色氨酸合成其他具有生物活性的物质

知识框 11-1　组胺与过敏

组胺是由组氨酸脱羧产生的,如下所示,人体多种细胞都能够产生组胺。它在周围神经系统,或者作为神经递质在中枢神经系统中都非常活跃。研究者发现组氨酸脱羧酶敲除的小鼠,呈现睡眠增加,清醒状态减少,黑暗下运动能力减退的现象。在中枢神经系统,组胺不仅具有调节睡眠与觉醒周期的作用,而且组胺还参与了瘦素（leptin）抑制食欲的过程。在周围神经系统中,组胺主要由肥大细胞合成并分泌（嗜碱性粒细胞也能合成组胺）,介导炎症反应,导致平滑肌收缩,增加血管通透性。在肥大细胞和嗜碱性粒细胞中,组胺是在高尔基体中合成,并与肝素和一些蛋白质以非活性的结合形式储存。对于过敏的人,当过敏原与细胞表面的免疫球蛋白 IgE 结合,肥大细胞和嗜碱性粒细胞脱粒,组胺释放。组胺造成的炎症是由靶细胞表面的受体 H_1 介导的。

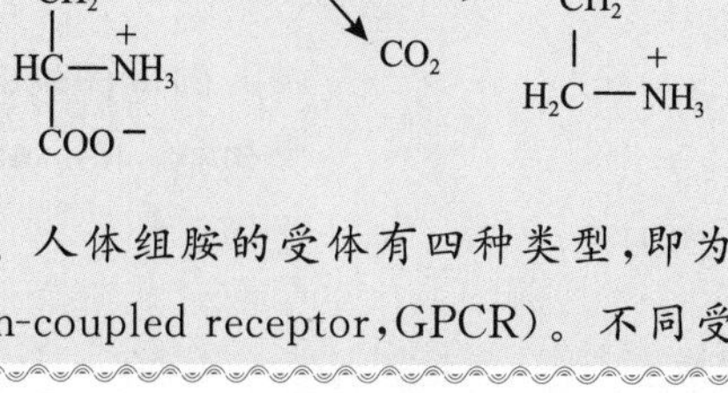

组胺发挥作用依赖其受体。人体组胺的受体有四种类型,即为 H_1、H_2、H_3 和 H_4。这四种受体均属于 G 蛋白偶联受体（G-protein-coupled receptor,GPCR）。不同受体分布不同,发挥着各自的生理

作用。H_1 受体主要分布于皮肤和黏膜的血管内皮细胞、平滑肌细胞、神经元及免疫细胞表面。组胺通过与 H_1 受体结合，引发后续的级联反应，这一过程是变态反应（过敏反应就是变态反应的一种类型）的主要病理生理过程。阻断组胺与 H_1 受体的结合则能够达到控制变态反应性疾病的效果。

过敏性鼻炎就是组胺通过与 H_1 受体结合后导致人体最终产生的鼻痒、喷嚏、清水涕等症状。目前用于治疗过敏性鼻炎的药物是第二代抗组胺 H_1 受体药物，有氯雷他定（开瑞坦就是一种氯雷他定药物）、地氯雷他定、西替利嗪、左西替利嗪、依巴斯汀等。与第一代抗组胺 H_1 受体药物扑尔敏、苯海拉明等相比，上述药物具有对外周 H_1 受体更强的特异性和选择性等多种优点。

参考文献

[1]张云飞，许政敏. 抗组胺 H_1 受体药在儿童过敏性鼻炎的临床应用. 中国实用儿科杂志，2019，34(3)：205-208.

[2]Bender D A. Amino Acid Metabolism. 3rd ed. John Wiley & Sons, Ltd, 2012.

（二）氨基酸的羟基化作用

苯丙氨酸在苯丙氨酸羟化酶的催化下，羟基化生成酪氨酸（图 11-16）。酪氨酸随后氧化、脱羧产生多巴、多巴胺，并能够进一步产生去甲肾上腺素和肾上腺素（图 11-19）。多巴、多巴胺、去甲肾上腺素和肾上腺素都属于动物体的重要神经递质儿茶酚胺类，它们参与运动、情绪、注意力及内脏功能的调节。

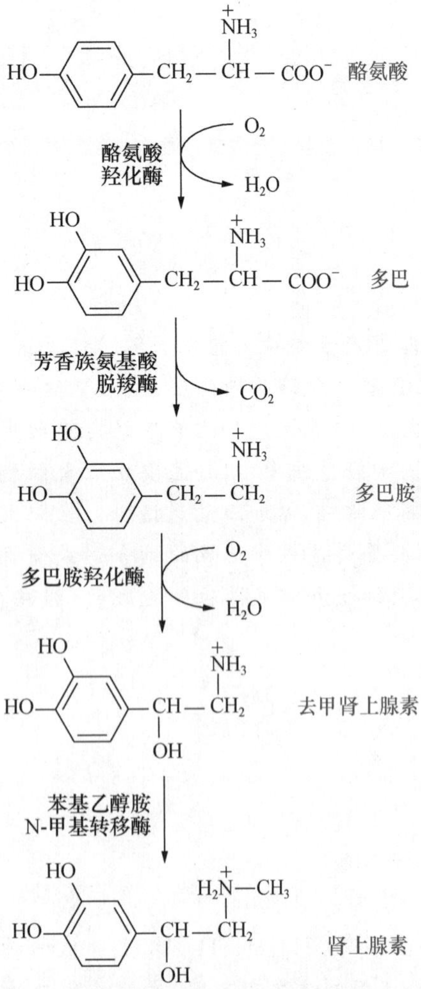

图 11-19 酪氨酸的代谢过程

第三节 氮素循环

氨基酸和核苷酸分别是组成蛋白质和核酸的结构单元，而氮素是组成氨基酸和核苷酸分子中的主要元素之一，那么这些生物大分子中的氮素是如何获得的呢？为了回答这个问题，我们有必要了解自然界中氮素的循环过程。

一、氮素循环

自然界中的氮素能够以氮气、硝酸盐、亚硝酸盐、氨离子等多种状态存在。氮素循环是指氮原子在大气与生物圈之间的流动。主要包括大气中氮气通过生物固氮作用产生氨的过程（工业固氮也可以产生氨）；闪电使氮燃烧产生硝酸和亚硝酸的过程；氨、亚硝酸盐、硝酸盐之间的转化过程；生物体氮素利用的过程（图 11-20）。

二、硝酸盐还原作用

闪电能够将大气中的氮素氧化，产生氮的氧化物包括 NO、NO_2^- 和 NO_3^-，这些物质随雨水进入土壤。

$$N_2 \xrightarrow{O_2} 2NO \xrightarrow{O_2} 2NO_2^- \xrightarrow{O_2} 2NO_3^-$$

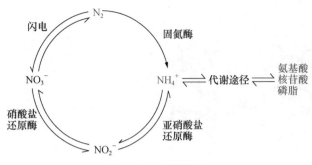

图 11-20 氮素循环

在土壤中,氮素主要以硝酸盐形式存在。土壤中的硝酸盐能够被微生物和植物所利用。微生物和植物吸收土壤中的硝酸盐,利用自身的硝酸盐还原酶和亚硝酸盐还原酶将硝酸盐转化为氨盐。

$$NO_3^- + NAD(P)H + H^+ \xrightarrow{\text{硝酸盐还原酶}}$$
$$NO_2^- + NAD(P)^+ + H_2O$$

植物的硝酸盐还原酶存在于植物根和叶的细胞质中。多数植物的硝酸盐还原酶通常利用 NADH 作为还原剂,个别植物种类的硝酸盐还原酶也可利用 NADPH 作为还原剂。植物的硝酸盐还原酶是诱导酶。

植物的亚硝酸盐还原反应发生在植物根细胞的白色体和叶肉细胞的叶绿体中。催化该反应的酶是亚硝酸盐还原酶。

$$NO_2^- + 6e^- + 8H^+ \xrightarrow{\text{亚硝酸盐还原酶}} NH_4^+ + 2H_2O$$

植物和微生物能够通过氨的同化作用将无机氨离子转化为有机含氮化合物,诸如氨基酸、氨甲酰磷酸等。硝酸盐除被微生物和植物利用外,还可以被反硝化细菌通过反硝化作用还原为氮气,而重新进入大气。

三、生物固氮

在工业固氮过程中,需要 450 ℃ 的高温和 200~300 个大气压,并需要铁作为催化剂。要将 N_2 还原为 NH_3 需要至少 940.5 kJ/mol 的能量。

生物固氮是指一些微生物和藻类在常温常压下通过体内复杂的固氮酶系统把大气中的分子态氮转化为有机体可利用的氨态氮的过程。

生物固氮分为自生固氮和共生固氮两种类型。

土壤中克雷伯氏菌属(*Klebsiella*)、固氮细菌属(*Azotobacter*)、芽孢梭菌属(*Clostridium*)的细菌以及一些蓝细菌(*Cyanobacteria*)能够独立将分子态的氮还原用于自身蛋白质的合成,属于自生固氮微生物。

根瘤菌属(*Rhizobium*)生物能够与一些豆科植物诸如豌豆、大豆、苜蓿等形成特殊的共生关系,在植物中产生根瘤,并在根瘤这一共生固氮结构中进行固氮作用。微生物可利用植物提供的碳水化合物获取能量,植物可利用微生物通过氮素固定合成的氨基酸,两者形成一种互惠互利的共生关系。这类固氮物种属于共生固氮生物。

固氮反应是由根瘤菌的固氮酶复合体(nitrogenase complex)催化完成的。固氮酶复合体包含固氮酶还原酶(nitrogenase reductase)和固氮酶(nitrogenase)两部分(图 11-21)。

固氮酶还原酶的相对分子质量为 60 000,含有 1 个 4Fe-4S 中心,在反应中传递单电子,具有 ATP/ADP 结合位点,负责将电子从铁氧还蛋白或者硫氧还蛋白传递给固氮酶。由于该酶含有金属铁,因此也称为铁蛋白。固氮酶的相对分子质量为 24 000,含有 2 个 4Fe-4S 中心和 1 个 Mo-7Fe-9S 辅因子。由于固氮酶含有金属钼和金属铁,所以也称为钼-铁蛋白。

固氮酶复合体中含有复杂的电子传递系统,每次可以传递一个电子。从图 11-22 可知,电子通过铁氧还蛋白、固氮酶还原酶和固氮酶最终到达分子氮,氮气被还原为氨,这个期间伴随 ATP 的水解。

生物固氮反应的总反应式为:

$$N_2 + 8e^- + 8H^+ + 16ATP + 16H_2O \longrightarrow$$
$$2NH_3 + 16ADP + 16P_i + H_2$$

根瘤菌与一些豆科植物形成共生关系,在植物中产生根瘤,并在根瘤中进行固氮作用。根瘤菌中的固氮酶对氧特别敏感,一旦反应环境中有氧存在,固氮酶将失去活性。因此,固氮反应一定要在厌氧条件下进行。但是,植物是生活在有氧环境中的。为了解决这个问题,豆科植物为根瘤菌提供了豆血红蛋白。豆血红蛋白可以结合游离的氧,避免了氧对固氮作用的干扰。

虽然已经对生物固氮进行了大量的研究,但是目前固氮酶的催化机制仍然不十分清楚。

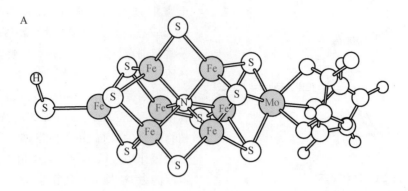

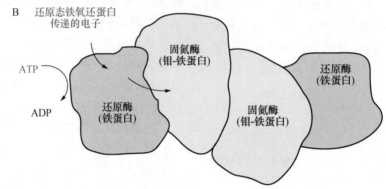

A. 固氮酶中的 Mo-Fe 辅因子　　B. 固氮酶复合体

图 11-21　固氮酶复合体

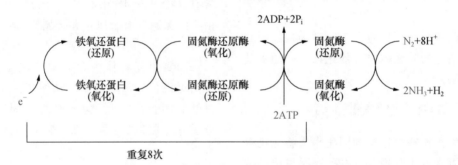

图 11-22　固氮酶复合体参与的固氮反应

四、氨的同化

无论是硝酸盐还原,还是生物固氮,产生的都是无机氨离子。生物还要将无机的氨离子进一步转化为有机含氮化合物,才能加以利用。生物体将无机氨离子转化为有机含氮化合物的过程称为氨的同化作用(assimilation of ammonia)。通常生物体可以通过形成谷氨酸、谷氨酰胺和氨甲酰磷酸三种中间产物将无机的氨转化为有机含氮化合物。

微生物和植物除能够直接将大气中的氮气还原为氨来利用氮素外,还可以将硝酸盐还原为氨,并通过氨的同化作用进一步利用氨离子。动物通常是通过摄取食物来获取氮素,很少进行氨的同化作用。

(一)谷氨酸和谷氨酰胺的合成

生物固氮和硝酸盐还原产生的铵离子被同化为有机含氮化合物,谷氨酸和谷氨酰胺是 2 个重要的进入点。

植物主要通过谷氨酰胺合成酶、谷氨酸合酶和 L-谷氨酸脱氢酶催化的反应实现氨的同化。

谷氨酸和谷氨酰胺在氨基酸代谢中起重要作用。谷氨酸通过转氨基作用直接或间接地为其他氨基酸的合成提供氨基,谷氨酰胺中酰胺基团的氨基可以为更多的生物合成提供氨基。生物体中,这 2 个氨基酸的浓度远高于其他氨基酸的浓度。

1. 谷氨酰胺合成酶

谷氨酰胺合成酶(glutamine synthetase)存在于所有生物体内,它对于氨的亲和力较高,K_m 为 0.2 mmol/L。当环境中氨浓度较低时,它也能够很好地发挥作用。它催化的反应如图 11-23 所示。

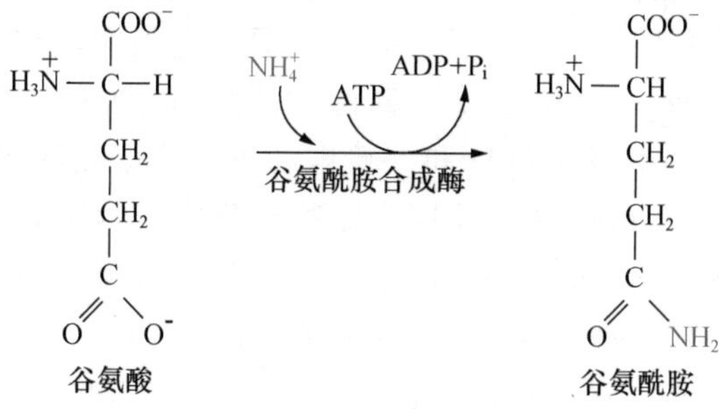

图 11-23　谷氨酰胺合成酶催化的反应

2. 谷氨酸合酶

目前已经从很多生物中分离到了谷氨酸合酶(glutamate synthase)。某些细菌中的谷氨酸合酶相对分子质量为 800 000,是由 α 和 β 两类亚基组成的,含有 FAD、FMN 和 Fe-S 中心。谷氨酸合酶催化 α-酮戊二酸的还原氨基化反应。谷氨酰胺作为反应的氨基供体,NADPH、NADH 等物质提供还原力(图 11-24)。

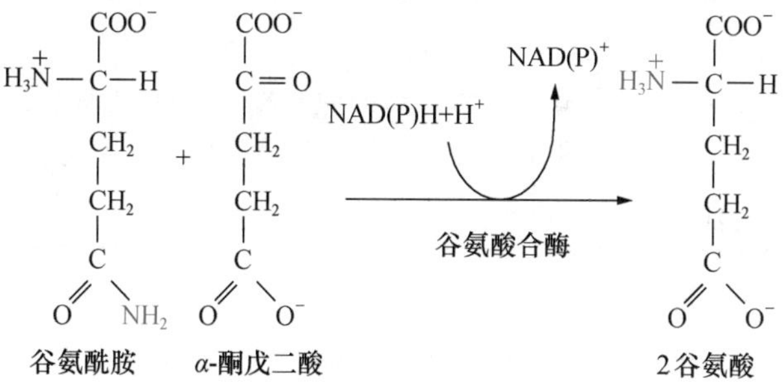

图 11-24　谷氨酸合酶催化的反应

3. L-谷氨酸脱氢酶

在前面氧化脱氨基作用中,我们知道 L-谷氨酸脱氢酶在氨基酸降解过程中有着非常重要的作用。L-谷氨酸脱氢酶催化的是可逆反应,除了催化由谷氨酸氧化脱氨基反应外,还能催化 α-酮戊二酸和氨离子合成谷氨酸的反应,即氨基酸合成反应。那么 L-谷氨酸脱氢酶如何发挥不同的生物学功能呢?

在不同的生物中,在不同的环境下,该酶发挥的作用不同。L-谷氨酸脱氢酶对于底物氨的亲和力较低,即 K_m 值较高(约 1 mmol/L),因此只有在 NH_4^+ 浓度较高的环境下,该酶才能够催化谷氨酸

合成的反应。

当植物生存在 NH_4^+ 浓度较高的环境时,植物的 L-谷氨酸脱氢酶能够很好地发挥氨的同化作用,催化谷氨酸的合成(图 11-25)。当植物生存环境中 NH_4^+ 浓度较低时,由于 L-谷氨酸脱氢酶对 NH_4^+ 浓度要求较高,同时这个反应方向还是吸能过程,因而很难进行氨的同化作用。

植物利用谷氨酰胺合成酶和谷氨酸合酶共同作用固定氮素产生谷氨酰胺和谷氨酸(图 11-26)是植物利用氨的主要途径。

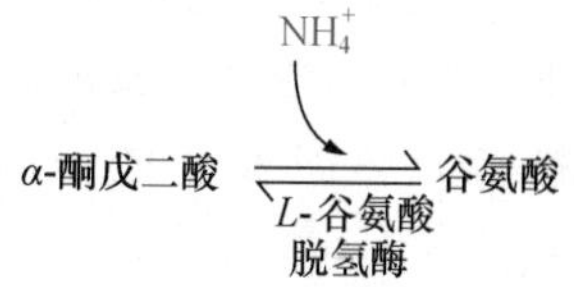

图 11-25　L-谷氨酸脱氢酶参与的氨的同化过程

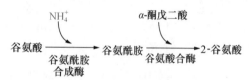

图 11-26　谷氨酰胺合成酶与谷氨酸合酶参与的氨的同化过程

(二)氨甲酰磷酸的合成

在尿素循环中,我们已经谈到氨甲酰磷酸的合成过程。但是那个反应是氨的排出反应,并不是氨的利用过程。

脊椎动物氨甲酰磷酸合成酶有Ⅰ、Ⅱ两种类型。其中氨甲酰磷酸合成酶Ⅰ存在于线粒体中,它以氨作为氨基的供体与 HCO_3^{2-} 和 ATP 反应生成氨甲酰磷酸,后者进入尿素循环,即参与的是氨的排出过程。而氨甲酰磷酸合成酶Ⅱ存在于细胞质中,它通常催化合成的氨甲酰磷酸参与嘧啶核苷酸的合成,是生物利用氨的过程,该过程中氨基的供体是谷氨酰胺。

谷氨酰胺＋HCO_3^-＋2ATP＋$2H_2O$ $\longrightarrow$
　氨甲酰磷酸＋2ADP＋P_i＋谷氨酸

原核生物只含有一种氨甲酰磷酸合成酶,该酶既可以催化由谷氨酰胺提供氨基的合成反应,也可以催化由氨作为氨基供体的合成。

NH_3＋HCO_3^-＋2ATP $\longrightarrow$ 氨甲酰磷酸＋2ADP＋P_i

第四节 氨基酸的合成

生物体在氨基酸合成能力方面存在很大的差别。许多细菌和大部分植物能够合成蛋白质中常见的 20 种氨基酸,有些细菌只要条件许可,它们就可以利用环境中的氨基酸,而不必进行自身氨基酸的合成。例如,乳酸杆菌由于长期生活在氨基酸丰富的环境中,不再进行氨基酸的合成。而哺乳动物则属于中间类型,它只能合成 20 种氨基酸中的一部分,另外一些氨基酸必须通过摄食获得,我们把这些氨基酸称为必需氨基酸(essential amino acid)(表 11-2)。

表 11-2　必需氨基酸与非必需氨基酸

氨基酸类别	氨基酸名称
非必需氨基酸	丙氨酸、天冬酰胺、天冬氨酸、谷氨酸、丝氨酸
必需氨基酸	组氨酸、异亮氨酸、亮氨酸、赖氨酸、甲硫氨酸、苯丙氨酸、苏氨酸、色氨酸、缬氨酸
条件必需氨基酸*	精氨酸、半胱氨酸、谷氨酰胺、甘氨酸、脯氨酸、酪氨酸

* 青少年、成长中的动物(growing animals)或生病期间必需。

一、氨基酸合成中氨基的来源

通过生物固氮、硝酸盐还原、氨的同化等过程,无机氮素能够被转变为有机氮化合物谷氨酸、谷氨酰胺等。生物体能够通过转氨基作用,利用来自谷氨酸等氨基酸的氨基,以糖代谢等代谢途径中的中间代谢物为碳骨架合成新的氨基酸。

谷氨酸在其他氨基酸合成过程中起非常重要的作用,为其他氨基酸的合成直接或间接地提供氨基。

谷氨酸通过转氨基作用与丙酮酸反应产生丙氨酸,完成丙氨酸族氨基酸的合成。谷氨酸还可以将氨基转移给草酰乙酸产生天冬氨酸,完成天冬氨酸族氨基酸的合成。同样,谷氨酸将氨基转移给乙醛酸生成甘氨酸,甘氨酸属于丝氨酸族氨基酸。谷氨酸本身属于谷氨酸族氨基酸,由它能够产生其他谷氨酸族氨基酸。在芳香族氨基酸和组氨酸族氨基酸

的合成过程中,谷氨酸产生的谷氨酰胺能够作为氨基供体发挥作用。

二、氨基酸碳骨架的来源

生物体合成 20 种氨基酸的过程各不相同,它们的碳骨架来源也不同。这些碳骨架包括丙酮酸、草酰乙酸、α-酮戊二酸、3-磷酸甘油酸、磷酸烯醇式丙酮酸、4-磷酸赤藓糖和 5-磷酸核糖。依据氨基酸合成起始的碳骨架不同,将氨基酸分为于六个族(表 11-3),它们分别是丙氨酸族、天冬氨酸族、谷氨酸族、丝氨酸族、芳香族和组氨酸族。

表 11-3　氨基酸合成的前体

氨基酸族	氨基酸碳骨架	氨基酸
丙氨酸族	丙酮酸	丙氨酸、缬氨酸、亮氨酸和异亮氨酸
天冬氨酸族	草酰乙酸	天冬氨酸、天冬酰胺、赖氨酸、苏氨酸、甲硫氨酸和异亮氨酸
谷氨酸族	α-酮戊二酸	谷氨酸、谷氨酰胺、精氨酸、脯氨酸
丝氨酸族	3-磷酸甘油酸	丝氨酸、甘氨酸、半胱氨酸
芳香族	磷酸烯醇式丙酮酸和 4-磷酸赤藓糖	苯丙氨酸、色氨酸、酪氨酸
组氨酸族	5-磷酸核糖	组氨酸

三、各族氨基酸的合成

根据 20 种氨基酸合成的碳骨架前体可以划分为六个族,下面我们就按照这六个族来描述氨基酸的合成过程。

(一)丙氨酸族氨基酸的合成

在 20 种常见氨基酸中属于丙氨酸族的氨基酸种类有丙氨酸、异亮氨酸、缬氨酸和亮氨酸。这一族氨基酸合成的共同碳骨架前体是丙酮酸。

图 11-27 显示,丙酮酸在乙酰乳酸合酶的催化下转化为羟乙基-TPP。羟乙基-TPP 作为重要的中间产物,能够与苏氨酸代谢产生的 α-酮丁酸反应生成 α-酮-β-甲基异戊酸,随后在缬氨酸转氨酶的催化

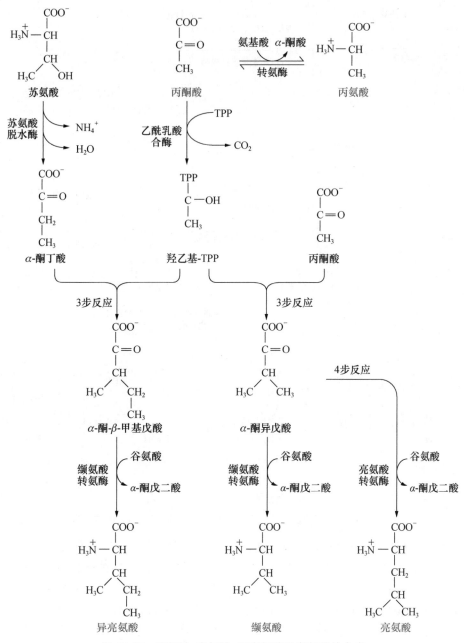

图 11-27 丙氨酸、亮氨酸、异亮氨酸和缬氨酸的合成

下生成异亮氨酸；同时，羟乙基-TPP 还能够与另外一分子丙酮酸反应生成 α-酮异戊酸，后者在缬氨酸转氨酶的催化下形成缬氨酸，或者在亮氨酸转氨酶催化下形成亮氨酸。此外，丙酮酸可通过转氨基作用直接生产丙氨酸。

（二）天冬氨酸族氨基酸的合成

在 20 种常见蛋白质氨基酸中属于天冬氨酸族的氨基酸有天冬酰胺、天冬氨酸、甲硫氨酸、赖氨酸、苏氨酸和异亮氨酸 6 种。草酰乙酸是天冬氨酸族氨基酸合成的共同碳骨架前体（图 11-28）。异亮氨酸

的碳骨架一部分来自草酰乙酸，一部分来自丙酮酸（图 11-27），因此既属于丙氨酸族也属于天冬氨酸族。

草酰乙酸在转氨酶作用下首先生成天冬氨酸。天冬氨酸在天冬酰胺合成酶的催化下，由谷氨酰胺提供氨基合成天冬酰胺。

天冬氨酸是甲硫氨酸、赖氨酸、苏氨酸和异亮氨酸的合成前体。天冬氨酸在天冬氨酸激酶的催化下生成 β-天冬氨酰磷酸。β-天冬氨酰磷酸由天冬氨酸半醛脱氢酶催化产生天冬氨酸 β-半醛。天冬氨酸 β-半醛是天冬氨酸族氨基酸合成的重要中间化合

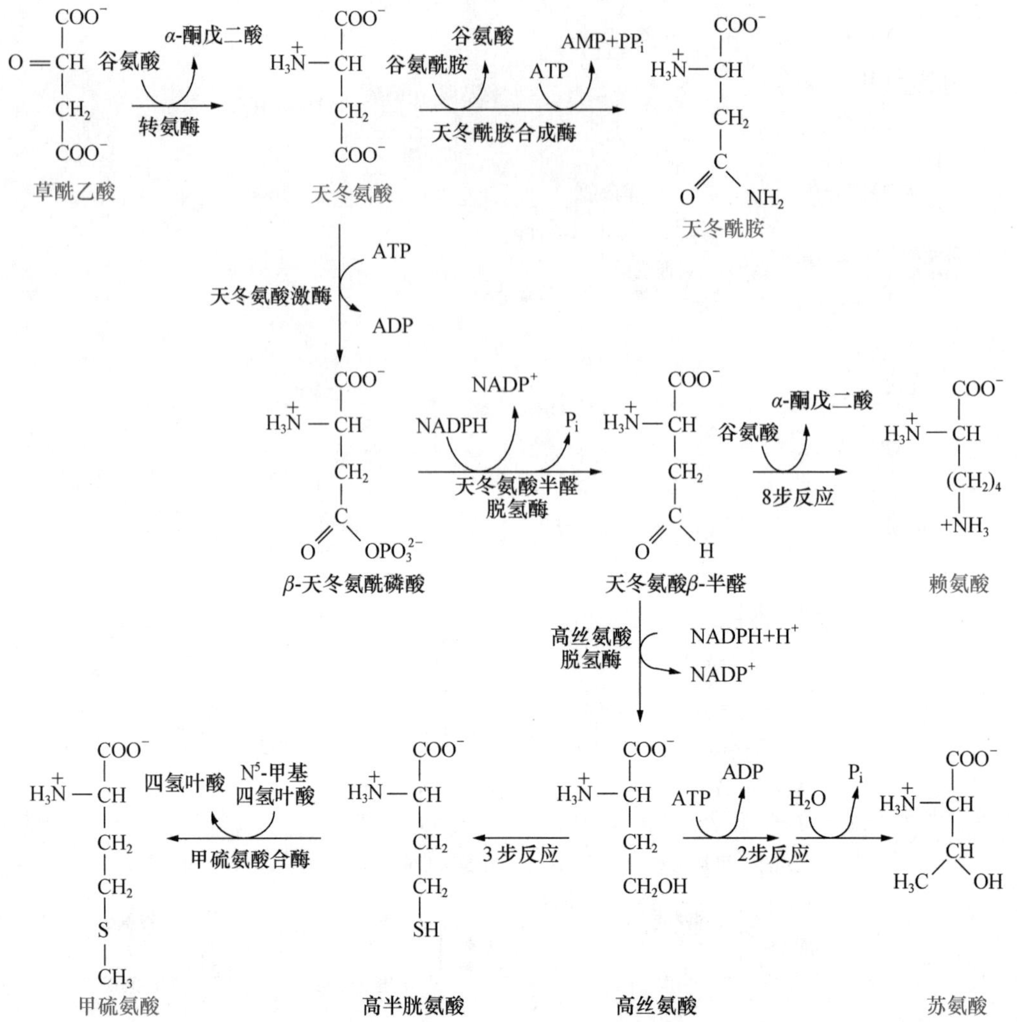

图 11-28 天冬氨酸、天冬酰胺、赖氨酸、甲硫氨酸和苏氨酸的合成

物,以该化合物为前体分别生成赖氨酸和高丝氨酸。以高丝氨酸为前体再分别生成甲硫氨酸和苏氨酸,苏氨酸进一步合成异亮氨酸(图 11-27)。

动物体内缺乏天冬氨酸激酶、天冬氨酸半醛脱氢酶,所以不能自主合成赖氨酸、甲硫氨酸和苏氨酸,因此这些氨基酸属于必需氨基酸。

(三)谷氨酸族氨基酸的合成

谷氨酸、谷氨酰胺、精氨酸和脯氨酸属于谷氨酸族氨基酸,它们的共同前体是 α-酮戊二酸。谷氨酸合成源自三羧酸循环的中间产物 α-酮戊二酸,谷氨酰胺、脯氨酸和精氨酸的合成则起始于谷氨酸。

精氨酸的合成有两条途径:第一条是从谷氨酸开始,经由 N-乙酰谷氨酸 γ-半醛和鸟氨酸,鸟氨酸进入尿素循环合成精氨酸。第二条途径中,谷氨酸并不是合成 N-乙酰谷氨酸 γ-半醛,而是合成谷氨酸 γ-半醛,然后转化为鸟氨酸,再经过尿素循环途径合

成精氨酸(图 11-29)。不同生物在合成精氨酸时采用的路径不同。细菌细胞通过上述第一条途径合成精氨酸。人类由于不存在谷氨酸乙酰化的反应,采用的是第二条途径。

谷氨酸 γ-半醛在非酶催化的条件下生产 5-羧基吡咯啉,后者被还原形成脯氨酸。

谷氨酸在谷氨酰胺合成酶的催化下直接生成谷氨酰胺。

(四)丝氨酸族氨基酸的合成

丝氨酸、甘氨酸和半胱氨酸属于丝氨酸族氨基酸。

大多数生物中丝氨酸的生成过程是相同的。首先,3-磷酸甘油酸氧化产生 3-磷酸羟基丙酮酸;接着,3-磷酸羟基丙酮酸由谷氨酸提供氨基,在转氨酶的作用下生产 3-磷酸丝氨酸;最后,3-磷酸丝氨酸水解形成丝氨酸(图 11-30)。

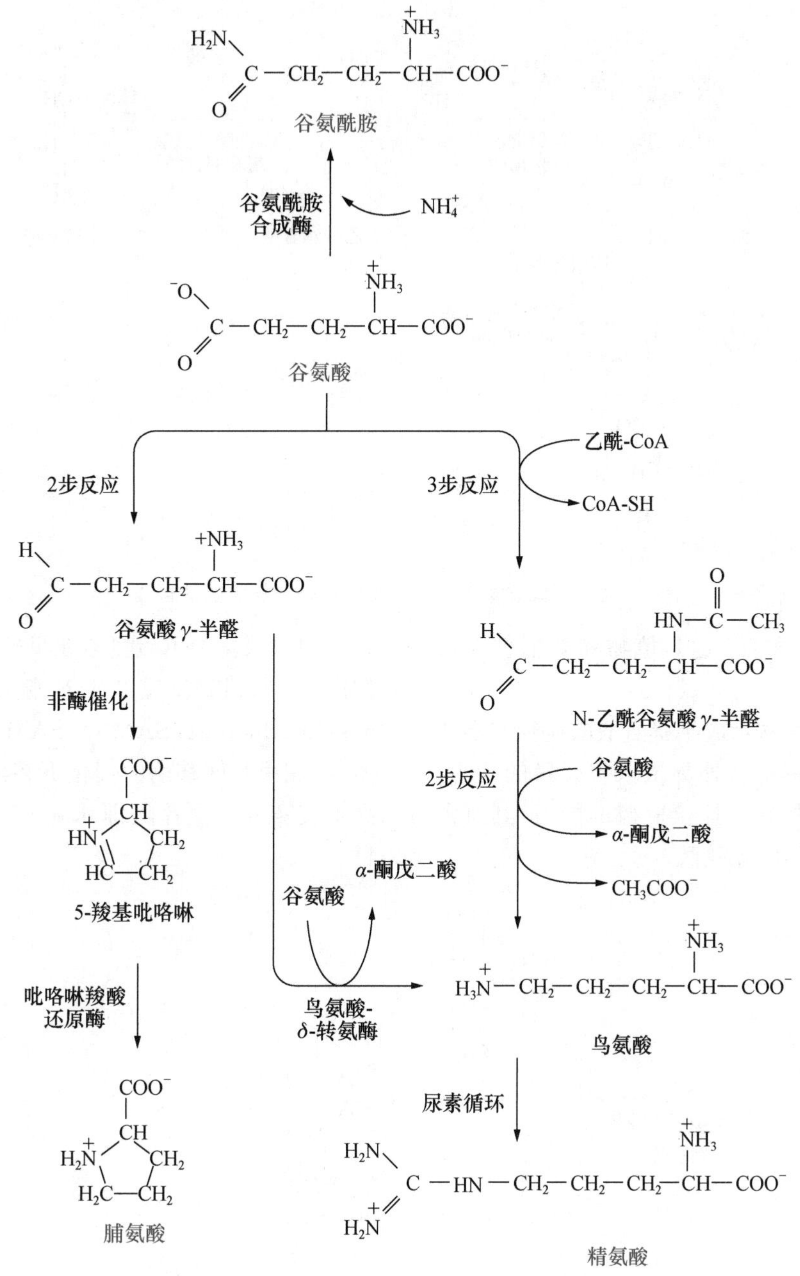

图 11-29　谷氨酸、谷氨酰胺、脯氨酸和精氨酸的合成

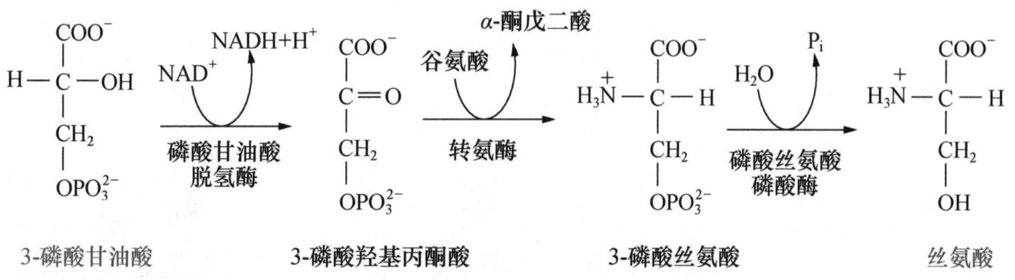

图 11-30　丝氨酸的合成

丝氨酸是甘氨酸合成的前体，它在丝氨酸羟甲基转移酶的催化下将羟甲基转给四氢叶酸，产生甘氨酸和 N^5，N^{10}-亚甲基四氢叶酸（图 11-31）。

丝氨酸也是半胱氨酸合成的前体，它可在丝氨酸乙酰转移酶的作用下首先生成 O-乙酰丝氨酸，后者在 O-乙酰丝氨酸巯基裂合酶的作用下，吸取外界

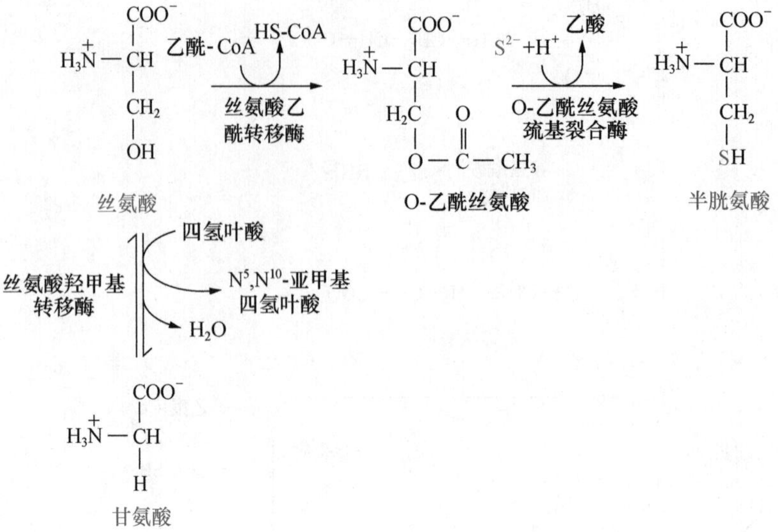

图 11-31　甘氨酸的合成及植物微生物半胱氨酸的合成

的硫（S^{2-}）产生半胱氨酸，这是植物和微生物合成半胱氨酸的途径。

植物、动物、微生物合成半胱氨酸的途径并不相同。植物和细菌都具备从外界摄取硫元素的能力。但是动物不具备从外界直接摄取硫的能力，其所需要的硫来自食物中的甲硫氨酸。

动物摄食的甲硫氨酸在甲硫氨酸腺苷转移酶的作用下与 ATP 反应产生 S-腺苷甲硫氨酸（S-adenosylmethionine，SAM）。SAM 是重要的甲基供体，它在甲基转移酶的催化下转出甲基生成 S-腺苷高半胱氨酸，后者随即水解产生高半胱氨酸（图11-32）。

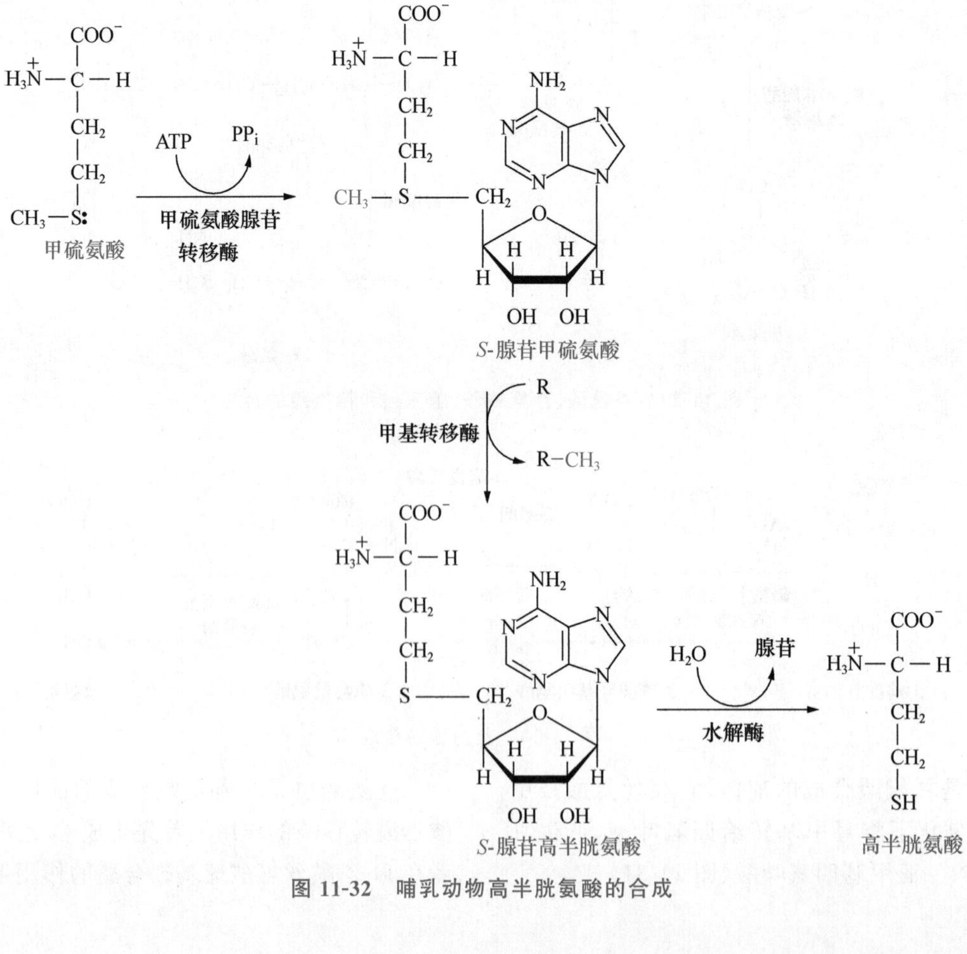

图 11-32　哺乳动物高半胱氨酸的合成

在哺乳动物中，高半胱氨酸与丝氨酸在胱硫醚 β-合酶的催化下脱水产生胱硫醚，然后在胱硫醚 γ-裂合酶的作用下生成半胱氨酸和 α-酮丁酸（图 11-33）。

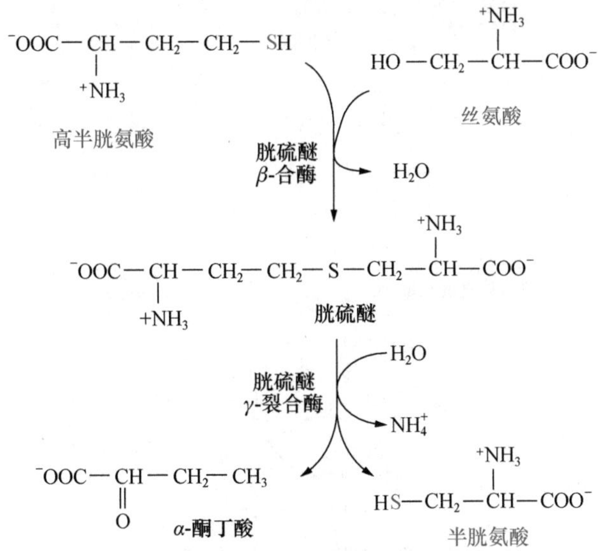

图 11-33　哺乳动物半胱氨酸的合成

(五)芳香族氨基酸的合成

苯丙氨酸、酪氨酸和色氨酸属于芳香族氨基酸，它们的合成前体是磷酸烯醇式丙酮酸和 4-磷酸赤藓糖。

芳香族氨基酸的合成过程非常复杂，期间经历了莽草酸、分支酸和预苯酸三个重要中间产物的生成过程。图 11-34 显示，磷酸烯醇式丙酮酸和 4-磷酸赤藓糖缩合，经过 4 步反应生成莽草酸（shikimate）。

莽草酸是芳香族氨基酸合成途径中的重要中间产物，因此，也把这一段代谢途径称为莽草酸途径。莽草酸在莽草酸激酶的催化下产生莽草酸-3-磷酸，后者在 5-烯醇式莽草酸-3-磷酸合酶催化下生成 5-烯醇式丙酮基莽草酸-3-磷酸，随后由分支酸合酶催化产生分支酸（chorismate），分支酸是合成芳香族氨基酸的关键中间产物。

如图 11-35 显示，分支酸是芳香族氨基酸合成的关键分支点中间产物，分支酸不仅经过 5 步反应可以生成色氨酸，而且在分支酸变位酶的催化下可以转化产生预苯酸（prephenate）。从预苯酸开始，由不同的途径分别合成苯丙氨酸、酪氨酸。

由于体内没有合成分支酸的酶类，所以苯丙氨酸、色氨酸对于动物而言是必需氨基酸。不过，在动物体内存在苯丙氨酸羟化酶，该酶能够催化苯丙氨酸羟基化形成酪氨酸，因而酪氨酸是非必需氨基酸（图 11-36）。

(六)组氨酸的合成

组氨酸合成需要三个前体物质，它们分别是 PRPP、ATP 和谷氨酰胺。组氨酸中有 5 个碳原子来自 PRPP，ATP 的嘌呤环为组氨酸的咪唑环提供了一个氮原子一个碳原子，谷氨酰胺为组氨酸的咪唑环提供了另外一个氮原子（图 11-37）。

组氨酸的合成过程非常复杂，关键的反应是由 PRPP 与 ATP 反应产生 N^1-5′-磷酸核糖-ATP，随后经过 4 步反应生成咪唑甘油-3-磷酸，随即由谷氨酸提供氨基，经过 4 步反应最终生成组氨酸。

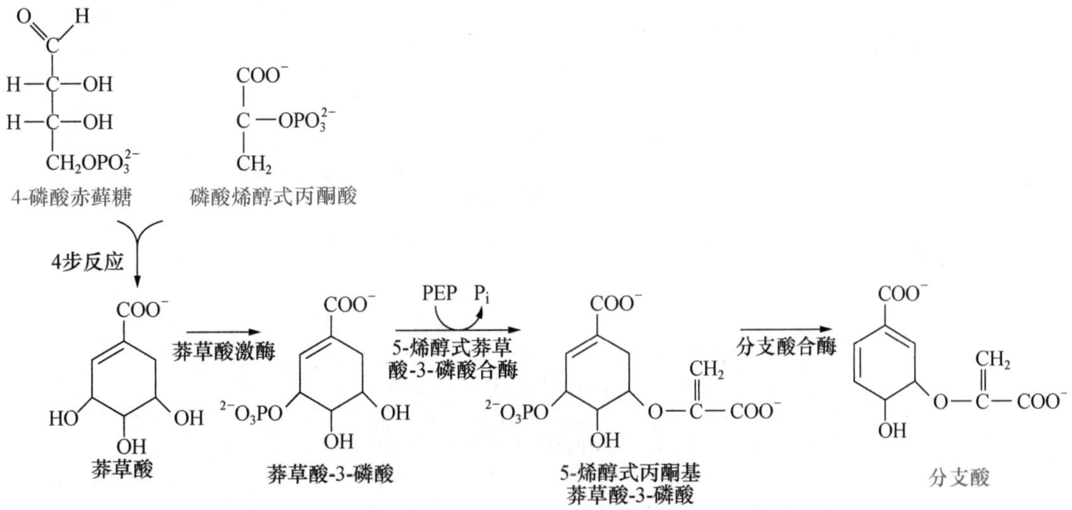

图 11-34　分支酸的合成途径

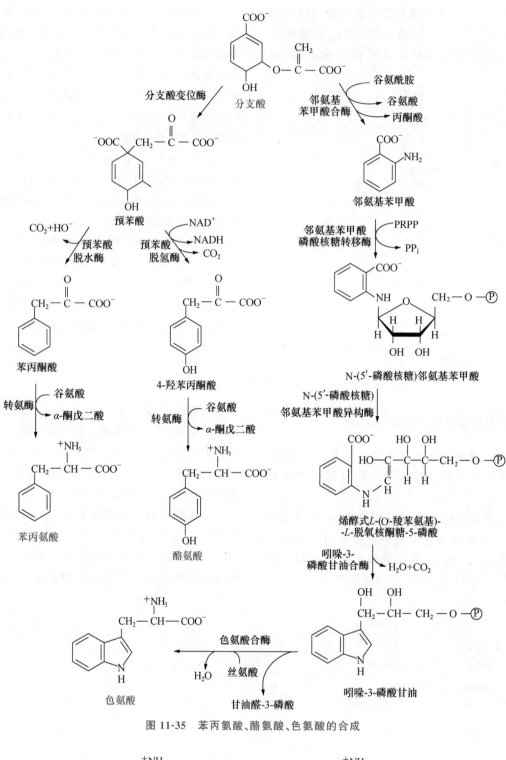

图 11-35　苯丙氨酸、酪氨酸、色氨酸的合成

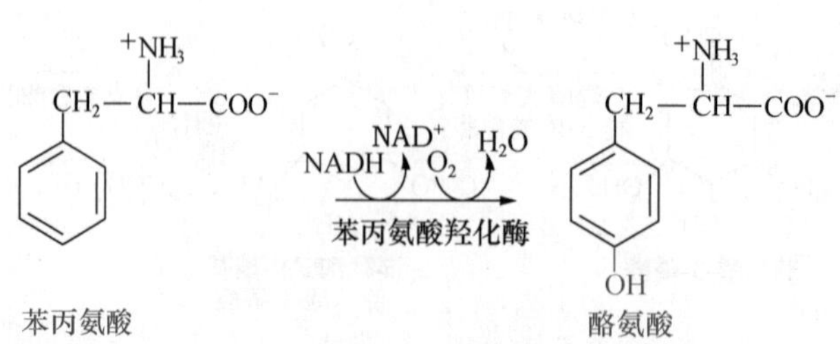

图 11-36　动物体内酪氨酸的合成

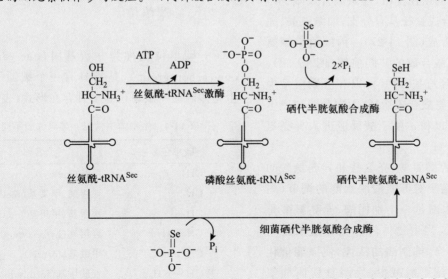

图 11-37　组氨酸的合成

知识框 11-2　tRNA 上硒代半胱氨酸的合成

硒代半胱氨酸是组成蛋白质的第 21 种氨基酸。在古菌、原核生物和除真菌和植物外的真核生物中都存在着多种含有硒代半胱氨酸的蛋白质。已知的含硒代半胱氨酸的蛋白质（即硒蛋白，selenoprotein）大都催化还原反应，如谷胱甘肽过氧化物酶、硫氧还蛋白还原酶、甲状腺素脱碘酶、硒磷酸合成酶等。还有很多硒蛋白的代谢功能并不清楚。

硒代半胱氨酸有自己的 tRNA，即 tRNA^{Sec}，也有自己密码子 UGA。硒代半胱氨酰-tRNA 能够识别密码子 UGA。与其他氨基酸的合成不同，硒代半胱氨酸是直接在 tRNA 上合成的。在此过程中，硒代磷酸作为激活的硒元素供体参与反应。硒代磷酸合成酶具有催化硒化物和 ATP 等合成硒代磷酸的活性。

如上图所示，在丝氨酰-tRNA 合成酶催化下，丝氨酸与硒代半胱氨酸的 tRNA^{Sec} 以酯键相连生成丝氨酰-tRNA^{Sec}。之后，丝氨酰-tRNA^{Sec} 激酶催化 ATP 提供磷酸基团生成磷酸丝氨酰-tRNA^{Sec} 的反应。最终，硒代磷酸在硒代半胱氨酸合成酶催化下与磷酸丝氨酰-tRNA^{Sec} 反应生成硒代半胱氨酰-tRNA^{Sec}。此时，该代谢产物就可进入核糖体进行蛋白质合成了。对于细菌而言，细菌硒代半胱氨酸合成酶直接催化丝氨酰-tRNA^{Sec} 与硒代磷酸生成硒代半胱氨酰-tRNA^{Sec}。

参考文献

[1]Anton A T, Xu X M, Bradley A C, et al. Biosynthesis of selenocysteine, the 21st amino acid in the genetic code, and a novel pathway for cysteine biosynthesis. Adv. Nutr, 2011, 2(2): 122-128.

[2]David A. Bender. Amino Acid Metabolism, 3rd edition. John Wiley & Sons, Ltd, 2012.

四、氨基酸合成的调节

细胞中的许多功能分子的合成，如蛋白质合成，血红素和烟酰胺等物质的合成都需要大量的氨基酸，但是如果合成的氨基酸过量，又会造成资源和能量的浪费。生物是如何调节氨基酸的合成呢？

生物通常采用反馈调控方式调节氨基酸的合成。我们在第七章中所学习的反馈调节大多数与氨基酸的合成有关。

从氨基酸的合成过程可以发现，有些氨基酸的合成是线性途径，如大肠杆菌丝氨酸的合成是线性途径，反馈抑制比较简单（见第七章单价反馈抑制）。大肠杆菌丝氨酸合成途径第 1 步反应是 3-磷酸甘油酸氧化产生 3-磷酸羟基丙酮酸（图 11-30），催化反应的酶是 3-磷酸甘油酸脱氢酶。3-磷酸甘油酸脱氢酶是一个具有四个相同亚基的四聚体别构酶，丝氨酸是该酶的别构抑制剂。当丝氨酸积累时，该酶受到抑制，合成丝氨酸的途径受阻，丝氨酸合成减少。

有些氨基酸的合成途径具有分支，如缬氨酸、亮氨酸和异亮氨酸的合成（图 11-27）。丙酮酸是缬氨酸、亮氨酸和异亮氨酸合成的共同前体（图 11-38）。丙酮酸脱羧产生的羟乙基-TPP 可以和丙酮酸发生反应进入缬氨酸、亮氨酸合成途径，丙酮酸脱羧产生的羟乙基-TPP 也可以和 α-酮丁酸反应进入异亮氨酸合成途径。

生物体如何调控缬氨酸、亮氨酸和异亮氨酸的合成比例呢？关键在于对苏氨酸脱水酶的调节（图 11-38）。苏氨酸脱水酶是一个别构酶，异亮氨酸是该酶的别构抑制剂。当生物体内异亮氨酸浓度高时，异亮氨酸与酶结合，抑制酶的活性，使该酶催化生成的反应产物 α-酮丁酸减少，代谢过程向缬氨

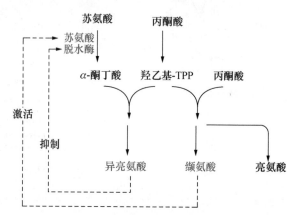

图 11-38　氨基酸分支合成途径的反馈调节

酸、亮氨酸的合成方向进行。而缬氨酸本身又是苏氨酸脱水酶的别构激活剂。当生物体内缬氨酸浓度高时，缬氨酸与苏氨酸脱水酶结合，激活其活性，因此酶催化产生更多 α-酮丁酸，此时丙酮酸与 α-酮丁酸反应，使异亮氨酸合成量增加。通过这种反馈调节方式，生物体能够平衡不同氨基酸的合成数量。

五、一碳单位

一碳单位也称为一碳基团（one carbon unit; one carbon group），是指具有一个碳原子的基团。生物体内的一碳单位有多种存在形式（表 11-4）。

表 11-4　生物体中常见一碳单位的不同形式

一碳单位	名称
—CH$_3$	甲基（methyl）
—CH$_2$—	亚甲基、甲叉基（methylene）
—CH═	次甲基、甲川基（methenyl）
—CH$_2$OH	羟甲基（hydroxymethyl）
—CHO	甲酰基（formyl）
—CH═NH	亚胺甲基（formimino）

四氢叶酸能够携带不同形式的一碳单位,包括强氧化状态的—CHO(甲酰基)、—CHNH(亚胺甲基)和—CH ═(甲川基),介于氧化和还原中间状态的—CH₂—(亚甲基)和还原状态的—CH₃(甲基)。携带一碳单位的位点可以是单独的 N^5 或 N^{10} 分别携带,或者是 N^5 和 N^{10} 共同携带,如 N^5,N^{10}-亚甲基四氢叶酸。

携带不同一碳单位的四氢叶酸之间能够发生相互转化(图 11-39)。这种转化在氨基酸、核苷酸以及其他需要进行一碳单位转移的物质代谢中起着非常重要的作用。例如:四氢叶酸在丝氨酸羟甲基转移酶催化下,完成丝氨酸向甘氨酸的转化,自身转变为 N^5,N^{10}-亚甲基四氢叶酸;N^5,N^{10}-甲川基四氢叶酸转化为 N^5-甲酰基四氢叶酸是非常有效的不可逆反应,在嘌呤核苷酸合成过程中提供一碳单位;脱氧胸腺嘧啶核苷酸(dTMP)的合成也需要携带一碳单位的 N^5,N^{10}-亚甲基四氢叶酸参与。

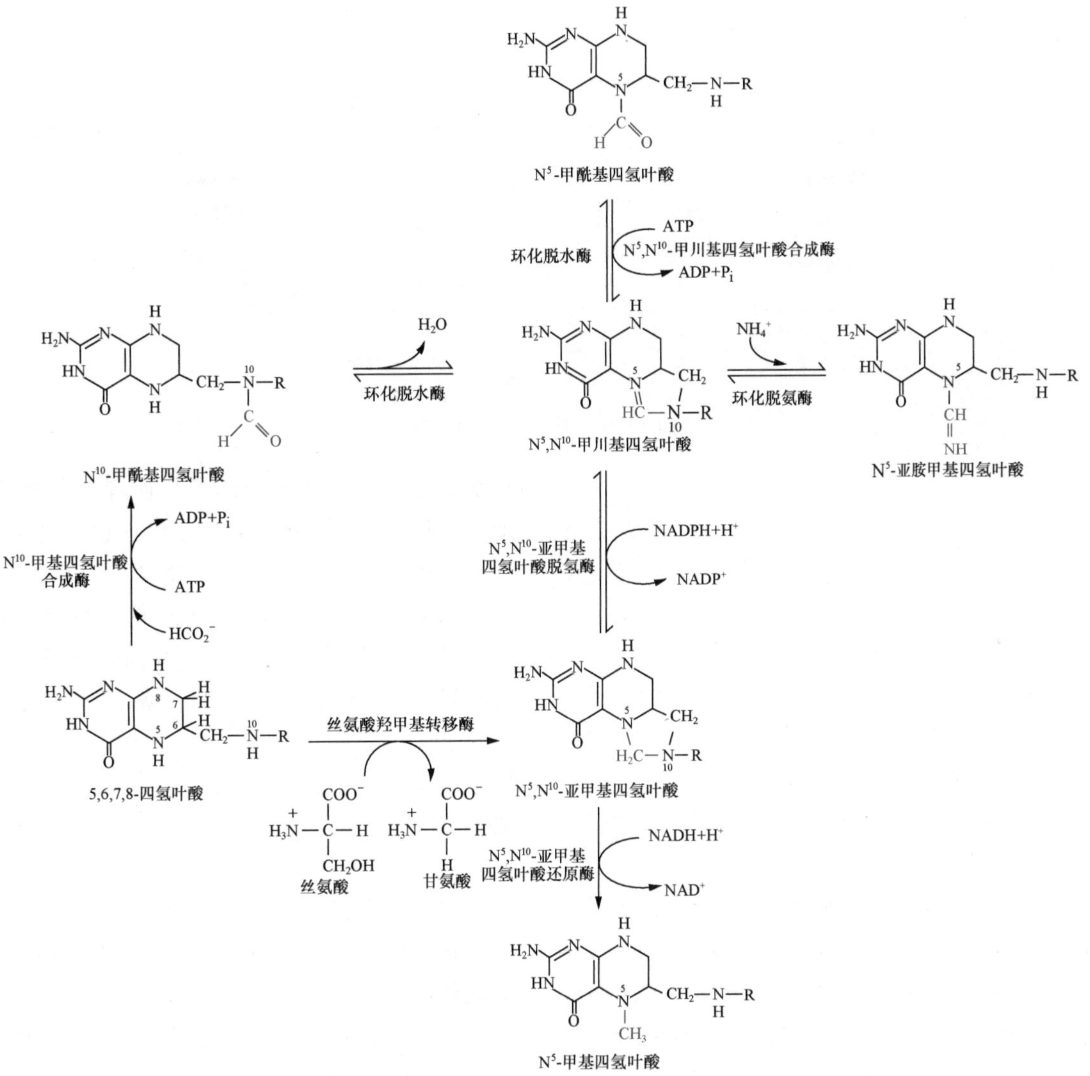

图 11-39　一碳单位的相互转化

尽管四氢叶酸可以携带不同的一碳单位,但是仍然不能满足代谢的需要。S-腺苷甲硫氨酸(SAM)则是甲基的主要供体。相对四氢叶酸而言,其转移甲基活性相对较高。在甲硫氨酸腺苷转移酶催化下,甲硫氨酸与 ATP 反应产生 SAM。在 SAM 分子中,甲基基团被邻近的硫原子正电荷激活,反应活性提高,在甲基转移酶催化下,完成甲基转移反应,自身转化为硫代高半胱氨酸,后者则继续反应进而转化为甲硫氨酸,完成活性甲基的循环(图 11-40)。例如,在动物体内,SAM 在甲基转移酶的催化下转出甲基生成 S-腺苷高半胱氨酸,后者参与半胱氨酸的合成(图 11-32,图 11-33)。

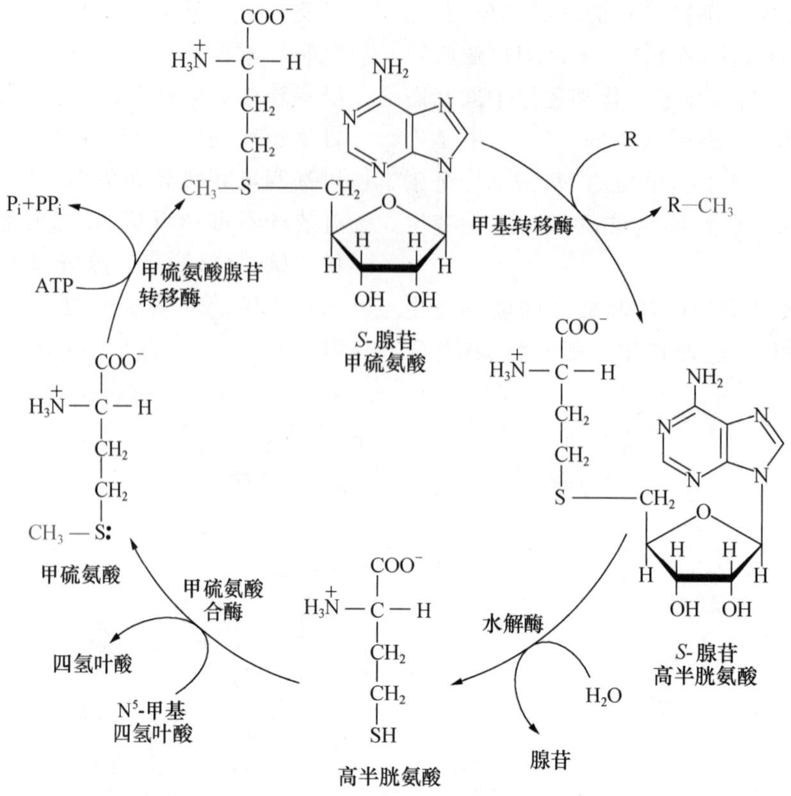

图 11-40　活性甲基的循环

第五节　硫的摄取

硫元素是组成生物体的基本元素之一,它存在于生物体的甲硫氨酸、半胱氨酸、谷胱甘肽、铁-硫簇、硫氧还蛋白等多种物质中。植物、细菌、真菌都能够从环境中吸取硫,同化后合成上述物质。

植物可以将环境中的 SO_4^{2-} 同化产生半胱氨酸(图 11-41)。腺苷-5′-磷酸硫酸(adenosine-5′-phosphosulfate,APS)和 3′-磷酸腺苷-5′-磷酸硫酸(3′-phosphoadenosine 5′-phosphosulfate,PAPS)是硫酸根离子的两种活化形式。植物细胞能够将 APS 转化为 PAPS,然后 PAPS 经过还原生成 S^{2-},产生的 S^{2-} 与 O-乙酰丝氨酸形成半胱氨酸。

小结

(1)生物体内的蛋白质以及生物体摄食的蛋白质都能够通过降解产生游离氨基酸。对于复杂的生物体系而言,蛋白质降解能够在消化道进行,也能够在细胞中进行。细胞中的蛋白质降解包括溶酶体、细胞质等区域,其中泛素标记的蛋白质降解途径是细胞质蛋白质降解的主要途径。

(2)氨基酸代谢包括氨基酸的分解与合成过程。氨基酸主要通过脱去氨基进行降解。脱氨基方式包括转氨基、氧化脱氨基、联合脱氨基、非氧化脱氨基和脱酰胺等作用。氨基酸脱去氨基后产生丙酮酸、草酰乙酸、α-酮戊二酸、延胡索酸、琥珀酰-CoA、乙酰-CoA 和乙酰乙酸,这些物质有的能够进入糖代谢,有的可以进入其他代谢途径。人体中多余的氨,通过尿素循环排出体外。此外,许多氨基酸还是一些生物活性物质的合成前体,因此生物体通过氨基酸的降解合成自身所需的活性物质。

(3)大自然中的氮素通过生物固氮、硝酸盐还原、亚硝酸盐还原以及氨的同化作用被生物体所利用。α-酮戊二酸可以接受多种氨基酸通过转氨作用脱去的氨基产生谷氨酸,同时谷氨酸又可以将其氨基转给多种酮酸而产生各种氨基酸,因此,谷氨酸在氨基酸的降解和合成中担任十分重要的角色。氨基酸合成的碳骨架前体有丙酮酸、草酰乙酸、α-酮戊二酸、3-磷酸甘油酸、磷酸烯醇式丙酮酸、4-磷酸赤藓糖以及 5-磷酸核糖,这些都是糖代谢途径的中间产

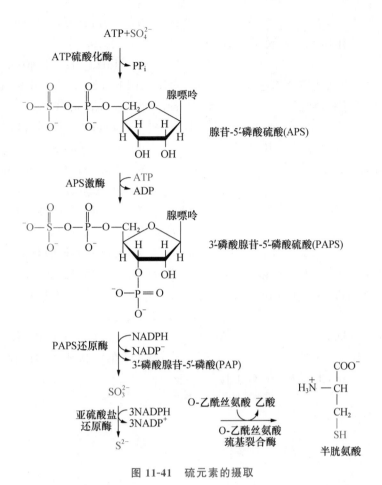

图 11-41 硫元素的摄取

物,再通过转氨基等作用合成 20 种蛋白质常见氨基酸。20 种蛋白质常见氨基酸中,大约有一半是人体不能合成的,必须通过饮食摄入,称为人体必需氨基酸。

(4)一碳单位在氨基酸、核苷酸以及其他物质代谢中起非常重要的作用。四氢叶酸和 S-腺苷甲硫氨酸都是一碳单位的载体。硫元素是生物体基本组成元素之一。但是动物体不能直接利用环境中的硫,而植物、细菌能够将环境中的 SO_4^{2-} 转化为可利用的硫化物。其中 APS 和 PAPS 是硫酸根离子的两种活化形式。

思考题

一、单选题

1. 在蛋白质泛素降解途径中,_____催化目标蛋白质与泛素的连接。
   A. 泛素活化酶 E1
   B. 泛素结合酶 E2
   C. 泛素连接酶 E3
   D. 蛋白酶体中 19S 蛋白复合物

2. 在下列蛋白质氨基酸中,_____直接参与了尿素循环。
   A. Gly
   B. Asp
   C. Asn
   D. Ser

3. 下列_____是固氮反应所需要的条件。
   A. 氧气充足
   B. 大量的能量
   C. 具有强还原力的电子
   D. B 和 C

4. 下列物质中,_____是丝氨酸族氨基酸合成的碳骨架前体。
   A. 丙酮酸
   B. 3-磷酸甘油酸
   C. 草酰乙酸
   D. 磷酸烯醇式丙酮酸

5. 下列既能代谢生成糖,也能生成酮体的氨基酸是_____。
   A. Ile
   B. Asp
   C. Asn
   D. Ser

二、问答题

1. 什么是联合脱氨基作用？联合脱氨基有哪些方式？

2. 什么是氨的同化？氨同化有哪些途径？

3. 请叙述尿素循环的生物学过程。

三、分析题

请依据各族氨基酸的合成过程，分析说明为什么谷氨酸是其他氨基酸合成时的氨基供体。

参考文献

［1］Nelson D L,Cox M M. Lehninger Principles of Biochemistry. 7th ed. W. H. Freeman and Company,2017.

［2］Mathews C K. Biochemistry. 3rd ed. Addison Wesley Longman,Inc.,2000.

［3］Berg J M,Tymoczko J L,Gatto G J Jr., et al. Biochemistry. 9th ed. W. H. Freeman and Company,2019.

［4］Horton H R,Moran L W,Scrimgeour K G,et al. Principle of Biochemistry. 5th ed. Pearson Education,Inc. 2012.

［5］Boyer R. Concepts in Biochemistry. 4th ed. John Wiley and Sons,Inc. 2006.

［6］Heldt H W,Piechulla B. Plant biochemistry. 3rd ed. Elsevier inc,2005.

［7］朱圣庚,徐长法. 生物化学. 4版. 北京：高等教育出版社,2016.

［8］王建军. 神经科学——探索脑. 2版. 北京：高等教育出版社,2004.

［9］王克夷. 蛋白质导论. 北京：科学出版社,2007.

［10］张译文,林白雪,陶勇. 氨甲酰磷酸不同合成途径在大肠杆菌中的比较. 微生物学通报,2019,46(9):2111-2120.

第十二章
核苷酸代谢

> **本章关键内容：**核酸在各种核酸酶的作用下降解产生核苷酸。核苷酸在核苷酸酶、核苷酶以及核苷磷酸化酶的作用下产生碱基。嘧啶碱基的降解可生成乙酰-CoA 或琥珀酰-CoA。不同生物嘌呤碱降解的终产物不同。
>
> 核苷酸的合成分为从头合成途径和补救合成途径。嘌呤核苷酸的合成以 PRPP 为前体，首先合成的是次黄嘌呤核苷酸，再由次黄嘌呤核苷酸转化为腺嘌呤核苷酸和鸟嘌呤核苷酸。嘧啶核苷酸的合成则是先合成嘧啶碱基，而后与 PRPP 反应合成尿嘧啶核苷酸，随后由尿嘧啶核苷三磷酸合成胞嘧啶核苷三磷酸。
>
> 脱氧核糖核苷酸的合成是在核糖核苷二磷酸水平上，由核糖核苷二磷酸还原酶催化合成的。核苷一磷酸、核苷二磷酸、核苷三磷酸之间能够发生相互转化。

第一节　核酸的降解

生物体内的核酸存在于细胞核和细胞质中，是生物遗传信息的载体，通常情况下比较稳定，特别是 DNA。但是，在正常条件下，细胞中也存在着部分核酸降解的情况，这些降解反应涉及许多酶。

对于较为复杂的生物，如哺乳动物，在摄取的食物中也含有核酸。无论是存在于细胞中的还是摄食的核酸都会发生降解，降解产物可以是核苷酸、核苷，也可以是碱基。

一、脱氧核糖核酸酶和核糖核酸酶

核酸是由核苷酸以 $3',5'$-磷酸二酯键连接形成的生物大分子。由于参与形成核酸的核苷酸所含戊糖有核糖和脱氧核糖之分，所以核酸也分为核糖核酸（RNA）和脱氧核糖核酸（DNA）。

核酸酶是一类降解脱氧核糖核酸和核糖核酸的水解酶。根据降解的核酸底物不同，核酸酶可分为核糖核酸酶和脱氧核糖核酸酶。只能降解核糖核酸（RNA）的核酸酶被称作核糖核酸酶（ribonuclease，RNase）或 RNA 酶，只能降解脱氧核糖核酸（DNA）

的酶被称作脱氧核糖核酸酶（deoxyribonuclease，DNase）或 DNA 酶。此外，有些核酸酶既能够降解核糖核酸，也能够降解脱氧核糖核酸，人们习惯将这类酶称为核酸酶，例如蛇毒磷酸二酯酶和牛脾磷酸二酯酶。

二、内切核酸酶与外切核酸酶

根据降解核酸的方式不同，核酸酶可分为内切核酸酶与外切核酸酶两类。

核酸分子中的核苷酸以 $3',5'$-磷酸二酯键相连，每个 $3',5'$-磷酸二酯键的磷酸基团两侧各有一个磷酯键。为了区别这两个磷酯键，我们将第一个核苷酸戊糖的 $3'$-羟基与磷酸基团之间形成的酯键命名为 a 型，第二个核苷酸的戊糖 $5'$-羟基与磷酸基团之间形成的酯键命名为 b 型（图 12-1）。

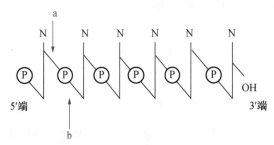

图 12-1　核酸分子 $3',5'$-磷酸二酯键中磷酸单酯键的类型

外切核酸酶（exonuclease）是指核酸酶从核酸的某一末端逐个向内切断 $3',5'$-磷酸二酯键，产生单核苷酸。依据外切核酸酶降解核酸的作用位点，分为 $3'$-外切核酸酶和 $5'$-外切核酸酶。例如：蛇毒磷酸二酯酶是一种外切核酸酶，它从 DNA 或者 RNA 的 $3'$-端开始，向内依次作用于 a 型酯键，产生 $5'$-核苷酸。牛脾磷酸二酯酶也是外切核酸酶，它从 DNA 或者 RNA 的 $5'$-端开始，向内依次作用于 b 型酯键，产生 $3'$-核苷酸。

内切核酸酶（endonuclease）则是直接作用于核酸内部的 $3',5'$-磷酸二酯键，使核酸链断裂成 2 个或 2 个以上的片段。

在内切酶中，有一类被称为限制性内切核酸酶（restriction endonucleases），该酶来源于细菌，能够识别外源 DNA 的特异核苷酸序列，并在识别位点切断 DNA 链。例如：*Eco*R Ⅰ识别位点为六个核苷酸形成的序列 GAATTC，而 *Hae* Ⅲ识别位点为四个核苷酸形成的序列 GGCC 等。

限制性内切核酸酶的功能是水解进入细菌细胞的外源双链 DNA。这是因为细菌细胞自身的 DNA 在这些位点上是被修饰的（如甲基化修饰），而外源 DNA 不具有相同的修饰方式。所以，限制性内切核酸酶能够识别哪些是自身的 DNA，哪些是入侵的外源 DNA，并把外源 DNA 降解。

限制性内切核酸酶由于能够识别特定的 DNA 序列，所以成为重组 DNA 技术中的重要工具酶。

第二节　核苷酸、核苷及碱基的降解

核苷酸是核酸降解的产物之一，因此在核苷酸代谢中首先涉及的是核酸降解的过程。核酸在内切核酸酶与外切核酸酶的作用下，降解产生单核苷酸，即 $5'$-核苷酸或者 $3'$-核苷酸。然后核苷酸进一步代谢生成核苷、碱基、戊糖等产物。

一、核苷酸及核苷的降解

（一）核苷酸的降解

单核苷酸在核苷酸酶或非专一性磷酸酶的催化下水解产生核苷与磷酸。

$$核苷酸 + H_2O \xrightarrow{\text{核苷酸酶／磷酸酶}} 核苷 + P_i$$

核苷酸酶广泛分布于细菌细胞、植物和动物组织，根据底物专一性的不同，核苷酸酶分为 $5'$-核苷酸酶（$5'$-nucleotidase）与 $3'$-核苷酸酶（$3'$-nucleotidase）。事实上，对于核苷酸酶的研究主要集中于 $5'$-核苷酸酶，而且研究材料多来源于脊椎动物。有关 $3'$-核苷酸酶的研究报道很少。

磷酸酶是水解磷酸单酯键的酶类，底物专一性不强，部分磷酸酶能够水解核苷酸中磷酸酯键，产生核苷与磷酸。

（二）核苷的降解

核苷在核苷酶的作用下被降解为碱基和戊糖。核苷磷酸化酶在无机磷酸参加时，催化核苷降解产生碱基和 1-磷酸戊糖。

$$核苷 + H_2O \xrightarrow{\text{核苷酶}} 碱基 + 戊糖$$

$$核苷 + H_3PO_4 \xrightarrow{\text{核苷磷酸化酶}} 碱基 + 1\text{-}磷酸戊糖$$

不同生物体内存在的降解核苷的酶类不同，因此其核苷降解过程也不完全相同。例如，核苷酶只存在于植物和微生物体内，并且只作用于核糖核苷，对脱氧核糖核苷不起作用，而核苷磷酸化酶则广泛存在于生物体中。

二、嘌呤碱基的降解

生物体内组成核酸的常见碱基包括腺嘌呤、鸟嘌呤以及尿嘧啶、胞嘧啶、胸腺嘧啶。

在动物细胞中，腺嘌呤的降解从核苷酸或核苷就开始了，由于动物细胞中腺嘌呤脱氨酶的含量很少，因而腺嘌呤在碱基水平发生的降解也就很少。AMP 首先脱掉氨基和磷酸基团，形成肌苷（次黄嘌呤核苷），然后再继续反应，直到最后完全分解成 CO_2 和 NH_3。

AMP 形成次黄嘌呤核苷有 2 条途径。其中之一是 AMP 首先脱掉氨基形成次黄嘌呤核苷酸（inosine-5-monophosphate，IMP），这步反应由腺嘌呤核苷酸脱氨酶催化，产生的 IMP 脱去磷酸基团转化为次黄嘌呤核苷。AMP 降解的另一条途径是首先脱掉磷酸基团形成腺嘌呤核苷，然后经过腺嘌呤核苷脱氨酶催化脱去氨基产生次黄嘌呤核苷。此后，嘌呤核苷磷酸化酶催化次黄嘌呤核苷脱去核糖,生成次黄嘌呤和 1-磷酸核糖。黄嘌呤氧化酶或者黄嘌呤脱氢酶催化次黄嘌呤生成黄嘌呤。

GMP 在核苷酸酶的催化下,首先生成鸟嘌呤

核苷,随后,在嘌呤核苷磷酸化酶作用下生成鸟嘌呤,鸟嘌呤在脱氨酶的催化下转变为黄嘌呤。此后,黄嘌呤进一步氧化产生尿酸(图 12-2)。

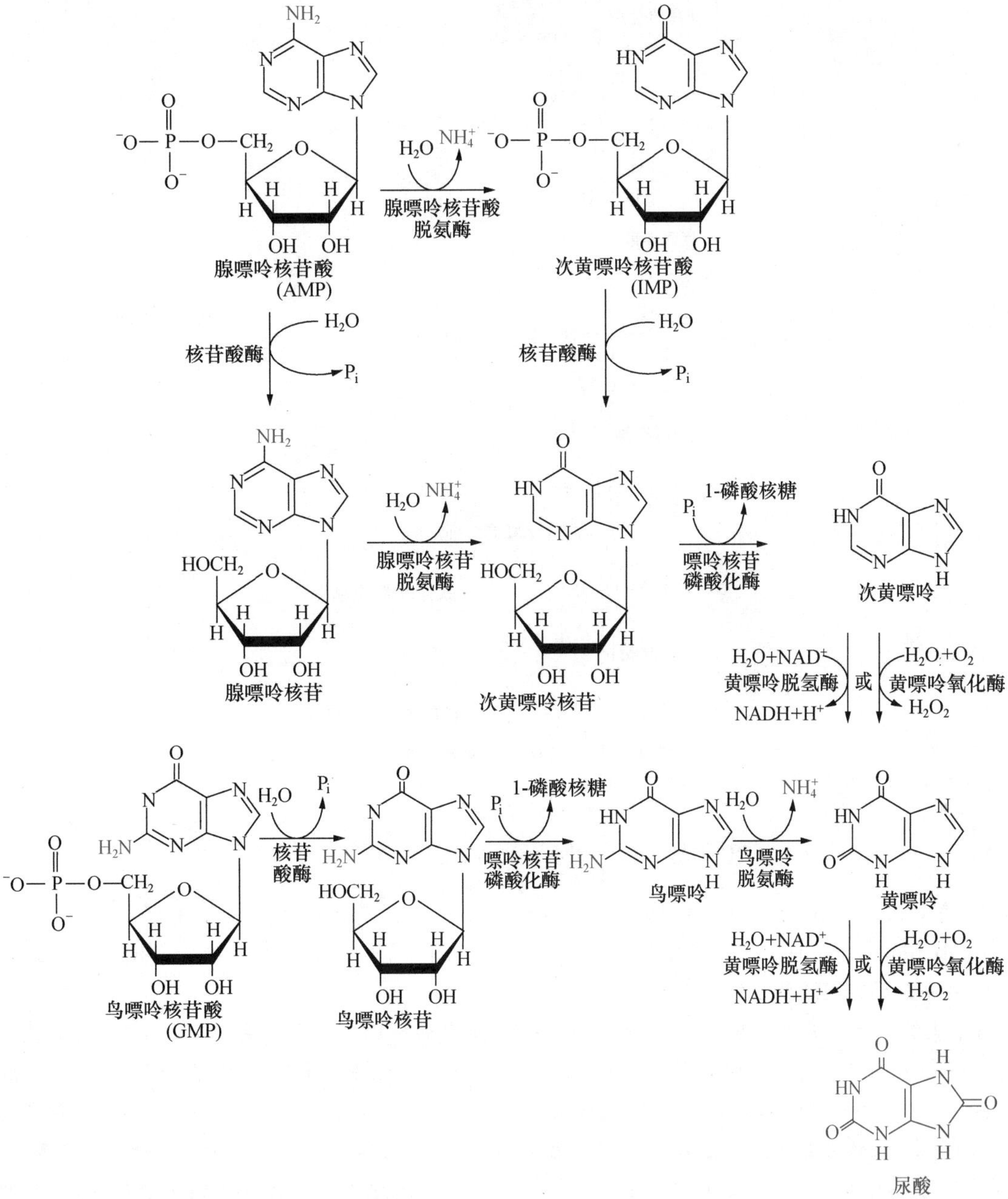

图 12-2　嘌呤核苷酸的降解

对于不同生物而言,由于含嘌呤碱基的代谢酶类不同,因而代谢产物也有所不同。昆虫、爬行动物、鸟类及灵长类等生物产生的嘌呤代谢最终产物是尿酸,大部分哺乳类动物以及部分昆虫产生尿囊素,硬骨鱼类产生尿囊酸,两栖类及部分鱼类产生尿素,海洋无脊椎动物、植物等生物体产生 CO_2 和 NH_3(图 12-3)。

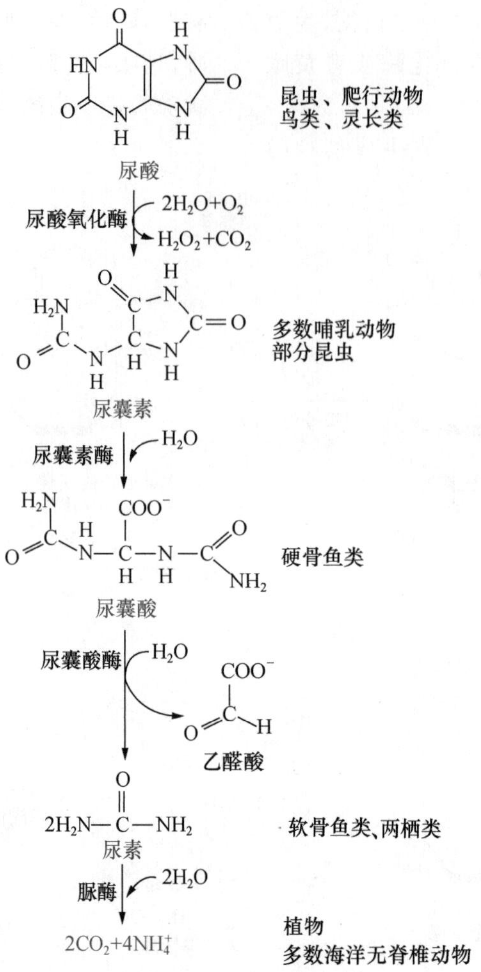

图 12-3　不同生物嘌呤降解的终产物不同

知识框 12-1　腺苷脱氨酶与气泡男孩症

　　1950 年,Eduard Glanzmann 和 Paul Riniker 首次报道了重症联合免疫缺陷病(severe combined immunodeficiency,SCID)。1972 年,Eloise Giblett 发现了一种因腺苷脱氨酶(adenosine deaminase, ADA)缺陷导致的 SCID 的分子机制。

　　ADA 能够催化细胞中的腺嘌呤核糖核苷(腺苷)和腺嘌呤脱氧核糖核苷(脱氧腺苷)脱氨生成次黄嘌呤核糖核苷和次黄嘌呤脱氧核糖核苷的反应。如果此步反应无法正常进行,那么脱氧腺苷则积累,继而致使细胞的 dATP 含量增加,后者将抑制核糖核苷二磷酸还原酶的活性,从而抑制脱氧核糖核苷二磷酸(dNDP)的合成,最终导致细胞无法获得足够的用于 DNA 合成的各种脱氧核糖核苷三磷酸(dNTP)。

　　人体淋巴细胞对于 ADA 缺陷更敏感,原因是未成熟 T 细胞中脱氧腺苷激酶活性很高,能够将细胞代谢获得的脱氧腺苷很快转化为核苷酸形式,进而生成 dATP,后者快速积累。dATP 不仅能够致使 T 细胞功能缺陷,还可致使 B 细胞功能缺陷,从而摧毁人体的免疫系统,造成重症联合免疫缺陷病 ADA-SCID,患者只能生活在无菌的罩内,因此被人们称为"气泡男孩症"(bubble boy disease)。

　　从第一例 ADA-SCID 患儿发现开始,医生及研究人员就致力于该疾病的治疗。1990 年 9 月,在美国国家癌症研究所(National Cancer Institute,NCI)完成了首例 ADA-SCID 患儿基因治疗(gene therapy)病例,这也是世界上第一例基因治疗病例。所谓基因治疗是指通过一定的方式将正常基因或者有治疗作用的 DNA 序列导入靶细胞以置换或矫正致病基因的治疗方法。首次基因治疗所采用的靶细胞是患儿自身的 T 细胞。通过体外操作,研究人员首先用正常 ADA 序列替代逆转录病毒载体中蛋白质编码序列;其次,将改造后的 DNA 和病毒包装所需基因的两种 DNA 共同转染一类特殊的 NIH3T3 细胞,继而用该细胞产生的病毒颗粒再感染患儿的 T 细胞,之后成功获得了携带正常 ADA 基因的患儿 T 细胞,最后将这些细胞输注到患儿体内,患儿血液中 T 细胞数量以及 ADA 活性水平恢复正常。

随着科学研究的继续深入,基因治疗也不断发展。2016 年 5 月,葛兰素史克(GSK)制药的 Strimvelis 基因治疗被欧盟批准用于 ADA-SCID 儿科患者。2019 年研究文章报道,在没有合适的相关白细胞抗原供体的条件下,Strimvelis 评估委员会推荐患者选择这种基因治疗。

参考文献

[1]陈桦,祁国荣. 腺苷脱氨酶分子生物学及缺陷的基因治疗. 国外医学分子生物学分册,1993,15(1):1-5.

[2] Kaufmann K B,Buning H,Galy A,et al. Gene therapy on the move. EMBO Mol Med,2013,5:1642-1661.

[3] Hoggatt J. Gene therapy for "Bubble Boy" disease. Cell,2016,166:263.

[4] South E,Cox E,Meader N,et al. Strimvelis® for treating severe combined immunodeficiency caused by adenosine deaminase deficiency:an evidence review group perspective of a nice highly specialised technology evaluation. PharmacoEconomics-Open,2019,3:151-161.

三、嘧啶碱基的降解

生物体内的嘧啶碱基主要是胞嘧啶、尿嘧啶和胸腺嘧啶。

降解开始时,尿嘧啶首先被还原为二氢尿嘧啶,然后被水解开环生成 β-脲基丙酸,随后生成 β-丙氨酸,最终代谢为乙酰-CoA。胞嘧啶在脱氨酶的催化下脱氨产生尿嘧啶,继而进入尿嘧啶代谢途径继续降解。

胸腺嘧啶则首先被还原生成二氢胸腺嘧啶,而后水解开环产生 β-脲基异丁酸,随后生成 β-氨基异丁酸,最终产生琥珀酰-CoA。乙酰-CoA 和琥珀酰-CoA 都可以通过 TCA 循环进一步代谢(图 12-4)。

从前面的描述可以看出,核酸的降解只能产生少量的能量和可利用的代谢产物,因此,核酸不是重要的能源、碳源和氮源。

第三节　核苷酸的合成

生物体内核苷酸的生物合成包括从头合成途径(de novo pathway)和补救途径(salvage pathway)。从头合成途径是指某一物质是由小分子前体逐步合成的过程。补救途径是指某一物质由已经部分合成的中间物质直接合成的过程。

一、嘌呤核糖核苷酸的合成

嘌呤核糖核苷酸的从头合成途径首先合成的不是碱基,而是次黄嘌呤核糖核苷酸(IMP)。AMP 和 GMP 是由 IMP 作为前体进一步转化合成的。

(一)嘌呤核糖核苷酸的从头合成

嘌呤核糖核苷酸的从头合成途径起始于 5-磷酸核糖-1-焦磷酸(5-phospho-α-D-ribosyl-1-pyrophosphate,PRPP),随后的反应是在 PRPP 的戊糖 C-1 上逐步由一些小分子前体合成嘌呤环,这些小分子前体包括甘氨酸、甲酸盐、谷氨酰胺、天冬氨酸、二氧化碳,它们为嘌呤核苷酸的从头合成提供碳原子和氮原子(图 12-5)。

1. 合成次黄嘌呤核糖核苷酸

嘌呤核糖核苷酸的从头合成途径起始于 PRPP。PRPP 的合成非常重要,它为 IMP 提供核糖和磷酸基团。

$$5\text{-磷酸核糖} + ATP \xrightarrow{\text{PRPP 合成酶}} PRPP + AMP$$

该反应由 PRPP 合成酶(PRPP synthetase)催化。产物 PRPP 不仅用于 IMP 的合成,还用于嘧啶核苷酸的合成,也可以进入组氨酸合成途径。PRPP 的合成反应是 IMP 合成的准备阶段。

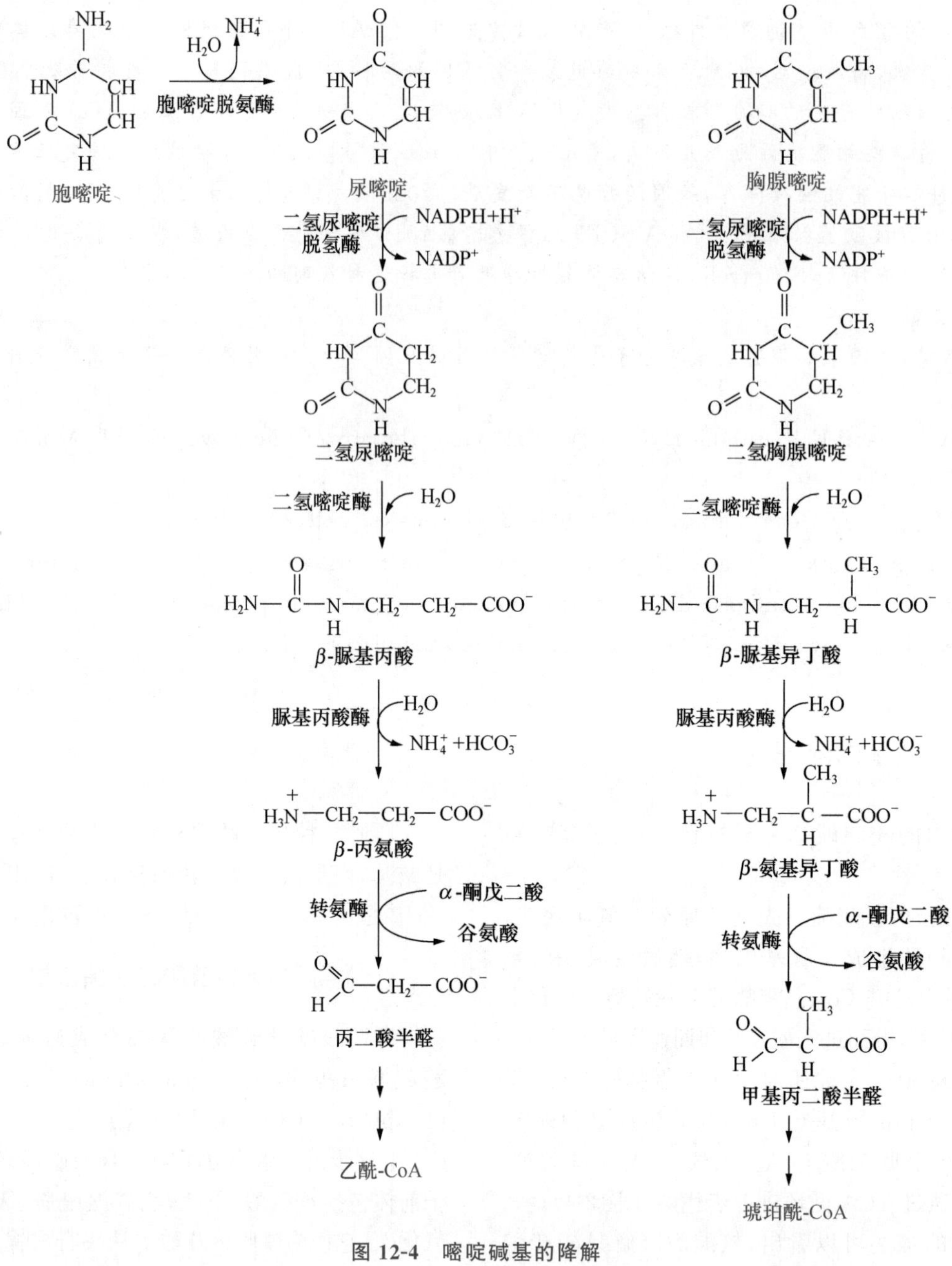

嘧啶碱基的降解

胞嘧啶 $\xrightarrow[\text{胞嘧啶脱氨酶}]{H_2O \quad NH_4^+}$ 尿嘧啶

尿嘧啶 $\xrightarrow[\text{二氢尿嘧啶脱氢酶}]{NADPH+H^+ \quad NADP^+}$ 二氢尿嘧啶

二氢尿嘧啶 $\xrightarrow[\text{二氢嘧啶酶}]{H_2O}$ $H_2N-\overset{O}{C}-N-CH_2-CH_2-COO^-$
β-脲基丙酸

β-脲基丙酸 $\xrightarrow[\text{脲基丙酸酶}]{H_2O \quad NH_4^+ +HCO_3^-}$ $H_3\overset{+}{N}-CH_2-CH_2-COO^-$
β-丙氨酸

β-丙氨酸 $\xrightarrow[\text{转氨酶}]{\alpha\text{-酮戊二酸} \quad \text{谷氨酸}}$ $\overset{O}{\underset{H}{C}}-CH_2-COO^-$
丙二酸半醛

丙二酸半醛 → 乙酰-CoA

胸腺嘧啶 $\xrightarrow[\text{二氢尿嘧啶脱氢酶}]{NADPH+H^+ \quad NADP^+}$ 二氢胸腺嘧啶

二氢胸腺嘧啶 $\xrightarrow[\text{二氢嘧啶酶}]{H_2O}$ β-脲基异丁酸

β-脲基异丁酸 $\xrightarrow[\text{脲基丙酸酶}]{H_2O \quad NH_4^+ +HCO_3^-}$ β-氨基异丁酸

β-氨基异丁酸 $\xrightarrow[\text{转氨酶}]{\alpha\text{-酮戊二酸} \quad \text{谷氨酸}}$ 甲基丙二酸半醛

甲基丙二酸半醛 → 琥珀酰-CoA

图 12-4 嘧啶碱基的降解

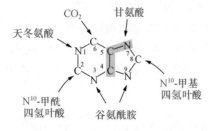

图 12-5 嘌呤环各原子的来源

合成的 PRPP 经过 10 步化学反应才能最终生成 IMP(图 12-6)。

IMP 合成的这 10 步化学反应分成两个阶段。

第一阶段反应是指从 PRPP 到氨基咪唑核糖核苷酸的形成过程。通过该阶段的反应,形成嘌呤碱的五元环。

首先 PRPP 和谷氨酰胺在谷氨酰胺-PRPP 转氨酶(Gln-PRPP aminotransferase)催化下生成 5-磷酸核糖胺。值得注意的是,PRPP 中的糖苷键在转化成 5-磷酸核糖胺时,已经发生了从 α 型向 β 型的转化。

PRPP＋谷氨酰胺 $\xrightarrow{\text{谷氨酰胺-PRPP 转氨酶}}$ 5-磷酸核糖胺

该反应是整个嘌呤核糖核苷酸合成的主要调节步骤,它决定了嘌呤核糖核苷酸合成的速度。随后

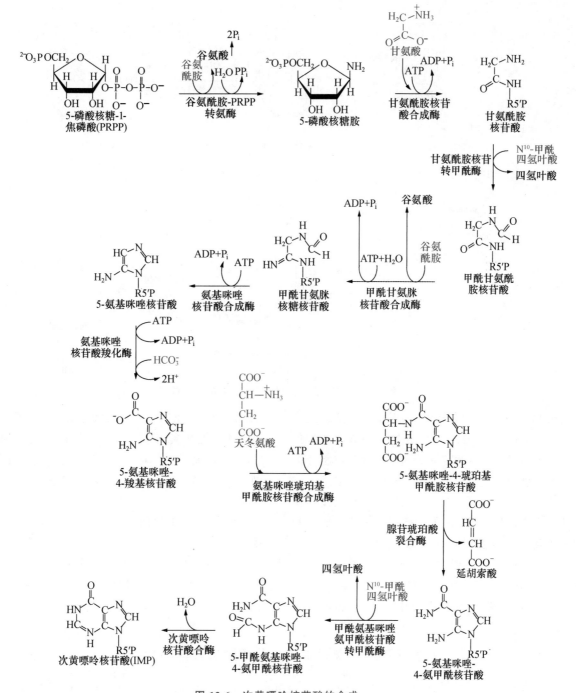

图 12-6 次黄嘌呤核苷酸的合成

5-磷酸核糖胺依次与甘氨酸、甲酸盐和谷氨酰胺反应形成氨基咪唑核苷酸,这个反应过程中消耗3分子ATP。

第二阶段反应是指从氨基咪唑核糖核苷酸到IMP的形成过程。反应从氨基咪唑核糖核苷酸开始,依次与二氧化碳、天冬氨酸、甲酸盐反应,最终生成IMP。该阶段消耗了2分子ATP。从IMP的合成过程可以发现,嘌呤核糖核苷酸的从头合成途径中,首先由PRPP提供5-磷酸核糖部分,再逐步合

成嘌呤环。

2. 次黄嘌呤核糖核苷酸转化为腺嘌呤核糖核苷酸和鸟嘌呤核糖核苷酸

腺嘌呤核糖核苷酸(AMP)和鸟嘌呤核糖核苷酸(GMP)都是以IMP为前体合成的(图12-7)。

比较三种嘌呤核糖核苷酸的结构可以看出,如果将IMP的嘌呤环6位碳上的羰基氧转换为氨基则产生AMP;如果将IMP嘌呤环2位碳上的氢转化为氨基则产生GMP。

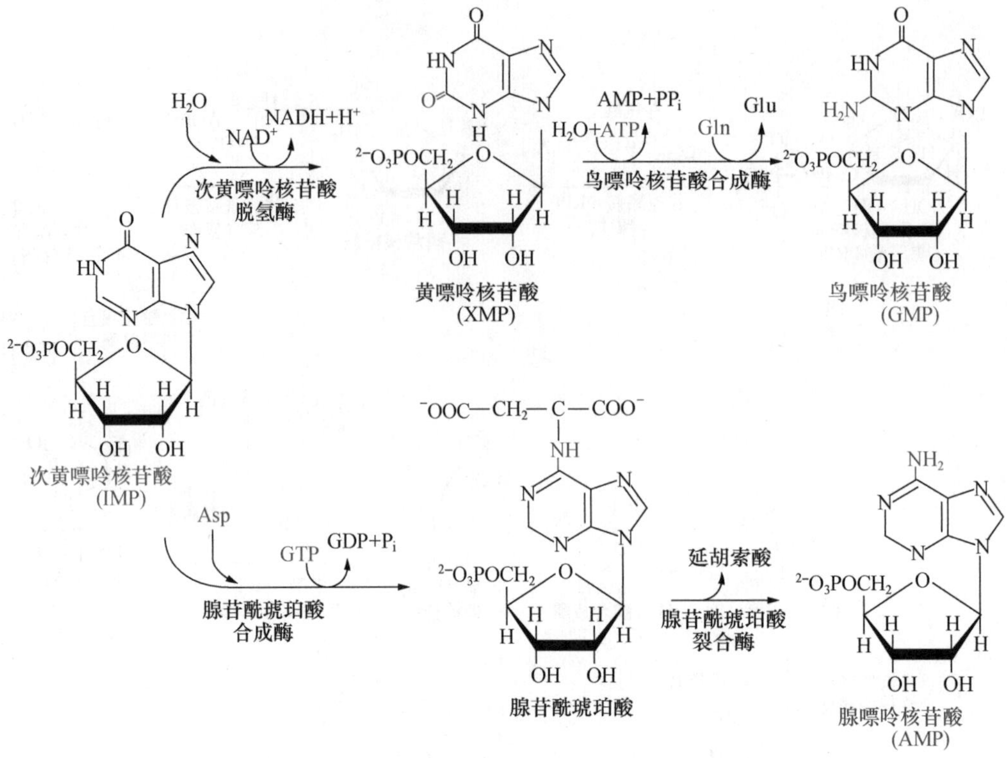

图 12-7　IMP 转化为 AMP 和 GMP 的代谢过程

从 IMP 转化为 AMP 的反应由天冬氨酸提供氨基。反应过程为：IMP 在腺苷酰琥珀酸合成酶催化下与天冬氨酸生成腺苷酰琥珀酸，后者在腺苷酰琥珀酸裂合酶催化下生成 AMP 和延胡索酸。

从 IMP 转化为 GMP 的反应由谷氨酰胺提供氨基。反应过程为：IMP 在次黄嘌呤核苷酸脱氢酶催化下氧化生成黄嘌呤核苷酸（xanthosine monophosphate，XMP），后者再由鸟嘌呤核苷酸合成酶催化，与谷氨酰胺反应生成 GMP 和谷氨酸。

从 IMP 合成 AMP 和 GMP 的反应还可以发现，AMP 的合成由 GTP 提供能量，而 GMP 的合成由 ATP 提供能量，这表明 AMP 的合成将受到 GTP 的限制，同样，GMP 的合成将受到 ATP 的限制，这种方式有利于保持细胞内 AMP 和 GMP 含量的平衡。

高等真核生物的嘌呤核糖核苷酸从头合成需要 10 步反应来合成 IMP，其中 5 步反应需要能量，而且 PRPP 的合成本身也需要消耗 ATP，因而从头合成嘌呤核糖核苷酸是一个十分耗费能量的过程。

知识框 12-2　次黄嘌呤核苷酸脱氢酶与药物研发

次黄嘌呤核苷酸脱氢酶（inosine 5′-monophosphate dehydrogenase，IMPDH）催化 IMP 生成黄嘌呤核苷酸（XMP）的反应是鸟嘌呤核苷酸（GMP）从头合成途径的限速反应，该反应对维持细胞生长和分裂所需要的 DNA 和 RNA 合成提供所需原料 dGTP 和 GTP。研究人员发现，在人类癌症组织中 IMPDH 的表达水平比较高，说明 IMPDH 表达水平的上调有利于癌细胞生长和增殖，那么，抑制 IMPDH 活性，就有可能抑制癌细胞的生长和增殖。因此，IMPDH 作为治疗癌症的药物靶点被广泛研究。一些 IMPDH 的抑制剂，如霉酚酸（mycophenolic acid）、利巴韦林（ribavirin）被筛选出来作为抗癌药物。

此外，由于抗生素的滥用，很多致命病原菌产生了抗药性。人类急需寻找新的靶点和策略来应对病原菌抗药性的挑战，其中的靶点之一就是 IMPDH。细菌的快速增殖是导致人类许多感染性疾病发生的主要原因，而 IMPDH 催化的反应产物将为细菌快速增殖提供原料，所以抑制耐药性细菌的 IMPDH 应该是应对此类细菌感染的绝佳选择，是研制新一代抗生素的酶靶点。通过对不同病原菌及人类 IMPDH

序列、空间结构以及酶与底物结合特点、酶促反应动力学等研究,研究人员努力寻找病原细菌 IMPDH 潜在的专一性抑制剂。2018 年,有研究报道了以苯并噁唑(benzoxazole)为基本结构的化合物能够有效抑制结核分枝杆菌(*Mycobacterium tuberculosis*)的 IMPDH,最终抑制该细菌生长,同时却不抑制寄主的 IMPDH 活性。这预示着 IMPDH 将成为治疗抗药性结核病的潜在靶点。

参考文献

Juvale K, Shaik A, Kirubakaran S. Inhibitors of inosine 5′-monophosphate dehydrogenase as emerging new generation antimicrobial agents. Med. Chem. Commun. ,2019,10:1290-1301.

(二)嘌呤核糖核苷酸的补救合成途径

生物体除了从头合成嘌呤核糖核苷酸的途径之外,还能从已有的碱基或核苷合成核苷酸的代谢途径,即补救途径。

在生物体内存在腺嘌呤磷酸核糖转移酶(adenine phosphoribosyltransferases,APRT)和次黄嘌呤-鸟嘌呤磷酸核糖转移酶(hypoxanthine-guanine phosphoribosyltransferase,HGPRT),前者能够催化腺嘌呤与 PRPP 反应产生 AMP,而后者可以催化次黄嘌呤或鸟嘌呤与 PRPP 生成 IMP 或 GMP。

$$腺嘌呤 + PRPP \xrightarrow{腺嘌呤磷酸核糖转移酶} AMP$$

$$次黄嘌呤/鸟嘌呤 + PRPP \xrightarrow[磷酸核糖转移酶]{次黄嘌呤/鸟嘌呤} IMP/GMP$$

在动物细胞中,核苷酸降解产生的嘌呤碱基主要是次黄嘌呤和黄嘌呤,很少甚至没有腺嘌呤,因此在人体嘌呤核苷酸补救途径中,APRT 的作用极其有限,而 HGPRT 则发挥重要的作用,该酶的缺陷使人体嘌呤核糖核苷酸的补救合成途径受到阻断,次黄嘌呤、鸟嘌呤无法转化为 IMP 和 GMP,只能降解为尿酸,使人体内的尿酸累积,含量高于正常水平。尿酸累积严重的患者,还会出现痛风等症状。

另外,生物体内还存在核苷磷酸化酶、核苷酶、核苷激酶,它们都可以催化从嘌呤碱基、核苷形成嘌呤核苷酸的补救反应。

$$碱基 + 1-磷酸核糖 \xrightarrow{核苷磷酸化酶} 核苷 + 磷酸$$

$$碱基 + 戊糖 \xrightarrow{核苷酶} 核苷 + H_2O$$

$$核苷 + ATP \xrightarrow{核苷激酶} 核苷酸 + ADP$$

二、嘧啶核糖核苷酸的合成

核酸中常见的嘧啶碱基包括胞嘧啶、尿嘧啶和胸腺嘧啶。这里首先介绍尿嘧啶核糖核苷酸(UMP)的合成和胞嘧啶核糖核苷三磷酸(CTP)的合成过程。由于胸腺嘧啶通常存在于脱氧核糖核酸中,因而有关胸腺嘧啶脱氧核糖核苷酸的合成将在后面脱氧核糖核苷酸合成部分介绍。

(一)嘧啶核糖核苷酸的从头合成

嘧啶核苷酸的合成与嘌呤核苷酸的合成不同。嘧啶核苷酸的合成是先合成碱基,而后与 PRPP 反应合成核苷酸。

为嘧啶环提供碳原子和氮原子的小分子前体包括二氧化碳、谷氨酰胺和天冬氨酸(图 12-8)。

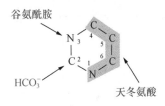

图 12-8　嘧啶环各原子的来源

1. 尿嘧啶核糖核苷酸的合成

在嘧啶核糖核苷酸的从头合成途径中,最先合成的是 UMP。首先,由二氧化碳和谷氨酰胺合成氨甲酰磷酸;接着,氨甲酰磷酸与天冬氨酸经过几步反应合成嘧啶环;而后再与 PRPP 缩合合成 UMP。UMP 进一步形成尿嘧啶核苷三磷酸(UTP),再由 UTP 形成胞嘧啶核苷三磷酸(CTP)。

(1)氨甲酰磷酸的合成　UMP 合成途径的第一步反应是氨甲酰磷酸的合成。大多数脊椎动物细胞中有两种氨甲酰磷酸合成酶,氨甲酰磷酸合成酶 I 存在于线粒体中,合成的氨甲酰磷酸参与尿素循环。氨甲酰磷酸合成酶 II 存在于细胞质中,合成的氨甲酰磷酸参与 UMP 的合成。

$$谷氨酰胺 + 2ATP + HCO_3^- + H_2O \xrightarrow{氨甲酰磷酸合成酶}$$
$$2ADP + 氨甲酰磷酸 + 谷氨酸$$

原核生物只含有一种氨甲酰磷酸合成酶,其产物氨甲酰磷酸不仅参与嘧啶核苷酸的合成,也参与精氨酸的合成反应。

(2)氨甲酰天冬氨酸的合成　催化此步反应的酶是天冬氨酸转氨甲酰酶(aspartate transcarbamoylase,ATCase)。在大肠杆菌细胞中,ATCase是嘧啶生物合成途径的关键调控酶,受CTP的抑制和ATP的激活。当DNA合成迅速时,细胞中CTP池中CTP含量急剧下降,ATCase活性抑制被解除。当CTP合成途径过于旺盛,超出细胞对CTP的使用需求,则CTP又起抑制作用,这是典型的代谢途径反馈抑制作用。ATP对ATCase的激活作

用,使细胞中合成的嘌呤核苷酸和嘧啶核苷酸之间保持浓度平衡。

$$氨甲酰磷酸 + 天冬氨酸 \xrightarrow{\text{天冬氨酸转氨甲酰酶}} 氨甲酰天冬氨酸$$

(3)UMP的合成　氨甲酰天冬氨酸在二氢乳清酸酶的催化下脱水闭环生成二氢乳清酸,此时嘧啶环已经形成。随后,二氢乳清酸在二氢乳清酸脱氢酶的催化下氧化脱氢生成乳清酸。乳清酸在乳清酸磷酸核糖转移酶的作用下,由PRPP提供核糖和磷酸,形成乳清苷酸(orotidine-5'-monophosphate,OMP),随即OMP脱羧生成UMP(图12-9)。

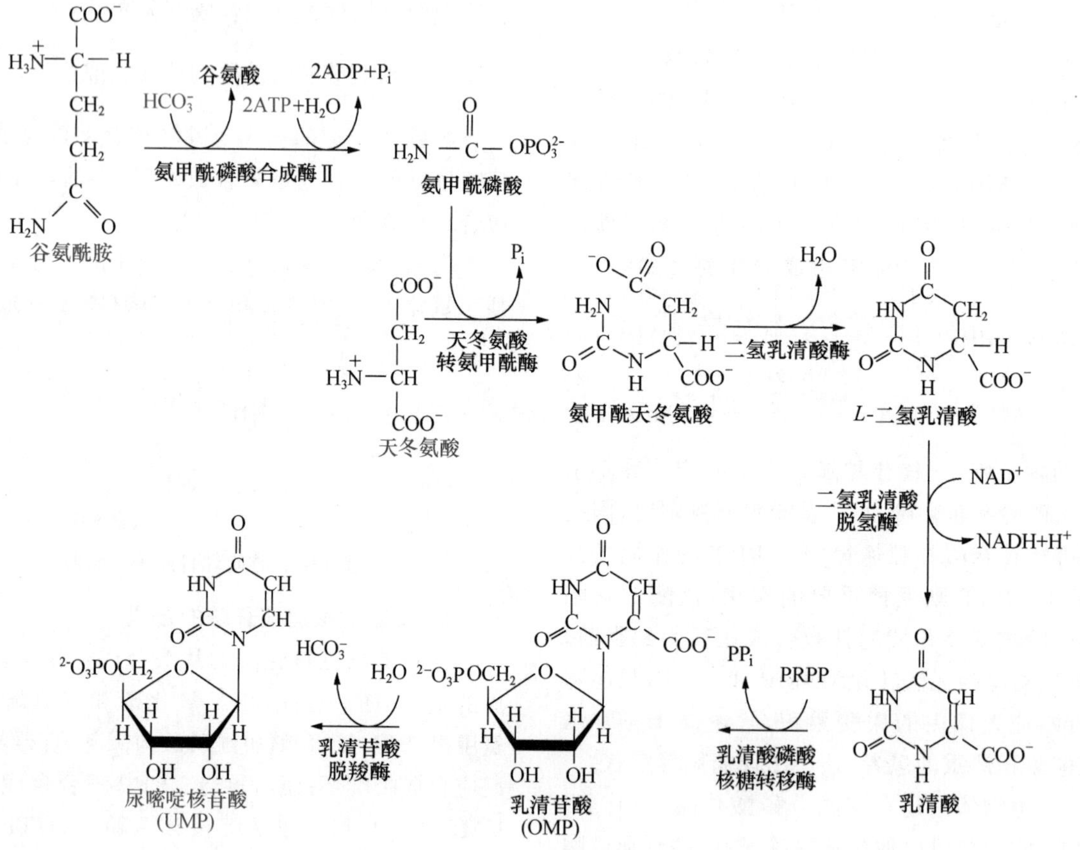

图 12-9　尿嘧啶核糖核苷酸的合成

2. 胞嘧啶核糖核苷三磷酸的合成

在生物体内,嘧啶核糖核苷酸从头合成途径并不直接合成CMP,而是在合成UMP后先合成UTP。反应分两步进行,先由核苷单磷酸激酶催化UMP合成UDP,再由核苷二磷酸激酶催化UDP合成UTP(图12-10)。

CTP是在胞嘧啶核糖核苷三磷酸合成酶(CTP synthetase)催化下,由UTP接受谷氨酰胺提供的氨基形成的CTP(图12-11)。

(二)嘧啶核糖核苷酸的补救合成途径

与嘌呤核糖核苷酸相似,嘧啶核糖核苷酸也可以通过补救途径合成。在细菌中,磷酸核糖转移酶能够催化PRPP与尿嘧啶或者胸腺嘧啶形成核苷酸。另外,在细菌和高等动物中,尿嘧啶磷酸化酶能够催化尿嘧啶和1-磷酸核糖形成尿嘧啶核苷,尿嘧啶核苷在尿嘧啶核苷激酶的作用下与ATP形成UMP。

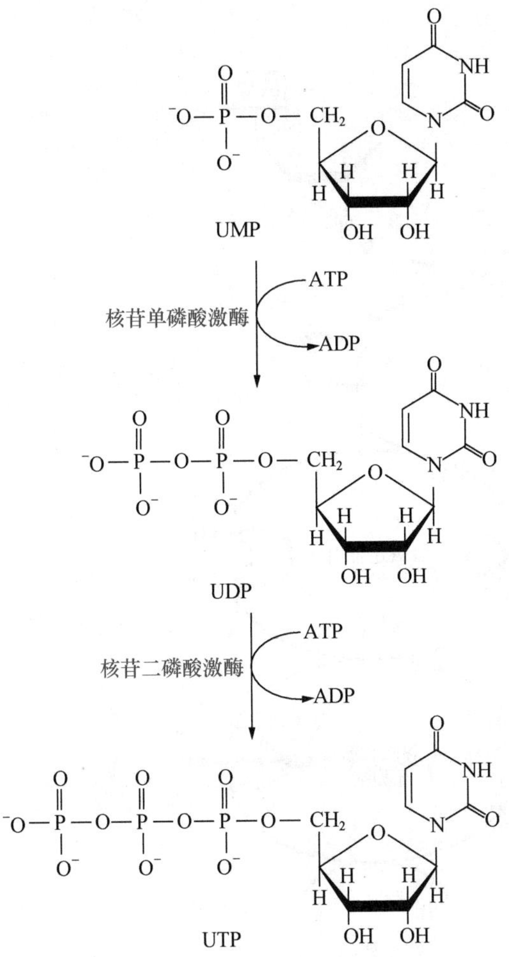

图 12-10　UMP 向 UTP 的转化

不过,在哺乳动物中嘧啶核糖核苷酸补救合成途径并不是很重要。

三、脱氧核糖核苷酸的合成

生物体脱氧核糖核苷酸合成通常是在核糖核苷二磷酸(NDP)水平上完成的。反应由核糖核苷二磷

酸还原酶(ribonucleotide diphosphate reductase)催化,由 NADPH 提供氢和电子。NADPH 提供的氢和电子可经硫氧还蛋白或谷氧还蛋白途径传递。经硫氧还蛋白途径传递时,电子经过 FAD 和硫氧还蛋白最终传递到 NDP,NDP 经酶催化还原生成脱氧核糖核苷二磷酸(dNDP)。经谷氧还蛋白途径传递时,NADPH 提供的氢和电子经过谷胱甘肽和谷氧还蛋白的传递,最终用于将 NDP 还原为 dNDP (图 12-12)。上述反应的实质是将核糖核苷酸中戊糖环第 2 位碳上的羟基还原为氢的过程。

虽然绝大多数生物的脱氧核糖核苷酸合成是在核苷二磷酸的水平上完成的,但是目前已经发现,乳杆菌属(*Lactobacillus*)、梭菌属(*Clostridium*)和根瘤菌属(*Rhizobium*)的一些生物中具有核糖核苷三磷酸还原酶(ribonucleotide triphosphate reductase),该酶催化由 NTP 生成 dNTP 的反应。因此,也有学者将核糖核苷二磷酸还原酶和核糖核苷三磷酸还原酶统称为核糖核苷酸还原酶(ribonucleotide reductase)。

(一)核糖核苷二磷酸还原酶

以细菌核糖核苷二磷酸还原酶为例,该酶由 R1 和 R2 两类亚基组成。其中 R1 亚基的分子量为 87 000,含有两条相同的 α 肽链,R2 亚基的分子量为 43 000,含有两条相同的 β 肽链。在 R1 亚基上分布着两种调节位点,它们分别是底物专一性位点(substrate specificity site)和主调控位点(primary regulation site)。专一性调节物与底物专一性位点结合,调节酶与特定底物的专一性结合,而活性效应物与主调控位点结合,调节酶的催化活性。R1 和 R2 亚基共同构成活性中心(active site)(图 12-13),结合底物并催化底物转变为产物。

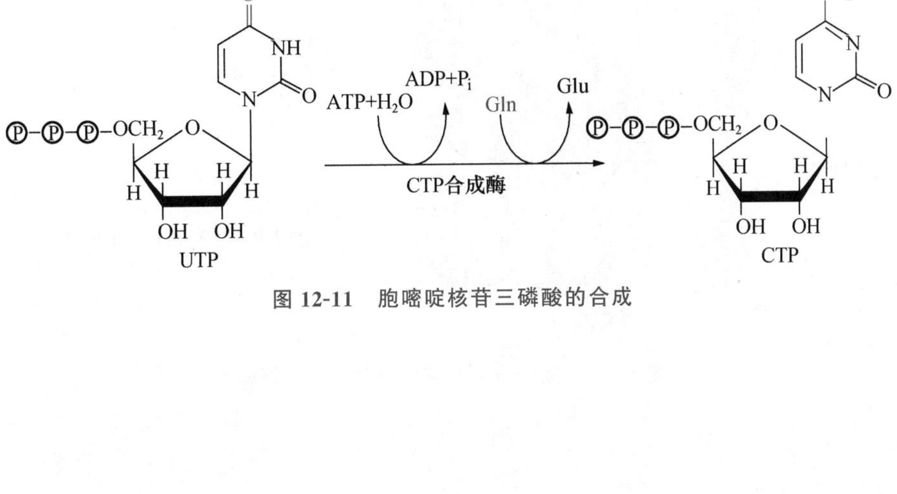

图 12-11　胞嘧啶核苷三磷酸的合成

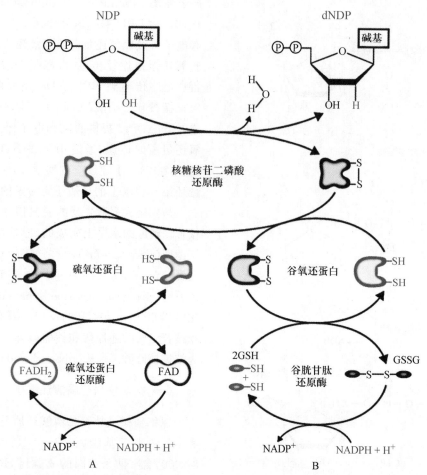

A. 经硫氧还蛋白传递氢和电子：由 NADPH 提供氢和电子，电子经过 FAD 和硫氧还蛋白等的传递，最终用于核糖核苷二磷酸还原酶催化 NDP 还原成 dNDP 的反应

B. 经谷氧还蛋白传递氢和电子：由 NADPH 提供氢和电子，电子经过谷胱甘肽和谷氧还蛋白等的传递，最终用于核糖核苷二磷酸还原酶催化 NDP 还原成 dNDP 的反应

图 12-12　核糖核苷二磷酸还原酶催化 dNDP 的合成

（改自 Miesfeld et al.，2017）

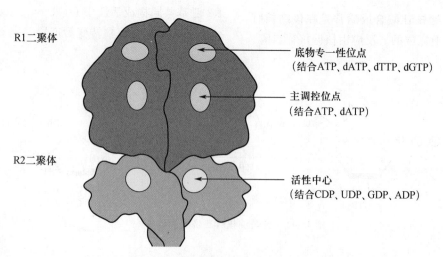

图 12-13　大肠杆菌核糖核苷二磷酸还原酶

核糖核苷二磷酸还原酶是别构酶,它的别构调节机制比较复杂。ATP 作为正效应物与酶的主调控位点结合,使酶具有活性,而 dATP 却是作为负效应物与主调控位点结合,使酶失去活性。ATP 和 dATP 能够使酶处于开和关的状态。此外,ATP、dTTP、dGTP 和 dATP 可以作为调节物分别与底物专一性位点结合,调节特定的底物与酶活性中心结合参与反应。例如:ATP 或 dATP 与底物专一性位点结合促进 CDP 和 UDP 参与反应;dTTP 与底物专一性位点结合促进 GDP 参与反应;dGTP 与底物专一性位点结合促进 ADP 参与反应。

dATP、dGTP、dTTP 和 dCTP 是合成 DNA 的原料,它们的含量对于 DNA 合成非常重要。生物体可以通过核糖核苷二磷酸还原酶来调节它们的合成数量。当细胞处于能量状态较高的情况下,ATP 浓度较高。ATP 作为正效应物,与核糖核苷二磷酸还原酶的主调控位点结合,使酶处于有活性的状态,即催化反应的开关被打开(图 12-14)。

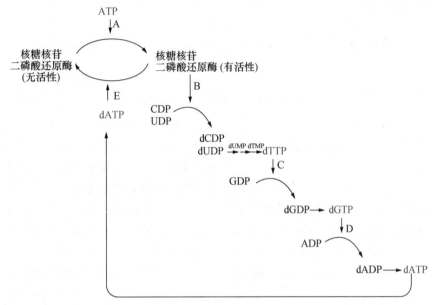

A. ATP 与酶的主调控位点结合,使酶从无活性的状态转变为有活性的状态 B. 酶催化 CDP 和 UDP 还原生成 dCDP 和 dUDP。dUDP 继续反应生成 dTTP C. dTTP 与酶的底物专一性位点结合,促使将 GDP 还原为 dGDP D. dGTP 与酶的底物专一性位点结合,促使酶将 ADP 还原为 dADP E. dATP 积累时与酶的主调控位点结合,使酶关闭活性,转变为无活性的状态

图 12-14 ATP 和 dATP 对核糖核苷二磷酸还原酶的调控作用

由于 ATP 充足,ATP 也同时能够与底物专一性位点结合,从而促进 CDP 和 UDP 进入酶的催化位点参与反应,合成 dUDP、dCDP。

dUDP 作为 dTTP 合成的间接前体,它的增加能够使 dTTP 生成量增加。

随后 dTTP 作为正调节物结合于底物专一性位点,进而促进 GDP 进入酶的催化位点参与反应,合成 dGDP。dGDP 作为 dGTP 合成的前体,它的增加能够使 dGTP 生成量增加。

当 dGTP 含量增加时,dGTP 又可作为正调节物结合于底物专一性位点,促进 ADP 进入酶的催化位点参与反应,导致 dATP 的增加。

随着 dATP 含量的增加,它作为酶的负效应物与主调控位点结合,导致酶失去活性,催化反应的开关被关闭。生物体通过对核糖核苷二磷酸还原酶进行复杂而精细的调控来调节体内 4 种脱氧核糖核苷酸的合成量,为细胞合成 DNA 分子准备原料。

(二)胸腺嘧啶脱氧核糖核苷酸的合成

生物体中脱氧胸腺嘧啶核苷酸(dTMP)的合成与上述脱氧核苷酸合成不同。它是在胸腺嘧啶核苷酸合酶(thymidylate synthase)催化下,由 dUMP 合成的。dUMP 来源于 dUDP、dUTP 和 dCTP、dCMP,具体反应如下:

$$dUDP+ADP \underset{\text{核苷单磷酸激酶}}{\rightleftharpoons} dUMP+ATP$$

或者,

$$\text{dUDP} + \text{ATP} \xrightarrow[\text{ADP}]{\substack{\text{核苷二磷} \\ \text{酸激酶}}} \text{dUTP} \xrightarrow[\text{H}_2\text{O}]{\text{dUTPase}} \text{dUMP} + \text{PP}_i$$

$$\text{dCTP} \xrightarrow{\text{脱氨酶}} \text{dUTP} \xrightarrow[\text{H}_2\text{O}]{\text{dUTPase}} \text{dUMP} + \text{PP}_i$$

$$\text{dCMP} + \text{H}_2\text{O} \xrightarrow{\text{dCMP 脱氨酶}} \text{dUMP} + \text{NH}_4^+$$

当生物体具备 dUMP 原料后,由胸腺嘧啶核苷酸合酶催化 dUMP 甲基化产生 dTMP(图 12-15)。甲基由 N^5, N^{10}-亚甲基四氢叶酸提供,反应后生成的二氢叶酸再经过一系列反应再生为 N^5, N^{10}-亚甲基四氢叶酸。

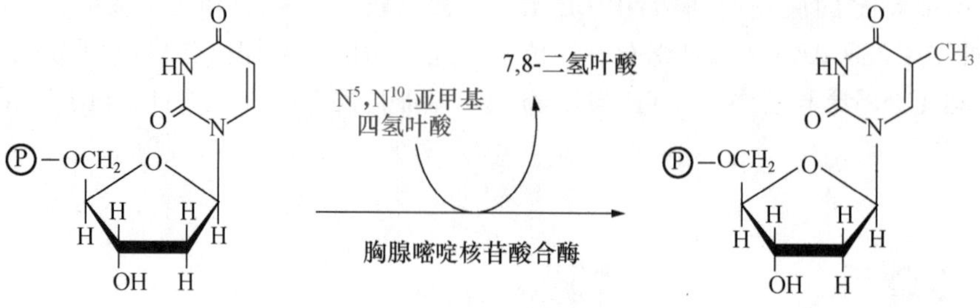

图 12-15　胸腺嘧啶脱氧核糖核苷酸的合成

四、核苷一磷酸、二磷酸、三磷酸之间的转化

生物体内的核糖核苷酸和脱氧核糖核苷酸都有一磷酸、二磷酸、三磷酸的存在形式。它们之间可以在核苷单磷酸激酶(nucleoside monophosphate kinase)和核苷二磷酸激酶(nucleoside diphosphate kinase)作用下相互转化。这两类酶不能够区别核苷酸的戊糖是核糖还是脱氧核糖,因而不仅可以催化核糖核苷酸的相应反应,而且可以催化脱氧核糖核苷酸的相应反应。

$$\text{NMP} + \text{ATP} \underset{\text{核苷单磷酸激酶}}{\rightleftharpoons} \text{NDP} + \text{ADP}$$

$$\text{NDP} + \text{ATP} \underset{\text{核苷二磷酸激酶}}{\rightleftharpoons} \text{NTP} + \text{ADP}$$

生物体内不同形式的核糖核苷酸和脱氧核糖核苷酸可以发生相互转化。

小结

(1)核酸由核酸酶催化降解产生核苷酸。根据底物不同,核酸酶可以分为脱氧核糖核酸酶与核糖核酸酶;根据酶的作用方式不同,核酸酶可以分为外切核酸酶和内切核酸酶。

(2)核苷酸在核苷酸酶催化下产生核苷。核苷在核苷酶以及核苷磷酸化酶的作用下产生碱基。不同生物嘌呤碱降解的终产物不同,产物包括尿酸、尿囊素、尿囊酸、尿素以及 CO_2 和 NH_3。嘧啶碱基中胞嘧啶和尿嘧啶降解产物均为乙酰-CoA,胸腺嘧啶降解产物是琥珀酰-CoA。

(3)核苷酸的合成分为从头合成途径和补救合成途径。嘌呤核苷酸的从头合成以 PRPP 为前体,由甘氨酸、谷氨酰胺、甲酸盐、天冬氨酸和二氧化碳小分子提供碱基环的各元素在 PRPP 的 C-1 上合成嘌呤环,首先合成次黄嘌呤核苷酸,随即再合成腺嘌呤核苷酸和鸟嘌呤核苷酸。嘧啶核苷酸的合成则是先由氨甲酰磷酸和天冬氨酸在天冬氨酸转氨甲酰酶的作用下合成嘧啶环,而后加 PRPP 合成尿嘧啶核苷酸,随后在尿嘧啶核苷三磷酸水平上合成胞嘧啶核苷三磷酸。核苷酸的补救合成途径是利用现有的次黄嘌呤、鸟嘌呤、尿嘧啶以及现有的核苷来合成核苷酸。在生物体内参与核苷酸补救合成途径的酶类包括磷酸核糖转移酶、核苷酸酶、核苷磷酸化酶、核苷酶。

(4)脱氧核糖核苷酸的合成是在核苷二磷酸的水平上,由核糖核苷二磷酸还原酶催化,并通过谷氧还蛋白或者硫氧化蛋白途径传递氢和电子来合成的。但是脱氧胸腺嘧啶核苷酸的合成与其他脱氧核糖核苷酸的合成不同,它通过胸腺嘧啶核苷酸合酶催化 dUMP 甲基化产生。

(5)核苷一磷酸、核苷二磷酸、核苷三磷酸之间能够在核苷单磷酸激酶和核苷二磷酸激酶作用下发生相互转化。

思考题

一、单选题

1. 下列_____酶参与细胞中核酸的降解过程。

    A. 外切核酸酶　　　　B. 内切核酸酶

    C. 核苷酸酶　　　　　D. A、B 和 C

2. 下列直接参与细胞中嘌呤核苷酸从头合成途径的氨基酸是_____。

    A. Asn　　　　　　　B. Glu

    C. Gly 和 Glu　　　　D. Gly、Asp 和 Gln

3. 人体嘌呤碱降解的终产物是_____。

    A. 尿素　　　　　　　B. 尿酸

    C. 尿囊素　　　　　　D. 尿囊酸

4. 下列参与人体核苷酸补救合成途径的酶是_____。

    A. 尿嘧啶磷酸核糖转移酶

    B. 核苷酸酶

    C. 次黄嘌呤/鸟嘌呤磷酸核糖转移酶

    D. A 和 C

5. 催化 $NDP + ATP \longrightarrow NTP + ADP$ 反应的酶是_____。

    A. 核苷单磷酸激酶

    B. 核苷二磷酸激酶

    C. 核苷酶

    D. 核苷酸酶

二、问答题

1. 嘧啶碱降解的终产物是什么？

2. 请简述脱氧核糖核苷酸的合成过程。

3. 请简述核苷酸的补救合成途径。

三、分析题

别嘌呤醇是黄嘌呤氧化酶的抑制剂，临床上用来治疗痛风。请根据所学知识，分析该药物治疗痛风的生化机制。

参考文献

[1] Nelson D L, Cox M M. Lehninger Principle of Biochemistry. 7th ed. W. H. Freeman and Company, 2017.

[2] Mathews C K. Biochemistry. 3rd ed. Addison Wesley Longman, Inc., 2000.

[3] Berg J M, Tymoczko J L, Gatto G J Jr., et al. Biochemistry. 9th ed. W. H. Freeman and Company, 2019.

[4] Horton H R, Moran L A, Scrimgeour K G, et al. Principles of Biochemistry. 5th ed. Pearson Education, Inc., 2012.

[5] Boyer R. Concepts in Biochemistry. 4th ed. John Wiley & Sons, Inc., 2012.

[6] 阎隆飞, 李明启. 基础生物化学. 北京: 农业出版社, 1985.

[7] 沈黎明. 基础生物化学. 北京: 中国林业出版社, 1996.

[8] 郭蔼光. 基础生物化学. 北京: 高等教育出版社, 2001.

[9] 刘国琴, 杨海莲. 生物化学. 3 版. 北京: 中国农业大学出版社, 2019.

[10] 朱圣庚, 徐长法. 生物化学. 4 版. 北京: 高等教育出版社, 2016.

第十三章

DNA 的生物合成

本章关键内容：掌握 DNA 半保留复制方式；掌握复制的化学反应、复制的方向，以及参与 DNA 复制的酶和蛋白质因子的作用；掌握 DNA 复制的基本过程；了解逆转录过程和逆转录酶；了解 DNA 损伤的种类及修复的几种方式。

DNA 是生物体的主要遗传物质，保存在 DNA 中的遗传信息通过 DNA 的复制传递给下一代。DNA 复制时，每一条链都可以作为模板，根据碱基互补原则，合成其互补链，形成两个与亲代完全一样的双链 DNA 分子。DNA 的复制过程分为复制的起始、延长和终止 3 个阶段。有多种酶和蛋白质参与了复制过程。RNA 病毒可通过反转录合成 DNA。

某些物理、化学及生物学因素可造成 DNA 损伤，损伤的 DNA 可通过多种修复方式修复错误的序列，保证 DNA 结构的稳定性。

DNA 分子内或分子间会发生遗传信息的重新组合，称为 DNA 重组，是生物进化的基础。本章将介绍 DNA 的生物合成、DNA 的损伤、修复和重组等内容。

第一节 半保留复制

作为遗传物质的 DNA 必须能够储存自己的遗传信息，并准确地将遗传信息传递给后代。DNA 是由两条多核苷酸链组成的双螺旋，两条链通过 A═T 和 G≡C 碱基对之间的氢键结合在一起。在复制过程中首先是两条链间的氢键断裂，然后双链解开。接着再以每条链为模板，按碱基互补配对原则（A═T，G≡C），由 DNA 聚合酶催化合成新的互补链。这样新形成的两个 DNA 分子与原来的 DNA 分子的碱基序列完全相同。每个子代 DNA 分子中有一条链来自亲代 DNA，另一条链则是新合成的，这种复制方式称为半保留复制（semi-conservative replication）（图 13-1）。

1958 年，Matthew Meselson 和 Framklin Stahl 通过实验证明了细菌 DNA 的半保留复制方式。他们先将大肠杆菌放在 $^{15}NH_4Cl$ 培养基中生长 15 代，此时几乎所有的 DNA 都被 ^{15}N 标记。接着再将细菌转移到只含有 $^{14}NH_4Cl$ 为氮源的培养基中培养。因为 ^{15}N-DNA 分子密度大，^{14}N-DNA 分子密度

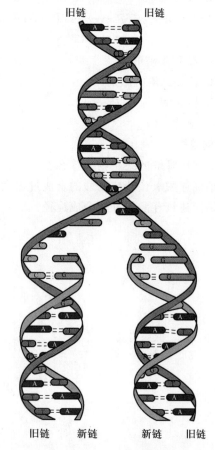

旧链　　　　旧链

旧链　　新链　　　新链　　旧链

图 13-1　DNA 的半保留复制

小,就可以用离心的方法把它们分开。实验中收集了不同培养代数的大肠杆菌,提取 DNA 后用氯化铯(CsCl)溶液进行密度梯度离心(density gradient centrifugation)。离心结束后,从离心管的管底到管口,溶液密度分布从大到小。DNA 分子就停留在与其相当的 CsCl 密度处。在紫外光下可以看到 DNA 离心后形成的区带。由于^{14}N-DNA 分子密度较小,就停留在离管口较近的位置;^{15}N-DNA 因为密度较大,则停留在离管底较近的位置上。

将含有^{15}N-DNA 的细菌在^{14}NH$_4$Cl 培养液中培养一代,提取的 DNA 离心后只获得一条区带,密度介于^{14}N-DNA 与^{15}N-DNA 之间,说明新合成的子代分子既含有^{15}N-DNA 又含有^{14}N-DNA,是^{15}N-DNA/^{14}N-DNA 的杂交分子。也就是说:这时的 DNA 一条链来自亲代的^{15}N-DNA,另一条链为新合成的含有^{14}N 的新链。这个实验充分说明:DNA 的复制机制是半保留复制。

接下来的实验进一步证实了半保留复制的机制。将含有^{15}N-DNA 的细菌在含有^{14}N-DNA 的培养液中继续培养两代后,把提取到的 DNA 离心,可以得到两条区带:一条带为^{14}N-DNA,另一条带为^{14}N-DNA/^{15}N-DNA 的杂交分子,两条带是等量的。随着培养代数的增加,^{14}N-DNA 分子逐渐增多,而^{14}N-DNA/^{15}N-DNA 杂交分子所占比例逐渐下降(图 13-2)。

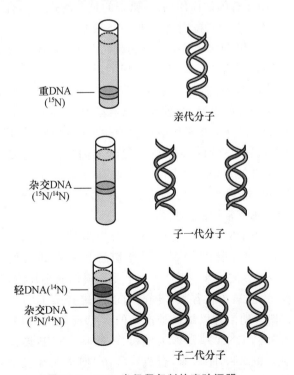

图 13-2　DNA 半保留复制的实验证明

后来通过实验证明真核细胞的 DNA 复制也遵循半保留复制。

通过 DNA 的半保留复制方式将亲代的遗传信息稳定地传递给子代,是生物保持遗传稳定性的基础。

第二节　DNA 的生物合成

一、DNA 合成的通式及方向

DNA 的合成是以四种脱氧核苷三磷酸(dATP、dGTP、dCTP、dTTP)为底物,在 DNA 聚合酶的催化下,向 DNA 的 3′-OH 添加脱氧核苷酸使链延长的过程。添加到链上的每个脱氧核苷酸都是按照模板链的顺序按碱基配对原则选择的。新添加的脱氧核苷酸以 α-磷酸基团与模板链的 3′-OH 形成 3′,5′-磷酸二酯键,反应中脱氧核苷三磷酸脱去一个焦磷酸。脱去的焦磷酸迅速水解,使反应更趋向于聚合方向。所以,DNA 合成的方向是 5′→3′(图 13-3)。反应的通式可以写为:

$$(dNMP)_n\text{-}3'\text{-}OH + dNTP \longrightarrow$$
$$(dNMP)_{n+1}\text{-}3'\text{-}OH + PP_i$$
$$PP_i \longrightarrow 2P_i$$

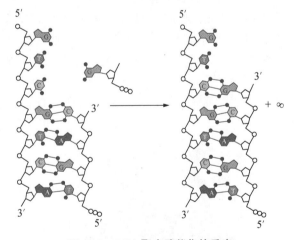

图 13-3　DNA 聚合酶催化的反应

二、参与 DNA 复制的酶和蛋白质

DNA 复制是在众多的酶和蛋白质的参与下完成的,包括 DNA 聚合酶、DNA 单链结合蛋白、引物酶、连接酶和拓扑异构酶等。这里主要介绍参与原核生物 DNA 复制的酶和蛋白质。

（一）DNA 聚合酶

大肠杆菌中至少发现了 5 种 DNA 聚合酶,其中 DNA 聚合酶Ⅲ是主要的复制酶,其他的 DNA 聚合酶主要与 DNA 修复有关(表 13-1)。

表 13-1　大肠杆菌 3 种 DNA 聚合酶的性质

项目	聚合酶Ⅰ	聚合酶Ⅱ	聚合酶Ⅲ
$5' \rightarrow 3'$聚合活性	+	+	+
$3' \rightarrow 5'$外切酶活性	+	+	+
$5' \rightarrow 3'$外切酶活性	+	—	—
聚合速度(核苷酸/分)	1 000~1 200	2 400	15 000~60 000
持续合成能力(核苷酸)	3~200	1 500	≥500 000
生物功能	DNA 修复、RNA 引物切除	DNA 修复	染色体 DNA 复制

1. DNA 聚合酶Ⅰ

大肠杆菌 DNA 聚合酶Ⅰ(DNA polymerase Ⅰ,DNA Pol Ⅰ)是 1956 年由 Arthur Kornberg 发现的,是最早发现的大肠杆菌 DNA 聚合酶。

DNA 聚合酶Ⅰ只有一条多肽链,但具有 3 种酶的活性:$5' \rightarrow 3'$聚合酶活性、$3' \rightarrow 5'$外切酶活性和$5' \rightarrow 3'$外切酶活性。

Hans Klenow 发现用特异的蛋白酶可将 DNA 聚合酶Ⅰ水解为一大一小的两个片段。大片段通常称为 Klenow 片段(Klenow fragment,KF),具有 $5' \rightarrow 3'$聚合酶活性和 $3' \rightarrow 5'$外切酶活性。Klenow 片段的外形有点像一只微微握起的右手,具有手指-拇指-掌心结构模式。螺旋区 H 和 I 相当于"拇指",螺旋区 L~P 相当于其余的"手指",O、I 螺旋区之间的 β-折叠相当于"掌心"(图 13-4)。"手掌"结构域负责与模板结合,也是聚合酶的活性位点。"手指"结构域上负责与进入的 dNTP 结合,并参与催化作用。$3' \rightarrow 5'$外切酶活性位于"手指"和"拇指"之间的掌心上。"拇指"结构域与新合成的 DNA 相互作用,维持引物与活性位点的正确位置以及维持 DNA 聚合酶与底物之间紧密连接。

大肠杆菌 DNA 聚合酶Ⅰ中的 $5' \rightarrow 3'$的聚合酶活性催化 DNA 合成时,底物是 dNTP,根据模板 DNA 上的碱基序列,酶逐个将脱氧核糖核苷酸加到链的 $3'$-OH 末端。当模板 DNA 进入 Klenow 片段上拇指结构和手指结构间的凹槽时,引起酶构象的改变,酶就和模板 DNA 紧密结合。dNTP 进入结合位点后,$3'$-OH 与 $5'$-PO_4^{2-} 在酶的催化下结合生成磷酸二酯键。新进入的 dNTP 必须与模板 DNA 链的碱基配对,酶才有催化作用,若是错误的核苷酸进入结合位点,不能与模板配对,就不能进行聚合反应。

虽然 DNA 复制非常精确,但是有时还是会出现错误。当 $3'$末端出现错配的碱基时,DNA 聚合酶Ⅰ从 DNA 链的 $3'$末端开始沿 $3' \rightarrow 5'$方向识别并切除错配的碱基,也就是说具有校对(proofreading)功能。$3' \rightarrow 5'$外切酶活性能切除单链 DNA 的 $3'$末端错误的核苷酸,对 DNA 复制准确性的维持是十分重要的。由于 Klenow 片段具有 $5' \rightarrow 3'$聚合和 $3' \rightarrow 5'$校对活性,是实验室合成 DNA,进行分子生物学研究常用的工具酶。

当 DNA 单链受到损伤而产生缺口(gap)时,DNA 聚合酶Ⅰ的 $5' \rightarrow 3'$外切酶活性在缺口处以 $5' \rightarrow 3'$方向逐步切除 DNA 上受到损伤的小片段,产生 $5'$-脱氧单核苷酸。同时,DNA 聚合酶Ⅰ的 $5' \rightarrow 3'$聚合酶活性以缺口处产生的 $3'$-OH 作为引物,以互补的 DNA 单链作为模板,依次将 dNTP 连接到缺口的 $3'$-OH 末端,合成一段新的 DNA 片段填补缺口。这种 $5' \rightarrow 3'$外切酶活性在 DNA 损伤的修复

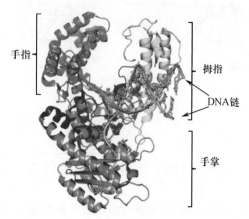

图 13-4　大肠杆菌 DNA 聚合酶Ⅰ的
Klenow 片段

(改自 Appling et al.,2019)

中起着重要作用。

　　DNA 聚合酶Ⅰ的聚合反应可以连续进行,称为持续性(processivity)。但 DNA 聚合酶Ⅰ的持续性很低,当 DNA 链延长约 20 个核苷酸后,酶就脱离

模板。而且 DNA 聚合酶Ⅰ催化的聚合反应速度慢,远远小于体内基因组 DNA 合成的速度。因此,DNA 聚合酶Ⅰ不是大肠杆菌中主要的复制酶,它在 DNA 修复中起着重要的作用。

知识框 13-1　Arthur Kornberg 和 DNA 聚合酶

　　Arthur Kornberg(1918—2007 年)是美国著名的生物化学家,在酶学研究方面有很大的贡献。1956 年,Arthur Kornberg 发现了 DNA 复制所需的第一种聚合酶——DNA 聚合酶Ⅰ,因为这个发现非常重要,因此仅在三年后,也就是在 1959 年就获得了诺贝尔生理学或医学奖。值得一提的是,在他的家庭里还有一位诺贝尔奖获得者,就是他的大儿子 Roger Kornberg,因为在转录方面的研究获得了2006 年的诺贝尔化学奖。

　　Arthur Kornberg 选择从大肠杆菌中提取 DNA 聚合酶,工作中遇到很大的困难。首先,在 20 世纪中期,实验条件和实验技术有限,培养细菌及纯化都很困难。从一个 45 000 L 的发酵罐中生产了90 kg 细菌,花费近一个月时间才获得了 1.5 g 比较纯净的酶。随着遗传工程的进展,450 g 细胞在两天就能产生 1 g 纯酶。其次,DNA 聚合酶活性的验证很难。Arthur KornBerg 等用带有放射性同位素标记的磷酸培养大肠杆菌,提取出基因组 DNA,将其水解成 dAMP、dTMP、dCMP 和 dGMP,然后分离 4 种核苷酸,通过酶的催化转化为 dATP、dTTP、dCTP 和 dGTP,然后再拿这些核苷酸作为延伸反应的原料。从细菌培养、核酸提取、核酸水解、核苷酸分离和酶的催化都暴露在有放射性的环境中。

　　因为这是第一个被发现的 DNA 聚合酶,大家认为它是基因组 DNA 复制的主要酶。但在 1969 年,John Cairns 发现了一株虽然缺失 DNA 聚合酶Ⅰ但仍能正常生长的大肠杆菌的突变株,不过,这种突变株对紫外线很敏感。这使人们对 DNA 聚合酶Ⅰ在复制中的作用产生了质疑,甚至连 Arthur Kornberg 当初测量 DNA 合成的实验方法都受到了否定。直到 1970 年,Arthur Kornberg 的另一个儿子 Thomas Kornberg 及其他研究人员从大肠杆菌里提纯出了新的 DNA 聚合酶——DNA 聚合酶Ⅱ和 DNA 聚合酶Ⅲ,人们才意识到原来大肠杆菌中有多种 DNA 聚合酶。经过 15 年的艰苦研究,DNA 聚合酶Ⅲ才终于被证实是 DNA 复制的关键酶。

参考文献
阿瑟·科恩伯格.酶的情人.上海:上海世纪出版集团,2005.

2. DNA 聚合酶Ⅱ

　　DNA 聚合酶Ⅱ具有 $5'\to3'$ 聚合作用和 $3'\to5'$ 外切酶活性,不是主要的复制酶。因为在此酶发生缺陷的大肠杆菌中也能够正常复制 DNA。DNA 聚合酶Ⅱ可能在 DNA 的损伤修复中起到一定的作用。

3. DNA 聚合酶Ⅲ

　　DNA 聚合酶Ⅲ是大肠杆菌中主要的复制酶(图13-5)。DNA 聚合酶Ⅲ是由 9 种亚基(α、ε、θ、δ、δ'、β、χ、ψ、τ)组成的。α、ε、θ 3 个亚基组成核心酶,每个 DNA 聚合酶Ⅲ中含有 3 个核心酶。α 亚基具有 $5'\to3'$ 聚合酶活性。ε 亚基具有 $3'\to5'$ 外切酶活性,起到校正作用。而 θ 亚基可能在核心酶组装中起作用。

　　DNA 聚合酶Ⅲ中的一种蛋白质可以帮助 DNA 聚合酶与模板结合,称为滑动钳(sliding clamp)蛋白。一分子滑动钳蛋白是由 2 个 β 亚基组成的环状结构,每个 DNA 聚合酶Ⅲ全酶中含有 3 个拷贝的 β 二聚体,每个核心酶结合一个 β 二聚体。在复制过程中,滑动钳蛋白像一个钳子松散地夹住 DNA 模板,并能使酶自由地向前滑动。没有滑动钳时,DNA 聚合酶催化延长 20～100 个核苷酸时就从 DNA 模板上解离下来,滑动钳蛋白大大提高了 DNA 聚合酶Ⅲ的持续性。因为滑动钳蛋白是环状结构,它与 DNA 模板的结合需要滑动钳装载复合物(clamp-loading complex)的帮助。滑动钳装载复合物由 δ、δ' 和 3 分子 τ(tau)亚基组成($\tau_3\delta\delta'$)。核心酶通过 τ 亚基与钳载复合物相连,每个 DNA 聚

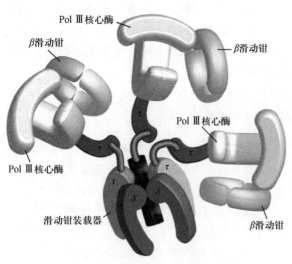

图 13-5　大肠杆菌 DNA 聚合酶Ⅲ

（改自 Nelson et al. ,2017）

合酶Ⅲ全酶中含有 1 个拷贝的钳载复合物。另外两个亚基 χ(chi)和 ψ(psi)结合在钳载复合物上。钳载复合物结合 ATP 并水解 ATP 将滑动钳装载到 DNA 链上，它们也能卸载滑动钳，卸载过程不消耗 ATP。综上所述，DNA 聚合酶Ⅲ的结构是持续性的基础，可以连续合成 DNA。

DNA 聚合酶Ⅲ也具有 3′→5′外切酶活性，可以去除错误的核苷酸，然后再加入正确的核苷酸，因而具有编辑和校对功能。DNA 聚合酶Ⅲ和 DNA 聚合酶Ⅰ协同作用可使复制的错误率大大降低。

（二）解旋酶

DNA 复制要求 DNA 两条链解开才能作为模板。但是 DNA 双螺旋并不会自动打开，细胞内有一类特殊的蛋白质称为解旋酶（helicase），可以促使 DNA 在复制叉处打开双链。解旋酶可以和 DNA 结合，并且利用 ATP 分解成 ADP 时产生的能量沿 DNA 链向前运动促使 DNA 双链打开。每解开 1 对碱基，消耗 2 分子 ATP（图 13-6）。

大肠杆菌有很多种解旋酶，参与复制、修复及转录等过程。解旋酶的移动具有方向性，有的解旋酶与 DNA 结合后沿 5′→3′方向运动。另外一些解旋酶和 DNA 结合沿 3′→5′方向运动。大肠杆菌中与复制相关的解旋酶是 DnaB 蛋白（与复制相关的基因命名为 dna A、dna B 等，与这些基因相对应的蛋白质则以首字母大写 D 命名为 Dna A、Dna B 等），沿 DNA 链 5′→3′方向移动。

（三）单链 DNA 结合蛋白

解旋酶解开的模板 DNA 呈单链状态，有形成双链的倾向。单链 DNA 结合蛋白（single strand DNA binding protein，SSB）能很快地和单链 DNA 结合，防止其重新配对形成双链 DNA，或被核酸酶降解，或形成链内发夹结构。当新生成的 DNA 链延伸时，就把前方的 SSB 置换下来。置换下来的 SSB 可以重复使用（图 13-7）。在大肠杆菌细胞中 SSB 是四聚体，一个 SSB 可以和单链 DNA 上相邻的 32 个核苷酸结合。一个 SSB 四聚体结合于单链 DNA 上可以促进其他 SSB 四聚体与相邻的单链 DNA 结合，这个过程称为协同结合（cooperative binding）。

（四）引物酶

DNA 的复制需要一段引物（primer）以提供 3′-OH 末端供脱氧核糖核苷酸加入。引物是一段短的 RNA 分子。催化引物合成的是一种特殊的 RNA 聚合酶，称为引物酶（primase）。引物酶单独存在时没有活性，只有与一些蛋白质结合成为一个复合体时才有活性，这种复合体称为引发体（primosome）。

2017 年，《美国科学院院刊》报道了一种源自深海火山噬菌体的 DNA 聚合酶不需要引物就可以催化 DNA 复制，改变了 DNA 聚合酶不能从头合成 DNA 的传统观念。

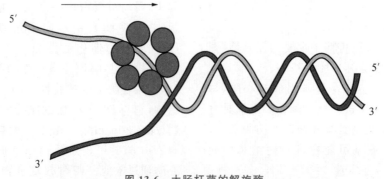

图 13-6　大肠杆菌的解旋酶

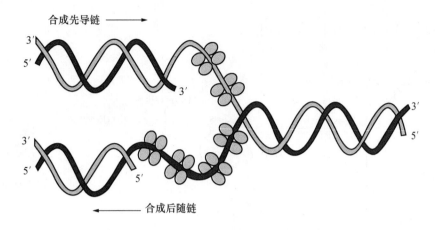

合成先导链 ⟶

3′
5′

3′

3′
5′

3′

3′
5′

⟵ 合成后随链

图 13-7 大肠杆菌的单链 DNA 结合蛋白

(五)连接酶

DNA 复制时,后随链是分段合成的,是不连续的,各个片段之间最后留有切口(nick)。各个片段之间的连接由 DNA 连接酶(DNA ligase)催化。DNA 连接酶能够催化一个双螺旋内一条 DNA 链的 3′-OH 与相邻 DNA 链的 5′-磷酸基生成磷酸二酯键,反应需要 ATP 或 NAD$^+$ 水解提供能量。大肠杆菌及其他一些细菌的连接酶以 NAD$^+$ 作为辅酶,动物细胞中的连接酶需要 ATP 参加。

下面以大肠杆菌 DNA 连接酶为例来说明 DNA 链的连接过程。该酶催化 NAD$^+$ 分子中的腺苷酰基与酶的赖氨酸的 ε-氨基以磷酰胺键相结合,形成腺苷酰化的酶(酶-AMP 复合物),同时释放出 NMN$^+$。然后酶将 AMP 转移给 DNA 切口处的 5′-磷酸基末端,形成 AMP-DNA,使 5′-磷酸基团活化。接着,相邻链的 3′-OH 对活化的 5′-磷酸基团进行亲核攻击,生成 3′,5′-磷酸二酯键,将切口封闭,AMP 被释放(图 13-8)。

DNA 连接酶不但参与 DNA 复制,也参与 DNA 修复和重组。DNA 连接酶连接碱基互补双链中的单链切口,但不能催化两条游离的 DNA 链相连接。

(六)拓扑异构酶

DNA 在细胞内往往以超螺旋状态存在,复制时要将超螺旋状态改变为松弛的状态,复制结束后,要使 DNA 恢复超螺旋状态。DNA 拓扑异构酶(topoisomerase)就是一类能够催化同一 DNA 分子在不同超螺旋状态之间转变的酶。

拓扑异构酶通过催化 DNA 链的断裂、旋转和重新连接而直接改变 DNA 拓扑学性质。原核生物 DNA 拓扑异构酶有两类,首先被发现的是大肠杆菌中的拓扑异构酶 I,它的作用是切断一条 DNA 链,形成酶-DNA 共价中间物而使超螺旋 DNA 松弛化,然后再将切断的单链 DNA 重新连接起来(图 13-9)。

大肠杆菌中的 DNA 旋转酶(DNA gyrase)则是典型的拓扑异构酶 II,该酶能切断和重新连接双链 DNA,能将负超螺旋引入 DNA 分子,消除复制叉前进时带来的扭曲张力,促进双链解开,此过程需要 ATP 水解提供能量(图 13-10)。真核生物细胞内也有 I 型和 II 型拓扑异构酶。与原核生物拓扑异构酶不同的是真核生物的拓扑异构酶既能消除负超螺旋,也能消除正超螺旋。

以上只是介绍了有关 DNA 复制的几个主要蛋白质和酶,在 DNA 复制过程中还有许多蛋白质参与,如大肠杆菌细胞中就有 30 多种蛋白质参与 DNA 复制,许多蛋白质的功能及性质还在研究中。

三、原核生物 DNA 的复制过程

下面以原核生物——大肠杆菌为例说明原核生物的复制过程。DNA 的复制过程可分为三个阶段:起始、延长和终止。

(一)起始

在生物细胞中 DNA 复制是从 DNA 分子上特定位置开始的,这个特定的位置就称为复制起点(origin of replication),用 *ori* 表示。复制起点具有

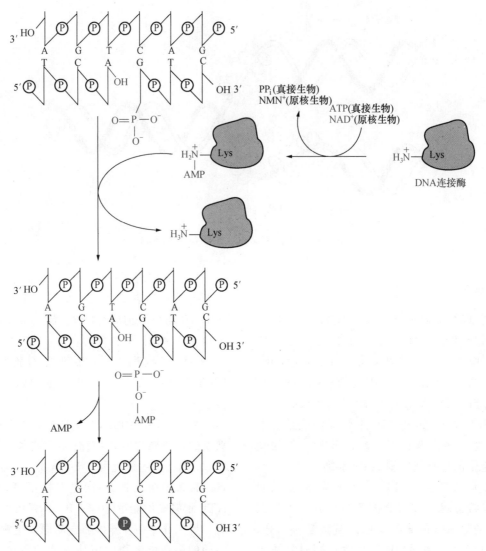

图 13-8　大肠杆菌 DNA 连接酶催化的反应

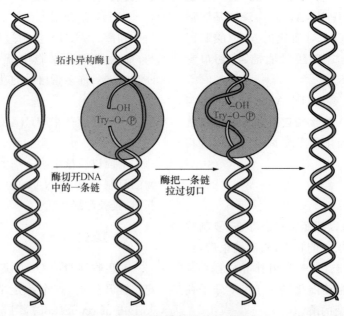

图 13-9　大肠杆菌的拓扑异构酶 Ⅰ

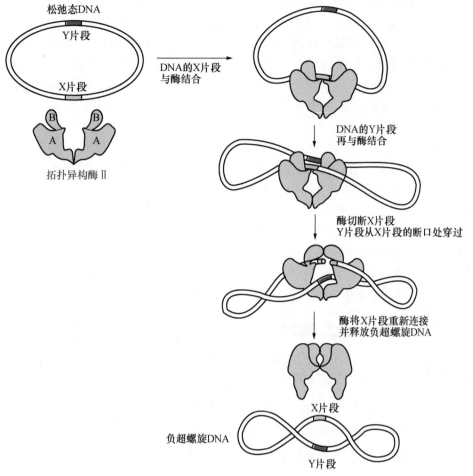

图 13-10　大肠杆菌的拓扑异构酶 Ⅱ

特定的结构。大肠杆菌染色体上的 DNA 复制起点称为 *ori*C，由 245 bp 的 DNA 片段组成。在 *ori*C 区域内的关键序列是 3 个 13 bp 和 5 个 9 bp 的共有序列（consensus sequence）。3 个 13 bp 的序列中富含 AT 有助于链的解开。5 个 9 bp 的序列是 DnaA 蛋白的结合位点。

　　DNA 复制从起点开始复制直到终点为止，每一个这样的 DNA 单位称为复制子或复制单元（replicon）。在原核生物中，每个 DNA 分子上就有一个复制子。当 DNA 复制从起始区启动的时候，起始

区的 DNA 双链因发生解链而形成"Y"字形的结构，这样的结构称为复制叉（replication fork）。DNA 复制过程中可以有一个复制叉，即单向复制（unidirectional replication），也可以有两个复制叉，即双向复制（bidirectional replication）。双向复制是最为常见的复制方式（图 13-11）。复制的起始（priming）阶段包括 DNA 复制起点双链解开，以及 RNA 引物的合成。

　　复制起始时，结合有 ATP 的 DnaA 蛋白在其他蛋白质的帮助下识别并结合于 5 个 9 bp 序列的位

图 13-11　DNA 复制的方向

点上,然后,有 20～40 个 DnaA 蛋白互相靠近,形成 DNA-蛋白质复合体结构,这一结构在 DNA 分子中引入了张力。由于 3 个 13 bp 的序列富含 AT,且与 5 个 9 bp 的序列相邻,形成 DNA-蛋白质复合体结构引入的张力促使 DNA 在 3 个 13 bp 的序列处解链。DnaB 蛋白(解旋酶)在 DnaC 蛋白(解旋酶安装蛋白)的协同下,结合在已解开的局部单链上,DnaB 通过水解 ATP 沿解链方向继续移动,使双链解开足够用于复制的长度,并且逐步置换出 DnaA 蛋白(图 13-12)。此时 SSB 结合上来,防止 DNA 恢复成双链结构。解链是一种高速的反向旋转,复制叉的前方会出现打结的正超螺旋。此时,由 DNA 拓扑异构酶,主要是 II 型酶的作用,在将要打结或已经打结的位置切开产生切口,牵引切开的 DNA 穿越切口并做一定程度的旋转,然后断裂的链重新连接起来。

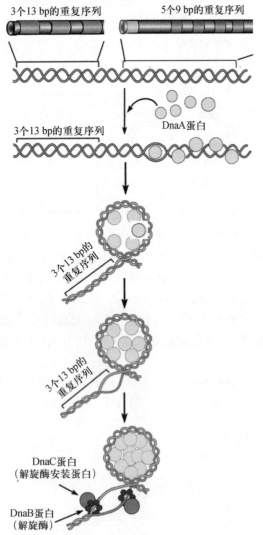

图 13-12　大肠杆菌 DNA 复制起始

DNA 复制需要引物,引物是由引物酶以 4 种核

糖核苷三磷酸(NTP)为底物催化合成的一小段 RNA 分子。当解链模板上的复制起始点结合上 DnaB 后,引物酶也加入,形成一个大的复合体,这样的一个与复制起始相关的复合体称为引发体。引发体按 $5' \rightarrow 3'$ 方向合成引物,引物长度为十几个至数十个核苷酸不等。引物的 $3'$-OH 成为进一步合成 DNA 的起点。在 DNA 聚合酶 III 催化下,第一个加入的 dNTP 与引物的 $3'$-OH 末端生成 $3',5'$-磷酸二酯键,以后的 dNTP 依次加入。

为什么 DNA 复制需要 RNA 引物呢?因为目前发现的几乎所有 DNA 聚合酶只能在已存在的 $3'$-OH 上添加核苷酸,却不能确定第一个核苷酸。引物酶可以合成 RNA 引物,从而为 DNA 聚合酶提供 $3'$-OH。另外,通过这种方式可能有助于减少 DNA 复制起始处的突变。DNA 复制起始处的几个核苷酸由于碱基堆积力很弱,氢键结合能力也很弱,所以最容易出现差错。而且起始处的几个核苷酸还没有与模板形成稳定的双链结构,DNA 聚合酶的 $3' \rightarrow 5'$ 外切酶活性也很难发挥。使用 RNA 引物的优越性在于:即使出现了差错,最后也可以被 DNA 聚合酶 I 切除,由此提高了 DNA 复制的准确性。

(二)延长

DNA 链的延长是在 DNA 聚合酶催化下,以 4 种 dNTP 为原料进行的聚合反应。聚合反应从引物的 $3'$-OH 端开始,以 $5' \rightarrow 3'$ 方向逐个加入 dNMP,脱下焦磷酸 PP_i,使 DNA 链延长。

DNA 双螺旋的两条链是反向平行的,如果从 DNA 的一个端点出发,一条链是 $5' \rightarrow 3'$ 方向,另一条链是 $3' \rightarrow 5'$ 方向。但生物体内的 DNA 聚合酶的催化聚合方向只能是 $5' \rightarrow 3'$ 方向,DNA 在复制时两条链如何能够同时作为模板合成互补链呢?

1968 年,日本科学家冈崎令治(Okazaki Reiji)发现大肠杆菌新合成的 DNA 中有一条链是由很多短的 DNA 片段连接而成,这些复制中出现的不连续的 DNA 片段被命名为冈崎片段(Okazaki fragment)。原核和真核生物冈崎片段的长度有所不同,原核生物中为 1 000～2 000 个核苷酸,真核生物为 100～400 个核苷酸。

后来的研究进一步证明,DNA 的不连续合成只发生在一条链上。顺着复制叉前进方向生成的子代链,它的复制是从 $5' \rightarrow 3'$ 方向连续进行的。另一条链由于复制的方向与复制叉前进方向相反,不能随着复制叉前进方向连续延长(不能以 $3'\rightarrow5'$ 方向进行),必须等到模板链解开足够长度,然后再从 $5'\rightarrow3'$ 合成引物并复制子链。延长过程中,每一次都要等待下一段有足够长的模板,再次生成引物而延长。这样,DNA 复制时,一条链是连续合成的,称为前导链(leading strand),另一条链是不连续合成的,被称为后随链(lagging strand)。DNA 复制时,这种一条链连续复制,另一条链不连续复制的方式称为半不连续复制(semi-discontinuous replication)。

DNA 链的延长主要由 DNA 聚合酶Ⅲ催化的。DNA 聚合酶Ⅲ加入引发体,形成由 DNA 和多种蛋白质组装而成的复合体,称为复制体(replisome)。在一个复制体上,能够同时进行前导链和后随链的合成。

前导链的合成是连续的,当一个复制叉内的第一个 RNA 引物被合成以后,DNA 聚合酶Ⅲ即可以在引物的 $3'$-OH 上连续的催化 DNA 复制,直至复制的终点。

后随链的合成是分段进行的。需要随着复制叉的移动不断合成 RNA 引物,然后由 DNA 聚合酶Ⅲ催化 DNA 冈崎片段的合成。每当一个新的冈崎片段合成完毕,DNA 聚合酶Ⅰ会用 $5'\rightarrow3'$ 外切酶活性及时地切除 RNA 引物,并填补引物切除以后留下的序列空隙,再由 DNA 连接酶将新的冈崎片段与前一个冈崎片段连接起来(图 13-13)。

DNA 复制时,一条链是连续复制的,一条链是不连续复制的;一个复制叉内的 DNA 聚合酶只能朝一个方向前进,那么它如何同时催化前导链和后随链的合成呢?

DNA 聚合酶Ⅲ的全酶中的一个核心酶与前导链模板 DNA 结合后催化合成前导链;另外两个核心酶用于后随链上冈崎片段的合成,提高了后随链合成的效率(图 13-14)。复制过程中,后随链的模板 DNA 在复制过程中折叠成环状结构,使正在被复制的后随链模板的方向与复制叉前进的方向一致。所以,前导链和后随链合成是协调进行的。

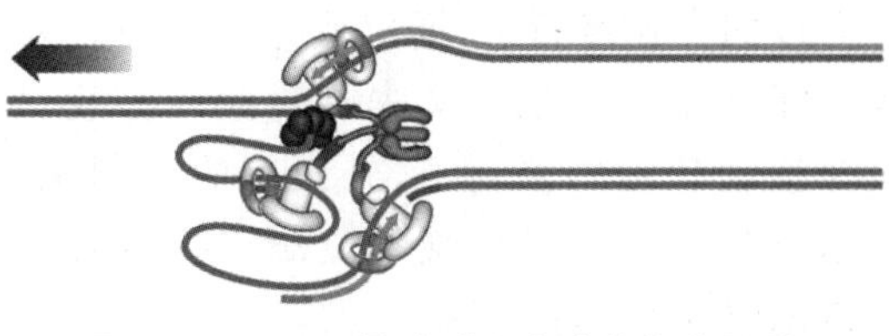

后随链合成过程中,RNA 引物的 $3'$-OH 与加入的 dNTP 在 DNA 聚合酶Ⅲ催化下发生聚合反应,不断延长,合成新的冈崎片段。当新合成的冈崎片段的 $3'$-OH 延长至前方已合成冈崎片段引物的 $5'$-磷酸基末端时,模板被释放,模板上的环状结构消除。在合成下一个冈崎片段时,后随链模板再次形成环状结构进行复制。当新合成冈崎片段接近前

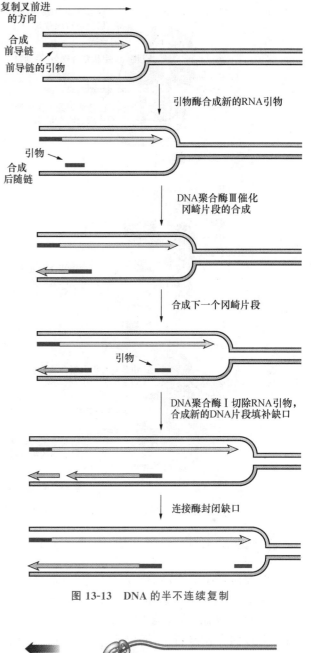

图 13-13　DNA 的半不连续复制

图 13-14　DNA 聚合酶Ⅲ全酶催化前导链
和后随链的合成

(改自 Nelson et al.,2017)

方已合成的冈崎片段时,DNA 聚合酶Ⅰ发挥 $5'\rightarrow3'$ 外切酶活性,切除引物,同时发挥 $5'\rightarrow3'$ 方向的聚合作用,继续延长 DNA 链,填补切除缺口处的空隙(gap)。最后两个冈崎片段由 DNA 连接酶连接起来,形成完整的 DNA 后随链(图 13-15)。

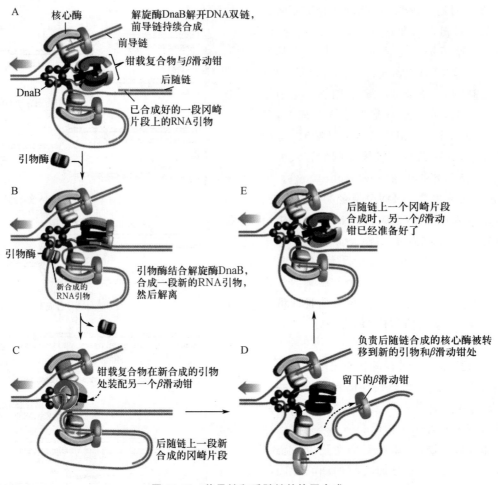

图 13-15　前导链和后随链的协同合成

（改自 Nelson et al. ,2017）

（三）终止

　　单方向复制的环形 DNA 分子中,复制终点就是复制的原点。但大多数环形 DNA 分子的复制方式为双向复制,在正常情况下两个复制叉向不同方向以同样速度行进,同时到达一个特定部位。但也可能其中一个复制叉先到达此处停止,等待另一个移动较慢的复制叉,先到达的复制叉一般不会越过这一特定部位继续复制,这说明此处存在特定的终止信号。

　　大肠杆菌的两个复制叉的终止发生在与 *oriC* 相对处的一个区域,称为终止区（termination region, *ter*）。终止区含有多个 20 bp 左右的序列,称为 ter 序列,其中 *terH*、*terI*、*terE*、*terD* 和 *terA* 位于复制叉汇合点的一侧,是逆时针复制叉特异的终止位点。*terJ*、*terG*、*terF*、*terB*、*terC* 位于复制叉汇合点的另一侧,是顺时针复制叉特异的终止位点。每个复制叉必须越过另一个复制叉的终止位点才能到达自己

的终止位点。*ter* 位点富含 GT（GTGTGGTGT）,与 *ter* 位点结合的蛋白质称为 Tus（termination utilization substance）蛋白,它是解旋酶的抑制剂。每个复制周期只有一个 Tus-Ter 复合体发挥功能。当 Tus 蛋白结合到一侧的 *ter* 位点上后,另一侧的复制叉无法越过 *ter* 位点,从而抑制复制叉的前进,促使复制的终止（图 13-16）。考虑到相对的两个复制叉在碰撞时通常会停止,*ter* 序列似乎不是必需的,但它们在一个复制叉因遇到 DNA 损伤或其他障碍而延迟或停止的情况时,可以防止另一个复制叉的过度复制。

　　由于后随链不连续复制过程产生许多的冈崎片段,其 5′ 起点又是引物 RNA 而不是 DNA,所以复制还包括去除 RNA 引物并替换成 DNA,最后把 DNA 片段连接成完整的新链。引物的切除是由 DNA 聚合酶Ⅰ完成的。引物切除后,留下缺口需要进行填补。缺口的填补是在 DNA 聚合酶Ⅰ催化下,以 4 种 dNTP 为原料,由前方复制的片段提供

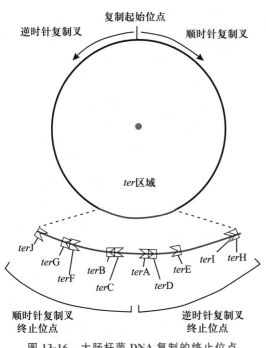

复制起始位点

逆时针复制叉　　　　　　　顺时针复制叉

ter 区域

*ter*J

*ter*G　　　　　　　　　　　　　　　*ter*I　*ter*H
　　　*ter*B　　*ter*A　　*ter*E
*ter*F　　　*ter*C　　*ter*D

顺时针复制叉　　　　　　　　逆时针复制叉
终止位点　　　　　　　　　　终止位点

图 13-16　大肠杆菌 DNA 复制的终止位点

（改自 Nelson et al.，2021）

3′-OH 使之延长，延长的方向为 5′→3′。当延长的链的 3′-OH 末端到达 5′-磷酸基时，由 DNA 连接酶将它们连接起来。

大多数生物体内的 DNA 复制是双向的，但某些生物体内还存在其他种类的一些复制方式，如滚环复制、*D*-环复制等。滚环复制（rolling circle replication）是一些简单低等生物或染色体以外的 DNA 采取的特殊复制形式，是一种单向复制方式。*D*-环复制方式是另一种单向复制方式，线粒体 DNA 的复制采用此种方式。

四、真核生物 DNA 的复制

对真核生物 DNA 复制的研究目前主要是利用酵母和猿猴病毒 40（SV40）做模型，已经取得了很多的进展。

真核生物 DNA 复制是与细胞分裂周期相一致的，在一个细胞周期中只发生一次染色体复制。真核生物的细胞周期包括 DNA 合成前期（G₁ 期）、DNA 合成期（S 期）、DNA 合成后期（G₂ 期）和有丝分裂期（M 期）。细胞间期（G₁ 期、G₂ 期和 S 期）进行着复杂的生物化学变化，生物大分子和细胞器都在此时进行倍增，为 M 期做准备。G₁ 期合成 DNA 复制所需要的蛋白质和 RNA，其中包括合成底物和

DNA 复制的酶系、辅助因子和起始因子等。在具备了 DNA 合成的必要条件后，才开始细胞 DNA 的复制。DNA 复制只发生在 S 期。

（一）真核细胞 DNA 的复制

研究结果表明，真核细胞 DNA 复制的一些基本机制与原核细胞一致，如：DNA 的半保留复制及半不连续复制，此外，真核生物后随链的合成也是分段的过程，包括引物合成、冈崎片段合成、引物水解及聚合酶填补缺口等。真核生物 DNA 聚合酶和原核生物 RNA 聚合酶催化反应的基本性质也相同，也是以 4 种 dNTP 为底物，催化聚合时需要有模板 DNA 和引物 3′-OH，沿 5′→3′ 方向延伸链，复制过程也包括前导链和后随链的合成。

但是真核细胞与原核细胞的复制也有区别。大肠杆菌的复制是单一起点，双向复制。真核细胞的复制是多起点，双向复制的。比如，果蝇最大的染色体有 6 000 个复制叉，说明至少有 3 000 个复制起点。当复制从每个起点向两个方向进行时，复制子向彼此靠近。虽然单个复制叉移动的速度比原核生物慢得多，但因为具有多个复制起点，所以整体复制速度并不慢。

原核细胞 DNA 复制时，在复制叉上催化前导链与后随链合成的两个酶是相同的，但是在真核细胞中，催化两条链合成的酶不相同。原核细胞中引物酶与解旋酶相连，真核细胞引物酶与 DNA 聚合酶相连。

真核生物有多种 DNA 聚合酶，通常有 15 种以上。在基因组复制中有重要作用的有 3 种，分别是 DNA 聚合酶 α/引物酶、δ 和 ε。DNA 聚合酶 α/引物酶合成引物。DNA 聚合酶 δ 负责后随链的复制，DNA 聚合酶 ε 负责前导链的复制。DNA 聚合酶 γ 是线粒体中的 DNA 聚合酶。真核生物中其他的 DNA 聚合酶主要参与 DNA 的修复。

DNA 聚合酶 α/引物酶是由 4 个亚基组成的蛋白质复合体，具有聚合酶活性和引物酶的活性，其中两个亚基构成 DNA 聚合酶 α，两个亚基构成引物酶。DNA 聚合酶 α/引物酶不具备外切酶活性，不能修复合成中出现的错误。DNA 聚合酶 α/引物酶在合成一小段 RNA 引物后还可聚合 10 个左右的寡聚脱氧核糖核苷酸，形成 RNA-DNA 引物，然后由 DNA 聚合酶 δ 和 ε 分别负责 DNA 链后随链和前导链的延长。DNA 聚合酶 δ 和 ε 除了具有聚合

酶活性外,还有 $3' \rightarrow 5'$ 外切酶活性。真核生物 DNA 复制是非常准确的,复制的错误率也很低,表明真核生物的复制是有严格的校对步骤的。

真核生物复制叉处还结合有几种蛋白质,这些蛋白质的功能类似于原核生物复制体中相应的蛋白质的功能。例如,增殖细胞核抗原(proliferating cell nuclear antigen,PCNA)形成类似于原核生物 DNA 聚合酶Ⅲ中的 β 亚基构成的滑动钳蛋白。复制因子 C(replication factor C,RPC)在结构、功能及进化上都与原核生物 DNA 聚合酶Ⅲ中的 γ 亚基相似,可以帮助 PCNA 装载到双链上。复制因子 A(replication factor A,RPA)与原核生物 SSB 蛋白功能相似。此外,真核生物复制体中还包括解开复制叉的解旋酶。

(二)端粒的复制

真核生物染色体是线性 DNA,但由于 DNA 聚合酶只能催化 DNA 从 $5' \rightarrow 3'$ 的方向合成,因此当染色体末端的引物被切除之后,留下的缺口无法填补,导致染色体末端缩短。真核生物通过形成端粒(telomere)结构解决了这个问题。

端粒是真核生物线性 DNA 的两端具有的特殊结构,是由许多短的寡核苷酸片段重复连接形成的结构。这个短序列可以重复一百次到几千次不等,依生物种类的不同而变化。四膜虫端粒的重复序列是 $5'$-TTGGGG-$3'$,人类端粒的重复序列是 $5'$-TTAGGG-$3'$。由于这个小片段多次重复,DNA 双螺旋的两条链碱基组成有所区别,其中的一条链富含 G。这条富含 G 的链比另一条链长,在人类中富含 G 的链比另一条链长约 200 个核苷酸。

复制使染色体末端缩短,端粒酶(telomerase),也称为端聚酶,可在 $3'$-末端添加重复的小片段,使端粒维持一定的长度。端粒酶是一种特殊的逆转录酶,它是由蛋白质和 RNA 两部分组成的。端粒酶与端粒 DNA 富含 G 的链突出的 $3'$-末端结合,端粒酶中的 RNA 恰与端粒的 DNA 的几个碱基互补,形成碱基对。端粒酶可以自身的 RNA 作为模板,开始合成端粒 DNA。合成后的 DNA 片段上又有几个碱基与端粒酶 RNA 互补。端粒酶沿着 DNA 片段向前移动几个核苷酸的距离,再发动新一轮的合成。端粒酶不断向前移动,使端粒 DNA 继续延长(图 13-17)。当 $3'$-末端突出的链延长到一定长度后,就可以按照后随链合成的方式合成互补链。

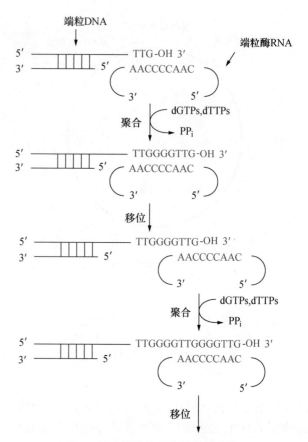

图 13-17　端粒酶催化端粒的延长

在动物的生殖细胞和干细胞中,由于端粒酶有活性,端粒一直保持着一定的长度。体细胞随着分化逐渐失去端粒酶活性。细胞缺乏端粒酶活性时,随着细胞分裂次数增多,端粒不断缩短,短到一定程度时细胞就停止生长或凋亡。

五、逆转录

逆转录(reverse transcription)是指 RNA 指导下的 DNA 合成,即以 RNA 为模板,利用 4 种 dNTP 为原料,在引物(逆转录病毒使用的引物为一种 tRNA)的 $3'$ 端以 $5' \rightarrow 3'$ 方向合成与 RNA 互补的 DNA 链的过程,因为此过程与转录时的信息流向相反,所以称为逆转录。催化逆转录的是 RNA 指导的 DNA 聚合酶,称为逆转录酶(reverse transcriptase)。逆转录酶最早是从禽类肉瘤病毒(Rous sarcoma virus,RSV)中发现的,RSV 是一种能将正常细胞转换为肿瘤细胞的 RNA 病毒。

逆转录酶首先以病毒基因组 RNA 为模板,以 4 种 dNTP 为底物,催化合成一条单链 DNA 并与模板形成 DNA-RNA 杂交体。DNA-RNA 杂交体中的 RNA 被水解后,再以单链 DNA 为模板,合成另一条单链 DNA,后者与 DNA 模板结合形成双链 DNA 分子(图 13-18)。

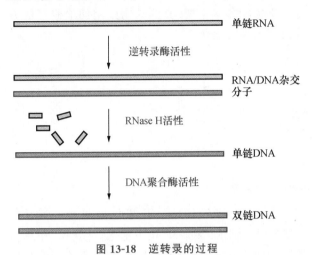

图 13-18　逆转录的过程

逆转录病毒 RNA 编码的逆转录酶是多功能酶,具有 3 种酶的活性:①具有 RNA 指导的 DNA 聚合酶活性,以病毒 RNA 为模板合成单链 DNA;②具有 RNA 酶 H(RNase H)活性,能特异性水解 RNA-DNA 杂交体上的 RNA;③还具有 DNA 指导的 DNA 聚合酶活性,可以用逆转录出的单链 DNA 为模板合成互补 DNA 链。逆转录酶没有 $3'→5'$ 外切酶活性,因此它没有校对功能。逆转录的错误率相对较高,这可能是致瘤病毒出现新病毒株较快的一个原因。

逆转录现象的发现,丰富了中心法则,拓宽了 RNA 病毒致癌、致病的研究。在基因工程操作上,还可用逆转录酶制备互补 DNA(complementary DNA,cDNA)。也可对逆转录病毒进行改造,作为外源基因的载体,制备转基因生物或用于肿瘤和遗传病等的基因治疗。

第三节　DNA 的损伤与修复

DNA 储存着生物体赖以生存和繁衍的遗传信息,因此维护 DNA 分子的完整性对细胞至关紧要。由于一些物理(紫外线、电离辐射)、化学或生物学因素的作用,或者由于生物体 DNA 复制过程出现异常均可引起 DNA 的损伤。根据损伤的类型可分为碱基损伤和 DNA 链的损伤。碱基损伤包括碱基脱落、碱基转换(如胞嘧啶脱氨转变为尿嘧啶)、碱基修

饰等,DNA 链的损伤包括 DNA 链的断裂及交联等。如果 DNA 的损伤不能修复,对体细胞就可能影响其功能或生存,对生殖细胞则可能影响到后代。DNA 的修复是生物保持遗传稳定性的保障。另一方面,在生物进化中突变又是与遗传相对立统一而普遍存在的现象,DNA 分子的变化并不是全部都能被及时或正确修复,即可发生突变。正因为如此,生物才会有变异和进化。

DNA 突变可以分为点突变(point mutation)和移码突变(frameshift mutation)。

点突变指 DNA 上一个或少数几个碱基的变异。嘌呤替代嘌呤,或嘧啶替代嘧啶称为转换(transition)。转换是 A 与 G 之间的相互替代或 C 与 T 之间的相互替代。嘌呤替代嘧啶或嘧啶替代嘌呤则称为颠换(transversion)。其中转换比较常见。

DNA 链上一个或一段非 3 整倍数核苷酸的缺失(deletion)或插入(insertion)可造成移码突变,造成三联体密码子阅读框和编码的氨基酸改变,也可能会形成终止密码子使翻译提前终止,产物活性丧失。

DNA 修复(DNA repair)是细胞对 DNA 受损伤后的一种反应,这种反应可能恢复 DNA 正常的结构和功能。但有时并非能完全消除 DNA 的损伤,只是使细胞能够耐受 DNA 的损伤而能继续生存。也许这些存留下来的损伤会在某种条件下表现出来(如细胞的癌变等),但如果细胞不具备这种修复功能,就无法应对经常发生的 DNA 损伤事件,就不能生存。对不同的 DNA 损伤,细胞可以有不同的修复反应。根据修复的原理,将 DNA 修复分为 4 类:直接修复(direct repair)、切除修复(excision repair)、错配修复(mismatch repair)、重组修复(recombination repair)。此外,在细胞 DNA 受到严重损伤的情况下,会诱发出一系列复杂的反应,称为 SOS 应答(SOS response)。

一、直接修复

直接修复是直接将受到损伤的碱基恢复为正常的碱基。直接修复有多种类型,常见的有光复活修复(photoreactivation repair)。紫外线可使 DNA 分子中同一条链上两个相邻的胸腺嘧啶碱基之间形成二聚体(T-T),这种二聚体是由两个胸腺嘧啶以共价键联结成环丁烷的结构而形成的(图 13-19)。嘧

啶二聚体影响了 DNA 双螺旋结构,阻碍了复制和转录过程。细菌中的 DNA 光裂合酶(photolyase),也称为光复活酶,能特异性识别嘧啶二聚体,并与之结合,这步反应不需要光。结合后如果受到可见光的照射,DNA 光裂合酶就会被激活,将二聚体分解为两个正常的嘧啶单体,然后酶从 DNA 链上释放,DNA 恢复正常结构。光裂合酶广泛存在于动植物中,但哺乳动物中尚未发现。嘧啶二聚体的直接修复对于植物非常重要,高等动物采用切除修复的方式修复嘧啶二聚体。

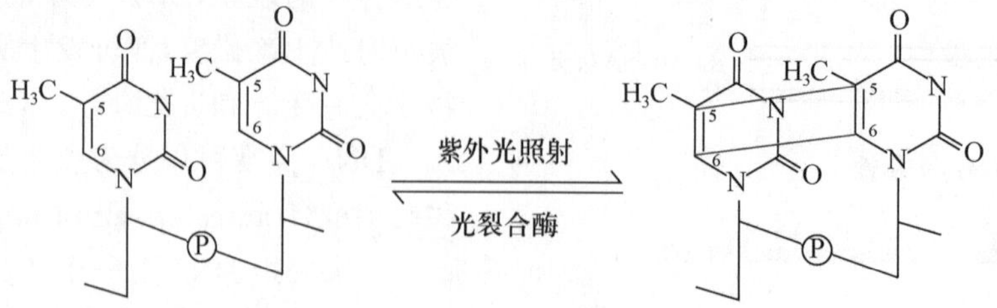

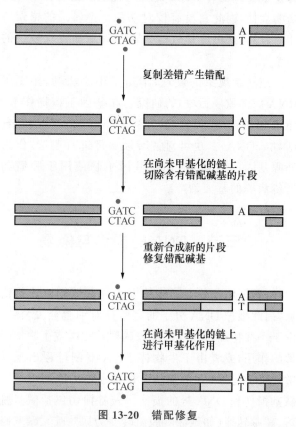

图 13-19 嘧啶二聚体的形成与修复

二、切除修复

切除修复是指在一系列酶的作用下,将 DNA 分子中受损伤的单个碱基(碱基切除修复)或一段核苷酸(核苷酸切除修复)切除,再以完整的那一条链为模板,合成出正常的核苷酸,最后由 DNA 连接酶重新连接,使 DNA 恢复正常结构的过程。这是细胞内修复 DNA 损伤的主要方式,普遍存在于各种生物细胞中,也是人体细胞主要的 DNA 修复机制。

修复过程需要多种酶的一系列作用。以核苷酸切除修复为例,在大肠杆菌中,首先由内切核酸酶识别 DNA 的损伤位点,并将受到损伤的部位切开。其次由解旋酶将有损伤的 DNA 片段移除。然后在 DNA 聚合酶 I 的 $5' \rightarrow 3'$ 聚合酶催化下,以完整的互补链为模板,按 $5' \rightarrow 3'$ 方向合成 DNA 链,填补缺口,最后由 DNA 连接酶将新合成的 DNA 片段与原来的 DNA 断链连接起来。

三、错配修复

在大肠杆菌中,DNA 在复制过程中可能发生错配。如果出现 AU 配对,因为 U 不是 DNA 中的正常碱基,细胞会识别 U,并将其修复。如果出现 AC 配对,A 和 C 都是 DNA 上的正常碱基,这时如果新合成子链上错配碱基被修复,则基因的信息恢复,如果模板链上正确的碱基被切除,突变则被保留。

细胞错配修复系统是如何区分正确的碱基和错误的碱基呢?这与细胞内的甲基化作用有关。例如,在大肠杆菌的 DNA 上,甲基化的腺嘌呤是错配修复的识别标志。Dam 甲基化酶可使 DNA 的 GATC 序列中腺嘌呤 N^6 位甲基化,形成 N^6-甲基腺嘌呤。模板链上,所有的识别位点的两条链都是甲基化的。但是,在刚刚合成的子代分子中,亲代链是甲基化的,另一条新合成的链还没有来得及甲基化。根据甲基化程度的不同,细胞中的错配修复系统就可以识别出模板链和子代链,并倾向于在子代链上进行修复(图 13-20)。一旦细胞发现错配碱基,首先切除子链上含有错配碱基的一个片段,以亲代链为模板进行修复合成。切除的链可长达 1 000 个核

图 13-20 错配修复

苷酸以上,直到切除错配碱基。DNA 聚合酶Ⅲ和 DNA 连接酶分别进行缺口的修复和切口的连接。

四、重组修复

如果 DNA 的两条互补链都受到损伤,就没有互补链可以直接利用,这类损伤就比较严重。例如当大肠杆菌在 DNA 复制进行时发生 DNA 损伤,此时 DNA 两条链已经分开,受损伤的 DNA 链复制时,产生的子代 DNA 在损伤的对应部位出现缺口。这类损伤需要从另外的或相似的 DNA 分子(供体 DNA)上取得一个单链片段填补到缺口处,使受到损伤的分子有模板来进行修复,但供体 DNA 出现了缺口。供体 DNA 再以互补链为模板,经 DNA 聚合酶I催化合成一段新的 DNA 片段填补缺口。最后由 DNA 连接酶连接,完成修复。因为修复需要 DNA 双链上的一些片段重新组合,所以称为重组修复(图 13-21)。重组修复发生于复制完成后,因此也称为复制后修复。

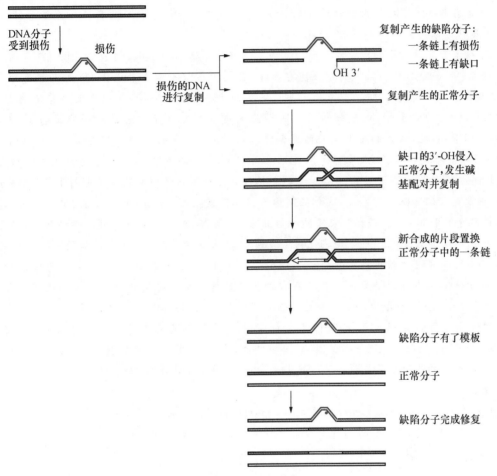

图 13-21　重组修复

通过 DNA 重组修复,DNA 链上的损伤并没有去除。只是随着复制的进行,受损的 DNA 在整个细胞 DNA 中所占比例逐渐减少,从而减弱了损伤对个体的影响。

重组修复机制如果出现问题,可能导致癌症的发生。*Brca* 1(breast cancer susceptibility gene 1)和 *Brca* 2 编码的蛋白质 BRCA 1 和 BRCA 2 参与重组修复过程,如果这两个基因有缺陷,机体发生乳腺癌的风险会非常高。

当 DNA 发生严重损伤,细胞为了生存会诱发一系列复杂的反应,称为 SOS 应答。SOS 应答诱发了错配修复、直接修复、切除修复、重组修复和跨损伤修复等相关的关键酶和蛋白质产生,从而加强了修复的能力。SOS 应答广泛存在于原核生物和真核生物中,是生物在不利环境中求得生存的一种基本功能。

知识框 13-2　DNA 修复与诺贝尔化学奖

人体每天受到的紫外线辐射、自由基和其他致癌物质的影响都会引起 DNA 的突变和损伤。即使没有这些外来因素的影响,DNA 分子自身也是不稳定的,细胞的基因组每天都会产生数千处自发变化。不仅如此,虽然机体中很多机制保证 DNA 复制的准确性,但复制依然会产生错误。

那如何进一步提高 DNA 的准确性,保证遗传物质的稳定性,维持生命的正常进行呢? 机体内还有一种机制能够检查并修复 DNA,这种机制就是 DNA 修复。DNA 修复机制出现问题,会导致癌症、神经退行性疾病等的发生。

2015 年的诺贝尔化学奖就是颁给了在分子水平层面上研究 DNA 修复机制的三位科学家。这三位科学家分别是瑞典科学家托马斯·林达尔(Tomas Lindahl)、美国科学家保罗·莫德里奇(Paul Modrich)和土耳其科学家阿齐兹·桑贾尔(Aziz Sancar)。

托马斯·林达尔解析了 DNA 的碱基切除修复(base excision repair,BER)机制。DNA 存在比较缓慢的衰减现象,每一天都有潜在的破坏性伤害出现,因此托马斯·林达尔提出 DNA 必须有分子修复的能力,将这些缺陷自我修复。即细胞里有一些酶,如尿嘧啶糖基化酶等,能识别某些特定的 DNA 碱基错误,将它从 DNA 的链上切掉,进行修复。阿齐兹·桑贾尔发现了核苷酸切除修复(nucleotide excision repair,NER)机制,该机制帮助细胞修复紫外线对 DNA 产生的影响。有些人核苷酸切除修复机制有遗传缺陷,对紫外线非常敏感,暴露于阳光后会导致皮肤癌的发生。保罗·莫德里奇发现了细胞纠正 DNA 复制过程中发生的错误的机制。细胞会根据特定核苷酸的甲基化修饰分辨 DNA 的母链和子代链,对子代链上的错配碱基进行修复,这种机制称为错配修复(mismatch repair),它可以将 DNA 复制过程中的出错频率降低 1 000 倍。若在错配修复机制上有先天缺陷,就会导致一种遗传性结肠癌的发生。

这些研究不仅加深了人们对细胞内 DNA 遗传稳定性维持的机制,也为疾病的预防和治疗提供了思路。聚腺苷酸二磷酸核糖转移酶[poly(ADP-ribose)polymerase,PARP]抑制剂就是根据 DNA 修复机理研发的一种化疗药物,目前已有 10 种左右的 PARP 抑制剂在临床使用或进行临床试验。PARP 和 BRCA(breast cancer susceptibility gene)都在 DNA 修复中有重要作用,它们共同守护细胞 DNA 的准确性,及时纠正基因的错误。当 BRCA 基因突变时会引发卵巢癌或乳腺癌。卵巢癌和乳腺癌患者服用 PARP 抑制剂会抑制 PARP 在肿瘤细胞中的修复作用,肿瘤细胞基因组缺少了 PARP 和 BRCA 这两种重要的 DNA 修复物质,无法进行 DNA 修复,最终造成细胞死亡。

参考文献

[1]http://www.nobelprize.org/nobel_prizes/chemistry/laureates/2015/press.html

[2]Zimmer A S,Gillard M,Lipkowitz S. Update on PARP inhibitors in breast cancer. Curr. Treat. Options in Oncol,2018,19:21.

第四节　DNA 重组

DNA 分子内或分子间发生遗传信息的重新组合,称为遗传重组(genetic recombination)。DNA 的重组广泛存在于各类生物,真核生物 DNA 重组发生在减数分裂过程中两条同源染色体之间,具有单倍体基因组的细菌和噬菌体的 DNA 重组可在不同个体之间进行。DNA 重组在生物进化中起着重要的作用。

DNA 重组可分为几种类型,包括:同源重组(homologous recombination)、位点专一性重组(site-specific recombination)、转座重组(transposition recombination)。

一、同源重组

同源重组是由两条具有同源性的 DNA 分子,通过配对、链的断裂和再连接,产生片段交换的过程。真核生物染色体的交换,细菌及某些低等生物的转化,以及前面讲过的重组修复都是属于这一类。同源重组尽管可以造成变异,但它的主要功能是修复损伤的 DNA(图 13-21)。

二、位点专一性重组

位点专一性重组广泛存在于各种生物体中,如噬菌体 DNA 插入宿主染色体(整合)、细菌的特异位点重组及免疫球蛋白基因的重排等。这里以噬菌体 DNA 在宿主染色体上的整合和切割为例来了解位点专一性重组。这种重组方式需要噬菌体 DNA 和细菌 DNA 上的专一性位点,催化这个重组过程的酶只能作用于这对专一性位点。

当噬菌体侵入大肠杆菌的细胞后,它的 DNA 有两种去路:一种是复制自己以生成更多的噬菌体,使寄主细胞死亡,即裂解途径(lytic pathway)。另一种是整合到寄主基因组中,通过寄主基因组的复制,进入子代寄主细胞中,即溶原途径(lysogenic pathway)。这种整合过程是由噬菌体编码的整合酶(integrase,Int)催化,反应发生在细菌 DNA 的附着位点 *att* B 和噬菌体 DNA 的附着位点 *att* P 上,两者都含有 15 bp 的相同的核心序列,整合后形成新位点 *att* L 和 *att* R(图 13-22)。整合的噬菌体随寄主染色体一起复制并传递给后代。当噬菌体需要离开寄主基因组时,由另外一些辅助蛋白催化,从寄主基因组 *att* L 和 *att* R 位点上剪切下来,释放出噬菌体颗粒。

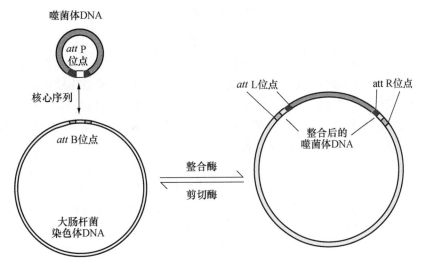

图 13-22　位点专一性重组

三、转座重组

转座重组指 DNA 上的核苷酸序列在不同染色体之间或同一染色体的不同区段之间移动,这些可以移动的 DNA 片段就是转座子(transposon)。20 世纪 40 年代,美国遗传学家 Barbara McClintock 在研究玉米的遗传因子时发现了可以移动的转座子,之后发现转座子普遍存在于各种生物的基因组中。

转座子的靶点与转座子并不存在序列的同源性。接受转座子的靶位点可能是随机的,也可能具有一定的倾向性,这与转座子本身的性质有关。转座子的移动改变了染色体的结构,打乱了 DNA 的序列,在 DNA 上造成插入、缺失、倒位和重排。转座子的插入可能导致基因的失活或基因的激活,这

与插入的位置有关。

细菌的转座子有两类:一类是比较简单的转座子,即插入序列,除了转座所需的基因外不携带任何标记基因。转座发生时,靶位点被交错切开,产生了突出的单链末端。转座子就插到两个单链末端之间,在转座子两端产生了单链的缺口。复制把两个缺口修复好,于是转座子的两端各有一个靶位点的拷贝。所有的转座子的移动都会使靶位点加倍(图 13-23)。另一类是复杂转座子,转座子除了编码与转座功能有关的基因外还携带抗性或其他标记基因。

真核生物的转座子分为两类:一类是 DNA 转座子,转座过程不产生 RNA 中间体;另一类是逆转座子,产生 RNA 中间体。

DNA 转座子根据转座机制不同又可分为保留

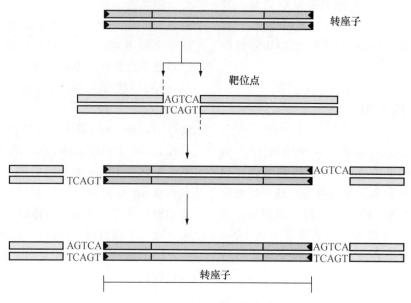

图 13-23 转座子

型转座子和复制型转座子。保留型转座子的转座机制是"剪切-粘贴",即转座子被原封不动地转移并保留到新的位点,原来的位点由另外的机制处理。真核生物绝大多数 DNA 转座子属于这一类。复制型转座子的移动机制是"复制-粘贴"。原来位置上的转座子仍然存在,只是复制了一份拷贝移动并粘贴到新的位点上。

逆转座子在转座过程中首先是 DNA 被转录成 RNA 中间物,然后 RNA 中间物被反转录成双链 DNA,最后双链 DNA 整合到基因组新的位点上。

小结

(1)DNA 是生物体的主要遗传信息。DNA 通过复制将遗传信息传递给子代。DNA 的复制方式是半保留复制,即子代分子中的一条链来自亲代,另一条链是新合成的。合成的方向是 $5' \rightarrow 3'$。

(2)DNA 的复制开始于特殊的起点,单向或双向进行。原核生物 DNA 是单复制子,真核生物 DNA 是多复制子。

(3)大肠杆菌中的 DNA 聚合酶Ⅲ是主要的复制酶,具有 $5' \rightarrow 3'$ 聚合酶活性和 $3' \rightarrow 5'$ 外切酶活性。DNA 聚合酶Ⅰ负责修复和 RNA 引物的切除。DNA 聚合酶Ⅱ可能负责损伤修复。真核生物 DNA 聚合酶有多种,哺乳动物中常见的有 5 种,分别是 DNA 聚合酶 α、β、γ、δ 和 ε,负责核 DNA 和线粒体 DNA 的复制。

(4)DNA 复制时,一条链的合成与复制叉的移动方向一致,合成是连续的,称为前导链;另一条链的合成方向与复制叉移动方向相反,称为后随链。后随链是由小的片段连接而成的,这些片段称为冈崎片段。由于 DNA 复制时,一条链的合成是连续的,一条链的合成是不连续的,这种复制方式称为半不连续复制。复制起始需要 RNA 引物,原核生物的 RNA 引物由引物酶合成,随后由 DNA 聚合酶Ⅰ切除并填补留下的空隙,由连接酶连接形成完整的后随链。真核生物的 RNA 引物是由 DNA 聚合酶 α/引物酶复合体合成的。

(5)DNA 的复制过程包括起始、延长和终止三个阶段。有 DNA 聚合酶、解旋酶、单链 DNA 结合蛋白、引物酶、拓扑异构酶和连接酶等多种酶和蛋白质参与复制。

(6)在逆转录酶的作用下,以 RNA 为模板合成 DNA 的过程,称为逆转录。

(7)一些物理、化学或生物学因素会导致 DNA 损伤。生物体内 DNA 的损伤在一定条件下可以修复。修复方式包括直接修复、切除修复、错配修复和重组修复。细胞 DNA 受到严重损伤的时候,会诱发产生 SOS 应答,使细胞得以生存。

(8)DNA 重组主要包括同源重组、位点专一性重组和转座重组 3 种方式。同源重组是最基本的重组方式,它通过链的断裂和再连接,在两个 DNA 分子同源序列间进行单链或双链片段的交换。位点专一性重组发生在特定位点内,有特异的酶参与作用。转座重组是由于一些可移动的片段,即转座子,从染色体的一个位点转移到另一个位点引起的。

思考题

一、单选题

1. 用实验证实 DNA 的半保留复制的学者是_____。

   A. Watson 和 Click

   B. Meselson 和 Stahl

   C. Kornberg

   D. Griffith 和 Avery

2. 大肠杆菌 DNA 聚合酶Ⅰ经枯草杆菌蛋白酶处理后得到两个片段,其中大片段称为 Klenow 片段,不具有_____。

   A. 聚合酶活性

   B. $5'{\rightarrow}3'$外切酶活性

   C. $3'{\rightarrow}5'$外切酶活性

   D. 任何酶活性

3. 冈崎片段是指_____。

   A. DNA 模板上的 DNA 片段

   B. 引物酶催化合成的 RNA 片段

   C. 后随链合成时出现的不连续 DNA 片段

   D. 前导链合成时出现的不连续 DNA 片段

4. 某个细菌染色体 DNA 分子有 4.6×10^6 个碱基对,复制叉移动的速度是每秒 1 000 个核苷酸,完成复制所需时间是_____。

   A. 9 200 s　　　　B. 4 600 s

   C. 2 300 s　　　　D. 1 250 s

5. 端粒酶与真核生物线形 DNA 末端的复制有关,从功能上讲,它是一种_____。

   A. RNA 聚合酶　　B. 逆转录酶

   C. 核糖核酸酶　　D. DNA 连接酶

二、问答题

1. DNA 是生物体重要的遗传物质,哪些机制保证了 DNA 复制的高度忠实性?

2. 大肠杆菌 DNA 复制过程中主要需要哪些酶和蛋白质,它们分别发挥着怎样的功能?

3. DNA 聚合酶是如何催化前导链和后随链复制协调进行的?

三、分析题

某个双链 DNA 的序列为:

  a:　5'-AGCTGGTCAATGAACTGGCGTTA-ACGTTAAACGTTTCCCAG-3'

  b:　3'-TCGACCAGTTACTTGACCGCAATT-GCAATTTGCAAAGGGTC-5'

--->

上链和下链分别用 a 和 b 表示,箭头表明 DNA 复制时这个复制叉移动的方向。试问:

(1)哪条链是合成后随链的模板?

(2)试管中存在单链 a,要以它作为模板合成新的子代链,还需要加入哪些成分?

(3)如果需要合成的 c 链中要被^{32}P 标记,底物 dNTP 中的哪一个磷酸基团应带有^{32}P?

参考文献

[1] Horton H R, Moran L W, Scrimgeour K G, et al. Principles of Biochemistry. 5th ed. Pearson Education, Inc. , 2012.

[2] Nelson D L, Cox M M, Hoskins A A. Lehninger Principles of Biochemistry. 8th ed. W. H. Freeman and Company, 2021.

[3] Nelson D L, Cox M M. Lehninger Principles of Biochemistry. 7th ed. W. H. Freeman and Company, 2017.

[4] Berg J M, Tymoczko J L, Gatto G J Jr. , et al. Biochemistry. 9th ed. W. H. Freeman and Company, 2019.

[5] Watson J D, Baker T A, Bell S P, et al. Molecular Biology of the Gene. 7th ed. Pearson Education, Inc. , 2013.

[6] Appling D R, Anthony-Cahill S J, Mathews C K. Biochemistry-Concepts and Connections. 2nd ed. Pearson Education, Inc. , 2019.

[7] Zhu B, Wang L, Mitsunobu H. Deep-sea vent phage DNA polymerase specifically initiates DNA synthesis in the absence of primers. Proc Natl Acad Sci USA, 2017, 114(12): E2310-E2318.

[8] 朱圣庚,徐长法. 生物化学. 4 版. 北京:高等教育出版社, 2016.

第十四章

RNA 的生物合成

本章关键内容:掌握转录的原料、模板、酶及转录的基本过程,熟悉编码链、模板链的概念;掌握原核生物 RNA 聚合酶的结构、性质和功能;掌握原核生物启动子的结构以及转录的起始、延长和终止过程。了解真核生物 RNA 聚合酶的种类和转录产物。通过乳糖操纵子和色氨酸操纵子掌握原核生物转录调控的机制。了解 RNA 的加工过程,特别是真核生物 mRNA 前体的加工过程。

转录(transcription)是在 RNA 聚合酶的催化下,以 4 种核糖核苷酸(ATP、UTP、CTP、GTP)为底物,以 DNA 为模板合成 RNA 的过程。最初转录出的 RNA 产物是前体分子(precursor),通常需要经过一系列加工和修饰才能表现其生物活性,形成成熟的 mRNA、tRNA 和 rRNA,以及各种具有特殊功能的小 RNA 分子。

基因表达(gene expression),指 DNA 转录成 RNA 再翻译成蛋白质的过程,或者 DNA 转录产生具有多种功能的非编码 RNA(non-coding RNA)的过程。基因表达是受到严格调控的,在细胞不同生长发育阶段和细胞内外条件改变时表达不同的基因。转录起始水平的调控是基因表达调节的关键途径。

本章将重点介绍转录的特征、转录过程、转录的调控以及 RNA 的加工过程。

第一节　不对称转录

转录是以 DNA 为模板,合成 RNA 的过程,所需的酶为 RNA 聚合酶(RNA polymerase)。从化学角度来讲,转录时 RNA 的合成类似于 DNA 的复制,多核苷酸链的合成是以 DNA 为模板,以 4 种核苷三磷酸(ATP、GTP、CTP、UTP),按照碱基配对的原则将核苷酸加到生长的 RNA 链的 3′-OH 端,催化形成 3′,5′-磷酸二酯键,释放出焦磷酸,因此 RNA 链的生长方向是 5′→3′。与 DNA 复制不同的是,RNA 链中以 U 而不是 T 与 DNA 链中的 A 配对。反应式如下:

$$(NMP)_n\text{-}3'\text{-}OH + NTP \longrightarrow (NMP)_{n+1}\text{-}3'\text{-}OH + PP_i$$

生物体 DNA 分子多为双链。在进行转录时,只用 DNA 双链中的一条单链作为模板,指导合成互补的 RNA 链,这条 DNA 链称为模板链(template strand),又称为无意义链或负链(一链)。转录出的 RNA 的序列与 DNA 双链中另一条非模板链(模板链的互补链)上的序列基本相同,只是 RNA 中以 U 取代 DNA 中的 T,所以把 DNA 双链中不作为模板的那条链称为编码链(coding strand),又称为有意义链或正链(+链)。由于 RNA 的转录是以 DNA 的一条链为模板而进行的,所以又将这种转录方式称为不对称转录(asymmetric transcription)(图 14-1)。

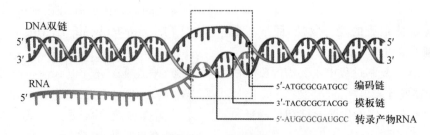

DNA双链

5′
3′

RNA

5′

5′-ATGCGCGATGCC　编码链
3′-TACGCGCTACGG　模板链
5′-AUGCGCGAUGCC　转录产物RNA

图 14-1　不对称转录

(虚线方框中的序列显示在图的右下方。可以看出:转录出的 RNA 序列与编码链基本相同,只是以 U 代替了 T)

第二节 原核生物 RNA 的合成

一、原核生物中的 RNA 聚合酶

大肠杆菌中一种 RNA 聚合酶可以合成所有的 RNA。大肠杆菌的 RNA 聚合酶有全酶（holoenzyme）和核心酶（core enzyme）两种形式。全酶由 5 种亚基构成（$\alpha_2\beta\beta'\omega\sigma$）。当 σ（sigma）亚基从全酶中解离以后，另外的几种亚基（$\alpha_2\beta\beta'\omega$）构成了大肠杆菌 RNA 聚合酶的核心酶。

核心酶中的 β 亚基能与底物 NTP 结合，并催化形成磷酸二酯键。β' 亚基负责酶与 DNA 模板链的结合。α 亚基二聚体作为 RNA 聚合酶全酶组装的支架（scaffold）。σ 亚基没有催化活性，但能识别并结合于转录的起始部位，引导 RNA 聚合酶稳定地结合到 DNA 启动子处起始转录，是细菌基因的转录起始因子。ω 亚基与酶的组装及功能调节相关。核心酶使已经开始合成的 RNA 链继续延长。原核生物 RNA 聚合酶具有有限的校对功能，所以 RNA 合成的错误率比 DNA 合成的错误率要高很多。

其他原核生物的 RNA 聚合酶在结构、组成和功能等方面都与大肠杆菌的 RNA 聚合酶相似。栖热水生菌（*Thermus aquaticus*）RNA 聚合酶的 2 个较大的亚基（β 和 β'）向外突出，像一个蟹钳。2 个亚基之间有一个裂缝，裂缝的底部由 2 个亚基的部分序列共同构成了酶的活性中心（图 14-2）。

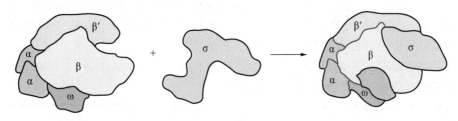

图 14-2　栖热水生菌 RNA 聚合酶
（全酶由核心酶和 σ 亚基组成）

原核生物 RNA 聚合酶的活性可被利福霉素（rifamycin）、利福平（rifampicin）抑制，这是因为它们可与 RNA 聚合酶的 β 亚基结合，影响酶的作用。利福平常作为抗结核药物，就是由于它能抑制细菌 RNA 聚合酶的活性。

二、原核生物的启动子结构

原核生物的启动子是 RNA 聚合酶识别、结合并开始转录的一段 DNA 序列，是控制转录的关键部位。原核生物大多数的启动子包括转录起始位点（transcription start site，Tss）、－10 区（－10 region）、－35 区（－35 region）以及－10 区和－35 区之间的间隔区（图 14-3）。

在分析了 100 多种原核生物启动子后，发现它们有一些共同的特征。在起始位点上游－10 bp 处有一段 6 bp 的保守序列 5'-TATAAT-3'，因为其中心位于－10 bp 处，所以称为－10 区（－10 region），又称 Pribnow 盒（Pribnow box）。－10 区是 DNA 分子上可与 RNA 聚合酶结合的核心序列。由于－10 区中碱基组成全是 A-T 对，该区域的 DNA 双链就容易解开，使转录起始。

在－10 区上游还有一段 6 bp 的保守序列 5'-TTGACA-3'，因为这段保守序列的中心位于－35 bp 处，所以称为－35 区（－35 region）。－35 区是 DNA 分子中可被 RNA 聚合酶 σ 因子特异性识别的序列。

在－35 区与－10 区之间有 16～18 个核苷酸，两个序列之间为 17 个核苷酸时转录效率最高。

转录起始位点是 DNA 链上开始进行转录的位点。转录起始位点的核苷酸标为＋1。转录起始位点之前的序列称为上游（upstream），用负数表示，转录起始位点上游的核苷酸依次标为－1，－2，－3……。转录起始位点之后的序列称为下游（downstream），用正数表示，转录起始位点下游的核苷酸依次标为＋2，＋3……。

三、原核生物的转录过程

原核生物和真核生物转录的基本原理相同，下面以大肠杆菌为例介绍转录的过程。转录分为起始、延长和终止三个阶段。

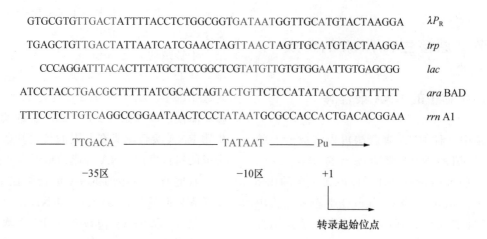

```
GTGCGTGTTGACTATTTTACCTCTGGCGGTGATAATGGTTGCATGTACTAAGGA    λP_R
TGAGCTGTTGACTATTAATCATCGAACTAGTTAACTAGTTGCATGTACTAAGGA    trp
CCCAGGATTTACACTTTATGCTTCCGGCTCGTATGTTGTGTGGAATTGTGAGCGG   lac
ATCCTACCTGACGCTTTTTATCGCACTAGTACTGTTCTCCATATACCCGTTTTTTT   ara BAD
TTTCCTCTTGTCAGGCCGGAATAACTCCCTATAATGCGCCACCACTGACACGGAA   rrn A1
```

—— TTGACA ———————— TATAAT ——— Pu ——→

−35区   −10区   +1

转录起始位点

图 14-3　原核生物的启动子

（一）起始阶段

转录的起始是 RNA 聚合酶与启动子相互作用并形成活性转录起始复合物的过程。首先由 RNA 聚合酶的 σ 亚基识别启动子的 −35 区，引导 RNA 聚合酶的全酶与 −35 区结合，此时 DNA 没有解链，RNA 聚合酶与 DNA 形成的是封闭复合物（closed complex）（图 14-4）。随后 RNA 聚合酶向 −10 区移动并与之紧密结合，局部 DNA 发生构象改变，结构变得较为松散，特别是在与 RNA 聚合酶结合的 −10 区附近，DNA 双链解开约 17 个碱基对，形成一个开放复合物（open complex），开放复合物也称为起始转录泡（transcription bubble）（图 14-5）。

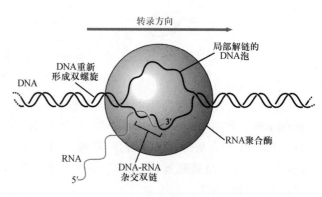

图 14-5　转录泡的结构

（转录泡区域包含 RNA 聚合酶、局部解链的 DNA 泡和 RNA-DNA 杂交双链。改自 Pratt 和 Cornely，2018）

转录起始不需要引物。根据 DNA 模板链上核苷酸的顺序，在 RNA 聚合酶的催化下，起始点处两个相邻的三磷酸核苷（NTP）形成磷酸二酯键。第一个核苷酸多为 ATP 或 GTP，即 RNA 的 $5'$-端为 pppA 或 pppG，以 pppA 更常见。第一个核苷酸的 $3'$-OH 与随后进入的 NTP 的 $5'$-端磷酸基结合，使 RNA 链延长下去。当合成 10 个或更多个核苷酸后，σ 因子从全酶解离出来，核心酶继续结合在 DNA 模板上催化 RNA 链的延长，至此完成了转录起始阶段，进入延伸阶段。解离出来的 σ 因子可以和游离的核心酶重新组装成全酶，参与新一轮转录反应。

当转录物长度达到能形成一种稳定的 RNA-

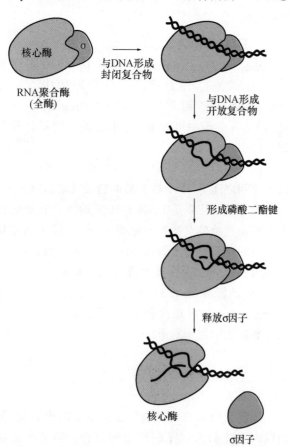

图 14-4　转录的起始和延长

DNA 杂交双链的时候,RNA 聚合酶才会离开启动子。从转录起始到延伸的过渡过程称为启动子清空(promoter clearance)。启动子清空是由 σ 因子控制的,因为 σ 因子使得聚合酶对启动子序列的亲和性太高,造成聚合酶结合在启动子上移动缓慢。当 σ 因子从全酶解离后,核心酶以较低的亲和力与非特异性 DNA 结合,可以沿着模板链向下游滑动,有利于转录的延长阶段。

(二)延长阶段

σ 因子释放后,RNA 聚合酶核心酶沿模板链的 3′→5′方向滑行,一面使双股 DNA 解链,一面催化 NTP 按模板链的序列在新生 RNA 链的 3′-OH 端逐个添加互补的核苷酸,使 RNA 按 5′→3′方向不断延伸,转录泡随着核心酶的移动而移动。转录生成的 RNA 暂时与 DNA 模板链形成局部的 DNA-RNA 杂交双链。杂交双链中的 DNA 与 RNA 之间结合不紧密,当 RNA 链的长度超过 12 个碱基时,距离转录起始位点很近的 RNA 的 3′端仍与 DNA 链通过碱基配对结合在一起,已经合成好的 RNA 的 5′端从杂交双链上解离,形成游离的单链。转录时解开的 DNA 模板链与编码链通过碱基配对重新形成双螺旋结构(图 14-5)。

(三)终止阶段

RNA 聚合酶在 DNA 模板上停止前进,转录产物 RNA 链从转录复合物上释放出来,就是转录的终止。转录是在 DNA 模板某一位置上停止的。具有停止转录作用的序列被称为终止信号或终止子(terminator)。

原核生物基因组的 DNA 序列中存在两种类型的转录终止信号,一类信号仅依靠本身的序列就可以使转录终止,称为内部终止子(intrinsic terminator),也称为不依赖于蛋白质因子的终止子(图 14-6)。

不依赖 ρ 因子的终止信号中有一段富含 GC 的区域,由这段 DNA 转录生成的 RNA 容易形成发夹结构。在富含 GC 区域的下游还有一段由 4~8 个连续的 A 组成的序列,转录后在发夹结构的 3′端形成多个连续的 U。在转录后形成的 DNA-RNA 杂交双链中,模板链的寡聚 A 和转录产物寡聚 U 之间的作用力比较弱,较易解链。于是新生成的 RNA 链从模板上脱落下来,核心酶也释放下来。

另一类信号仅依靠本身序列不能使转录终止,

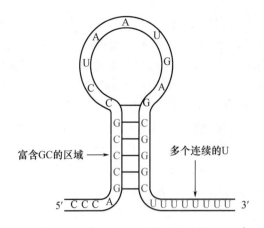

图 14-6 不依赖于 ρ 因子的终止信号转录出的 RNA 3′端结构

需要蛋白质因子的辅助才能终止转录,这类终止子称为依赖于 ρ(rho)因子的终止子。这种终止方式在细菌中比较少见,常见于噬菌体的转录终止。ρ 因子是具有 6 个相同亚基的环状蛋白质,具有 ATP 水解酶活性,与转录出的单链 RNA 结合。

依赖 ρ 因子的终止方式转录出的 RNA 产物也可能形成发夹结构,但没有寡聚 U。依赖 ρ 因子的终止机制还不是很清楚。一种可能的方式是:当转录出的 RNA 上出现 rut(rho utilization)位点时,ρ 因子特异性识别 rut 位点并结合到 RNA 链上,利用自身 ATP 水解酶的活性水解 ATP 提供能量,沿 RNA 链 5′→3′方向移动。RNA 聚合酶遇到终止信号中的发夹结构暂时停止移动时,ρ 因子追上酶。将 RNA 从 RNA 聚合酶中拉出,使转录终止(图 14-7)。最近的研究发现,ρ 因子不是在转录即将结

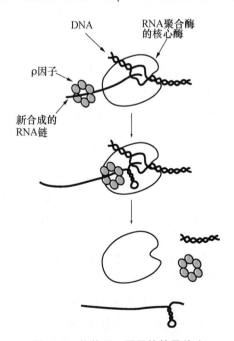

图 14-7 依赖于 ρ 因子的转录终止

束时附着在特定的 RNA 片段上并帮助它从 DNA 上解脱出来，而是在转录持续期间在 RNA 聚合酶上"搭便车"。ρ 因子通过与其他蛋白质协同作用，使 RNA 聚合酶发生一系列结构改变进入无活性状态，从而使 RNA 得以释放。

应该注意的是：转录只在 DNA 的一部分序列上进行，这段 DNA 序列称为转录单位（transcription unit），包括从起始点到终止子的全部 DNA 序列，可能包括一个或几个基因。

转录的终止作用并不是绝对的。在 λ 噬菌体中，一些蛋白质可以协助 RNA 聚合酶跨越终止部位，继续转录。这些蛋白质称为抗转录终止蛋白，如 λ 噬菌体 N 基因的产物。

第三节　原核生物的转录调控

细胞的基因表达是指由 DNA 转录成 RNA 及翻译成蛋白质的过程，是受到严格的调控的。细胞响应调节信号，使基因表达产物的水平升高或降低的过程，就称为基因表达调控（gene expression regulation）。基因的表达调控可以在多种水平上进行，如 DNA 结构的调控、转录水平的调控及翻译水平的调控。原核生物基因表达调控以转录起始水平的调控为主。

下面以乳糖操纵子和色氨酸操纵子为例介绍原核生物转录起始阶段的调控。

一、乳糖操纵子

操纵子（operon）模型很好地说明了原核生物基因表达的调节机制，在原核生物基因调控中具有普遍性。

操纵子是原核生物染色体上基因表达调控的功能单位，包括结构基因（structural gene）和调控元件（regulatory element）。

结构基因由功能上彼此相关的几个基因组成，编码蛋白质（如酶）的氨基酸序列，也可编码 RNA，如 rRNA 和 tRNA。一个操纵子中若干个结构基因排列在一起，它们的表达作为一个整体受调控元件的调节，通过转录形成的是一条多顺反子 mRNA。

大肠杆菌的乳糖操纵子（lac operon）是第一个被阐明的基因表达系统，由 François Jacob 和 Jacques Monod 于 1962 年提出的。大肠杆菌乳糖操纵子（图 14-8）有 3 个结构基因 lacZ、lacY、lacA，分别编码 3 种参与乳糖分解代谢的酶，即 β-半乳糖苷酶（β-galactosidase）、β-半乳糖苷透过酶（β-galactoside permease）和硫代半乳糖苷转乙酰基酶（thiogalactoside transacetylase）。

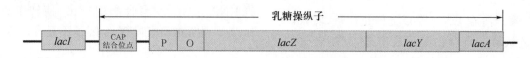

图 14-8　乳糖操纵子的结构

结构基因区的上游是调控元件，包括启动子（promoter, P），操纵基因（operator, O）和启动子上游的 CAP 结合位点。CAP 是代谢物基因活化蛋白（catabolite gene activation protein），也称为 CRP，即 cAMP 受体蛋白（cAMP receptor protein）。调节基因（lacI）编码由 4 个亚基组成的阻遏蛋白，阻遏蛋白可与操纵基因结合，影响基因表达。

乳糖操纵子的转录起始是由负调控和正调控协调控制的。

在培养基中没有乳糖的条件下，阻遏蛋白能与操纵基因结合。由于操纵基因与启动子有部分重叠，一旦阻遏蛋白与操纵基因结合，就妨碍了 RNA 聚合酶与启动子结合，从而抑制结构基因的转录，这种状态称为乳糖操纵子的负调控机制（negative regulation）。不过，阻遏蛋白的阻遏作用并不是绝对的。由于阻遏蛋白偶尔会从操纵基因上解离，所以每个细胞中仍有少量的 β-半乳糖苷酶和 β-半乳糖苷透过酶生成。

当培养基中有乳糖存在时，乳糖通过 β-半乳糖苷透过酶作用进入细胞，在 β-半乳糖苷酶催化下形成葡萄糖、半乳糖及别乳糖，别乳糖作为诱导物（inducer）与阻遏蛋白结合，使阻遏蛋白的构象发生改变，不能与操纵基因结合，RNA 聚合酶能够与启动子结合并启动 3 个结构基因的转录（图 14-9）。

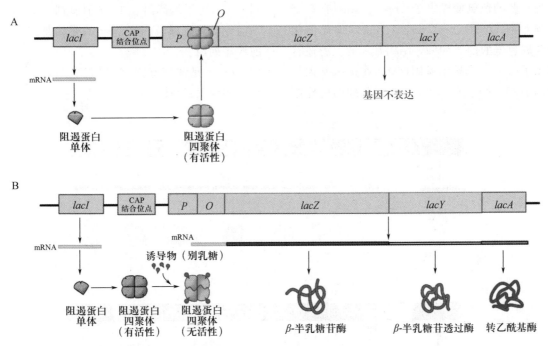

A. 调节基因表达出有活性的阻遏蛋白。阻遏蛋白与操纵基因结合,抑制结构基因转录
B. 别乳糖作为诱导物与阻遏蛋白结合,使阻遏蛋白的构象发生变化,不能结合操纵基因,结构基因得以转录

图 14-9 乳糖操纵子的负调控

在乳糖操纵子中,RNA 聚合酶与启动子结合的能力很弱,还需要激活蛋白的促进,才能与启动子更好地结合并有效转录。乳糖操纵子中的激活蛋白就是 CAP。CAP 是同二聚体,它的活性是由 cAMP 调控的。CAP 中有 DNA 结合域和 cAMP 结合位点。当环境中缺乏 cAMP 时,CAP 与启动子上游的 CAP 结合位点的作用力很弱。当环境中 cAMP 含量较高时,CAP 与 cAMP 结合形成 CAP-cAMP 复合体。CAP-cAMP 结合在 lac 启动子上游的 CAP 结合位点,促进 RNA 聚合酶与启动子的结合,提高转录的效率。CAP-cAMP 能够激活转录,是一种正调控(positive regulation)(图 14-10)。

细胞中 cAMP 含量的变化与环境中的葡萄糖含量有关。当环境中没有葡萄糖时,细胞中 cAMP 的含量升高,与 CAP 形成 CAP-cAMP 复合体,促进转录。当环境中有葡萄糖存在时,细胞中 cAMP 的含量降低,CAP 与 cAMP 结合受阻,造成乳糖操纵子表达下降,使细菌只能利用葡萄糖。因此,当细菌在含有葡萄糖和乳糖的培养基中生长时,总是优先利用葡萄糖。当葡萄糖耗尽后,细菌经过一段停滞期,在乳糖的诱导下 β-半乳糖苷酶开始合成,细菌才能利用乳糖,这称为葡萄糖效应。

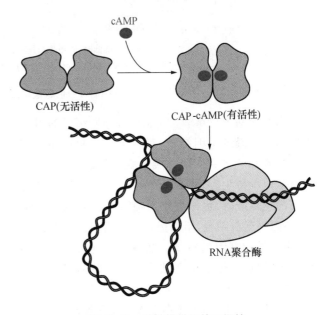

图 14-10 乳糖操纵子的正调控

二、色氨酸操纵子

细胞能够根据环境变化对代谢做出调整。大肠杆菌的色氨酸操纵子就是另一个生动的例子。色氨酸操纵子存在两种调控机制。一种是通过阻遏蛋白的调控,另一种是衰减(attenuation)作用的调控。

大肠杆菌的色氨酸操纵子(trp operon)有 5 个结构基因 trpE、trpD、trpC、trpB、trpA,编码催化分支酸合成色氨酸的 3 种酶。结构基因的上游还有一个启动子(P)、一个操纵基因(O)。在操纵基因与结构基因 trpE 之间有一段 162 个核苷酸的前导序列 trpL,可以编码出含 14 个氨基酸残基的小肽,称为前导肽。衰减子(attenuator)是内部终止子,位于前导序列内。

trpR 是调节基因,编码阻遏蛋白。trpR 与操纵子相距很远(图 14-11)。

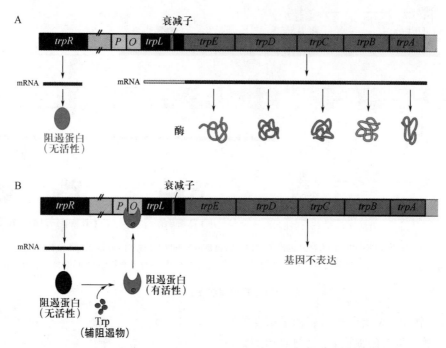

A. 色氨酸浓度低时,阻遏蛋白没有活性,不与操纵基因结合,结构基因转录

B. 色氨酸浓度高时,色氨酸与阻遏蛋白结合。活化的阻遏蛋白与操纵基因结合,抑制结构基因转录

图 14-11　色氨酸浓度对色氨酸操纵子的调节

当培养基中色氨酸含量低时,trpR 编码的阻遏蛋白不能与操纵基因结合,对转录无抑制作用。细菌细胞开始产生一系列合成色氨酸的酶,用于合成色氨酸以维持生存(图 14-11A)。当培养基中含有丰富的色氨酸时,色氨酸作为辅阻遏物(co-repressor)与阻遏蛋白结合,阻遏蛋白活化后与操纵基因结合,阻止结构基因的转录。细菌直接利用环境中的色氨酸,减少或停止合成色氨酸,节省能量(图14-11B)。

上述过程中,阻遏蛋白发挥的是负调控作用。

色氨酸操纵子的阻遏作用较弱,即使在阻遏蛋白存在的情况下,仍可进行一定程度的转录。色氨酸操纵子还有另一种更为精细的调节方式——衰减作用。衰减子能在环境中色氨酸相对较多时减弱操纵子的表达,使细菌能够优先将环境中的色氨酸消耗完,然后再开始自身合成。

大肠杆菌在色氨酸含量较低环境中培养时,转录产生 6 720 个核苷酸的全长多顺反子 mRNA,包括 trpL 基因和其后的 5 个结构基因。

培养基中色氨酸含量升高时,结构基因转录受到抑制,但 trpL 的 5'-端 139 个核苷酸的转录产物并未减少,位于这段序列中的衰减子也被转录。

转录出的衰减子序列(RNA 产物)具有两个特殊的特征。其中一个特征是有 4 个富含 GC 的区域,分别编号为 1、2、3 和 4。1 区和 2 区、3 区和 4 区都能配对形成发夹结构。3 区和 4 区形成的发夹结构是转录的终止信号(图 14-12)。2 区和 3 区也能形成发夹结构,但是没有转录的终止作用。另一个特征是 1 区中含有两个相邻的色氨酸密码子,因而对 tRNA^Trp 和 Trp 的浓度很敏感。

1、2、3 和 4 区形成何种发夹结构,是由前导肽的翻译过程所控制的。trpL 序列转录不久,核糖体就与新合成的 mRNA 结合,开始翻译 trpL 的 mRNA。

细胞内色氨酸含量较高时,能够形成色氨酰-tRNA^Trp,核糖体可以连续移动,翻译过程顺利进行。核糖体通过 1 区,又覆盖了部分 2 区。这使 3

区和 4 区之间形成了发夹结构，即形成转录终止信号，从而导致 RNA 聚合酶作用停止。

如果细胞内色氨酸含量较低时，也就缺乏色氨酰-tRNA^{Trp}，核糖体就停止在 1 区中两个相邻的色氨酸密码子的位置上。此时的核糖体占据了 1 区，

所以 1 区和 2 区之间不能形成发夹结构。接着，2 区和 3 区转录出来，两个区域之间就形成了发夹结构。随后转录的 4 区已经无法和 3 区配对，转录终止信号就不能形成，下游的 *trpE*、*trpD*、*trpC*、*trpB* 和 *trpA* 基因得以转录（图 14-12）。

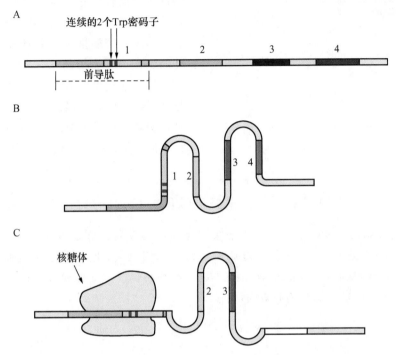

A. Trp 操纵子的前导肽在前导序列中的位置　B. 色氨酸浓度高时，3 区和 4 区形成转录终止发夹结构　C. 色氨酸浓度低时，2 区和 3 区形成发夹结构，转录继续进行

图 14-12　色氨酸操纵子的衰减作用

除色氨酸外，苯丙氨酸、苏氨酸、亮氨酸和组氨酸的操纵子中也存在衰减子序列，抑制相关基因的转录。

原核生物中，操纵子的诱导作用往往与分解代谢有关；操纵子的阻遏作用往往与合成代谢有关。

第四节　真核生物 RNA 的合成

与原核生物 RNA 合成相比，真核生物 RNA 合成基本原理与原核生物相同，但也有区别。不同之处主要有以下几点：①真核生物转录、翻译是在细胞不同位置进行的，转录在细胞核中进行，翻译在细胞质中进行；②真核生物细胞核中催化 RNA 合成的 RNA 聚合酶有 3 种，RNA 聚合酶 I、II 和 III，分别识别 3 类启动子，启动子序列与原核生物不同；③真核生物 RNA 聚合酶不能直接识别启动子，需要先

由转录因子（transcription factor，TF）识别后才能结合上去形成复合物进行转录；④真核生物转录调控有多种方式。真核生物的转录调控是由 RNA 聚合酶与特定的 DNA 序列以及转录因子协同完成的。不同元件组合可产生多种类型的转录调控方式，多种转录因子又可结合相同或不同的元件。

这里主要介绍真核生物 RNA 聚合酶的种类及转录产物。

真核生物细胞核中的 RNA 聚合酶有 3 种，分别称为 RNA 聚合酶 I、II 和 III。近年来，研究者又发现了两种依赖 DNA 的 RNA 聚合酶，RNA 聚合酶 IV 和 V，这两种聚合酶仅在植物中存在。RNA 聚合酶 I、II 和 III 识别不同的启动子，分别负责转录不同的基因。RNA 聚合酶 I 定位在核仁，转录产物是 45S rRNA 前体，经剪接修饰生成除 5S rRNA 外的几种 rRNA：5.8S、18S、28S rRNA。RNA 聚合酶 II 定位在核质，主要转录 mRNA 前体——核不均一

RNA（heterogeneous nuclear RNA，hnRNA）。RNA聚合酶Ⅲ定位在核质，转录产物都是小分子量的RNA（tRNA、5S rRNA、snRNA）（表14-1）。

表14-1 真核生物 RNA 聚合酶的种类和性质

项目	酶的种类		
	RNA 聚合酶Ⅰ	RNA 聚合酶Ⅱ	RNA 聚合酶Ⅲ
转录产物	45S rRNA	hnRNA	tRNA，5S rRNA，snRNA
对 α-鹅膏蕈碱的敏感性	不敏感	高度敏感	中度敏感

α-鹅膏蕈碱（α-amanitin）是真核生物 RNA 聚合酶的特异性的抑制剂，它是从一种致命的蘑菇——鬼笔鹅膏（*Amanita phalloides*）中分离出的环状八肽化合物。3 种 RNA 聚合酶对 α-鹅膏蕈碱敏感性不同。RNA 聚合酶Ⅰ对 α-鹅膏蕈碱不敏感；RNA 聚合酶Ⅱ可与 α-鹅膏蕈碱紧密结合，因此对其高度敏感，活性可被极低浓度的 α-鹅膏蕈碱抑制；RNA 聚合酶Ⅲ对 α-鹅膏蕈碱中度敏感，受高浓度的 α-鹅膏蕈碱抑制。

抗生素利福平作用于原核生物 RNA 聚合酶的 β 亚基，从而可以抑制转录起始。但是真核生物 RNA 聚合酶对利福平不敏感。利用这种差异可以使用利福平治疗结核病，又不会对人体产生毒性作用。

知识框 14-1 果蝇受精卵前后轴的形成

果蝇受精卵前后轴的形成是受到真核生物基因转录调控形成。前后轴（the anterior-posterior axis）又称为头尾轴（head-to-tail axis），它的形成由十几个基因决定，其中非常重要的有 *bicoid*、*hunchback*、*nanos*、*caudal* 和 *pumilio*。*bicoid* 和 *hunchback* 的产物调节胚胎前端结构的形成，*nanos*、*caudal* 和 *pumilo* 的产物调节胚胎后端结构的形成（图1）。

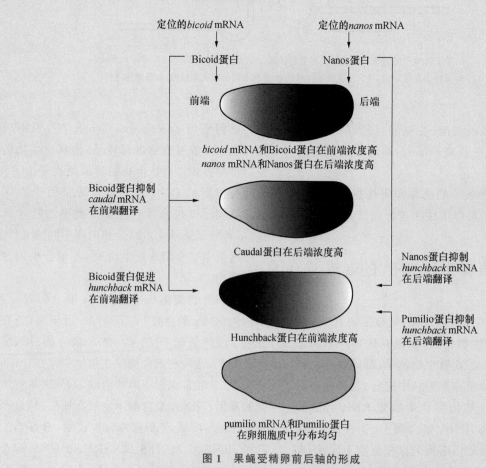

图1 果蝇受精卵前后轴的形成

在未受精卵中，*bicoid* mRNA 定位在细胞的前端，*nanos* mRNA 定位在细胞的后端。*hunchback*、*caudal* 和 *pumilo* 的 mRNA 也储存在卵细胞内，但在细胞质中均匀分布。卵子受精形成合子后，*bicoid* 和 *nanos* 的 mRNA 翻译形成 Bicoid 蛋白和 Nanos 蛋白，两种蛋白在细胞内形成浓度梯度。Bicoid 蛋白质从前端向后端扩散，形成浓度梯度，前端浓度最高。Nanos 蛋白从端部向前端扩散，形成浓度梯度，后端浓度最高。

Bicoid 蛋白是一种转录因子，刺激合成新的 *hunchback* mRNA，而 Nanos 蛋白则抑制 *hunchback* mRNA 的翻译，于是从细胞的前端到后端就形成 Hunchback 蛋白浓度由高到低的梯度，控制胚胎前端结构的形成。Pumilio 蛋白是 *hunchback* 基因翻译的阻遏物，但它的活性需要 Nanos 蛋白的激活，所以 Pumilio 蛋白只在后端发挥作用。Bicoid 蛋白还能阻遏储存在细胞前端的 *caudal* mRNA 的翻译，于是 Caudal 蛋白只存在于细胞的后端，从而决定胚胎后端的形成。

第五节　RNA 的转录后加工

由 RNA 聚合酶最初合成的 RNA 通常是不成熟的 RNA 前体，需要经过加工才能形成有功能的成熟 RNA。对不成熟的 RNA 前体进行加工的过程称为 RNA 的转录后加工（post-transcriptional processing）。加工的过程包括剪掉内含子并将外显子连接起来，这个过程称为剪接（splicing）。加工的过程还包括 5′-端和 3′-端的切除以及形成特殊的结构，修饰特定的碱基或核糖分子等。

原核生物和真核生物 RNA 加工过程有所不同，下面分别进行叙述。

一、原核生物 RNA 转录后加工

原核生物细胞内没有细胞核，染色质就位于胞质中。复制、转录和翻译在同一个区域进行。合成的 mRNA 一般不需加工，即可直接进行翻译。往往 mRNA 转录还未完成，蛋白质的合成就已经开始了。

原核生物在转录过程中常常是几个结构基因利用共同的启动子和共同的终止信号，转录形成一条 mRNA 分子，一条 mRNA 链可以编码几种不同的蛋白质。转录生成的 mRNA 称为多顺反子 mRNA。但每个蛋白质是分别合成的。

原核生物中，许多 tRNA 的基因通常在染色体上或成簇存在，或与 rRNA 基因或编码蛋白质的基因组成混合转录单位共同转录。tRNA 与 rRNA 基因共同转录的初级转录产物（primary transcript）除含有各一分子的 16S、23S、5S rRNA 前体，还包括几个 tRNA 前体。对初级转录产物进行加工后才能形成有功能的 rRNA 和 tRNA。

原核生物 rRNA 前体的加工包括切割和核苷修饰反应。在切割前，tRNA 与 rRNA 基因共同转录的初级转录产物的特定碱基需进行甲基化修饰，此外，某些尿嘧啶被加工成假尿嘧啶或二氢尿嘧啶。修饰后的初级转录产物在内切核酸酶 RNase P、RNase E 和 RNase Ⅲ 的作用下，将 rRNA 前体从初级转录产物上切割下来。随后，在一系列核酸酶的作用下形成成熟的 16S、23S、5S rRNA（图 14-13）。

原核生物 rRNA 含有多个甲基化修饰成分，甲基化酶对碱基和核糖进行甲基化修饰，尤其常见的是 2′-甲基核糖。

成熟 tRNA 3′-末端都有-CCA 序列。原核生物-CCA 序列修剪有两种方式：一种是 tRNA 前体分子中存在-CCA 序列，通过内切核酸酶 RNase F 和 RNase D 修剪后暴露出来。另一种是前体 tRNA 分子中不存在-CCA 序列时，由 tRNA 核苷酰转移酶（tRNA nucleotidyl transferase）催化，以 CTP 和 ATP 作为底物，在 tRNA 3′-端加上-CCA 序列。

成熟的 tRNA 中存在很多修饰成分，其中包括各种甲基化碱基和假尿嘧啶核苷。tRNA 修饰酶具有高度特异性，每一种修饰核苷都有催化其生成的修饰酶。

二、真核生物 RNA 转录后加工

（一）mRNA 前体的加工

真核生物 mRNA 一般是一个结构基因转录成一个 mRNA 分子。大多数蛋白质基因中，内含子和外显子一起被转录，这种初级转录产物称为前体。

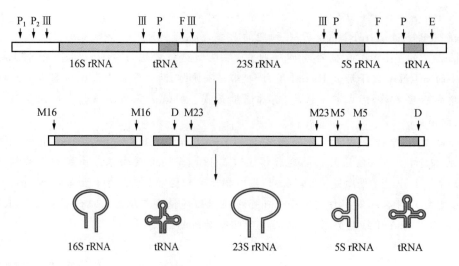

图 14-13　原核生物 rRNA 加工

最初对高等真核生物核基因的研究发现,核基因的转录产物核 RNA 平均长度大大超过 mRNA,而且是许多序列的混合体,于是就将它们称为核(内)不均一 RNA(heterogeneous nuclear RNA,hnRNA)。

由 RNA 前体 hnRNA 加工形成成熟 mRNA 的过程包括 5′-端加帽(capping)、3′-端多聚腺苷酸化(polyadenylation)、去除内含子并将外显子连接的剪接(splicing)过程等(图 14-14)。

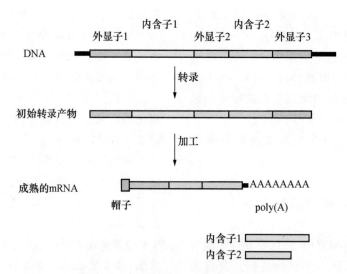

图 14-14　真核生物 mRNA 前体的加工

1. 5′端帽子结构的形成

mRNA 前体的 5′-末端为 pppN-,在成熟过程中,经磷酸酶催化水解,释放出 γ-P_i,成为 ppNp-,然后在鸟苷酸转移酶催化下,与另一分子 GTP 反应,末端成为 GpppN-。继而在甲基转移酶催化下,由 S-腺苷甲硫氨酸(SAM)提供甲基,在鸟嘌呤的 N_7 上甲基化,形成 7-甲基鸟苷三磷酸 m^7GpppN,称为 0 型帽子。有时与鸟苷酸相连的第一个核苷酸 2′-OH 也被甲基化,称为 Ⅰ 型帽子,若第二个核苷酸 2′-OH 也被甲基化则称为 Ⅱ 型帽子。帽子结构

的加入是在细胞核内完成,而且是在 RNA 链开始合成后即被加入(帽子结构详见第三章)。

2. 3′端多聚腺苷酸化

真核生物 mRNA 的 3′-端通常都有约 250 个腺苷酸残基,形成多聚腺苷酸的尾部结构,也称为 poly(A)尾。poly(A)尾的结构也是在细胞核内形成的。

真核生物 mRNA 前体的 3′-端有一个保守的短序列 AAUAAA,是多聚腺苷酰化的指示信号。这个信号下游 11~30 个核苷酸处有一个多聚腺苷酰化位点。真核基因的转录通常超过腺苷酰化位点,

当 AAUAAA 序列暴露出来后,由切割和多聚腺苷酸化特异因子(cleavage and polyadenylation specificity factor,CPSF)识别并招募内切酶,内切酶在多聚腺苷酰化的位点将 RNA 前体切开,由 poly(A)聚合酶在切口处利用 ATP 合成 poly(A)尾,进行多聚腺苷酰化(图 14-15)。

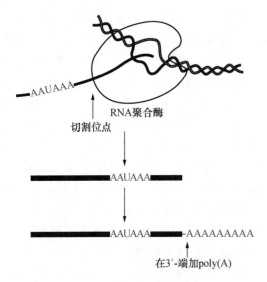

图 14-15　mRNA 3′末端的加工

mRNA 3′-端的 poly(A)不为基因编码,是以 ATP 为底物由 poly(A)聚合酶催化合成。Poly(A)聚合酶不依赖模板。

3. mRNA 前体的剪接

真核生物的结构基因转录时,内含子和外显子一同被转录,形成 mRNA 前体,mRNA 前体需要经过剪接加工,即除去内含子序列,并将外显子序列连接成为成熟的有功能的 mRNA 分子。

真核生物 mRNA 前体的内含子 5′-端和 3′-端各有一个剪接位点,剪接位点的序列非常保守。从低等到高等真核生物,通常剪接位点的保守序列是内含子 5′端的 GU 序列以及 3′端的 AG 序列,称为"GU-AG 规则"。此外,在内含子 3′端上游 18～40 个核苷酸处还有一个保守序列称为分支位点,其中 A 在所有的内含子中都是不变的。剪接就在这三个位点处进行。

除了剪接位点,mRNA 前体剪接过程还需要细胞核内小 RNA(small nuclear RNA,snRNA)和多种蛋白质组成的剪接体(spliceosome)参与。组成剪接体的 snRNA 有 U_1、U_2、U_4、U_5 和 U_6。这些 snRNA 分别与特异蛋白质结合成细胞核小分子核糖核蛋白颗粒(snRNP),参与 mRNA 前体的剪接过程。

剪接过程包括 2 次连续的转酯反应。第一次转酯反应由分支点的腺苷酸残基(A)的 2′-OH 对内含子 5′端 G 与外显子 1 连接处的磷酸二酯键进行亲核进攻,导致该位点的 3′,5′-磷酸二酯键断裂。同时分支点腺苷酸残基 2′-OH 与内含子 5′端的鸟苷酸残基(G)之间形成新的 2′,5′-磷酸二酯键。第二次转酯反应由外显子 1 新产生的 3′-OH 对内含子的 3′端与外显子 2 之间的 3′,5′-磷酸二酯键进行亲核攻击,外显子 1 与外显子 2 通过 3′,5′-磷酸二酯键连接起来,内含子以套索结构被释放(图 14-16)。

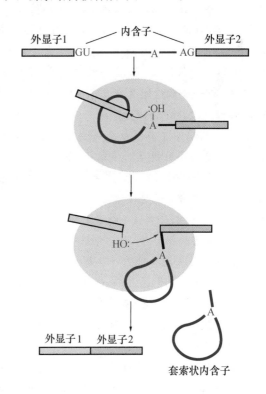

图 14-16　核 mRNA 前体的剪接
(图中的椭圆形表示剪接体)

4. 化学修饰

真核生物 mRNA,除在 5′-端帽子结构中有 1～3 个甲基化核苷酸外,分子内部尚含有 1～2 个 m^6A,它们都是在 mRNA 前体的剪接之前,由特异的甲基化酶催化修饰后产生的。

知识框 14-2　介导 RNA 剪接过程的剪接体结构的解析

1977 年,科学家们首次发现来自腺病毒的 mRNA 与其对应的 DNA 转录模板并不能形成连续的杂交双链,而是在杂交双链的不同位置伸出了环状的 DNA 单链。这个重大发现表明,遗传信息从 DNA 传递到 mRNA 上并不只是通过转录,还需要 pre-mRNA 剪接来进一步完成去除内含子、拼接外显子的过程,这一过程就是 RNA 剪接。

真核生物 RNA 剪接反应的化学本质包括两步转酯反应,负责执行这一化学反应的是细胞核内一个巨大且高度动态变化的分子机器——剪接体(spliceosome)。在剪接反应过程中,多种蛋白-核酸复合物及剪接因子按照高度精确的顺序发生结合、重排和解聚。由于剪接体高度的动态性和复杂性,获得不同状态的剪接体的高分辨率三维结构是一个世界性的难题。清华大学施一公教授带领科研团队经过 7 年的钻研,终于在 2015 年公布了裂殖酵母(*Schizosaccharomyces pombe*)剪接体 3.6 Å 的高分辨率结构,首次展示了剪接体催化中心近原子分辨率的结构。这一重大研究成果对 RNA 剪接机理的研究产生了革命性的影响。接着,施一公教授团队继续致力于研究剪接体的其他状态,并相继解析了酿酒酵母剪接体复合物处于 8 个不同状态的高分辨率结构。这些结构的解析从分子层面揭示了剪接体催化 RNA 剪接两步反应的工作机理,同时为理解剪接体的组装、激活和解聚等过程的发生提供结构依据。最后一个未被解析的是完全组装剪接体 B* 复合物,它具有高度的动态性与瞬时性,捕获及解析 B* 复合物的结构很困难,而这个结构的解析对于理解第一步剪接反应的发生又具有至关重要的作用。2019 年,施一公教授团队在 *Cell* 上发表论文《催化激活状态的酵母剪接体结构揭示 RNA 剪接分支反应的机理》(*Structures of the catalytically activated yeast spliceosome reveal the mechanism of branching*),揭示了剪接体第一步剪接反应前的瞬变状态——催化激活剪接体(定义为"B* 复合物")4 个不同构象的高分辨率三维结构,这是 RNA 剪接循环中最后一个被解析的剪接体复合物。该结构首次揭示了第一步剪接反应发生过程中的动态变化,体现了剪接因子对于剪接反应发生的重要作用,第一次从结构信息中回答了剪接体对不同 pre-mRNA 底物识别的特异性等重要科学问题。至此,施一公团队成为世界上首个、也是唯一一个成功捕获并解析了 RNA 剪接过程中所有完全组装剪接体高分辨率三维结构系列成果的团队。

施一公团队在酵母中一共解析了 10 个不同状态的剪接体高分辨的三维结构,成果全部发表于国际顶级期刊 *Science* 和 *Cell*,从组装到被激活,从发生两步转酯反应发生到剪接体的解聚,这 10 个状态的剪接体完整地覆盖了剪接通路,首次将剪接体介导的 RNA 剪接过程完整的串联起来,为理解 RNA 剪接的分子机理提供了最清晰、最全面的结构信息。

参考文献

Wan R X,Bai R,Yan C Y,et al. Structures of the catalytically activated yeast spliceosome reveal the mechanism of branching. Cell,2019,177:339-351.

知识框 14-3　mRNA 转录本中的 m^{6}A 标记

mRNA 上存在上百种化学修饰,其中 N^6-腺嘌呤(m^{6}A)是最常见的一种表修饰方式,大约有 25% 的 mRNA 上至少带有一个 m^{6}A。m^{6}A 修饰参与了多种细胞生物学过程,包括但不限于转录后剪接、翻译效率、mRNA 稳定性等方面的调控。目前,对于 m^{6}A 修饰如何影响这些基本的生物学过程,以及如何在不同的细胞环境下发挥不同的功能的精细调控机制是研究的一个热点。

Samie Jaffrey 博士实验室长期致力于 mRNA 转录后修饰的调节,并在 2012 年创建了 RNA 甲基化(m^{6}A)免疫共沉淀高通量测序(MeRIP-Seq)技术,它可以精确地绘制人类 mRNA 转录本上的 m^{6}A 标记,这是研究 m⁶A 生物学作用的一个重要步骤。

2019 年,Jaffrey 博士及其团队研究人员发现含有 m⁶A 的 mRNA(以下称为 m⁶A-mRNA)与其 m⁶A 结合蛋白 YTHDF 结合后,发生相互作用后会导致这些 m⁶A-mRNA-YTHDF 复合体自我隔离在细胞内部的液滴状区室(droplet-like compartment)中,即发生相分离(phase separation),并且这种相分离过程会随着 m⁶A 残基数量的增加而显著地增加。作者还发现在体内发生相分离过程时,含有 m⁶A 的 mRNA 会影响 YTHDF 在细胞中的定位。在非应激条件下,m⁶A-mRNA-YTHDF 复合体倾向于定位在 P-小体(P-body,即细胞质处理小体,能浓缩细胞质中参与 mRNA 更新的酶并将 mRNA 从翻译体系中屏蔽出来);在热刺激条件下,m⁶A-mRNA-YTHDF 复合体倾向于定位在压力颗粒(stress granule)。在热刺激或者亚砷酸盐刺激下,压力颗粒中的 m⁶A 水平大约是整个细胞中 mRNA 的 45%~50%,并且其中多为带有多个 m⁶A 的 mRNA,而不是不带 m⁶A 或者是 m⁶A 丰度较低的 mRNA。最后,作者发现,在不同的定位情况下,m⁶A-mRNA-YTHDF 复合体具有不同的命运。无论 YTHDF 与 m⁶A mRNA 富集在 P-小体里还是压力颗粒中,两者都具有形成 m⁶A-mRNA-YTHDF 的能力。但是在 P-小体中的 m⁶A-mRNA 会被体系降解,而在压力颗粒中降解过程则会被抑制。

通过上述研究,作者提出了 m⁶A 在生理条件下,通过与 YTHDF 系列蛋白质相互作用而促进相变,并通过不同环境下的在细胞中的不同定位,实现细胞内生物学过程的精细调控。

参考文献

Ries R J,Zaccara S,Klein P,et al. m⁶A enhances the phase separation potential of mRNA. Nature,2019,571(7765):424-428.

(二)rRNA 前体的加工

1. rRNA 前体的加工

真核生物基因组中含有几百个拷贝的 rRNA 基因,它们成簇排列。5S RNA 单独作为一个顺反子由聚合酶Ⅲ催化转录,基本不需加工。18S、5.8S 及 28S rRNA 则作为一个多顺反子,由 RNA 聚合酶Ⅰ催化转录。转录生成 45S rRNA。45S rRNA 的加工是在细胞核的核仁中进行的。45S rRNA 经甲基化修饰、假尿嘧啶形成等化学修饰,以及一系列酶切割后产生 18S、5.8S 及 28S rRNA。

2. 化学修饰

rRNA 前体加工的另一种主要形式是化学修饰,主要是甲基化反应。甲基化主要发生在核糖的 2′-OH。甲基化的位置在脊椎动物中是高度保守的。此外,rRNA 前体中的一些尿嘧啶核苷酸通过异构作用可转变为假尿嘧啶。

5S rRNA 转录产物经简单加工后就从核质转移到核仁,与 28S rRNA、5.8S rRNA 以及多种蛋白质分子一起组装成为核糖体大亚基后,再转移到胞质。18S RNA 与有关蛋白质组成小亚基。

(三)tRNA 前体的加工

真核生物 tRNA 前体的加工包括剪接去除内含子、剪切 5′-端附加序列、添加 3′-端 CCA 以及碱基的化学修饰等。但是,tRNA 的加工是由各种不同的酶催化的,与核 mRNA 前体的剪接机制完全不同。

真核生物多数 tRNA 前体分子中含有内含子,需通过剪接作用形成成熟 tRNA。先由内切核酸酶切除内含子,再由连接酶将外显子连接起来。

真核细胞 tRNA 前体分子在 3′-端有附加序列,添加-CCA 序列前,需由内切核酸酶和外切核酸酶先将几个核苷酸切除,然后在 tRNA 核苷酰转移酶催化下,加上 tRNA 分子中共有的-CCA-OH 末端,形成柄部结构。

加工过程还包括对碱基进行化学修饰反应,如通过甲基化反应使某些嘌呤生成甲基嘌呤;通过还原反应使某些尿嘧啶还原为二氢尿嘧啶(DHU);通过核苷内的转位反应使尿苷转变为假尿嘧啶核苷,通过脱氨反应使腺苷转成为次黄苷。

小结

(1)在 RNA 聚合酶的催化下,以 DNA 为模板合成 RNA 的过程称为转录。转录的方向是 $5'→3'$。转录是不对称的,在双链 DNA 中,作为转录模板的链称为模板链,与之互补的链称为编码链。转录不需要引物,RNA 聚合酶具备有限的校对功能。

(2)原核生物 RNA 聚合酶全酶由 6 个亚基($α_2ββ'σω$)组成,其中 $α_2ββ'ω$ 称为核心酶。σ 亚基引导 RNA 聚合酶结合到启动子处。真核生物有 3 种 RNA 聚合酶-RNA 聚合酶 I、II 和 III,分别转录 rRNA,mRNA 和 5S RNA、tRNA。3 种 RNA 聚合酶对 α-鹅膏蕈碱的敏感性不同。

(3)转录分为 3 个阶段:起始、延伸和终止。

原核生物的 RNA 聚合酶全酶结合到 DNA 启动子上起始转录。启动子是 RNA 聚合酶识别、结合和开始转录的一段 DNA 序列。原核生物的大多数启动子包括转录起始位点、 -10 区(-10 region)、 -35 区(-35 region)以及 -10 区和 -35 区之间的间隔区。原核生物转录的终止分为两种类型:依赖 ρ 因子和不依赖 ρ 因子的终止过程。

(4)真核生物启动子有三类,分别由 RNA 聚合酶 I、II 和 III 进行结合,但 RNA 聚合酶不能直接识别和结合到启动子上,需要转录因子先和启动子结合,才能促进 RNA 聚合酶结合模板。

(5)转录水平中转录起始阶段的调节是原核生物基因表达调控的主要环节。大多数原核生物的基因调控是通过操纵子机制实现的,如乳糖操纵子。色氨酸操纵子存在两种调控机制,一种是通过阻遏物的负调控,另一种是衰减作用。

(6)转录生成的 RNA 前体一般要经过加工修饰,才能成为成熟的 RNA。真核生物 mRNA 前体通过 $5'$ 加帽、 $3'$ 加 poly(A)尾和剪接形成成熟的 mRNA。

思考题

一、单选题

1. 关于 DNA 指导的 RNA 合成,以下叙述中错误的是_____。

A. RNA 聚合酶以其中一条 DNA 链为模板合成 RNA

B. 在转录过程中,RNA 聚合酶与模板链结合,并沿着模板链的 $5'→3'$ 方向移动,按照 $3'→5'$ 方向催化 RNA 的合成

C. DNA 经转录后仍以全保留的方式保持双螺旋结构,已合成的 RNA 链则离开 DNA 链

D. 负责转录的酶是 DNA 指导的 RNA 聚合酶

2. α-鹅膏蕈碱能强烈抑制_____。

A. 细菌 RNA 聚合酶

B. 真核生物 RNA 聚合酶 II

C. 细菌 DNA 聚合酶

D. 真核生物 DNA 聚合酶 II

3. 以下关于启动子的叙述,哪个是正确的?

A. 是指被 DNA 聚合酶识别起始合成 RNA 引物的一段序列

B. 是指被 RNA 聚合酶识别起始合成 DNA 引物的一段序列

C. 是指被 RNA 聚合酶识别并起始合成 RNA 的一段 DNA 序列

D. 是指被 DNA 聚合酶识别起始合成 DNA 的一段 DNA 序列

4. 阻遏蛋白识别操纵子的_____。

A. 启动子　　　　B. 调节基因

C. 结构基因　　　　D. 操纵基因

5. DNA 双链的编码链上某段碱基序列为 $5'$ -TGATCAGTC- $3'$,据此判断转录后 mRNA 上相应的碱基序列应为_____。

A. $5'$ -ACTAGTCAG- $3'$

B. $5'$ -ACUAGUCAG- $3'$

C. $5'$ -CTGACTAGT- $3'$

D. $5'$ -UGAUCAGUC- $3'$

二、问答题

1. 简述真核生物中 RNA 聚合酶的种类及功能。

2. 简述原核生物的启动子结构特征。

3. 简述真核生物 mRNA 前体转录后的加工过程。

三、分析题

生物可根据环境,响应调节信号,调控基因表达。请回答下面三个关于大肠杆菌生活在不同培养基中乳糖操纵子表达情况的问题:

(1)在含有甘油(碳源)的液体培养基中培养大

肠杆菌,检测不到乳糖操纵子的表达,为什么?

(2)1 h 后在培养基中加入乳糖,对乳糖操纵子的表达有什么影响?

(3)加入乳糖后再隔一段时间加入过量的葡萄糖,对乳糖操纵子的表达有什么影响?

参考文献

[1] Horton H R, Moran L W, Scrimgeour K G, et al. Principles of Biochemistry. 5th ed. Pearson Education, Inc. , 2012.

[2] Nelson D L, Cox M M. Lehninger Principles of Biochemistry. 7th ed. W. H. Freeman and Company, 2017.

[3] Berg J M, Tymoczko J L, Gatto G J Jr. , et al. Biochemistry. 9th ed. W. H. Freeman and Company, 2019.

[4] Watson J D, Baker T A, Bell S P, et al. Molecular Biology of the Gene. 7th ed. Pearson Education, Inc. , 2013.

[5] Pratt C W, Cornely K. Essential Biochemistry. 4th ed. John Wiley and Sons, Inc. , 2018.

[6] 朱圣庚,徐长法. 生物化学. 4 版. 北京:高等教育出版社,2016.

第十五章
蛋白质的生物合成

本章关键内容:学习原核生物蛋白质生物合成过程以及参与蛋白质生物合成的主要酶和蛋白质的功能;了解原核生物与真核生物蛋白质合成的某些差异;掌握遗传密码的特性以及 tRNA、mRNA、rRNA 的功能部位及其在蛋白质合成中所起的作用;了解蛋白质合成后的加工和转运方式等。

蛋白质生物合成是指生物体内遗传信息的翻译过程,也是基因表达的第二个阶段。翻译过程至少有 200 种蛋白质和 3 种 RNA 的参与。mRNA 为蛋白质的合成提供了模板。tRNA 分子的 3′末端结合氨基酸,反密码子环与 mRNA 相互作用,是蛋白质的合成中的接头分子(adaptor)。核糖体作为一种翻译的大分子机器是蛋白质合成的场所,为蛋白质合成提供重要的蛋白质因子、酶和具有精细功能的 rRNA。各种氨酰-tRNA 合成酶的专一性识别在保证翻译过程的忠实性中起着十分重要的作用。整个翻译过程可分为活化、起始、延长和终止 4 个阶段。

20 世纪 50 年代早期,美国生物化学家 Paul Zamecnik 和同事们发现蛋白质的生物合成发生在小的核糖核蛋白(后来被命名为核糖体)中。美国分子生物学家 Mahlon Hoagland 和 Paul Zamecnik 发现 ATP 会促进氨基酸合成蛋白质,氨基酸与热稳定的 RNA(后来被命名为 tRNA)结合形成氨酰-tRNA。氨酰-tRNA 由氨酰-tRNA 合成酶催化形成。Francis Crick 的接头假说(adaptor hypothesis)认为小的核酸分子(如 RNA)充当了接头的作用,一端连接特定的氨基酸,另一端连接 mRNA 中编码氨基酸的特定核苷酸序列。很快就有证据表明,tRNA 发挥了"接头"的功能,携带活化氨基酸用以形成肽键,并且在 mRNA 的核苷酸序列翻译为多肽链的氨基酸序列中起到纽带作用。这些研究为蛋白质生物合成过程的阐明奠定了重要的基础,促进了随后对蛋白质生物合成过程的深入了解以及遗传密码的破译。

第一节　中心法则

现代生物学已充分证明,DNA 是生物遗传的主要物质基础。生物体的遗传信息是以密码的形式编写在 DNA 分子上,表现为特定的核苷酸排列顺序。在生物个体发育过程中,遗传信息自 DNA 转录给 RNA,然后通过 RNA 翻译成特异的蛋白质,以执行各种生命功能,使后代表现出与亲代相似的遗传性状。这种遗传信息从 DNA 传递给 RNA,再从 RNA 传递给蛋白质的转录和翻译的过程,以及遗传信息从 DNA 传递给 DNA 的复制过程,就是分子生物学的中心法则(central dogma),是由 Francis Crick 在 1958 年最早提出的。后来发现,以 RNA 为遗传物质的生物体,其 RNA 可以自我复制,也可使用 RNA 为模板通过逆转录来合成 DNA,使遗传信息由亲代传递给子代。RNA 复制和逆转录过程的发现补充和完善了中心法则。中心法则是所有具有细胞结构的生物所遵循的法则(图 15-1)。

DNA 复制是指在亲代 DNA 双链的每一条链上按照碱基配对原则而准确地形成一条新的互补链,结果生成两个与亲代链相同的 DNA 双链。在正链 RNA 病毒中,RNA 的复制则是由单链 RNA 为模板,按照碱基配对原则先产生互补链(负链),然后再由负链复制成病毒的 RNA 正链。

转录是指以 DNA 为模板,按照碱基配对原则将其所含的遗传信息传给 RNA,形成一条与 DNA 链互补的 RNA 链的过程。

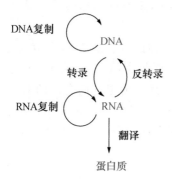

图 15-1　中心法则

翻译是指以 mRNA 为模板,根据核苷酸链上每 3 个核苷酸决定一种氨基酸的规则,将 mRNA 的密码"解读",使氨基酸按照 mRNA 密码所决定的次序顺次掺入以形成蛋白质的过程。

RNA 复制是指某些病毒以自身 RNA 为模板合成子代 RNA 完成自我复制的过程。

逆转录(详见第十三章)则指某些 RNA 病毒,如劳氏肉瘤病毒(Rous sarcoma virus, RSV),它可以在寄主细胞内以其 RNA 作为模板来合成 DNA。

由此可见,遗传信息可以从 DNA 流向 RNA,RNA 携带的遗传信息同样也可以流向 DNA。但是 DNA 和 RNA 中包含的遗传信息只是单向地流向蛋白质,迄今为止还没有发现蛋白质的信息逆向地流向核酸。

第二节　蛋白质合成体系

为了便于阐述与理解,在本章先扼要介绍蛋白质合成体系中的一些重要组分的性质与作用原理,然后再介绍蛋白质的合成过程。蛋白质合成体系非常复杂,其中包括 3 种主要的 RNA、核糖核蛋白以及许多辅助因子等。

一、mRNA

蛋白质合成体系中一个重要组分是 mRNA。mRNA 由 DNA 经转录合成,携带着 DNA 的遗传信息,然后再用 DNA 上的遗传信息指导合成蛋白质,所以称为信使。

(一)遗传密码的解译

DNA 上携带的遗传信息首先传递给 mRNA,然后 mRNA 再以编码的方式合成蛋白质。mRNA 如何编码蛋白质多肽链中的氨基酸顺序呢?

在 mRNA 中含有 4 种不同的碱基,如果每一种碱基编码一种氨基酸,那么 4 种碱基只能决定 4 种氨基酸的顺序,而蛋白质分子中的常见氨基酸有 20 种,显然是不够的。如果由 2 个碱基作为一组以编码一种氨基酸,也只能编码 $4^2 = 16$ 种氨基酸,仍然不够。如果以 3 个碱基作为一组,便一共可以有 $4^3 = 64$ 种排列,用于编码 20 种氨基酸就足够了。实验证明,在 mRNA 链上相邻的 3 个碱基作为一组,称为密码子(codon)。每个密码子只能编码一种氨基酸。密码子的阅读方向是 $5' \rightarrow 3'$。

1961 年,Marshall Nirenberg 用体外蛋白质合成系统研究密码子。将大肠杆菌破碎后离心,上清液在 37 ℃下保温,内源 mRNA 被降解,因此此系统自身蛋白质的合成停止。在上述体外蛋白质合成系统中加入人工合成的 poly U 和各种标记的氨基酸,只得到多聚苯丙氨酸的肽链,证明 UUU 编码苯丙氨酸,这是第一个被破译的密码子。接着,Marshall Nirenberg 的研究小组又用同样的方法证明了 CCC 编码脯氨酸,AAA 编码赖氨酸。后来又用另外的方法证明了 GGG 编码甘氨酸。

随后,Marshall Nirenberg 等又用两种核苷酸或三种核苷酸合成 RNA 片段,作为合成肽链的模板。当使用混合的核苷酸合成模板时,碱基的序列是随机的。碱基出现的频率完全依靠反应物的浓度。例如:反应体系中,当 U 的浓度是 G 浓度的 2 倍时,poly(UG) 的序列可能是 UGUUU-GGGUUUUGUUGG……,或其他序列。由此得到的肽链中含有 Cys(UGU)、Leu(UUG)、Gly(GGU)、Phe(UUU)、Val(GUU) 和 Trp(UGG)。通过这种方法确定了 20 种氨基酸密码子的碱基组成,但是不能确定密码子中碱基的排列顺序。1964 年,Marshall Nirenberg 使用了核糖体结合的方法,以人工合成的三核苷酸为模板,使特定的氨酰-tRNA 结合到核糖体上,确定三核苷酸对应的氨基酸。但是某些三核苷酸和氨基酸之间的对应关系不能通过这种方法破译。

同时,Har Gobind Khorana 用有机化学合成

法加上酶法合成了具有特定重复序列的多核苷酸,所合成的 RNA 模板是有确切序列的 RNA 链,同时也进一步证实每个密码子由 3 个核苷酸组成。

Har Gobind Khorana 和 Marshall Nirenberg 的结果相互印证,很快解读了约 50 个密码子。Har Gobind Khorana 发现 3 个密码子是终止密码子,不对应于任何一种氨酰-tRNA。还发现 AUG 既是 Met 的密码子,也是起始密码子。后来又破译了其他的密码子。

根据上述的实验以及其他实验,现在已知道,在 64 个碱基三联体密码子中,有 61 个是编码氨基酸的密码子,而且已确定它们之间的对应关系。其余的 3 个密码子 UAA、UAG、UGA,也已于 1966 年被发现是终止密码子。这些遗传密码如表 15-1 所示。

表 15-1 遗传密码[**]

第一位 (5'端)	第二位				第三位 (3'端)
	U	C	A	G	
U	UUU(苯丙氨酸)	UCU(丝氨酸)	UAU(酪氨酸)	UGU(半胱氨酸)	U
	UUC(苯丙氨酸)	UCC(丝氨酸)	UAC(酪氨酸)	UGC(半胱氨酸)	C
	UUA(亮氨酸)	UCA(丝氨酸)	UAA(终止密码子)	UGA(终止密码子)	A
	UUG(亮氨酸)	UCG(丝氨酸)	UAG(终止密码子)	UGG(色氨酸)	G
C	CUU(亮氨酸)	CCU(脯氨酸)	CAU(组氨酸)	CGU(精氨酸)	U
	CUC(亮氨酸)	CCC(脯氨酸)	CAC(组氨酸)	CGC(精氨酸)	C
	CUA(亮氨酸)	CCA(脯氨酸)	CAA(谷氨酰胺)	CGA(精氨酸)	A
	CUG(亮氨酸)	CCG(脯氨酸)	CAG(谷氨酰胺)	CGG(精氨酸)	G
A	AUU(异亮氨酸)	ACU(苏氨酸)	AAU(天冬酰胺)	AGU(丝氨酸)	U
	AUC(异亮氨酸)	ACC(苏氨酸)	AAC(天冬酰胺)	AGC(丝氨酸)	C
	AUA(异亮氨酸)	ACA(苏氨酸)	AAA(赖氨酸)	AGA(精氨酸)	A
	AUG 甲硫氨酸[*]	ACG(苏氨酸)	AAG(赖氨酸)	AGG(精氨酸)	G
G	GUU(缬氨酸)	GCU(丙氨酸)	GAU(天冬氨酸)	GGU(甘氨酸)	U
	GUC(缬氨酸)	GCC(丙氨酸)	GAC(天冬氨酸)	GGC(甘氨酸)	C
	GUA(缬氨酸)	GCA(丙氨酸)	GAA(谷氨酸)	GGA(甘氨酸)	A
	GUG(缬氨酸)	GCG(丙氨酸)	GAG(谷氨酸)	GGG(甘氨酸)	G

[*] AUG 也作为起始密码子。

[**] 密码子的阅读方向为 $5'\rightarrow 3'$。

Leu、Ser、Arg 具有 6 个密码子;Pro、Thr、Ala、Val、Gly 具有 4 个密码子;Ile 具有 3 个密码子,其余的氨基酸(Phe、Tyr、His、Gln、Asn、Lys、Asp、Glu、Cys)具有 2 个密码子;只有 Met 和 Trp 具有 1 个密码子。终止密码子不对应任何氨基酸。

知识框 15-1 无细胞蛋白质合成体系

在破译遗传密码的工作中,无细胞蛋白质合成体系(cell-free protein synthesis,CFPS)发挥了重要作用。该系统由美国生化学家 Nirenberg 和德国化学家 Matthaei 最早建立。他们希望在试管里创造蛋白质合成的适合条件,在可控条件下测得细胞各部分的活动。无细胞蛋白质合成体系是从大肠杆菌获得的。将大肠杆菌破碎、离心,上清液保温一段时间后,大肠杆菌的内源 mRNA 被降解,系统自身蛋白质的合成停止。然后补充外源模板 RNA、ATP、GTP 和氨基酸(至少一种氨基酸具有放射性标记)

等,35 ℃保温 1 h 后,加入 DNA 酶和三氯乙酸终止反应并沉淀蛋白质。游离的氨基酸在上清液中。沉淀经洗涤后测定其放射性,以确定掺入新合成的蛋白质中放射性标记的氨基酸含量。幸运的是,Nirenberg 等的实验采用的系统中 Mg^{2+} 浓度较高,不需起始密码子即可指导肽链的合成。这个系统由于不含完整的细胞而被称为无细胞系统。1961 年,Nirenberg 和 Matthaei 发现在无细胞蛋白质合成体系中加入多聚尿苷酸(poly U)后,能够合成出多聚苯丙氨酸(poly Phe),从而确定 UUU 编码 Phe。这是一个里程碑式的发现,为密码子的破译提供了有效途径。

后来用同样的方法,发现 CCC 编码 Pro,AAA 编码 Lys。Poly G 易形成四链结构,不能与核糖体结合,因此 GGG 编码 Gly 是由其他方法确定的。当然,正如他们 1961 年发表在 PNAS 上的论文题目:*The dependence of cell-free protein synthesis in E. coli upon naturally occurring or synthetic polyribonucleotides*,这个实验除了依赖于无细胞蛋白质翻译体系,还依赖于人工合成或天然的多核苷酸。事实上,许多密码子的破译得益于三核苷酸或者多核苷酸的合成。

此后,无细胞蛋白质合成体系作为研究转录和翻译的基本手段得到了广泛的应用。最近,无细胞蛋白质合成体系被利用于规模化的蛋白质合成,每升反应体积可以得到 1 g 以上的蛋白质。随着反应体系的放大,生产成本进一步下降。这些进展促进了功能基因组学和结构生物学的研究,并且应用于医用蛋白质的生产。

目前,原核生物来源的无细胞蛋白合成体系包括大肠杆菌、古菌,真核生物来源包括原生动物、酵母、小麦胚芽、烟草 BY-2 细胞、草地贪夜蛾、兔网织红细胞以及培养的哺乳动物细胞系等,涉及原生动物、真菌、植物细胞、昆虫细胞、哺乳动物动物细胞等不同种类。

参考文献

[1]向义和. 遗传密码是怎样破译的. 物理与工程,2007(2):16-23.

[2]Nirenberg M W,Matthaei J H. The dependence of cell-free protein synthesis in *E. coli* upon naturally occurring or synthetic polyribonucleotides. Proc Natl Acad Sci USA,1961,47:1588-1602.

[3]Matthaei J H,Nirenberg M W. The dependence of cell-free protein synthesis in *E. coli* upon RNA prepared from ribosomes. Biochem Biophys Res Commun,1961,28;4:404-408.

[4]Carlson E D,Gan R,Hodgman C E,et al. Cell-free protein synthesis:applications come of age. Biotechnol Adv,2012,30(5):1185-1194.

[5]Berg J M Tymoczko J L,Gatto G J Jr. ,et al. Biochemistry. 9th ed. W. H. Freeman and Company,2019.

[6]Nelson D L,Cox M M. Lehninger Principles of Biochemistry. 7th ed. W. H. Freeman and Company,2017.

(二)密码子的性质

遗传密码主要具有以下特点。

1. 通用性

密码子的通用性(universal)是指各种高等和低等的生物(包括病毒、细菌及真核生物等)可共用同一套遗传密码。将血红蛋白的 mRNA,兔网织红细胞的核糖体与大肠杆菌的氨酰-tRNA 及其他蛋白质合成所需因子一起进行反应时,合成的是血红蛋白。这就说明大肠杆菌 tRNA 上的反密码子可以正确阅读血红蛋白 mRNA 上的信息。这样的交叉实验也在豚鼠和南非爪蟾等其他生物中进行过。都证明了密码子的通用性。

较早时,曾认为密码子是完全通用的。但是最近发现密码子的通用性也有例外。例如,酵母线粒体 UGA 不是终止密码子而变成了 Trp 的密码子;有些动物线粒体的 AGA 和 AGG 是终止密码子而不再编码 Arg。另外一些单细胞生物,如一些纤毛的原生动物 UAA 和 UAG 编码 Gln,而不是终止密码子。部分古菌的起始密码子是 TTG,并编码 Met。这类变化大多发生在线粒体或叶绿体中,而且大多数变化发生在终止或起始密码子上。所以密码子是近于完全通用的。

2. 简并性

由于密码子有 64 个,其中有 3 个终止密码子。而蛋白质常见氨基酸有 20 种,所以一个氨基酸可能具有多个密码子。除色氨酸和甲硫氨酸只有一个密码子编码外,其他 18 种氨基酸均有多个密码子编码。这种几个密码子编码一个氨基酸的现象称为密码子的简并性(degeneracy),如亮氨酸、精氨酸和丝氨酸均各有 6 个密码子。

编码同一种氨基酸的一组密码子称同义密码子(synonymous codon)。例如,甘氨酸的密码子是GGU、GGC、GGA、GGG,这 4 个密码子就是同义密码子。密码子的简并性往往表现在密码子的第三位碱基上,如 Gly 的密码子的前两位碱基都相同,只是第三位碱基不同。

密码子的简并性具有重要的生物学意义。由于同义密码子的存在,如果密码子的第三位碱基发生改变,并不会使氨基酸发生改变。这便可以使基因突变可能造成的危害降至最低程度。

同义密码子在遗传密码表中的分布十分有规律,且密码子中的碱基序列与其相应氨基酸的物理化学性质之间存在一定关系。在遗传密码表中,氨基酸的极性通常由密码子的第二位(中间)碱基决定。例如,当中间碱基是嘌呤(A 或 G)时,编码的氨基酸具有极性侧链,常出现在球状蛋白质的外部。当中间碱基是嘧啶(C 或 U)时,其相应的氨基酸大多具有非极性侧链,常存在于球状蛋白质的内部。

另外,密码子 AUG 具特殊功能。它既可作为甲酰甲硫氨酰-tRNA 识别的密码子,又是甲硫氨酰-tRNA 识别的密码子。

3. 变偶性

mRNA 的密码子和 tRNA 的反密码子配对时,

密码子中前两位碱基具有较强的特异性,是标准碱基配对(A 与 U 配对,G 与 C 配对)。但是由于密码子的简并性往往表现在密码子的第三位碱基上,第三位碱基配对时就不可能那么严格,而是有一定的自由度(即变偶),有时也称为摆动性。

Crick 提出变偶假说(wobble hypothesis)解释这一现象。这个假说认为,当 tRNA 的反密码子与mRNA 的密码子配对时,对三联体密码子中的前两个碱基有严格的要求。但对密码子上的第三位碱基要求不很严格,可以产生非标准的变偶碱基配对(wobble base pair)。例如,苯丙氨酸 tRNA 的反密码子 3′-AAG-5′ 可以和 mRNA 的密码子 5′-UUU-3′ 或 5′-UUC-3′ 配对。由于变偶性的存在,一种 tRNA 分子常常能够识别一种以上的同义密码子,通常细胞内至少需要 32 种 tRNA 即可识别 61 个密码子。这是因为 tRNA 分子上的反密码子与密码子的配对具有摆动性。配对的摆动性是由 tRNA 反密码子环的空间结构决定的。反密码子 5′ 端的碱基处于"L"形 tRNA 的一端,受的碱基堆积力的束缚较小,因此有较大的自由度。而且该位置的碱基常为修饰的碱基,如次黄嘌呤 I。

4. 无间隔

各个密码子互相连接,一个接一个,各密码子之间没有间隔。要正确阅读密码子,必须从起始密码子开始,依次连续的一个密码子接着一个密码子往下读,直到遇到终止密码子。即各个密码子之间无分隔的信号。

5. 不重叠

一般情况下遗传密码是不重叠(nonoverlapping)的,即三联体密码子只编码一个氨基酸,其中的 3 个核苷酸并不重叠使用,在一轮蛋白质合成中只能被阅读一次。如对于以下序列:

阅读框一: 5′ ∼∼∼ G C U A G U C A G A U C U U A G C C G G ∼∼∼ 3′
— Ala — Ser — Gln — Ile — Leu — Ala — Gly —

阅读框二: 5′ ∼∼∼ G C U A G U C A G A U C U U A G C C G G ∼∼∼ 3′
— Leu — Val — Arg — Ser STOP

阅读框三: 5′ ∼∼∼ G C U A G U C A G A U C U U A G C C G G ∼∼∼ 3′
STOP

如果可以按照 3 个不同的阅读框来进行翻译就称为存在密码子的重叠。而事实上,这段核苷酸序列只能按照其中一种阅读框(如阅读框一)被翻译成肽链,因此密码子是不重叠的。

1961 年,Crick 发现密码子只能从一个固定的

起点,以不重叠的三联体(triplet)阅读。阅读在一个固定的范围内进行,这个范围就称为阅读框(reading frame)。如果在这段序列中插入一个或删去一个核苷酸,就会改变阅读框,并引起多肽链氨基酸序列的改变,产生错义蛋白质,这种改变称为移码

(frame shift)。如果插入或删除 $3n$（n 为 ≥1 的整数）个核苷酸，则导致多肽链插入或删除 n 个氨基酸，前提是其中不含有终止密码子。

虽然一般情况下密码子的阅读是不重叠的，但在少数病毒中有些基因是重叠的。如在噬菌体 ϕX174 的基因组中发现 B 基因在 A 基因序列内，E 基因在 D 基因序列内，而 K 基因跨越 A 和 C 基因序列（图 15-2）。虽然基因重叠，但阅读框并不相同。迄今为止，只有在噬菌体和病毒中发现基因重叠现象，这可能是因为在进化过程中，它们的基因组很小，而又必须有多种基因产物，这种压力导致了基因重叠现象的发生。

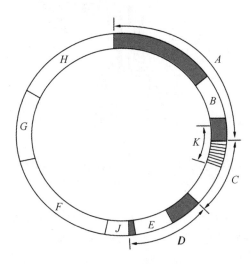

图 15-2　噬菌体 ϕX174 基因组 DNA 图谱
（引自 Barrell et al.，1976）

然而，近几年的研究发现，在真核生物中也偶尔会发生密码子的重叠现象。这可能是进化时遗留下来的现象。

二、tRNA

mRNA 上的密码子编码了氨基酸。但是核苷酸与氨基酸在结构、性质上没有任何可以相互作用的可能性。因此需要一个接头分子把 mRNA 上的核苷酸序列解读为蛋白质中的氨基酸序列，这个接头分子就是 tRNA。在蛋白质合成中，tRNA 起着转运氨基酸的作用，将氨基酸按照 mRNA 链上的密码子所决定的氨基酸顺序搬运到蛋白质合成的场所——核糖体的特定部位。tRNA 是多肽链和 mRNA 之间的重要转换器。

（一）tRNA 识别 mRNA 链上的密码子

在 tRNA 链上有 3 个特定的碱基，组成一个反密码子。由反密码子按照碱基配对原则识别 mRNA 链上的密码子。这样就保证了不同的氨基酸按照 mRNA 密码子所决定的次序进入多肽链中。反密码子对 mRNA 的阅读方向也是 $5'→3'$，但是与密码子的配对是反平行的互补关系。所以，反密码子上的第一位碱基是与密码子上的第三位碱基配对的，书写为：

密码子：$5'$-UUC-$3'$
反密码子：$3'$-AAG-$5'$

不过，由于密码子的简并性，一个 tRNA 可以识别不止一个密码子。也就是说，tRNA 上反密码子的第一位碱基可以与密码子上不同的第三位碱基配对。这个位置上的碱基对可能是非标准配对，如 GU 对。反密码子与密码子之间的这种识别方式就是变偶性。表 15-2 列出反密码子中可以和 mRNA 中的密码子配对的碱基。

表 15-2　根据变偶学说的碱基配对

反密码子的碱基	密码子的碱基	反密码子的碱基	密码子的碱基
G	U 或 C	U	A 或 G
C	G	I	A、U 或 C
A	U		

当反密码子的第一位碱基是次黄嘌呤 I 时，它可以和 U、C、A 3 种碱基配对。如果一个氨基酸的密码子在第三位上有 U、C、A 3 种变化时，同时一个 tRNA 分子在第一位碱基是 I，那么一种 tRNA 就可以识别这 3 种同义密码子。

（二）tRNA 携带特定的氨基酸

tRNA 分子的 $3'$ 末端的碱基顺序是-CCA，氨基酸的羧基连接到 $3'$ 末端腺苷的核糖 $3'$-OH 上，形成氨酰-tRNA。氨酰-tRNA 由氨酰-tRNA 合成酶催化形成。

tRNA 是以所运载的氨基酸命名的。例如，携带丙氨酸的 tRNA 称为丙氨酸 tRNA 或 tRNA^{Ala}。结合氨基酸后，就称为丙氨酰-tRNA，如 Ala-tRNA^{Ala}。

一种 tRNA 只携带一种氨基酸，但是一种氨基酸可被几种 tRNA 携带。每一种氨基酸可以有一种以上的 tRNA 作为运载工具,这样一组携带相同氨基酸的不同 tRNA 称为同功受体 tRNA(isoacceptor tRNA)。

(三)tRNA 连接多肽链和核糖体

在核糖体内合成多肽链的过程中,生长中的多肽链通过 tRNA 暂时结合在核糖体的特定位置上,直至合成终止后多肽链才从核糖体上脱下。tRNA 起着连接这条多肽链和核糖体的作用。

(四)起始 tRNA

密码子 AUG 既是起始密码子,又是肽链延伸中甲硫氨酸的密码子。那么如何区分起始 AUG 和延伸中的 AUG 呢?一方面是存在两种分子结构不同的 tRNA,一种用于识别起始 AUG,另一种用于识别肽链延伸中的 AUG。另一方面是起始 AUG 处于 mRNA 的特殊部位,如在原核生物 mRNA 中,起始 AUG 的 5' 上游区有特殊的 SD 序列;真核生物中起始 AUG 通常是 mRNA 中帽子结构下游的第一个 AUG。

原核生物的起始 tRNA(tRNA$_f$)分子与延伸过程中的 tRNA 有两处区别:氨基酸臂上最后一对碱基不配对;反密码子臂上有 3 个连续的 GC 对(图 15-3)。另外,tRNA$_f$ 携带的甲硫氨酸随即会被甲酰化修饰的。因此,在原核生物中,起始氨酰-tRNA 是 N-甲酰甲硫氨酰-tRNA$_f$,用 N-fMet-tRNA$_f$ 表示。

在原核生物中,tRNA$_f$ 并不是直接与甲酰甲硫氨酸结合。tRNA$_f$ 先结合甲硫氨酸,然后氨基酸再被甲酰化,甲酰基团的供体是甲酰四氢叶酸。

真核生物的起始 tRNA 是用 tRNA$_i$ 表示,延伸中的甲硫氨酸 tRNA 用 tRNA$_m$ 表示,分别高度特异性地识别起始 AUG 和延伸 AUG 密码子。

三、rRNA 和核糖体

核糖体是蛋白质合成的场所。在真核细胞内,核糖体一部分和原核细胞一样,分布在细胞质中,一部分则与内质网结合,形成粗糙型内质网。每个真核细胞含 $10^6 \sim 10^7$ 个核糖体。在线粒体和叶绿体内也含有核糖体。

(一)核糖体的组成

处在生长期的每个大肠杆菌细胞含 20 000 个

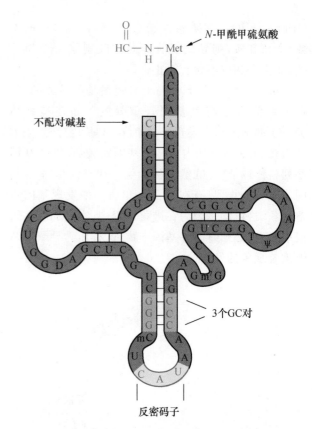

图 15-3 大肠杆菌中蛋白质合成起始的 N-甲酰甲硫氨酰-tRNA$_f$

以上的核糖体。在大肠杆菌以及真核生物的叶绿体、线粒体中,核糖体相对分子质量为 2.5×10^6,沉降系数 70S。大肠杆菌的核糖体由大、小两个亚基组成,大亚基的沉降系数为 50S,小亚基的沉降系数是 30S。在 10 mmol/L $MgCl_2$ 溶液中,这两个亚基结合在一起,但在 0.1 mmol/L $MgCl_2$ 溶液中则完全分开。需要指出的是,这里的亚基和以前我们所说的蛋白质的亚基的概念是不同的,蛋白质的亚基通常由一条多肽链组成,但核糖体的亚基则除了含 RNA 外,还含有几十种蛋白质。核糖体的组成如图 15-4 所示。核糖体蛋白中有许多是碱性很强的蛋白质。大肠杆菌核糖体的大亚基含有 23S 和 5S rRNA 以及 36 种蛋白质,在小亚基中含有 16S rRNA 和 21 种蛋白质。核糖体中的 rRNA 大部分(60%~70%)折叠成碱基对突环,和 tRNA 类似。

真核细胞核糖体的沉降系数为 80S,也由一大一小两个亚基组成。大亚基的沉降系数为 60S,小亚基的沉降系数是 40S。真核生物核糖体的大亚基含有 28S、5S 和 5.8S 3 种 rRNA 以及 47 种蛋白质,小亚基中含有 18S rRNA 和 33 种蛋白质(图 15-4)。

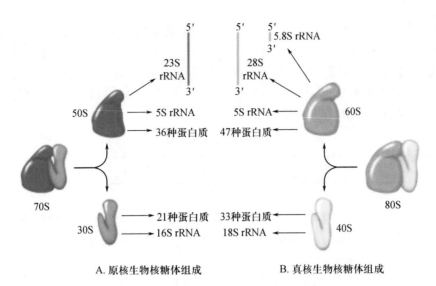

图 15-4　原核生物和真核生物核糖体组成及结构模型

（改自 Moran et al. , 2014）

(二)核糖体的结构

用电子显微镜观察,大肠杆菌 70S 核糖体形似一个椭球体。它的 30S 小亚基具有较长的、不对称的外形。30S 小亚基的结构可以分出基部、头部和具有不规则边缘的平台。30S 亚基头部负责对 mRNA 起始位点的识别与结合。50S 亚基的形状可以分出基部、柄部和隆起的部分。

当小亚基与大亚基结合成 70S 核糖体时,小亚基横摆在大亚基上,2 个亚基界面留下的空隙就是 mRNA 进出核糖体的隧道。

(三)核糖体的活性位点

核糖体上具有很多活性位点,其中 3 个位点与结合 tRNA 有关,包括 P 位点、A 位点和 E 位点。这里主要介绍 P 位点和 A 位点。

P 位点是肽酰部位(peptidyl site)(图 15-5),这是起始氨酰-tRNA(N-fMet-tRNA$_f$)的结合位点,也是肽酰-tRNA 的结合位点,还是 tRNA 脱负载的部位(即脱去肽基的部位)。A 位点是氨酰基部位(aminoacyl site)是延伸中的氨酰-tRNA 进入核糖体的结合位点,也是肽酰-tRNA 的结合位点,还是释放因子识别的位点。每个位点都是由大、小亚基共同组成的,也就是说,这两个部位有一部分在小亚基内,一部分在大亚基内。tRNA 携带氨基酸的部分与大亚基结合,其反密码子区段则与小亚基结合,

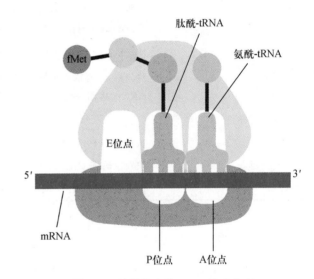

图 15-5　核糖体上的 tRNA 结合位点

（引自 Voet et al. , 2016）

并与 mRNA 接触。催化形成肽键的肽基转移酶(peptidyl transferase)分布在大亚基中,位于肽酰-tRNA 的 2′-OH 附近。

E 位点主要位于大亚基上,是脱负载的 tRNA 离开核糖体的位点。核糖体上还有其他的位点,如延伸因子 EF-Tu 和 EF-G 的结合位点、释放因子(release factor,RF)的结合位点、核糖体重复利用因子(ribosome recycling factor,RRF)的结合位点、因子结合中心,小亚基上还有 mRNA 的结合位点等。核糖体的大亚基在无小亚基存在时则不能与 mRNA 结合,但能与 tRNA 非特异地结合。

四、辅助因子

在蛋白质合成体系中,除了 mRNA、各种氨基酸、tRNA 和核糖体组成的系统外,还必须有许多蛋白质辅助因子的参与,这些辅助因子包括起始因子(initiation factor,IF)、延伸因子(elongation factor,EF)、释放因子等。在原核细胞和真核细胞的蛋白质合成过程中,这些辅助因子的种类、数量上有些差异,但在起始、延长、终止各阶段总体上功能是相似的。原核生物蛋白合成的辅助因子的功能如表 15-3 所示。

表 15-3 原核生物蛋白质翻译的辅助因子

名称	功能
起始因子(IF)	
IF-1	与 30S 亚基的 A 位点结合,阻止起始氨酰-tRNA 结合在不正确的位点
IF-2	专一地与起始氨酰-tRNA(N-fMet-tRNA$_f$)结合,并使其结合到 30S 亚基的 P 位点上;具有 GTPase 活性
IF-3	与 30S 亚基结合,阻止大、小亚基间的结合;也是 30S 亚基与 mRNA 起始部位结合的必需因子
延伸因子(EF)	
EF-Tu	按照 mRNA 上的密码子,帮助延伸中的氨酰-tRNA 进入 A 位,形成 EF-Tu·GTP·氨酰-tRNA 复合物;具有 GTPase 活性
EF-Ts	使 EF-Tu·GDP 再生为 EF-Tu·GTP,参加肽链的延伸过程
EF-G	移位酶,具有依赖于核糖体的 GTPase 活性,和 GTP 共同负责核糖体沿 mRNA 移动一个密码子的距离
释放因子(RF)	
RF-1	识别密码子 UAA 和 UAG
RF-2	识别密码子 UAA 和 UGA
RF-3	促进 RF-1 和 RF-2 从核糖体释放出来;具有 GTPase 活性

(一)起始因子

mRNA 和氨酰-tRNA 并不能直接与核糖体结合。蛋白质合成起始时,首先要在起始因子(IF)的帮助下形成起始复合物(核糖体·mRNA·起始 tRNA),然后蛋白质合成才能继续进行。

原核生物起始因子有 3 种,包括 IF-1、IF-2 和 IF-3。IF-3 是 30S 亚基与 mRNA 起始部位结合的必需因子。IF-3 与 30S 亚基结合,阻止大、小亚基间的结合。IF-2 则专一地与起始氨酰-tRNA(N-fMet-tRNA$_f^{Met}$)结合,它还具有 GTPase 活性。IF-1 与 A 位点结合,能够阻止起始氨酰-tRNA 结合在不正确的位点。

(二)延伸因子

延伸因子是肽链延长阶段所必需的蛋白因子。

原核生物的延伸因子可分为两类:一类是帮助氨酰-tRNA 进入核糖体 A 位点并与 mRNA 特异密码子结合的 EF-Tu 和 EF-Ts;另一类是使肽酰-tRNA 从核糖体 A 位点移向 P 位点的 EF-G。

EF-Tu 帮助延伸中的氨酰-tRNA 进入 A 位。在 GTP 的存在下,EF-Tu 专一地识别和结合(除 fMet-tRNA$_f^{Met}$外)所有肽链延伸过程中的氨酰-tRNA,形成 EF-Tu·GTP·氨酰-tRNA 三元复合物。而起始氨酰-tRNA 不能与 EF-Tu·GTP 形成复合物,这样保证起始 tRNA 携带的 fMet 不能进入肽链内部。在氨酰-tRNA 的反密码子与 mRNA 上对应的密码子正确配对后,EF-Tu 水解 GTP 形成 EF-Tu·GDP,然后从核糖体解离。

EF-Ts 则使 EF-Tu·GDP 再生为 EF-Tu·GTP,后者便可再次参加肽链的延伸过程。

肽酰-tRNA 从核糖体 A 位点移到 P 位点的过

程需要 EF-G 和 GTP。EF-G 具有依赖核糖体的 GTPase 活性。GTP 的水解为肽酰-tRNA 的移位反应提供能量。

(三)释放因子

释放因子的作用是终止肽链合成,并促进新生肽链从核糖体释放出来。原核生物有三种释放因子:RF-1、RF-2、RF-3。RF-1 和 RF-2 识别终止密码子,RF-3 则是促进 RF-1 和 RF-2 从核糖体的释放。

除了上述的蛋白质因子外,蛋白质的生物合成还需要 ATP、GTP、Mg^{2+} 等的参与。这些因子的作用将在下文叙述。

真核生物的辅助因子在缩写前加 e,表示是真核生物 eukaryote,如 eIF、eEF 和 eRF。

第三节　蛋白质合成的过程

在学习了蛋白质合成体系中的一些重要组分的基础上,我们便可以进一步讨论关于蛋白质合成的具体过程了。蛋白质的合成过程可以分为四个步骤:氨基酸的活化和转移,肽链合成的起始、延伸和终止。

首先介绍大肠杆菌中的蛋白质合成过程。

一、氨基酸的活化和转移

肽键是一个氨基酸的 α-羧基与另一个氨基酸的 α-氨基之间脱水缩合形成的共价键。但是两个氨基酸并不能直接反应。一个氨基酸要进入蛋白质合成途径,必须在相应的氨酰-tRNA 合成酶的催化下,将羧基以酯键连接于 tRNA 的 3' 端羟基上形成氨酰-tRNA。然后氨酰-tRNA 再按照 mRNA 上密码子的顺序进入核糖体上,由核糖体上的肽基转移酶催化形成肽键。

氨酰-tRNA 合成酶催化某种氨基酸与相应的 tRNA 连接,酶催化的反应可以分为活化和转移两个步骤(图 15-6)。

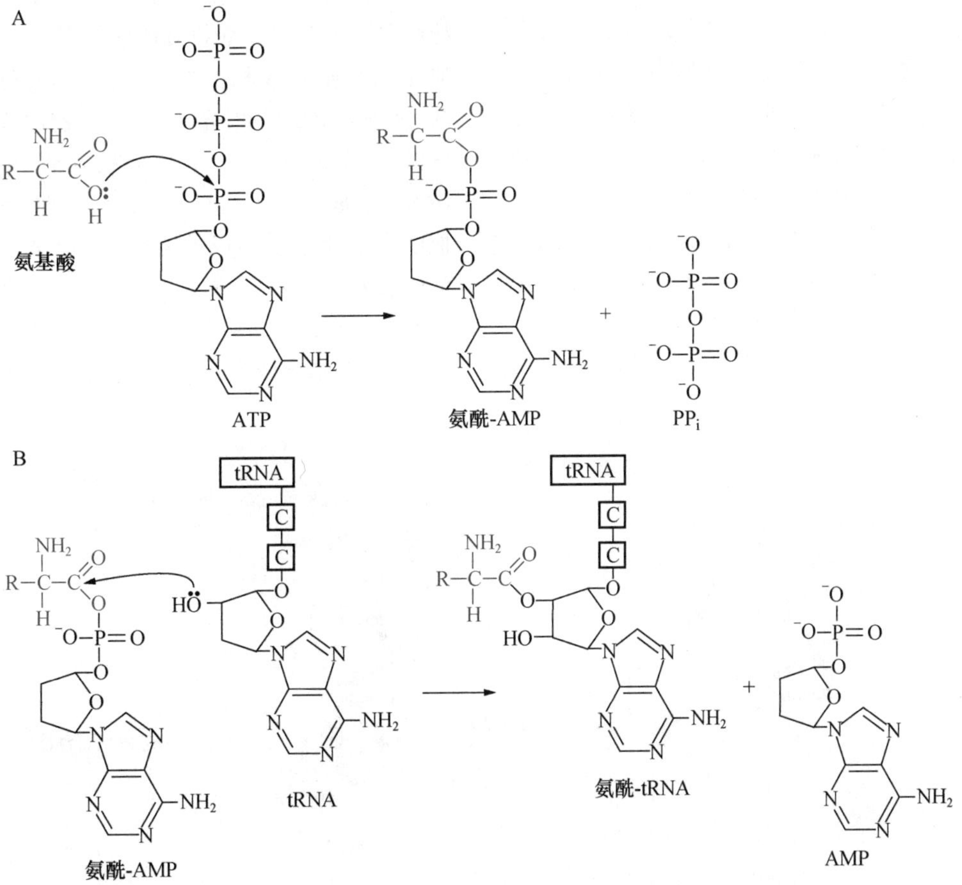

A. 氨基酸与 ATP 反应生成氨酰-AMP　B. 氨酰基转移到 tRNA 末端腺苷的 3'-OH 上,形成氨酰-tRNA

图 15-6　氨基酸的活化与转移

（一）氨基酸的活化

催化氨基酸与 tRNA 连接的酶称为氨酰-tRNA 合成酶（amino acyl-tRNA synthetase，aaRS）。在它的催化作用下，氨基酸与 ATP 反应，生成氨酰-AMP 复合物，同时释放焦磷酸。释放的焦磷酸迅速被焦磷酸酶水解，提供反应所需要的能量。这一步反应称为氨基酸的活化。反应如下。

$$氨基酸＋ATP \rightleftharpoons 氨酰\text{-}AMP＋PP_i$$

（二）活化氨基酸的转移

活化后的氨基酸在氨酰-tRNA 合成酶的催化下转移到 tRNA 上，将 AMP 释放。反应为：

$$氨酰\text{-}AMP＋tRNA \rightleftharpoons 氨酰\text{-}tRNA＋AMP$$

氨酰-tRNA 合成酶催化的总反应为：

$$氨基酸＋tRNA＋ATP＋H_2O \longrightarrow 氨酰\text{-}tRNA＋AMP＋2P_i$$

酶催化的两步反应都是可逆的，形成氨酰-AMP 所需的自由能以及氨酰-tRNA 水解产生的自由能与 ATP 水解产生的能量大致相当，所以，整个反应由 PP_i 水解产生的能量驱动前行。反应中形成氨酰-tRNA 即可参加蛋白质的合成，释放的合成酶可再次参与氨基酸的活化与转移。

尽管不同的氨酰-tRNA 合成酶催化的反应很相似，但是它们的分化程度非常高。各种氨酰-tRNA 合成酶的亚基数量，多肽链的氨基酸序列都不相同。根据氨酰-tRNA 合成酶的序列以及结构，可以把酶分为

两类，每类大约各有 10 种成员。

第Ⅰ类合成酶多是单体酶，催化氨酰基连接在 tRNA 的 3′末端腺苷酸的 2′-OH 上，然后经转酯反应转移到 3′-OH。只有氨基酸连接到 tRNA 的 3′-OH 上，才能作为蛋白质合成的真正底物。第Ⅰ类酶识别的多为侧链比较大，或疏水性比较强的氨基酸。

第Ⅱ类多是同二聚体或同四聚体的寡聚酶，氨酰基直接连接在 tRNA 的 3′末端腺苷酸的 3′-OH 上。第Ⅱ类合成酶识别的氨基酸侧链一般比较小，极性比较强。

氨酰-tRNA 合成酶对氨基酸及其相应的 tRNA 的专一性很高。一种特定的合成酶一般只活化一种氨基酸，但可以识别一组同功受体 tRNA，不过催化反应的速度可能不同。少数情况下酶也可能出错，但是某些氨酰-tRNA 合成酶具有校对功能。

数种机制保证氨酰-tRNA 合成酶将正确的氨基酸连接到相应的 tRNA 分子上。氨酰-tRNA 合成酶可通过两步机制来选择正确的氨基酸。首先，正确的氨基酸和氨酰-tRNA 合成酶活性位点口袋的亲和力最高，比其他氨基酸更容易结合。与正确的氨基酸结构相差较大的氨基酸将被活性位点排挤出去。然而，对于结构上比较相似的氨基酸，如异亮氨酸和缬氨酸，就很难区分。此时，第二种机制将发挥作用。当氨基酸和 AMP 共价结合形成氨酰-AMP 后，氨酰-tRNA 合成酶催化其与 tRNA 结合时，氨酰-tRNA 合成酶会迫使错误形成的氨酰-AMP 复合物进入酶的编辑校对位点（editing site）（图 15-7）。编辑校对口袋（editing pocket）的精确尺寸使它不能结合正确的氨基酸，但能结合结构、大小相近的其他氨基酸。结合

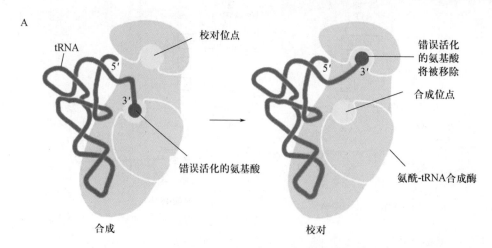

图 15-7　氨酰-tRNA 合成酶的编辑校对作用

（氨酰-tRNA 合成酶通过水解错误结合的氨基酸来进行校正。正确的氨基酸不能结合在编辑校对位点。引自 Alberts. et al. ，2014）

的错误氨基酸通过水解作用与 AMP 分离,或者与 tRNA 分离。这种编辑校对作用使 tRNA 携带错误氨基酸的概率降低到 1/40 000 左右,保证了蛋白质合成的准确性。然而,并非所有的氨酰-tRNA 合成酶都具有校对活性。例如,酪氨酸-tRNA 合成酶则不具有校对活性,虽然苯丙氨酸和酪氨酸的侧链只差一个羟基,但酪氨酸-tRNA 合成酶可以有效区分这些底物,活化的错误率仅为 10 万分之一。

氨酰-tRNA 合成酶还必须识别正确的 tRNA。有些氨酰-tRNA 合成酶直接识别 tRNA 的反密码子。另外的氨酰-tRNA 合成酶则识别 tRNA 的氨基酸接受臂或 tRNA 的多个位置。

二、肽链合成的起始

蛋白质合成的起始(initiation)包括了辨认起始密码子,核糖体与 mRNA、第一个氨酰-tRNA、起始因子等的结合,最终形成 70S 的起始复合物。

(一)辨认起始密码子

蛋白质合成的起始是相当复杂的。首先必须辨认出 mRNA 链上的起始点。mRNA 链上的 AUG 是起始密码子,同时也是多肽链内部的甲硫氨酸的密码子。

tRNA_f 和 tRNA_m 均具有相同的反密码子 $5'$-CAU-$3'$,但 tRNA_f 只与起始密码子 AUG 相结合而不与内部甲硫氨酸密码子 AUG 相结合,而 tRNA_m 则相反,只与内部的 AUG 密码子结合,而不与起始密码子结合。那么,如何识别起始密码子 AUG 和内部的 AUG 密码子呢?原核生物中,核糖体的小亚基中的 16S rRNA 起着协助辨认起始密码子的作用。

原核生物 mRNA 的起始密码子 AUG 的上游 $5 \sim 10$ 个碱基处有一段富含嘌呤的短序列,$3 \sim 10$ 个核苷酸长,是翻译的起始信号。它是在 1974 年由 John Shine 和 Lynn Dalgarno 发现的,所以称为 SD 序列(Shine-Dalgarno sequence)。SD 序列的作用是与 16S rRNA 的 $3'$ 端上一段富含嘧啶的序列反向互补结合,这个小片段被称为反 SD 序列(anti-SD sequence)。当 mRNA 中的 SD 序列与 16S rRNA 上的反 SD 序列结合后,就指示了其下游的 AUG 即是蛋白质合成的起始密码子(图 15-8)。

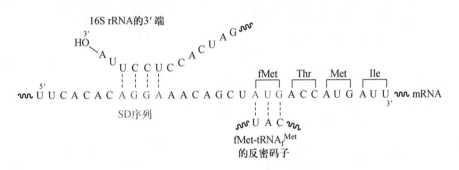

图 15-8 mRNA 上的 SD 序列与 16S rRNA 上的反 SD 序列结合

(改自 Moran et al. ,2014)

(二)形成起始复合物

在原核细胞内,在蛋白质合成时,多肽链的起始氨基酸均是甲酰甲硫氨酸,但在真核细胞内的起始氨基酸则是甲硫氨酸。另外,在原核细胞内有两种对甲硫氨酸专一的 tRNA,分别用 tRNA_m 和 tRNA_f 表示。

起始的氨酰-tRNA(即 N-甲酰甲硫氨酰-tRNA_f)的形成是首先在 Met-tRNA 合成酶催化下形成甲硫氨酰-tRNA_f(Met-tRNA_f),然后在特定的转甲酰酶(transformylase)催化下,将 Met-tRNA_f 的

氨基甲酰化生成 fMet-tRNA_f:

$$N^{10}\text{-甲酰四氢叶酸} + \text{Met-tRNA}_f \xrightarrow{\text{转甲酰酶}} \underset{N\text{-甲酰甲硫氨酰-tRNA}_f}{\text{fMet-tRNA}_f}$$

但转甲酰酶不能催化 Met-tRNA_m 发生上述反应,也不能催化游离的甲硫氨酸甲酰化(图 15-9)。

除了上述的 fMet-tRNA_f、mRNA、核糖体等之外,原核生物的蛋白质合成的起始还需要起始因子 IF1、IF2、IF3 的参与,最终组装成一个 70S 起始复合物(initiation complex)。这个组装步骤可以分成以下三个阶段(图 15-10)。

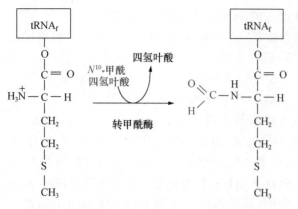

图 15-9　甲硫氨酰-tRNAf（Met-tRNAf）的氨基甲酰化

1. 第一阶段

细胞内,核糖体的两个亚基可以呈分离态或结合成完整的核糖体(70S),两者间维持一定的平衡。当 IF-3 结合到解离的 30S 小亚基时,便阻止了大、小两个亚基结合形成完整的核糖体。IF-3 覆盖在 30S 小亚基的 E 位点上,随后 IF-1 结合到 30S 小亚基的 A 位点,而与 GTP 结合的 IF2 以 IF-2·GTP 形式与 IF-1 结合,靠近 P 位点,但未覆盖 P 位点,这种状态下,当起始氨酰-tRNA 结合到核糖体上时,只能进入 P 位点。IF-2 是 GTP 酶,在起始复合物形成过程中,与 IF-1、起始氨酰-tRNA 以及 50S 大亚基都能发生相互作用。

2. 第二阶段

起始氨酰-tRNA 和 mRNA 可同时结合到 30S 小亚基上。mRNA 靠近 5′端的 SD 序列通过与 30S 小亚基的 16S RNA3′端的反 SD 序列的碱基配对被直接招募到 30S 小亚基上,此时 mRNA 上的起始密码子 AUG 正好处于 P 位点。结合在核糖体上的 IF-2·GTP 负责招募起始氨酰-tRNA,即 fMet-tRNAf,也结合到 30S 小亚基的 P 位点,当 fMet-tRNAf 的反密码子与此处 mRNA 上的起始密码子 AUG 形成正确的碱基配对时,完成 30S 起始复合物的形成。

3. 第三阶段

P 位点上的起始氨酰-tRNA 和 mRNA 形成正确的碱基配对后,50S 大亚基通过 IF-2·GTP 结合上来,此时,核糖体大小亚基的相互作用很弱。50S 大亚基的结合激活 IF-2 的 GTP 酶活性,IF-2·GTP 中的 GTP 被水解转变为 IF-2·GDP,IF-2·GDP 则不再与 IF-1 和 fMet-tRNAf 结合,因此从核糖体上解离。一旦 IF-2 离开核糖体,50S 大亚基与 30S 小亚基

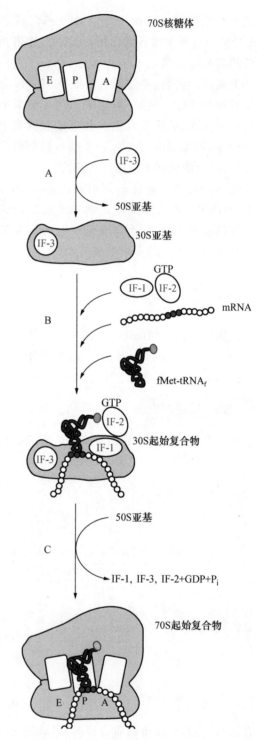

图 15-10　蛋白质合成起始复合物的形成
（图中的 A、B、C 分别表示起始复合物形成的三个阶段）

的相互作用加强,促进了 IF-1 和 IF-3 的解离。随着三个起始因子被释放,大小亚基间的相互作用进一步增强,形成了完整的 70S 起始复合物。70S 起始复合物含有核糖体、mRNA 和结合在 P 位点的起始氨酰-tRNA。

在起始复合物的组装完成之后,便可以进行下一阶段的肽链延长。

三、肽链合成的延伸

在肽链的延伸(extension)阶段,新的携带着特异的氨基酸的 tRNA 便按照 mRNA 上密码子所决定的顺序依次进入,形成多肽链。与此同时,核糖体也不断沿 mRNA 的 5′端向 3′端移动,每移动一个密码子的距离,便形成一个新的肽键,使多肽链延长一个氨基酸单位。

肽链延长需 70S 起始复合物、氨酰-tRNA、3 种延伸因子,包括:EF-T(EF-Tu,EF-Ts)和 EF-G 以及 GTP。

每个肽键的形成都需要三步反应:结合、转肽、移位。在一个蛋白质合成的延伸过程中,这三个步骤重复多次,直至终止密码子进入 A 位点(图 15-9)。

(一)结合

延伸因子 EF-Tu 与 GTP 形成 EF-Tu·GTP 复合物,再与即将进入核糖体的氨酰-tRNA 形成 EF-Tu·GTP·氨酰-tRNA 复合物。此复合物进入核糖体的 A 位点后,若氨酰-tRNA 的反密码子与 mRNA 上对应的密码子正确配对,则 EF-Tu 的 GTPase 活性激活,水解 GTP,形成的 EF-Tu·GDP 和 P_i 从 70S 核糖体上释放。

(二)转肽

随后,核糖体上 A 位点上氨基酸的 α-氨基作为亲核基团攻击 P 位点上甲酰甲硫氨酰的羰基,两个氨基酸之间形成肽键。甲酰甲硫氨酰基从原来的 tRNA_f 转移到第二个氨基酸的氨基上,也就是从核糖体的 P 位点转移到 A 位点上。此时,A 位点上的 tRNA 携带的是二肽,被称为肽酰-tRNA,而脱去负载的 tRNA_f 依然留在 P 位点上。

在后续的反应中,P 位点上是已经合成的一段肽链与 tRNA 形成的肽酰-tRNA,A 位点是新进入核糖体的氨酰-tRNA。然后 P 位点上的肽基与 A 位点的氨酰-tRNA 携带的氨基酸之间再形成肽键,延长了一个氨基酸的肽酰-tRNA 就结合在 A 位点上了。

这个过程被称为转肽(transpeptidation),反应是由肽基转移酶(peptidyl transferase)催化的(图 15-11)。需要特别指出的是,肽基转移酶主要是 23S rRNA 的一部分,是一个核酶。

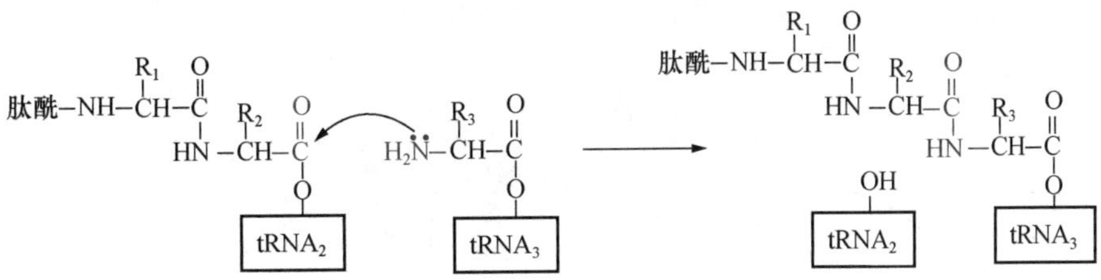

图 15-11　蛋白质合成过程中的转肽反应

(三)移位

肽链延伸的最后一步是移位(translocation)。核糖体向 mRNA 的 3′端方向移动一个密码子的距离,形成的二肽酰-tRNA(或延长的肽酰-tRNA)随即移至 P 位点。原来在 P 位点上的 tRNA_f(或其他 tRNA)通过 E 位点脱落,离开核糖体。核糖体的移动使下一个密码子对正 A 位点,以便下一个氨酰-tRNA 的进入。

移位的过程要求延伸因子 EF-G 的参与,由 GTP 水解提供移位所需要的能量。EF-G 也称移位酶(translocase),它的结构与 EF-Tu·tRNA 复合物很相似,EF-G 与 A 位点结合后,就把肽酰-tRNA 置换出去。

这样便形成一个肽键,将肽链延长一个氨基酸单位。上述过程每重复一次,便有一个新氨基酸进入,形成一个新的肽键,肽链延长一个氨基酸单位,直至到达终止密码子为止(图 15-12)。

在肽链延长过程中,EF-Tu·GTP 的 GTP 水解后,产生了 EF-Tu·GDP 和 P_i。EF-Tu·GDP 不能再与氨酰-tRNA 结合,无法进行下一轮反应。

延伸因子 EF-Ts 在 GTP 参与下可以使 EF-Tu·GDP 再生为 EF-Tu·GTP(图 15-13)。EF-Ts 与 EF-Tu 结合,把 GDP 从复合物中置换出来,Tu·Ts 二聚体与 GTP 结合,使 EF-Ts 从复合物中解离并重新再生 EF-Tu·GTP 复合物,至此,EF-Tu·GTP 就可以参与下一轮反应了。

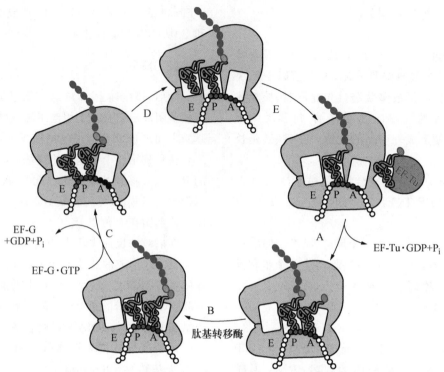

A. 特定的氨酰-tRNA 与 A 位点结合　B. 形成肽键;肽链从肽酰-tRNA 转移到氨酰-tRNA

C. 肽酰-tRNA 从 A 位点移位到 P 位点,脱负载的 tRNA 从 P 位点移动到 E 位点

D. 肽酰-tRNA 移动到 P 位点,A 位点排空　E. 一个循环结束,核糖体准备开始下一轮反应

图 15-12　肽链的延伸过程

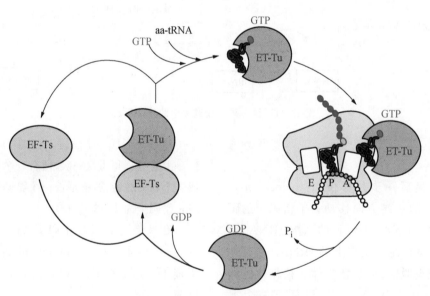

图 15-13　EF-Ts 使 EF-Tu 再生

四、肽链合成的终止

当核糖体移动至终止密码子时,肽链延长即告

结束,这就是蛋白质合成的终止作用(termination)。细胞内,这些终止密码子没有相应的 tRNA,终止密码子是由释放因子识别的。

细菌的释放因子有 RF-1、RF-2 和 RF-3。RF-1 的作用是识别密码子 UAA 和 UAG;RF-2 识别

UAA 和 UGA。RF-3 促进 RF-1 和 RF-2 从核糖体解离。RF-3 是一种 GTPase，介导 RF-1 或 RF-2 与核糖体之间的相互作用。

当 mRNA 上的终止密码子进入 A 位点后，释放因子识别终止密码子。释放因子与核糖体的结合使肽基转移酶的催化作用转变为水解作用，将肽链从 tRNA 上水解下来，释放出新生成的多肽链（图 15-14）。在新生肽链和释放因子离开核糖体后，核糖体仍然结合 mRNA 以及两个位于在 P 和 E 位点的脱负载 tRNA。为了开始下一轮肽链合成，tRNA 和 mRNA 必须离开核糖体，核糖体也必须解离成大、小亚基。在原核细胞中，核糖体循环因子与延伸因子 EF-G 等参与核糖体的解聚，并释放 tRNA、mRNA。当 IF-3 再次结合到分离开的小亚基上，便可开始下一个合成过程。

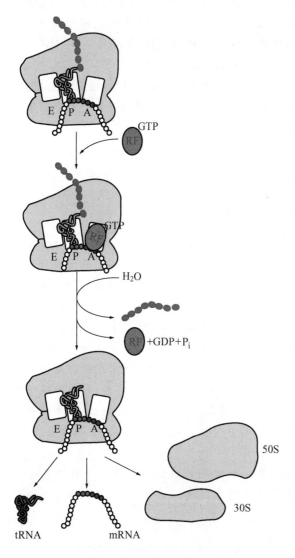

图 15-14 肽链合成的终止

蛋白质合成消耗大量能量。在氨基酸的活化过程中，氨酰-tRNA 合成酶形成一个正确的氨酰-tRNA 要消耗一分子 ATP（2 个高能键）。在肽链延长的第一步要水解一分子 GTP，移位过程要分解一分子 GTP。所以，每形成一个肽键至少要消耗 4 个高能键。此外，在合成起始时，需要消耗 1 个 GTP（与 IF-2 结合），合成终止时也需要消耗一个 GTP（与 RF-3 结合）。

五、真核细胞蛋白质的合成

真核细胞蛋白质的生物合成机理与原核细胞十分相似，也分 3 个主要阶段：起始、延长和终止。但其过程更复杂，涉及的相关蛋白因子更多。两者最主要的差异在于蛋白质合成的起始阶段。下面我们通过和原核生物比较来简单介绍真核生物蛋白质合成的过程及特点。

真核细胞的核糖体是 80S 核糖体，由 60S 的大亚基和 40S 的小亚基组成，比原核细胞的核糖体含有更多的蛋白质和核糖体 RNA 种类。

真核细胞蛋白质翻译的起始氨酰-tRNA 是 Met-tRNA$_i$，而原核细胞中是 fMet-tRNA$_f$（"i"表示起始，"f"表示甲酰化）。真核细胞中起始氨基酸是甲硫氨酸，而非甲酰甲硫氨酸。

原核生物和真核生物的起始密码子都是 AUG。真核生物不具备原核生物中的 SD 序列用于识别起始密码子 AUG，靠近 5′端的第一个 AUG 通常就是真核生物的起始密码子。结合了 Met-tRNA$_i$ 的 40S 核糖体沿着 mRNA 从 5′端帽子开始扫描（scanning）搜索起始 AUG，该过程由解旋酶（helicase）催化，需要 ATP 水解提供能量。真核生物 mRNA 通常只具有一个翻译起始位点，因此一条 mRNA 通常只编码一条多肽链。而原核生物中 mRNA 可以有多个 SD 序列，也就意味着具有多个翻译起始位点，因而一条模板 mRNA 可以合成几种不同的蛋白质。

真核生物比原核生物需要更多的起始因子。真核生物的起始因子以 eIF 表示。例如：eIF-4E 直接和 m^{7}G-帽子结合，而 eIF-2 和 GTP 结合，使 Met-tRNA$_i$ 与核糖体结合。eIF-3 类似于原核生物的 IF-3，可以阻止核糖体的大亚基和小亚基重新结合在一起。原核生物 mRNA 一旦被转录就可以与核糖体结合开始翻译过程，而真核生物的 pre-mRNA 必须经过剪切加工,并且运送到细胞质中才能开始翻译。真核生物翻译起始过程的复杂性也是其基因表达调控的一种机制。

虽然大多数真核细胞的翻译起始依赖于 mRNA 的 5′端帽子结构,也有一些 mRNA 可以不通过帽子结构和帽子结合蛋白而招募核糖体开始翻译过程,这些 mRNA 的内部核糖体进入序列(internal ribosome entry site,IRES)促进 40S 核糖体和 mRNA 结合,其分子机制尚不清楚。

翻译过程中,在起始因子作用下,真核细胞 mRNA 形成环形结构。起始因子 eIF-4E 与 m^7G 帽子结合,随后进一步与 eIF-4G 结合,eIF-4G 与 poly(A)尾结合蛋白 1(polyA-binding protein 1,PABP1)结合,而 PABP1 与 poly(A)尾结合。这样,通过蛋白质之间的相互作用,mRNA 的 5′端帽子与 3′poly(A)尾联系起来,使 mRNA 形成环形结构(图 15-15),这种环形的结构有利于核糖体与 mRNA 的再次结合。

eIF-4G 活性的调控是真核生物蛋白质翻译过程重要的调控点。eIF-4G 功能的异常可能导致脆性 X 综合征(fragile-X syndrome)或者前列腺癌等疾病。

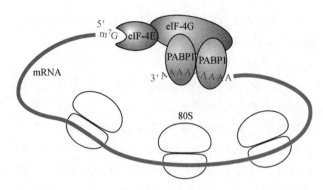

图 15-15 蛋白质介导形成环形真核 mRNA 结构
(引自 Berg et al.,2019)

真核生物中延伸因子 eEF-α、eEF-1βγ、eEF-2 与原核细胞中相对应的因子 EF-Tu、EF-Ts、EF-G 的功能相似。

真核细胞肽链合成的终止的一个释放因子 eRF-1 可识别 UAA、UAG、UGA 3 种终止密码子,并需要 GTP 提供能量,使肽链从核糖体上释放。真核生物中另一种释放因子 eRF-3 与 eRF-1 相互作用并促进 eRF-1 的作用。

高等真核生物的翻译机器组装成大的复合物,并且和细胞骨架结合。这种结合有利于提高蛋白质翻译的效率。

知识框 15-2 抑制蛋白质合成过程的抗生素

许多微生物产生抗生素。有些抗生素通过抑制蛋白质合成而抑制细菌生长。例如嘌呤霉素(puromycin),其结构类似于氨酰-tRNA 分子末端的结构,因此也能结合于核糖体 A 位点。肽基转移酶可以催化新生肽链的肽基与嘌呤霉素的氨基之间形成肽键,如下图所示。生成的肽酰嘌呤霉素微弱地结合在核糖体 A 位点,很快从核糖体解离,导致蛋白质合成提前终止。

虽然嘌呤霉素显著抑制原核生物的蛋白质合成,但是在临床上价值不高,因为嘌呤霉素同样抑制真核生物的蛋白质合成,因此毒性很大。临床上应用广泛的抗生素,包括链霉素、氯霉素、红霉素、四环素等,专一地抑制细菌蛋白质合成的不同阶段,对真核生物蛋白质合成没有抑制作用,或者抑制作用很小,因此副作用较小。链霉素与核糖体 30S 小亚基的一个蛋白质结合,改变核糖体结构,影响密码子与反密码子的配对,导致翻译过程中的错读。氯霉素与 50S 大亚基结合,抑制肽基转移酶活性,导致不能形成肽键。红霉素和核糖体 50S 大亚基结合,抑制蛋白质合成中移位的过程。而四环素则阻止氨酰-tRNA 与 A 位点的结合。

核糖体 A 位点的嘌呤霉素与 P 位点 tRNA 分子的新生肽链之间形成肽键。生成的肽酰嘌呤霉素产物与 A 位点亲和力很弱,从核糖体上解离下来,导致蛋白质合成终止,产生不完整、无活性的蛋白质。

tRNA　P位点　　　A位点　　　　A位点

嘌呤霉素

六、多核糖体

在一条 mRNA 链上，可以有多个核糖体同时进行翻译。当结合在 mRNA 的 5′ 端的核糖体向 3′ 端移动使肽链延长时，暴露出的起始密码子又可以和另一核糖体结合，开始另一条多肽链的合成。这样，在一条 mRNA 链上便可以与多个核糖体结合，构成多核糖体（polyribosome）。在多核糖体上的每一个核糖体都在合成一条正在延长的多肽链，越靠近 mRNA 3′ 端的核糖体上的多肽链越长。这可以大大提高 mRNA 的翻译效率。

在 mRNA 链上的核糖体数目视 mRNA 链的长短而不同。例如，血红蛋白的多肽链含约 150 个氨基酸残基，这相当于在 mRNA 链上有约 450 个核苷酸残基，合成血红蛋白的多核糖体含有 5～6 个核糖体。一条 500 个氨基酸残基的多肽链，其 mRNA 的长度为 1 500 个核苷酸，多核糖体上可以有多达 20 个核糖体。所以在 mRNA 链上的核糖体密度，大约是每 80 个核苷酸分布有 1 个核糖体（图 15-16）。

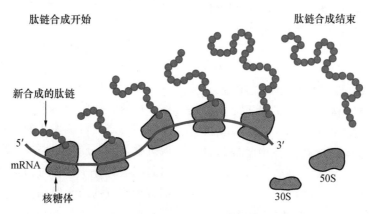

肽链合成开始　　　　　　　　　　肽链合成结束

新合成的肽链

5′　mRNA　核糖体　　　3′　30S　50S

图 15-16　多核糖体
（图中 5 个核糖体同时在一条 mRNA 链上进行多肽链的合成）

七、蛋白质合成后的修饰与折叠

(一)蛋白质合成后的修饰

许多刚刚由 mRNA 翻译出的多肽链还不是最后产物，它们常常还要进行加工和修饰，并折叠成特有的天然构象。加工和修饰过程可能有不同的形式。

1. 末端残基的修饰

蛋白质合成后，新生肽链上的第一个氨基酸要么都是甲酰甲硫氨酸（原核生物），要么都是甲硫氨酸（真核生物）。但是实际上，成熟蛋白质多肽链 N 端的甲酰基团或甲硫氨酸，甚至一部分氨基酸序列会由酶切除，才能形成有功能的蛋白质。并且，真核细胞中大约有 50% 的蛋白质 N 端残基受到乙酰化修饰。C-末端的残基有时也会被修饰。

2. 剪切加工

某些新合成的肽链包含一段信号肽（singal peptide），分泌蛋白的信号肽通常位于新生肽链的 N 端，引导着新生的多肽链穿过内质网膜。N 端信号肽含有 13～36 个氨基酸残基，其中包括 10～15 个疏水性氨基酸残基，其 N 端含有 1 个或数个带正电荷的氨基酸残基，而其 C 端含有一小段极性氨基酸残基，最后，C 末端还含有蛋白酶的切割位点，侧链较小的丙氨酸或甘氨酸则靠近信号肽的切割位点。信号肽引导着新生的多肽链穿过内质网膜，进入内质网腔后立即被信号肽酶切除（详见本节"八、蛋白质合成后的定位"）。

某些蛋白质合成后要经过专一的蛋白酶水解，切除一段肽链，才能显示出生物活性，如酶原激活（详见第四章）。

3. 二硫键的形成

蛋白质的肽链内或肽链间都可形成二硫键，二硫键在维持蛋白质的空间构象中起了很重要的作用。细胞中二硫键异构酶（protein disulfide isomerase，PDI）的催化可加速肽链折叠过程中二硫键的正确形成。

4. 氨基酸侧链的修饰

氨基酸侧链的修饰作用包括羟基化、糖基化、甲基化、磷酸化、乙酰化和硫酯化等。

有些氨基酸如羟脯氨酸、羟赖氨酸没有对应的密码子，这些氨基酸是在肽链合成后由羟化酶催化使氨基酸羟化而成，如胶原蛋白中的羟脯氨酸和羟赖氨酸就是以这种方式形成的。

糖蛋白中的糖链是在多肽链合成中或合成后通过共价键连接到相关的肽段上的。糖链的糖基可通过 N-糖苷键连于天冬酰胺或谷氨酰胺基的 N 原子上，也可通过 O-糖苷键连于丝氨酸或苏氨酸羟基的 O 原子上。

组蛋白翻译后的共价修饰是表观遗传调控的重要方式之一，它主要通过磷酸化、乙酰化、甲基化、泛素化和 SUMO（small ubiquitin-like modifier）化等来影响染色质的构象，进而调控基因的表达。所谓表观遗传学（epigenetics）一般是指在 DNA 序列没有发生改变的情况下，染色质变化所导致稳定遗传的表型。造成染色质结构改变的因素包括 DNA 甲基化、组蛋白修饰、RNA 介导的基因沉默等。

(二)多肽链的折叠

在新生肽链合成过程中，先合成的部分通常会含有一些疏水性片段。在合成和折叠的早期，由于疏水作用，肽链上的疏水片段折叠向内。成熟的蛋白质中，疏水性基团在分子内部，亲水性基团在分子外部，面向水环境。一级结构决定了蛋白质的高级结构，所以一些新生的多肽链能自发折叠成正确的构象。许多蛋白质的多肽链在合成过程中已经开始折叠，一边折叠一边合成，并不断地修正已有的折叠状态，而不是从核糖体上完全脱下来以后才进行折叠。

但是，在细胞中的许多蛋白质都不能自发折叠成天然构象，而是需要其他蛋白质的辅助下才能形成正确的构象，是有辅助的折叠过程。这种帮助其他蛋白质折叠的蛋白质，称为分子伴侣（molecular chaperone）。

分子伴侣还可以防止新生肽链错误折叠或形成错误构象。在整个肽链合成完毕之前，先形成的疏水性结构之间可能发生错误的结合，造成肽链的错误折叠，或部分疏水性结构瞬间暴露在分子外部而引起沉淀。分子伴侣可识别多肽链中某些先合成的部分折叠成的疏水结构，并与之结合，使疏水表面间不会形成错误的相互作用，从而防止多肽链的错误折叠。分子伴侣在促进蛋白质正确折叠或阻止其错误折叠后，便从蛋白质上脱离，参加下一轮循环。

八、蛋白质合成后的定位

无论是原核细胞还是真核细胞,核糖体上新合成的蛋白质都要送往细胞的各个部分以便行使各自的生物功能。

有些蛋白质合成后就留在细胞质中,如糖酵解途径中的酶,组成微丝、微管的蛋白质等。

有些蛋白质是在细胞质中合成以后,被运输到细胞器中,这种过程称为翻译后易位(post-translational translocation)。如细胞核中的组蛋白,与复制、转录有关的酶和蛋白质要运送到细胞核中。线粒体和叶绿体也能合成少量的蛋白质,但是所需的大部分蛋白质是由核基因编码,在细胞质中合成,然后运进细胞器的。

在与内质网结合的核糖体上合成的多肽链在翻译的同时就进入内质网,这个过程就称为共翻译易位(co-translational translocation)。这类蛋白质进入内质网腔后,还要进一步折叠、糖基化或进行其他的修饰,然后运至高尔基器中做进一步的加工。接

着,由运输系统根据它们自身携带的信号对它们进行分拣。最后,由囊泡送入质膜、溶酶体或分泌至胞外。

信号肽引导蛋白质进入内质网依赖于信号识别颗粒(signal recognition particle,SRP)和内质网膜上的 SRP 受体。SRP 是一个很大的复合物,在动物细胞中包含 6 条多肽链和一个小 RNA 分子。细菌中也存在类似的同源蛋白。SRP 结合信号肽序列,并且在内质网膜和细胞质中循环。

SRP 结合暴露的信号肽,同时结合核糖体,并导致翻译暂停。内质网膜上 SRP 受体与 SRP-核糖体复合物结合,翻译重新开始,多肽链被运送到内质网膜上的转运蛋白(translocator)处。SRP 蛋白和 SRP 受体都含有 GTP 结合位点,伴随着 GTP 的结合与水解过程,两者构象可能发生变化。核糖体与转运蛋白结合后,SRP 及 SRP 受体释放,SRP 进入细胞质循环利用。而转运蛋白将核糖体翻译出来的多肽链释放到内质网膜内(图 15-17)。多肽链的信号肽则由特异的信号肽酶切除。

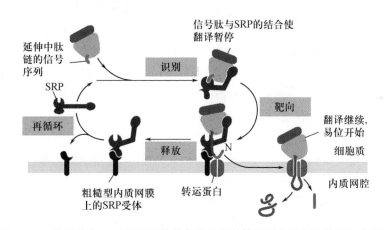

图 15-17　信号肽在 SRP 及其受体的帮助下通过转运蛋白将多肽链运入内质网

(引自 Alberts et al. ,2014)

蛋白质的表面是亲水的,膜却是疏水的,二者很难反应。为了解决这个问题,内质网、细胞核、线粒体和叶绿体的膜上都有蛋白质形成的通道,跨膜易位的蛋白质可以从通道中通过。新合成的蛋白质带有信号序列,可以将蛋白质引向目的地。在跨膜之前,蛋白质与一类分子伴侣结合,使肽链维持在伸展的、适于跨膜的构象。跨膜之后,在膜的另一侧,信号肽酶把信号序列水解,另一类分子伴侣辅助蛋白质折叠成天然的构象。定位于细胞核的蛋白质,其信号序列称为核定位序列(nuclear localization se-

quence,NLS),运入细胞核后,蛋白质的 NLS 不被切除。

细菌也使用类似的机制将它们的蛋白质送到细胞质、质膜、外膜或膜间隙中,也可以分泌到细胞外的介质中。

蛋白质是重要的生物大分子化合物。过去,人们在弄清楚蛋白质分子组成之后,便试图用人工的方法在体外合成蛋白质。用纯粹化学的方法已成功地使氨基酸形成肽键,并合成具有一定长度的多肽链。例如,中国的科学家在 20 世纪 60 年代首次用

人工方法合成胰岛素。胰岛素是含有 51 个氨基酸残基的多肽,相对分子质量为 5 734。现在已能用人工方法合成分子量更大的蛋白质。

但是用化学方法合成蛋白质的操作技术比较复杂。现在,一般是用适当的 DNA 作为模板,在体外合成蛋白质。例如,在 T_4 噬菌体 DNA 中含有 β-葡萄糖基转移酶的基因,用 T_4 噬菌体 DNA 作为模板,在 RNA 聚合酶的作用下,转录出携带有合成 β-葡萄糖基转移酶信息的 mRNA;然后,在上述的各种蛋白质合成组分的参与下,便可以合成 β-葡萄糖基转移酶。

现在已从真核细胞中分离出多种 mRNA,利用这些 mRNA,用适当的蛋白质合成体系组分,便可以将其中的密码子翻译成相应的蛋白质。这些试验也充分证明目前的关于蛋白质合成的机理是正确的。

小结

(1)蛋白质生物合成的体系中包括 3 种主要的 RNA 和许多蛋白质以及辅助因子。3 种 RNA 包括 mRNA、tRNA 和 rRNA,蛋白质辅助因子包括起始因子、延伸因子和释放因子等。

(2)mRNA 是蛋白质生物合成的模板,mRNA 上的遗传信息来自 DNA。肽链上各氨基酸的排列顺序决定于 mRNA 上的核苷酸排列顺序。每 3 个核苷酸决定一个氨基酸,称为密码子。密码子一共有 64 个,其中 61 个用来编码氨基酸。终止密码子为 UAA、UAG、UGA。AUG 为起始密码子,也编码肽链内部的甲硫氨酸。密码子的特性有通用性、简并性、摆动性、不重叠性、无间隔等。

(3)具有 L 形空间结构的 tRNA 分子的一端携带氨基酸,另一端的反密码子识别 mRNA 上的密码子,所以 tRNA 具有接头分子的作用。tRNA 在阅读密码子时起重要作用,它们的反密码子用来识别 mRNA 上的密码子。在识别过程中,密码子上第一、二位碱基在与反密码子配对时有更高的专一性,而第三位碱基的配对则有一定的自由度。原核生物中,蛋白质合成起始的氨基酸是甲酰甲硫氨酸,起始 tRNA 是 tRNA$_f$,起始氨酰-tRNA 是 N-fMet-tRNA$_f$。

(4)氨基酸必须活化后才能参与多肽链的合成。

氨酰-tRNA 合成酶催化氨基酸与 tRNA 连接,形成氨酰-tRNA。这类酶对氨基酸及 tRNA 都具有高度的专一性,以保证活化过程的忠实性,防止错误的氨基酸掺入多肽链。氨酰-tRNA 合成酶催化的反应分为活化和转移两步。

(5)蛋白质的生物合成场所是核糖体。原核及真核生物的核糖体都分为大、小两个亚基,每个亚基都含有特定的 rRNA 和蛋白质。

(6)大肠杆菌中多肽链合成的第一阶段是形成 70S 起始复合物。第二阶段是肽链的延伸,包括三步反应:氨酰-tRNA 结合到 A 位、转肽、移位。最后是合成的终止。每个阶段都有辅助因子的参与。肽链合成时延伸的方向是从 N-端到 C-端。

(7)真核细胞起始复合物的大小为 80S,起始氨基酸为甲硫氨酸,起始 tRNA 也不同。涉及的蛋白因子也较多。

思考题

一、单选题

1. 反密码子 ICC 不能识别的密码子是_____。
    A. GGU
    B. GGC
    C. GGA
    D. GGG

2. 下列说法不正确的是_____。
    A. 一种 tRNA 只携带一种氨基酸
    B. 细胞中需要 61 种 tRNA 来识别 61 个编码氨基酸的密码子
    C. 绝大多数生物都含有 20 种氨酰-tRNA 合成酶
    D. 一种氨基酸可以被几种 tRNA 所携带

3. 原核细胞中,专一地与起始氨酰-tRNA(N-fMet-tRNA$_f$)结合的因子是_____。
    A. IF-1
    B. IF-2
    C. IF-3
    D. EF-Tu

4. 原核细胞蛋白质翻译的延伸阶段,帮助氨酰-tRNA 进入核糖体 A 位点的因子是_____。
    A. EF-Tu
    B. EF-Ts
    C. EF-G
    D. RF-3

5. 下列因子中,不具有 GTP 酶活性的是_____。
    A. IF-1
    B. IF-2
    C. EF-Tu
    D. RF-3

二、问答题

1. 原核生物和真核生物翻译过程中如何区分 mRNA 上的起始 AUG 和延伸中的 AUG？

2. 简述氨酰-tRNA 合成酶如何保证蛋白质翻译的准确性。

3. 简述原核生物蛋白质翻译中肽链延长的过程，并说明 3 种延伸因子的作用。

三、分析题

在不改变基因序列和基因调控序列的前提下，如何设计实验阻断细胞内某特定 mRNA 的翻译？请说明理由。

参考文献

[1] Nelson D L, Cox M M. Lehninger Principles of Biochemistry. 7th ed. W. H. Freeman and Company, 2017.

[2] Moran L A, Horton H R, Scrimgeour K G, et al. Principles of Biochemistry. 5th ed. Pearson Education Limited, 2014.

[3] Voet D, Voet J G, Pratt C W. Fundamentals of Biochemistry. 5th ed. John Wiley and Sons, Inc. , 2016.

[4] Weaver R F. Molecular Biology. 5th ed. McGraw-Hill, 2012.

[5] Alberts B, Johnson A, Lewis J, et al. Molecular Biology of the Cell. 6th ed. Garland Science, 2014.

[6] Berg J M, Tymoczko J L, Stryer L. Biochemistry. 9th ed. W. H. Freeman and Company, 2019.

[7] Carlson E D, Gan R, Hodgman C E, et al. Cell-free protein synthesis: applications come of age. Biotechnology advances, 2012, 30(5): 1185-1194.

[8] Barrell B, Air G, Hutchison C. Overlapping genes in bacteriophage φX174. Nature, 1976, 264, 34-41.

[9] D. 沃伊特, J. G. 沃伊特, C. W. 普拉特. 基础生物化学. 朱德煦, 郑昌学主译. 北京: 科学出版社, 2003.

[10] 朱圣庚, 徐长法. 生物化学. 4 版. 北京: 高等教育出版社, 2016.

[11] 陈钧辉, 张冬梅. 普通生物化学. 5 版. 北京: 高等教育出版社, 2015.

[12] 王金胜, 吕淑霞. 基础生物化学. 北京: 中国农业出版社, 2014.

[13] 向义和. 遗传密码是怎样破译的. 物理与工程, 2007(2): 16-23.

第十六章

重组 DNA 技术

本章关键内容:了解重组 DNA 技术的发展及应用,理解重组 DNA 技术的基本原理,掌握常用的分子生物学方法。重组 DNA 技术的发展依赖于各种酶的应用。限制性内切核酸酶将外源 DNA 和载体切出黏性末端或平末端,DNA 连接酶将两者连接起来。将重组载体通过一定的方法转化到受体细胞中,便得到重组子或重组子的表达产物。用筛选的方法可以鉴定重组子。重组 DNA 技术使人类能够按照设计好的方向来改变生物的遗传性状。

重组 DNA 技术(recombinant DNA technology)是 20 世纪后期诞生的技术科学。其基本原理是:将目标 DNA(一个基因或一个基因的片段)与特定的载体 DNA 连接,形成重组 DNA 分子,然后将重组 DNA 转入受体细胞中。随着受体细胞的生长,转入的重组 DNA 同时扩增,并在受体细胞内得到表达,产生所需要的蛋白质或产生影响受体细胞的新的遗传性状(图 16-1)。重组 DNA 技术有时也被称为基因工程(genetic engineering)技术,但二者并不完全等同。1976年,美国的 Herber Boyer 教授首次将人的生长激素抑制释放因子的基因转入大肠杆菌,并获得表达,这是人类第一次获得的转基因生物。20 世纪 80 年代,基因工程生产的人胰岛素进入市场。

自从重组 DNA 技术产生以来,就对诸多领域产生了重大的影响。生物的遗传性状能以设计好的方式精确地加以改变。同时,生命科学、化学等学科的发展又促进了重组 DNA 技术的发展。

本章经常会用到克隆这个术语。克隆是指单一亲代细胞通过无性繁殖产生的一组细胞,这些细胞具有相同的基因型。分子生物学中克隆用于描述从单一 DNA 分子获得的一群遗传同一性的 DNA 分子,这样产生的 DNA 分子称为克隆。有时,克隆也用于描述得到一个克隆的过程。

一、重组 DNA 技术需要的工具酶

重组 DNA 技术需要各种酶参与,包括限制性内

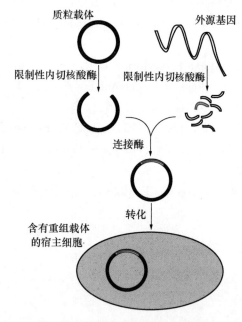

图 16-1 重组 DNA 技术的一般流程
(首先,获得目的基因并选择合适的载体;接着,用限制性内切核酸酶分别将目的基因以及载体切割后,用 DNA 连接酶将目的基因与载体连接;然后将重组 DNA 转化受体细胞,并使目的基因扩增、表达)

切核酸酶、连接酶、DNA 聚合酶、逆转录酶等等。这些酶可以在体外进行精确的基因操作,通常被称为工具酶。

(一)限制性内切核酸酶

限制性内切核酸酶(restriction endonuclease)是一种内切核酸酶,常用于降解外源入侵的 DNA,具有高度特异的识别位点,专一性极强。这些位点通常是由

4～8 个碱基对组成的特定序列,称为酶的靶序列。被酶切割后的 DNA 产生黏性末端或平末端(表 16-1)。

表 16-1　部分限制性内切核酸酶识别并切开的序列

酶	识别位点的序列	酶	识别位点的序列
Alu Ⅰ	AG↓CT	*Kpn* Ⅰ	GGTAC↓C
Bam H Ⅰ	G↓GATCC	*Mbo* Ⅰ	↓GATC
Bgl Ⅱ	A↓GATCT	*Pst* Ⅰ	CTGCA↓G
Cla Ⅰ	AT↓CGAT	*Pvu* Ⅰ	CGAT↓CG
*Eco*R Ⅰ	G↓AATTC	*Sal* Ⅰ	G↓TCGAC
Hae Ⅲ	GG↓CC	*Sma* Ⅰ	CCC↓GGG
Hind Ⅱ*	GTPy↓PuAC	*Xma* Ⅰ	C↓CCGGG
Hind Ⅲ	A↓AGCTT	*Nat* Ⅰ	GC↓GGCCGC
Hpa Ⅱ	C↓CGG		

注:表中只列出了双链 DNA 中的一条链的序列,阅读方向是 5′→3′。实际上,很多限制性内切核酸酶的识别的底物是双链 DNA。表中的箭头表示酶的水解位点。*Py 表示嘧啶;Pu 表示嘌呤。

20 世纪 60 年代,Stewart Linn 和 Werner Alber 首先在大肠杆菌中发现了限制性内切核酸酶。这些酶可以把侵入大肠杆菌细胞的外源 DNA(如噬菌体 DNA)切开,于是这些酶就"限制"了噬菌体的宿主范围。另外,这些酶是在噬菌体 DNA 的内部切开,而不是从 DNA 的末端水解,所以是内切核酸酶。接着,Hamilton Smith 发现限制性内切核酸酶有特异的识别位点。目前已经有 3 000 多种限制性内切核酸酶被纯化并且鉴定,其中商业化出售的超过 600 种。

限制性内切核酸酶的头 3 个字母由寄主菌属名的第一个字母和种名的头两个字母组成,以斜体字母表示,表明酶来源的菌种名称;如果有菌株的名称则以正体字母表示;最后,当一个菌中分离到不止一种酶时,以罗马字母表示分离出来的先后顺序。比如 *Eco*R Ⅰ中,E 是 *Escherichia* 的缩写,co 是 *coli* 的缩写,R 是株名 RY13 的缩写,Ⅰ 表示这是在此类菌中首先被发现的第一个限制性内切核酸酶。

限制性内切核酸酶的靶序列具有高度特异性,专一性极强。这些位点通常在 4～8 个碱基对范围。如果这些位点的序列与其互补链的序列各自从 5′向 3′阅读,它们的序列是相同的,这种结构称为回文结构(palindrome)。许多限制性内切核酸酶识别的特定序列都具有回文结构。例如 *Eco*R Ⅰ的识别位点就是回文结构:

5′-GAATTC-3′
3′-CTTAAG-5′

限制性内切核酸酶识别并结合在特异的位点后,在识别位点切开两条链的磷酸二酯键。酶切开 DNA 的方式有两种:一种是酶将两条链交错切开,形成突出的单链末端,而这 2 个突出的单链末端上的碱基序列互补,可以相互配对,因此称为黏性末端(sticky end)。另一种切开方式是在识别序列的中间切开,不产生突出的单链末端,这种末端称为平末端(blunt end)。如图 16-2 所示,限制性内切核酸酶 *Eco*R Ⅰ在 5′-GAATTC-3′的 G 与 A 之间切割,形成黏性末端(图 16-2A)。而限制性内切核酸酶 *Sma* Ⅰ在 5′-GGGCCC-3′中间切开,形成两个相同大小的平末端(图 16-2B)。

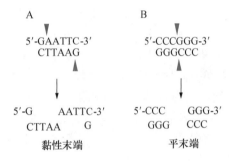

A. *Eco*R Ⅰ的酶切位点及其酶切产物　B. *Sma* Ⅰ的酶切位点及其酶切产物

图 16-2　限制性内切核酸酶切割特定的序列产生黏性末端或平末端

限制性内切核酸酶可以特异地切割 DNA。同时,由于 2 条链经常是交错切开的,产生的黏性末端可以很容易地将 2 个不同来源的 DNA 分子连接起来形成重组 DNA 分子。所以,限制性内切核酸酶是分子生物学研究中重要的工具酶之一,可以用于分析染色体结构、对长片段 DNA 分子进行测序、分离基因、产生克隆所需的 DNA 片段等。

在重组 DNA 技术中,通常将目的基因与载体用相同的限制性内切核酸酶作用,形成对应的黏性末端,然后通过 DNA 连接酶将目的基因与载体连接起来,得到重组载体(图 16-3)。这种黏性末端连接的效率比较高。

限制性内切核酸酶在许多原核生物中都存在。它们的生物学功能是降解外源 DNA 分子,而细胞本身的 DNA 分子不会被降解,这是因为细胞自身的 DNA 分子中限制性内切核酸酶识别的位点被甲基化了,这种现象被称为寄主控制的限制与修饰现象。

目的基因

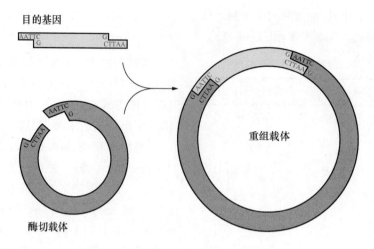

重组载体

酶切载体

图 16-3　目的基因与载体连接成重组载体

(二)DNA 聚合酶

DNA 重组技术中常用到 Klenow 片段。Klenow 片段是大肠杆菌 DNA 聚合酶 I 的大片段,具有 $5'{\rightarrow}3'$ 聚合酶活性和 $3'{\rightarrow}5'$ 外切酶活性,但缺少 $5'{\rightarrow}3'$ 外切酶活性。Klenow 片段对于 5'-端突出的黏性末端可以通过其互补链的延长($5'{\rightarrow}3'$ 聚合酶活性)产生平末端,对于 3'-突出的黏末端可以利用 $3'{\rightarrow}5'$ 外切酶活性切去一些片段而产生平末端,产生的平末端可用于平末端连接。

如果要使 DNA 带上同位素标记,Klenow 片段也是一个很方便的工具。反应时将 ^{32}P 标记的脱氧核糖核苷三磷酸(dNTPs)作为酶的底物,就可使 ^{32}P 标记的 dNTPs 掺入到 DNA 链中。另外,Klenow 片段还可用于 Sanger 双脱氧法进行 DNA 测序($5'{\rightarrow}3'$ 聚合酶活性)。

PCR 技术发明之初使用的 DNA 聚合酶就是大肠杆菌 DNA 聚合酶的 Klenow 片段。由于该酶不耐高温,每轮反应后都需要重新加入酶,所以限制了 PCR 技术的应用。后来发现了耐高温的 DNA 聚合酶,使得 PCR 技术得到广泛的应用。PCR 中常用的有 Taq DNA 聚合酶和 Pfu DNA 聚合酶。Taq DNA 聚合酶催化效率高,但是容易出错,Pfu DNA 聚合酶具有校正作用,出错率较低,但是催化效率较低。

(三)逆转录酶

逆转录酶是 1970 年美国科学家特明(Howard Temin)和巴尔的摩(David Baltimore)分别于动物致癌 RNA 病毒中发现的。逆转录酶存在于部分 RNA 病毒中,以 RNA 为模板,利用 4 种 dNTP 为原料,在引物的 3' 端以 $5'{\rightarrow}3'$ 方向合成与 RNA 互补的 DNA(complement DNA,cDNA)。逆转录酶在重组 DNA 技术中有重要的应用。

如果需要在原核细胞中获得真核基因的表达产物,必须使用 cDNA。因为真核生物的基因组 DNA 中存在内含子和一些重复序列,如果真核基因克隆到原核细胞内,虽然可以被转录,但是由于原核细胞缺少 RNA 的加工机制,初始转录产物无法被加工为成熟的 mRNA,也就不能翻译。cDNA 是由 mRNA 逆转录来的,内含子已经被切除,可以顺利表达出蛋白质产物。

另外,当基因组 DNA 被转录成 mRNA 后,虽然内含子被切除了,但是 mRNA 非常不稳定,容易被 RNA 酶降解,因此转化为 cDNA 更适合研究使用。

在体外,逆转录酶可以用于逆转录 PCR(reverse transcription PCR,RT-PCR)。首先以 mRNA 为模板,利用逆转录酶合成互补的 cDNA,再利用 DNA 聚合酶,以 cDNA 第一链为模板,扩增出大量的 cDNA。

逆转录酶也可以用于建立 cDNA 文库,从而将 mRNA 的信息以双链 DNA 的形式保存于 cDNA 文库,用于筛选目的基因。

(四)DNA 连接酶

DNA 连接酶能够催化一个双螺旋切口处的 3'-OH 与 5'-磷酸基生成磷酸二酯键。大肠杆菌及其他一些细菌的连接酶以 NAD^+ 作为辅酶,动物细胞中的连接酶需要 ATP 水解提供反应所需的能量(参见图 13-8)。

实验室中常用的 DNA 连接酶是噬菌体 T_4 的

DNA 连接酶。T₄ DNA 连接酶也是以 ATP 提供连接反应所需能量,可以连接黏性末端或平末端,但平末端之间的连接效率比较低。DNA 连接酶使载体与目的 DNA 片段之间以磷酸二酯键相连。

二、获得目的基因

如果已知基因的序列,则可以用化学合成或 PCR 的方法获得目的基因。如果是未知序列的基因,则可以通过建立基因文库或 cDNA 文库,从中筛选目的基因。

(一)聚合酶链式反应(PCR)法

聚合酶链式反应(polymerase chain reaction, PCR)是 1984 年由 Kary Mullis 建立起来的体外核酸扩增技术。PCR 技术能将所要研究的目的基因或某一 DNA 片段在 2～3 h 内扩增 10^5 乃至 10^9 倍,可从一根毛发、一滴血甚至一个细胞中扩增出足量的 DNA 供分析研究。PCR 技术具有特异性高、扩增效率高、重复性好、易自动化等突出优点。

PCR 反应中常用到 Taq DNA 聚合酶(Taq DNA polymerase)和 Pfu DNA 聚合酶(Pfu DNA polymerase)。

Taq DNA 聚合酶来源于栖热水生菌(*Thermus aquaticus*)的 yT1 株。栖热水生菌是一种生活在热泉的嗜热真细菌,能在 70～75 ℃生长。Taq DNA 聚合酶具有良好的热稳定性,在 PCR 循环的高温条件下仍能保持较高的活性,这种特性使 PCR 技术能够得到广泛的应用。

Pfu DNA 聚合酶又称 Pfu 聚合酶,是在嗜热的火球菌属(*Pyrococcus*)中发现的,具有出色的热稳定性以及校正作用。Pfu DNA 聚合酶具有 $3'{\to}5'$ 外切酶的校正活性,可以识别并切除错配核苷酸。因此,使用 Pfu DNA 聚合酶进行 PCR 反应,比使用 Taq 聚合酶有较低的错配突变概率,保真性更高。但 Pfu 聚合酶的效率较低,因此常常用于保真性要求较高的 DNA 合成中。

一个 PCR 反应通常包括预变性、20～35 个扩增循环、最后延伸等步骤。一个 PCR 扩增循环包括以下三个基本步骤(图 16-4)。

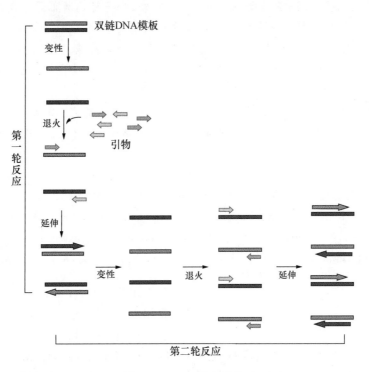

图 16-4　PCR 反应示意
(图中标示了第一轮和第二轮反应的过程)

第一步:变性,即模板 DNA 的变性。模板 DNA 加热至 94 ℃,使模板 DNA 双链或经 PCR 扩增形成的双链 DNA 变性,使之成为单链,以便与引物结合,为下一步反应做准备。

第二步:退火,即模板 DNA 与引物的退火(复性)。模板 DNA 经加热变性成单链后,温度降至

55 ℃左右,引物与模板 DNA 单链的互补序列配对。退火温度受引物 DNA 链中(G+C)碱基含量等因素影响,通常(G+C)碱基含量越高,退火温度越高。

第三步:延伸,即引物的延伸。DNA 模板-引物复合物在 Taq DNA 聚合酶的作用下,于 72 ℃,以 dNTP 为反应原料,靶序列为模板,按碱基互补原则,合成一条新的与模板 DNA 链互补的子链。延伸时间随目标产物 DNA 链长度的增加而增加,通常按 45 s/kb 来设定延伸时间。

重复"变性-退火-延伸"过程,目的 DNA 片段就得以指数级增长。循环结束后,通常需要在 72 ℃继续延伸几分钟,使 DNA 子链完全复制完成。PCR 产物在 -20 ℃下可以保存数月。

知识框 16-1　利用易错 PCR 进行基因体外诱变

PCR 是一种 DNA 片段体外扩增技术,但常有一定的碱基错配发生。碱基错配对获得随机突变 DNA 提供了突破口。易错 PCR 技术(error-prone PCR,epPCR)利用低保真度 Taq DNA 聚合酶,并通过改变 PCR 条件,提高扩增产物的碱基错配率,从而获得与原来不同的 DNA 序列或基因,通常用于获得较多位点的随机突变。

易错 PCR 的基本原理是基于碱基互变异构体的存在。例如,当胸腺嘧啶以酮式结构存在时,与腺嘌呤配对,以烯醇式结构存在时,与鸟嘌呤配对,这样就出现了 A 与 C 配对、T 与 G 配对的不稳定碱基对,从而造成错配。

利用低保真度的 Taq DNA 聚合酶可以提高错配率。Taq DNA 聚合酶具有 $5'→3'$ 外切酶活性,但缺乏 $3'→5'$ 外切酶活性,因此其产物会出现较高的错配率。

改变 PCR 条件也能进一步提高错配发生的概率。例如添加 Mn^{2+}、使用不同浓度的 dNTP、提高 Mg^{2+} 浓度等。Mn^{2+} 是很多 DNA 聚合酶的诱变因子,加入 Mn^{2+} 可以降低聚合酶对模板的特异性,提高 PCR 产物错配率。PCR 反应体系中四种 dNTP 浓度的不平衡可以提高碱基错误掺入的概率,造成错配。Mg^{2+} 具有激活 DNA 聚合酶的功能,Mg^{2+} 浓度增加到一定范围,可以提高非互补碱基对的稳定性,从而增加错配概率。除此之外,提高反应体系中 Taq DNA 聚合酶的浓度,延长循环中的延伸时间,都可能增加错配。

易错 PCR 发生错配的位置是随机的,可同时发生多位点的点突变,因此常用作体外诱变的方法。除了易错 PCR,借助生物信息学方法可以用来帮助预测更合适的突变位点。例如用 FoldX 软件来预测哪些位点突变可能会提高蛋白质的稳定性。

参考文献

[1]高义平,赵和,吕孟雨,等. 易错 PCR 研究进展及应用. 核农学报,2013,27(5):607-612.

[2]Dymond J S. PCR-based random mutagenesis. Methodsin Enzymology,2013,529:249-258.

[3]Buß O,Rudat J,Ochsenreither K. FoldX as protein engineering tool:better than random based approaches? Computational and Structural Biotechnology Journal,2018,16:25-33.

(二)构建基因组文库

基因文库是指整套由基因组 DNA 片段插入克隆载体获得的分子克隆的总和。理想的基因组文库应该包括该基因组的全部遗传信息。基因组文库的构建包括以下步骤。

首先需要从生物组织中提取染色体 DNA,然后将 DNA 随机切割成一定大小的片段。DNA 的切割必须是随机的,才能使各种不同片段被克隆的概率相等。DNA 分子可以用超声波破碎等机械的方法进行随机切割。但是机械切割的 DNA 片段的克隆操作起来比较麻烦。Mbo Ⅰ和 Sau 3A 等限制性内切核酸酶因为识别序列较短(识别 4 bp),在染色体 DNA 上作用位点较多,酶切后得到很多小片段,类似于对染色体 DNA 进行随机切割。然后把酶切所得片段进行分级分离。

λ噬菌体载体也用同样的限制性内切核酸酶切

开,用 T₄ DNA 连接酶把染色体 DNA 和载体 DNA 连接起来,得到重组体 DNA。然后将重组体 DNA 与 λ 噬菌体包装蛋白在体外进行包装,得到重组噬菌体。

用重组噬菌体感染大肠杆菌,重组噬菌体随着大肠杆菌的增殖而增加,形成很多菌落。每个菌落就是一个克隆。这样,一个克隆内的每个细胞的载体上都包含有特定的基因组 DNA 片段,整个克隆群体就包含基因组的全部基因片段总和称为基因组文库。

构建得到的基因组文库需要测定其库容量,即库中包含的克隆数。对于噬菌体克隆库来说,通常用噬菌斑形成单位(colony-forming units,CFU)来表示。一般要求库容量至少达到 1×10^6 CFU。

一个基因文库可以多次使用,从中筛选出不同的基因。需要的时候也可以对文库进行扩增,但是扩增以后有些基因会丢失,因为不同的重组体复制能力不同。

(三)构建 cDNA 文库

cDNA 文库就是细胞全部 mRNA 逆转录成 cDNA 并被克隆的总和,常用于真核生物基因组的研究。

构建 cDNA 文库要首先要制备出高质量的 mRNA。然后用逆转录酶以 mRNA 为模板合成第

一条 cDNA 链,逆转录酶的 RNase H 活性将 DNA-RNA 杂交链中的 RNA 分子水解,逆转录酶的 DNA 聚合酶活性以第一条 cDNA 为模板,合成第二条 cDNA 链,两条互补的 cDNA 链形成双链 cDNA(参见图 13-17)。将双链 cDNA 分子与载体连接,然后导入大肠杆菌,即得到 cDNA 文库。

得到基因组文库或 cDNA 文库后,还需要根据载体的特征,或者目的基因的序列、基因的表达产物来筛选得到目的基因。

三、目的基因的载体

将外源 DNA 带入宿主细胞并进行复制的工具称为载体(vector)。常用的克隆载体有质粒、噬菌体、柯斯质粒和酵母人工染色体等。

(一)质粒

质粒(plasmid)是细菌、酵母菌和放线菌等生物中染色体外的遗传物质,通常为共价闭合环形的双链 DNA(covalently closed circular DNA,cccD-NA)。质粒编码非生命所必需的某些生物学性状,如性菌毛、毒素和耐药性等。可自主复制,可传给子代,也可能在细菌之间转移。

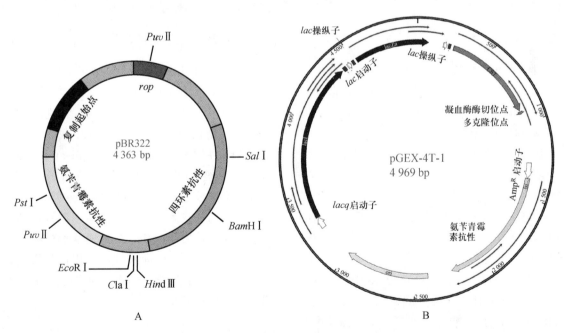

图 16-5 pBR322 质粒(A)和 pGEX-4T-1 质粒(B)

基因工程中使用的质粒是经过人工改造的,具有很多限制性内切核酸酶的作用位点,称为多克隆位点(multiple cloning site,MCS)。多克隆位点使外源 DNA 的插入更方便。质粒一般具有筛选标

记,有利于分辨是否插入了外源 DNA。图 16-5A 是质粒 pBR322 的示意图。该质粒全长 4 363 bp,具有复制起始点,可以进行自主复制。具有很多限制性内切核酸酶作用位点(图中只标注出其中一部分酶切位点),方便外源 DNA 的插入。pBR322 质粒包含氨苄青霉素抗性基因(Amp^R)和四环素抗性基因(Tet^R)。如果将外源片段插入某个抗性基因,则质粒失去相应的抗性。这些特征可以用来筛选重组质粒。

图 16-5B 是常用的原核表达载体 pGEX-4T-1,质粒大小约为 4.9 kb,具有氨苄青霉素抗性基因。该载体多克隆位点区域含有多个常用限制性内切核酸酶的酶切位点,便于插入不同的基因。该质粒含有 tac 启动子,在没有诱导物存在的情况下,质粒上携带的 lacIq 基因产物可以有效抑制 tac 启动子的转录。当用异丙基-β-D-硫代半乳糖苷(IPTG)诱导时,启动子下游的目的基因将被表达。pGEX-4T-1 载体含有 GST 标签序列(GST-tag),可在 BL21、Rosstea 等表达菌株中高表达融合有 GST 标签的蛋白,用于目标蛋白的亲和纯化。用凝血酶(thrombin)可将目的蛋白的 GST 标签切掉,得到无标签的目的蛋白。除此之外,pET-28a 载体也常用来进行原核表达,该载体使目的蛋白带上连续 6 个组氨酸标签(6×His-tag),可利用表达蛋白所带的组氨酸标签进行亲和纯化。

(二)噬菌体

重组 DNA 技术中常用的噬菌体克隆载体主要有 λ 噬菌体和 M13 噬菌体,它们都是侵染细菌的病毒。其中 λ 噬菌体是双链 DNA 噬菌体,而 M13 噬菌体是单链丝状噬菌体。

λ 噬菌体的 DNA 为线性双链,两端各有 12 bp 的黏性末端,称为 cos 位点(cohensive-end site)。λ 噬菌体 DNA 感染寄主细胞后,λDNA 利用滚环复制的方式,可以连续复制出多个单位长度的基因组(多个单体),多个单体彼此以 cos 位点相连,形成长链的多联体。

在包装形成噬菌体颗粒时,首先,λ 的外壳蛋白形成囊状头部的前体。噬菌体编码的 A 蛋白结合在多联体 λDNA 的 cos 位点上。当一个单位长度的 λDNA 进入头部颗粒以后,A 蛋白在 cos 位点处交错切开 λDNA,保证每个头部都含有单位长度的基因组,每个基因组的末端都是黏性末端。然后再将尾部蛋白与头部结构连接在一起,包装成完整的 λ

噬菌体颗粒。

目前已经有许多用于 DNA 重组技术的 λ 噬菌体载体,如 Charon 和 λgt 系列。用 λ 噬菌体载体可以装载更大的外源 DNA 片段(20 kb 左右),所以构建基因组文库常用改造过的 λ 噬菌体载体。

实际操作时,将 λ 噬菌体 DNA 中的非必需序列删除,在相应位置插入目的 DNA,即形成重组的噬菌体 DNA。重组的噬菌体 DNA 再包装成噬菌体颗粒,就可以感染大肠杆菌细胞。

M13 噬菌体的基因组是长度为 6.4 kb 的单链闭环 DNA 分子,主要用于单链测序,制备单链探针和定位诱变。M13 噬菌体只能插入 1.5 kb 以下的较小片段。

(三)柯斯质粒

柯斯质粒(cosmid)是人工构建的特殊的质粒载体,也称为黏粒。柯斯质粒含有 λDNA 的 cos 序列和质粒的复制子。"cosmid"一词是由英文"cos site-carrying plasmid"缩写而成的,是指带有黏性末端位点(cos 位点)的质粒。

由于柯斯质粒含有 λ DNA 黏性末端 cos 位点,所以可以与噬菌体的外壳蛋白进行包装形成成熟的噬菌体颗粒。柯斯质粒可以携带 35~48 kb 的外源 DNA,常用于构建基因组文库。

(四)酵母人工染色体

酵母人工染色体(yeast artificial chromosome,YAC)载体可以携带 100 kb 以上的大片段 DNA,主要是用来构建大片段 DNA 文库,特别用来构建高等真核生物的基因组文库。YAC 载体含有酵母的自主复制序列(autonomous replicating sequence,ARS)、着丝粒(CEN)和端粒(telomere,TEL)等构成染色体的关键序列,能以微型染色体的形式存在。

将 YAC 载体在特定位点用限制性内切核酸酶切割,与外源大片段 DNA 相连就形成一个大型人工酵母染色体,转化进入酵母菌后可像染色体一样复制,并随细胞分裂分配到子细胞中去,达到克隆大片段 DNA 的目的。

四、目的 DNA 片段与载体连接

DNA 连接酶可以在目的 DNA 与载体 DNA 之间形成磷酸二酯键,从而将二者连接起来。如果目的

DNA 与载体 DNA 是相同的黏性末端,则连接效率较高。如果是平末端,二者之间的连接效率就比较低。

有时候可以在需要连接的两个 DNA 片段末端加上互补的多聚核苷酸,使连接反应更容易进行。例如:在载体 DNA 片段末端添加寡聚 dT,在目的 DNA 片段末端添加寡聚 dA,就在载体 DNA 与目的 DNA 之间增加了互补序列,易于进行连接。PCR 产物可用商业化的 T-载体直接进行连接反应。

五、转化

转化(transformation)就是指通过特定的方式将外源基因导入受体细胞内的过程。如果受体细胞是细菌,则可以用氯化钙法或电穿孔法(也称电击法)进行转化。电穿孔技术是利用高压脉冲电场改变细胞膜的状态和通透性,达到将 DNA 导入细胞的目的。电穿孔法需要用到电击仪,除了转化细菌,也可以用来转化酵母、动物和植物细胞。

氯化钙法利用 0~4 ℃的氯化钙溶液处理大肠杆菌,使细胞的通透性发生暂时改变,即制备成感受态细胞。经 42 ℃短时间热激(heat shock)处理,促进外源 DNA 进入感受态细胞。进入细胞的外源 DNA 随着细胞的生长表达出相应的遗传性状。通过一定的筛选标记可以将转化成功的受体细胞——重组子与未发生转化的细胞区分开。氯化钙法转化细胞简便易行,其转化效率完全可以满足一般实验的要求,因此得到广泛的应用。

六、筛选

转化实验中,转化成功的细胞通常只占受体细胞的一部分。为了将转化成功的细胞与未转化成功的细胞区分开,需要进行筛选(screening)。

蓝白斑筛选是一种常用的筛选方法。野生型大肠杆菌产生的 β-半乳糖苷酶可以将无色化合物 X-gal (5-溴-4-氯-3-吲哚-β-D-半乳糖苷)分解成半乳糖和深蓝色的物质(5-溴-4-靛蓝)。

用于蓝白斑筛选的工程菌株是经过人工改造的。染色体中 β-半乳糖苷酶的基因(lacZ)缺少编码 N-端 146 个氨基酸残基的信息,所以表达产物不具有酶活性,无法作用于 X-gal 产生蓝色物质。宿主菌中的质粒包含 β-半乳糖苷酶基因的调控序列和 N-端 146 个氨基酸残基的编码信息,表达产物也

没有酶活性。在质粒上,β-半乳糖苷酶基因的 N-端 146 个氨基酸残基的编码区中插入了多克隆位点。这个多克隆位点并不破坏阅读框,还可使少数几个氨基酸插入到 β-半乳糖苷酶的氨基端而不影响其功能。因此,虽然宿主菌和质粒编码的多肽都没有酶活性,但它们同时存在时,就可以形成具有酶活性的蛋白质。在生色底物 X-gal 存在时可以产生蓝色菌落,很容易识别。

当外源 DNA 插入质粒的多克隆位点后,表达出的多肽改变了结构和性质,无法与染色体编码的多肽形成有酶活性的蛋白质。使得带有重组质粒的细菌不能分解 X-gal,于是形成白色菌落。这种重组子的筛选称为蓝白斑筛选。

选择标记基因是另一种常用的方法。比如,许多细菌质粒带有多克隆位点和编码 β-内酰胺酶 (β-lactamase)的基因。表达出的 β-内酰胺酶可以催化 β-内酰胺类抗生素(β-lactams)如氨苄青霉素的水解反应,这样的细菌细胞具有氨苄青霉素抗性 (Amp^R)。多克隆位点位于 β-内酰胺酶基因外,外源 DNA 片段插入多克隆位点并不破坏该基因的表达。

将外源 DNA 片段插入多克隆位点,再将带有外源 DNA 片段和 β-内酰胺酶基因的重组质粒转化大肠杆菌。重组质粒转化成功并且得到有效表达的大肠杆菌就能够在含有氨苄青霉素的培养基上生长。没有转化成功的细菌在这种培养基上会死亡。这样就达到了筛选的目的。

七、目的基因的表达与应用

重组 DNA 技术的发展开辟了生命科学研究的新纪元。重组 DNA 技术可以用于大量生产正常细胞代谢中产量很低的多肽,如激素、抗体、酶等,为治疗一些疾病提供了成本较低的药物。重组 DNA 技术还使人们能够按照自己的设计方案来改变生物的性状,使这些生物原本具有的经济价值大幅度提高。重组 DNA 技术还可用于基础研究,如研究某个基因的功能,或者是蛋白质中某些特殊氨基酸的作用等。

重组 DNA 技术应用在农业上,可以提高作物的抗虫性和抗逆性,提高作物的产量,或者提高作物的品质。转 Bt 基因的抗虫棉的构建就是其中的一个例子。棉花是世界上主要的经济作物之一,对棉

花生产最大的威胁来自虫害,其中危害最大的是棉铃虫。苏云金芽孢杆菌(*Bacillus thuringiensis*, *Bt*)是一种土壤中的细菌,它在芽孢形成期可以产生伴胞晶体蛋白,这些蛋白质具有杀虫活性,包括α-外毒素、β-外毒素和δ-内毒素等。将δ-内毒素基因转化棉花后就构建出转 *Bt* 基因的抗虫棉。*Bt* 棉花自身能产生杀灭棉铃虫的杀虫成分。*Bt* 棉花的推广种植显著减少了投放于环境中的杀虫剂数量,为防治棉铃虫提供了一种简单、有效和安全的方式。

农业中还可以用基因工程抑制作物基因的表达,使其失去原有的功能。例如转基因抗软化番茄,可以延缓成熟和软化。普通番茄细胞中含有破坏细胞壁的多聚半乳糖醛酸酶(polygalacturonase,PG),使番茄软化,不耐储存。科学家通过转基因技术,在普通番茄中导入抗多聚半乳糖醛酸酶基因(抗PG),抗 PG 基因转录的 mRNA 与 PG 转录的 mRNA 互补配对,形成双链 RNA(dsRNA),被细胞内的内切核酸酶 Dicer 切割成特定长度的小片段 RNA(siRNA)。siRNA 在 RNA 解旋酶的作用下解链成正义链和反义链,反义链与细胞内的 Argonaute 蛋白和 Dicer 酶形成 RNA 诱导沉默复合体(RNA-induced silencing complex,RISC)。RISC 与抗 PG 的 mRNA 特异结合,并切割其 mRNA,切割下的 mRNA 随即降解,导致 PG 基因不能被表达而沉默。因此获得的番茄抗软化,耐储存。这个例子利用了 RNA 干扰(RNA interference,RNAi)技术来改变基因表达。RNAi 在真核细胞中普遍存在。

重组 DNA 技术应用在医学上,可以体外大量表达某些蛋白质,用于疾病的治疗。干扰素同靶细胞表面干扰素受体结合,诱导靶细胞内多种抗病毒蛋白,阻止病毒蛋白质的合成,并且抑制病毒核酸的复制和转录而实现抗病毒功效。例如,人干扰素 α2a 可以治疗病毒性疾病和某些恶性肿瘤。

用含人干扰素 α2a 基因的重组质粒转化酿酒酵母,并使其在酵母细胞中高效表达,产生重组人干扰素 α2a。大量培养含有重组质粒的酵母细胞,再经分离、高度纯化后冻干制成重组人干扰素 α2a(酵母)制剂。重组人干扰素 α2a(酵母)具有广谱抗病毒作用,为患者带来了更多选择。

虽然转基因生物已经得到了越来越多的应用,但是人们对于转基因生物的安全性一直存在争议。另外,重组 DNA 技术在造福人类的同时,也逐渐产生了一些新问题。例如,研究发现在一些 *Bt* 棉花大量种植的区域,害虫种群的平衡发生转变:过去蝽科昆虫在这些地区仅是一种次要的害虫,但种植了 *Bt* 棉花后,这类昆虫的种群却有了急剧的增加。由于蝽科昆虫会对很多植物造成危害,这类害虫现在第一次成为对其他作物(其中包括葡萄、苹果、桃子和梨)的一种威胁。这些问题的出现也引起了研究者的关注和思考。

如果重组 DNA 技术使用不当或管理不慎,可能会产生严重的后果。转基因生物的商品化应该经过仔细研究,严格管理,在确保安全的基础上慎重推广。

知识框 16-2　基于 CRISPR/Cas 系统的基因编辑技术

1987 年,CRISPR/Cas 系统元件首次在大肠杆菌中被发现。2007 年,Cas 家族核酸酶和 CRISPR 元件在细菌抗病毒免疫中的重要作用被发现。随后在古菌中发现了类似系统。自 2012 年起,CRISPR/Cas9 系统被发展成为基因编辑工具,并以其成本低廉、操作方便、精确高效等优点被广泛应用于基因编辑、基因表达调控、表观遗传修饰、高通量遗传筛选、基因治疗等领域。

一个典型的 CRISPR/Cas 基因座由一个编码 Cas 蛋白(CRISPR-associated protein)的操纵子和一个成簇的规律间隔的短回文重复序列(clustered regularly interspaced short palindromic repeats,CRISPR)组成。作为细菌和古菌中广泛存在的免疫系统,CRISPR/Cas 系统的免疫过程大致分为 3 个步骤:①首次入侵的外源 DNA 的原间隔序列(protospacer)被宿主菌中的 Cas 蛋白获取,并作为间隔序列(spacer)插入两段重复序列之间。②当外源 DNA 再次入侵时,CRISPR 基因座转录生成一段初级转录产物前体 RNA(pre-crRNA),再由核糖核酸酶或 Cas 蛋白加工形成成熟的 crRNA。③Cas 蛋白与成熟的 crRNA 形成复合体,Cas9 蛋白的两个核酸酶结构域 HNH 和 RuvC 分别特异性识别切割外源 DNA 的两条单链,造成 DNA 双链断裂。

CRISPR/Cas9 系统属于Ⅱ型 CRISPR/Cas 系统，该系统不仅需要 Cas9 蛋白与 crRNA，还需要反式激活 crRNA（trans-activting crRNA，tracrRNA）参与 CRISPR 所调控的免疫过程。随后科学家们将 tracrRNA 和 crRNA 组合为一条嵌合的向导 RNA（guide RNA，gRNA），使得 CRISPR/Cas9 系统简化为只有 gRNA 和 Cas9 这 2 种组分的系统。gRNA 引导 Cas9 识别靶 DNA 上的 PAM 序列（通常是 3 个核苷酸），gRNA 上的一段约 20 个核苷酸的 RNA 序列与靶 DNA 序列互补配对，Cas9 蛋白切割外源 DNA 引起 DNA 双链断裂。因此，研究者只需根据目的基因序列设计相对应的单链向导 RNA（single guide RNA，sgRNA）即可利用 CRISPR/Cas9 系统在含有 PAM 元件的靶位点造成 DNA 双链断裂，进而诱导 DNA 通过非同源末端连接方式进行修复，随机引入多个碱基的缺失或插入，或者通过同源重组方式进行修复，实现准确的基因敲入，达到基因编辑的目的。

基因组编辑的精准度不断得到提高，未来有望应用于遗传疾病的治疗和农作物品质的改善。基因编辑技术应用于人类体细胞的基因治疗能够造福人类，但是涉及生殖系细胞时必须严格管控，并且遵守伦理学规定。

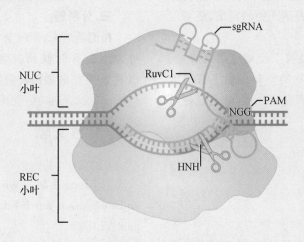

图 1　化脓链球菌中 Cas9 介导的基因编辑

[化脓链球菌 Cas9 蛋白含有一个核酸酶功能域（NUC）和一个识别功能域（REC）。嵌合的 sgRNA 与靶 DNA 序列互补配对，从而引导 Cas9 蛋白与特定的 DNA 序列结合。这种特异结合依赖于靶 DNA 上的 PAM 序列（化脓链球菌中通常是 NGG）。Cas9 蛋白的核酸酶结构域 RuvC1 和 HNH 分别负责切割靶 DNA 的两条链。引自 Dominguez et al.，2016]

参考文献

[1]Molla K A，Yang Y. CRISPR/Cas-mediated base editing：technical considerations and practical applications. Trends in Biotechnology，2019，37(10)：1121-1142.

[2]Dominguez A A，Lim W A，Qi L S. Beyond editing：repurposing CRISPR-Cas9 for precision genome regulation and interrogation. Nature Reviews Molecular Cell Biology，2016，17(1)：5-15.

[3]Bannikov A V，Lavrov A V. CRISPR/Cas9，the king of genome editing tools. Molecular Biology (Mosk)，2017，51(4)：582-594.

小结

（1）重组 DNA 技术（recombinant DNA technology）又称基因工程（genetic engineering），是指利用人工手段将目标 DNA 与特定的载体 DNA 连接，形成重组 DNA 分子，并将其转入受体细胞中。随着受体细胞的生长、分裂和分化，使目标 DNA 得到扩增或表达，从而改变受体细胞性状或获得目标基因表达产物的一种技术。

（2）重组 DNA 技术包括目的 DNA 的获得、载体的选择、目的 DNA 与载体的连接、重组载体的转化、重组子的筛选等步骤。目的基因可以通过 PCR 的方法获得,也可以从基因组文库或者 cDNA 文库中筛选得到。

(3)常用的载体有质粒、λ噬菌体、柯斯质粒和酵母人工染色体等,分别能装载不同大小的外源 DNA,适用于转化不同的受体细胞。外源 DNA 与载体的连接可以是黏性末端的连接,也可以是平末端的连接,前者的连接效率较高。

(4)转化大肠杆菌通常采用氯化钙法,也可以采用电击转化的方法。成功导入外源 DNA 的受体细胞称为重组子。通常需要利用选择性标记基因来筛选重组子。将转化成功的细胞大量培养可以获得目的基因的大量扩增,或者是表达产物的富集,还可以改变生物的遗传性状。

(5)重组 DNA 技术已经被广泛地应用到农业、医学等领域,为人类探索生物的奥秘提供了有力的手段,还可以提高农作物的产量和品质,并且已经可以用于临床治疗。

思考题

一、单选题

1. 下列更适用于高保真 PCR 反应的 DNA 聚合酶是_____。
   - A. Pfu DNA 聚合酶
   - B. Taq DNA 聚合酶
   - C. Klenow 片段
   - D. 以上都不对

2. DNA 链之间的切口(nick)由_____酶催化完成填补。
   - A. DNA 聚合酶Ⅰ
   - B. DNA 聚合酶Ⅱ
   - C. DNA 聚合酶Ⅲ
   - D. DNA 连接酶

3. 关于逆转录酶,下列说法错误的是_____。
   - A. 模板为 RNA
   - B. 4 种 NTP 为原料
   - C. 合成方向为 $5' \rightarrow 3'$

   - D. 产物为 DNA

4. 要在原核细胞中获得真核基因的产物,必须使用真核基因的_____。
   - A. 基因组 DNA
   - B. hnRNA
   - C. cDNA
   - D. 以上都不对

5. 利用蓝白斑筛选时,带有重组质粒的细菌因不能分解 X-gal 而呈现_____菌落。
   - A. 蓝色
   - B. 白色
   - C. 蓝白相间
   - D. 菌落不能生长

二、问答题

1. 什么是限制性内切核酸酶?
2. 什么是重组 DNA 技术?
3. PCR 技术的原理是什么?

三、分析题

我们通常希望 PCR 反应的产物具有高保真性。可为什么有时候研究者却需要利用出错率高的 PCR 反应?请举例说明其原理及方法。

参考文献

[1] Berg J M,Tymoczko J L,Gatto G J Jr. ,et al. Biochemistry. 9th ed. W. H. Freeman and Company,2019.

[2] 朱圣庚,徐长法. 生物化学. 4 版. 北京:高等教育出版社,2016.

[3] Lu Y H,Wu K M,Jiang Y Y,et al. Mirid bug outbreaks in multiple crops correlated with wide-scale adoption of Bt cotton in China. Science,2010,328 (5982):1151-1154.

[4] Moran L A,Horton H R,Scrimgeour K G,et al. Principles of Biochemistry. 5th ed. Pearson Education Limited,2014.

[5] Jin Y,Guo H S. Transgene-induced gene silencing in plants. Methods in Molecular Biology,2015,1287:105-117.

[6] Brummell D A,Harpster M H. Cell wall metabolism in fruit softening and quality and its manipulation in transgenic plants. Plant Molecular Biology,2001,47(1-2):311-340.